JN429375

개정판

실용이야기와 함께하는

확률과 통계

PROBABILITY & STATISTICS

개정판

실용이야기와 함께하는

확률과 통계

김해경 · 김태수 지음

불법복사는 지적재산을 훔치는 범죄행위입니다.
저작권법 제136조(권리의 침해죄)에 따라 위반자는 5년 이하의 징역 또는 5천만원 이하의 벌금에 처하거나 이를 병과할 수 있습니다.

KM 경문사

머리말

PREFACE

이 책은 확률론과 통계학의 기본이 되는 개념과 원리 그리고 이론과 방법 등을 공부하려는 자연과학, 공학, 사회과학 등 각 계열의 학생을 위한 입문서로 집필하였다. 확률과 통계는 수학 분야 중에서도 일상의 생활에서는 물론이고 여러 연구 분야에서 광범위하게 이용하는 활용도가 높은 이론이지만 일반적으로 그 개념들은 이해하기가 어렵다.

이 책은 이러한 사실을 염두에 두고 본인의 저서 《**확률과 통계**: 이론적 기초》의 내용을 기본 개념을 확실하게 이해하려는 관점에서 몇 가지 점을 보완한 것이다. 내용은 응용분야에서 사용되는 빈도에 따라 선택하되 줄거리의 연속성을 잃지 않는 범위 내에서 난해한 부분을 삭제하거나 재조직하고 부분적으로는 쉽게 다시 썼다. 특히, 고등학교 교과과정과의 연계성을 높이기 위하여 '경우의 수', '수열과 조합'에 대한 새로운 부분을 신설하였고, 이 책의 마지막 부분에 실험계획과 분산분석을 추가하였다. 실험계획은 통계분석에 앞서 최소 횟수의 실험을 통해 최대 정보를 얻어내는 실험을 미리 설계하는 것으로 최근 필요성이 더욱 증대되고 있고, 또 분산분석은 실험계획으로부터 얻은 실험자료에서 다수의 모집단을 동시에 비교 분석하는 효과적인 통계기법이기 때문이다. 각 장 말미에는 다수의 엄선된 연습문제를 제공하였고, 그 정답은 홀수 번에 한하여 책의 말미에 수록하였다. 또 이 문제들의 상세한 풀이는 홀수 번에 한하여 북이오에서 볼 수 있게 하였다.

더욱이, 이 책에서는 '집중논의', '보충설명', '확률과 통계 이야기', '확률론의 역사', '통계학의 역사', '인물소개'라는 새로운 코너를 신설하여 실생활에서 일어나는 문제들을 이야기 식으로 소개하고 해설하였으며, 여기서 소개한 역사적인 사건, 인물, 문제 등을 통하여 독자가 확률과 통계의 문제를 이해하고 적용 이론에 대한 친근감을 갖도록 하였다.

이 책의 내용은 크게 '확률', '통계' 두 분으로 구분하되 전체를 한 학기 강의로도 소화할 수 있도록 하였으며, 확률부분에서는 확률실험, 확률의 정의, 확률변수와 확률분포 등으로 통계 이론에 연계되는 개념만을 제한하여 다루었고, 통계부분에서는 표본과 모집단, 표본분포, 중심극한의 정리, 대수의 법칙 그리고 통계적 추정 및 검정과 응용부분으로는 회귀분석을 다루었고 여기에 분산분석과 실험계획을 추가하였다.

절이나 부분절의 번호 또는 정리, 증명 등에 특히 기호 ‡로 표시된 것은 기초 수준과 높은 수준 사이의 이론적 차이를 메우기 위한 내용을 뜻하는 것으로 장차 높은 수준의 확률론이나 통계이론으로 진입하는 독자에게 도움을 주기 위한 것이다. 물론 초보적인 독자는 이 부분을 생략하여도 무방하다고 생각된다. 또 †로 표시된 절이나 부분절은 '**기초 확률론**', '**확률과 통계**', '**기초 통계학**' 등의 강좌명의 취지에 맞추어 내용을 취사선택할 수 있는 부분을 나타낸 것이다.

이 책의 구성을 확률이나 통계적인 사고를 체득할 수 있도록 순서에 따라 장과 절을 배열하였고, 동시에 간단한 실제 문제에 응용할 수 있도록 순서에 따라 장과 절을 세분하였으며, 부분적인 학습을 원하는 사람에게도 도움이 되도록 하였다. 이 책의 미흡한 점에 대하여 독자 여러분의 아낌없는 질책과 충고를 바라며, 이 책을 사용하는 여러분이 확률과 통계에 대한 전반적 개념을 얻고 흥미를 갖는 데 도움이 된다면 이것이 저자의 기쁨이라고 생각한다.

끝으로 이 책의 출간에 있어서 시종 변함없이 성의와 진력해주신 경문사 여러분에게 깊이 감사드리는 바이다.

2020년 3월

저자

차례

CONTENTS

제1편 확률

제5장 결합·주변·조건부 확률분포

제6장 확률분포: 확률모형

제7장 확률변수의 함수의 분포

제8장 극한정리†

CONTENTS

제2편 통계

실용이야기

CONTENTS

제 1 장 서론

확률의 개념과 통계 분석의 방법을 설명하기에 앞서 여기서는 통계학의 의의 그리고 통계학에서의 확률론의 역할 등을 살펴본다.

1.1 통계학의 의의

통계학(statistics), 특히 현대통계학을 다른 말로 통계적 추론(statistical inference)이라고도 한다. 여기서 '통계적'이란, 실험이나 관측 또는 조사를 통하여 자료(data)를 모으고 이것을 다시 정리 · 요약하여 그 특징을 수량적으로 개괄함을 뜻한다. 또 '추론'이란 이렇게 요약된 특징들을 바탕으로 실험이나 관측 또는 조사가 행하여진 집단, 다시 말하여 모집단에 관한 지식을 확정하는 일을 말한다.

관측이나 실험 또는 조사를 통하여 얻은 관측값들의 모임을 표본(sample)이라 하고, 관찰의 대상이 되는 일반적인 집단을 모집단(population)이라 한다. 따라서 모집단은 우리의 관심대상이 되는 일반적인 모임으로 그 구성원이 수적으로나 질적으로 관측이 가능한 집단을 말한다.

이와 같이 실험이나 관찰을 통하여 자료, 즉 표본을 모으는 것은, 표본 자체에 관한 지식을 얻으려는 데 있지 않고 그 표본이 추출된 일반적인 집단인 모집단에 대한 지식을 얻거나 또는 관찰되고 있는 현상에 대한 어떤 결론을 도출하고자 하는 것이다.

통계적 추론에 의하여 얻은 결과는 어느 정도의 불확실성이 수반된다. 그것은 통계적 방법이 표본 지식을 기초로 하여 일반적인 지식, 즉 모집단에 관한 지식을 얻는 방법으로, 결국 구체적인 사실들로부터 일반적인 원리를 찾는 귀납적 추론(inductive inference)의 성격을 띠기 때문이다. 일반적인 지식으로부터 구체적인 성질을 유추해 내는 연역적 추론(deductive inference)에서와는 달리, 귀납적 추론에는 오류나 불확실성(uncertainty)이 내재한다. 이것은 귀납적 추론의 기본 성질이기도 하다. 결국 통계적 추론을 통하여 내린 결론에도 불확실성이 내재한다. 통계학이나 통계적 방법이 과학적인 방법이 되기 위해서는 이 불확실성을 객관적인 방법을 통하여 설명해 내야 한다. 통계학은 이러한 어려움을 극복하는 객관적인 방법으로 확률론을 이용하는 것이다.

결론적으로 말하여, 통계학이란 실험이나 관측 또는 조사를 통하여 얻은 자료를 정리·요약하고, 다시 이것을 기초로 일정한 결론인 일반적인 지식을 끌어내되 그 정확성을 확률적으로 설명하는 방법이라 할 수 있다.

1.2 | 통계학과 확률론

통계적 추론은 제한된 관찰을 통하여 전체를 추리하는 데 발생될 수 있는 오류나 불확실성의 정도를 확률의 개념으로 규정하여 이것들을 확률법칙으로 설명함으로써 결론의 확실성에 대한 과학적인 정밀성을 부여한다. 이것은 확률론이 확률현상에 대한 정확한 수학적인 모형을 제공할 수 있기 때문에 가능하다. 따라서 통계적 추론의 주제란, 결국 관찰이나 실험의 결과를 기초로 하여 일정한 결론을 이끌어 내고 그 결과의 정확성에 대해 확률적인 판단을 내리는 일이라고 말할 수 있다. 확률론이 통계적 추론에서 특히 중요한 역할을 하는 것도, 또 귀납추리의 수단인 통계학이 과학적 학문의 수단으로서 인정될 수 있는 것도 모두 이러한 이유 때문이라 할 수 있다.

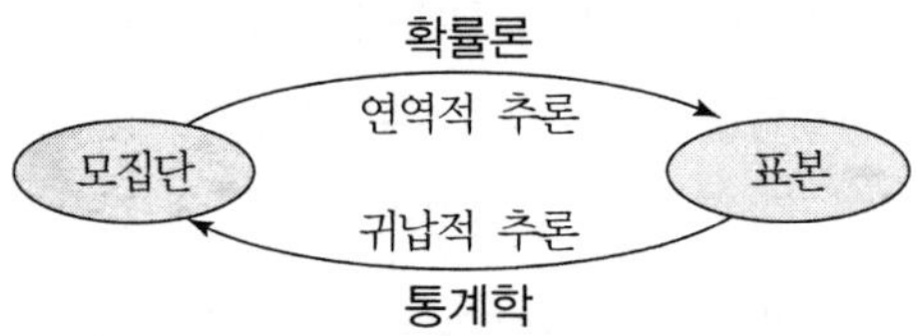

〈그림 1.1〉 통계학과 확률론

집중논의 귀납적 추론과 연역적 추론

모든 학문의 분야에서 지식을 도출하는 방법으로 두 가지 방법이 이용되고 있다. 연역적 추론과 귀납적 추론이다.

연역적 추론이란 일반적인 지식으로부터 구체적인 성질을 이끌어내는, 다시 말하여 일반적인 원리에서 개별적 사실들을 전개해 나가는 방법을 말한다. '모든 사람은 죽는다.', '소크라테스는 사람이다.'는 사실들로부터 '소크라테스는 죽는다.'라는 결론을 얻어내는 것은 연역추론의 한 예이다. 이 추론방법은 전제와 결론 사이에 필연적인 관계가 있음을 전제로 일반적인 원리의 전제를 이용하여 특수한 경우의 유용한 결론을 이끌어내는 것이다.

반면에, 귀납적 추론은 경험에서 얻은 사실들을 관찰수집하고 이것들을 다시 정리분석하여 한 가설을 제시하고 이 가설을 실험적 증거를 통해 확인하여 일반적인 원리를 확립하는 방법이라 할 수 있다. 통계적 방법도 귀납적 추론의 한 가지 방법이다. 오늘날 합리성과 확실성을 생명으로 하는 지식의 대표적인 형태인 과학도 귀납원리 없이는 생각하기 어렵다.

그러나 이 두 가지 방법 어느 것도 완전하다고 하긴 어렵다. 연역적 추론의 경우, 전제로부터 필연적인 결론을 이끌어내기 때문에 여기서 얻은 결론의 내용은 전제의 내용을 넘어서지 못한다. 이 추론의 결과는 전체가 포함하고 있는 내용의 일부를 다만 다른 방식으로 나타낼 뿐 근본적으로 새로운 지식을 만들 수는 없는 것이다. 수학의 경우에도 예외는 아니다. 수학이 정의나 공리로부터 유도되는 연역적이며 자율적인 지식 체계이라 하지만, 아무리 엄밀한 경우에도 연역만으로는 정의나 공리를 뛰어넘는 새로운 지식을 얻지는 못하는 것이다. '소크라테스는 죽는다.'는 결론이 '모든 사람은 죽는다.'를 넘어서지 못하는 것과 같다.

귀납적 추론에도 한계가 있기는 마찬가지이다. 관찰에서 동반되는 오차는 무시하더라도, 사실을 관찰할 때 모든 사실을 관찰할 수는 없기 때문이다. 경험은 유한이므로 가설에 반하는 경험들이 언제든지 나타날 수 있고 따라서 주어진 결론도 잠정적 가설에 지나지 않는다. 따라서 귀납적 추론에서 내려진 결론에는 오류나 불확실성이 내재될 수 있다. 이 불확실성을 객관적인 방법을 통하여 설명해 내기 위해 통계적 방법에서는 확률론을 이용하게 된다. 과학도 역사적으로 보면 시행착오와 반박을 통해서 변신하고 진보하며 끊임없이 새롭게 태어나서 지금에 이르렀다.

연역과 귀납의 두 추론 형식은 완벽하지는 않을지라도 학문의 모든 분야에서 지식을 도출하는 방법으로 또 가설을 진리로 이끌어주는 방법으로 아직도 그 역할을 하고 있다.

EXERCISES 연습문제

01. 귀납적 추론과 연역적 추론의 차이점을 논하시오.

02. 모집단과 표본의 의미를 논하시오.

03. 귀납적 추론과 통계적 추론과의 관련을 논하시오.

04. 통계적 추론에서의 확률론의 역할을 논하시오.

PROBABILITY AND STATISTICS

제1편

확률

제2장 확률의 개념

이 장에서는 확률론의 기본 개념인 확률공간을 논한다. 확률실험, 표본공간, 사건 그리고 사건의 확률을 정의하고, 확률의 정의로 사전확률, 사후확률 그리고 공리적 확률 등을 소개하고 그 기본 개념들을 논한다.

2.1 확률의 정의

2.1.1 확률실험과 표본공간

자연현상이나 사회현상 중 결과가 미리 결정되지 않는 현상, 다시 말하여 결과가 어떤 불확실성(uncertainty)에 의해서 좌우되는 현상을 확률현상(random phenomenon)이라 한다. 예컨대,

(1) 동전이나 주사위를 던질 때 결과가 나타나는 현상
(2) 각 지역에서의 연 강수량의 변동 현상
(3) 도시의 일별 또는 월별 교통사고(수)의 발생 현상
(4) 수시로 달라지는 주가의 변동 현상
(5) 일 또는 월 생산품에 포함되는 불량품(수)의 출현 현상

등은 모두 확률현상이다.

참고 2.1 결정론적 현상

확률현상과는 달리 미래의 결과가 미리 정해져 있는 현상을 결정론적 현상(deterministic phenomenon)이라고 한다. 일식이나 월식, 일출이나 일몰의 출현, 또는 헬리 혜성의 출현 현상 등은 모두 그 결과가 미리 정확히 예견되는 것으로 결정론적 현상의 예이다.

확률론의 목적은 확률현상에 대한 수학적인 모형을 만들고 이에 대한 성질을 규명하는 데 있다. 일반적으로 결과가 확률현상으로 나타나는, 다시 말하여 결과가 어떤 불확실성에 의하여 좌우되는

실험이나 관찰 또는 조사를 확률실험(random experiment)이라 한다. 확률실험은 간단히 실험이라고도 하고 기호 $\mathcal{E}$로 표시한다. 예컨대,

(1) $\mathcal{E}_1$: 하나의 동전을 던지고 윗면에 나타나는 상태(즉, 앞면인지 뒷면인지)를 관찰한다.

(2) $\mathcal{E}_2$: 두 개의 동전을 동시에 던지고 윗면에 나타나는 상태를 관찰한다.

(3) $\mathcal{E}_3$: 하나의 동전을 앞면이 나올 때까지 던지고 그 때까지의 시행횟수를 헤아린다.

(4) $\mathcal{E}_4$: 어떤 도시에서 정해진 시간에 일어나는 교통사고의 건수를 관찰한다.

(5) $\mathcal{E}_5$: 어떤 공장에서 생산된 생산품의 수명을 관찰한다.

등은 모두 확률실험이다.

참고 2.2 확률실험의 특징

확률실험은 다음과 같은 공통적인 특징을 갖는다.

(i) 실험의 결과는 미리 알 수 없는 비결정적이다.

(ii) 실험에서 일어날 수 있는 가능한 모든 경우를 미리 알 수 있다.

(iii) 실험은 같은 조건하에서 반복될 수 있다.

정의 2.3 표본공간, 표본점, 사건

한 확률실험에서 얻을 수 있는 가능한 모든 결과의 집합을 그 확률실험의 표본공간(sample space)이라 하고 Ω로 나타낸다. 표본공간의 원소 하나하나를 표본점(sample point)이라 하고 보통 ω_1, ω_2, $\cdots$ 등으로 나타낸다. 확률실험의 표본점들로 구성되는 집합, 즉 표본공간의 부분집합을 그 확률실험의 사건(event)이라 하고, E_1, E_2, $\cdots$ 등으로 표시한다. 한 사건 E가 '일어난다'함은 사건 E의 한 원소가 그 확률실험의 결과로 나타남을 말한다.

참고 2.4

확률실험 $\mathcal{E}$의 표본공간이 Ω일 때, Ω의 진부분집합들은 물론이고 Ω 자신과 공집합 ϕ도 당연히 $\mathcal{E}$의 사건이 된다. ϕ를 공사건(impossible event) 그리고 Ω의 전사건(sure event)이라 하고, 특히 표본점 하나 하나로 이루어지는 사건을 기본사건 또는 근원사건(elementary event)이라 한다.

참고 2.5

한 확률실험에서 한 사건이 일어난다는 뜻에 의하면, 공사건 ϕ는 표본점을 갖지 않는 집합으로 실험을 통하여 일어날 수 없는 사건이며, 반대로 전사건 Ω는 항상 일어날 수밖에 없는 사건임을 알 수 있다.

보기 2.1

하나의 주사위를 던지고 윗면에 나타나는 점의 개수를 관찰하는 실험을 생각하자. 이때 이 확률실험의 표본공간은

$$\Omega = \{1,\ 2,\ 3,\ 4,\ 5,\ 6\}$$

이다. 또 이 표본공간의 부분집합인 사건은 ϕ와 Ω를 포함하여

$$\begin{aligned}
&E_1 = \{1\},\ E_2 = \{2\},\ \cdots,\ E_6 = \{6\},\\
&E_7 = \{1,\ 2\},\ E_8 = \{1,\ 3\},\ \cdots,\ E_{21} = \{5,\ 6\},\\
&E_{22} = \{1,\ 2,\ 3\},\ E_{17} = \{1,\ 2,\ 4\},\ \cdots,\ E_{41} = \{4,\ 5,\ 6\},\\
&\qquad\qquad\vdots\\
&E_{57} = \{1,\ 2,\ 3,\ 4,\ 5\},\ \cdots,\ E_{62} = \{2,\ 3,\ 4,\ 5,\ 6\},
\end{aligned}$$

으로 모두 64개이다. 사건의 개수는 Ω의 부분집합의 개수 2^6와 같다. 이때의 기본사건은 $E_1,\ E_2,\ E_3,\ E_4,\ E_5,\ E_6$이다. 이 실험에서 특히 '홀수의 사건', '짝수의 사건' 그리고 '소수의 사건', 즉

$$E = \{1,\ 3,\ 5\},\quad F = \{2,\ 4,\ 6\},\quad G = \{2,\ 3,\ 5\}$$

에 관심을 갖는다고 하자. 만약 이 실험의 결과로 윗면에 나타난 점의 개수가 2개라 하면, 이 실험결과로 일어나는 사건은 이 세 사건 중 F와 G이다.

참고 2.6 이산 및 연속표본공간

표본공간 Ω가 유한개의 원소를 갖는 유한집합(finite set)이거나 또는 원소가 무한개인 경우에도 그 개수를 셀 수 있는 가산무한집합(countable infinite set)이면, 표본공간 Ω를 이산표본공간(discrete sample space)이라 한다. 이에 반하여, Ω가 원소의 개수를 셀 수 없는 비가산무한집합(uncountable infinite set)이면, Ω를 연속표본공간(continuous sample space)이라 한다.

참고 2.7 연속표본공간과 사건

정의 2.3에서, 표본공간 Ω의 부분집합을 사건이라 정의하였다. Ω가 이산표본공간, 다시 말하여 표본공간이 유한이거나 가산무한인 경우에는 모든 부분집합을 사건으로 정의하는 데는 어려움이 없다. 그러나 Ω가 연속표본공간일 때는 모든 부분집합을 사건으로 정의하는 데는 수학적인 어려움이 있다. 이 문제의 논의는 이 책의 정도를 넘어서기 때문에 여기서는 생략하지만, 한마디로 말하면 연속표본공간의 경우 모든 부분집합을 대상으로 하면 수학적으로 확률이 정의되지 않는 것이다. 이에 대한 논의는 [1]를 참고할 수 있다.

다음은 사건의 결합을 생각한다.

표본공간과 사건들이 모두 집합으로 정의되기 때문에 집합의 연산들을 사용하면 사건들로부터 새

로운 사건을 만들 수 있다. 어떤 사건들로부터 집합의 연산을 통하여 새로운 사건을 만드는 것을 사건의 결합(combination of events)이라 한다. 사건의 결합은 더 복잡한 사건을 기술하고 또 그 사건의 확률을 계산하는 데 도움이 된다.

Ω가 한 확률실험의 표본공간이고,

$$E_1,\ E_2,\ \cdots,\ E_n,\ \cdots \tag{2.1}$$

들을 이 실험의 사건이라고 할 때, 여기서 만들어지는 주요한 사건의 결합은 다음과 같다.

(1) **합사건**: $E_1 \cup E_2 = \{\omega \in \Omega \mid \omega \in E_1 \text{ 또는 } \omega \in E_2\}$

(2) **교사건**: $E_1 \cap E_2 = \{\omega \in \Omega \mid \omega \in E_1 \text{ 그리고 } \omega \in E_2\}$

(3) **여사건**: $E_1^c = \{\omega \in \Omega \mid \omega \notin E_1\}$

(4) **차사건**: $E_1 \setminus E_2 = \{\omega \in \Omega \mid \omega \in E_1 \text{ 그리고 } \omega \notin E_2\}$

(5) **유한합사건**: $\bigcup_{i=1}^{n} E_i = \{\omega \in \Omega \mid \text{적어도 한 } i(=1, \cdots, n)\text{에 대하여, } \omega \in E_i\}$

(6) **유한교사건**: $\bigcap_{i=1}^{n} E_i = \{\omega \in \Omega \mid \text{모든 } i(=1, \cdots, n)\text{에 대하여, } \omega \in E_i\}$

(7) **가산합사건**: $\bigcup_{i=1}^{\infty} E_i = \{\omega \in \Omega \mid \text{적어도 한 } i(=1, \cdots, \infty)\text{에 대하여, } \omega \in E_i\}$

(8) **가산교사건**: $\bigcap_{i=1}^{\infty} E_i = \{\omega \in \Omega \mid \text{모든 } i(=1, \cdots, \infty)\text{에 대하여, } \omega \in E_i\}$

기호 교사건 $E_1 \cap E_2$를 간단히 $E_1 E_2$로 표시하기도 한다. ■

위 사건의 결합 중, 합사건 $E_1 \cup E_2$는 E_1 또는 E_2가(또는 둘 다)일어날 때에 한하여 일어나는 사건이다. 또 교사건 $E_1 \cap E_2$는 E_1과 E_2가 동시에 일어날 때 한하여 일어나는 사건이고, 여사건 E_1^c은 E_1이 일어나지 않을 때에 한하여 일어나는 사건이다. 더욱이, 유한합사건 $\bigcup_{i=1}^{n} E_i$은 사건 E_i 중 적어도 하나의 사건이 일어날 때에 한하여 일어나는 사건이고, 유한교사건 $\bigcap_{i=1}^{n} E_i$은 모든 사건 E_i가 일어날 때에 한하여 일어나는 사건이다.

참고 2.8

사건의 결합 중에는 위 사건들 이외에도

$$\bigcup_{n=1}^{\infty} \bigcap_{k=n}^{\infty} E_k, \quad \bigcap_{n=1}^{\infty} \bigcup_{k=n}^{\infty} E_k$$

로 정의되는 사건들도 있다. 특히, 사건 $\bigcup_{n=1}^{\infty} \bigcap_{k=n}^{\infty} E_k$는 (2.1)에 주어진 사건 중 '유한개를 제외한

거의 모든' 사건이 일어날 때 한하여 일어나는 사건을 말하고, 사건 $\bigcap_{n=1}^{\infty} \bigcup_{k=n}^{\infty} E_k$는 사건 E_n들이 '무수히 자주' 일어날 때 한하여 일어나는 사건을 말하는 것으로 실제 확률현상을 설명하는 높은 수준의 확률론에서 사용되는 사건들이다([1] 참조).

정의 2.9 배반사건

두 사건 E_1과 E_2가 동시에 일어날 수 없을 때, 즉 $E_1 \cap E_2 = \phi$일 때, E_1과 E_2는 서로 배반(mutually exclusive)이라 한다.

보기 2.2

보기 2.1에서, 사건 E, F, G에 대하여

$$E \cup G = \{1,\ 2,\ 3,\ 5\},$$
$$F \cap G = \{2\},$$
$$G^c = \{1,\ 4,\ 6\}$$

이다. 이때 $E \cap F = \phi$로 E와 F는 상호배반사건이다.

2.1.2 확률의 정의

한 확률실험에서 '어떤 사건이 일어나리라고 기대되는 정도를 나타내는 수치'를 그 사건이 일어날 확률, 간단히 그 사건의 확률이라고 한다.

확률의 정의로는 보통 다음 세 가지가 이용된다.

(1) 사전확률(priori probability)

(2) 사후확률(posterior probability)

(3) 공리적 확률(axiomatic probability)

그 외에 주관적 확률(subjective probability)을 생각할 수 있다.

이 확률의 정의들을 구체적으로 설명하면 다음과 같다.

(1) 사전확률

고전적 확률(classical probability) 또는 수학적 확률(mathematical probability)이라고도 하는 사전확률은 17세기 **파스칼**(Pascal)과 **페르마**(Fermat)에 의하여 제안되었다([1]).

먼저 다음의 예를 생각하자.

하나의 동전을 두 번 던지는 확률실험에서 표면이 한 번 나타날 확률을 생각하자. 이때 실험의

표본공간은

$$\Omega = \{HH,\ HT,\ TH,\ TT\}$$

이고, 또 이 표본점 어느 것도 나타날 가능성이 같기 때문에, 이를테면 사건

$$E = \{HT,\ TH\}$$

가 일어날 확률은 $P(E) = \frac{2}{4} = \frac{1}{2}$ 이다. 그러나 이 확률을 계산하는데 다음 두 가지 조건이 전제된다. 그 하나는 동전이 앞·뒷면이 나올 가능성이 같은 '공정한 동전(fine coin)'이어야 하고, 다른 하나는 동전을 특정한 면이 나오도록 의식적으로 던지지 않고 '무심코(at random)' 던져야 하는 것이다. 이 두 조건은 일반적으로

'실험의 모든 결과가 동일한 가능성을 갖고(equally likely) 일어남'

으로 표현할 수 있다. 이것을 '결과의 출현균일성 조건'이라고도 하며 이것은 사전확률의 전제조건이다. 표본점들이 나타날 가능성이 같은 표본공간 Ω 를 보통 등확률공간(equiprobable space)이라 한다.

사전확률은 다음과 같이 정의된다.

정의 2.10 사전확률

한 확률실험에서 모든 결과가 동일한 가능성을 갖고 일어난다고 하자. 이 실험에서 일어날 수 있는 가능한 모든 결과의 수가 N, 또 한 사건 E를 일어나게 하는 결과의 수가 n이면, 이때 사건 E가 일어날 확률, 즉 사건 E의 확률 $P(E)$는 다음과 같다.

$$P(E) = \frac{n}{N}$$

보기 2.3

한 개의 좋은 주사위를 무심코 두 번 던지는 확률실험에서, 첫 번째 나타나는 점의 개수가 두 번째 나타나는 점의 개수의 두 배가 될 확률을 구하여 보자. 이때 표본공간 Ω 는

$$\Omega = \{(1,\ 1),\ (1,\ 2),\ \cdots,\ (6,\ 6)\}$$

이고, 총 36개의 이 표본점들이 나타날 가능성은 모두 같다. 따라서 표본공간 Ω 는 등확률공간이다. 첫 번째 점의 개수가 두 번째 점의 개수의 두 배가 될 사건은

$$E = \{(2,\ 1),\ (4,\ 2),\ (6,\ 3)\}$$

이므로, $P(E) = \frac{3}{36} = \frac{1}{12}$ 이다.

확률·통계이야기 **목제주령구**

주사위의 기원은 확실치 않으나, 이집트에서 시작해 그리스, 로마, 지중해 연안을 거쳐 이것이 모든 지역으로 전래되었다는 것이 정설이다.

주사위가 우리나라에 들어온 시기는 명확하지 않으나 신라 유적지인 경주 안압지에서 1975년에 출토된 '목제주령구(木製酒令具)'라는 14면체의 주사위가 가장 오래된 것이다. 이것은 6개의 정사각형과 8개의 육각형으로 이루어진 14면체로 서양은 물론 일본이나 중국에서도 발견되지 않는 독특한 기하학적인 구조이다. 각 면에 사자성어가 쓰여 있는 이 14면체의 주사위는 기하학적인 측면에서 정육면체인 서양의 것보다 더 발전된 것으로 평가된다.

이 주사위는 6개의 정사각형과 8개의 육각형으로 이루어진 14면체의 넓이가 대략 같게 만들어졌다. 모양과 크기가 완전히 같은 정다면체는 4면체, 6면체, 8면체, 12면체, 20면체로 이 5가지만 수학적으로 가능함을 생각하면 정다면체가 불가능한 14면체에서 각 면의 넓이를 거의 같이 만든 것은 놀라운 일이다. 이 주사위의 14면체는 정8면체에서 6개의 꼭짓점을 아래로 깎아 14면체로 만든 것으로 판단된다.

(2) 사후확률

확률시험에서 사전확률의 전제조건인 결과의 출현균일성 조건이 성립하지는 않는 경우가 많다. 이러한 경우에는 다음의 사후확률(경험적 확률 또는 통계적 확률)을 생각한다. 사후확률은 같은 실험을 충분히 반복하고 그때 정해진 사건을 일어나게 한 횟수를 기초로 하는 상대도수를 이용하기 때문에 상대도수확률(relative frequency probability)이라고도 한다. 그 정의는 다음과 같다.

정의 2.11 **사후확률**

한 확률실험을 반복한 총횟수를 N라 하고, 또 그중 사건 E를 일어나게 한 실험의 횟수를 n이라 하면, 이때 사건 E가 일어날 확률, 즉 사건 E의 확률 $P(E)$은 다음과 같다.

$$P(E) = \lim_{N \to \infty} \frac{n}{N}$$

보기 2.4

한 쌍의 동전을 200번 던지는 확률실험을 통하여 다음의 결과를 얻었다. 이 결과를 기초로 두 개의 동전 중 적어도 하나에서 앞면이 나타날 확률, 또 두 동전에서 같은 결과가 나타날 확률을 각각 구하여 보자.

<표 2.1> 확률실험의 결과표

표본점	도수	상대도수	이론확률
(H, H)	46	0.23	0.25
(H, T)	54	0.27	0.25
(T, H)	52	0.26	0.25
(T, T)	48	0.24	0.25

먼저, 두 개의 동전 중 적어도 하나의 동전에서 앞면이 나올 사건을 E_1, 두 동전에서 같은 결과가 나타날 사건을 E_2라 하면

$$P(E_1) = (46 + 54 + 52)/200 = 0.76,$$
$$P(E_2) = (46 + 48)/200 = 0.47$$

이다. 이 경우 사전확률은 각각 $P(E_1) = 0.75$, $P(E_2) = 0.5$이다.

참고 2.12 사전 · 사후확률의 약점

사전확률이나 사후확률을 확률의 일반적인 정의로 받아들이기에는 충분하지 않다. 우선 사전확률은 실험에서 얻은 결과의 수가 유한인 경우에 한하여 적용되는 제한성을 갖는다. 사전확률의 경우 더 중요한 점은 확률을 정의하는 데 확률의 개념인 '가능성'을 사용하는 모순성을 갖는 점이다. 한편, 사후확률의 경우, 우선 정의에서 주어지는 극한값이 존재한다는 보장이 없다. 또 실제 유한번의 반복 실험을 통하여 얻은 사후확률은 동일 사건에 여러 다른 확률이 주어질 수 있어 확률의 일의성에 모순이 되며, 비록 충분히 큰 반복 실험의 결과를 확률로 이용한다고 하더라도 실제 확률과의 오차가 어느 정도인지를 설명할 방법이 없다. 더욱이 사후확률에서 반복실험은 반드시 본질적으로 동일한 조건에서 반복될 수 있어야 하나 실제의 경우 이것이 불가능하다. 결국 사전확률이나 사후확률은 일반적으로 적용하기가 어렵다.

참고 2.13 주관적 확률

주관적 확률은 한 사건이 일어날 확률에 그 사건에 대한 개인의 믿음이나 주관적 신뢰 값을 주는 것으로, 실제 한 번만 발생할 수밖에 없는 사건, 이를테면 '어떤 특정한 질병이 10년 내에 극복될 확률', '다음 달에 국제 석유 값이 오를 확률', '진시왕이 수은중독으로 사망했을 확률' 등과 같이 상대도수(즉, 사후확률)에 의존할 수 없는 사건에 적용된다. 주관적 확률은 1950대 초기에 새비지(Savage)에 의하여 제안되었다([1]을 참조).

(3) 공리적 확률

확률의 공리적 정의는 확률의 고전적 정의나 상대도수의 정의, 다시 말하여 사전확률이나 사후확률이 갖는 확률의 기본 성질을 기초로 하되, 이것들이 갖는 한계성이나 수학적 모순성을 극복하는

방법으로 확률의 개념에 수학의 공리계를 도입한 것을 말한다. 확률의 수학적 공리계란 확률의 개념을 좀더 일반화하는 방법으로 사건을 표본공간의 의미 있는 부분집합으로, 그리고 확률을 사건들의 어떤 집합족에서 정의되는 집합함수(set function)를 통하여 정의함으로써 확률을 논리적으로 더 엄밀히 하는 것을 말한다.

공리적 확률을 정의하기에 앞서 그 정의의 동기를 생각하자.

하나의 동전을 던지고 윗면에 나타나는 상태를 관찰하는 실험을 생각하자. 이때 표본공간은

$$\Omega = \{H,\ T\}$$

이고, 여기서 만들어지는 사건은 ϕ, $\{H\}$, $\{T\}$, Ω 으로 이것들로 구성되는 집합족을 $\mathcal{F}$ 로 표시하자. 즉,

$$\mathcal{F} = \{\phi,\ \{H\},\ \{T\},\ \Omega\}.$$

먼저, 이 실험에서 결과의 출현균일성 조건이 만족되어 사전확률은 사건 $\{\phi,\ \{H\},\ \{T\},\ \Omega\}$에 각각 $0, \frac{1}{2}, \frac{1}{2}, 1$이 대응된다면, 기호

$$\phi \mapsto 0,\ \{H\} \mapsto \frac{1}{2},\ \{T\} \mapsto \frac{1}{2},\ \Omega \mapsto 1$$

로 표시된다. 이에 반하여, 사후확률의 경우 실험을 여러 번 반복하여 얻은 결과를 기초로 하여

$$\phi \mapsto 0,\ \{H\} \mapsto 0.4,\ \{T\} \mapsto 0.6,\ \Omega \mapsto 1$$

을 얻었다고 하자. 여기서 이 두 확률정의의 수학적 의미를 생각해보자. 결국 이 두 경우에 있어서 확률을 정의한다는 것은, 수학적으로 함수

$$P : \mathcal{F} \to R^1$$

가 존재하여, 이 집합함수(set function)는 다음 성질

(1) $E \in \mathcal{F}$에 대하여 $P(E) \geq 0$,

(2) 상호배반인 $\mathcal{F}$의 두 사건 E_1과 E_2에 대하여

$$P(E_1 \cup E_2) = P(E_1) + P(E_2),$$

(3) $P(\phi) = 0$,

(4) $P(\Omega) = 1$

$\vdots$

등 많은 성질들을 만족한다.

위에서 나열한 이 성질들은 사전확률이나 사후확률이 만족하는 공통 성질이기도 하다. 결국 확률을 정의한다는 것은 이러한 성질들을 만족하는 실가함수 P가 사건의 족인 $\mathcal{F}$ 위에서 정의되는 것과 같다. 더욱이, 이 함수가 만족하는 성질 중에서 가장 기본적이고 또 서로는 유도될 수 없는 것을 선별할 수 있다. 이 기본성질은 세 가지로 축소되며 이것이 공리적 확률의 세 공리인 것이다.

공리적 확률은 다음과 같이 정의된다.

정의 2.14 **공리적 확률**

Ω가 확률실험 $\mathcal{E}$의 표본공간, $\mathcal{F}$가 Ω에서 정의된 사건들의 '적당한 모임'일 때, $\mathcal{F}$ 위에서 정의된 실가의 집합함수 $P : \mathcal{F} \to R^1$가 다음 세 공리

(A1) 모든 $E \in \mathcal{F}$에 대하여, $P(E) \geq 0$,

(A2) 상호배반인 $\mathcal{F}$의 가산무한열 $\{E_n\}$에 대하여

$$P(\cup_n E_n) = \sum_n P(E_n),$$

(A3) $P(\Omega) = 1$

를 만족하면, P를 $\mathcal{F}$ 위에서 정의되는 확률함수(probability function) 또는 확률측도(probability measure)라 한다. 이때 $P(E)$를 사건 E가 일어날 확률, 간단히 사건 E의 확률(probability of E)이라 한다. 또 세 원소 $(\Omega, \mathcal{F}, P)$를 확률공간(probability space)이라 한다.

참고 2.15

공리적 확률에서 세 공리는 증명이 요구되지는 않는다. 공리들은 증명이 요구되지 않는 사전확률이나 사후확률 등 통상적인 확률의 기본성질이기 때문이다.

참고 2.16

공리적 확률에서 세 공리는 어떤 사건에 어떤 확률을 주어야 하는지를 구체적으로 설명하지 않는다. 세 공리를 만족하면서도 한 사건에 대응되는 확률이 여러 개 존재할 수 있다. 예를 들어, $\mathcal{F} = \{\{H\}, \{T\}, \Omega\}$에서 정의되는 두 집합함수 $P_1 : \mathcal{F} \to R^1$, $P_2 : \mathcal{F} \to R^1$의 대응을 각각

$$\Phi \mapsto 0,\ \{H\} \mapsto 0.5,\ \{T\} \mapsto 0.5,\ \Omega \mapsto 1$$

$$\Phi \mapsto 0,\ \{H\} \mapsto 0.4,\ \{T\} \mapsto 0.6,\ \Omega \mapsto 1$$

으로 정의하면 둘 다 세 공리를 만족하는 확률함수이다. P_1은 사전확률 그리고 P_2는 사후확률이라 할 수 있다. 결국, 사건 $\{H\}$에 대하여 사전확률은 0.5, 사후확률은 0.4로 확률을 정의한다. 어떤 확률실험에서 한 사건의 확률은 그 확률실험에 대응되는 **확률질량함수**(연속의 경우 **확률밀도함수**)에 의하여 일의적으로 결정된다.

참고 2.17 **기하학적 확률**

표본공간 Ω가 비가환집합일 때, 만약 Ω에 대하여 길이(L)나 면적(A) 또는 체적(V) 등 유한의 기하학적인 측도 $m(\Omega)$가 주어지는 경우, 사건 E의 확률 $P(E)$은

$$P(E) = \frac{L(E)}{L(\Omega)} \quad \text{또는} \quad \frac{A(E)}{A(\Omega)} \quad \text{또는} \quad \frac{V(E)}{V(\Omega)}$$

등으로 정의된다. 이때 P는 확률의 세 공리 (A1), (A2), (A3)를 만족하게 된다.

보기 2.5

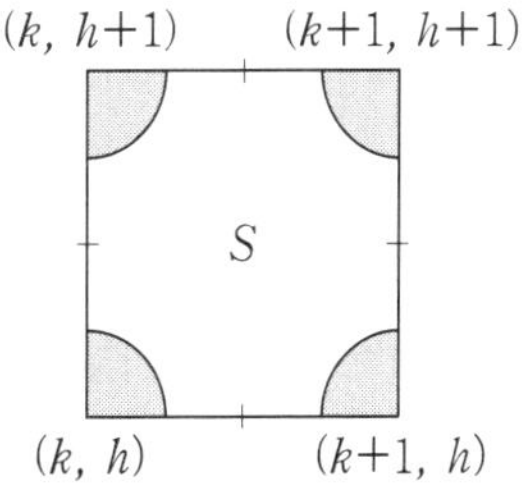

두 좌표가 모두 정수인 평면 위의 점 (x, y)들의 집합을 X라 하자. 반경이 $\frac{1}{4}$인 동전을 이 평면 위에 임의로 던졌을 때, 이 동전이 집합 X의 점을 덮을 사건 E라 할 때, 확률 $P(E)$를 구해 보자. 먼저, 두 정수 k, h에 대하여 집합 S를

$$S = \{(x,\ y) \in X \mid k \le x \le k+1,\ h \le y \le h+1\}.$$

라 하고, 또 네 점 (k, h), $(k, h+1)$, $(k+1, h)$, $(k+1, h+1)$의 각 점으로부터 거리가 $\frac{1}{4}$보다 작은 S 안의 점들의 집합을 A이라 하자. 이때 중심이 집합 S 위에 놓인 동전이 집합 X의 점을 덮기 위해서는 이 동전의 중심이 집합 A 안에 놓여야 한다. 따라서 구하는 확률 $P(E)$는 한 변이 1인 직사각형의 면적과 반경이 $\frac{1}{4}$인 원의 면적의 비

$$P(E) = \frac{A(A)}{A(S)} = \frac{\pi\left(\frac{1}{4}\right)^2}{1} = \frac{\pi}{16}$$

로 주어진다.

참고 2.18 **확률의 연속성**

확률의 정의 2.14의 공리 (A2)를 이용하면, 확률함수 $P : \mathcal{F} \to R^1$은

$$\lim_{n\to\infty} E_n = E \Rightarrow \lim_{n\to\infty} P(E_n) = P(E)$$

즉,

$$P(\lim_{n\to\infty} E_n) = \lim_{n\to\infty} P(E_n)$$

이 성립한다. 이 성질은 실번수함수의 연속성과 같은 개념이므로 확률함수 P의 연속성이라 한다. 따라서 σ-가법성인 (A2)를 확률함수 P의 연속조건이라고도 한다. 이 성질은 확률의 중요한 성질들을 증명하는 데 도움이 된다.

참고 2.19

확률공간에서는 $P(\phi) = 0$이고 $P(\Omega) = 1$이다. 그러나 이 역이 반드시 성립하지는 않는다. 다시 말하여, $P(F) = 0$, $P(G) = 1$인 사건 F와 G가 반드시 $F = \phi$, $G = \Omega$일 필요는 없다. 실제로, 확률이 0 또는 1인 사건 중에는 ϕ이거나 Ω가 아닌 사건이 얼마든지 존재할 수 있다.

집중논의 0이나 1의 확률을 갖는 사건

확률 0을 가지며 공사건(ϕ)이 아닌 사건 또 확률 1을 가지며 전사건(Ω)이 아닌 사건을 생각해 보자.

먼저, 구간 $(0, 1)$에서 임의로 한 점을 택하는 확률실험, 즉 $(0, 1)$ 위에서 실수 $r\,(0 < r < 1)$을 임의로 택하는 실험을 생각하자. $(0, 1)$ 위의 모든 실수 r은 무한히 긴 소수의 표현을 갖는다. 즉, $r = 0.\,\alpha_1\alpha_2\alpha_3\alpha_4\alpha_5\cdots$ (α_i는 정수). 예를 들어, $\frac{1}{7}$과 $\frac{1}{2}$은 각각

$$\frac{1}{7} = 0.142857142\cdots,\ \frac{1}{2} = 0.500000000\cdots$$

로 표시된다. 결국, 구간 $(0, 1)$에서 임의의 한 점을 택하는 것은 $(0, 1)$ 사이에 존재하는 무한히 긴 이 소수의 표현 중 하나를 택하는 것과 같다. 이를 테면, 구간 $(0, 1)$에서 $\frac{1}{9} = 0.1111111\cdots$을 택하는 확률을 생각해 보자. 지금 소수점 첫째 자리에 1이 올 사건을 E_1, 소수점 둘째 자리까지 1이 올 사건을 사건 E_2이라 하고, 같은 방법으로, 소수점 n번째 자리까지 1이 올 사건을 E_n이라 하자. 이때, 모든 정수 n에 대하여 사건 E_n이 일어나면 반드시 사건 E_{n+1}이 일어나게 됨으로

$$E_1 \supset E_2 \supset E_3 \supset \ \cdots\ \supset E_n \supset E_{n+1} \supset\ \cdots$$

이 성립한다. 한편, $P(E_1) = \frac{1}{10}$이다. 그것은 소수점 첫째 자리에 올 수 있는 숫자는 0부터 9로 10가지이기 때문이다. 또 $P(E_2) = \frac{1}{10}\cdot\frac{1}{10} = \frac{1}{100}$이고, 같은 논리로 $P(E_n) = \left(\frac{1}{10}\right)^n$이다. 더욱이 $\cup_{n=1}^{\infty} E_n = E = \frac{1}{9}$, 확률의 연속성에 의하여

$$P(E) = P\left(\cup_{n=1}^{\infty} E_n\right) = \lim_{n\to\infty} P(E_n) = \lim_{n\to\infty}\left(\frac{1}{10}\right)^n = 0$$

이다. 결국, $E \neq \phi$이며 $P(E) = 0$이다.

한편, $F = E^c$라 하면, $F \subset \Omega$이고 $P(F) = P(\Omega) - P(E) = 1$이다.

이와 같은 논리는 구간 $(0, 1)$의 모든 점에 대하여 성립한다. 따라서 확률 0을 가지며 공사건(ϕ)이 아닌 사건, 또 확률 1을 가지며 전사건(Ω)이 아닌 사건은 무수히 많이 존재한다.

2.2 | 순열과 조합

2.2.1 경우의 수: 합의 법칙 · 곱의 법칙

앞에서는 한 확률실험에서 어떤 사건이 일어날 확률을 정의하는 방법을 논하였다. 특히, 유한표본공간에서 모든 기본사건이 일어날 가능성이 같은 경우, 즉 출현균일성이 성립되는 경우, 사건 E가

일어날 확률은

$$P(E)=\frac{n}{N} \quad \text{즉} \quad \frac{n(E)}{n(\Omega)}$$

로 정의되었다. 이 경우 사건 E가 일어날 확률은 이 확률실험에서 얻은 가능한 모든 경우의 수 $n(\Omega)$와 그중 특히 사건 E을 일어나게 하는 경우의 수 $n(E)$와의 비로 정의된다. 결국 사건 E가 일어날 확률은 E에 대한 $n(E)$와 전사건 Ω에 대한 $n(\Omega)$를 구하는 문제로 귀결된다.

복잡한 사건일수록 그 사건을 일어나게 하는 경우의 수를 셈하는 문제는 복잡해지고 어려워지며 이러한 경우 순열과 조합의 이론이 효과적으로 이용될 수 있다.

먼저 경우의 수를 셈하는 두 가지 기본 원리를 생각한다.

2.2.1.1 합의 법칙

먼저 다음 예를 생각하자.

색깔이 다른 2개의 주사위를 동시에 던져 나오는 눈의 합이 6의 배수가 되는 경우의 수를 생각하자. 눈의 합이 6의 배수인 경우는 눈의 합이 6 또는 12인 경우이다. 먼저 눈의 수의 합이 6인 경우는

$$(1,\ 5),\ (2,\ 4),\ (3,\ 3),\ (4,\ 2),\ (5,\ 1)$$

으로 5가지이다. 또 합이 12인 경우는

$$(6,\ 6)$$

으로 1가지이다. 이때, 두 경우가 동시에 일어날 수 없으므로 두 눈의 수의 합이 6의 배수가 되는 경우의 수는 $5+1=6$(가지)이다.

참고 2.20 확률실험의 특징

집합을 이용하면 경우의 수를 더 쉽게 다룰 수 있다. 두 집합 E_1, E_2에 대하여 합집합 $E_1 \cup E_2$의 원소의 개수는

$$n(E_1 \cup E_2)=n(E_1)+n(E_2)-n(E_1 \cap E_2)$$

이다. 특히 $E_1 \cap E_2=\phi$이면 $n(E_1 \cap E_2)=0$이므로, 따라서 $n(E_1 \cap E_2)=0$이면

$$n(E_1 \cup E_2)=n(E_1)+n(E_2)$$

이다. 위 예의 경우, 눈의 합이 6의 배수인 집합을 E_1, 눈의 합이 12인 집합을 E_2라 하면,

$$E_1=\{(1,5),(2,4),(3,3),(4,2),(5,1)\},\quad E_2=\{(6,6)\}$$

이고, 이때 $n(E_1 \cap E_2)=0$이므로

$$n(E_1 \cup E_2)=n(E_1)+n(E_2)=5+1=6$$

이다.

일반적으로 다음이 성립한다.

정리 2.21 합의 법칙(addition principle)

r개의 확률실험이 동시에 수행되지 않을 때, 만약 첫째 실험에서는 n_1가지의 방법으로 일어나고, 또 두 번째 실험에서는 첫째 실험의 각 결과에 대하여 n_2가지의 방법으로 일어나고, 계속하여 같은 방법으로 r번째 실험에서는 앞의 각 실험 결과에 대하여 n_r가지의 방법으로 일어난다면, r개의 실험 중 하나가 일어나는 경우의 수는 $n_1 + n_2 + \cdots + n_r$이다.

보기 2.6

어떤 대학에서는 교양체육을 일반체육과목과 사회체육과목으로 구분하고 있다. 일반체육과목은 탁구, 배구, 야구, 축구, 정구로, 또 사회체육과목은 승마, 골프, 포크댄스로 구분한다. 한 학생이 이 교양체육에서 한 과목을 선택하는 경우의 수를 생각하자. 이 학생이 교양체육으로 일반체육과목에서 5가지, 사회체육과목에서 3가지를 선택할 수 있다. 그러나 일반체육과목과 사회체육과목을 동시에 선택할 수 없으므로, 일어나는 경우의 수는 합의 법칙에 의하여 $5+3=8$(가지)이다.

보기 2.7

크기가 서로 다른 세 개의 주사위를 동시에 던져 눈의 합이 7이 되는 경우의 수를 구하여 보자. 세 주사위에서 나오는 눈의 수를 각각 x, y, z라 하면

$$1 \le x,\ y,\ z \le 6, \quad x+y+z=7$$

이어야 한다. 이때,

$$\begin{aligned}
x=1: &\quad y+z=6; \quad (1,5),\ (2,4),\ (3,3),\ (4,2),\ (5,1)\\
x=2: &\quad y+z=5; \quad (1,4),\ (2,3),\ (3,2),\ (4,1)\\
x=3: &\quad y+z=4; \quad (1,3),\ (2,2),\ (3,1)\\
x=4: &\quad y+z=3; \quad (1,2),\ (2,1)\\
x=5: &\quad y+z=2; \quad (1,1)
\end{aligned}$$

이므로, 따라서 합의 법칙에 의하여 구하는 경우의 수는

$$5+4+3+2+1=15\text{(가지)}.$$

2.2.1.2 곱의 법칙

먼저, 두 개의 확률실험이 수행된다고 하자. 그중 한 실험은 m가지 가능한 결과 중 하나가 나오고, 또 다른 한 실험은 앞 실험의 이 각 결과에 대하여 n가지 결과가 나올 수 있다면, 두 실험이 동시에 수행될 때 나올 수 있는 가능한 결과는 mn가지이다. 이 결과는 다음과 같이 설명된다. 먼저

두 실험의 가능한 결과들이 다음과 같다.

$$\begin{matrix} (1,\ 1), & (1,\ 2), & \cdots, & (1,\ n) \\ (2,\ 1), & (2,\ 2), & \cdots, & (2,\ n) \\ \vdots & \vdots & \ddots & \vdots \\ (m,\ 1), & (m,\ 2), & \cdots, & (m,\ n) \end{matrix}$$

표에서 $(i,\ j)$는 첫째 실험 결과가 i, 두 번째 실험 결과 j임을 나타낸다. 따라서 가능한 결과는 mn가지이다.

위 결과를 일반화하면 다음과 같다.

정리 2.22 곱의 법칙

r개의 확률실험이 동시에 수행될 때, 만약 첫째 실험에서는 n_1가지의 방법으로 일어나고, 또 두 번째 실험에서는 첫째 실험의 각 결과에 대하여 n_2가지의 방법으로 일어나고, 계속하여 같은 방법으로 r번째 실험에서는 앞의 각 실험 결과에 대하여 n_r가지 방법으로 일어난다면, r개의 실험 중 하나가 일어나는 경우의 수는 $n_1 n_2 \cdots n_r$이다.

보기 2.8

어떤 지역의 자동차 번호판을 5자리로 만들기로 하였다. 앞의 2자리는 영문 알파벳으로 하고, 뒤 3자리는 첫 자리가 0이 아닌 아라비아 숫자로 구성하기로 하였다. 이 경우 모두 몇 가지의 번호판이 만들어질 수 있을까?

먼저 앞 2자리 문자는 각각 26가지이고 나머지 3자리 중의 첫 숫자는 0이 제외된 9가지 그리고 나머지 두 숫자는 각각 10가지가 올 수 있다. 따라서 구하는 방법의 수는 $26 \cdot 26 \cdot 9 \cdot 10 \cdot 10 = 608{,}400$(가지)이다.

보기 2.9

금고에 다이얼식 자물쇠 2개가 달려 있다. 각 다이얼은 16개의 눈금들로 되어 있고 이 금고를 설정하는 방법은 다음과 같다.

'한 쪽 다이얼을 원점에서 시작하여 왼쪽이나 오른쪽 한 방향으로 2회 돌린 후 한 눈금에 맞춘다. 또 다른 한 쪽 다이얼도 같은 방법으로 임의의 한 방향으로 2회 돌린 후 한 눈금에 맞춘다.' 이 금고를 열기 위해서는 설정 절차를 재현하여야 한다. 금고의 설정 상태를 모르는 사람이 이 금고를 열기 위해서는 최대 몇 번까지 시도하여야 할까?

두 다이얼을 A와 B라 하자. 먼저 다이얼 A에서 좌우 돌릴 방향을 정하는 방법의 수는 2가지 그리고 그것을 한 점에 고정시키는 방법의 수는 16가지이다. 마찬가지로, 다이얼 B에서도 돌릴 방향을 정하는 방법의 수는 2가지, 그리고 한 점에 고정시키는 방법의 수는 16가지이다. 금고가 열리기 위해서는, 두 다이얼이 모두 열려야 하므로, 결국 네 사건이 동시에 일어나야 한다. 따라서 구하는 방법의 수는 곱의 법칙에 의하여 $2 \cdot 16 \cdot 2 \cdot 16 = 1{,}024$(가지)이다.

2.2.1.3 수형도

수형도는 경우의 수를 셈할 때, 복잡한 문제를 간편하고 작은 경우로 세분하여 셈하기 쉽게 나뭇가지 모양으로 표시하는 그림을 말한다. 이 방법은 수행되는 실험에서 얻은 가능한 경우의 수가 유한인 경우에만 적용되지만 모든 경우의 수를 빠트리지 않고 또 중복하여 셈하지 않는 조직적인 방법이라 할 수 있다.

보기 2.10

A, B 두 사람이 가위바위보 놀이를 계속하여 한 사람이 연속하여 2번 이기거나 아니면 모두 3번을 이기면 그 사람이 이기는 것으로 하였다. 이 놀이에서 한 사람이 모두 3번을 이기는 경우는 전체 중 몇 %나 될까? 이 놀이의 수형도는 아래 그림과 같다. 놀이의 승부가 결정되는 경우의 수는 수형도의 끝 점의 수와 같아 모두 10가지이다. 수형도에서 보는 바와 같이 특히 A가 연속 2번이 아닌 모두 3번을 이기는 경우는 단 1가지(← 표)로 전체의 10%가 된다.

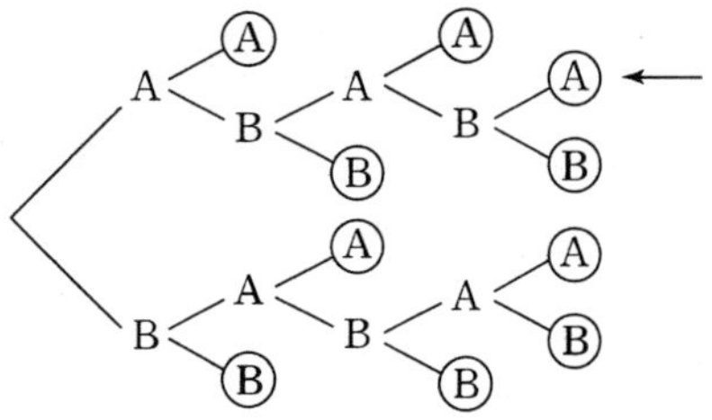

참고 2.23

보기 2.10에서, 한 사람이 3번을 이길 확률을 0.1이라고 할 수는 없다. 그것은 이 경우 모든 결과에 출연균일성이 보장되지 않기 때문이다.

2.2.2 순열

실생활에서는 순서를 생각하며 경우의 수를 헤아려 보아야 그 특징이 나타나는 경우가 많다. 여기서는 경우의 수를 순서를 생각하며 셈하는 방법을 생각해 보자.

여러 개의 원소에서 그 일부를 택하여 정해진 순서로 배열하는 방법의 수를 생각하자. 일반적으로, 서로 다른 n개의 원소에서 r개를 택하여 일렬로 배열하는 것을 '원소 n개에서 r개를 택하는 순열'이라고 하고 이 순열의 수를 ${}_nP_r$(또는 P_n^r)로 표시한다.

먼저, 순열의 수 $_nP_r$을 구하는 방법을 생각하자.

서로 다른 n개의 원소에서 r개를 택하여 일렬로 배열할 때, 첫째 자리에 올 수 있는 것은 n, 그 각각에 대하여 둘째 자리에 올 수 있는 것은 첫째 자리에 놓인 것을 제외한 $n-1$가지이다. 또, 셋째 자리에 올 수 있는 것은 앞의 두 자리에 놓인 것을 제외한 $n-2$가지이다. 같은 방법으로 계속하여, 마지막 r째 자리에 올 수 있는 것은 앞에 놓인 $n-r$개를 제외 한 $n-(r-1)=n-r+1$가지이다.

따라서 서로 다른 n개의 물건에서 r개를 택하여 일렬로 배열하는 방법의 수는 곱의 법칙에 의하여

$$_nP_r = n(n-1)(n-2)\cdots(n-r+1) \tag{2.2}$$

이다.

보기 2.11

1학년 9명, 2학년 7명, 3학년 5명으로 구성된 학생동아리에서 회장, 부회장, 총무를 각각 1명씩 뽑아 회장단을 구성하려고 한다. 회장은 3학년에서만 선출되고 부회장과 총무는 학년 제한이 없다고 할 때, 회장단을 구성하는 방법의 수는 얼마나 될까?

회장은 3학년 5명 중에서 뽑아야 하므로 회장을 뽑는 방법의 수는 5가지이고, 그 각각에 대하여 부회장과 총무를 뽑는 방법의 수는 회장을 제외한 20명 중에서 2명을 택하여 배열하는 순열의 수이므로 $_{20}\mathrm{P}_2$이다. 따라서 곱의 법칙에 의하여 회장, 부회장, 총무를 각각 1명씩 뽑는 방법의 수는

$$5 \cdot {}_{20}\mathrm{P}_2 = 5 \cdot (20 \cdot 9) = 900(\text{가지}).$$

보기 2.12

물체를 구성하는 물질들을 합성해 내는 단백질(proteins)은 여러 가지 아미노산(amino acid)들의 연결체로 만들어진다. 20종류의 천연아미노산 중, 예컨대 알라닌(alanine), 발린(valine), 글리신(glycine), 시스테인(cysteine), 트립토판(tryptophan) 등 5가지만으로 구성되는 단백질의 경우에도

'알라닌-발린-글리신-시스테인-트립토판'

의 순서로 연결된 경우와

'알라닌-글리신-발린-시스테인-트립토판'

의 순서로 연결된 경우가 서로 다른 합성물이 된다. 이 경우에 5가지 천연아미노산만으로 합성되는 단백질의 종류는 몇 가지나 될까?

천연아미노산의 순서가 달라지면 그 합성물도 달라지므로, 5가지 천연아미노산만으로 합성되는 물질의 가지 수는 모두

$$5 \cdot 4 \cdot 3 \cdot 2 \cdot 1 = 120(\text{가지}).$$

다음은, n개에서 n개 모두를 택하는 순열의 수를 생각하자. 이때는 (2.2)에서 $r=n$이므로

$$ {}_{n}\mathrm{P}_{n} = n \cdot (n-1) \cdot (n-2) \cdots 3 \cdot 2 \cdot 1 $$

이다. 일반적으로, 1에서 n까지 자연수의 곱을 n의 계승(factorial)이라 하고, 이것을 기호로 $n!$로 표시한다.

순열의 수 ${}_{n}\mathrm{P}_{r}$는 계승을 이용하여 다음과 같이 나타낼 수 있다.

$$ \begin{aligned} {}_{n}\mathrm{P}_{r} &= n(n-1)(n-2) \cdot (n-r+1) \\ &= \frac{n(n-1)(n-2)\cdots(n-r-1)(n-r)(n-r+1) \cdot 3 \cdot 2 \cdot 1}{(n-r)(n-r-1)\cdots 3 \cdot 2 \cdot 1} \\ &= \frac{n!}{(n-r)!} \end{aligned} $$

특히, $r=n$이면 좌변은 ${}_{n}\mathrm{P}_{r}=n!$이고 우변은 $\dfrac{n!}{0!}$이므로 $n! = \dfrac{n!}{0!}$이 성립하도록 $0!=1$로 정의한다. 또 $r=0$이면 좌변은 ${}_{n}\mathrm{P}_{0}$이고 우변은 $\dfrac{n!}{n!}=1$이므로 ${}_{n}\mathrm{P}_{0}=1$로 정의한다.

순열의 수 ${}_{n}\mathrm{P}_{r}$에서 다음 등식이 성립한다.

(1) ${}_{n}\mathrm{P}_{r} = n \cdot {}_{n-1}\mathrm{P}_{r-1} \quad (0 \le r \le n)$,

(2) ${}_{n}\mathrm{P}_{r} = {}_{n-1}\mathrm{P}_{r} + r \cdot {}_{n-1}\mathrm{P}_{r-1} \quad (0 \le r \le n)$

보기 2.13

5명의 남자 어린이와 5명의 여자 어린이가 일렬로 서서 사진촬영을 하려고 한다. 같은 성별의 두 어린이를 인접하지 않게 하는 방법의 수를 구하여 보자.

같은 성별의 두 어린이가 인접하여 않게 하기 위해서는 남자 어린이는 1, 3, 5, 7, 9째 자리에 서고, 여자 어린이는 2, 4, 6, 8, 10째 자리에는 서는 방법, 또는 여자 어린이가 1, 3, 5, 7, 9째 자리에 그리고 남자 어린이는 2, 4, 6, 8, 10째 자리에는 서는 것이다.
따라서 구하는 방법의 수는 $5! \cdot 5! \cdot 2$이다.

마지막으로, 원소 중에 같은 것이 있는 경우를 생각하자. n개의 원소에서 모두를 택하는 순열의 수는 $n!$이다. 이것은 n개의 원소가 모두 다를 때만 성립한다. VICTORY에서와 같이 서로 다른 7문자 순열의 수는 $7!$이지만, VILLAGE의 경우 중간에 끼어 있는 문자 LL이 서로 자리를 바꾸어도 순열에 변화를 주지 않기 때문에 이때의 순열의 수는 $7!$보다 작게 된다. 얼마나 작아질까? VILLAGE의 순열의 수를 x라 하면, 중간에 끼어 있는 두 문자 LL이 서로 다를 경우 $2!$ 만큼 새로운 순열의 수가 만들어지게 된다. 결국, $x \times 2! = 7!$이 성립하고, VILLAGE로 만들어지는 서로 다른 순열의 수 x는

$$ x = \frac{7!}{2!} $$

이다.

이것을 일반화하면 다음과 같다.

정리 2.24

n개의 원소 중 $n_1, n_2, \cdots, n_k$ (단, $n_1+n_2+\cdots+n_k=n$)개 원소가 각각 서로 같아 k가지의 서로 다른 원소를 가질 때, 이 원소들의 서로 다른 순열의 수는 다음과 같다.

$$\frac{n!}{n_1!\,n_2!\cdots n_k!}$$

보기 2.14

같은 종류인 12개의 장난감을 4개, 3개, 3개, 2개를 각각 빨강, 노랑, 파랑, 초록으로 색칠하려고 할 때, 모두 몇 가지 방법이 있을까?

12개의 장난감을 서로 다른 색으로 칠한다고 하면, 그 장난감은 일렬로 나열하는 순열의 수와 같으므로 그 수는 12!이다. 그중 4개, 3개, 3개, 2개를 각각 같은 색깔로 칠하므로 구별되지 않는다. 이때, 서로 구별되는 순열의 수는

$$\frac{12!}{4!\cdot 3!\cdot 3!\cdot 2!}=277{,}200.$$

보기 2.15

동전을 10번 던져 앞면이 4번 나오는 경우의 수를 생각해 보자.

동전을 10번 던져 모두 다른 결과가 나온다면 그 원소들의 순열의 수는 10!이다. 그러나 동전을 10번 던져 앞면이 4번 나오는 경우는, 10자리 중에서 4자리는 앞면(H) 그리고 나머지 6자리는 뒷면(T)으로 구성됨으로 구하는 경우의 수는

$$\frac{10!}{4!\cdot 6!}=210.$$

확률·통계이야기 카드 게임

플레잉 카드 즉 트럼프(trump)는 하트·클럽·다이아몬드·스페이드의 네 모양이 각각 13매씩과 조커(Joker) 1매를 합해 53매로 되어 있다. 조커를 뺀 52매의 트럼프 카드를 일렬로 배열하는 가지 수 52!는 68자리의 수로 쉽게 세지 못하는 엄청난 큰 수이다. 5매로 성립되는 포커의 경우의 수 조차도 모두 259만 8960가지의 큰 수이다. 카드를 가지고 도박을 하던 옛날 도박사들이 도박에서 나타날 자기의 운과 불운을 계산해 보지 못한 이유도 여기에 있다.

이 52장의 카드 한 벌을 잘 섞어 일 열로 나열할 때 각 패에 한 장씩 들어있는 1번 에이스(Ace)가 일렬로 나오는 경우의 수는 얼마나 될까? 먼저 4장의 에이스를 뺀 48장의 카드를 일렬로 나열하는 가지 수는 $48!$고, 4장의 에이스를 묶어서 일렬로 나열된 48장의 카드 사이에 끼어 넣는 방법은 맨 왼쪽과 맨 오른쪽 자리까지 포함하여 49지, 그리고 이 각 경우에 대하여 4장의 에이스 묶음을 펼쳐 일렬로 나열하는 방법은 $4!$이다. 따라서 여기에 확률의 '곱의 원리'를 적용하면, 구하는 경우의 수는 $48! \times 49 \times 4!$이고, 이것은 약 1.46×10^{46}으로 엄청난 수이다. 결국 카드 한 벌을 잘 섞어 일렬로 나열할 때 각 패에 들어있는 1번 에이스가 일렬로 나오는 경우는 1.46×10^{46}에 한 번 정도로 희박하다.

확률·통계이야기 루빅 스퀘어

정육면체의 각 면에 여러 색깔이 칠해진 조각들을 움직여 색깔을 맞추는 퍼즐 장난감인 '루빅 큐브(Rubik Cube)'가 있다. 이것을 변형하고 간소화하여 아래 그림과 같은 1에서 15까지 15개의 움직이는 숫자판과 한 개의 빈 칸으로 이루어진 가로, 세로가 각 4칸씩인 44 격자 판 루빅 스퀘어를 만들 수 있다. 이 간단한 루빅 스퀘어의 경우만 해도 그 숫자를 배열하는 총가지 수는 $16!$로

20,922,789,888,000

이고 이것은 20가 넘는 큰 수이다. 이것은 전 은하계의 별의 개수의 50에 해당하는 엄청나게 큰 수이다.

7	11	4	14
8		3	15
1	9	10	12
13	6	1	5

1	2	3	4
5	6	7	8
9	10	11	12
13	14	15	

2.2.3 조합

순열에서는 서로 다른 여러 개의 원소에서 그 일부를 택하여 순서를 생각하며 배열하는 방법의 수를 생각하였다. 그러나 실생활에서는 순서를 생각하지 않고 묶음이나 조합을 구성하는 방법의 수를 헤아려야 하는 경우도 많다. 여기서는 서로 다른 원소 중에서 순서를 생각하지 않고 일부를 택하는 방법의 수를 계산하는 방법을 생각한다.

일반적으로, 서로 다른 n개의 원소 중에서 순서를 생각하지 않고 r개를 택하는 것을 'n개에서 r개를 택하는 조합'이라고 하고 이 조합의 수를 $\binom{n}{r}$(또는 ${}_nC_r$)로 표시한다.

조합의 수 $\binom{n}{r}$을 구하는 방법을 생각하자.

서로 다른 n개의 원소에서 r개를 택하여 일렬로 배열하는 순열 nPr은 다음 두 단계로 이루어진

다. 먼저 서로 다른 n개의 원소에서 순서를 생각하지 않고 r개를 택한다. 다음은 선택된 r개의 원소를 다시 일렬로 배열한다. 이때, n개의 원소에서 순서를 생각하지 않고 r개를 택하는 방법의 수는 $\binom{n}{r}$이고, 또 선택된 r개를 일렬로 배열하는 방법의 수는 $r!$이다. 따라서 곱의 법칙을 적용하면

$${}_nP_r = \binom{n}{r} \cdot r!$$

이 성립한다. 따라서

$$\binom{n}{r} = \frac{{}_nP_r}{r!} = \frac{n!}{r!\,(n-r)!}$$

여기서 $\binom{n}{0} = \binom{n}{n} = 1$이고, $\binom{n}{1} = \binom{n}{n-1} = 1$임을 알 수 있다.

조합의 수 $\binom{n}{r}$에 대하여 다음 등식이 성립한다.

(1) $\binom{n}{r} = \binom{n}{n-r}\ (0 \le r \le n)$, (2) $\binom{n+1}{r} = \binom{n}{r} + \binom{n}{r-1}$

위 두 등식의 증명은 대수적으로 이루어지지만, 다음과 같이 조합론적으로도 가능하자.

먼저 등식 (1)을 생각하면, n개 원소의 집합

$$\{a_1,\ a_2,\ \cdots,\ a_n\}$$

에서 r개의 원소를 택하면 $n-r$개의 원소는 그대로 남게 되고, 따라서 r개의 원소를 택하는 조합의 수 $\binom{n}{r}$은 당연히 n개의 원소에서 $n-r$개의 원소가 남는 조합의 수 $\binom{n}{n-r}$과 같다.

다음에 등식 (2)의 증명은 다음과 같다. $\binom{n+1}{r}$는 $n+1$개 원소의 집합

$$\{a_1,\ a_2,\ \cdots,\ a_n,\ a_{n+1}\}$$

에서 r개의 원소를 택하는 조합의 수이고, 이것은 다음 두 경우, (a) 원소 a_{n+1}을 포함하지 않는 방법, (b) a_{n+1}을 포함하는 방법으로 이 두 방법에 대한 각 경우의 수의 합과 같다. 이때

(a) $\{a_1,\ a_2,\ \cdots,\ a_n\}$에서 r개의 원소를 택하는 조합의 수는 $\binom{n}{r}$이고,

(b) $\{a_1,\ a_2,\ \cdots,\ a_n\}$에서 $r-1$개의 원소를 택하고 여기에 원소 a_{n+1}을 추가하는 조합의 수는 $\binom{n}{r-1}$이다. 따라서 등식 (2)가 성립한다.

보기 2.16

주머니 안에 1에서 8까지의 숫자가 하나씩 적힌 8장의 카드가 있다. 이 주머니에서 5개의 카드를 꺼낼 때, 짝수의 숫자가 적힌 카드를 3장, 홀수의 숫자가 적힌 카드 2장을 꺼내는 경우의 수를 구하여 보자. 또 7 이상의 숫자가 적힌 카드를 적어도 한 장 꺼내는 경우의 수를 구하여 보자.
8장의 카드에서 5장을 꺼낼 때, 짝수의 숫자가 적힌 카드를 3장 꺼내는 경우의 수는 $\binom{4}{3}$, 그 각

경우에 대하여 홀수의 숫자가 적힌 카드를 2장 꺼내는 경우의 수는 $\binom{4}{2}$가지이다. 따라서 구하는 경우의 수는 곱의 법칙에 의하여

$$\binom{4}{3} \times \binom{4}{2} = \binom{4}{1} \times \binom{4}{2} = 4 \times \frac{4!}{2!\,2!} = 24$$

(가지)이다.

또 주머니에서 꺼낸 5장의 카드 중에서 7 이상의 숫자가 적힌 카드를 적어도 한 장 꺼내는 경우는 다음 두 가지로 구분된다.

(1) 6 이하의 숫자가 적힌 카드가 4장, 7 이상의 숫자가 적힌 카드가 1장인 경우의 수는

$$\binom{6}{4} \cdot \binom{2}{1} = 30$$

(2) 6 이하의 숫자가 적힌 카드가 3장, 7 이상의 숫자가 적힌 카드가 2장인 경우의 수는

$$\binom{6}{3} \cdot \binom{2}{2} = 20$$

따라서 합의 법칙에 의하여 구하는 경우의 수는 $30 + 20 = 50$(가지)이다.

보기 2.17

민속놀이인 윷놀이는 4개의 윷가락을 던져 떨어진 모양에 따라, 하나가 뒤집히면 '도', 두 개가 뒤집히면 '개', 세 개가 뒤집히면 '걸', 네 개 모두 뒤집히면 '윷', 모두 엎어지면 '모' 등 5등급으로 구분하고, 등급에 따라 한 밭에서 다섯 밭까지 앞으로 나가며 하는 놀이이다. 윷을 한 번 던져서 도, 개, 걸, 윷, 모가 나오는 각 경우의 수에 대한 비를 구하여 보자.

윷을 한 번 던져 나오는 가지 수는 한 윷가락에서 2가지씩 모두 $2^4 = 16$(가지)이다. 또 이 놀이에서, 예컨대 도가 나오는 경우 네 윷가락에서 하나만 뒤집힌 상태를 말하는 것으로 각 윷가락의 순서나 뒤집힌 순서는 문제가 되지 않는다. 결국 아래 그림과 같이 총 16가지 중에서 도, 개, 걸이 각각, $\binom{4}{1} = 4$, $\binom{4}{2} = 6$, $\binom{4}{3} = 4$이고, 윷과 모는 각각 $\binom{4}{4} = 1$, $\binom{4}{0} = 1$이 나오게 된다.

도 (○ × × ×) (× ○ × ×) (× × ○ ×) (× × × ○)
개 (○ ○ × ×) (○ × ○ ×) (○ × × ○) (× ○ ○ ×) (× ○ × ○) (× × ○ ○)
걸 (○ ○ ○ ×) (○ ○ × ○) (○ × ○ ○) (× ○ ○ ○)
윷 (○ ○ ○ ○)
모 (× × × ×)

(단, ○: 뒤집힘, ×: 엎어짐), 따라서 네 가지 결과에 대한 비는

도 : 개 : 걸 : 윷 : 모 = 4 : 6 : 4 : 1 : 1

이다.

확률·통계이야기 피자와 토핑

어떤 피자 가게에서는 피자의 종류를 1,000가지 이상 제공한다고 선전하고 있다. 이 가게에서 사용하고 있는 토핑의 재료는

'페퍼로니, 버섯, 소시지, 그린페퍼, 양파, 안초비, 살라미, 베이컨, 올리브, 빻은 쇠고기'

등으로 10가지이다.

이 피자 가게의 선전이 사실이라고 할 수 있을까?

이 피자 가게에서 만들어지는 서로 다른 피자는 10가지 토핑 재료의 조합으로 만들어지므로, 이 가게에서 만들고 있는 피자의 가지 수는 다음과 같이 계산할 수 있다.

먼저, n개의 원소를 갖는 집합의 부분집합의 개수는

$$\binom{n}{0}+\binom{n}{1}+\cdots+\binom{n}{n}$$

이고, 이것은 2^n이다.

이 결과를 먼저 확인하기 위해서, n개의 원소를 갖는 집합을

$$A=\{a_1,\ a_2,\ \cdots,\ a_n\}$$

라 하고 그 부분집합을 B라 하자. 이때 A에 대하여 수열

$$b_1b_2b_3\cdots$$

을 생각하되 원소 a_i가 B에 들어가면 b_1은 1로, 그렇지 않으면 0으로 나타내자. 이를테면,

$$\begin{array}{ccc}
\phi & \longleftrightarrow & \overbrace{000\cdots 0}^{n}, \\
\{a_1\} & \longleftrightarrow & 100\cdots 0, \\
\{a_2\} & \longleftrightarrow & 010\cdots 0, \\
\{a_1,\ a_2\} & \longleftrightarrow & 110\cdots 0, \\
 & \vdots & \\
\{a_1,\ \cdots,\ a_n\} & \longleftrightarrow & \overbrace{111\cdots 1}^{n},
\end{array}$$

결국, 집합 B는 수열 $b_1b_2b_3\cdots$에 일대일로 대응된다. 결국 부분집합의 개수는 0과 1로 구성되는 길이 n의 수열의 개수와 같으므로

$$\overbrace{2\cdot 2\cdots 2}^{n}=2^n$$

이다. 따라서 10가지 토핑자료가 2^n개의 부분집합을 갖는 사실을 이용하면, 피자의 서로 다른 가지 수는 10가지의 원소로 구성된 집합의 부분집합의 개수, 즉 $2^{10}=1,024$(가지)이다.

집중논의 사색문제와 순열 · 조합

평면 위에 그려진 지도이든 구면 위의 지도이든 각 나라와 바다를 다른 색깔로 표시하려면 4가지 색으로 충분하다는 사실은 오래전부터 지도 제작자들은 알고 있었다. 물론 특별한 경우에는 2색이나 3색으로 구별되는 지도도 있고 4색 이상의 색상이 필요한 경우도 있다. 꺾이지 않은 직선들만으로 그려진 평면지도는 2색으로 채색이 가능하고, 뫼비우스의 띠 위에 그린 지도는 6색까지 있어야 모두 구별된다. 또 평면지도를 원형으로 말아 만드는 도넛형의 원환면 위의 지도는 7색까지 필요하다. 이와 같이, 직선만으로 된 평면 위의 지도는 2색, 뫼비우스의 띠는 6색, 원환면에서는 7색이 필요하다는 것이 증명되었지만, 평면지도나 구면지도는 4가지 색으로 채색할 수 있는 이유에 대하여서는 논리적으로 명확하게 설명하지 못했다.

사색문제란 "인접한 나라를 서로 다른 색깔로 칠하면서 임의의 지도 위의 나라들을 4가지 색깔을 넘지 않고 칠할 수 있다."는 가설을 말한다. 이 문제는 1852년 영국 런던 대학의 교수인 드모르간(Augustus De Morgan, 1806~1871)의 학생인 구드리(Francis Guthrie)에 의하여 처음 제기되었다. 이것을 스승인 드모르간에게 문의했고, 드모르간은 다시 당시 수학자 해밀턴(Sir William Rowan Hamilton)에게 편지로 도움을 요청했다. 해밀턴이 별 관심을 보이지 않자 드모르간은 다시 다른 나라의 수학자들에게 이 문제를 의논함으로써 이 문제가 세상에 알려지게 되었다. 그동안 많은 수학자들이 이 문제를 풀기 위해 노력했지만 거듭 실패하고 결국 미해결로 남게 되었다.

이 사색문제는 한 세기가 지난 1976년에 드디어 미국의 수학자 아펠(Kenneth Appel)과 하켄(Wolfgang Haken)에 의해 해결되었다. 이들은 이 문제를 컴퓨터를 이용해 해결한 것이다. 문제를 유한이지만 아주 큰 경우들로 먼저 분류하고 이것을 다시 2000가지 배열의 100억 가지의 경우를 조사함으로써 증명되었다. 계산에 소요된 시간도 무려 1200시간이었다. 수학사적으로 보아 그들의 증명은 가히 혁명적인 것으로 평가되고 있다. 증명의 결정적인 부분을 인간이 직접 확인할 수 없다는 아쉬움은 있지만, 종래의 방식으로는 증명되지 않는 많은 미해결의 문제들이 컴퓨터를 통해 해결되리라는 희망을 갖게 한 계기가 된 것이다. 이것은 현대적인 컴퓨터가 개발된 이래 언젠가는 나타날 것으로 예상했던 사건의 하나로 전통적인 수리적 증명의 개념이 바뀌어야 함을 의미하는 수학사적인 일이기도 한 것이다.

면 위에서는 2색으로 칠할 수 있다.

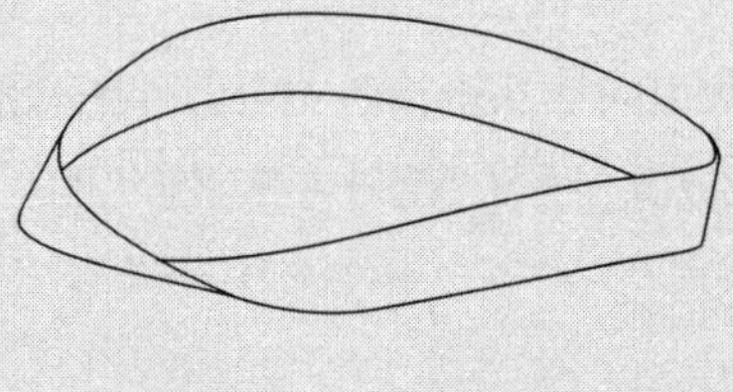

보통 띠 위에서 지도를 그리려면 4색이면 충분하나 뫼비우스의 띠 위에는 6색까지 필요하다.

집중논의 **게놈 프로젝트와 순열 · 조합**

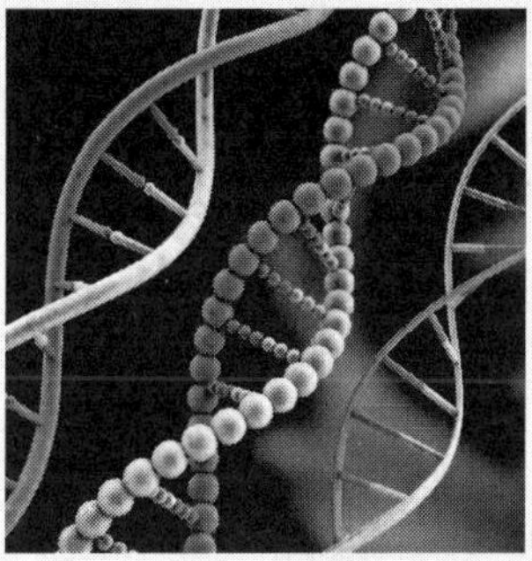

자연현상이나 사회현상 중에는 그 형질이 구성원의 순서나 조합에 의해 결정되는 경우가 많다. 생물의 유전현상의 경우, 은행나무가 은행나무에서 나오고 원숭이에서 원숭이가 태어나는 것은 부모가 유전물질인 DNA(deoxyribonucleic acid)를 자손에게 물려주기 때문이다.

본래 생명체를 구성하고 있는 가장 작은 단위체인 세포, 특히 세포의 핵 속에는 염색체라는 것이 들어 있다. 이 염색체 속에 모든 생명체의 유전 정보가 담겨 있다. 더 자세히 말하여, 염색체는 다시 DNA로 이루어지고 이 DNA가 유전의 기본 단위인 유전자(gene)에 암호화된 부모의 정보를 부여하는 것이다. DNA는 서로 다른 4가지 염기라는 것을 가지고 있고, DNA는 이 염기끼리 결합하여 두 가닥이 서로 붙어 나선형으로 꼬인 형태를 이루고 있다. 사람의 경우 대략 30억 개의 염기가 존재한다. 인간 게놈 프로젝트란 바로 30억 개의 염기가 어떤 순서로 배열되어 있는지를 밝히는 작업이다. 개인의 피부색깔, 얼굴모양, 성격, 행동, 지능과 소질에 관한 차이를 포함하여 인간의 생로병사에 관한 모든 정보를 얻을 수 있기 때문이다. 게놈(genome)은 유전자(gene)와 염색체(chromosome)의 두 단어를 합성해 만든 말로, 생물에 담긴 유전정보를 의미한다.

결국, 과학자들이 생물의 유전적 차이를 보여주는 유전자 지도를 밝힌다는 것은 수학적으로는 유전자를 구성하는 염기의 조합과 순서를 밝히는 것이다. 이것은 동식물의 품종개량, 인간의 질병에 대한 진단과 예방, 치료법 등을 개발하게 되는 것이다. 수학의 순열과 조합 이론도 이 분야에 공헌할 수 있다.

2.3 확률의 기본성질

앞에서 논한 바와 같이, 공리적 확률의 세 공리는 기본적으로 사전확률과 사후확률의 기본 성질에 근원을 두고 있다. 더욱이 이 공리들은 통상적으로 생각하는 확률의 기본 성질이기 때문에 이 공리를 통하여 유도되는 결과들은 모두 사전확률과 사후확률은 물론 다른 확률의 정의(예컨대, 주관적 확률이나 기하학적 확률)로부터 얻어지는 확률에서도 적용된다.

공리적 확률은 그 자체가 어떤 사건의 확률을 구체적으로 설명하지는 않지만, $\mathcal{F}$에 포함된 정해진 일부 사건들에 대한 확률이 주어진다면 $\mathcal{F}$에 포함된 모든 다른 사건들의 확률이 이 공리를 통하여 계산될 수 있음을 설명한다. $\mathcal{F}$에 포함된 정해진 일부의 사건들이란 표본공간이 이산이냐 연속이냐에 따라 달라진다. 유한표본공간의 경우 이 사건들은 각 표본점으로 만들어지는 기본사건들이면 충분하다. 연속인 경우 이 사건들은 더 복잡한 사건들로 구성된다. 이에 대한 설명은 확률변수가 정의된 후에나 가능해진다. 여기서는 어떤 사건에 대한 확률을 구하는 구체적인 방법을 생각하기 전에, 어떤 사건(들)에 확률이 주어지면 다른 사건들의 확률이 공리를 통하여 어떻게 계산되는지를 생각한다.

여기서 '확률공간 $(\Omega, \mathcal{F}, P)$가 주어졌다.'는 뜻을 다시 명백히 한다. 먼저 한 확률실험 $\mathcal{E}$를 수행하여 그 표본공간을 Ω라 하고, 다음에 여기서 얻은 모든 사건들의 모임을 $\mathcal{F}$라 하며, 마지막으로 이 사건들에 대한 확률이 (사전확률이나 사후확률 등을 통하여) 모두 주어졌음을 말한다.

정리 2.25

$(\Omega, \mathcal{F}, P)$가 확률공간일 때, 다음이 성립한다.
(1) 모든 $E \in \mathcal{F}$에 대하여, $P(E^c) = 1 - P(E)$.
(2) 모든 $E \in \mathcal{F}$에 대하여, $0 \le P(E) \le 1$.
(3) $P(\phi) = 0$.

증명 (1) 모든 $E \in \mathcal{F}$에 대하여 $\Omega = E \cup E^c$로 쓸 수 있으므로, 공리 (A2), (A3)에 의하여 $1 = P(E) + P(E^c)$이 성립한다. 또 $P(E)$, $P(E^c)$ 등은 모두 실수이기 때문에 실수의 성질에 의하여 기대한 결과가 성립한다.
(2) $P(E) \ge 0$는 공리 (A1)이므로, 모든 $E \in \mathcal{F}$에 대하여 $P(E) \le 1$을 보이면 충분하다. $1 = P(E) + P(E^c)$에서 $P(E) = 1 - P(E^c)$이고 여기서 $P(E^c) \ge 0$이므로 결국 $P(E) \le 1$이다.
(3) 모든 $E \in \mathcal{F}$에 대하여 $E = E \cup \phi$이고, E와 ϕ가 서로 배반, 즉 $E \cap \phi = \phi$을 이용하면 공리 (A3)에 의하여 $P(E) = P(E \cup \phi) = P(E) + P(\phi)$이다. 따라서 $P(\phi) = 0$이 성립한다. □

확률의 합의 법칙(additive rule of probability)으로 알려진 다음 정리는 확률을 계산하는 데 유용하다.

정리 2.26 확률의 합의 법칙

$(\Omega, \mathcal{F}, P)$가 확률공간일 때, 임의의 $E_1, E_2 \in \mathcal{F}$에 대하여

$$P(E_1 \cup E_2) = P(E_1) + P(E_2) - P(E_1 E_2)$$

이 성립한다.

증명 임의의 $E_1, E_2 \in \mathcal{F}$에 대하여

$$E_1 \cup E_2 = E_1 \cup (E_2 E_1^c)$$

이고

$$E_2 = (E_1 E_2) \cup (E_2 E_1^c)$$

이므로,

$$P(E_1 \cup E_2) = P(E_1) + P(E_2 E_1^c)$$

그리고

$$P(E_2) = P(E_1 E_2) + P(E_2 E_1^c)$$

따라서 마지막 두 식으로부터

$$P(E_1 \cup E_2) = P(E_1) + P(E_2) - P(E_1 E_2)$$

이다. □

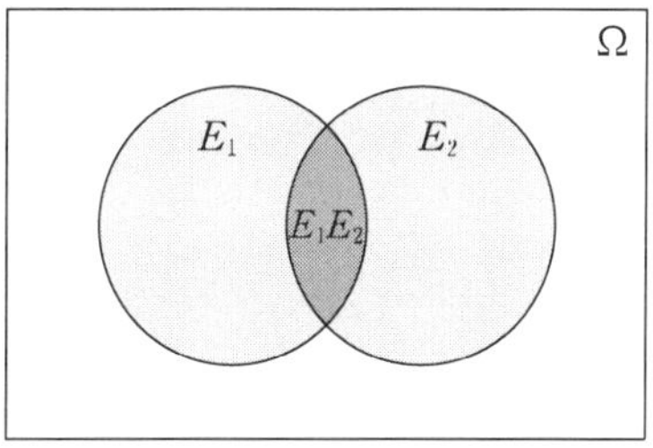

〈그림 2.1〉 확률의 합의 법칙

기호 확률법칙에서 '사건'과 '사건의 확률'을 생각하기 위해서는 먼저 확률공간 $(\Omega, \mathcal{F}, P)$가 정의되었음을 전제로 한다. 그러나 확률의 성질을 설명할 때 각 정리에서 '**확률공간** $(\Omega, \mathcal{F}, P)$**가 주어졌다.**'는 당연한 표현은 꼭 필요한 경우를 제외하고 앞으로 생략하기로 한다. ■

참고 2.27

임의의 E_1, E_2, $E_3 \in \mathcal{F}$에 대하여,

$$\begin{aligned} P(E_1 \cup E_2 \cup E_3) = &\ P(E_1) + P(E_2) + P(E_3) \\ &- P(E_1E_2) - P(E_1E_3) - P(E_2E_3) \\ &+ P(E_1E_2E_3) \end{aligned}$$

이 성립한다. 이것은 $E_1 \cup E_2 \cup E_3 = (E_1 \cup E_2) \cup E_3$로 표시하고 여기에 정리 2.26의 결과를 적용하면 성립한다. 더욱이, 이 결과를 수학적 귀납법을 적용하여 확장하면, 임의의 n개의 사건 $E_1, \cdots, E_n$에 대하여 다음 결과를 얻는다.

$$\begin{aligned} P(E_1 \cup E_2 \cup E_3 \cup \cdots \cup E_n) = &\sum_{i=1}^{n} P(E_i) - \sum_{i<j}^{n} P(E_iE_j) + \sum_{i<j<k}^{n} P(E_iE_jE_k) \\ &\vdots \\ &+ (-1)^{n+1} P(E_1E_2 \cdots E_n) \end{aligned}$$

보기 2.10

한 개의 좋은 주사위를 두 번 던지는 확률실험에서, 첫 번째 결과에서 점의 개수가 2를 넘지 않고, 두 번째 결과에서 점의 개수가 적어도 5가 될 확률을 생각하자. 먼저, 이 확률실험의 표본공간은

$$\Omega = \{(a, b) \mid a, b = 1, \cdots, 6\}$$

이고, 각 표본점에 대응되는 기본사건들이 일어날 확률은 모두 $\frac{1}{36}$로 동일하다. 이때 A, B를

'첫 번째 결과에서 점의 개수가 2를 넘지 않을 사건', '두 번째 결과에서 점의 개수가 적어도 5가 될 사건'이라 하면

$$E_1 = \{(a,\ b) \mid 1 \le a \le 2\ ;\ b = 1,\ \cdots,\ 6\},$$
$$E_2 = \{(a,\ b) \mid a = 1,\ \cdots,\ 6\ ;\ 5 \le b \le 6\},$$
$$E_1 E_2 = \{(1,\ 5),\ (1,\ 6),\ (2,\ 5),\ (2,\ 6)\}$$

이고, $P(E_1) = \dfrac{1}{3}$, $P(E_2) = \dfrac{1}{3}$이고, $P(E_1 E_2) = \dfrac{4}{36}$이므로

$$P(E_1 \cup E_1) = P(E_1) + P(E_2) - P(E_1 E_2)$$
$$= 13 + 13 - \frac{4}{36} = \frac{5}{9}$$

정리 2.28

임의의 E_1, $E_2 \in \mathcal{F}$가 $E_1 \subset E_2$이면 $P(E_1) \le P(E_2)$이다.

증명 $E_2 = E_1 \cup (E_2 E_1^c)$이므로

$$P(E_2) = P(E_1) + P(E_2 E_1^c) \ge P(E_1)$$

이 성립한다. □

부울의 부등식(Boole's Inequality)으로 알려진 다음 부등식은 확률의 여러 성질을 증명하는 데 이용된다.

정리 2.29 부울의 부등식

모든 $E_1,\ \cdots,\ E_n \in \mathcal{F}$에 대하여 다음이 성립한다

$$P(E_1 \cup \cdots \cup E_n) \le \sum_{i=1}^{n} P(E_i)$$

증명 먼저 임의의 두 E_1, $E_2 \in \mathcal{F}$에 대하여

$$P(E_1 \cup E_2) = P(E_1) + P(E_2) - P(E_1 E_2) \le P(E_1) + P(E_2)$$

이 성립하고, 여기에 수학적 귀납법을 적용하면 기대되는 결과를 얻는다. □

참고 2.30

정리 2.29의 결과는 $n=\infty$ 인 경우에도 성립한다.

다음 본페로니 부등식(Bonferroni's Inequality)은 부울의 부등식으로부터 유도되는 확률의 성질로 동시신뢰구간의 극한을 구하는 데 유용하다.

정리 2.31 본페로니 부등식

모든 $E_1, \cdots, E_n \in \mathcal{F}$에 대하여

$$P(E_1 E_2 \cdots E_n) \geq 1 - \sum_{i=1}^{n} P(E_i^c)$$

증명 먼저 임의의 두 $E_1, E_2 \in \mathcal{F}$ 에 대하여

$$\begin{aligned} P(E_1 E_2) &= P[(E_1^c \cup E_2^c)^c] \quad \text{(드모르간의 법칙 적용)} \\ &= 1 - P(E_1^c \cup E_2^c) \\ &\geq 1 - \{P(E_1^c) + P(E_2^c)\} \quad \text{(부울의 부등식 적용)} \end{aligned}$$

이고, 여기에 수학적 귀납법을 적용하면 기대되는 결과를 얻는다. □

2.4 | 이산확률공간†: 유한(균일)확률공간

앞에서도 언급한 바와 같이, 공리적 확률은 그 자체가 어떤 사건의 확률을 정하는 방법을 구체적으로 설명하지는 않는다. 다만 이 확률은 $\mathcal{F}$에 포함된 일부 어떤 사건들에 대한 확률이 주어지면 $\mathcal{F}$에 포함된 다른 사건들에까지 공리를 통하여 확률계산을 넓혀 나갈 수 있음을 뜻한다. 이때 계산되는 모든 확률은 예외 없이 확률의 성질에서 이탈하지 않는다는 것이다.

더욱이, 공리적 확률에서 확률함수 P의 정의역 $\mathcal{F}$는 표본공간 Ω에서 정의된 적당한 사건들의 모임으로, Ω가 유한집합이거나 또는 가산무한집합이면 $\mathcal{F}$는 Ω의 모든 부분집합의 모임인 2^{Ω}로 주어진다. 이에 반하여 Ω가 비가산무한집합이면 $\mathcal{F}$는 2^{Ω}의 부분집합으로 특히 Ω 위에서의 σ-집합체(σ-field)가 되어야 한다.

† 로 표시된 절이나 부분절은 '기초 확률론', '확률과 통계', '기초 통계학' 등의 강좌명의 취지에 맞추어 내용을 취사선택할 수 있는 부분을 나타낸 것이다.

이 경우 $\mathcal{F}$ 안의 각 사건에 대한 확률은 구체적으로 어떻게 정해지는가? 다시 말하여, $\mathcal{F}$ 위에서 확률함수 P는 구체적으로 어떻게 정의되는가를 간단한 경우에 대하여 생각한다.

먼저 표본공간의 분할의 개념을 생각하자.

확률공간 $(\Omega, \mathcal{F}, P)$에서, $\{E_i\} \subset \mathcal{F}$인 가산의 사건족 $\{E_i\}$가

$$E_i \cap E_j = \phi \ (i \neq j), \qquad \sum_i E_i = \Omega$$

이면, $\{E_i\}$를 표본공간 Ω의 분할(partition)이라 한다. 여기서 $\sum_i E_i$은 어떤 두 원소도 만나지 않는 집합족 $\{E_i\}$의 합을 말한다.

참고 2.32

(1) $\mathcal{F}$가 Ω 위에서의 σ-집합체란, 2^Ω의 부분집합인 $\mathcal{F}$가 다음 세 조건을 만족한다.

(i) $E \in \mathcal{F}$이면 $E^c \in \mathcal{F}$, (ii) $\mathcal{F}$의 가산무합 $\{E_i\}_{i=1}^{\infty}$에 대하여 $\cup_i E_i \in \mathcal{F}$, (iii) $\varnothing \in \mathcal{F}$

(2) 사건족 $\{E_i\}$가 확률실험 ε의 한 분할이면 이 실험의 수행에서 $\{E_i\}$ 중의 사건이 일어나되 오직 한 사건만 일어난다.

보기 2.19

한 개의 주사위를 던지는 실험에서 표본공간을 Ω라 할 때

$$E_1 = \{1, 2\}, \ E_2 = \{3, 4, 5\}, \ E_3 = \{6\}$$

으로 주어지는 $\{E_1, E_2, E_3\}$는 Ω의 분할이다. 그러나

$$F_1 = \{1, 2, 3, 4\}, \ F_2 = \{3, 4, 5, 6\}$$

로 주어지는 $\{F_1, F_2\}$는 Ω의 분할이 아니다.

보기 2.20

유한표본공간 $\Omega = \{\omega_1, \cdots, \omega_n\}$에서, 기본사건의 집합족

$$\{\{\omega_1\}, \cdots, \{\omega_n\}\}$$

도 Ω의 한 분할이다.

다음은 $\mathcal{F}$ 안의 각 사건의 확률을 정의하는 방법을 구체적으로 생각해 보자.

먼저, Ω가 유한집합일 때 확률함수 P는 정의역인 $\mathcal{F} = 2^\Omega$에서 정의하게 되는데, 이것은 Ω의 기본사건 $\{\omega_i\}$들 위에서 정의하는 것으로 충분하다. 이것을 설명하기 위해서 간단한 유한집합

$$\Omega = \{\omega_1, \cdots, \omega_n\}$$

을 생각해 보자. $\mathcal{F}$ 안의 어떤 사건도 기본사건 $\{\omega_i\}$들의 여사건이나 유한의 배반합으로 표시됨을 유의하면, $\mathcal{F}$ 안의 모든 사건들에 대한 확률은 이 기본사건의 확률 $P(\{\omega_i\})$의 정의만으로 충분하다는 것을 알 수 있다. 더 구체적으로, 모든 i에 대하여 $P(\{\omega_i\})$이 정해져 이것을 $P(\{\omega_i\})=p_i$로 표시하면, 물론 이것은 두 조건 $0 \le p_i \le 1$, $\sum_{i=1}^{n} p_i = 1$을 만족한다. 지금, 사건 $E \in \mathcal{F}$에 대하여 확률 $P(E)$을 E 안에 있는 모든 ω의 확률의 합, 즉 $P(E) = \sum_{\omega_i \in E} p_i$로 정의하자. 물론 $p_1 = \cdots = p_n = \frac{1}{n}$인 경우에는 $P(E) = \frac{k}{n}$이다. 이때 함수 $P : \mathcal{F} \to R^1$는 $\mathcal{F}$ 위에서 확률함수가 됨을 알 수 있다. 즉 P는 다음 세 공리

(A1) 모든 $E \in \mathcal{F}$에 대하여, $P(E) \ge 0$

(A2) 서로 배반인 유한원소계열 $\{E_i\}_{i=1}^{n}$, $E_i \in \mathcal{F}$에 대하여, $P(\cup_{i=1}^{n} E_i) = \sum_{i=1}^{n} P(E_i)$

(A3) $P(\Omega) = 1$

만족한다. 먼저 (A1)은 자명하다. 다음에 (A2)를 보이면, 서로 배반이고 원소의 개수가 각각 k_1, k_2, 따라서 $P(E_1) = \frac{k_1}{n}$, $P(E_2) = \frac{k_2}{n}$인 $\mathcal{F}$ 안의 임의의 두 사건 E_1, E_2에 대하여

$$P(E_1 \cup E_2) = \frac{k_1 + k_2}{n} = \frac{k_1}{n} + \frac{k_2}{n} = P(E_1) + P(E_2)$$

이고, 이 결과는 수학적 귀납법에 의하여 n까지 쉽게 확장된다. 더욱이, $P(\Omega) = \frac{n}{n} = 1$이므로 (A3)도 성립한다. 따라서 $(\Omega, \mathcal{F}, P)$는 확률공간이다.

위 확률공간 $(\Omega, \mathcal{F}, P)$을 유한확률공간(finite probability space)이라 한다. 이 확률공간은 각 기본사건 $\{\omega_i\}$에 동일한 확률 $\frac{1}{n}$이 대응되므로 이것을 유한균일확률공간(finite uniform probability space)이라 한다.

보기 2.21

한 개의 좋은 동전을 무심코 n번 던지는 실험을 생각하자. 각 결과는 앞면과 뒷면 두 가지이므로 이 실험의 표본공간은 모두 2^n개의 표본점을 갖는다. E을 n번 중 앞면이 k번 나올 사건이라고 하면, n번의 시행에서 k번이 앞면이 나올 경우의 수, 즉 사건 E의 표본점의 수는 모두 $\binom{n}{k}$이므로

$$P(E) = \frac{\binom{n}{k}}{2^n}$$

이다.

참고 2.33

유한균일확률공간에서 확률 $P(E)$의 계산은 결국 사건 E 속에 들어 있는 표본점의 수를 헤아리는 문제가 된다. 따라서 순열과 조합의 이론이 여기서 효과적으로 이용된다.

보기 2.22

보기 2.21의 실험을 다시 생각하자. 그러나 여기서 사용되는 동전은 앞면과 뒷면이 나올 확률이 각각 p, q(단, $p \neq q$)인 점이 다르다고 하자. 이때 표본공간은 모두 2^n의 표본점으로 구성되지만 모든 기본사건에 같은 확률인 $\frac{1}{2^n}$이 대응되지는 않는다. 기본사건 2^n개 중에서 앞면이 k개이고 동시에 뒷면이 $n-k$개인 경우는 모두 $\binom{n}{k}$개이다. 또 각 사건들이 일어날 확률은 모두가 $p^k q^{n-k}$으로 일정하다. 따라서 E를 n회 중 앞면이 k회 나올 사건이라 하면

$$P(E) = \binom{n}{k} p^k q^{n-k}$$

이다. 확률공간$(\Omega, \mathcal{F}, P)$에서 얻는 이 확률분포를 이항분포(binomial distribution)라 한다.

Ω이 유한인 이 결과는 표본공간이 가산무한의 경우에도 성립한다. 이를 보이기 위해, 표본공간이 가산무한인

$$\Omega = \{\omega_1, \ \omega_2, \ \cdots\}$$

의 경우를 생각하자. 이때 각 기본사건에 같은 확률이 대응되는 균일확률공간의 정의는 가능하지 않다. 그것은 합이 1인 가산무한개의 같은 값은 존재하지 않기 때문이다. 그러나 각 기본사건 $\{\omega_i\}$에 $P(\{\omega_i\}) = p_i$라 하면 $0 \le p_i \le 1$, $\sum_{i=1}^{\infty} p_i = 1$이고, 여기서 사건 $E \in \mathcal{F}$에 대하여

$$P(E) = \sum_{\omega_i \in E} p_i$$

으로 정의하면, 위와 같은 방법으로 함수 P가 세 공리를 만족함을 보일 수 있다. 이때 얻은 확률공간 $(\Omega, 2^{\Omega}, P)$을 가산무한확률공간(countable infinite probability space)이라 한다.

보기 2.23

한 개의 좋은 동전을 앞면이 나올 때까지 던지고, 그 때까지의 시행횟수를 관찰한다. 표본공간은

$$\Omega = \{0, \ 1, \ 2, \ \cdots\}$$

이고, 기본사건 $\{x\}$의 확률은

$$P(\{x\}) = P\{\text{ 처음 } (x-1)\text{번은 뒷면이 그리고 마지막 } x\text{-번째는 앞면 }\}$$

$$= \left(\frac{1}{2}\right)^{x-1}\left(\frac{1}{2}\right) = \left(\frac{1}{2}\right)^{x}$$

로 주어진다. 여기서 $p_x = P(\{x\})$라 놓으면 $0 \le p_x \le 1$, $\sum_{x \in \Omega} p_x = 1$을 만족한다. 이때 임의의 $E \in \mathcal{F}$에 대하여

$$P(E) = \sum_{x \in E} p_x$$

로 정의하면, $(\Omega, \mathcal{F}, P)$ (단 $\mathcal{F} = 2^{\Omega}$)은 확률공간이다. 이 확률분포를 특히 기하분포(geometric distribution)라 한다.

참고 2.34

보기 2.21에서와 같이, 유한균일확률공간에서는 모든 기본사건에 확률이 주어진다. 따라서 확률의 세 공리를 이용하면 2^{Ω} 안의 모든 사건의 확률이 정해지고 결국 확률공간도 일괄적으로 하나로 결정된다. 한편, 보기 2.22의 경우에서는 모든 기본사건의 확률이 정해지지 않아 확률공간이 하나로 결정되지 않는다. 이러한 사실은 공리적 확률의 세 공리가 곧 확률공간을 일의적으로 결정하는 것이 아님을 확인할 수 있다.

위에서 살펴본 사실들은 다음과 같이 요약된다. 즉, 확률공간의 모든 확률은 표본공간의 한 분할에서 정의되는 확률함수에 의하여 일의적으로 결정된다. 다시 말하면, Ω가 유한이나 가산무한인 이산표본공간의 경우, 확률공간 $(\Omega, \mathcal{F}, P)$에서는 임의의 사건 $E (\in \mathcal{F})$의 확률 $P(E)$가 분할의 원소 E_i의 확률 $P(E_i)$들만으로 결정될 수 있다. 이것은 이 방법으로 모든 i에 대하여 E_i의 확률 $P(E_i)$가 정의되면, $\mathcal{F}$의 임의의 사건은 E_i^c나 $E = \Sigma_i^n E_i$로 표시되며 또 그 확률들은 $P(E_i)$를 이용하여

$$P(E_i^c) = 1 - P(E_i), \qquad P(E) = \Sigma_{i=1}^n P(E_i)$$

로 주어지기 때문이다. 결과적으로 $\mathcal{F}$에서 정의되는 확률함수 P가 표본공간의 분할을 구성하는 사건 E_i들의 확률 $P(E_i)$만을 이용하여 일의적으로 결정되는 것이다.

위에서 논의된 내용을 수학적으로 정의하면 다음과 같다.

정의 2.35 이산확률공간

Ω가 이산인 확률공간 $(\Omega, \mathcal{F}, P)$에서 표본공간 Ω의 가산분할 $\{E_1, E_2, \cdots\}$이 존재하여 $\mathcal{F} = \sigma(\{E_1, E_2, \cdots\})$이고, 집합함수

$$P : \{E_1, E_2, \cdots\} \to R^1$$

에 의하여 결정되는 확률공간 $(\Omega, \mathcal{F}, P)$를 이산확률공간(discrete probability space)이라 한다.

확률·통계이야기 우연의 일치

길을 가다 우연이 옛 친구를 만나는 일, 여행 중에 우연히 만난 사람과 생일이 같음을 알고 서로 놀라는 일, 거액의 복권에 당첨되는 일, 벼락을 맞았음에도 살아남은 사람의 이야기 등 우리 주변에는 우연과 관련된 이야기가 많다.

사람의 출생일이나 사망일도 다른 사람과 일치하는 일은 그리 흔하지는 않지만 실제로는 일정한 확률적인 법칙에 따라 일어나는 일이다.

이런 일화가 있다. 유명한 미국 수학자 워렌 위버(Warren Weaver)는 고급장교 22명이 모이는 만찬회에 참석했을 때 생일이 같을 확률에 대한 설명을 한 다음 참석자 한 사람 한 사람의 생일을 확인해 보았다. 그러나 유감스럽게도 최후의 한 사람까지 생일이 서로 같다는 사람이 나타나지 않아 낭패를 겪고 있는데, 그때 그 방에 있던 23번째의 사람, 그들 옆에서 듣고만 있던 웨이트리스가 그의 체면을 살려 주었다. 그녀가 느닷없이 한 장교와 생일이 같다고 말했기 때문이었다. (《수의 세계》(time-life, 1983) 참조)

생일이 일치하는 이유를 다음과 같이 설명할 수 있다. n사람이 모여 있을 때, 각 사람의 생일을 선택할 가지 수는 365가지이므로, 총 가지 수는 365^n이다. 또 n사람 중 어떤 두 사람도 생일이 같지 않은 가지 수는

$$365\times364\times363\times\cdots\times(365-(n-1))$$

이다.

따라서 어떤 두 사람도 같은 생일을 갖지 않을 확률 $P(n)$는

$$P(n)=\frac{365\times364\times363\times\cdots\times(365-(n-1))}{365^n}$$

따라서 구하는 확률은 $1-P(n)$이다. 이때 $n=23,\ 30,\ 50,\ 60$에 대하여 계산한 확률은 각각 0.507, 0.706, 0.970이 된다.

교실 안에 20명만 있으면 그중 두 명이 같은 생일일 확률은 거의 $\frac{1}{2}$이고, 60명이 넘으면 확률이 거의 1이 되는 것은 놀랄만한 결과이다.

확률·통계이야기 출생일이 같은 확률

교실 안에 20명만 있어도 그중 두 명이 같은 생일을 가질 확률은 거의 $\frac{1}{2}$이고, 60명이 넘으면 확률이 거의 4이 됨을 알았다. 이 확률들을 좀 다른 방법으로 계산해 보자.

지금 빨강(R)과 노란색(Y)의 두 개의 구슬을 세 개의 그릇, 그릇 1, 그릇 2, 그릇 3에 담는 방법의 수를 생각해 보자. 각 구슬이 들어갈 그릇을 선택되는 방법의 수는 3가지이므로, 결국 구하는 경우의 수는

$$3\times3=3^2=9(\text{가지})$$

이다. 이것을 표로 나타내면 다음과 같다.

경우	1	2	3	4	5	6	7	8	9
그릇 1	ⓇⓎ			Ⓡ		Ⓡ	Ⓨ		
그릇 2		ⓇⓎ		Ⓨ	Ⓡ			Ⓡ	Ⓨ
그릇 3			ⓇⓎ		Ⓨ	Ⓨ	Ⓡ	Ⓨ	Ⓡ

이 9가지 경우 중에서 구슬 2개가 같은 그릇에 담기는 경우의 수는 3(가지)이고, 따라서 2개의 구슬이 서로 다른 그릇에 담기는 경우의 수는

$$_3P_2 = 3 \cdot 2 = 6(\text{가지})$$

이다. 같은 방법으로, 3개의 구슬을 365개의 그릇에 담는 경우의 수는

$$365^2 = 133{,}225(\text{가지})$$

이고, 그중 이 구슬들이 서로 다른 그릇에 들어가는 경우의 수는

$$_{356}P_2 = 365 \cdot 364 = 3{,}228{,}606(\text{가지})$$

이다. 구슬의 수를 2개에서 3개, ⋯, 40개, 50개, 70개로 늘려나가면 다음 표를 얻게 된다.

n	N	k	$\frac{N-k}{N}$
2	356^2	$_{356}P_2$	0.0027
3	356^3	$_{356}P_3$	0.0082
⋮	⋮	⋮	⋮
40	356^{40}	$_{356}P_{40}$	0.890
50	356^{50}	$_{356}P_{50}$	0.970
70	356^{70}	$_{356}P_{70}$	0.999

2.5 조건부 확률

확률현상들은 일반적으로 여러 개의 사건으로 설명되고, 확률론은 이 사건들 사이에 존재하는 확률적 종속관계를 설명한다. 조건부 확률은 둘 또는 그 이상의 사건들 사이에 존재하는 확률적 종속관계를 설명하는 역할을 한다. 여기서는 조건부 확률의 정의와 그 의미 그리고 정의의 수학적 타당성 등을 논한다.

2.5.1 조건부 확률의 정의와 의미

불량품이 20% 섞여 있는 총 100개의 어떤 상품 더미에서 한 개씩 두 번 모두 2개의 상품을 꺼낸다고 하자. 이때, 사건 E_1과 E_2를 각각

$$E_1 = \{\text{첫 번째 상품이 불량품}\}, \quad E_2 = \{\text{두 번째 상품이 불량품}\}$$

라 하고, 확률 $P(E_1)$과 $P(E_2)$를 생각하자. 이 확률들은 처음 꺼낸 것을 다시 돌려 놓느냐 아니냐, 다시 말하여 복원표본추출(sampling with replacement)이냐 비복원표본추출(sampling without replacement)이냐에 따라 달라진다. 우선 복원추출이면

$$P(E_1) = P(E_2) = \frac{20}{100} = \frac{1}{5}$$

이다. 그러나 비복원추출이면

$$P(E_1) = \frac{20}{100} = \frac{1}{5}$$

이지만, $P(E_2)$를 구하려면 먼저 E_1이 일어났는지 그렇지 않은지를 알아야만 한다. 따라서 이 확률의 계산은 다음 두 가지 경우로 구분된다.

(1) E_1이 일어난 경우: $P(E_2) = \dfrac{19}{99}$

(2) E_1이 일어나지 않은 경우: $P(E_2) = \dfrac{20}{99}$

이다. 이때 (1)의 경우는

$$P(E_2|E_1) = \frac{19}{99}$$

로 나타내고, 또 (2)의 경우는

$$P(E_2|E_1^c) = \frac{20}{99}$$

로 나타낸다. 그리고 $P(E_2|E_1)$을

'사건 E_1이 일어났다는 조건에서 E_2의 조건부 확률'

이라 한다.

위에서 보는 바와 같이, 한 확률실험에 관련된 두 사건 E_1, E_2에서, 한 사건 E_2가 일어나면 그 결과는 다른 사건 E_1이 일어날 확률에 영향을 준다. 따라서 조건부 확률을 계산할 때는 표본공간이 새로 설정되어야 함을 알 수 있다.

이런 의미에서, 조건부 확률의 정의를 생각하자.

다른 예로, 한 개의 동전을 두 번 던지는 확률실험을 생각하자. 표본공간

$$\Omega = \{\text{HH, HT, TH, TT}\}$$

의 부분집합 E_1과 E_2를 각각 '두 표면이 동일'한 사건, '두 번 중 적어도 한 번은 앞면'인 사건, 즉

$$E_1 = \{\text{HH, TT}\}, \quad E_2 = \{\text{HH, HT, TH}\}$$

로 정의하면, 이와 관련된 사건들이 일어날 확률은 (유한)균일확률공간에서의 확률계산에 의하여

$$P(E_1) = \frac{2}{4}, \quad P(E_2) = \frac{3}{4}, \quad P(E_1E_2) = \frac{1}{4}$$

로 주어진다. 지금 사건 E_2가 이미 일어났다고 가정하자. 이 경우 실험의 어떤 결과에도 적어도 한 개의 앞면이 나타나기 때문에 여기서 얻은 가능한 모든 경우의 집합은 위의 표본공간 Ω에서 표본점 TT가 제외될 수밖에 없고, 따라서 이 경우 표본공간은 Ω가 아니고 E_2가 새 표본공간이 된다. 또 사건 E_2가 일어난 상황하에서 사건 E_1이 일어난다는 것은, 그 실험의 결과로 E_1과 E_2 양쪽에 포함된 표본점이 일어남을 말하는 것으로 결국 교사건 E_1E_2 안의 표본점이 일어남을 뜻한다. 이런 의미에서, 사건 E_2가 일어났다는 조건하에서 사건 E_1이 일어날 조건부 확률은, E_2가 일어날 확률에 대한 E_1E_2가 일어날 확률의 상대적 비, 즉

$$P(E_1|E_2) = \frac{P(E_1E_2)}{PE_2} = \frac{\frac{1}{4}}{\frac{3}{4}} = \frac{1}{3}$$

이 된다. 이와 같이 E_2가 일어났다는 가정에서의 조건부 확률이란, 실험결과 전체의 집합이 E_2로 국한되는, 즉 E_2가 새로운 표본공간이 되는 확률실험에서의 확률을 의미한다.

위의 결과로부터 다음과 같은 조건부 확률의 일반적인 정의를 얻는다.

정의 2.36 조건부 확률

주어진 확률공간 $(\Omega, \mathcal{F}, P)$에서, $E_1, E_2 \in \mathcal{F}$이고 $P(E_2) > 0$라 하자. 사건 E_2가 일어났다는 조건에서 E_1가 일어날 확률을 E_2에 대한 E_1의 조건부 확률(conditional probability)이라 하여 $P(E_1|E_2)$로 표시하고

$$P(E_1|E_2) = \frac{P(E_1E_2)}{P(E_2)}$$

(단, $P(E_2) > 0$)로 정의한다.

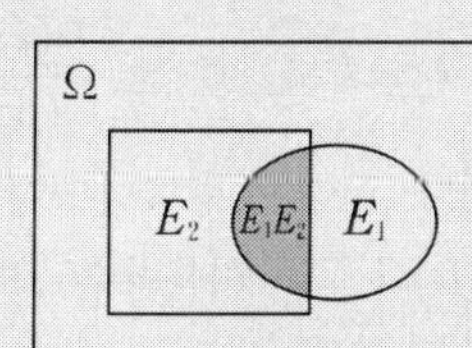

보기 2.24

한 선박회사에서는 소속된 정기여객선들에 대하여 과거 입·출항 일지를 토대로 다음 확률을 계산하였다. 한 여객선이 정시에 출항할 확률은 0.80, 정시에 입항할 확률은 0.89, 그리고 입·출항이 동시에 정시에 이루어지는 확률은 0.72라고 한다. 이때, 한 여객선이 정시에 출항할 사건과 정시에 입항할 사건을 각각 D와 A라 하고, 두 조건부 확률 $P(A|D)$와 $P(D|A)$를 계산해 보자.
$P(D) = 0.80$, $P(A) = 0.89$ 그리고 $P(DA) = 0.72$인 사실로부터, 먼저 $P(A|D)$, 즉 '정시에 출항된 여객선이 정시에 입항할 확률'로

$$P(A|D) = \frac{P(AD)}{P(D)} = \frac{0.72}{0.80} = 0.90$$

그리고, $P(D|A)$, 즉 '정시에 입항된 여객선이 정시에 출항했을 확률'로

$$P(D|A) = \frac{P(DA)}{P(A)} = \frac{0.72}{0.89} = 0.81$$

참고 2.37 조건부 확률 정의의 타당성

직관적인 결과로부터 얻은 조건부 확률의 정의(정의 2.36)가 타당성을 갖기 위해서는 다음 사실이 확인되어야 한다. 즉, 조건부 확률에서 한 사건이 일어남으로써 겪는 다른 사건들의 확률 변화에서 확률의 기본성질들이 유지되느냐는 의문이다. 이에 대한 긍정적인 답변은, $P(B) > 0$인 $B \in \mathcal{F}$에 대한 집합함수 $P(\cdot|B) : \mathcal{F} \to R^1$이 확률함수가 되는 것이다.

이에 대한 증명은 $P(\cdot|B)$이 정의 2.14의 세 공리를 만족함을 확인하는 것이다.

(1) 모든 $A \in \mathcal{F}$에 대하여, $P(A|B) = \dfrac{P(AB)}{P(B)}$

(2) 상호배반인 $\mathcal{F}$의 가산무한열 $\{A_i\}_{i=1}^{\infty}$에 대하여,

$$P(\cup_i A_i|B) = \frac{P[(\cup_i A_i)B]}{P(B)} = \frac{P[\cup_i (A_i B)]}{P(B)}$$
$$= \frac{\sum_{i=1}^{\infty} P(A_i B)}{P(B)} = \sum_{i=1}^{\infty} P(A_i|B),$$

(3) $P(\Omega|B) = \dfrac{P(\Omega B)}{P(B)} = \dfrac{P(B)}{P(B)} = 1$

이다. 따라서 확률함수 $P(\cdot|B)$는 $\mathcal{F}$에서 확률함수이다. 결국, $(\Omega, \mathcal{F}, P(\cdot|B))$는 확률공간이다. 즉, 확률함수 $P(A|B)$는 사건 B가 일어났을 때 사건 A가 일어날 조건부 확률이다.

참고 2.38

참고 2.37의 결과에 의하면, 조건부 확률함수 $P(\cdot|B)$도 기존의 확률함수 P에서 성립하는 성질들을 만족하게 된다. 예컨대,

(1) 모든 $E \in \mathcal{F}$에 대하여, $P(E^c|B) = 1 - P(E|B)$.

(2) 모든 $E \in \mathcal{F}$에 대하여, $0 \le P(E|B) \le 1$.

(3) $P(\phi|B) = 0$.

2.5.2 조건부 확률의 성질

여기서는 조건부 확률과 관련된 몇 가지 기본 정리들을 증명 없이 소개한다.

정리 2.39 곱의 법칙

$E_1, \cdots, E_n \in \mathcal{F}$이 만약 $P(E_1E_2 \cdots E_{n-1}) > 0$이면 다음이 성립한다.

$$P(E_1E_2 \cdots E_n) = P(E_1)P(E_2|E_1) \cdots P(E_n|E_1E_2 \cdots E_{n-1})$$

보기 2.25

A, B로 구분되는 두 주머니가 있다. 주머니 A에는 4개의 흰 공과 3개의 검은 공이, 주머니 B에는 3개의 흰 공과 5개의 검은 공이 들어 있다. 먼저 주머니 A에서 한 개의 공을 임의로 꺼내어 주머니 B에 넣고, 다음에 주머니 B에서 한 개의 공을 임의로 꺼낸다. 지금 주머니 B에서 꺼낸 공이 검은 공일 확률을 생각한다. 먼저 사건 B_1, W_1을 각각

$$B_1 = \{처음\ 꺼낸\ 공이\ 검은\ 공\},\quad W_1 = \{처음\ 꺼낸\ 공이\ 흰\ 공\}$$

그리고

$$B_2 = \{두\ 번째\ 꺼낸\ 공이\ 검은\ 공\},\quad W_2 = \{두\ 번째\ 꺼낸\ 공이\ 흰\ 공\}$$

이라 하자. 구하는 확률은 사건 B_2가 일어날 확률, 즉 $P(B_2)$이다. 사건 B_2는

$$B_2 = (B_1B_2) \cup (W_1B_2)$$

로 표시되고, 또 두 사건 B_1과 W_1이 배반이고 따라서 그 부분집합인 B_1B_2와 W_1B_2도 배반사건인 사실로부터

$$\begin{aligned} P(B_2) &= P(B_1B_2 \cup W_1B_2) = P(B_1B_2) + P(W_1B_2) \\ &= P(B_1)P(B_2|B_1) + P(W_1)P(B_2|W_1) \\ &= \frac{3}{7} \cdot \frac{6}{9} + \frac{4}{7} \cdot \frac{5}{9} = \frac{38}{63} \end{aligned}$$

다음에 소개하는 전확률의 법칙(rule of total probability)과 베이즈의 법칙(Bayes's rule)은 확률계산에서 매우 유용하다. 먼저 2.4절에서 개념을 소개한 표본공간의 분할을 다시 정의한다.

정의 2.40 표본공간의 분할

표본공간 Ω (또는 확률공간 $(\Omega, \mathcal{F}, P)$)에서 주어지는 유한 또는 가산의 사건족 $\{E_i\}$이 다음 두 조건

(1) 모든 $i, j(i \neq j)$에 대하여, $E_iE_j = \phi$, 즉 임의의 두 사건은 배반

(2) $\cup_{i=1}^{\infty} E_i = \Omega$

을 만족하면, $\{E_i\}$를 Ω의 한 분할(partition)이라고 한다(그림 2.2).

정리 2.41 전확률의 법칙

$\{E_i\}$이 표본공간 Ω의 한 분할이고 모든 i에서 $P(E_i) > 0$이라 하자. 이때 임의의 사건 F(즉, $F \in \mathcal{F}$)에 대하여 다음이 성립한다.

$$P(F) = \sum_i P(E_i)P(F|E_i) \tag{2.4}$$

증명 $\{E_i\}$이 Ω의 분할이므로, $\cup_{i=1}^{\infty} E_i = \Omega$이고 또 모든 $i, j(i \neq j)$에 대하여 $E_iE_j = \phi$이다. 따라서

$$F = \Omega F = (\cup_i E_i)F = \cup_i (E_iF)$$

이다. 여기서 $E_iF \cap E_jF = \phi \ (i \neq j)$인 사실과 곱의 법칙을 이용하면

$$P(F) = P[\cup_{i=1}^{\infty}(E_iF)] = \sum_i P(E_iF) = \sum_i P(E_i)P(F|E_i)$$

이다.

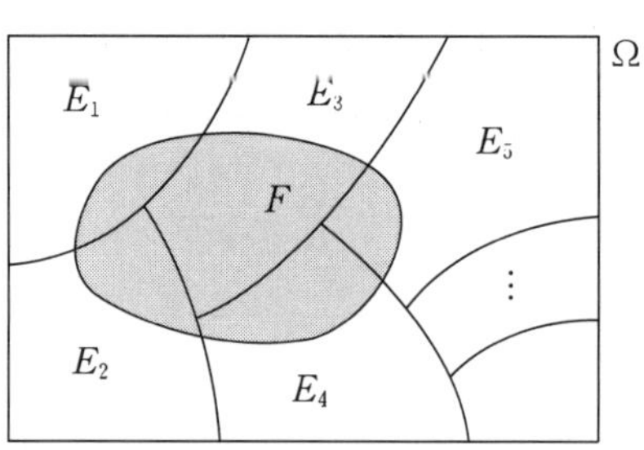

〈그림 2.2〉 표본공간의 분할

□

정리 2.42 **베이즈의 법칙**

$\{E_i\}$이 표본공간 Ω의 한 분할이고 모든 i에서 $P(E_i) > 0$이라 하자. 이때 임의의 사건 F(즉, $F \in \mathcal{F}$)(단, $P'(F) > 0$)에 대하여 다음이 성립한다.

$$P(E_j|F) = \frac{P(E_j)P(F|E_j)}{\sum_i P(E_i)P(F|E_i)}, \quad j = 1, 2, \cdots. \tag{2.5}$$

참고 2.43

정리 2.42에서 조건부 확률이 아닌 확률 $P(E_j)$를 사건 E_j의 '사전확률(prior probability)', 조건부 확률 $P(E_j|F)$를 사건 F가 일어난 후의 사건 E_j의 '사후확률(posterior probability)'이라 한다. 사후확률 $P(E_j|F)$을 '사건 F가 일어난 원인이 사건 E_j에 있을 확률'이라는 뜻에서 베이즈의 법칙을 '원인의 확률에 대한 공식(formula for the probability of causes)'이라고도 한다.

증명 조건확률의 정의와 확률의 곱의 원리를 이용하면, 먼저

$$P(E_j|F) = \frac{P(E_jF)}{P(F)} = \frac{P(E_j)P(F|E_j)}{P(F)}$$

을 얻고, 여기서 $P(F)$에 대하여 (2.4)를 적용하면 (2.5)를 얻는다. □

보기 2.26

어떤 공장의 생산품은 세 생산라인을 통과해서 만든다고 한다. 이 생산라인을 a, b, c라고 하면, a에서는 생산품의 50%를, b에서는 25%를 그리고 c에서도 25%를 맡고 있다고 한다. 또 불량률은 a가 2%, b가 2% 그리고 c가 4%라 한다. 이 공장에서 만든 생산품 더미에서 임의로 하나를 꺼낼 때 이것이 불량품일 확률을 생각해 보자. 그리고 이 불량품이 a를 통과하며 만들어졌을 확률도 계산해 보자. 우선 표본공간 Ω는 생산품 더미에 있는 모든 생산품의 집합이 된다. 꺼낸 생산품이 불량품일 사건을 E라 하고, 꺼낸 생산품이 a에서 만들어졌을 사건을 A, 그리고 b와 c에서 만들어졌을 사건을 각각 B와 C라 하자. 이때 A, B, C는 한 분할이 됨을 쉽게 알 수 있고, 또

$$P(A) = 0.5, \quad P(B) = 0.25, \quad P(C) = 0.25,$$
$$P(E|A) = 0.02, \quad P(E|B) = 0.02, \quad P(E|C) = 0.04$$

이다. 먼저, $P(E)$는 전확률의 법칙을 적용하여

$$\begin{aligned} P(E) &= P(A)P(E|A) + P(B)P(E|B) + P(C)P(E|C) \\ &= (0.5)0.02 + (0.25)0.02 + 0.25(0.04) \\ &= 0.025 \end{aligned}$$

이다. 또 베이즈의 법칙을 적용하면 $P(A|E)$는

$$P(A|E)=\frac{P(A)P(E|A)}{P(A)P(E|A)+P(B)P(E|B)+P(C)P(E|C)}$$
$$=\frac{(0.5)0.02}{(0.5)0.02+(0.25)0.02+0.25(0.04)}$$
$$=\frac{0.01}{0.025}=0.4.$$

2.5.3 사건의 독립

조건부 확률에서도 언급된 바와 같이, 확률공간에서 특정한 한 사건이 일어난 상황에서는 다른 모든 사건들이 일어날 확률이 변화를 갖는다. 따라서 두 사건 E_1, E_2의 경우에도 한 사건 E_1이 일어났느냐 아니냐 하는 사실은 다른 사건 E_2가 일어날 확률에 영향을 준다. 그러나 특별한 경우 이러한 성질이 성립하지 않을 수 있다. 사건 E_1이 일어난 사실이 사건 E_2가 일어날 확률에 영향을 주지 못할 때, 두 사건 E_1와 E_2는 서로 확률적으로 독립이라고 한다.

결국, 두 사건 E_1과 E_2이 확률적으로 독립이란

$$P(E_2|E_1)=P(E_2),\ \text{즉}\ \frac{P(E_1E_2)}{P(E_1)}=P(E_2) \tag{2.6}$$

이고, 또 이것은 $P(E_1E_2)=P(E_1)P(E_2)$을 뜻한다.

정의 2.44 두 사건의 독립

두 사건 E_1과 E_2가

$$P(E_1E_2)=P(E_1)P(E_2) \tag{2.7}$$

이면, 사건 E_1과 E_2는 확률적으로 독립, 간단히 독립(independent)이라 한다. 또 독립이 아닌 두 사건은 서로 종속(dependent)이라고 한다.

참고 2.45

두 사건이 확률적으로 독립인지 아니지를 판단하는 것은 직관적으로 어려울 때가 많다. 이러한 경우에는 (2.7)이 만족되는지 아닌지를 직접 확인하는 것이 편리하다.

보기 2.27

동전 한 개를 무심코 세 번 던지는 실험에서, 표본공간은

$$\Omega = \{\text{HHH, HHT, HTH, THH, HTT, THT, TTH, TTT}\}$$

이다. 이때 세 사건

$$E_1 = \{\text{첫 번째가 앞면}\}, \quad E_2 = \{\text{두 번째가 앞면}\}$$

그리고

$$E_3 = \{\text{두 번만 연속해서 앞면}\}$$

을 정의하면

$$E_1 = \{\text{HHH, HHT, HTH, HTT}\},$$
$$E_2 = \{\text{HHH, HHT, THH, THT}\},$$
$$E_3 = \{\text{HHT, THH}\}$$

으로

$$P(E_1) = \frac{1}{2}, \quad P(E_1) = \frac{1}{2}, \quad P(E_1) = \frac{1}{4}$$

이다. 여기서 이 사건들의 독립성을 생각해 보자. 먼저, 두 사건 E_1과 E_2의 경우, 처음 앞면이 나왔느냐 아니냐가 두 번째 앞면이 나오는 데 확률적으로 영향을 주는지를 직관적으로 생각해 본다. 세 번의 시행은 서로 독립적으로 이루어지기 때문에 확률적으로 영향이 없다고 판단된다. 실제로

$$E_1E_2 = \{\text{HHH, HHT}\}$$

이므로

$$\frac{1}{4} = P(E_1E_2) = P(E_1)P(E_2) = \frac{1}{2} \cdot \frac{1}{2} = \frac{1}{4}$$

으로, 두 사건 E_1과 E_2는 독립이다. 다음은 사건 E_1와 E_3를 생각한다. 처음 앞면이 나왔느냐 아니냐가 두 번만 연속해서 앞면이 나오는 데 확률적으로 영향을 주는지를 생각해 본다. 직관적으로 쉽게 판단되지 않을 수 있다. 사실 이 두 사건은 독립이다. 이것은

$$E_1E_3 = \{\text{HHT}\}$$

이므로

$$\frac{1}{8} = P(E_1E_3) = P(E_1)P(E_3) = \frac{1}{2} \cdot \frac{1}{4} = \frac{1}{8}$$

이 성립하기 때문이다. 마지막으로, 사건 E_2과 E_3를 생각한다. 두 번째 앞면이 나왔느냐 아니냐가 두 번만 연속해서 앞면이 나오는 데 확률적으로 영향을 주는지를 생각해 본다. E_2와 E_3의 관계는 E_1과 E_3의 관계와 같은 것 같지만, 사실 이 경우 이 두 사건은 종속이다. 실제로

$$E_2E_3 = \{\text{HHT, THH}\}$$

이므로

$$\frac{1}{4} = P(E_2E_3) \neq P(E_2)P(E_3) = \frac{1}{2} \cdot \frac{1}{4} = \frac{1}{8}$$

인 것이다.

참고 2.46

사건의 결합 중 위 사건들 이외에도, 사건 E_1, E_2가 독립이고 $P(E_2) > 0$이면, $P(E_1|E_2) = P(E_1)$이다. 또 E_1, E_2가 독립이면, E_1와 E_2^c도 독립이다. 세 사건 E_1, E_2, E_3가 독립이면 E_1, E_2, E_3^c도 서로 독립이다. 또 이 경우 이들 중 임의의 두 사건으로 표현되는 사건도 나머지 한 사건과 독립이다. 다시 말하면, E_1와 $E_2 \cup E_3$이 독립이고, 또 E_1과 $E_2 \cap E_3$도 독립이다.

여러 사건들의 독립은 일반적으로 다음과 같이 정의한다.

정의 2.47 독립의 일반적 정의

확률공간 $(\Omega, \mathcal{F}, P)$의 $\mathcal{C} \subset \mathcal{F}$인 사건족 $\mathcal{C}$에서, 만약 $\mathcal{C}$ 안의 임의의 유한개의 서로 다른 부분족 $\{E_1, \cdots, E_n\}$에 대해서

$$P(\cap_{j=1}^{n} E_j) = \Pi_{j=1}^{n} P(E_j)$$

이면, $\mathcal{C}$ 안의 사건들은 (확률적으로) 독립(independent)이라 한다.

확률·통계이야기 복권의 당첨확률

시중에는 로또(Lotto) 복권을 포함하여 여러 가지 복권(lottery)이 성행하고 있다. 복권은 공공기관 등에서 발행하고 그 수익금은 의료, 복지, 체육, 교육, 문화, 관광 등의 공익사업에 쓰이고, 규정도 국가나 지역에 따라 다를 수 있다. 우리나라에서 발행되는 로또는 구입자가 1부터 45 중에서 자신이 원하는 6개의 숫자를 임의로 고르고 복권위원회에서는 45개의 숫자 중 당첨 숫자로 6개를 정한다. 이때, 순서를 생각하지 않고 당첨 숫자가

- 6개의 모든 숫자를 맞추면 1등,
- 6개의 숫자 중 5개와 보너스 숫자 하나를 맞추면 2등,
- 5개를 맞추면 3등,

• 4개를 맞추면 4등

• 3개를 맞추면 5등

이다. 각 등수에 해당하는 확률은 얼마나 될까?

먼저, 1등에 당첨될 확률은 45개의 숫자 중 6개의 숫자를 택할 때, 당첨숫자 6개 모두를 택해야 하므로

$$\frac{\binom{6}{6}\cdot\binom{39}{0}}{\binom{45}{6}} = \frac{1}{\binom{45}{6}} = 1/18,145,060 \cong 0.000,000,122$$

다음에, 2등에 당첨될 확률은 45개의 숫자 중 6개의 숫자를 택할 때, 당첨숫자 6개에서 5개를 택하고 나머지 하나는 따로 정한 1개의 보너스 숫자를 택해야 한다. 보너스 숫자는 39의 숫자 중 1개이므로

$$\frac{\binom{6}{5}\cdot\binom{39}{1}}{\binom{45}{6}}\times\frac{1}{39} = \frac{\binom{6}{5}}{\binom{45}{6}} = \frac{1}{1,357,510} \approx 0.000,000,736$$

또 3등에 당첨될 확률은 45개의 숫자 중 6개의 숫자를 택할 때, 당첨숫자 6개에서 5개를 택하고 나머지 하나는 39개의 비당첨숫자에서 택하되 보너스 숫자 1개는 제외한 38개의 숫자에서 택해야 하므로

$$\frac{\binom{6}{5}\cdot\binom{38}{1}}{\binom{45}{6}} = \frac{1}{35,724} \approx 0.000,027,992$$

그리고 4등에 당첨될 확률은 45개의 숫자 중 6개의 숫자를 택할 때, 당첨숫자 6개에서 4개를 택하고 나머지 2개는 비당첨숫자 39개에서 선택해야 하므로

$$\frac{\binom{6}{4}\cdot\binom{39}{2}}{\binom{45}{6}} = \frac{1}{733} \approx 0.001,364,256$$

마지막으로, 5등에 당첨될 확률은 45개의 숫자 중 6개의 숫자를 택할 때, 당첨숫자 6개에서 3개를 택하고 나머지 3개는 비당첨숫자 39개에서 선택해야 하므로

$$\frac{\binom{6}{3}\cdot\binom{39}{3}}{\binom{45}{6}} = \frac{1}{45} \approx 0.022,222,2$$

따라서 복권에 당첨되지 않을 확률은

$$1-(0.000,000,122+0.000,000,736+0.000,027,992+0.001,364,256+0.022,222,2) \approx 0.9764$$

이다. 로또 복권의 기대금액은 얼마나 될까? 4장의 '확률·통계이야기: 복권의 기대금액'에서 자세히 알 수 있다.

확률 · 통계이야기 확률론의 태동

점성술에서 천문학이 생겨나고 연금술에서 화학이 발전한 것과 같이, 우연 현상에 관한 과학이며 수학인 확률론은 역사적으로 보면 하찮은 노름과 도박에서 시작되었다. 노름과 도박에 관한 인간의 관심은 인류 문명과 함께 시작되었지만 인간의 역사에서 어느 정도 형식을 갖춘 확률 개념의 출현은 아주 근래의 일이다.

B.C. 3500여 년 전 고대 이집트인들이 즐기던 '자칼과 사냥꾼'이라는 놀이만 보아도 각진 면이 있는 동물의 발목복사뼈로 만든 4면 주사위 모양의 기구를 사용한 흔적이 있고, 지금 쓰고 있는 정6면체 주사위는 B.C. 1600년경에 출현한 후 지금까지 각종 게임에서 사용되고 있다. 오늘날 노름이나 도박에서 사용되는 게임용 카드는 주사위 보다 훨씬 후에 나타났지만 이것이 언제, 어디에서 시작되었는지는 확실치 않고, 다만 7세기에서 10세기 사이에 중국에서 만들어진 것으로만 추측한다.

이와 같이, 인간은 도박이나 놀이 게임을 통하여 어떤 사건이 어느 정도 자주 발생하는지를 경험적으로 이해하게 되었고 확률의 초보적 개념도 여기서 시작되었다고 할 수 있다. 그러나 학문적 체제를 갖춘 확률은 15세기까지도 시작되지 못했다. 도박이나 놀이 게임과 관련된 여러 가지 확률을 계산한 학자로는 1487년 이탈리아의 파치올리(Luca Paccioli, 1445~1514), 1556년 타르탈리아(Niccolo Tartaglia, 1499~1557), 1539년 카르다노(Girolamo Cardano, 1501~1576) 그리고 갈릴레오(Galilei Galileo, 1564~1642) 등을 들 수 있고 이들은 자기의 저술을 통하여 확률에 대한 기본개념을 세우려고 노력했다.

확률론의 진정한 시작은 1654년 당시 프랑스의 두 위대한 수학자, 파스칼(Blaise Pascal, 1623~1662)과 페르마(Pierre de Fermat, 1601~1665) 사이에서 교환된 서신에서 일어났다고 할 수 있다. '어떤 도박사로부터 주사위 노름을 중단하였을 때 판돈을 어떻게 나눌 것인가?' 하는 것이 그 서신의 논제였다. 1655년에는 네덜란드의 학자 호이겐스(Christian Huygens, 1629~1695)가 여기에 가세함에 따라 논제도 더욱 발전하게 되었다. 실제로, 호이겐스가 1657년에 발표한 책 《*On Calculations in Games of Chance*》를 진정한 확률의 시작으로 평가하기도 한다.

EXERCISES 연 습 문 제

01. 주머니 A와 B가 있다. 주머니 A에는 흰 공이 1개, 검은 공이 2개가 들어 있고, 주머니 B에는 흰 공이 2개, 검은 공이 1개가 들어 있다. 먼저, 두 주머니 중 하나를 임의로 선택하고, 다음에 선택된 주머니에서 1개의 공을 꺼낸다. 이때 이 확률실험의 표본공간 Ω를 구하시오. 또 표본공간 Ω에서, 사건 E_1, E_2를 각각 '주머니 A가 선택', '흰 공이 나옴'이라 할 때, 다음 사건들을 기술하시오.

(1) $E_1 \cap E_2^c$　　(2) $E_1 \cup E_2^c$　　(3) $E_1^c \cap E_2^c$

(4) $E_1^c \cup E_2^c$　　(5) $E_1 - E_2^c$.

02. 두 개의 주사위를 무심코 던질 때, 두 주사위 눈금의 합이 소수가 될 확률을 구하시오.

03. 두 개의 주사위를 무심코 던져 두 눈금의 합이 소수가 나올 때까지 계속한다. 소수 3에서 이 실험이 정지될 확률을 구하시오.

04. 다섯 개의 동전을 무심코 던지는 확률 실험에서, 앞면과 뒷면의 수가 같을 확률을 구하시오. 또 앞면의 수가 뒷면의 수보다 클 확률을 구하시오.

05. 한 주머니에 흰 공이 5개, 검은 공이 2개 들어 있다. 이 주머니에서 임의로 4개의 공을 동시에 꺼낼 때, 흰 공과 검은 공의 비율이 같게 될 확률을 구하시오.

06. 주머니 안에 1에서 10까지 자연수가 하나씩 쓰인 10장의 카드가 들어 있다. 이 주머니에서 3장의 카드를 동시에 추출하였을 때, 세 숫자의 최솟값이 6이 될 확률을 구하시오. 또 최댓값이 이 될 확률을 구하시오.

07. A와 B 두 사람이 한 쌍의 주사위를 던져 두 눈금의 합이 소수로 5를 넘지 않으면 A가 승리, 그렇지 않고 5를 넘으면 B가 승리, 그리고 그 외에 다른 수가 나오면 위 결과가 나올 때까지 계속하기로 한다. 이 게임에서 A가 승리할 확률을 구하시오.

08. 서로 다른 N개의 물건이 들어 있는 항아리에서 반납을 허용하여 임의로 n개를 꺼낼 때, 같은 물건이 두 번 이상 나오지 않을 확률을 구하시오.

09. 1에서 N까지의 정수 중에서 임의로 3개의 수를 선택할 때, 그 가운데에 1이 포함되지 않을 확률을 구하시오.

10. 주머니 안에 흰 공이 3개, 검은 공이 5개로 모두 8개의 공이 들어 있다. A와 B 두 사람이 교대로 이 주머니에서 흰 공이 나올 때까지 계속하여 공을 하나씩 꺼낸다. 꺼낸 공은 반납하지 않기로 하고, A가 먼저 시작하여 먼저 흰 공을 꺼낼 확률을 구하시오. B가 먼저 시작하여 먼저 흰 공을 꺼낼 확률을 구하시오.

11. 주머니 안에 흰 알이 3개, 검은 알이 5개로 모두 8개의 바둑알이 들어 있다. 반납을 허용하지 않고 이 주머니에서 3개의 바둑알을 꺼낼 때, 다음 확률을 구하시오.

(a) 꺼낸 3개의 공이 모두 같은 색일 확률.

(b) 두 가지 색깔이 섞여 나올 확률.

12. 한 주머니에는 흰 공이 3개 검은 공이 2개 들어 있고, 다른 주머니에는 흰 공이 4개, 검은 공이 5개 들어 있다. 각 주머니에서 각각 임의로 1개의 공을 꺼낼 때, 꺼내진 두 공이 같은 색깔일 확률을 구하시오.

13. r개의 불량품이 포함되어 있는 총 $n(\geq r)$개의 물품 더미에서 임의로 하나씩 꺼내어 검사를 할 때 $k(\leq r)$번째로 검사한 물품이 그 더미에 있는 마지막 불량품일 확률을 구하시오.

14. 두 사건 E_1, E_2에 대하여, 다음을 증명하시오.

(a) $P(E_1E_2^c) = P(E_1) - P(E_1E_2)$.

(b) $P(E_1 \cup E_2) = 1 - P(E_1^c \cap E_2^c)$.

15. 두 사건 E_1, E_2에 대하여, 사건 $(E_1E_2^c) \cup (E_2E_1^c)$는 '두 사건 중 하나만 일어남'을 뜻한다. 다음을 증명하시오.

$$P[(E_1E_2^c) \cup (E_2E_1^c)] = P(E_1) + P(E_2) - 2P(E_1E_2)$$

16. 두 사건 E_1, E_2에 대하여, 사건 E_1과 E_2 그리고 E_1E_2가 일어날 확률을 각각 a, b, c라 할 때, 다음 확률들을 a, b, c로 표시하시오

(a) $P(E_1^cE_2)$

(b) $P(E_1^c \cup E_2^e)$

(c) $P(E_1^c \cup E_2^c)$

(d) $P(E_1^cE_2^c)$

17. 두 사건 E_1, E_2에 대하여 $P(E_1) = P(E_2) = \frac{1}{3}$, $P(E_1E_2) = \frac{1}{10}$일 때, 다음을 구하시오.

(a) $P(E_1 \cup E_2^c)$

(b) $P(E_1^c \cup E_2^c)$

18. 세 사건 E_1, E_2, E_3에 대하여, $P(E_1) = P(E_2) = P(E_3) = \frac{1}{4}$, $P(E_1E_2) = P(E_2E_3) = 0$, $P(E_1E_3) = \frac{1}{8}$일 때, 다음을 구하시오.

(a) $P(E_1 \cup E_2 \cup E_2)$ (b) $P(E_1^c \cup E_2^c)$

19. 한 쌍의 주사위를 던질 때, 두 주사위의 눈금의 합이 많아야 8인 조건하에서 한 주사위의 눈금이 4가 나올 확률을 구하시오.

20. 한 상자 안에 10장의 카드가 있고 그중 2장이 당첨권이라 한다. 갑, 을 두 사람이 순서대로 한 장씩 카드를 뽑을 때 다음 확률을 구하시오.

(1) 갑이 당첨될 확률.

(2) 을이 당첨될 확률.

(3) 갑이 당첨되었다는 조건하에서 을이 당첨될 확률.

(4) 을이 당첨되었다는 조건하에서 갑이 당첨될 확률.

21. 주머니 A, B, C가 있고 그 속엔 복권카드가 들어 있다. A에는 당첨권이 2장, 그렇지 않은 것이 8장 들어 있고, B에는 당첨권이 3장, 그렇지 않은 것이 7장 들어 있다. 또 주머니 C에는 당첨권이 1장, 그렇지 않은 것이 9장 들어 있다. 각 주머니에서 1장씩의 카드를 꺼냈을 때 2장의 당첨권이 나왔다고 한다. 이때 A에서 나온 카드가 당첨권일 확률을 구하시오.

22. 어느 도시에서 인구의 55%가 남자, 45%가 여자라 한다. 또 남자 중에는 60%가 흡연자이고 나머지는 비흡연자라 한다. 또 여자 중에는 30%가 흡연자이고 나머지는 비흡연자라 한다. 이 도시에서 임의로 한 사람을 뽑았을 때 이 사람이 흡연자일 확률을 구하시오. 또 이 흡연자가 남자일 확률을 구하시오

23. 3개의 상자가 있고 각 상자 안에는 각각 2개의 주머니가 들어 있다. 첫 상자의 주머니에는 모두 금화가 들어 있고, 둘째 상자의 주머니에는 모두 은화가 그리고 마지막 상자 안에는 각기 은화와 금화가 들어 있다. 먼저 상자 하나를 임의로 선택하고 그 속에 있는 주머니 하나를 임의로 택하여 열어 보았다. 이 주머니에 금화가 들어 있을 때, 나머지 한 주머니에도 금화가 들어 있을 확률을 구하시오.

24. 두 개의 상자가 있다. 앞에 놓인 상자 안에는 흰색과 검은색의 바둑알이 2개씩 들어 있고, 뒤에 놓인 상자 안에는 흰색과 검은색의 바둑알이 각각 2개와 3개가 들어 있다. 두 상자 중 하나를 임의로 선택하여 그 상자에서 임의로 1개의 바둑알을 꺼냈다. 이 바둑알이 흰색일 확률을 구하시오. 또 이 바둑알이 앞에 놓인 상자에서 나왔을 확률을 구하시오.

25. 그릇 A에는 흰 구슬만 2개, 그릇 B에는 검은 구슬만 2개가 들어 있고, 그릇 C에는 흰 구슬과 검은 구슬이 각각 2개, 그릇 D에는 흰 구슬 3개, 검은 구슬이 1개가 들어 있다. 네 그릇 중 하나를 선택하여 그 속에서 하나의 구슬을 임의로 꺼낸다. 그릇 A, B, C, D가 선택될 확률이 각각 $\frac{1}{2}$, $\frac{1}{4}$, $\frac{1}{8}$, $\frac{1}{8}$일 때, 다음 확률을 구하시오.

(1) 꺼낸 것이 흰 구슬일 확률을 구하시오.

(2) 흰 구슬이 나왔을 때 이것이 그릇 A에서 왔을 확률을 구하시오.

26. 한 종류의 씨앗을 A, B 두 씨앗회사에서 공급을 받아 4 : 6의 비율로 섞어 포장을 하였다고 한다. A회사 씨앗의 발아율은 85%, B회사 씨앗의 발아율은 75%라 할 때, 다음 확률을 구하시오.

(1) 이 포장에서 임의로 꺼낸 1개의 씨앗이 발아가 될 확률을 구하시오.

(2) 이 씨앗이 A회사의 씨앗일 확률을 구하시오.

27. 크기가 거의 같은 세 종류의 동전 C_1, C_2, C_2가 있다. 동전지갑 B_1, B_2가 있고, 지갑 B_1속에는 세 종류 동전이 각각 6개씩 모두 18개가 들어 있고, 지갑 B_2에는 C_1이 9개, C_2가 6개, C_3가 3개로 모두 18개가 들어 있다. 네 면에 1, 2, 3, 4가 한 숫자씩 쓰여 있는 4면체 주사위를 던져 숫자 1이 나오면 지갑 B_1에서 1개의 동전을 꺼내고, 그렇지 않으면 지갑 B_2에서 1개의 동전을 꺼낸다.

(1) 이 동전이 C_1일 확률을 구하시오.

(2) 동전 C_1이 나왔을 때, 이것이 지갑 B_1에서 나왔을 확률을 구하시오.

28. 1부터 5까지 하나씩 번호가 붙은 주머니가 있고, 각 주머니에는 10개씩 공이 들어 있다. 주머니 $k(k=1, 2, 3, 4, 5)$에는 k개의 빨간 공과 $10-k$개의 흰 공이 들어 있다. 먼저 주머니 하나는 임의로 선택하여 1개의 공을 임의로 꺼낸다. 다음 확률을 구하시오.

(1) 처음 꺼낸 공이 흰 공일 확률을 구하시오.

(2) 처음 꺼낸 공이 흰 공일 때, 이것이 1번 주머니에서 나왔을 확률을 구하시오.

29. A와 B가 독립인 두 사건일 때, A와 B^c는 독립이고 A^c와 B도 독립이다. 또 A^c와 B^c도 독립이다. 첫 번째 결과를 증명하시오.

30. 어떤 공장에서 생산되는 제품의 불량률을 구하려 할 때, 수학적 확률(사전확률)과 통계적 확률(사후확률) 중 어느 것이 이용가능한지를 말하여 보고 그 이유를 설명해 보시오.

31. $P(E_1) = 0.3$이고 $P(E_1 \cup E_2) = 0.7$일 때,

(1) E_1과 E_2가 서로 배반이 되도록 $P(E_2)$를 정하시오.

(2) E_1과 E_2가 확률적으로 독립이 되도록 $P(E_2)$를 정하시오.

(3) $P(E_1 | E_2) = 0.5$가 되도록 $P(E_2)$를 정하시오.

32. 다음을 증명하시오.

(1) $P(AB) \le PA \le P(A \cup B) \le PA + PB$.

(2) $P(A_1 \cap \cdots \cap A_n) \ge \sum_{i=1}^{n} PA_i - (n-1)$.

33. 세 사건 E_1, E_2, E_3가 독립일 때, 다음의 사건들도 각각 독립임을 증명하시오.

(a) E_1^c과 E_2E_3

(b) E_1^c와 $E_2E_3^c$

(c) E_2와 $E_1 \cup E_3$

(d) E_1^c, E_2, E_3^c

34. 세 사건 E_1, E_2, E_3에 대하여, E_1와 E_2가 독립이고 E_2와 E_3가 독립일 때, E_1와 E_3도 독립인지 아닌지를 설명하시오.

제 3 장 확률변수와 확률분포

이 장에서는 확률변수를 정의하고, 확률변수의 확률분포를 설명하는 확률분포함수 그리고 확률질량함수와 확률밀도함수를 소개한다. 또 이것들을 통하여 확률분포의 수학적인 개념들을 논한다.

3.1 | 확률변수의 정의

확률변수에 대한 수학적인 정의를 내리기에 앞서 간단한 예를 통하여 먼저 그 직관적인 의미를 생각해 보자.

한 개의 좋은 동전을 무심코 두 번 던지는 확률실험을 생각하자. 이때 표본공간은

$$\Omega = \{\mathrm{HH},\ \mathrm{HT},\ \mathrm{TH},\ \mathrm{TT}\}$$

이다. 지금 이 실험에서 나타나는 '앞면의 개수'를 변수 X로 정의하면, X는 각 표본점에 대응하여 0, 1, 2의 세 값을 취한다. 더욱이, 이 변수의 세 값에 대해서는 확률이 각각 $\frac{1}{4}$, $\frac{1}{2}$, $\frac{1}{4}$이 대응된다. 물론, 이 실험의 결과로 나타나는 '뒷면의 개수'를 변수 Y로 정의하면 Y도 같은 결과를 얻는다. 일반적으로, (변수 X나 Y와 같이) '변수가 어떤 값을 취할 때 확률이 대응'되면, 다시 말하여

'변수가 확률실험의 결과에 따라 값이 결정되면'

이 변수를 **확률변수**라 한다. 한편, 이 확률변수를 수학적 관점에서 보면

$$HH \rightarrowtail 2,\ HT \rightarrowtail 1,\ TH \rightarrowtail 1,\ TT \rightarrowtail 0$$

에서와 같이, 표본공간의 각 원소(즉, 표본점)에 하나의 실수를 대응시키고 있다. 결국, 확률변수가 정의되는 것은 **표본공간의 모든 원소를 하나도 빠짐없이 하나의 실수에 대응하는 대응관계**, 즉 표본공간 상에서 정의되는 함수가 주어지는 것과 같다.

확률변수의 수학적인 정의는 다음과 같다.

정의 3.1 **확률변수**

확률실험 $\mathcal{E}$의 표본공간 Ω 위에서 정의되는 실가함수, 즉 $X : \Omega \to R^1$을 Ω (또는 확률공간 $(\Omega, \mathcal{F}, P)$) 위에서 정의되는 확률변수(random variable)라 한다.

참고 3.2

확률변수는 변수로 부르지만 명백히 함수이다. 그러나 확률변수는 함수이지만 함수적 성질보다는 오히려 그 함수가 취하는 값이나 그 값들의 집합 등을 더 중요하게 여기기 때문에 변수란 말을 사용한다.

참고 3.3 **확률변수의 치공간**

확률변수 $X : \Omega \to R^1$에서, X가 취하는 모든 값들의 집합, 즉 X의 치역(range)

$$R_X = \{X(\omega) \mid \omega \in \Omega\}$$

을 X의 치역공간(range space) 간단히 치공간이라 한다. 위에서 정의된 확률변수 X의 경우

$$X(\mathrm{HH}) = 2, \quad X(\mathrm{HT}) = 1, \quad X(\mathrm{TH}) = 1, \quad X(\mathrm{TT}) = 0$$

으로 X의 치공간은 $R_X = \{0, 1, 2\}$이다.

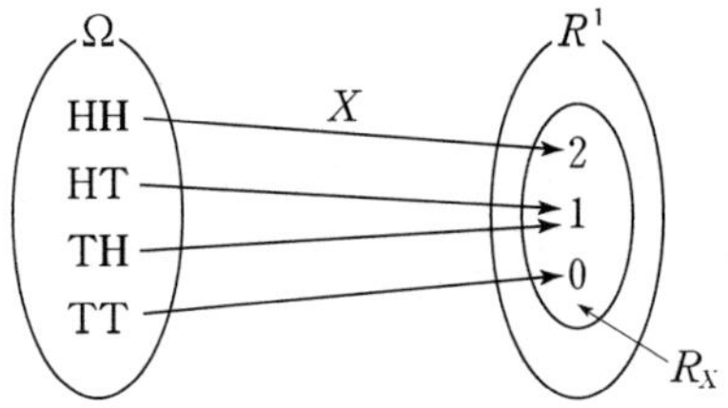

〈그림 3.1〉 확률변수의 정의역, 공역 그리고 치역

확률변수의 치공간은 확률변수 X의 확률분포를 설명하는 데 중요하다. 먼저 다음 기호를 정의한다.

기호 확률공간 $(\Omega, \mathcal{F}, P)$에서 정의된 확률변수 X와 실수 $x \in R^1$ 그리고 수직선상의 구간 $I \subset R^1$에 대하여 다음을 정의한다.

$$\begin{aligned} \{\omega \in \Omega \mid X(\omega) = x\} &= [X = x], \\ \{\omega \in \Omega \mid X(\omega) \le x\} &= [X \le x], \\ \{\omega \in \Omega \mid X(\omega) \in I\} &= [X \in I] \end{aligned} \tag{3.1}$$

■

보기 3.1

하나의 좋은 동전을 무심코 세 번 던지는 확률실험을 생각한다. 표본공간은

$$\Omega = \{\mathrm{HHH},\ \mathrm{HHT},\ \mathrm{HTH},\ \mathrm{THH},\ \mathrm{HTT},\ \mathrm{THT}, \mathrm{TTH},\ \mathrm{TTT}\}$$

이고, $\mathcal{F} = 2^{\Omega}$ 과 사전확률 P로 주어지는 확률공간 $(\Omega, \mathcal{F}, P)$를 생각할 수 있다. 이때 확률변수 X를 이 실험에서 '앞면의 개수'로 정의하면

$$P[X=1] = P[\{\omega \mid X(\omega)=1\}] = P[\{\mathrm{HTT},\ \mathrm{THT},\ \mathrm{TTH}\}] = \frac{3}{8}$$

그리고

$$P[1 \le X < 5] = P[\{\omega \mid 2 < X(\omega) < 5\}] = P[\{\mathrm{HHH}\}] = \frac{1}{8}$$

이다. 이때 두 결과를 간단히

$$P[X=1] = \frac{3}{8}, \quad P[1 \le X < 5] = \frac{1}{8}$$

로 표시한다.

참고 3.4†

수학적으로 엄격한 의미에서, 확률공간 $(\Omega, \mathcal{F}, P)$에서 정의되는 확률변수는 정의 3.1로 충분하지 않고 다음 조건이 추가되어야 한다. 즉, 임의의 실수 x에 대하여

$$\{\omega \in \Omega \mid X(\omega) \le x\} \in \mathcal{F}.$$

이 조건은 X의 확률분포함수 $F_X(x)$(정의 3.12)를 잘 정의(well defined)하는 데 필요하다.

3.2† | 확률변수로 유도되는 확률공간2)

확률공간 $(\Omega, \mathcal{F}, P)$가 주어지고 또 Ω에서 확률변수 X가 정의되면, 이 X에 의하여 R^1 위에서 새 확률공간이 유도된다. 새 확률공간은 확률분포가 실직선 위에서 정의되도록 하는 중요한 역할을 한다. 여기서는 확률변수에 의하여 새 확률공간이 어떻게 만들어지는가를 생각한다. 자세한 논의는 참고문헌 [1]의 2장을 참조할 수 있다.

먼저 실직선 위에서 정의되는 σ-집합체인 보렐-집합체(Borel-field)와 그 원소인 보렐-집합(Borel-set)을 생각한다.

---

† 기호로 표시된 절이나 정리는 높은 수준으로 진입하려는 독자에게 도움을 주기 위한 것으로 초보적인 독자는 생략할 수 있다.

실직선 위에서 정의되는 σ-집합체 $\mathcal{B}$란, 임의의 $a,\ b \in R^1$로 정의되는 집합

$$[a,\ \infty),\ (-\infty,\ a],\ (a,\ \infty),\ (a,\ b),\ (a,\ b],\ (a,\ b)$$

등과 또 이것들의 여집합, 차집합 그리고 유한 및 가산의 교집합 등을 모두 포함하는 집합족을 말한다. 또 보렐-집합이란 보렐-집합체의 원소로 위에서 말한 종류의 모든 집합들을 총칭한다. 사실, 엄밀한 의미에서 보렐-집합체 $\mathcal{B}$란, 폐구간 $(-\infty,\ x],\ x \in R^1$들의 집합족

$$\mathcal{C} = \{(-\infty,\ x] \mid x \in R^1\}$$

을 포함하는 최소 σ-집합체이다.

참고† 3.5

σ-집합체의 정의에 의하면, 임의의 $x \in R^1$에 대한 단일원집합 $\{x\}$도 보렐-집합이다. 이것은

$$\{x\} = (-\infty,\ x] \cap [x,\ \infty)$$

이기 때문이다. 더욱이, $\{0,\ 1,\ 2,\ 3,\ \cdots\}$는 물론이고 실수의 일반적인 가산집합

$$\{x_1,\ x_2,\ \cdots\}$$

등은 단일원집합의 가산의 합집합으로 표시되므로 보렐-집합이다. 그러나 보렐-집합이 실직선 위의 모든 부분집합을 의미하지는 않는다. 측도론에서 다루는 비가측집합은 보렐-집합이 아니다.

정의 3.6 P_X의 정의

확률공간 $(\Omega,\ \mathcal{F},\ P)$에서 확률변수 X가 정의되었을 때, 임의의 $B \in \mathcal{B}$에 대하여 집합함수 $P_X : \mathcal{B} \to R^1$을

$$P_X(B) = P[\{\omega \mid X(\omega) \in B\}] = P[X^{-1}(B)] \tag{3.2}$$

으로 정의한다. 이때 B와 $\{\omega \mid X(\omega) \in B\} = X^{-1}(B)$를 동등사건(equivalent event)이라 한다.

참고 3.7

정의 3.6에 의하면, $P_X(B)$는 B와 동등사건인 $E = X^{-1}(B)$의 확률 $P(E)$로 정의됨을 유의할 필요가 있다.

보기 3.2

하나의 동전을 무심코 두 번 던지는 확률실험의 표본공간은

$$\Omega = \{\text{HH},\ \text{HT},\ \text{TH},\ \text{TT}\}$$

이다. 확률변수 X를 앞면의 개수로 정의하면, X의 치공간은 $R_X = \{0, 1, 2\}$이다. 이때 보렐집합 $\{1\}$는 사건 $\{\mathrm{HT}, \mathrm{TH}\}$와 동등사건이다. 따라서

$$P_X(\{1\}) = P(\{\mathrm{HT}, \mathrm{TH}\}) = \frac{1}{2}$$

이다.

참고 3.8

(3.1)에서 주어진, (표본공간 Ω 에서의) 세 사건 $[X = x]$, $[X \le x]$, $[X \in I]$는 각각 보렐집합 $\{x\}$, $(-\infty, x]$, I와 동등사건이다.

다음 정리는 $(R^1, \mathcal{B}, P_X)$가 새 확률공간임을 확인해 준다.

정리 3.9 합의 법칙

X가 확률공간 $(\Omega, \mathcal{F}, P)$ 위에서 정의된 확률변수일 때, 집합함수 $P_X : \mathcal{B} \to R^1$을

$$P_X(B) = P[X^{-1}(B)]$$

로 정의하면 P_X는 확률함수이다.

증명 정의에 의하면, 임의의 $B \in \mathcal{B}$에 대하여

$$P_X(B) = P[X^{-1}(B)] \ge 0$$

이고, 또 $R^1 \in \mathcal{B}$에 대하여

$$P_X(R^1) = P[X^{-1}(R^1)] = P[\Omega] = 1$$

이 성립한다. 더욱이,

$$P_X[\sum_j B_j] = P[X^{-1}(\sum_j B_j)] = P[\sum_j X^{-1}(B_j)] = \sum_j P_X(B_j)$$

이다. 따라서 P_X은 확률함수이고, $(R^1, \mathcal{B}, P_X)$는 확률공간이다. □

참고 3.10

확률공간 $(R^1, \mathcal{B}, P_X)$를 '확률변수 X에 의하여 유도된 확률공간'이라 한다. 또 확률함수 P_X는 실직선 위의 보렐-집합의 확률을 나타내기 때문에 확률변수 X의 확률분포라고도 한다.

참고 3.11

임의의 표본공간 위의 확률공간 $(\Omega, \mathcal{F}, P)$는 확률변수 X에 의하여 더 편리한 실직선 위의 확률공간 $(R^1, \mathcal{B}, P_X)$로 옮겨진다. 그러나 P_X는 점함수가 아닌 집합함수이므로 확률공간을 해석적으로 기술하는 데는 아직 불편하다. 확률과 확률공간을 기술하는 데 편리한 실직선 위의 점함수를 정의할 필요가 있게 된다. 이를 위해 확률을 실직선 위에서 처리할 수 있는 함수인 확률분포함수를 도입하게 된다.

3.3 | 확률분포함수와 그 성질

확률변수의 확률분포를 편리하게 기술하기 위해서 실직선 위에서 점함수로 정의되는 확률분포함수를 도입한다.

먼저 분포함수의 정의는 다음과 같다.

정의 3.12 확률변수의 분포함수

X가 (확률공간 $(\Omega, \mathcal{F}, P)$에서 정의된) 확률변수일 때

$$F_X(x) = P[X \le x]$$

로 정의되는 함수 $F_X : R^1 \to R^1$을 확률변수 X의 분포함수(distribution function)라 한다.

참고 3.13†

임의의 $x \in R^1$에 대하여

$$[X \le x] = \{\omega \mid X(\omega) \le x\} = X^{-1}(-\infty, x] \in \mathcal{F}$$

이므로, 확률변수 X의 분포함수 F_X는 정의 3.12와 참고 3.4에 의하여 정의된다. F_X가 정의되면 $[X \le x]$와 같은 사건은 물론이고 X로 표시되는 다른 모든 사건, 즉 모든 보렐-집합의 확률도 정의된다. 그것은 $\mathcal{C}_2 = \{(-\infty, x] \mid x \in R^1\}$에서 정의된 확률함수 P_X는 모든 보렐-집합들로 이루어지는 집합의 보렐-집합체 $\mathcal{B}$ 위로 확대되기 때문이다([1], 2장 참조).

보기 3.3

하나의 동전을 무심코 던지는 확률실험에서, 윗면에 나타나는 앞면의 개수를 X라 하면 이것은 치공간을 $R_X = \{0, 1\}$으로 갖는 확률변수이다. 이때 임의의 실수 x에 대하여

$$P[X \le x] = \begin{cases} 0, & x < 0\text{이면}, \\ \frac{1}{2}, & 0 \le x < 1\text{이면}, \\ 1, & x \ge 1\text{이면} \end{cases}$$

이다. 따라서 분포함수 $F_X(x) = P[X \le x]$는

$$F_X(x) = \begin{cases} 0, & x < 0\text{이면}, \\ \frac{1}{2}, & 0 \le x < 1\text{이면}, \\ 1, & x \ge 1\text{이면} \end{cases}$$

이다.

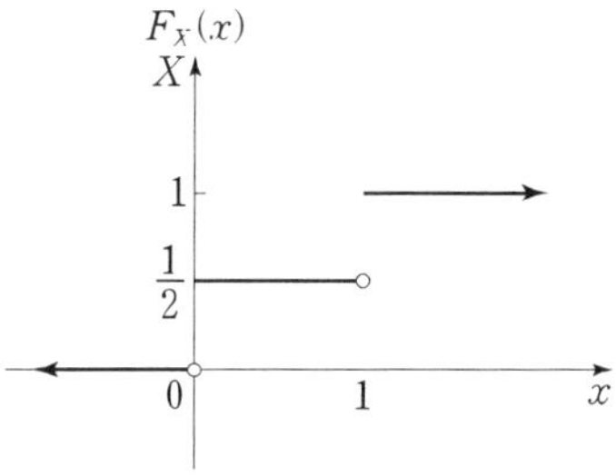

〈그림 3.2〉 분포함수 $F_X(x)$

참고 3.14 $F_X(x)$의 역할

확률현상(또는 확률공간)에서 주어지는 사건들은 확률변수 X로 표시하면 대부분 다음 형태를 갖는다. 즉, 임의의 실수 a, b에 대하여

$$[a < X \le b], \quad [X = b], \quad [X > b], \quad [X < b], \quad [X \ge b]$$

또는 이것들의 여집합, 차집합 그리고 유한이나 가산의 교집합 등이다. 분포함수 $F_X(x)$는 이러한 사건들의 확률을 구하는 데 효과적이다. 즉

(1) $P[a < X \le b] = P[X \le b] - P[X \le a] = F_X(b) - F_X(a)$

(2) $P[X = b] = \lim_{0 < h \to 0} P[b - h < X \le b] = \lim_{0 < h \to 0} [F_X(b) - F_X(b-h)]$

$= F_X(b) - \lim_{0 < h \to 0} F_X(b-h)$ (간단히 $F_X(b) - F_X(b-0)$로 표시)

(3) $P[X > b] = 1 - P[X \le b] = 1 - F_X(b)$

(4) $P[X < b] = P[X \le b] - P[X = b] = F_X(b) - [F_X(b) - \lim_{0 < h \to 0} F_X(b-h)]$

$= \lim_{0 < h \to 0} F_X(b-h)$ (간단히 $F_X(b-0)$)

(5) $P[X \ge b] = 1 - P[X < b] = 1 - \lim_{0 < h \to 0} F_X(b-h)$ (간단히 $1 - F_X(b-0)$)

정리 3.15 분포함수의 기본성질

확률변수 X의 분포함수 F_X는 다음 세 가지 성질을 갖는다.

(1) **비감소성**: $x_1 < x_2 (x_1,\ x_2 \in R^1) \Rightarrow F_X(x_1) \le F_X(x_2)$,

(2) **극한성**: $F_X(-\infty) = 0,\ F_X(\infty) = 1$,

(3) **우방연속성**: $\lim\limits_{0<\epsilon\to 0} F_X(x+\epsilon) = F_X(x)$.

(여기서 $F_X(-\infty)$는 $\lim\limits_{x\to-\infty} F_X(x)$를, $F_X(\infty)$는 $\lim\limits_{x\to\infty} F_X(x)$를 의미한다.)

증명[†]

(1) 임의의 $x_1,\ x_2 \in R^1,\ x_1 < x_2$에 대하여, 부등식

$$F_X(x_2) - F_X(x_1) = P[x_1 < X \le x_2] \ge 0$$

이 성립한다.

(2) 먼저 $\lim\limits_{x\to-\infty} F_X(x) = 0$을 증명하는 데, $x_n \downarrow -\infty$인 임의의 단조감소수열 $\{x_n\}$에 대하여 $\lim\limits_{n\to\infty} F_X(x_n) = 0$을 보이면 충분하다. $\{x_n\}$에 대응하는 사건계열 $\{[X \le x_n]\}_{n=1}^{\infty}$은 단조감소이므로

$$\lim_{n\to\infty}[X \le x_n] = \cap_{n=1}^{\infty}[X \le x_n] = \phi$$

이다. 여기서 확률함수 P의 연속성(참고 2.18)을 이용하면

$$\lim_{n\to\infty} F_X(x_n) = \lim_{n\to\infty} P[X \le x_n] = P(\phi) = 0$$

이다. 같은 방법으로, $\lim\limits_{x\to\infty} F_X(x) = 1$을 보이는 데, $x_n \uparrow \infty$인 임의의 단조증가수열 $\{x_n\}$을 생각하면, $\{[X \le x_n]\}_{n=1}^{\infty}$은 단조증가의 사건계열이다. 따라서

$$\lim_{n\to\infty}[X \le x_n] = \cup_{n=1}^{\infty}[X \le x_n] = \Omega$$

이다. 결국

$$\lim_{n\to\infty} F_X(x_n) = \lim_{n\to\infty} P[X \le x_n] = P(\Omega) = 1$$

이다.

(3) $0 < x_n \downarrow x$인 수열 $\{x_n\}$을 생각하자. 모든 $n \ge 1$에 대하여 $[x < X \le x_n] \downarrow$이므로

$$\lim_{n\to\infty}[x < X \le x_n] = \cap_{n=1}^{\infty}[x < X \le x_n] = \phi$$

이다. P의 연속성을 이용하면

$$\begin{aligned}\lim_{n\to\infty} F_X(x_n) - F_X(x) &= \lim_{n\to\infty}(F_X(x_n) - F_X(x)) \\ &= \lim_{n\to\infty} P[x < X \le x_n] \\ &= P\{\lim_{n\to\infty}[x < X \le x_n]\} = P(\phi) = 0\end{aligned}$$

이 성립한다. □

확률분포에 대한 주요 개념들을 설명하는 데 확률변수를 이산형과 연속형으로 구별하는 것이 편리하다.

정의 3.16 이산확률변수와 연속확률변수

X가 (확률공간 $(\Omega, \mathcal{F}, P)$에서 정의된) 확률변수일 때

(1) X가 취할 수 있는 값의 개수가 유한이거나 가산무한이면, 다시 말하여 R_X가 유한 또는 가산무한한 집합이면, X를 이산확률변수(discrete random variable)라 한다.

(2) X가 이산확률변수가 아니면, 다시 말하여 R_X가 하나의 구간 또는 몇 개의 구간의 집합족으로 주어지면, X를 연속확률변수(continuous random variable)라 한다.

참고 3.17

확률변수 X가 이산이냐 아니면 연속이냐를 구별하는 쉬운 방법은 X의 값을 크기순으로 나열할 수 있느냐 없느냐로 판단하는 것이다. X가 취할 수 있는 값을 크기순으로 나열할 수 있으면 이산확률변수로, 그렇지 않으면 연속확률변수로 판단한다.

보기 3.4

하나의 동전을 10번 던지는 확률실험에서 윗면에 나타나는 앞면의 개수를 X라 하면, 확률변수 X가 취하는 가능한 값을 순서대로 나열하면 0, 1, 2, ⋯, 10으로

$$R_X = \{0,\ 1,\ 2,\ \cdots,\ 10\}$$

이다. 따라서 X는 이산확률변수이다.

보기 3.5

어떤 공장에서 생산되는 상품의 수명을 관찰하고 그 값을 X라 하면, 확률변수 X가 취하는 가능한 값을 크기순으로 나열할 수 없고 다만

$$R_X = \{t \mid t \geq 0,\ t \in R^1\} = [0,\ \infty)$$

이 연속체(continuum)로 나타낸다. 따라서 X는 연속확률변수이다.

3.4 | 확률질량함수와 확률밀도함수

여기서는 확률분포를 설명하는 데 중추적인 역할을 하는 확률질량함수와 확률밀도함수를 정의하고 그 성질을 논한다.

정의 2.18 확률질량함수

X가 (확률공간 $(\Omega, \mathcal{F}, P)$에서 정의된) 이산확률변수일 때,

$$f_X(x) = P[X = x]$$

로 정의되는 함수 $f_X : R^1 \to R^1$을 X의 확률질량함수(probability mass function: pmf) 또는 간단히 확률함수(probability function)라 한다. 또 집합

$$\{(x, f_X(x)) \mid x \in R^1\}$$

을 X의 확률분포(probability distribution)라 한다.

참고 3.19

이산확률변수 X의 치공간이 $R_X = \{x_1, x_2, \cdots\}$일 때, 그 확률질량함수 f_X는 다음 성질을 갖는다.

(1) 모든 실수 x에 대하여, $f_X(x) \geq 0$이다.

(2) $\sum_x f_X(x) = 1$이다.

(3) 모든 실수 x에 대하여, $P[X \leq x] = \sum_{x_i \leq x} f_X(x_i)$이다.

보기 3.6

하나의 좋은 동전을 무심코 10번 던지는 실험에서 위에 나오는 앞면의 개수를 X라 할 때, 확률변수 X의 확률질량함수를 구하여 보자. 이 실험의 표본공간은 총 $2^{10} = 1024$의 표본점으로 구성되지만 X가 취하는 가능한 값들의 집합, 즉 X의 치공간은

$$R_X = \{0, 1, 2, 3, \cdots, 10\}$$

이다. 이때 각 $x \in R_X$에 대하여 $f_X(x)$의 값을 구하면

$$f_X(0) = P[X = 0] = \frac{\binom{10}{0}}{2^{10}},$$

$$f_X(1) = P[X=1] = \frac{\binom{10}{1}}{2^{10}},$$

$$\vdots$$

$$f_X(10) = P[X=10] = \frac{\binom{10}{10}}{2^{10}}$$

등으로, 이 이산확률변수의 확률질량함수는

$$f_X(x) = \frac{\binom{10}{x}}{2^{10}} \cdot I_{\{0,\ 1,\ 2,\ \cdots,\ 10\}}(x)$$

이다. 만일 이 실험에서 동전을 100을 던진다면 이때의 확률질량함수는

$$f_X(x) = \frac{\binom{100}{x}}{2^{100}} \cdot I_{\{0,\ 1,\ 2,\ \cdots,\ 100\}}(x)$$

으로 함수적 형태에서 차이가 없음을 알 수 있다.

보기 3.7

하나의 동전을 앞면이 나올 때까지 던지고 그때까지 던진 횟수를 X라 하자. 확률변수가 취하는 값을 나열하면, $X=1,\ 2,\ 3,\ \cdots$으로, X는 이산확률변수이다. 이때 X의 확률질량함수 $f_X(x)$와 분포함수 $F_X(x)$를 구하고 이것을 이용하여 확률 $P[5 \le X \le 10]$을 구하여 보자. 먼저, 확률질량함수 $f_X(x)$를 구하면

$$\begin{aligned} f_X(x) &= P\,[X=x] \\ &= P\,[(\text{처음 } x-1\text{번이 계속 뒷면}) \wedge (x\text{번째가 앞면})] \end{aligned}$$

이므로

$$f_X(x) = \left(\frac{1}{2}\right)^{x-1} \cdot \left(\frac{1}{2}\right)^{1} \cdot I_{\{1,\ 2,\ \cdots\}}(x) = \left(\frac{1}{2}\right)^{x} \cdot I_{\{1,\ 2,\ \cdots\}}(x)$$

이다. 이때 이 함수는 확률질량함수의 두 조건

$$f_X(x) \ge 0, \qquad \sum_x f_X(x) = \sum_{x=1}^{\infty} \left(\frac{1}{2}\right)^x = 1$$

을 만족함을 알 수 있다. 다음에 X의 분포함수 $F_X(x)$를 구하면

$$F_X(x) = P[X \le x] = \begin{cases} 0, & x < 1\text{이면}, \\ \dfrac{1}{2}, & 1 \le x < 2\text{이면}, \\ \dfrac{1}{2} + \left(\dfrac{1}{2}\right)^2, & 2 \le x < 3\text{이면}, \\ \quad\vdots & \quad\vdots \end{cases}$$

로 주어진다. 이것을 간단히 표시하면, $n=1, 2, \cdots$에 대하여

$$F_X(x) = \begin{cases} 0, & x < 1\text{이면}, \\ 1-\left(\dfrac{1}{2}\right)^n, & n \le x < n+1\text{이면} \end{cases}$$

을 얻는다. 이 결과를 이용하면

$$P[5 \le X \le 10] = P[5 < X \le 10] + P[X=5]$$

이고, 여기에 참고 3.14의 성질을 적용하면

$$\begin{aligned} P[5 \le X \le 10] &= F_X(10) - F_X(5) + (F_X(5) - F_X(5-0)) \\ &= F_X(10) - F_X(5-0) \\ &= \left[1-(1/2)^{10}\right] - \left[1-(1/2)^4\right] \\ &= (1/2)^4 - (1/2)^{10}. \end{aligned}$$

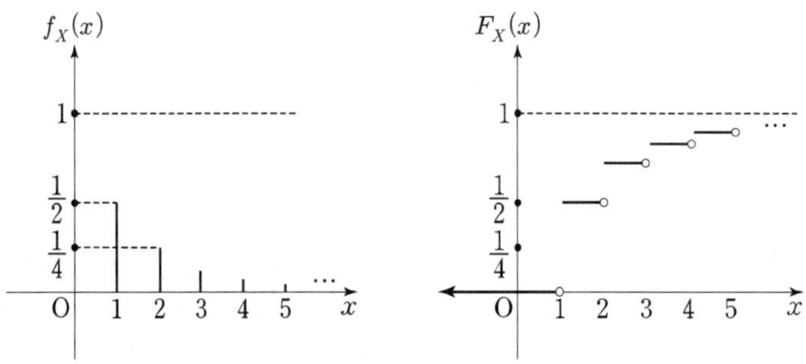

〈그림 3.3〉 밀도함수와 분포함수

정의 3.20 확률밀도함수

X가 (확률공간 $(\Omega, \mathcal{F}, P)$에서 정의된) 연속확률변수일 때, 함수 $f_X : R^1 \to R^1$이 존재하여

$$F_X(x) = P[X \le x] = \int_{-\infty}^{x} f_X(t)dt$$

이면, $f_X(x)$를 X의 확률밀도함수(probability density function; pdf)라 한다.

참고 3.21

확률밀도함수 $f_X(x)$는 다음 성질을 갖는다.

(1) 모든 실수 a, $b(a<b)$에 대하여,

$$\begin{aligned} P[a < X \le b] &= F_X(b) - F_X(a) \\ &= \int_{-\infty}^{b} f_X(t)dt - \int_{-\infty}^{a} f_X(t)dt = \int_{a}^{b} f_X(t)dt \end{aligned}$$

이고(그림 3.4), 이 성질에 의하여

$$P[a < X \le b] = P[a < X < b] = P[a \le X < b] = P[a \le X \le b].$$

(2) $\int_{-\infty}^{\infty} f_X(t)dt (= P[-\infty < X < \infty] = P(\Omega)) = 1$이다.

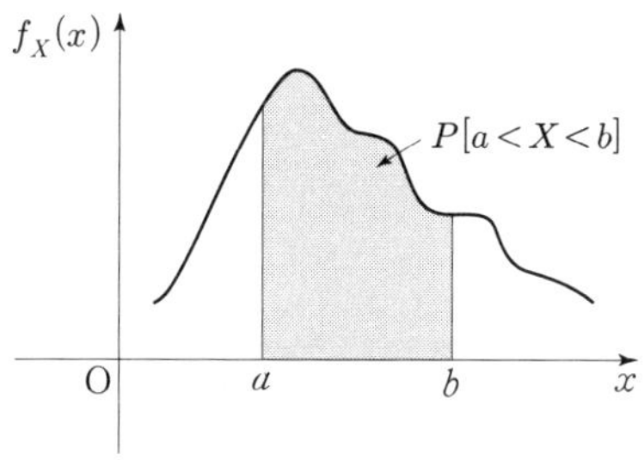

〈그림 3.4〉 확률과 확률밀도함수

정리 3.22 **F_X와 f_X의 관계**

X가 이산이나 연속의 확률변수일 때, $F_X(x)$는 $f_X(x)$로부터 얻는다. 또 그 역도 성립한다.

증명 먼저, X가 치공간 $R_X = \{x_1, x_2, \cdots\}$을 갖는 이산확률변수라고 하자. 모든 $x \in R^1$에 대하여

$$F_X(x) = P[X \le x] = \sum_{x_i \le x} f_X(x_i)$$

이므로 결국 $F_X(x)$가 $f_X(x)$로 표시된다. 반대로, $f_X(x)$가 $F_X(x)$로 표시됨을 보이자. 참고 3.14의 성질 2에서와 같이

$$\begin{aligned} f_X(x) = P[X=x] &= \lim_{0<h\to 0} P[x-h < X \le x] \\ &= \lim_{0<h\to 0} [F_X(x) - F_X(x-h)] \\ &= F_X(x) - \lim_{0<h\to 0} F_X(x-h) \\ &= F_X(x) - F_X(x-0) \end{aligned}$$

이다. 다음은, X가 연속확률변수라 하자. $F_X(x) = \int_{-\infty}^{x} f_X(t)dt$이므로 따라서 $F_X(x)$는 $f_X(x)$로 표시된다. 반대로, $f_X(x)$가 $F_X(x)$로 표시됨을 보이면, $F_X(x)$가 미분가능한 x에 대하여

$$f_X(x) = \frac{d}{dx}\int_{-\infty}^{x} f_X(t)dt = \frac{d}{dx}F_X(x) = F_X'(x).$$

□

보기 3.8

하나의 주사위를 무심코 던지는 실험에서, 위에 나타나는 점의 개수를 X라 하자. 이때 X는 치공간을 $R_X = \{1,\ 2,\ 3,\ 4,\ 5,\ 6\}$로 갖는 이산확률변수로 확률질량함수는

$$f_X(x) = \frac{1}{6} \cdot I_{\{1,\ 2,\ 3,\ 4,\ 5,\ 6\}}(x)$$

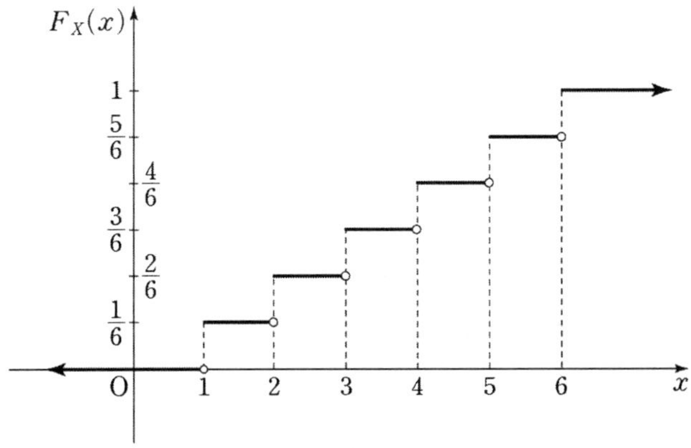

이다. $f_X(x)$로부터 분포함수 $F_X(x)$를 구하면

$$F_X(x) = \sum_{x_i \le x} f_X(x_i) = \begin{cases} 0, & x < 1\text{이면}, \\ \frac{1}{6}, & 1 \le x < 2\text{이면}, \\ \frac{2}{6}, & 2 \le x < 3\text{이면}, \\ \frac{3}{6}, & 3 \le x < 4\text{이면}, \\ \frac{4}{6}, & 4 \le x < 5\text{이면}, \\ \frac{5}{6}, & 5 \le x < 6\text{이면}, \\ 1, & x \ge 6\text{이면} \end{cases}$$

이다. 역으로 $F_X(x)$를 이용하여 $f_X(x)$를 구하기 위하여

$$\begin{aligned} f_X(x) &= F_X(x) - \lim_{0 < h \to 0} F_X(x-h) \\ &= F_X(x) - F_X(x-0) \end{aligned}$$

을 이용하면, 이를테면 $x = 3$이나 $x = 2.5$ 등에서

$$f_X(3) = F_X(3) - F_X(3-0) = \frac{3}{6} - \frac{2}{6} = \frac{1}{6}$$

$$f_X(2.5) = F_X(2.5) - F_X(2.5-0) = \frac{2}{6} - \frac{2}{6} = 0$$

$$\vdots$$

으로 주어지므로

$$f_X(x) = \frac{1}{6} \cdot I_{\{1, 2, 3, 4, 5, 6\}}(x)$$

이다.

보기 3.9

어떤 공장에서 생산된 축전기의 수명 X는 경험적으로

$$f_X(x) = ce^{-\frac{x}{2}} \cdot I_{(0, \infty)}(x)$$

의 밀도함수를 갖는다고 한다. 이때 $P[20 \le X \le 40]$를 구해 보자. 먼저 c가 결정되어야 하므로

$$\int_{-\infty}^{\infty} f_X(t)dt = -2c\int_{-\infty}^{\infty} e^{-\frac{x}{2}} d\left(-\frac{x}{2}\right) = -2c\left[e^{-\frac{x}{2}}\right]_{x=0}^{\infty} = 2c = 1$$

로부터 $c = \frac{1}{2}$이다. 따라서 구하는 확률은

$$P[20 \le X \le 40] = \int_{20}^{40} \frac{1}{2}e^{-\frac{x}{2}} dx = -\left[e^{-\frac{x}{2}}\right]_{x=20}^{40} = e^{-10} - e^{-20}.$$

보기 3.10

연속확률변수 X의 밀도함수가

$$f_X(x) = \frac{1}{3}x^2 \cdot I_{(-1, 2)}(x)$$

일 때, 확률 $P[0 \le X \le 1]$을 구하자. 또 $F_X(x)$를 구하고 이것을 이용하여 이 확률을 구하여 보자. 먼저

$$P[0 \le X \le 1] = \int_0^1 \frac{1}{3}x^2 dx = \frac{1}{9}$$

이다. 한편, X의 분포함수 $F_X(x)$는

$$F_X(x) = \int_{-\infty}^{x} f_X(t)dx = \int_{-\infty}^{x} \frac{1}{3}t^2 dt = \begin{cases} 0, & x \le -1\text{이면}, \\ \int_{-1}^{x} \frac{1}{3}t^2 dt, & -1 < x < 2\text{이면}, \\ 1, & x \ge 2\text{이면} \end{cases}$$

이고 이것은 다시

$$F_X(x) = \begin{cases} 0, & x \le -1\text{이면}, \\ \frac{1}{9}(x^3 + 1), & -1 < x < 2\text{이면}, \\ 1, & x \ge 2\text{이면} \end{cases}$$

이다. 따라서 참고 3.14의 성질을 이용하면

$$P[0 < X \le 1] = F_X(1) - F_X(0) = \frac{2}{9} - \frac{1}{9} = \frac{1}{9}$$

이다.

참고 3.23 밀도함수의 의미

확률밀도함수 $f_X(x)$의 의미는 다음과 같이 설명된다. 즉

$$f_X(x) = \frac{dF_X(x)}{dx} = \lim_{\triangle x \to 0} \frac{F_X(x+\triangle x) - F_X(x)}{\triangle x}$$
$$= \lim_{\triangle x \to 0} \frac{P[x < X \le x + \triangle x]}{\triangle x}$$

로 표시되는 것과 같이, $f_X(x)$는 확률변수 X의 x에서 확률의 순간변화율, 즉 x에서 확률의 밀도를 나타낸다.

집중논의 확률 0과 불가능

밀도함수 $f(x)$를 갖는 연속확률변수 X가 정해진 한 실수 값 x_0을 취할 확률 $P[X = x_0]$은 항상 0이다. $P[X = x_0] = \int_{x_0}^{x_0} f(x)\,dx = 0$이기 때문이다. 사실 이 결과를 보며 우리의 직관(intuition)과는 다소 다르다는 느낌을 받는다. 바늘을 가지고 수직선상의 한 구간에서 점을 찍는 실험을 할 때, 마음속으로 미리 정해 놓은 점이 찍히는 경험을 했기 때문이다.

여기서 연속확률변수 X가 어떤 구간의 모든 실수를 값으로 취할 수 있을 때, '확률 0 (probability 0)'이라는 개념과 '불가능(impossibility)'이라는 개념은 동치(equivalent)가 아님을 이해할 필요가 있다. 연속확률변수에서 $P(A) = 0$이 $A = \phi$(공집합)을 의미하지는 않는 것이다. 더 쉽게 말하여, (수학적인 목적으로) 선분 위의 모든 점이 실험의 결과로 나타날 수 있다고 생각하고 거기서 임의로 한 점을 택할 때, 실제로 선분 위의 (예컨대, 중점과 같은 미리 정해 놓은) 특정한 점이 정확하게 선택되었다면 크게 놀라며 기뻐할 것이다. 이런 상황을 '불가능하다'라는 표현 대신 수학적으로 '일어날 확률이 0이다'로 표현한다. 현미경으로 들여다 본다면 선택된 점은 중점에서 아주 먼 위치에 있는 점이기 때문이다. 이런 의미로, 연속확률변수 X의 경우 다음 등식의 성립을 인정하게 된다.

$$P[a \le X \le b] = P[a \le X < b] = P[a < X \le b] = P[a < X < b]$$

※ (i) 만약 $A = \phi$이면, $P(A) = 0$이다(정리 2.25). (ii) $P(A) = 0$이고 $A \ne \phi$인 사건 A도 존재하고, $P(A) = 1$이고 $A \ne \Omega$인 사건 A도 존재한다(2.1의 집중논의 '0이나 1의 확률을 갖는 사건' 참조).

확률·통계이야기 확률론의 역사

1654년 당시 유럽의 가장 위대한 두 수학자, 파스칼(Blaise Pascal, 1623~1662)과 페르마(Pierre de Fermat, 1601~1665) 사이에서 교환한 서신에서 확률론은 시작되었다고 할 수 있다. "주사위 노름을 중단하였을 때 판돈을 어떻게 나눌 것인가?" 하는 어떤 도박사의 질문에서 시작된 이 논제에서 두 사람은 '도박판의 판돈은 각 플레이어가 이길 수 있는 가능성의 정도에 따라 분배하여야 한다'는 현대 확률론의 입장에서 보아도 너무나 합리적인 결과를 내놓은 것이다. 이때, 파스칼은 '조합의 원리'를 이용한 '파스칼의 삼각형'을, 페르마는 '순열의 원리'를 이용하였다고 한다.

당시 이러한 논의에 새로 가세한 호이겐스(Christian Huygens, 1629~1695)는 1657년 《*On Calculations in Games of Chance*》라는 책을 저술하였고, 이 책을 읽은 당시의 학자들은 깊고 새로운 이론에 접했음을 실감했다. 또 이들은 이 분야의 문제야말로 그들이 새로 도전해야 할 문제라는 생각을 갖게 되었다. 파스칼, 페르마, 호이겐스에 이어 1713년 베르누이(James Bernoulli, 1654~1705)와 1730년 드무아브르(Abraham de Moivre, 1667~1754)의 저술은 이 분야의 새로운 약진을 보였다. 18세기에 이르러 라플라스(Pierre-Simon Laplace, 1654~1705), 푸아송(Simeon Denis Poisson, 1781~1840), 가우스(Karl Friedrich Gauss, 1777~1855) 등과 같은 학자들의 연구결과는 확률과 그 응용을 여러 방면으로 급속히 확대시키는 결과를 가져왔다.

19세기에 이르러, 러시아의 수학자 체비셰프(Pafnuty Chebyshev, 1821~1894), 마르코프(Andrei Markov, 1856~1922), 리아프노프(Aleksandr Lyapunov, 1857~1918) 등은 라플라스, 드무아브르, 베르누이 등의 업적들을 더 발전시켰다. 20세기 초에 이르러 확률은 이미 성장하고 개발된 이론이었지만 그 바탕은 확고하지 못했다. 확률의 정의로 상대도수의 해석이 가장 만족스러운 것이었다. 그러나 확률에 대한 이 정의도 확률론의 엄격한 전개를 위해서는 충분하지는 않았다.

EXERCISES 연습문제

01. 한 개의 동전을 3번 던져서 앞면이 나오는 동전의 개수를 X라 할 때, X의 확률분포를 구하시오. 또 $P(1 \le X \le 2)$를 구하시오.

02. 확률변수 X는 -1, 1, 2의 값을 취하고 그 때의 확률이 각각 $\frac{1}{3}$, p, $\frac{1}{6}$일 때, p를 구하시오. 또 $P(X^2 = 1)$를 구하시오.

03. 앞면이 뒷면보다 나올 확률이 3배인 동전을 3번 던져 나타나는 앞면의 수를 X라 할 때, 확률변수 X의 확률분포함수를 구하시오.

04. 한 쌍의 공정한 주사위를 던지고 두 주사위의 점의 개수의 합을 확률변수 X라 할 때, X의 확률분포를 구하시오. 또 두 주사위의 점의 개수의 곱을 확률변수 Y라 할 때, Y의 확률분포를 구하시오.

05. 세 개의 동전을 동시에 던지고 나타나는 앞면과 뒷면의 개수의 차를 확률변수 X라 할 때, X의 확률분포를 구하시오.

06. 한 쌍의 주사위를 던지고 두 주사위의 점의 개수의 차를 확률변수 D라 할 때, D의 확률분포를 구하시오. 또 점의 개수의 차의 제곱인 확률변수 D^2의 확률분포를 구하시오.

07. 두 개의 주사위를 무심코 던지고 나타나는 점의 개수의 큰 값을 확률변수 X라 할 때

(1) X의 확률질량함수를 구하시오.

(2) X의 분포함수를 구하시오.

08. 주머니 안에 1에서 12까지 정수의 숫자가 적힌 카드가 1장씩 들어 있다. 이 주머니에서 반납을 허용하여 임의로 3장의 카드를 꺼낼 때, 세 숫자 중 적어도 하나가 9를 넘을 확률을 구하시오.

09. 두 함수 $f(x)$와 $g(x)$가 $[0, 1]$에서 정의된 임의의 확률밀도함수일 때, 다음 물음에 답하시오.

(1) $\frac{1}{2}(f(x) - g(x))$가 확률밀도함수인지 아닌지를 말하시오.

(2) $\frac{1}{4}(cf(x) + g(x))$가 확률밀도함수가 되기 위한 상수 c를 구하시오.

10. 연속확률변수 X의 확률밀도함수가 $f_X(x) = \frac{x}{2} \cdot I_{[0,\,2]}(x)$이고, X에서 두 점을 임의로 추출하였다. 이 값이 모두 1 보다 작을 확률을 구하시오. 또 같은 방법으로 X에서 세 점을 추출하였을 때 꼭 두 점만 1 보다 크게 될 확률을 구하시오.

11. 연속확률변수 X의 확률밀도함수가 $f_X(x) = \frac{3}{8}x^2 \cdot I_{[0,\,2]}(x)$일 때, $0 < b < 2$인 b에 대하여 확률 $P[X < b \mid X > b/2]$을 구하시오.

12. $f(x)$와 $g(x)$가 동일구간 $a \le x \le b$, a, $b \in R^1$에서 정의된 확률밀도함수일 때

(1) $f(x) + g(x)$는 같은 구간에서 확률질량함수가 아님을 증명하시오.

(2) $0 < \alpha < 1$인 α에 대하여, $\alpha f(x) + (1-\alpha)g(x)$는 같은 구간에서 확률질량함수임을 증명하시오.

13. 주머니 안에 1에서 n까지 정수가 적힌 카드가 1장씩 들어 있다. 이 주머니에서 반납을 허용하지 않고 임의로 k장의 카드를 꺼내고 그 최솟값을 확률변수 X라 하자. 이때 X의 확률분포를 구하시오.

14. 주머니 안에 세 개의 동전이 들어 있다. 그중 한 개는 정상적인 것이고 다른 두 개는 앞면이 뒷면보다 나올 가능성이 2배 큰 것이라 한다. 이 주머니에서 임의로 한 개의 동전을 선택하여 무심코 3번 던질 때, 앞면의 수 X의 확률분포를 구하시오.

15. 연속확률변수 X의 확률밀도함수가

$$f_X(x) = \begin{cases} cx, & 0 \le x < 1\text{이면}, \\ c, & 1 \le x < 2\text{이면}, \\ c(3-x), & 2 \le x \le 3\text{이면}, \\ 0, & \text{그 밖의 경우} \end{cases}$$

로 주어질 때, 상수 c를 구하시오. X의 확률분포함수 F_X를 구하고 그 개형을 그리시오. 또 X_1, X_2, X_3를 독립적인 X의 세 관측값이라 할 때, 이 중 하나만 $\frac{3}{2}$을 넘을 확률을 구하시오.

16. 확률변수 X의 확률밀도함수가 $f_X(x) = 6x(1-x) \cdot I_{[0,\,1]}(x)$로 주어졌다고 할 때,

(1) $f_X(x)$가 실제로 확률밀도함수인지를 확인하시오.

(2) $P[X < c] = 2P[X > c]$를 만족하는 상수 c를 구하시오.

(3) 조건부 확률 $P\left[X \le \frac{1}{2} \,\middle|\, \frac{1}{3} < X < \frac{2}{3}\right]$를 구하시오.

17. 확률변수 X의 분포함수가 F_X일 때, 임의의 실수 x에 대한 확률 $P[X=x]$를 F_X로 나타내시오.

18. 연속확률변수 X의 확률밀도함수가 $f_X(x)=2x \cdot I_{(0,\,1)}(x)$일 때, 확률 $P\left[\frac{1}{3}< X < \frac{1}{2}\right]$과 $P\left[-\frac{1}{2}< X < \frac{1}{3}\right]$을 구하시오.

19. 길이가 l인 선분 위에서 임의로 한 점을 택할 때, 긴 선분에 대한 짧은 선분의 비가 $\frac{1}{3}$일 확률을 구하시오.

20. 어떤 전기부품의 수명(시간)을 나타내는 확률변수 X의 밀도함수가

$$f_X(x)=ce^{-\frac{x}{100}} \cdot I_{[X \geq 0]}(x)$$

일 때, 이 부품의 수명이 100시간을 넘을 확률을 구하시오. 또 이 부품의 수명이 50시간을 넘지 않을 확률을 구하시오.

21. 확률변수 X의 분포함수 $F_X(x)$가

$$F_X(x)=\begin{cases} 0, & x<-1\text{이면}, \\ 0.25x+0.5, & -1 \leq x < 1\text{이면}, \\ 1, & x \geq 1\text{이면} \end{cases}$$

일 때, 다음을 구하시오.

(1) $F_X(x)$의 그래프를 구하시오.

(2) 분포함수 $F_X(x)$를 이용하여, $P[-0.5 < X \leq 0.5]$와 $P[X=0]$를 구하시오.

22. 확률변수 X의 분포함수 $F_X(x)$가

$$F_X(x)=\begin{cases} 0, & x<1\text{이면}, \\ 0.2, & 1 \leq x < 3\text{이면}, \\ 0.35, & 3 \leq x < 5\text{이면}, \\ 0.65, & 5 \leq x < 6\text{이면}, \\ 0.80, & 6 \leq x < 7\text{이면}, \\ 1, & x \geq 7\text{이면} \end{cases}$$

일 때, 다음을 구하시오.

(1) X의 확률질량함수 $f_X(x)$를 구하시오.

(2) 분포함수 $F_X(x)$를 이용하여, $P[2 \leq X \leq 5]$와 $P[X \geq 4]$를 구하시오.

23. 확률변수 X의 분포함수 $F_X(x)$가

$$F_X(x) = \begin{cases} 0, & x < 0\text{이면}, \\ 0.5x + 0.5, & 0 \le x < 1\text{이면}, \\ 1, & 1 \le x\text{이면} \end{cases}$$

일 때, 다음을 구하시오.

(1) $F_X(x)$의 그래프를 구하시오.

(2) 분포함수 $F_X(x)$를 이용하여, $P[-3 < X \le 0.5]$와 $P[X=0]$를 구하시오.

제 4 장 기댓값과 적률

확률변수의 기댓값, 즉 확률분포의 기댓값은 확률론의 주요 개념의 하나이다. 이 장에서는 기댓값의 정의와 계산 방법 그리고 기댓값과 관련된 기본성질들을 다룬다.

4.1 기댓값과 분산

먼저 확률변수의 기댓값을 정의한다.

정의 4.1 기댓값: 평균

X가 이산이나 연속의 확률변수로 확률질량함수나 확률밀도함수 $f_X(x)$를 가질 때, X의 **기댓값** (expectation) 또는 평균(mean) $E[X]$ (또는 μ_X)는

$$E[X]=\begin{cases}\sum_x x f_X(x), & X\text{가 이산이면,}\\ \int_{-\infty}^{\infty} x f_X(x)dx, & X\text{가 연속이면}\end{cases}$$

로 정의한다.

참고 4.2

정의 4.1에서, 급수나 적분이 수렴하지 않을 수도 있어, $E[X]$은 급수나 적분이 절대수렴, 즉 $\sum_x |x| f_X(x) < \infty$, $\int_{-\infty}^{\infty} |x| f_X(x)dx < \infty$ (위 급수나 적분이 존재할 충분조건)일 때만 한하여 정의된다. 그렇지 않으면 기댓값 $E[X]$은 존재하지 않는다고 말한다.

보기 4.1

흰 공이 5개, 검은 공이 4개로 모두 9개의 공이 들어 있는 주머니에서 동시에 임의로 3개의 공을 꺼내고 그 속에 포함된 흰 공의 개수를 X라 할 때, X의 기댓값 $E[X]$를 구하자. X는 치공간 $R_X = \{0,\ 1,\ 2,\ 3\}$를 갖는 이산확률변수로 확률질량함수는

$$f_X(x) = \frac{\binom{5}{x}\binom{4}{3-x}}{\binom{9}{3}} \cdot I_{\{0,\ 1,\ 2,\ 3\}}(x) \tag{4.1}$$

이다. 이때 $f_X(0) = \frac{4}{84}$, $f_X(1) = \frac{30}{84}$, $f_X(2) = \frac{40}{84}$, $f_X(3) = \frac{10}{84}$이고, 그 외의 모든 실수 x에 대해서는 0이므로

$$E[X] = \sum_x x f_X(x) = 0 \cdot \frac{4}{84} + 1 \cdot \frac{30}{84} + 2 \cdot \frac{40}{84} + 3 \cdot \frac{10}{84} = \frac{35}{21}.$$

참고 4.3 기댓값의 의미

보기 4.1에서, 기댓값이 $\frac{35}{21}$란 한 번의 실험에서 기대할 수 있는 결과, 즉 3개의 공 속에 포함된 흰 공의 개수가 아니다. 같은 실험을 여러 번 반복하여 그 때마다 관측되는 3개의 공 속에 포함되는 흰 공의 개수, 예컨대

$$2,\ 1,\ 0,\ 2,\ \cdots$$

의 산술평균들의 수열

$$\frac{2}{1},\ \frac{3}{2},\ \frac{3}{3},\ \frac{5}{4},\ \cdots$$

이 실험을 많이 할수록 확률적으로 $\frac{35}{21}$에 가까워짐을 기대할 수 있다는 뜻이다. 이런 의미에서 '기댓값'보다는 '평균'이 더 적절한 표현이라고 할 수 있다. 또 위에서 확률적으로 $\frac{35}{21}$에 가까워진다는 뜻은 확률이 점점 커진다는 뜻의 '확률수렴'으로, 미적분학이나 실해석학에서 다루는 수렴의 개념과는 정확하게는 같지 않다는 점을 유의할 필요가 있다. 확률수렴에 대해서는 5장에서 다룬다.

보기 4.2

어떤 사람이 기다리는 이메일이 오늘 오후 3시 이후에나 도착할 수 있다고 한다. 3시 이후 이메일이 도착할 때까지의 시간을 X로 표시하면 그 밀도함수는

$$f_X(x) = \frac{1}{2}e^{-\frac{1}{2}x} \cdot I_{(0,\ \infty)}(x)$$

로 가정된다고 한다. 이때 이메일이 3시 이후 30분 이내에 도착할 확률은

$$P[0 \le X \le 0.5] = \int_0^{0.5} f_X(x)dx = \int_0^{0.5} \frac{1}{2} e^{-\frac{1}{2}x} dx$$

$$= \left[-e^{-\frac{1}{2}x} \right]_0^{0.5} = 1 - e^{-\frac{1}{4}} = 0.2212$$

이다. 또 이메일이 도착할 때까지 기다리는 평균시간은

$$E[X] = \int_{-\infty}^{\infty} x f_X(x)dx = \int_0^{\infty} x \frac{1}{2} e^{-\frac{1}{2}x} = \frac{1}{2} \int_0^{\infty} x\ e^{-\frac{x}{2}} dx$$

로 표시되고, 여기서 $y = \frac{x}{2}$로 놓고 $2dy = dx$을 이용하면

$$E[X] = 2 \int_0^{\infty} y e^{-y} dy$$

이고, 이것은 $\Gamma(p) = \int_0^{\infty} y^{p-1} e^{-y} dy$로 정의되는 감마함수를 이용하면

$$E[X] = 2 \int_0^{\infty} y e^{-y} dy = 2\Gamma(2)$$

이다. 여기에 $\Gamma(p) = (p-1)!$의 계산공식을 이용하면 구하는 기댓값은

$$E[X] = 2(2-1)! = 2(\text{시간}).$$

참고 4.4　기댓값과 무게중심

확률변수의 기댓값은 역학계에서의 무게중심(center of gravity)과 같은 개념이다. 이를테면, 수직선 위의 네 지점 0, 1, 2, 3 위에 질량이 각각 $\frac{4}{84}$, $\frac{30}{84}$, $\frac{40}{84}$, $\frac{10}{84}$ 단위인 물체가 놓인 질점계를 생각할 때, 역학에서 말하는 이 질점계의 무게중심, 즉 이 모든 실량이 한 점에 집중되어 있다고 생각할 수 있는 점은 '각 질점의 x-좌표와 그 점에서의 질량을 곱한 전체 합', 즉

$$0 \cdot \frac{4}{84} + 1 \cdot \frac{30}{84} + 2 \cdot \frac{40}{84} + 3 \cdot \frac{10}{84} = \frac{35}{21}$$

로 주어진다. 이것은 보기 4.1의 기댓값 $\frac{35}{21}$와 같다(그림 4.1). 이러한 개념은 연속적 질점계에 대한 중심에도 마찬가지다. 도형 $y = f_X(x)$로 둘러싸인 도형의 x-축에서의 무게중심은 이것을 세분하여 만드는 이산질점계의 무게중심의 극한으로 정의되어

$$x_c = \int_{\infty}^{\infty} x f_X(x)dx$$

이 된다. 만약 $f_X(x) = \frac{1}{2} e^{-\frac{1}{2}x} \cdot I_{(0,\infty)}(x)$이면, x_c은 보기 4.2에서의 $f_X(x)$를 밀도함수로 갖는 확률변수 X의 기댓값 $E[X] = 2$와 같게 된다.

보기 4.3

어떤 스키장의 매점에서 우유를 판매하고 있는데, 눈이 오면 하루 500병까지 판매되고 눈이 오지 않으면 50병을 판다고 한다. 한 병의 원가는 600원, 정가는 1,200원이고, 남은 우유는 버린다고 한다. 내일 준비하는 우유병의 수를 x라 할 때, 다음을 생각해 보자. 먼저, 눈이 오는 날, 눈이 오지 않는 날의 이익금을 각각 x로 표시해 보자. 그리고 내일 눈이 올 확률이 80%이라고 할 때, 내일 우유를 몇 병 준비하면 이익이 가장 클까? 또 그 때의 이익금은 얼마나 될까? 준비하는 우유병의 수를 x라 하면, $50 \le x \le 200$이다. 따라서 눈이 오는 날의 이익금은

$$600(600 \times 50) - 600(x - 50) = 60,000 - 600x$$

이고, 그리고 눈이 오지 않는 날의 이익금은

$$600x \times 0.8 + (60,000 - 600x) \times 0.2 = 12,000 + 360x$$

이다. 따라서 이익금의 기대금액은

$$600x \times 0.8 + (60,000 - 600x) \times 0.2 = 12,000 + 360x$$

이다. 이익은 x가 커질수록 많아지니 $x = 200$에서 최대이익금은 84,000원이다.

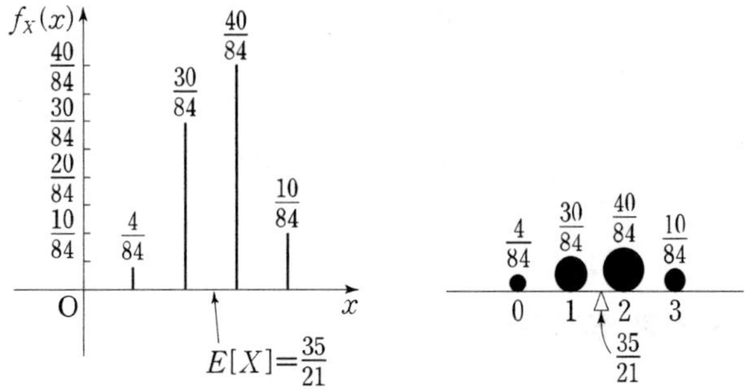

〈그림 4.1〉 기댓값과 무게중심

보기 4.4

어떤 지역의 연 강수량은 확률변수로 나타낼 수 있다고 한다. 관측 첫 해의 것을 X_1으로 하고 그 다음 해의 것을 X_2로, 또 같은 방법으로 $n-1$년 후의 것을 X_n라 하자. $\{X_i\}$는 서로 독립이고 같은 분포를 따른다고 하고, 첫 해의 강수량 X_1을 초과할 때까지의 필요한 최소년수를 N이라 하여 그 기댓값을 구하여 보자. N은 치공간 $R_N = \{1, 2, 3, \cdots\}$을 갖는 이산확률변수로 $E[N]$은 이 지역에서 첫 해의 강수량을 초과하는 데 소요되는 평균년수를 뜻한다. 먼저 N의 확률질량함수 $f_N(x)$을 구하면

$$f_N(n) = P[N = n] = P[N > n-1] - P[N > n]$$

으로 표시된다. 여기서 $X_{(n)} = \max\{X_1, \cdots, X_n\}$을 이용하면, $P[N > n]$은

$$P[N > n] = P[X_2 < X_1, X_3 < X_1, \cdots, X_n < X_1]$$

$$= P[X_{(n)} = X_1] = \frac{1}{n}$$

이다. 위 마지막 등식의 성립은 n개의 확률변수가 같은 확률분포에서 독립적으로 한 값씩을 선택할 때 X_1가 가장 큰 값을 취할 확률이

$$\frac{(n-1)!}{n!} = \frac{1}{n}$$

이기 때문이다. 결국

$$f_N(n) = \frac{1}{n-1} - \frac{1}{n} = \frac{1}{(n-1)n}$$

이다. 이때 모든 n에 대하여 $f_X(n) > 0$이고, 또

$$\sum_{n=2}^{\infty} f_{N(n)} = \sum_{n=1}^{\infty} \frac{1}{(n-1)n} = \sum_{n=2}^{\infty}\left(\frac{1}{n-1} - \frac{1}{n}\right) = 1$$

임을 쉽게 확인할 수 있다. 구하는 $E[N]$는

$$E[N] = \sum_{n} n f_N(n) = \sum_{n=2}^{\infty} n \cdot \frac{1}{(n-1)n} = \sum_{n=2}^{\infty} \frac{1}{n-1} = \infty$$

이다.

보기 4.5

확률변수 X의 확률밀도함수가 $f_X(x) = \frac{1}{x^2} \cdot I_{[1,\ \infty)}(x)$로 주어질 때, 기댓값 $E[X]$은

$$E[X] = \int_1^{\infty} x \frac{1}{x^2} dx = \lim_{a \to \infty} \ln a = \infty$$

으로 존재하지 않는다.

확률변수의 기댓값은 그 확률분포의 특성 중 확률이나 확률밀도의 **중심적 위치**(central location)을 나타낸다. 그러나 기댓값의 의미를 너무 많이 줄 수는 없다. 서로 다른 확률분포가 같은 기댓값을 갖는 경우가 얼마든지 존재하기 때문이다. 이러한 경우를 구분하는 방법으로, 확률분포에서 확률이나 확률밀도의 **퍼짐**(dispersion, spread)을 나타내는 양적인 척도로써 분산이 사용된다.

확률변수의 분산의 정의는 다음과 같다.

정의 4.5 분산

X가 이산이나 연속의 확률변수로 확률질량함수나 확률밀도함수 $f_X(x)$를 갖고 그 기댓값이 μ_X일 때, X의 분산(variance) $Var[X]$ (또는 σ_X^2)는

$$Var[X] = \begin{cases} \sum_x (x-\mu_X)^2 f_X(x), & X\text{가 이산이면,} \\ \int_{-\infty}^{\infty} (x-\mu_X)^2 f_X(x)dx, & X\text{가 연속이면} \end{cases}$$

(존재하면)로 정의한다. $Var[X]$의 양의 제곱근 $\sqrt{Var[X]} = \sigma_X$을 X의 표준편차(standard deviation)라 한다.

보기 4.6

보기 4.1에서 주어진 확률변수 X의 분산을 구하여 보자. 앞서 구한 바와 같이 $E[X] = \mu_X = \frac{35}{21}$이고, 따라서

$$\begin{aligned} Var[X] &= \sum_x (x-\mu_X)^2 f_X(x) \\ &= \left(0-\frac{35}{21}\right)^2 \frac{4}{84} + \left(1-\frac{35}{21}\right)^2 \frac{30}{84} + \left(2-\frac{35}{21}\right)^2 \frac{40}{84} + \left(3-\frac{35}{21}\right)^2 \frac{10}{84} \\ &\approx 0.555 \end{aligned}$$

이다.

보기 4.7

X가 연속확률변수로 밀도함수가 $f_X(x) = \lambda e^{-\lambda x} \cdot I_{(0,\infty)}(x)$로 주어졌다고 하자. 이때 X는 지수분포를 따른다고 한다(6장 참조). 먼저 $E[X] = \frac{1}{\lambda}$을 구할 수 있고 또 이것을 이용하면

$$\begin{aligned} Var[X] &= \int_{-\infty}^{\infty} (x - E[X])^2 f_X(x)dx \\ &= \int_{-\infty}^{\infty} \left(x-\frac{1}{\lambda}\right)^2 \lambda e^{-\lambda x} dx = \frac{1}{\lambda^2} \end{aligned}$$

이다.

참고 4.6 분산과 관성능률

확률변수의 기댓값이 역학계에서 무게중심의 개념과 같듯이, 분산은 이 기댓값을 지나는 수직축을 회전축으로 하는 질량의 관성능률(moment of inertia)로 볼 수 있다. 참고 4.4에서와 같이, 수직선 위의 네 지점 0, 1, 2, 3에 질량이 각각 $\frac{4}{84}, \frac{30}{84}, \frac{40}{84}, \frac{10}{84}$ 단위로 주어지는 질점계의 무게중심 $\frac{35}{21}$를 지나며 x-축과 직교하는 회전축으로 이 질점계를 회전시킬 때 발생하는 관성능률, 즉 이 질점계가 '운동을 계속하려는 힘'은 각 질점의 질량에 비례하며 동시에 그 질점과 회전축과의 거리의 제곱에 비례하는 물리적 양의 전체합, 즉

$$\left(0-\frac{35}{21}\right)^2\frac{4}{84}+\left(1-\frac{35}{21}\right)^2\frac{30}{84}+\left(2-\frac{35}{21}\right)^2\frac{40}{84}+\left(3-\frac{35}{21}\right)^2\frac{10}{84}$$

으로 약 0.555로 주어진다. 이것은 보기 4.6에서 계산된 분산과 같다. 이러한 개념은 연속의 질점계로도 확대된다. 도형 $y=f_X(x)$로 둘러싸인 도형을, 무게중심 $\frac{1}{2}$을 지나며 x-축과 직교하는 회전축으로 회전시킬 때 발생하는 관성능률은 이것을 세분하여 만들어지는 이산질점계의 관성능률의 극한으로 정의되어

$$\int_{-\infty}^{\infty}(x-\mu_X)^2 f_X(x)dx$$

가 된다. 이것은 $f_X(x)$를 밀도함수로 갖는 확률변수 X의 분산 $Var[X]$와 같다.

분산의 계산에는 다음 결과가 유용하다.

정리 4.7 분산의 계산식

분산에서 다음 등식이 성립한다.

$$Var[X]=E[X^2]-(E[X])^2 \quad (\text{단, } E[X]<\infty).$$

증명

$$\begin{aligned}Var[X]&=E[X-E[X]]^2=E\{X^2-2XE[X]+(E[X])^2\}\\&=E[X^2]-2E[X]E[X]+(E[X])^2=E[X^2]-(E[X])^2\end{aligned}$$

□

참고 4.8

$k>0$에 대하여 $E[X^k]<\infty$이면, $0<h<k$가 되는 h에 대하여 $E[X^h]<\infty$이다.

보기 4.8

보기 4.6에서 계산된 분산을 정리 4.7의 계산식을 통하여 구하여 보자. 먼저

$$E[X^2]=\sum_x x^2 f_X(x)=(0^2)\frac{4}{84}+(1^2)\frac{30}{84}+(2^2)\frac{40}{84}+(3^2)\frac{10}{84}=\frac{280}{84}$$

이다. 앞에서 $E[X]=\mu_X=\frac{35}{21}$이므로

$$Var[X]=E[X^2]-(E[X])^2=\frac{280}{84}-\left(\frac{35}{21}\right)\approx 0.555$$

이다.

확률·통계이야기 복권의 기대금액

2장에서 우리는 복권에 당첨되지 않을 확률이

$$1-(0.000,000,122+0.000,000,736+0.000,027,992+0.001,364,256+0.022,222,2)\approx 0.9764$$

임을 알았다. 그렇다면 로또 복권의 기대금액은 얼마나 될까?

일반적으로, 복권의 기대금액은 각 등수의 당첨금액이 정해진 경우에만 계산된다. 로또의 경우 5등(5,000원)을 제외하고 1등에서 4등까지의 당첨금은 미리 정해지지 않고 복권의 판매 숫자나 당첨자의 수에 따라 달라진다. 또 당첨자가 없으면 당첨금이 다음 회로 이월되므로 이월액이 많은 회에는 기대금액이 커져 복권 가입자가 더 유리하게 된다. 이것이 다른 복권과 다른 로또 복권의 특징이기도 하다. 결국, 로또는 상황에 따라 기대금액이 판매액 1,000원 보다 클 수도 또 적을 수도 있다.

여기서는 어떤 특정 상황에서의 기대금액을 계산해 보자. 예컨대, 어떤 경우 당첨금액이 다음과 같다고 가정해 보자.

- 1등 5,056,668,750원,
- 2등 60,198,438원,
- 3등 1,322,005원,
- 4등 55,032원,
- 5등 5,000원

이때 복권당첨자가 받는 금액을 X라 하면, 복권의 기대금액은

$$\begin{aligned}E[X]=&\ 5,056,668,750(0.000,000,072)+60,198,438(0.000,018)\\&+1,322,005(0.000,027,992)+55,032(0.001,364,256)\\&+5,000(0.022,222,2)+0(0.9764)\approx 1670.85\end{aligned}$$

결국, 이 경우 1회의 기대금액은 약 1,670.85원이다. 따라서 1회의 복권금액이 1,000원이므로 '평균적으로' 1회당 670.85원을 따게 된다. 결국, 이런 상황에서 어떤 사람이 100번 로또 복권을 구입한다면 평균적으로 67,085원을 따게 되는 것이다. 그러나 이러한 상황이 모든 회에서 계속될 수는 없다.

또 다른 경우에서 당첨금액이 다음과 같았다고 하자.

- 1등 1,447,385,015원,
- 2등 35,927,997원,
- 3등 1,328,573원,
- 4등 51,361원,
- 5등 5,000원

이 경우 복권의 기대금액은

$$\begin{aligned}E[X]=&\ 1,447,385,015(0.000,000,072)+35,927,997(0.000,018)\\&+1,328,573(0.000,027,992)+51,361(0.001,364,256)\\&+5,000(0.022,222,2)+0(0.9764)\approx 969.28\end{aligned}$$

결국, 이 복권 1회의 기대금액은 969.28원이다. 따라서 1회의 복권금액이 1,000원이므로 '평균적으로' 1회당 30.71원을 잃게 된다. 이러한 복권을 100회 구입한다면 3,071원을 잃게 되는 것이다.

4.2 적률과 적률생성함수

평균과 분산 등 확률분포의 여러 특징을 나타내는 값들을 계산하는 데 그 분포의 확률질량함수나 밀도함수를 사용하여 직접 계산할 수는 있으나 대신 적률생성함수라는 새 함수를 도입하여 간편하게 계산할 수 있다. 여기서는 그 방법을 소개한다.

정의 4.9 적률

X가 확률질량함수나 밀도함수 $f_X(x)$를 갖는 이산이나 연속의 확률변수일 때, 실수

$$E[X^r] = \begin{cases} \displaystyle\sum_x x^r f_X(x), & X\text{가 이산이면,} \\ \displaystyle\int_{-\infty}^{\infty} x^r f_X(x)dx, & X\text{가 연속이면} \end{cases}$$

을 X의 r차 적률(rth moment)이라 한다.

정의 4.10 적률생성함수

X가 확률질량함수나 밀도함수 $f_X(x)$를 갖는 이산이나 연속의 확률변수일 때, X의 적률생성함수(moment generating function; mgf) $m_X(t)$는

$$m_X(t) = E[e^{tX}] = \begin{cases} \sum_x e^{tx} f_X(x), & X\text{가 이산이면,} \\ \displaystyle\int_{-\infty}^{\infty} e^{tx} f_X(x)dx, & X\text{가 연속이면} \end{cases}$$

로 정의한다.

보기 4.9

확률변수 X의 확률질량함수가

$$f_X(x) = \binom{n}{x} p^x (1-p)^{n-x} \cdot I_{\{0,\,1,\,\cdots,\,n\}}(x)$$

로 주어졌다고 하자. 이때 X는 이항분포를 따른다고 한다(6장 참조). 이 경우 X의 확률생성함수 $m_X(t)$는

$$m_X(t) = E[e^{tX}] = \sum_{x=0}^{n} e^{tx} \binom{n}{x} p^x (1-p)^{n-x}$$

$$= \sum_{x=0}^{n} \binom{n}{x} (pe^t)^x (1-p)^{n-x}$$

$$= (pe^t + q)^n, \quad q = 1 - p$$

이다.

보기 4.10

확률변수 X의 밀도함수가 $f_X(x) = \frac{1}{b-a} \cdot I_{[a,\, b]}(x)$로 주어졌다고 하자. 이때 X는 $[a,\ b]$ 위에서 연속균일분포를 따른다고 한다. X의 확률생성함수 $m_X(t)$는

$$m_X(t) = E[e^{tX}] = \int_a^b \frac{e^{tx}}{b-a} dx = \frac{1}{(b-a)t}(e^{bt} - e^{at})$$

이다.

보기 4.11

$X \sim f_X(x) = \lambda e^{-\lambda x} \cdot I_{(0,\, \infty)}(x)$이라 하자. X의 확률생성함수 $m_X(t)$는

$$m_X(t) = E[e^{tX}] = \int_0^{\infty} e^{tx} \lambda e^{-\lambda x} dx = \lambda \int_0^{\infty} e^{(t-\lambda)x} dx$$

이고, 이 적분은 $t < \lambda$일 때만 수렴하므로 $t < \lambda$이면 $m_X(t)$가 존재한다. 따라서

$$m_X(t) = \frac{\lambda}{t-\lambda} e^{x(t-\lambda)} \Big|_0^{\infty} = \frac{\lambda}{\lambda - t}, \qquad t < \lambda$$

이다.

적률생성함수의 기능은 다음과 같이 설명된다.

먼저 함수 e^x를 매클로린(Maclaurin) 급수로 전개하면, 모든 $x \in R^1$에 대하여

$$e^x = 1 + x + \frac{x^2}{2!} + \cdots + \frac{x^n}{n!} + \cdots$$

이므로

$$e^{tx} = 1 + tx + \frac{(tx)^2}{2!} + \cdots + \frac{(tx)^n}{n!} + \cdots$$

이다. 이것을 e^{tX}에 적용하면

$$\begin{aligned} m_X(t) = E[e^{tX}] &= E\left[1 + tX + \frac{1}{2!}(tX)^2 + \frac{1}{3!}(tX)^3 + \cdots\right] \\ &= 1 + tE[X] + \frac{1}{2!}t^2 E[X^2] + \frac{1}{3!}t^3 E[X^3] + \cdots \end{aligned}$$

이고, $m_X(t)$는 실변수 t의 제곱급수이므로 그 수렴구간에 있는 모든 t, 즉 모든 실수 t에 대하여

항별로 미분할 수 있다. 따라서

$$m_X'(t) = E[X] + tE[X^2] + \frac{t^2}{2!}E[X^3] + \cdots + \frac{t^{n-1}}{(n-1)!}E[X^n] + \cdots$$

이고, 여기서 $t=0$으로 두면

$$m_X'(0) = E[X]$$

을 얻는다. 또 2계도함수를 구하여 $t=0$으로 두면

$$m_X''(0) = E[X^2].$$

같은 방법으로, n계도함수를 구하여 $t=0$으로 두면

$$m_X^{(n)}(0) = E[X^n]$$

을 얻는다. 따라서 특히

$$E[X] = m_X'(0), \quad Var[X] = E[X^2] - (E[X])^2 = m_X''(0) - (m_X'(0))^2$$

이 된다.

보기 4.12

보기 4.9의 $E[X]$와 $Var[X]$를 구하여 보자.

$$m_X(t) = (pe^t + q)^n, \quad q = 1 - p$$

이므로

$$m_X'(t) = n(pe^t + q)^{n-1} \cdot pe^t$$

$$m_X''(t) = n(n-1)(pe^t + q)^{n-2}(pe^t)^2 + n(pe^t + q)^{n-1} \cdot pe^t$$

이고, 이것을 이용하면

$$E[X] = m_X'(0) = np,$$

$$E[X^2] = m_X''(0) = np\{(n-1)p + 1\}$$

$$Var[X] = m_X''(0) - (m_X'(0))^2 = np(1-p)$$

이다.

보기 4.13

보기 4.11의 $E[X]$와 $Var[X]$를 구하여 보자.

$$m_X(t) = \frac{\lambda}{\lambda - t}, \quad t < \lambda$$

이므로

$$m_X'(t) = \frac{\lambda}{(\lambda - t)^2}, \qquad m_X''(t) = \frac{2\lambda}{(\lambda - t)^2}$$

이고,

$$E[X] = m_X'(0) = \frac{1}{\lambda}, \qquad E[X^2] = m_X''(0) = \frac{2}{\lambda^2}$$

따라서

$$Var[X] = m_X''(0) - (m_X'(0))^2 = \frac{1}{\lambda^2}.$$

다음 두 정리는 응용성이 큰 적률생성함수의 주요 성질이다.

정리 4.11

확률변수 X의 적률생성함수가 $m_X(t)$이고, $Y = a + bX$로 정의되는 확률변수 Y의 적률생성함수를 $m_Y(t)$이라 하면, 다음이 성립한다.

$$m_Y(t) = e^{bt} m_X(at)$$

증명 $m_Y(t) = E[e^{Yt}] = E[e^{(aX+b)t}] = e^{bt}E[e^{atX}] = e^{bt}m_X(at).$ □

적률생성함수의 중요성은 다음 성질에서 찾을 수 있다.

참고 4.12

X와 Y가 $m_X(t)$와 $m_Y(t)$를 각각 적률생성함수로 갖는 두 확률변수일 때, 만일 모든 t의 값에 대하여

$$m_X(t) = m_Y(t)$$

이면, X와 Y는 같은 확률분포를 갖는다. 이 결과의 응용에 대해서는 정리 7.1에서 자세히 논한다.

참고 4.13

참고 4.12가 의미하는 내용은 매우 중요하다. 이것은 만일 두 확률변수가 같은 확률생성함수를 가지면 이것들은 같은 확률분포를 따른다는 의미로, 확률생성함수가 존재하면 이것은 확률분포를 일의적으로 결정함을 말한다.

다음 적률들은 확률분포의 특성을 기술하는 데 자주 이용된다.

정의 4.14 절대적률, 중심적률, 절대중심적률

X가 확률변수이고, k가 양의 정수일 때

(1) $E|X|^k$을 X의 k차 절대적률(kth absolute moment),

(2) $E[X-E[X]]^k$을 X의 k차 중심적률(kth central moment),

(3) $E[|X-E[X]|^k]$을 X의 k차 절대중심적률(kth absolute central moment)이라 한다.

4.3 확률변수의 함수의 기댓값

확률변수 X의 함수 $Y=h(X)$는 특별한 경우를 제외하고 어떤 확률분포를 갖는 확률변수이다. 따라서 Y의 기댓값을 생각할 수 있다. 여기서는 확률변수의 함수의 기댓값 $E[Y]$, 즉 $E[h(X)]$을 쉽게 구하는 방법을 생각한다.

먼저, 3개의 동전을 무심코 동시에 던지는 확률실험을 생각하자. 이때 나타나는 앞면의 개수를 X라 하면 이 확률변수의 치공간은 $R_X=\{0,\ 1,\ 2,\ 3\}$이고 또 확률질량함수는

$$f_X(x)=\frac{\binom{3}{x}}{2^3}\cdot I_{\{0,\ 1,\ 2,\ 3\}}(x)$$

이다. 따라서 기댓값 $E[X]$, 즉 '앞면의 수'의 기댓값은

$$E[X]=\sum_x x\cdot f_X(x)=0\cdot\frac{1}{8}+1\cdot\frac{3}{8}+2\cdot\frac{3}{8}+3\cdot\frac{1}{8}=1.5$$

이다. 지금 확률변수 X의 기댓값이 아닌 X의 함수의 기댓값, 예를 들어 **'앞면의 수의 제곱'**의 기댓값' 즉 $E[X^2]$을 생각한다고 하자. $Y=X^2$라 하면 이 확률변수의 치공간은 $R_Y=\{0,\ 1,\ 4,\ 9\}$이고 그 기댓값은 정의에 의하여

$$E[Y]=\sum_y y\cdot f_Y(y)$$

이다. 여기서 $E[Y]$를 이용하기 위해서는 먼저 새 확률변수 Y의 확률질량함수 $f_Y(y)$를 구해야 한다. 그러나 $f_Y(y)$를 구하는 문제는 일반적으로 간단하지 않다.

다음 정리는 $E[Y]$를 구하는 데 $f_Y(y)$를 구하지 않고 직접 $f_X(x)$을 이용할 수 있음을 설명한다.

정리 4.15

X가 확률질량함수나 밀도함수 $f_X(x)$를 갖는 이산이나 연속의 확률변수이고 또 Y가 $Y=h(X)$로 주어지는 확률변수일 때, Y의 기댓값 $E[Y]$는 다음과 같다.

$$E[Y]=\begin{cases}\sum_x h(x)f_X(x), & X\text{가 이산이면,}\\ \int_{-\infty}^{\infty} h(x)f_X(x)dx, & X\text{가 연속이면}\end{cases}$$

증명 이산의 경우만 증명한다. Y의 치공간을 $R_Y=\{y_1,\ y_2,\ \cdots\}$라 하면

$$\begin{aligned}E[Y]&=\sum_{i=1}^{\infty}y_i P[Y=y_i]=\sum_{i=1}^{\infty}y_i P[h(X)=y_i]\\&=\sum_{i=1}^{\infty}y_i P[X=x,\ h(x)=y_i]\end{aligned}$$

이고, 여기서 $[X=x,\ h(x)=y_i]$는 $[X=x_i]$와 같은 사건이 한 개 이상 합병한 것이다. 또 $[X=x_i]$ $(i=1,\ 2,\ \cdots)$들은 서로 배반이므로, $h(x)=y_i$를 만족하는 x의 값을 $x_l,\ \cdots,\ x_h$이라 하면

$$P[X=x,\ h(x)=y_i]=\sum_{i=l}^{h}P[X=x_i]$$

이므로

$$y_i P[Y=y_i]=\sum_{i=l}^{h}h(x_i)P[X=x_i]$$

이다. 이와같이 생각할 때, i가 1에서부터 모든 값을 취하면 모든 x_i에 대한 $h(x_i)P[X=x_i]$가 빠짐없이 포함되므로

$$E[Y]=\sum_{i=1}^{\infty}h(x_i)P[X=x_i]=\sum_{i=1}^{\infty}h(x_i)f_X(x_i)=\sum_{x}h(x)f_X(x)$$

이다. □

이 정리의 결과를 위 예에 적용하면

$$\begin{aligned}E[Y]=E[X^2]&=\sum_{x=0}^{3}x^2 f_X(x)=\sum_{x=0}^{3}x^2\binom{3}{x}\left(\frac{1}{2}\right)^3\\&=0^2\cdot\frac{1}{8}+1^2\cdot\frac{3}{8}+2^2\cdot\frac{3}{8}+3^2\cdot\frac{1}{8}=3\end{aligned}$$

이다.

보기 4.14

X가 연속인 확률변수로 밀도함수가 $f_X(x)=\dfrac{x^2}{3}\cdot I_{(-1,\,2)}(x)$로 주어질 때, 확률변수 $Y=4X+3$의 기댓값은

$$E[Y]=E[4X+3]=\int_{-\infty}^{\infty}(4x+3)f_X(x)dx=\int_{-1}^{2}(4x+3)\frac{x^2}{3}dx$$
$$=\int_{-1}^{2}\left(\frac{4}{3}x^3+x^2\right)dx=\left[\frac{x^4}{3}+\frac{x^3}{3}\right]_{-1}^{2}=8$$

이다.

정리 4.15을 이용하면 다음 성질들이 쉽게 성립한다.

정리 4.16

$X,\ Y\ge 0$이고, $E|X|<\infty,\ E|Y|<\infty$일 때,

(1) $E[X+Y]=E[X]+E[Y]$.

(2) 모든 $a,\ b\in R^1$에 대하여, $E[aX+b]=aE[X]+b$.

(3) 임의의 두 함수 $g,\ h$에 대하여, $E[g(X)\pm h(X)]=E[g(X)]\pm E[h(X)]$.

(4) $X\ge Y$이면, $E[X]\ge E[Y]$.

보기 4.15

보기 4.14에서 정의된 확률변수 $Y=4X+3$의 기댓값은 $4E[X]+3$을 이용하면

$$E[X]=\int_{-\infty}^{\infty}xf_X(x)dx=\int_{-1}^{2}\frac{x^3}{3}dx=\frac{5}{4}$$

으로, $4E[X]+3=8$이다.

정리 4.15에서와 같은 종류의 결과는 분산에서도 성립한다. 증명 없이 소개하면 다음과 같다.

정리 4.17

X가 $f_X(x)$를 확률질량함수나 밀도함수로 갖는 이산이나 연속의 확률변수이고, Y가 $Y=h(X)$로 주어지는 확률변수로 $E[Y]=\mu_{h(X)}$일 때, Y의 분산 $Var[Y]$는 다음과 같다.

$$Var[Y]=Var[h(X)]$$
$$=\begin{cases}\sum_x (h(x)-\mu_{h(X)})^2 f_X(x), & X\text{가 이산이면,}\\ \int_{-\infty}^{\infty}(h(x)-\mu_{h(X)})^2 f_X(x)dx, & X\text{가 연속이면}\end{cases}$$

보기 4.16

보기 4.15에서 정의된 확률변수 $Y=4X+3$의 분산은 정리 4.17에 의하여

$$\begin{aligned} Var[Y] = Var[4X+3] &= \int_{-\infty}^{\infty} \{(4x+3)-8\}^2 f_X(x)dx \\ &= \frac{1}{3}\int_{-1}^{2}(4x-5)^2x^2dx = \frac{153}{5}. \end{aligned}$$

4.4 체비셰프 부등식

기댓값과 관련된 확률론의 주요 부등식에는 **마르코프**(Markov) 부등식과 **체비셰프**(Chebyshev) 부등식이다. 여기서는 이 두 부등식을 소개하고 그 의미를 생각한다.

정리 4.18

(a) (**마르코프의 부등식**) X가 음이 아닌 확률변수이고, 또 $p>0$에 대하여 $E[X^p]<\infty$이면, 임의의 $a>0$에 대하여

$$P[|X| \geq a] \leq \frac{E[|X|^p]}{a^p}.$$

(b) (**체비셰프의 부등식**) X가 μ, σ^2을 평균과 분산으로 갖는 확률변수이면, 임의의 실수 $k>0$에 대하여

$$P[|X-\mu| \geq k\sigma] \leq \frac{1}{k^2}.$$

증명 (a) 이산의 경우에도 큰 차이가 없기 때문에, 여기서는 연속의 경우만을 증명한다. $f_X(x)$가 연속확률변수 X의 밀도함수이면

$$\begin{aligned} E[|X|^p] &= \int_{-\infty}^{\infty}|x|^p f_X(x)d(x) = \int_{|x|<a}|x|^p f_X(x)d(x) + \int_{|x|\geq a}|x|^p f_X(x)d(x) \\ &\geq \int_{|x|\geq a}|x|^p f_X(x)d(x) \geq a^p\int_{|x|\geq a} f_X(x)d(x) = a^p P[|X|\geq a] \end{aligned}$$

이다. 따라서 (a)가 성립한다.

(b) (a)의 부등식에서, $p=2$일 때 X를 $X-\mu$로 대입하고 또 a를 $k\sigma$로 바꾸면 바라는 결과를 얻는다. □

참고 4.19

평균 μ와 표준편차 σ로 표시되는 X의 꼬리확률

$$P[|X-\mu| \geq k\sigma]$$

은 X의 밀도함수나 질량함수 f_X로 계산된다. 그러나 체비셰프 부등식의 중요성은 f_X가 미지인 경우에도 이 확률에 대한 하한값(lower bound)이 결정될 수 있고, 또 이 부등식이 분포의 모양에 관계없이 성립하는 데 있다.

다음은 몇 가지 k에 대한 꼬리확률의 하한값과 정규분포 $N(\mu, \sigma^2)$에 대한 실제 확률값(괄호 안의 값)을 비교한 것이다.

$$k=1: \ P[|X-\mu| \leq 1\sigma] \geq 1-1/1^2 = 0 \qquad (0.68)$$
$$k=2: \ P[|X-\mu| \leq 2\sigma] \geq 1-1/2^2 = 0.75 \qquad (0.95)$$
$$k=3: \ P[|X-\mu| \leq 3\sigma] \geq 1-1/3^2 = 0.89 \qquad (0.99)$$
$$k=4: \ P[|X-\mu| \leq 4\sigma] \geq 1-1/4^2 = 0.94 \qquad (0.99)$$

보기 4.17

X가 확률밀도함수를 알지 못하나 평균과 분산이 $E[X]=4$이고 $Var[X]=9$인 연속인 확률변수일 때, 다음 두 확률

(1) $P[-2<X<10]$ (2) $P[|X-4| \geq 6]$

의 상한값이나 하한값을 구하여 보자. $E[X]=\mu$, $Var[X]=\sigma^2$라 놓으면

$$\begin{aligned} P[-2<X<10] &= P[-2-4<X-\mu<10-4] \\ &= P[|X-\mu|<6] \\ &= P[|X-\mu|<2\sigma] \\ &\geq 1-\frac{1}{2^2} = \frac{3}{4} \end{aligned}$$

이다. 또

$$\begin{aligned} P[|X-4| \geq 6] &= 1-P[|X-\mu|<6] \\ &= 1-P[|X-\mu|<2\sigma] \\ &\leq 1-\left(1-\frac{1}{2^2}\right) = \frac{1}{4}. \end{aligned}$$

확률론의 역사 | 확률론의 발전

힐베르트

1900년 프랑스의 수학자 힐베르트(David Hilbert, 1862~1942)는 미래 수학의 발전을 위하여 해결해야 하는 23가지의 문제를 제안한 일이 있다. 그 한 가지가 확률론의 공리적 접근으로 확률론의 발전은 확률의 엄밀한 정의 없이는 이루어질 수 없음을 예견한 것이다.

그 후 수많은 수학자들이 이 문제를 해결하기 위해 노력했으나, 결국 1933년에 러시아의 수학자 콜모고로프(Andrei Kolmogorov, 1903~1987)가 확률의 공리화에 성공하였다. 그는 확률을 정의하는데, 보편적으로 누구나 받아들일 수 있고 증명 없이도 확률임을 의심할 수 없는 조건을 제시해야 한다고 생각했다. 확률실험을 무한히 반복하면 한 사건이 일어나는 상대도수는 어떤 일정한 값으로 수렴한다는 사실로부터, 확률을 상대도수의 극한으로 보아야 한다고 생각하고 이 상대도수의 기본 성질들을 확률의 공리(axiom 또는 postulates)로 채택한 것이다. 물론, 이 공리들로부터 연역적으로 유도되는 어떤 결과들도 통상적인 확률의 성질에서 이탈되지 않아야만 하는 것이다. 이후 확률론은 이 확률의 공리적 정의를 기초로 하여 완벽하게 전개되기 시작하였다.

콜모고로프

확률의 세 공리는, '사건의 확률은 음이 아닌 실수이다.', '전사건의 일어날 확률은 항상 1이다.', '배반사건들의 합 사건이 일어날 확률은 각 사건이 일어날 확률의 합과 같다.'이다.

한편, 반복적으로 관찰할 수 없는 현상과 관련한 사건에 대한 확률은 개인의 지식이나 주관적 느낌 또는 믿음에 기반을 두어 정의되는 주관적 확률도 이 확률의 공리를 바탕으로 모형화되고 발전할 수 있게 되었다.

공리적 확률을 기반으로 하는 확률론의 중추적인 개념은 확률공간(probability space)과 사건(event)에 있다고 할 수 있다. 그러나 세 공리를 기초로 하는 확률공간에서 한 사건에 대응되는 확률은 하나로 정해지지 않는다. 다만 기본(근원)사건들에 확률이 정의되면 이 확률은 세 공리를 통하여 다른 모든 사건들로 아무 모순 없이 확대되어 갈 수 있는 것이다. 확률질량함수나 확률밀도함수는 주어진 확률현상에서 기본사건에 확률을 정의해 주는 한 가지 방법이다.

우현현상에 대한 수학인 확률론은 비록 도박에서 출발하였지만 통계학의 동반자로 다른 한편으로는 독자적인 길을 개척하며 실용성이 높은 과학의 자리를 차지하고 있다.

EXERCISES 연 습 문 제

01. 100원짜리 동전과 500짜리 동전 1개씩을 동시에 던져 앞면에 쓰인 금액의 합을 확률변수 X라 할 때, X의 확률분포를 구하시오. 또 X의 평균과 표준편차를 구하시오.

02. 확률변수 X에 대하여 다음 부등식을 증명하시오.

$$E[X^2] \geq (E[X])^2.$$

03. 한 개의 동전을 4번 던지고 앞면의 개수를 X라 할 때, X의 확률분포를 구하시오. 또 X의 평균과 분산을 구하시오.

04. 한 쌍의 주사위를 던져 나타난 두 점 중 최댓값을 M이라 할 때, $E[M]$을 구하시오. 또 $Var[M]$을 구하시오.

05. $R_X = \{0, 1, 2, 3, 4\}$를 치공간으로 갖는 이산확률변수 X의 확률질량함수가 $f_X(x) = c(5-x)$일 때, 확률분포함수 $F_X(x)$를 구하시오. 또 X의 기댓값과 분산을 구하시오.

06. 다음 표는 최근 보건복지가족부에서 발표한 1990년도와 2005년도 우리나라 가구별 가족의 수를 나타낸 결과표이다.

x	1	2	3	4	5 이상
1990	9.0%	13.8%	19.0%	29.5%	28.6%
2005	20.0%	22.0%	21.0%	27.0%	10.0%

다음 물음에 답하여라.

(1) 1990년도와 2005년도에 대한 가구별 가족의 수의 확률분포를 각각 구하시오.

(2) 과거 15년 동안 우리나라 가구별 가족 수의 변화를 평균과 분산을 통해 설명하시오.

07. 하나의 동전을 앞면이 나올 때까지 던지고 그때까지 시행횟수를 X라 할 때, X의 확률분포를 구하시오. X의 기댓값 $E[X]$와 분산 $Var[X]$을 구하시오. 또 X의 확률생성함수 $m_X(t)$를 구하시오.

08. 주머니 안에 1, 2, 3의 숫자가 기록된 카드가 들어 있다. 여기서 먼저 한 장의 카드를 임의로 꺼내고 그 카드의 숫자를 관찰한다. 다음은 그 카드의 숫자만큼 한 개의 공정한 동전을 던져 그 때 나타나는 앞면의 개수를 확률변수 X로 표시한다. 이때 X의 평균을 구하시오.

09. X의 확률분포가

$$P[X=0]=P[X=1]=p, \qquad P[X=2]=1-2p$$

일 때, X의 분산을 최대로 갖는 p를 구하시오.

10. 한 개의 동전을 4번 던지고 뒷면이 처음 나올 때까지 얻어지는 앞면의 수인 X의 확률분포를 구하시오. 또 X의 기댓값과 분산을 구하시오.

11. 함수 $f(x)=\left(\frac{1}{2}+cx\right)\cdot I_{[-1,\,1]}(x)$가 확률밀도함수가 되는 c의 값의 범위를 정하시오. 이때 이 확률분포의 기댓값을 구하시오. 또 이 확률분포의 분산을 가장 크게 하는 c를 정하시오.

12. 확률변수 X가 $E[X]=\mu$, $Var[X]=\sigma^2$을 만족할 때, $Y=aX+b$에 대하여 $E[Y]=0$, $E[Y]=1$이 되도록 상수 a, b를 구하시오.

13. 세 가지 크기의 컴퓨터 부품의 얇은 원형 금속판들이 상자 속에 섞여 있다. 반지름이 2cm, 5cm, 7cm의 것이 각각 50%, 30%, 20%씩 들어있는 이 상자에서 임의로 한 개를 꺼내어 그 원판의 지름, 둘레의 길이, 넓이를 각각 R, L, S라 할 때, 다음 물음에 답하시오.

(1) R의 확률분포와 그 평균 $E(R)$을 구하시오.

(2) $E[L]$, $E[S]$을 각각 구하시오.

14. X이 확률밀도함수가 $f_X(x)=\frac{x+2}{18}\cdot I_{(-2,\,-4)}(x)$일 때, $E[X]$, $E[(X+2)^2]$를 구하시오.

15. 함수 $f(x)=\left(\frac{1}{2}\right)^x\cdot I_{\{1,\,2,\,3,\,\cdots\}}(x)$가 확률질량함수인지를 확인하시오. 또 이것이 사실이면 그 적률생성함수를 구하고 이것으로부터 기댓값과 분산을 구하시오.

16. 확률변수 X가 $E[X]=3$, $Var[X^2]=13$일 때, 확률 $P[-2<X<8]$의 하계를 구하시오.

17. 보기 4.4에서, $P[N>2]=\frac{1}{3}$, $P[N>3]=\frac{1}{4}$ 등이 성립함을 증명하시오.

18. 확률변수 X의 분포함수 $F_X(x)$가

$$F_X(x) = \begin{cases} 0, & x < 0\text{이면}, \\ 0.125, & 0 \le x < 2\text{이면}, \\ 0.0625, & 2 \le x < 4\text{이면}, \\ 1, & x \ge 4\text{이면} \end{cases}$$

일 때, 다음을 구하시오.

(1) X의 평균을 구하시오.

(2) X의 분산을 구하시오.

19. 확률변수 X가 모든 a에 대하여 $E[(X-a)^2]$이 존재할 때, $E[(X-a)^2]$가 최소가 되는 a는 $E[X]$임을 증명하시오.

제 5 장 결합·주변·조건부 확률분포

이 장에서는 한 확률실험에서 어떤 사건이 두 개 또는 그 이상의 확률변수들, 즉 확률벡터로 기술되는 확률구조를 다룬다. 확률벡터의 정의, 확률벡터의 확률분포, 결합확률분포, 주변확률분포, 확률벡터의 함수에 대한 확률분포, 그리고 공분산과 상관 등을 다룬다.

5.1 결합확률분포

먼저 다음 예를 생각한다.

한 개의 동전을 무심코 3번 던지는 확률실험을 생각하자. 이때 확률공간 $(\Omega, \mathcal{F}, P)$은

$$\Omega = \{\mathrm{HHH},\ \mathrm{HHT},\ \mathrm{HTH},\ \mathrm{THH},\ \mathrm{HTT},\ \mathrm{THT},\ \mathrm{TTH},\ \mathrm{TTT}\},$$

$\mathcal{F} = 2^{\Omega}$ 그리고 $\mathcal{F}$ 위에서 정의되는 (사전)확률 P로 주어진다. 여기서 확률변수 X를 '앞면의 개수'로 정의하면, X는 치공간을 $\{0, 1, 2, 3\}$로 갖는 이산확률변수이고 이 치공간 위에서 $P[X = x] = \binom{3}{x}/2^3$가 성립한다. 따라서 X의 확률질량함수는

$$f_X(x) = \binom{3}{x}\left(\frac{1}{2}\right)^3 \cdot I_{\{0,\ 1,\ 2,\ 3\}}(x)$$

이다. 이것을 이용하면, 예컨대 앞면이 적어도 한 번 나올 확률은

$$P[X \geq 1] = 1 - f_X(0) = 1 - \frac{1}{8} = \frac{7}{8}$$

이다. 또 확률변수 Y을 '뒷면의 개수'라 하면, Y이 확률질량함수는

$$f_Y(y) = \binom{3}{y}\left(\frac{1}{2}\right)^3 \cdot I_{\{0,\ 1,\ 2,\ 3\}}(y)$$

이다. 따라서 뒷면이 한 번 나올 확률은

$$P[Y = 1] = f_Y(1) = \frac{3}{8}$$

이다. 이 확률실험에서, '앞면은 적어도 한 번 그리고 뒷면은 한 번만 나올 사건'이 일어날 확률, 즉 $P[X \geq 1,\ Y=1]$을 생각하자. 이 확률은 표본공간에서 구하면

$$P(\{\mathrm{HHT},\ \mathrm{HTH},\ \mathrm{THH}\}) = \frac{1}{8}$$

이지만, 이것은 $f_X(x)$나 $f_Y(x)$로 구할 수 없다. 결국 이러한 확률계산을 위해서는 한 번의 실험 결과로 앞면과 뒷면의 수를 동시에 나타내는 벡터확률변수 $(X,\ Y)$와 또 이 벡터확률변수에 대응되는 2차원 확률질량함수 $f_{X,\ Y}(x,\ y)$의 정의가 필요하다.

정의 5.1 2차원 확률변수

확률변수 X과 Y가 한 표본공간 Ω (또는 확률공간 $(\Omega,\ \mathcal{F},\ P)$) 위에서 정의된 두 확률변수일 때, 이것들의 쌍 $(X,\ Y)$를 Ω (또는 $(\Omega,\ \mathcal{F},\ P)$) 위에서 정의된 2차원 확률변수(2-dimensional random variable) 또는 2차원 확률벡터(2-dimensional random vector)라 한다.

정의 5.2 결합확률분포 함수

$(X,\ Y)$가 Ω 위에서 정의된 2차원 확률변수일 때, 2변수 함수 $F_{X,\ Y} : R^2 \to R^1$

$$\begin{aligned} F_{X,\ Y}(x,\ y) &= P[X \leq x,\ Y \leq y] \\ &= P\{\omega \in \Omega \mid X(\omega) \leq x,\ Y(\omega) \leq y\} \end{aligned}$$

을 $(X,\ Y)$의 결합분포 함수(joint distribution function)라 한다.

정의 5.3

$(X,\ Y)$가 2차원 확률변수일 때, 집합

$$R_{X \times Y} = \{(x,\ y) \mid X(\omega) = x,\ Y(\omega) = y,\ \omega \in \Omega\}\ \ (\subset R^2)$$

을 $(X,\ Y)$의 치역공간 또는 치공간이라 한다. 만약 $R_{X \times Y}$이 유한집합이거나 가산무한집합이면, $(X,\ Y)$를 2차원 이산확률변수라하고 그렇지 않으면 2차원 연속확률변수라 한다.

보기 5.1

위 확률실험 $\mathcal{E}$에서 Ω 위에서 정의된 두 확률변수 X와 Y의 쌍으로 주어지는 $(X,\ Y)$는 하나의 2차원 확률변수이다. 이때

$$R_{X \times Y} = \{(0,\ 3),\ (1,\ 2),\ (2,\ 1),\ (3,\ 0)\}\ \ (\subset R_X \times R_Y)$$

이고, 따라서 $(X,\ Y)$은 이산확률변수이다. 한편, 어떤 공장에서 생산되는 상품을 임의로 선택하

여 이 상품의 무게와 부피를 측정하고 그것을 각각 W와 V로 표시하면 (W, V)은 2차원 연속 확률변수이다.

정의 5.4 **결합확률질량함수**

(X, Y)가 Ω 위에서 정의된 이산의 2차원 확률변수일 때, 이변수함수 $f_{X, Y} : R^2 \to R^1$

$$f_{X, Y}(x, y) = P[X = x, Y = y]$$
$$= P\{\omega \in \Omega \mid X(\omega) = x, Y(\omega) = y\}$$

을 (X, Y)의 결합확률질량함수(joint probability mass function)라 한다.

참고 5.5

결합확률질량함수 $f_{X \times Y}(x, y)$는 다음 성질을 만족한다.

(1) 모든 $(x, y) \in R^2$에 대하여, $f_{X, Y}(x, y) \geq 0$.

(2) $\sum_x \sum_y f_{X, Y}(x, y) = 1$.

(3) $P[X \leq x, Y \leq y] = \sum_{x' \leq x} \sum_{y' \leq y} f_{X, Y}(x', y')$.

보기 5.2

한 주머니에 흰 공, 검은 공, 빨간 공이 각각 3개, 2개, 3개 들어있다. 이 주머니에서 동시에 2개의 공을 임의로 꺼낼 때, 이 두 공 속에 들어있는 흰 공과 검은 공의 개수를 각각 X, Y라 하고, (X, Y)의 결합확률질량함수를 구하여 보자. 이때 X과 Y는 0, 1, 2의 값을 취하지만, $0 \leq X + Y \leq 2$이므로, (X, Y)의 치공간은

$$R_{X \times Y} = \{(0, 0), (0, 1), (0, 2), (1, 0), (1, 1), (2, 0)\} \subset R_X \times R_Y$$

이다. 결합확률질량함수 $f_{X, Y}(x, y) = P[X = x, Y = y]$은

$$f_{X, Y}(x, y) = \begin{cases} \dfrac{\binom{3}{x}\binom{2}{y}\binom{3}{2-x-y}}{\binom{8}{2}}, & x = 0, 1, 2;\ y = 0, 1, 2 \\ 0, & \text{그 밖의 다른 점} \end{cases}$$

(단, $0 \leq x + y \leq 2$)이고, 이것을 간단히 표시하면

$$f_{X, Y}(x, y) = \frac{\binom{3}{x}\binom{2}{y}\binom{3}{2-x-y}}{\binom{8}{2}} \cdot I_{R_{X \times Y}}(x, y) \tag{5.1}$$

이다.

정의 5.6 **결합확률밀도함수**

(X, Y)가 Ω 위에서 정의된 연속 2차원 확률변수일 때, 이변수함수 $f_{X, Y} : R^2 \to R^1$이

$$P[X \le x,\ Y \le y] = \int_{-\infty}^{x} \int_{-\infty}^{y} f_{X, Y}(s, t) ds dt$$

을 만족하면 $f_{X, Y}(x, y)$을 (X, Y)의 결합확률밀도함수(joint probability density function)라 한다.

참고 5.7

결합밀도함수 $f_{X \times Y}(x, y)$는 다음 성질을 만족한다.

(1) 모든 $(x, y) \in R^2$에 대하여, $f_{X, Y}(x, y) \ge 0$.

(2) $\int_{-\infty}^{\infty} \int_{-\infty}^{\infty} f_{X, Y}(s, t) ds dt = 1$

(3) 임의의 (a_1, a_2), $(b_1, b_2) \in R^2$에 대하여,

$$P[a_1 \le X \le b_1,\ a_2 \le Y \le b_2] = \int_{a_1}^{b_1} \int_{a_2}^{b_2} f_{X, Y}(s, t) ds dt.$$

보기 5.3

정사각형 $[0, 1] \times [0, 1]$의 내부에서 임의로 한 점을 꺼내고, 그 점의 x-좌표와 y-좌표를 각각 X, Y로 표시한다. 이때 2차원 확률변수 (X, Y)의 확률밀도함수 $f_{X, Y}(x, y)$를 결정하고, 이것을 이용하여 확률

$$P\left[0 < X < \frac{1}{2},\ 0 < Y < \frac{1}{2}\right]$$

를 구하여 보자. 먼저,

$$f_{X, Y}(x, y) = c \cdot I_{[0, 1] \times [0, 1]}(x, y)$$

이라 하고, $\int_{-\infty}^{\infty} \int_{\infty}^{\infty} f_{X, Y}(x, y)\, dx\, dy = 1$가 되도록 c를 결정한다.

$$\int_0^1 \int_0^1 c ds dt = 1$$

로부터 $c = 1$이다. 따라서

$$f_{X, Y}(x, y) = 1 \cdot I_{[0, 1] \times [0, 1]}(x, y)$$

이고, 또 이 결과를 이용하면 구하는 확률은

$$P\left[0 < X < \frac{1}{2},\ 0 < Y < \frac{1}{2}\right] = \int_0^{\frac{1}{2}}\int_0^{\frac{1}{2}} 1\, ds\, dt = \frac{1}{4}$$

이다.

보기 5.4

이차원 확률변수 $(X,\ Y)$의 확률밀도함수 $f_{X,\ Y}(x,\ y)$이

$$f_{X,\ Y}(x,\ y) = \begin{cases} x^2 + \dfrac{1}{3}xy, & 0 \le x \le 1,\ 0 \le y \le 2, \\ 0, & \text{그 밖의 다른 점에서} \end{cases}$$

로 주어질 때, 사건 $B = [X + Y \ge 1]$이 일어날 확률을 구하여 보자.

$$\begin{aligned} P[B] &= P[X+Y \ge 1] = 1 - P[X+Y < 1] \\ &= 1 - \iint_{\{(x,\ y) \mid x+y \le 1\}} f_{X,\ Y}(x,\ y)\,dx\,dy \\ &= 1 - \int_0^1 \left[\int_0^{1-x} \left(x^2 + \frac{1}{3}xy\right) dy\right] dx \\ &= 1 - \int_0^1 \left[x^2 y + \frac{1}{6}xy^2\right]_{y=0}^{1-x} dx = 1 - \frac{7}{72} = \frac{65}{72}. \end{aligned}$$

보기 5.5

X와 Y의 결합밀도함수가

$$f_{X,\ Y}(x,\ y) = \begin{cases} 2e^{-x-2y}, & 0 \le x \le \infty,\ 0 \le y \le \infty, \\ 0, & \text{그 밖의 다른 섬에서} \end{cases}$$

로 주어질 때, 확률 $P[X > 1,\ Y < 1]$, $P[X < Y]$, $P[X < a]$을 구하여 보자. 먼저

$$\begin{aligned} P[X > 1,\ Y < 1] &= \int_0^1 \int_1^\infty 2e^{-x-2y}\,dx\,dy = \int_0^1 \left[\int_1^\infty 2e^{-x-2y}\,dx\right] dy. \\ &= -2\int_0^\infty \left(e^{-3y} - e^{-2y}\right) dy \\ &= -e^{-1}\int_0^1 e^{-2y}\,d(-2y) = \frac{1}{e}\left(1 - \frac{1}{e^2}\right). \end{aligned}$$

다음에,

$$P[X < Y] = \int_0^\infty \int_0^y 2\ e^{-x-2y}\,dx\,dy = \int_{x=0}^\infty -2\ e^{-2y}\left(e^{-y} - 1\right) dy$$

$$= -2\left[-\frac{1}{3}e^{-3y} + \frac{1}{2}e^{-2y}\right]_0^\infty = \frac{1}{3}.$$

마지막으로,

$$P[X < a] = \int_{y=0}^{\infty}\int_{x=0}^{a} 2e^{-x-2y}dxdy = \int_0^a\left[\int_0^\infty 2\ e^{-x-2y}dy\right]dx$$
$$= 1 - \frac{1}{e^a}.$$

참고 5.8

결합확률분포 중에서 응용도가 가장 높은 분포의 하나는 이변수정규분포이다. 이 확률분포는 상관분석과 회귀분석의 바탕이 된다. 이에 대한 논의는 14장 2절에서 다루기로 한다.

5.2 | 주변확률분포

결합확률밀도(질량)함수 $f_{X,\ Y}(x,\ y)$를 갖는 2차원 확률변수 $(X,\ Y)$에서, X와 Y도 각기 하나의 확률변수이므로 확률밀도(질량)함수 $f_X(x)$와 $f_Y(x)$을 갖는다. 이때 $f_X(x)$가 나타내는 확률분포를 결합확률분포에서 X의 주변확률분포(marginal probability distribution)라 하고, 또 $f_Y(y)$가 나타내는 확률분포를 결합확률분포에서 Y의 주변확률분포라 한다. 또 $f_X(x)$를 결합확률분포에서 X의 주변확률밀도(질량)함수(marginal probability density(mass) function), 그리고 $f_Y(y)$를 Y의 주변확률밀도(질량)함수라 한다.

정리 5.9

주변확률분포는 결합확률분포로부터 얻는다. 즉, 확률밀도나 질량함수의 경우,

$$f_X(x) = \begin{cases} \sum_y f_{X,\ Y}(x,\ y), & (X,\ Y)\text{가 이산인 경우,} \\ \int_{-\infty}^{\infty} f_{X,\ Y}(x,\ y)dy, & (X,\ Y)\text{가 연속인 경우} \end{cases}$$

또 분포함수의 경우,

$$F_X(x) = F_{X,\ Y}(x,\ \infty) = \lim_{y\to\infty} F_{X,\ Y}(x,\ y),$$
$$F_Y(y) = F_{X,\ Y}(\infty,\ y) = \lim_{x\to\infty} F_{X,\ Y}(x,\ y).$$

증명 연속의 경우에도 같은 방법으로 증명되기 때문에 여기서는 이산의 경우만을 생각한다. X가 이산일 때, 질량함수는

$$\begin{aligned} f_X(x) &= P[X=x] \\ &= P\{(X=x,\ Y=y_1) \text{ 또는 } (X=x,\ Y=y_2) \text{ 또는 } \cdots\} \\ &= \sum_{y \in R^1} f_{X,Y}(x,\ y) \end{aligned}$$

이다. 또 분포함수는

$$F_X(x) = P[X \le x] = P[X \le x,\ -\infty < Y < \infty] = F_{X,Y}(x,\ \infty)$$

이고, 같은 방법으로 $F_Y(y) = F_{X,Y}(\infty,\ y)$이다. □

보기 5.6

보기 5.2의 확률실험에서, 확률변수 X와 Y의 확률질량함수는 각각

$$f_X(x) = \frac{\binom{3}{x}\binom{5}{2-x}}{\binom{8}{2}} I_{\{0,1,2\}}(x),$$

$$f_Y(y) = \frac{\binom{2}{y}\binom{6}{2-y}}{\binom{8}{2}} I_{\{0,1,2\}}(y)$$

이다. 이 주변확률분포들은 앞에서 구한 $(X,\ Y)$의 결합확률분포 (5.1)의 밀도함수로부터 구하기도 한다. 즉

$$f_X(x) = \sum_y f_{X,Y}(x,\ y) = \begin{cases} \dfrac{3+6+1}{28} = \dfrac{10}{28}, & x=0\text{이면}, \\ \dfrac{9+6}{28} = \dfrac{15}{28}, & x=1\text{이면}, \\ \dfrac{3}{28}, & x=2\text{이면}, \\ 0, & x\text{의 다른값에서} \end{cases}$$

이고, 같은 방법으로

$$f_Y(y) = \sum_x f_{X,Y}(x,\ y) = \begin{cases} \dfrac{3+9+3}{28} = \dfrac{15}{28}, & y=0\text{이면}, \\ \dfrac{6+6}{28} = \dfrac{12}{28}, & y=1\text{이면}, \\ \dfrac{1}{28}, & y=2\text{이면}, \\ 0, & y\text{의 다른값에서} \end{cases}$$

이다(그림 5.1 참조).

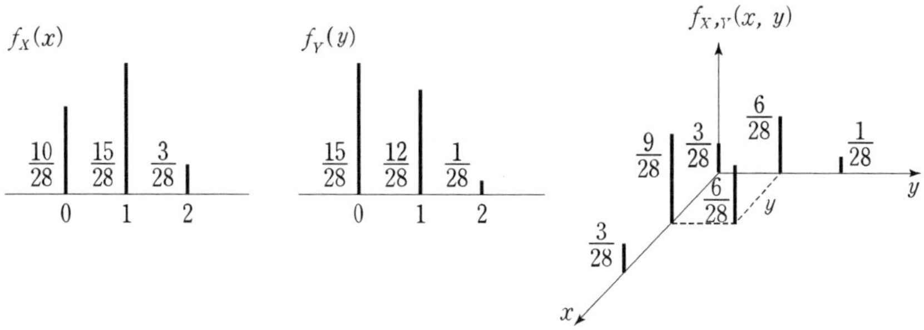

〈그림 5.1〉 결합분포와 주변분포

보기 5.7

이차원확률변수 $(X,\ Y)$의 결합확률밀도함수가

$$f_{X,\ Y}(x,\ y) = \begin{cases} 2(x+y-3xy^2), & 0<x<1,\ 0<y<1, \\ 0, & \text{그렇지 않으면} \end{cases}$$

일 때, 여기서 얻어지는 두 주변확률밀도함수를 구하면, 먼저

$$f_X(x) = \int_{-\infty}^{\infty} f_{X,\ Y}(x,\ y)dy$$

$$= \begin{cases} \int_0^1 2(x+y-3xy^2)dy, & 0<x<1\text{이면}, \\ 0, & \text{그렇지 않으면} \end{cases}$$

따라서, X의 주변확률밀도함수는

$$f_X(x) = \begin{cases} 1, & 0<x<1\text{이면}, \\ 0, & \text{그렇지 않으면} \end{cases}$$

이다. 다음에, 같은 방법으로

$$f_Y(y) = \int_{-\infty}^{\infty} f_{X,\ Y}(x,\ y)dx$$

$$= \begin{cases} \int_0^1 2(x+y-3xy^2)dx, & 0<y<1\text{이면}, \\ 0, & \text{그렇지 않으면} \end{cases}$$

따라서 Y의 주변확률밀도함수는

$$f_Y(y) = \begin{cases} 1+2y-3y^2, & 0<y<1\text{이면}, \\ 0, & \text{그렇지 않으면} \end{cases}$$

이다.

5.3 | 조건부 확률분포

이차원 확률변수 (X, Y)가 결합확률분포 $f_{X, Y}(x, y)$와 주변확률분포 $f_X(x)$, $f_Y(y)$를 갖는다고 하자. 이때 함수 $f_{X, Y}(x, y)$와 $f_X(x)$의 상 $\dfrac{f_{X, Y}(x, y)}{f_X(x)}$의 의미를 생각해 보자. (X, Y)가 이산인 경우

$$\frac{f_{X, Y}(x, y)}{f_X(x)} = \frac{P[X=x, \ Y=y]}{P[X=x]} = P[Y=y \mid X=x]$$

이다. 이때

$$f_{Y|X}(y|x) = \frac{f_{X, Y}(x, y)}{f_X(x)}, \qquad f_X(x) \neq 0$$

로 정의하면, $f_{Y|X}(y|x)$는 '$X=x$일 때 $Y=y$의 조건부확률'을 나타내는 함수로 다음과 같이 확률질량함수의 조건을 만족한다. 즉,

(1) 주어진 $X=x$에서, 모든 $y \in R^1$에 대하여 $f_{Y|X}(y|x) \geq 0$.

(2) 주어진 $X=x$에서,

$$\sum_y f_{Y|X}(y|x) = \sum_y \frac{f_{X, Y}}{f_X(x)} = \frac{f_X(x)}{f_X(x)} = 1.$$

결국, $f_{Y|X}(y|x)$는

'$X=x$일 때 $Y=y$의 조건부확률을 나타내는 확률질량함수'

이다. 마찬가지로, $f_{X|Y}(x|y)$는

'$Y=y$일 때 $X=x$의 조건부확률을 나타내는 확률질량함수'

이다.

연속의 경우도 비슷한 결과가 성립한다. (X, Y)가 결합확률분포 $f_{X, Y}(x, y)$와 주변확률분포 $f_X(x)$와 $f_Y(y)$를 갖는다고 하면,

$$P[y_1 \leq Y \leq y_2 \mid X=x] = \int_{y_1}^{y_2} f_{Y|X}(y|x)dy$$

으로, $f_{Y|X}(y|x)dy = P[Y=y+dy \mid X=x]$이며 다음과 같이 확률밀도함수의 조건을 만족한다.

(1) 주어진 $X=x$에서, 모든 $y \in R^1$에 대하여 $f_{Y|X}(y|x) \geq 0$.

(2) 주어진 $X=x$에서,

$$\int_{-\infty}^{\infty} f_{Y|X}(y|x)dy = \int_{-\infty}^{\infty} \frac{f_{X, Y}(x, y)}{f_X(x)} dy$$

$$= \frac{1}{f_X(x)} \int_{-\infty}^{\infty} f_{X,\, Y}(x,\ y)dy = \frac{f_X(x)}{f_X(x)} = 1.$$

결국, $f_{Y|X}(y|x)$는

'$X = x$일 때 $Y = y$의 조건부확률을 나타내는 확률밀도함수'

이다. 마찬가지로, $f_{X|Y}(x|y)$는

'$Y = y$일 때 $X = x$의 조건부확률을 나타내는 확률밀도함수'

이다.

따라서 조건부확률분포를 다음과 같이 정의한다.

정의 5.10 조건부확률분포

$(X,\ Y)$가 $f_{X,\, Y}(x,\ y)$를 결합확률밀도(질량)함수로 갖는 2차원 연속(이산)확률변수이고, $f_X(x)$와 $f_Y(y)$는 각각 X와 Y의 주변확률밀도(질량)함수라 하면, 주어진 $X = x$에 대한 Y의 조건부확률밀도(질량)함수는

$$f_{Y|X}(y|x) = \frac{f_{X,\, Y}(x,\ y)}{f_X(x)}, \quad f_X(x) \neq 0$$

으로 정의한다. 또 주어진 $Y = y$에 대한 X의 조건부확률밀도(질량)함수는

$$f_{X|Y}(x|y) = \frac{f_{X,\, Y}(x,\ y)}{f_Y(y)}, \quad f_Y(y) \neq 0$$

로 정의한다.

보기 5.8

이차원 확률변수 $(X,\ Y)$의 결합확률밀도함수가

$$f_{X,\ Y}(x,\ y) = \begin{cases} x^3 + \frac{1}{3}xy, & 0 < x < 1,\ 0 < y < 2, \\ 0, & \text{그렇지 않으면} \end{cases}$$

로 주어질 때, 조건확률밀도함수 $f_{X|Y}(x|y)$와 $f_{Y|X}(y|x)$를 구하고 이것을 이용하여 조건확률 $P[X \leq 1/3 |\, Y = 1]$을 구하여 보자. 먼저

$$f_X(x) = \int_{-\infty}^{\infty} f_{X,\, Y}(x,\ y)dy = \int_0^2 \left(x^3 + \frac{1}{3}xy\right)dy = \left[x^2 y + \frac{1}{6}xy^2\right]_{y=0}^{2}$$

$$= 2x^2 + \frac{2}{3}x, \quad 0 < x < 1$$

그리고

$$f_Y(y) = \int_{-\infty}^{\infty} f_{X,\,Y}(x,\,y)dx = \int_0^1 \left(x^3 + \frac{1}{3}xy\right)dx = \left[\frac{1}{3}x^3 + \frac{1}{6}x^2 y\right]_{y=0}^{1}$$

$$= \frac{1}{6}y + \frac{1}{3}, \quad 0 < y < 2$$

이다. 따라서 X의 주변확률밀도함수는

$$f_{X|Y}(x|y) = \frac{f_{X,\,Y}(x|y)}{f_Y(y)} = \frac{x^2 + \frac{1}{3}xy}{\frac{1}{6}y + \frac{1}{3}}, \quad 0 \le x \le 1,\ 0 \le y \le 2,$$

$$= \frac{6x^2 + 2xy}{y+2}, \quad 0 \le x \le 1,\ 0 \le y \le 2$$

또 Y의 주변확률밀도함수는

$$f_{Y|X}(y|x) = \frac{f_{X,\,Y}(y|x)}{f_X(x)} = \frac{x^2 + \frac{1}{3}xy}{2x^2 + \frac{2}{3}x}, \quad 0 \le x \le 1,\ 0 \le y \le 2,$$

$$= \frac{3x+y}{6x+2}, \quad 0 \le x \le 1,\ 0 \le y \le 2$$

이다. 결국, '$Y=1$에서 X의 조건부확률변수'를 $X|Y=1$로 표시하면

$$X|Y=1 \sim f_{X|Y}(x|y=1) = \frac{6x^2+2x}{3} = 2x\left(x + \frac{1}{3}\right), \quad 0 \le x \le 1$$

이다. 따라서 구하는 확률은

$$P\left[X \le \frac{1}{3} \,\middle|\, Y=1\right] = \int_0^{\frac{1}{3}} f_{X|Y}(x|y=1)\,dx = \int_0^{\frac{1}{3}} \left(2x^2 + \frac{2}{3}x\right)dx$$

$$= \left[\frac{2}{3}x^3 + \frac{1}{3}x^2\right]_0^{\frac{1}{3}} = \frac{5}{81}.$$

5.4 | 확률변수의 독립성

두 사건 E_1, E_2 사이의 독립을 정의한 것과 같이 두 확률변수 X, Y 사이의 독립성을 정의할 수 있다. 사건을 확률변수로 표시할 수 있기 때문에 이 두 개념은 기본적으로 같다. 직관적으로, 확률변수 X와 Y가 (확률적으로) 독립이란, X의 실현 값이 Y의 실현 값에 확률적으로 영향을 주지

않음을 뜻한다. 다시 말하여, X가 취한 값이 Y가 취하는 값에 확률적으로 영향을 주지 않음을 뜻한다.

수식으로 표현하여, X와 Y가 독립이란, X와 Y가 이산인 경우

$$P[Y=y \mid X=x]=P[Y=y],$$

$$\text{즉,} \quad f_{Y|X}(y \mid x)=f_Y(y),$$

$$\text{즉,} \quad \frac{f_{X,\ Y}(x,\ y)}{f_X(x)}=f_Y(y)$$

을 말한다. 이 결과는 증명이 쉽진 않지만 X와 Y가 연속인 경우에도 성립한다.

따라서 연속이나 이산의 경우 두 확률변수 사이의 독립은 다음과 같이 정의한다.

정의 5.11 확률변수의 독립

두 확률변수 X와 Y에서, 만약 모든 $(x,\ y) \in R^2$에 대하여

$$f_{X,\ Y}(x,\ y)=f_X(x)f_Y(y)$$

이면, X와 Y는 확률적으로 독립(stochastically independent), 간단히 독립이라 한다.

보기 5.9

$(X,\ Y) \sim f_{X,\ Y}(x,\ y)$이고, 여기서

$$f_{X,\ Y}(x,\ y)=(x+y) \cdot I_{(0,\,1)\times(0,\,1)}(x,\ y)$$

일 때, X와 Y가 독립인가를 살펴보자. 먼저

$$f_X(x)=\int_0^1 (x+y)dy=\left[xy+\frac{1}{2}y^2\right]_{y=0}^{1}=x+\frac{1}{2}, \qquad 0<x<1$$

이고, 또

$$f_Y(y)=\int_0^1 (x+y)dy=\left[\frac{1}{2}x^2+xy\right]_{x=0}^{1}=y+\frac{1}{2}, \qquad 0<y<1$$

이다. 이때 $(x,\ y)=\left(\frac{1}{3},\ \frac{1}{3}\right)$에서

$$f_{X,\ Y}\left(\frac{1}{3},\ \frac{1}{3}\right) \neq f_X\left(\frac{1}{3}\right)f_Y\left(\frac{1}{3}\right)$$

임을 알 수 있다. 결국 X와 Y는 (확률적으로) 종속이다.

5.5 이차원 확률변수의 함수의 기댓값

4.3절에서는 한 확률변수의 기댓값을 생각하였다. 이러한 개념은 이차원 확률변수에서도 주어진다. 다시 말하여, 이차원 확률변수 (X, Y)의 함수 $g(X, Y)$도 어떤 확률분포를 갖는 확률변수이므로 $g(X, Y)$의 기댓값 $E[g(X, Y)]$을 생각할 수 있다.

다음 정리는 $E[g(X, Y)]$를 구하는 데 $g(X, Y)$의 확률분포를 구하는 어려운 절차를 거치지 않고 직접 $f_{X, Y}(x, y)$만을 이용할 수 있음을 말한다.

정리 5.12

X, Y가 결합확률질량함수나 결합확률밀도함수를 $f_{X, Y}(x, y)$로 갖는 이산이나 연속의 이차원 확률변수이고, $g(X, Y)$가 그 함수의 확률변수일 때, $g(X, Y)$의 기댓값은

$$E[g(X, Y)] = \begin{cases} \sum_x \sum_y g(x, y) f_{X, Y}(x, y), & (X, Y)\text{가 이산이면,} \\ \int_{-\infty}^{\infty} \int_{-\infty}^{\infty} g(x, y) f_{X, Y}(x, y)\,dx\,dy, & (X, Y)\text{가 연속이면} \end{cases}$$

이다.

증명 이 정리의 증명은 생략한다. □

보기 5.10

보기 5.2를 다시 생각하자. 결합확률질량함수가

$$f_{X, Y}(x, y) = \frac{\binom{3}{x}\binom{2}{y}\binom{3}{2-x-y}}{\binom{8}{2}} \cdot I_{R_{X \times Y}}(x, y)$$

으로 주어진 이차원 확률변수 (X, Y)에 대하여, $g(X, Y) = XY$의 기댓값을 구하여 보자.

$$\begin{aligned} E[XY] &= \sum_x \sum_y (xy) f_{X, Y}(x, y) \\ &= \sum_{x=0}^{2} \sum_{y=0}^{2} (xy) \frac{\binom{3}{x}\binom{2}{y}\binom{3}{2-x-y}}{\binom{8}{2}}, \quad 0 \le x+y \le 2 \\ &= 0 \cdot 0 \cdot f_{X, Y}(0, 0) + 0 \cdot 1 \cdot f_{X, Y}(0, 1) + 0 \cdot 2 \cdot f_{X, Y}(0, 2) \end{aligned}$$

$$+1\cdot 0\cdot f_{X,\ Y}(1,\ 0)+1\cdot 1\cdot f_{X,\ Y}(1,\ 1)+2\cdot 0\cdot f_{X,\ Y}(2,\ 0)$$

$$=f_{X,\ Y}(1,\ 1)=\frac{3\cdot 2\cdot 1}{28}=\frac{3}{14}.$$

보기 5.11

한 자영업자의 일 년 수입과 지출을 각각 X, Y라 할 때, 그 이차원 확률변수 $(X,\ Y)$의 결합밀도 함수가 다음과 같다고 한다.

$$f_{X,\ Y}(x,\ y)=\begin{cases}\frac{1}{3}(x+y), & 0\le x\le 2,\ 0\le y\le 1,\\ 0, & \text{그렇지 않으면}\end{cases}$$

이때 사용된 단위는 10^8원이다. 이 사람의 연평균 순수입을 계산하여 보자. 연평균 순수입은 $E[X-Y]$로 표시되므로

$$E[X-Y]=\int_0^1\int_0^2\frac{1}{3}(x-y)(x+y)dxdy=\frac{1}{3}\int_0^1\left[\int_0^2\frac{1}{3}(x^{2-y^2})dx\right]dy$$

$$=\frac{1}{3}\int_0^1\left(\frac{8}{3}-2y^2\right)dy=\frac{2}{3}(\times 10^8\text{원})$$

이다.

5.6 공분산과 상관

여기서는 이차원 확률변수 $(X,\ Y)$의 두 확률변수인 X와 Y 사이의 종속관계의 존재성, 종류 그리고 강도 등을 설명하는 방법을 생각한다.

결합확률분포 $f_{X,\ Y}(x,\ y)$를 갖는 이차원확률변수 $(X,\ Y)$의 두 확률변수 X와 Y의 기댓값을 각각 μ_X, μ_Y라 할 때, 확률변수 $g(X,\ Y)=(X-\mu_X)(Y-\mu_Y)$의 기댓값

$$E[g(X,\ Y)]=E(X-\mu_X)(Y-\mu_Y)$$

은 두 확률변수 X와 Y 사이의 종속관계를 설명하는 의미 있는 값이 된다.

정의 5.13 공분산과 상관

$(X,\ Y)$가 이차원 확률변수이고, $E[X](=\mu_X)$, $E[Y](=\mu_Y)$, $E[XY]$가 존재할 때, X와 Y의 공분산(covariance) $Cov(X,\ Y)$는

$$Cov(X,\ Y) = E(X-\mu_X)(Y-\mu_Y)$$

로 정의한다. 또 $0 < Var[X],\ Var[Y] < \infty$ 이면, X와 Y의 상관(correlation) 또는 상관계수(correlation coefficient) $\rho(X,\ Y)$를 다음과 같이 정의한다.

$$\rho(X,\ Y) = \frac{Cov(X,\ Y)}{\sqrt{Var[X]}\sqrt{Var[Y]}}.$$

다음 정리는 공분산과 상관계수의 주요 성질들을 요약한 것이다.

정리 5.14

두 확률변수 X와 Y에 대하여, X, Y, XY가 모두 적분가능하여 $E[X](=\mu_X)$, $E(Y)(=\mu_Y)$, $Var[X](=\sigma_X^2)$, $Var[Y](=\sigma_Y^2)$, $E[XY]$ 등이 존재할 때, 다음이 성립한다.

(1) $Cov(X,\ Y) = E[XY] - E[X]E[Y]$.

(2) 임의의 $a,\ b,\ c,\ d \in R^1$에 대하여,

$$Cov(aX+b,\ cY+d) = acCov(X,\ Y).$$

(3) $|Cov(X,\ Y)| \le \sqrt{VarX}\sqrt{VarY}$.

(4) $X,\ Y$가 독립이면, $Cov(X,\ Y)=0$이다.

(5) $-1 \le \rho(X,\ Y) \le 1$.

(6) $\rho(X,\ Y) = \pm 1$이면,

$$X = \mu_X \pm \frac{\sigma_X}{\sigma_Y}(Y-\mu_Y)$$

이다(복부호는 동순).

(7) 임의의 $a,\ b,\ c,\ d \in R^1$에 대하여 다음이 성립한다.

$$\rho(aX+b,\ cY+d) = \text{sgn}(ac)\rho(X,\ Y)$$

증명 (1), (2), (4)는 기댓값의 정의로부터 쉽게 얻는다. (3)은 부등식

$$|E(X-\mu_X)(Y-\mu_Y)| \le E|X-\mu_X||Y-\mu_Y|$$

에 **슈바르츠**의 부등식을 적용하여 얻는다. (4)는 (3)에 의하여 성립한다. (5)는 (1)과 확률변수 $X,\ Y$의 독립성으로부터 얻는다. (6)의 증명에는 등식

$$E\left(\left[\frac{X-\mu_X}{\sigma_X} \pm \frac{Y-\mu_Y}{\sigma_Y}\right]^2\right) = 2 \pm 2\rho(X,\ Y)$$

을 이용한다. 여기서 $\rho(X,\ Y) = \pm 1$의 각 경우를 대입하면 쉽게 (6)의 결과를 얻는다. 마지막 (7)의 증명은 독자에게 맡긴다. □

참고 5.15

정리 5.13와 정리 5.14을 기본으로 하는 공분산과 상관의 의미와 해석은 다음과 같다.

(1) 공분산은 두 확률변수 X와 Y 사이의 선형관련의 확률적인 존재와 상태를 나타내는 척도로, 그 값이 0이냐 아니냐에 따라 존재의 유무여부가 결정된다. 값이 양이면 그 결합분포에서 'X의 큰 값에는 Y의 큰 값'에, 또 음이면 'X의 작은 값에는 Y는 작은 값'에 높은 확률이 분포되어 있음을 의미한다.

(2) 공분산의 값의 크기는 두 확률변수 사이의 (선형)관련의 강도를 설명하지 못한다. 그것은 정리 5.14의 (2)에서와 같이 공분산은 척도변환에 의하여 값이 변할 수 있기 때문이다.

(3) 상관 $\rho_{X,\,Y}$는 두 확률변수 X와 Y 사이의 선형관련의 존재와 상태는 물론이고 관련의 강도까지도 나타내는 척도이다. 그것은 정리 5.14(7)에서와 같이 $\rho(X,\,Y)$는 선형변환에 의하여 변하지 않을 뿐 아니라 공분산이 상관의 분자항으로 주어지기 때문이다.

(4) 통상적으로, $|\rho_{X,\,Y}| \geq 0.8$이면 선형적 종속관계가 강한수준으로, $0.5 \leq |\rho_{X,\,Y}| < 0.8$이면 보통으로, 그리고 $|\rho_{X,\,Y}| < 0.5$이면 그 종속관계가 약한수준으로 해석한다. 더욱이, 정리 5.14(6)에서와 같이, $|\rho_{X,\,Y}| = 1$은 X와 Y 사이에 완전한 선형관계를, 그리고 $\rho_{X,\,Y} = 0$는 상관이 없음을 의미한다.

다음은 결합확률분포로부터 공분산을 구하는 예를 보인다.

보기 5.12

보기 5.2, 5.6, 5.10을 다시 생각하자. 흰 공, 검은 공, 빨간 공이 각각 3개, 2개, 3개 들어 있는 주머니에서 한꺼번에 2개의 공을 무심코 꺼내고 그 속에 들어 있는 흰 공과 검은 공의 개수를 각각 X, Y라 하면, $(X,\,Y)$의 결합확률질량함수는

$$f_{X,\,Y}(x,\,y) = \frac{\binom{3}{x}\binom{2}{y}\binom{3}{2-x-y}}{\binom{8}{2}} \cdot I_{R_{X\times Y}}(x,\,y)$$

으로 주어졌다. 이때 이차원 확률변수 $(X,\,Y)$에 대하여, 공분산 $Cov(X,\,Y)$를 구하여 보자. 보기 5.6의 결과를 이용하면

$$E[XY] = \sum_{x=0}^{2}\sum_{y=0}^{2} xyf_{X,\,Y}(x,\,y) = f_{X,\,Y}(1,\,1) = \frac{3\cdot 2\cdot 1}{28} = \frac{3}{14}$$

이고, 또

$$E[X] = \sum_{x=0}^{2} xf_X(x) = 0\cdot\frac{10}{28} + 1\cdot\frac{15}{28} + 2\cdot\frac{3}{28} = \frac{21}{28} = \frac{3}{4},$$

$$E[Y] = \sum_{y=0}^{2} xf_Y(y) = 0\cdot\frac{15}{28} + 1\cdot\frac{12}{28} + 2\cdot\frac{1}{28} = \frac{14}{28} = \frac{1}{2}$$

이다. 따라서 공분산 $Cov(X, Y)$은

$$Cov(X, Y) = E[XY] - E[X]E[Y] = \frac{3}{14} - \frac{3}{4} \cdot \frac{1}{2} = -\frac{9}{56}$$

이다. 이와 같이, 2개의 공에 포함된 흰 공의 개수와 검은 공의 개수 사이에는 음의 선형관계가 존재한다. 이것은 꺼낸 2개의 공 중에서 흰 공의 개수가 늘어나면 검은 공의 개수는 줄어들기 때문에 음의 선형관련은 당연한 것이다.

참고 5.16

확률변수 X와 Y에서 $Cov(X, Y) = 0$, 즉 $\rho_{X, Y} = 0$이면, X와 Y는 무상관(uncorrelated)이라 한다. 정리 5.14(4)에 의하면, X, Y가 독립이면 항상 X와 Y는 무상관이다. 그러나 그 역은 성립하지 않는다. 다시 말하여, 보기 5.13에서와 같이 $\rho_{X, Y} = 0$이라고 해서 반드시 X와 Y가 독립인 것은 아니다.

보기 5.13

두 확률변수 X와 Y의 결합확률함수가

$$f_{X, Y}(X, Y) = \begin{cases} \frac{1}{4}, & (X, Y) = (-1, 0), (0, -1), (0, 1), (1, 0)\text{에서}, \\ 0, & \text{그 밖의 다른 점에서} \end{cases}$$

로 주어질 때, X와 Y 주변확률함수는 각각

$$f_X(x) = \begin{cases} \frac{1}{2}, & x = 0\text{이면}, \\ \frac{1}{4}, & x = -1, 1\text{이면} \end{cases}$$

그리고

$$f_Y(y) = \begin{cases} \frac{1}{2}, & y = 0\text{이면}, \\ \frac{1}{4}, & y = -1, 1\text{이면} \end{cases}$$

이다. 이 확률분포들로부터

$$E[X] = E[Y] = 0, \quad E[XY] = 0$$

이고, 따라서 $Cov(X, Y) = 0$, 즉 X과 Y는 무상관이다. 한편, X와 Y는 서로 독립이 아니다. 그것은 $(x, y) = (0, 0)$에서

$$f_{X, Y}(0, 0) \neq f_X(0)f_X(0)$$

이기 때문이다.

참고 5.17 **상관관계와 인과관계**

상관관계는 두 변량이나 두 변수가 '다 같이 증가(다 같이 감소)' 또는 '하나가 증가할 때 다른 하나는 감소'하는 경향이 강한지 아니지를 나타내는 척도이므로, 이 상관관계를 두 변량 사이의 인과관계의 증거로 사용해서는 안 된다. 두 양 사이의 인과관계는 상관관계 이외의 지식으로 판단하고, 인과관계가 있을 때 그 강도를 상관관계로 설명하는 것이 타당하다.

참고 5.18 **상관관계와 비선형관계**

상관관계는 두 변량(두 변수)의 선형관계의 강도를 설명하는 척도이므로 그 결과를 비선형관계까지로 확대해서는 안 된다. 이를테면, 두 변량의 상관관계가 0에 가까운 값은 두 변량 사이의 선형성이 없음을 나타낼 뿐이지 다른 비선형관계의 가능성까지도 배제하지는 않는다.

정리 5.19

$X_1, \cdots, X_n$과 $Y_1, \cdots, Y_m$이 모두 적분가능한 확률변수로, 곱 $X_i \cdot Y_j$ $(1 \le i \le n,$ $1 \le j \le m)$이 적분가능하면

$$Cov\left(\sum_{i=1}^{n} X_i,\ \sum_{j=1}^{m} Y_j\right) = \sum_{i=1}^{n}\sum_{j=1}^{m} Cov(X_i,\ Y_j)$$

이다. 특히,

$$Var\left[\sum_{i=1}^{n} X_i\right] = \sum_{i=1}^{n} Var[X_i] + 2\sum_{1 \le i < j \le n} Cov(X_i,\ Y_j)$$

이고, 더욱이 여기서 $X_1, \cdots, X_n$의 모든 짝이 무상관이면

$$Var\left[\sum_{i=1}^{n} X_i\right] = \sum_{i=1}^{n} Var[X_i].$$

증명 기댓값의 선형성에 의하여

$$Cov\left(\sum_{i=1}^{n} X_i,\ \sum_{i=1}^{n} Y_j\right) = E\left[\sum_{i=1}^{n} (X_i - \mu_{X_i})(Y_i - \mu_{Y_i})\right]$$

이고, 이 성질을 다시 적용하면 첫 번째 결과를 얻는다. 두 번째 결과는

$$Cov(X, X) = Var[X]$$

로부터 얻어지고, 세 번째 결과는 두 번째 결과로부터 쉽게 얻는다. □

5.7[‡] | 조건부기댓값

일차원 확률변수 X의 경우, 기댓값은 $E[X]$은 그 확률질량함수나 확률밀도함수에 따라 각각

$$\sum_x x f_X(x), \quad \int_{-\infty}^{\infty} x f_X(x) dx$$

로 정의되었다. 이러한 정의는 이차원 확률변수 (X, Y)에서 정의된 조건부 확률변수 '$X|Y=y$'나 '$Y|X=x$'에서도 적용된다. 여기서 $X|Y=y$는 $Y=y$가 주어졌다는 가정하에서 주변확률분포 $f_{X|Y}(x|y)$를 갖는 확률변수를 말한다. 같은 방법으로, $Y|X=x$는 $X=x$가 주어졌다는 가정하에서 주변확률분포 $f_{Y|X}(y|x)$를 갖는 확률변수를 말한다.

조건부기댓값의 직관적인 의미는 다음과 같다. 예컨대, 어떤 생산품 더미에서 임의로 하나를 선택하여 그 상품의 수명과 무게를 각각 X, Y라 할 때,

'$E[X|Y=y]$ = 무게가 y인 상품들의 평균수명'
'$E[Y|X=x]$ = 수명이 x인 상품들의 평균무게'

을 뜻한다.

조건부기댓값의 정의는 다음과 같다.

정의 5.20 조건부기댓값

(X, Y)가 이차원 확률변수일 때, $Y=y$의 가정하에서(즉, $Y=y$가 주어졌다는 가정하에서)의 X의 조건부기댓값(conditional expectation)은

$$E[X|y] = \begin{cases} \sum_x x f_{X|Y}(x|y), & (X, Y) \text{가 이산이면,} \\ \int_{-\infty}^{\infty} x f_{X|Y}(x|y) dx, & (X, Y) \text{가 연속이면} \end{cases}$$

로 정의한다. 이때 $f_{X|Y}(x|y)$는 주어진 $Y=y$에 대한 X의 조건부확률밀도(질량)함수이다. 같은 방법으로, $X=x$의 가정하에서(즉, $X=x$가 주어졌다는 가정 하에서)의 Y의 조건부기댓값은

$$E[Y|x] = \begin{cases} \sum_y y f_{Y|X}(y|x), & (X, Y) \text{가 이산이면,} \\ \int_{-\infty}^{\infty} y f_{Y|X}(y|x) dy, & (X, Y) \text{가 연속이면} \end{cases}$$

로 정의한다. 여기서 $f_{Y|X}(y|x)$는 주어진 $X=x$에 대한 Y의 조건부확률밀도(질량)함수이다.

참고 5.21

$E[X|y]$은 '$Y=y$에서의 X의 조건부 확률분포'의 기댓값이므로 당연히 X의 함수가 아니고 y의 함수이다. 따라서 여기서 y를 확률변수 Y로 바꾼 $E[X|Y]$는 확률변수가 된다. 따라서 $E[X|Y]$는 확률분포는 물론 기댓값 등 적률들을 갖는다(보기 5.14 참조). 사실 $E[X|y]$은 확률변수 $E[X|Y]$의 한 값이 된다. 위 생산품의 설명에서 보면, $E[X|Y]$은 무게에 따라 달라지는 상품들의 평균수명의 분포를 나타낸다.

정리 5.22

정의 5.20의 조건부기댓값은 다음의 기본성질을 갖는다.

(1) 임의의 $c \in R^1$에 대하여, $E[c|X]=c$.

(2) 임의의 $a,\ b \in R^1$에 대하여, $E[aY+b|X]=aE[Y|X]+b$.

(3) $Y \geq 0$이면, $E[Y|X] \geq 0$.

(4) $Y_1 \leq Y_2$이면, $E[Y_1|X] \leq E[Y_2|X]$.

(5) 함수 g_1와 g_2에 대하여, $E[g_1(Y)]$와 $E[g_2(Y)]$이 존재하면

$$E[c_1 g_1(Y)+c_2 g_2(Y)|X]=c_1 E[g_1(Y)|X]+c_2 E[g_2(Y)|X].$$

증명 이 성질들은 조건부기댓값의 정의로부터 쉽게 성립되므로 여기서는 생략한다. □

$E[X|Y]$와 $E[Y|X]$는 확률변수로 다시 기댓값을 생각할 수 있다.

정리 5.23 반복 기댓값의 법칙

$(X,\ Y)$가 이차원 확률변수일 때, 다음이 성립한다.

$$E[E[X|Y]]=E[X],$$
$$E[E[Y|X]]=E[Y].$$

증명 이산의 경우도 같은 방법으로 증명되기 때문에 여기서는 연속인 경우만을 다룬다.

$$E[X|y]=\int_{-\infty}^{\infty} x f_{X|Y}(x|y)dx=\int_{-\infty}^{\infty} x\frac{f_{X,\ Y}(x,\ y)}{f_Y(y)}dx$$

이다. 따라서

$$E[E[X|Y]]=\int_{-\infty}^{\infty} E[X|y]f_Y(y)dy$$

$$= \int_{-\infty}^{\infty} \left[\int_{-\infty}^{\infty} x \frac{f_{X,\,Y}(x,\,y)}{f_Y(y)} dx \right] f_Y(y) dy$$

이므로, 만약 기댓값이 모두 존재하면

$$E[E[X|Y]] = \int_{-\infty}^{\infty} x \left[\int_{-\infty}^{\infty} f_{X,\,Y}(x,\,y) dy \right] dx$$

$$= \int_{-\infty}^{\infty} x f_X(x) dx = E[X]$$

이다. 두 번째 결과도 같은 방법으로 증명된다. □

정리 5.24

이차원 확률변수 $(X,\ Y)$에서, X와 Y가 독립이면, 다음이 성립한다.

$$E[X \mid Y] = E[X],$$
$$E[Y \mid X] = E[Y].$$

증명 이 정리의 증명은 독자에게 남긴다. □

다음 보기는 위 결과들을 이해하는 데 도움이 된다.

보기 5.14

보기 5.2, 5.6, 5.10, 5.12를 다시 생각하자. 이차원 확률변수 $(X,\ Y)$의 결합확률질량함수는

$$f_{X,\,Y}(x,\,y) = \frac{\binom{3}{x}\binom{2}{y}\binom{3}{2-x-y}}{\binom{8}{2}} \cdot I_{R_{X\times Y}}(x,\,y)$$

주어졌다. 여기서

$$R_{X\times Y} = \{(0,\,0),\ (0,\,1),\ (0,\,2),\ (1,\,0),\ (1,\,1),\ (2,\,0)\}$$

이다. 이 결과를 도표로 표시하면 다음과 같다.

X \ Y	0	1	2
0	$\frac{3}{28}$	$\frac{6}{28}$	$\frac{1}{28}$
1	$\frac{9}{28}$	$\frac{6}{28}$	
2	$\frac{3}{28}$		

지금 확률변수 $(X,\ Y)$에 대하여 조건부 기댓값 $E[X|Y]$를 구하여 보자. 먼저 보기 5.6에서 얻은 X와 Y의 주변확률질량함수

$$f_X(x) = \sum_y f_{X,\ Y}(x,\ y) = \begin{cases} \frac{10}{28}, & x = 0\text{이면}, \\ \frac{15}{28}, & x = 1\text{이면}, \\ \frac{3}{28}, & x = 2\text{이면}, \\ 0, & \text{그렇지 않으면} \end{cases}$$

그리고

$$f_Y(y) = \sum_x f_{X,\ Y}(x,\ y) = \begin{cases} \frac{15}{28}, & y = 0\text{이면}, \\ \frac{12}{28}, & y = 1\text{이면}, \\ \frac{1}{28}, & y = 2\text{이면}, \\ 0, & \text{그렇지 않으면} \end{cases}$$

이다. 이 결과들을 이용하면, 조건부 확률질량함수는

$$f_{X|Y}(x|y) = \frac{f_{X,\ Y}(x,\ y)}{f_Y(y)}$$

으로, 위 결과를 이용하면

$$f_{X|Y}(x|0) = \frac{f_{X,\ Y}(x,\ 0)}{f_Y(0)} = \begin{cases} \frac{f_{X,\ Y}(0,\ 0)}{f_Y(0)} = \frac{1}{5}, & x = 0\text{이면}, \\ \frac{f_{X,\ Y}(1,\ 0)}{f_Y(0)} = \frac{3}{5}, & x = 1\text{이면}, \\ \frac{f_{X,\ Y}(2,\ 0)}{f_Y(0)} = \frac{1}{5}, & x = 2\text{이면}, \\ 0, & \text{그렇지 않으면} \end{cases}$$

그리고, 같은 방법으로

$$f_{X|Y}(x|1) = \frac{f_{X,\ Y}(x,\ 1)}{f_{Y(1)}} = \begin{cases} \frac{f_{X,\ Y}(0,\ 1)}{f_Y(1)} = \frac{6}{12}, & x = 0\text{이면}, \\ \frac{f_{X,\ Y}(1,\ 1)}{f_Y(1)} = \frac{6}{12}, & x = 1\text{이면}, \\ \frac{f_{X,\ Y}(2,\ 1)}{f_Y(1)} = 0, & x = 2\text{이면}, \\ 0, & \text{그렇지 않으면} \end{cases}$$

또

$$f_{X|Y}(x|2)=\frac{f_{X,\,Y}(x,\,2)}{f_Y(2)}=\begin{cases}\dfrac{f_{X,\,Y}(0,\,2)}{f_Y(2)}=1, & x=0\text{이면,}\\[2ex] \dfrac{f_{X,\,Y}(1,\,2)}{f_Y(2)}=0, & x=1\text{이면,}\\[2ex] \dfrac{f_{X,\,Y}(2,\,2)}{f_Y(2)}=0, & x=2\text{이면,}\\[2ex] 0, & \text{그렇지 않으면}\end{cases}$$

이다. 이러한 결과를 이용하면

$$\begin{aligned}E[X|0]&=\sum_x x f_{X|Y}(x|0)=0\cdot f_{X|Y}(0|0)+1\cdot f_{X|Y}(1|0)+2\cdot f_{X|Y}(2|0)\\&=0\cdot\frac{3}{15}+1\cdot\frac{3}{5}+2\cdot\frac{1}{5}=1,\\E[X|1]&=\sum_x x f_{X|Y}(x|1)=0\cdot f_{X|Y}(0|1)+1\cdot f_{X|Y}(1|1)+2\cdot f_{X|Y}(2|1)\\&=0\cdot\frac{6}{12}+1\cdot\frac{6}{12}+2\cdot 0=\frac{1}{2},\\E[X|2]&=\sum_x x f_{X|Y}(x|2)=0\cdot f_{X|Y}(0|2)+1\cdot f_{X|Y}(1|2)+2\cdot f_{X|Y}(2|2)\\&=0\cdot 1+1\cdot 0+2\cdot 0=0\end{aligned}$$

따라서

$$E[X|y]=\begin{cases}1, & y=0\text{이면,}\\ \dfrac{1}{2}, & y=1\text{이면,}\\ 0, & y=2\text{이면}\end{cases}$$

이다. 이때 확률변수 Y의 확률분포에서

$$P[Y=0]=f_Y(0)=\frac{15}{28},$$

$$P[Y=1]=f_Y(1)=\frac{12}{28},$$

$$P[Y=2]=f_Y(2)=\frac{1}{28}$$

이므로,

$$E[X|Y]=\begin{cases}1, & y=0\text{ 이면 (즉, 확률 }\dfrac{15}{28}\text{을 가지고)}\\[2ex] \dfrac{1}{2}, & x=1\text{ 이면 (즉, 확률 }\dfrac{12}{28}\text{을 가지고)}\\[2ex] 0, & x=2\text{ 이면 (즉, 확률 }\dfrac{1}{28}\text{을 가지고)}\end{cases}$$

이다.

$$E[E[X|Y]] = 1 \cdot \frac{15}{28} + 1 \cdot \frac{12}{28} + 0 \cdot \frac{1}{28} = \frac{21}{28}$$

이고, 이것은 $f_X(x)$에서 구하는 $E[X] = \frac{21}{28}$과 같다. 결국, $E[E[X|Y]] = E[X]$이다.

5.8 | 확률변수의 함수의 분포

5.5절에서는 확률변수의 함수의 확률분포를 구하는 방법을 다루었다. 이 결과는 n-다중적분론에 의하여 확률벡터의 경우에서도 자연스럽게 확장될 수 있다.

정리 5.25 다변수의 경우

n-차원 확률변수 $\mathrm{X} = (X_1, \cdots, X_N)$가 (유한개의 점을 제외한) 모든 점에서 연속인 연합밀도 함수 $f_{\mathrm{X}}(\mathbf{x})$를 갖고, 또 $R^n - R^n$함수

$$\mathbf{y} = h(\mathbf{x}) = (h_1(\mathbf{x}), \cdots, h_n(\mathbf{x}))$$

가 (가측으로) $\mathrm{Y} = h(\mathrm{X})$가 확률벡터라 하자. $S = \{\mathbf{x} \in R^k | f_{\mathrm{X}}(\mathbf{x}) > 0\}$일 때, 만약 두 조건,
(1) $h : S \to T$ (단, $T = h(S)$)가 일대일 함수로, 모든 $\mathbf{y} \in T$에서 역함수

$$\mathbf{x} = h^{-1}(\mathbf{y}) = (g_1(\mathbf{y}), \cdots, g_k(\mathbf{y}))$$

가 존재 (2) h^{-1}이 (1계) 편미분가능하고, 그 편도함수

$$g_{ji}(\mathbf{y}) = \frac{\partial}{\partial y_i} g_j(y_1, \cdots, y_k), \quad i, j = 1, \cdots, k$$

가 T 위에서 연속이며, 또 변환 h의 야코비안

$$J = \frac{\partial(x_1, \cdots, x_n)}{\partial(y_1, \cdots, y_n)} = \begin{vmatrix} \frac{\partial g_1}{\partial y_1} & \frac{\partial g_1}{\partial y_2} & \cdots & \frac{\partial g_1}{\partial y_n} \\ \vdots & \vdots & \ddots & \vdots \\ \frac{\partial g_n}{\partial y_1} & \frac{\partial g_n}{\partial y_2} & \cdots & \frac{\partial g_n}{\partial y_n} \end{vmatrix}$$

이 모든 $\mathbf{y} \in T$에 대하여 0이 아님, 등을 만족하면 확률벡터 Y의 밀도함수 $f_{\mathrm{Y}}(\mathbf{y})$는

$$f_{\mathrm{Y}}(\mathbf{y}) = f_{\mathrm{X}}[h^{-1}(\mathbf{y})] |J| \cdot I_T(\mathbf{y})$$

이다.

참고 5.26

정리 5.25에서, 함수 $h : R^n \to R^n$은 n-차원의 확률벡터를 같은 n차원의 확률벡터로 변환한 것이다. 그러나 실제 대부분의 경우 Y의 차원 k는 $k \le n$이다. 이러한 경우 $\mathrm{Y} = (Y_1, \cdots, Y_k)$의 연합밀도함수를 구하는 데는 다음 방법을 이용한다. 먼저, 주어진 변환 $\mathbf{y} = (h_1(\mathbf{x}), \cdots, h_k(\mathbf{x}))$에 다른 $n-k$개의 변환 $h_{k+j} : R^1 \to R^1$, $j = 1, \cdots, n-k$을 추가시켜, 변환 $h : R^n \to R^n$

$$h = (h_1, \cdots, h_k, h_{k+1}, \cdots, h_n)$$

을 만든다. 이때 추가되는 변환은 가급적 간단한 변환으로 선정하되, 정리 5.25의 가정 (1), (2)를 만족하도록 한다. 그리고

$$\mathrm{Z} = (Y_1, \cdots, Y_k, Y_{k+1}, \cdots, Y_n)$$

(단, $Y_{k+j} = h_{k+j}(\mathrm{X})$, $j = 1, \cdots, n-k$)의 연합밀도함수 f_{Z}를 정리 5.25을 이용하여 얻는다. 다음은, $\mathrm{Y} = (Y_1, \cdots, Y_k)$의 주변연합분포를 적분을 통하여 얻는다. 예를 들어, (Y_1, Y_2)의 주변밀도함수 $f_{Y_1, Y_2}(y_1, y_2)$는

$$f_{Y_1, Y_2}(y_1, y_2) = \int_{-\infty}^{\infty} \cdots \int_{-\infty}^{\infty} f_{\mathrm{Y}}(y_1, \cdots, y_n) dy_3 \cdots dy_n$$

로 얻는다.

보기 5.15

X_1, X_2가 각각 서로 독립인 $N(0, 1)$의 확률변수라 할 때, 확률변수 $Y_1 = X_1/X_2$의 확률분포를 구하여 보자. 먼저, $Y_1 = X_1/X_2$에 $Y_2 = X_2$을 추가하여 새변환 $\mathbf{y} = (y_1, y_2) = (x_1/x_2, x_2)$, $x_2 \neq 0$을 얻는다. 이때 이 변환은 정리 5.25의 가정 (1), (2)를 만족하고, 그 역함수 $\mathbf{x} = (x_1, x_2) = (y_1 y_2, y_2)$의 야코비안은

$$J = \frac{\partial(x_1, x_2)}{\partial(y_1, y_2)} = \begin{vmatrix} y_2 & y_1 \\ 0 & 1 \end{vmatrix} = y_2$$

로 $|J| = |y_2|$이다. 따라서

$$f_{Y_1, Y_2}(y_1, y_2) = f_{X, Y}(x_1 = y_1 y_2, x_2 = y_2) \cdot |y_2|$$
$$= \frac{1}{2\pi} e^{\frac{y_1^2 y_2^2 + y_2^2}{2}} |y_2|$$

을 얻는다. 다음에 Y_1의 주변밀도함수 $f_{Y_1}(y_1)$은

$$f_{Y_1}(y_1) = \frac{1}{2\pi} \int_{-\infty}^{\infty} e^{-\frac{y_1^2 y_2^2 + y_2^2}{2}} |y_2| dy_2 = \frac{1}{\pi} \int_0^{\infty} e^{-\frac{(y_1^2+1)y_2}{2}} y_2 dy_2$$

로 표시되고, 여기서 적분의 변수변환을 위하여

$$\frac{(y_1^2+1)y_2}{2}=t$$

라 놓으면

$$y_2dy_2=\frac{dt}{y_1^2+1}$$

이다. 따라서

$$f_{Y_1}(y_1)=\frac{1}{\pi}\frac{dt}{y_1^2+1}\int_0^\infty e^{-t}dt=\frac{1}{\pi}\frac{1}{y_1^2+1}$$

을 얻는다. 이 밀도함수를 갖는 확률변수 Y_1를 코시 분포(Cauchy distribution)를 따른다고 말한다.

5.9† | n-차원 확률변수

여기서는 k-차원 확률변수를 다룬다. 앞에서 논의한 2차원 확률변수와 관련된 정의와 여러 성질들은 k-차원 확률변수에까지 확장된다. k-차원 확률변수(k-dimensional random variable)와 그 성질들은 특히 확률표본을 다루는 데 유용하다.

정의 5.27 k-차원 확률변수

확률변수 $X_1, \cdots, X_k$가 한 표본공간 Ω 위에서 정의된 확률변수들일 때, 이것들의 k-쌍 $(X_1, \cdots, X_k)$를 Ω 위에서 정의된 k-차원 확률변수 또는 k-차원 확률벡터(k-dimensional random vector)라 한다.

정의 5.28 결합확률분포함수

$(X_1, \cdots, X_k)$가 Ω 위에서 정의된 k-차원 확률변수일 때, k변수함수 $F_{X_1, \cdots, X_2} : R^k \to R^1$

$$\begin{aligned}F_{X_1, \cdots, X_k}(x_1, \cdots, x_k) &= P[X_1 \le x_1, \cdots, X_k \le x_k]\\ &= P\{\omega \in \Omega \mid X_1(\omega) \le x_1, \cdots, X_k(\omega) \le x_k\}\end{aligned}$$

을 $(X_1, \cdots, X_k)$의 결합분포함수라 한다.

정의 5.29

$(X_1, \cdots, X_k)$가 k-차원 확률변수일 때, 집합

$$R_{X_1 \times \cdots \times X_k} = \{(x_1, \cdots, x_k) \mid X_1(\omega) = x_1, \cdots, X_k(\omega) = x_k, \ \omega \in \Omega\}$$

$(\subset R^2)$을 $(X_1, \cdots, X_k)$의 치공간이라 한다. 만약 $R_{X_1 \times \cdots \times X_k}$이 유한집합이거나 가산무한 집합이면, $(X_1, \cdots, X_k)$를 k-차원 이산확률변수라하고, 그렇지 않으면 k-차원 연속확률변수이라 한다.

정의 5.30 결합확률질량함수

$(X_1, \cdots, X_k)$가 Ω 위에서 정의된 이산 k-차원 확률변수일 때, k변수함수 $f_{X_1, \cdots, X_k}$: $R^k \to R^1$

$$\begin{aligned} f_{X_1, \cdots, X_k}(x_1, \cdots, x_k) &= P[X_1 = x_1, \cdots, X_k = x_k] \\ &= P\{\omega \in \Omega \mid X_1(\omega) = x_1, \cdots, X_k(\omega) = x_k\} \end{aligned}$$

을 $(X_1, \cdots, X_k)$의 결합확률질량함수라 한다.

참고 5.31

결합확률질량함수 $f_{X_1, \cdots, X_k}(x_1, \cdots, x_k)$는 다음 성질을 만족한다.

(1) 모든 $(x_1, \cdots, x_k) \in R^k$에 대하여, $f_{X_1, \cdots, X_k}(x_1, \cdots, x_k) \geq 0$.

(2) $\sum\limits_{x_1} \cdots \sum\limits_{x_1} f_{X_1, \cdots, X_k}(x_1, \cdots, x_k) = 1$.

(3) $P[X_1 \leq x_1, \cdots, X_k \leq x_k] = \sum\limits_{x_1' \leq x_1} \cdots \sum\limits_{x_k' \leq x_k} f_{X_1, \cdots, X_k}(x_1, \cdots, x_k)$.

정의 5.32 결합확률밀도함수

$(X_1, \cdots, X_k)$가 Ω 위에서 정의된 연속 k-차원 확률변수일 때, k 변수함수 $f_{X_1, \cdots, X_k}$: $R^k \to R^1$이

$$P[X_1 = x_1, \cdots, X_k = x_k] = \int_{-\infty}^{x_1} \cdots \int_{-\infty}^{x_k} f_{X_1, \cdots, X_k}(s, \cdots, t) ds \cdots dt$$

을 만족하면, $f_{X_1, \cdots, X_k}(x_1, \cdots, x_k)$을 $(X_1, \cdots, X_k)$의 결합확률밀도함수라 한다.

참고 5.33

결합밀도함수 $f_{X_1, \cdots, X_k}(x_1, \cdots, x_k)$는 다음 성질을 만족한다.

(1) 모든 $(x_1, \cdots, x_k) \in R^k$에 대하여, $f_{X_1, \cdots, X_k}(x_1, \cdots, x_k) \geq 0$.

(2) $\int_{-\infty}^{\infty} \cdots \int_{-\infty}^{\infty} f_{X_1, \cdots, X_k}(s, \cdots, t) ds \cdots dt = 1$.

(3) 임의의 $(a_1, \cdots, a_k)$, $(b_1, \cdots, b_k) \in R^k$에 대하여,

$$P[a_1 \leq X_1 \leq b_1, \cdots, a_k \leq X_k \leq b_k] \\ = \int_{a_1}^{b_1} \cdots \int_{a_k}^{b_k} f_{X_1, \cdots, X_2}(s, \cdots, t) ds \cdots dt.$$

결합확률밀도(질량)함수 $f_{X_1, \cdots, X_k}(x_1, \cdots, x_k)$을 갖는 k-차원 확률변수

$$(X_1, \cdots, X_k)$$

의 임의의 부분집합, 이를테면 $(X_{i1}, \cdots, X_{im})$의 확률분포를 (결합확률분포에서) 이 부분집합의 주변확률분포라 한다. 또 부분집합의 결합확률밀도(질량)함수를 결합확률분포에서 이 부분집합의 주변확률밀도(질량)함수라 한다.

정의 5.34 조건부 확률분포

$(X_1, \cdots, X_k)$가 $f_{X_1, \cdots, X_k}(x_1, \cdots, x_k)$를 결합확률밀도(질량)함수로 갖는 k-차원 연속(이산)확률변수이고,

$$(X_{i1}, \cdots, X_{ir}), \quad (X_{j1}, \cdots, X_{js})$$

이 $(X_1, \cdots, X_k)$의 두 배반부분집합일 때, 주어진

$$(X_{j1}, \cdots, X_{js}) = (x_{i1}, \cdots, x_{ik})$$

에 대한 $(X_{i1}, \cdots, X_{ir})$의 조건부확률밀도(질량)함수는

$$f_{X_{i1}, \cdots, X_{ir} | x_{j1}, \cdots, x_{js}}(x_{i1}, \cdots, x_{ir} | x_{j1}, \cdots, x_{js}) \\ = \frac{f_{X_{i1}, \cdots, X_{ir}, X_{j1}, \cdots, X_{js}}(x_{i1}, \cdots, x_{ir}, x_{j1}, \cdots, x_{js})}{f_{X_{j1}, \cdots, X_{js}}(x_{j1}, \cdots, x_{js})},$$

(단, $f_{X_{j1}, \cdots, X_{js}}(x_{j1}, \cdots, x_{js}) > 0$)로 정의한다.

정의 5.35 확률적독립

$(X_1, \cdots, X_k)$가 $f_{X_1, \cdots, X_k}(x_1, \cdots, x_k)$를 결합확률밀도(질량)함수로 갖는 k-차원 연속(이산)확률변수이고, $f_{X_1}(x_1)$, $f_{X_2}(x_2)$, $\cdots$, $f_{X_k}(x_k)$를 각 확률변수의 주변확률밀도(질량)함수라

할 때, 만약

$$f_{X_1, \cdots, X_k}(x_1, \cdots, x_k) = f_{X_1}(x_1) \cdots f_{X_k}(x_k), \ \forall (x_1, \cdots, x_k) \in R^k$$

이면, 확률변수 $X_1, \cdots, X_k$를 확률적으로 독립이라 한다.

보기 5.16

어떤 생산공정에서 만들어지는 생산품의 수명을 X라 하자. 수명에 대한 정보를 얻기 위하여 이 생산품의 더미에서 n개를 추출하여 수명을 관측하고, '$X_i = i$-번째 생산품의 수명'으로 정의하면, $(X_1, \cdots, X_n)$는 k-차원 확률변수이다. 이때 그것들은 모두 같은 방법으로 제조되었고 또 제조 과정이 수명에 서로 영향을 주지 않는다고 할 수 있기 때문에 이 확률변수들은 모두 X와 같은 분포를 따르고 또 서로 독립이라고 할 수 있다.

EXERCISES 연습문제

01. X와 Y가 결합밀도함수를

$$f_{X,\,Y}(x,\ y) = \frac{2}{c} \cdot I_{\{(x,\ y)|0 \le x \le y,\ 0 \le y \le c\}}(x,\ y)$$

를 갖는 결합확률변수일 때, 다음을 결정하시오.

(1) 상수 c를 구하시오.

(2) X와 Y 각각에 대한 주변확률밀도함수를 구하시오.

(3) 주어진 Y에 대한 X의 조건확률밀도함수를 구하시오. 또 주어진 X에 대한 Y의 조건확률밀도함수를 구하시오.

(4) 확률 $P[X \le 1]$를 구하시오.

02. 2차원 확률변수 $(X,\ Y)$의 결합밀도함수가

$$f_{X,\ Y}(x,\ y) = cx(x-y) \cdot I_{\{(x,\ y)|0 < x < 2,\ -x < y < x\}}(x,\ y)$$

로 주어질 때, 다음 물음에 답하시오.

(1) 상수 c를 구하시오.

(2) X와 Y 각각에 대한 주변확률밀도함수를 구하시오.

03. X와 Y가 결합밀도함수를

$$f_{X,\ Y}(x,\ y) = e^{-x-y} \cdot I_{(0,\ \infty)\times(0,\ \infty)}(x,\ y)$$

를 갖는 결합확률변수일 때, 다음 확률을 구하시오.

(1) $P[X \le x]$ (2) $P[Y \le y]$

(3) $P[X < Y]$ (4) $P[X + Y \le 3]$

04. 2차원 확률변수 $(X,\ Y)$의 결합밀도함수가

$$f_{X,\ Y}(x,\ y) = x^2 + \frac{xy}{3} \cdot I_{\{(x,\ y)|0 < x < 1,\ 0 < y < 2\}}(x,\ y)$$

로 주어질 때, 다음 물음에 답하시오.

(1) $P\left[X > \frac{1}{2}\right]$를 구하시오. (2) $P[Y < X]$를 구하시오.

(3) $P\left[Y < \frac{1}{2} | X < \frac{1}{2}\right]$를 구하시오.

05. 2차원 확률변수 (X, Y)의 결합밀도함수가

$$f_{X,\ Y}(x,\ y)=\frac{1}{32}(x^2+y^2)\cdot I_{\{(x,\ y)|x,\ y=0,\ 1,\ 2\}}(x,\ y)$$

로 주어질 때, 다음 물음에 답하시오.

(1) X의 주변확률분포를 구하시오.

(2) Y의 주변확률분포를 구하시오.

(3) $X=x$일 때의 Y의 조건부 확률분포를 구하시오.

(4) $Y=y$일 때의 X의 조건부 확률분포를 구하시오.

06. 2차원 확률변수 (X, Y)의 결합밀도함수가

$$f_{X,\ Y}(x,\ y)=e^{-y}\cdot I_{\{(x,\ y)|x>0,\ y>x\}}(x,\ y)$$

로 주어질 때, 다음 물음에 답하시오.

(1) X의 주변확률분포를 구하시오.

(2) Y의 주변확률분포를 구하시오.

(3) $X=x$일 때의 Y의 조건부 확률분포를 구하시오.

(4) $Y=y$일 때의 X의 조건부 확률분포를 구하시오.

(5) $P[X>2|Y<3]$를 구하시오.

07. 2차원 확률변수 (X, Y)의 결합밀도함수가

$$f_{X,\ Y}(x,\ y)=1\cdot I_{\{(x,\ y)||x|<1,\ 0<y<1-|x|\}}(x,\ y)$$

로 주어질 때, 다음 물음에 답하시오.

(1) X의 주변확률분포를 구하시오.

(2) Y의 주변확률분포를 구하시오.

(3) $Y=y$일 때의 X의 조건부 확률분포를 구하시오.

08. 다음 2변수함수

$$f(x|y)=\frac{y^x e^{-x}}{x!}\cdot I_{\{(x,\ y)|x=0,\ 1,\ \cdots\ ;\ y\geq 0\}}(x|y)$$

에 대하여

(1) 임의의 y에 대하여, $f(x|y)$는 확률밀도함수임을 보이시오.

(2) X의 주변확률밀도함수가 $f(x)=\left(\frac{1}{2}\right)^{x+1}\cdot I_{\{0,\ 1,\ \cdots\}}(x)$임을 증명하시오.

09. 1에서 5까지의 정수 중에서 임의로 하나를 선택한 이것을 X라 한다. 또 X보다 큰 수 중에서 임의로 하나를 다시 선택하여 이것을 Y라 하자. 다음 물음에 답하시오.

(1) X와 Y의 결합확률분포를 표로 만드시오.

(2) X의 주변확률분포를 구하시오.

(3) $X=2$가 주어졌을 때, Y의 주변확률분포를 구하시오.

(4) $Y=8$이 주어졌을 때, X의 주변확률분포를 구하시오.

(5) $P[X+Y>8]$을 구하시오.

10. X와 Y의 결합확률밀도함수가

$$f_{X,\,Y}(x,\,y)=xe^{-(x+y)}\cdot I_{\{(x,\,y)|x>0,\;y>0\}}(x,\,y)$$

로 주어질 때, 다음 물음에 답하시오.

(1) X의 주변확률밀도함수를 구하시오.

(2) Y의 주변확률밀도함수를 구하시오.

(3) X와 Y가 독립인지 아닌지를 확인하시오.

11. X와 Y의 결합확률밀도함수가

$$f_{X,\,Y}(x,\,y)=\frac{x+y}{30}\cdot I_{\{(x,\,y)|x=0,\,1,\,2,\,3\,;\,y=0,\,1,\,2\}}(x,\,y)$$

로 주어질 때, 다음 확률을 구하시오.

(1) $P[X\le 2,\; Y>1]$

(2) $P[X+Y=2]$

12. 문제 11에서 다음을 구하시오.

(1) X의 주변확률분포

(2) Y의 주변확률분포

13. X와 Y의 결합확률밀도함수가

$$f_{X,\,Y}(x,\,y)=2\cdot I_{\{(x,\,y)|0<x<y,\;0<y<1\}}(x,\,y)$$

로 주어질 때, 다음 물음에 답하시오.

(1) X의 주변확률밀도함수를 구하시오.

(2) Y의 주변확률밀도함수를 구하시오.

(3) X와 Y가 독립인지 아닌지를 설명하시오.

14. X의 확률밀도함수가

$$f_X(x) = a + bx^2 \cdot I_{\{x \mid 0 \le x \le 1\}}(x)$$

이고 $E[X] = 1$일 때, 밀도함수를 완성하시오.

15. 정사면체의 각 면에 1, 2, 3, 4의 숫자가 하나씩 쓰여 있다. 이것을 한 번 던져 아래 면에 나올 숫자를 확률변수 X, 이것을 다시 두 번 던져 같거나 큰 숫자를 확률변수 Y라 할 때,

(1) $E[XY]$을 구하시오.

(2) $E[X+Y]$을 구하시오.

(3) $E[X+Y] = E[X] + E[Y]$이 성립하는지 설명하시오.

제 6 장 확률분포: 확률모형

다양한 확률현상을 수리적으로 다루는 간편한 방법은 여러 가지 현상을 동시에 기술할 수 있는 확률모형을 이용하는 것이다. 이것은 결정론적 현상이 함수관계를 통하여 쉽게 설명되는 것과 같다.

이 장에서는 이산확률분포와 연속확률분포의 확률모형들을 소개하고, 또 이에 대한 수학적 성질과 특성 그리고 그 응용을 논한다.

6.1 | 여러 이산확률분포와 그 성질

6.1.1 이산균일분포

이산균일분포를 정의하기에 앞서 간단한 확률실험을 통하여 확률모형의 기본개념을 생각한다. 한 개의 좋은 동전을 무심코 던지는 실험을 생각하자. 표본공간은

$$\Omega_1 = \{H,\ T\}$$

이다. 여기서 'X = **앞면의 수**'로 정의하면, X는 치공간을 $R_X = \{0,\ 1\}$로 갖는 이산의 확률변수이며 그 확률질량함수 $f_X(x) = P[X = x]$는 다음과 같다.

$$f_X(x) = \begin{cases} \dfrac{1}{2}, & x = 0,\ 1\text{이면} \\ 0, & \text{그렇지 않으면} \end{cases}$$

즉,

$$f_X(x) = \frac{1}{2} \cdot I_{\{0,\ 1\}}(x) \tag{6.1}$$

다음은 한 개의 좋은 주사위를 무심코 던지는 실험을 생각하면 표본공간은

$$\Omega_2 = \{\cdot,\ \cdot\cdot,\ \therefore,\ \cdots,\ \vdots\vdots\vdots\}$$

이다. 이때 'Y = **윗면에 나타나는 점의 개수**'로 정의하면, Y는 치공간 $R_Y = \{1, 2, 3, 4, 5, 6\}$인 이산확률변수이고 그 확률질량함수는 다음과 같다.

$$f_Y(y) = \frac{1}{6} \cdot I_{\{1,\, 2,\, 3,\, 4,\, 5,\, 6\}}(y). \tag{6.2}$$

위에서 설명한 두 확률실험은 분명히 서로 다르다. 또 표본공간이나 확률변수는 물론이고 관련되는 확률분포를 나타내는 확률질량함수 (6.1)과 (6.2)도 서로 같지 않다. 그러나 이 두 확률분포는 수학적인 공통점을 갖는다. 두 확률분포는 모두 이산분포로 자기의 치공간에서 확률이 **균일하게** 분포되어 있는 특징을 갖는다. 더욱이, 이 두 분포의 확률적 특성을 나타내는 평균, 분산 등 모든 적률을 구하는 데 **같은 공식**이 적용된다. 이러한 경우 이 두 확률분포는 같은 확률모형을 갖는다고 한다.

이산균일분포의 정의는 다음과 같다.

정의 6.1 이산균일분포

확률변수 X의 치공간이 $R_X = \{x_1,\, \cdots,\, x_n\}$이고 그 확률질량함수가

$$f_X(x) = \frac{1}{n} \cdot I_{R_X}(x) \tag{6.3}$$

이면, X는 이산균일분포(discrete uniform distribution)를 따른다고 하고, 기호로 $X \sim U_{\{x_1, \cdots, x_n\}}$로 표시한다.

정리 6.2

$X \sim U_{\{x_1,\, \cdots,\, x_n\}}$일 때, 다음이 성립한다.

(1) $E[X] = \frac{1}{n}\sum_{i=1}^{n} x_i \left(= \overline{x}_n\right)$

(2) $Var[X] = \frac{1}{n}\sum_{i=1}^{n} (x_i - \overline{x}_n)^2 \left(= s_n^2\right)$

(3) $m_X(t) = \frac{1}{n}\sum_{i=1}^{n} e^{tx_i}$

증명 이 정리의 결과는 정의에 의하여 간단히 얻어진다. 먼저 평균은

$$E[X] = \sum_x x f_X(x) = \sum_{i=1}^{n} x_i f_X(x_i) = \frac{1}{n}\sum_{i=1}^{n} x_i = \overline{x}_n$$

이고, 다음에 분산은

$$Var[X] = \sum_x (x - E[X])^2 f_X(x) = \sum_{i=1}^{n} (x_i - \overline{x}_n)^2 f_X(x_i) = \frac{1}{n}\sum_{i=1}^{n} (x_i - \overline{x}_n)^2 = s_n^2$$

이다. 마지막으로

$$m_X(t) = E[e^{tX}] = \sum_x e^{tx} f_X(x) = \sum_{i=1}^{n} e^{tx_i} f_X(x_i) = \frac{1}{n}\sum_{i=1}^{n} e^{tx_i}.$$

□

6.1.2 베르누이 분포

먼저 다음 확률실험을 생각하자.

하나의 좋은 동전을 두 번 던지고 윗면에 나타나는 상태를 관찰한다. 이때 가능한 결과는

$$\text{HH, HT, TH, TT}$$

이다. 지금 이 실험에서 두 번 모두 앞면이 나오면 성공, 그렇지 않으면 실패라고 생각하고 X를 이 실험에서 성공이면 1, 실패면 0으로 정의하자. 즉

$$X = \begin{cases} 1, & \text{성공이면,} \\ 0, & \text{실패이면.} \end{cases}$$

이때 이산확률변수 X의 확률질량함수 $f_X(x) = P[X = x]$는

$$f_X(x) = \begin{cases} \dfrac{1}{4}, & x = 1\text{이면,} \\ \dfrac{3}{4}, & x = 0\text{이면,} \\ 0, & \text{그렇지않으면} \end{cases}$$

즉

$$f_X(x) = \left(\frac{1}{4}\right)^x \left(1 - \frac{1}{4}\right)^{1-x} \cdot I_{\{0,1\}}(x)$$

이다.

한편, 다음 확률실험을 생각하자. 하나의 주사위를 두 번 던지고 윗면에 나타나는 점의 개수의 합을 관찰한다. 이때 합이 7이면 성공 그렇지 않으면 실패라 하고, 성공이면 확률변수 X를 1로 실패이면 0으로 정의한다. 위와 같은 방법으로, 확률변수 X의 확률질량함수는

$$f_X(x) = \left(\frac{1}{6}\right)^x \left(1 - \frac{1}{6}\right)^{1-x} \cdot I_{\{0,1\}}(x)$$

로 주어진다. 위 두 확률분포가 서로 다른 분포일지라도 이 확률질량함수들은 수학적으로 같은 형태임을 유의해야 한다.

일반적으로, 베르누이 분포를 다음과 같이 정의한다.

정의 6.3 베르누이 분포

확률변수 X의 확률질량함수가

$$f_X(x) = p^x (1-p)^{1-x} \cdot I_{\{0,1\}}(x), \quad (0 \le p \le 1) \tag{6.4}$$

이면, X는 베르누이 분포(Bernoulli distribution)를 따른다고 하고, 기호로 $X \sim Ber(p)$로 표시한다.

참고 6.4 베르누이 시행

실험의 결과가 두 가지(이를테면, '성공'과 '실패' 또는 '찬성'과 '반대' 등)로 주어지는 확률실험을 베르누이 시행(Bernoulli trial)이라 한다. 또 베르누이 시행에서, 확률변수 X를 성공이면 1, 실패이면 0으로 정의하고 또 성공할 확률이 p이면, X는 모수 p인 베르누이 확률변수가 된다.

정리 6.5

$X \sim Ber(p)$일 때, 다음이 성립한다.

(1) $E[X] = p$.

(2) $Var[X] = p(1-p) = pq$, (단, $q = 1-p$).

(3) $m_X(t) = pe^t + q$.

증명 먼저 $E[X]$을 구하면

$$E[X] = \sum_x x f_X(x) = \sum_{x=0}^{1} x f_X(x) = 1 \cdot p + 0 \cdot (1-p) = p$$

이다. 다음에 $Var[X]$구하는 데

$$Var[X] = E(X - E[X])^2 = E[X^2] - (E[X])^2 = E[X^2] - p^2$$

이고, 여기서

$$E[X^2] = \sum_x x^2 f_X(x) = 1^2 \cdot p + 0^2 \cdot (1-p) = p$$

이므로, 결국

$$Var[X] = E[X^2] - p^2 = p - p^2 = p(1-p) = pq$$

이다. 마지막으로 $m_X(t)$를 구하면

$$m_X(t) = E[e^{tX}] = \sum_x e^{tx} f_X(x) = e^{t(1)}p + e^{t(0)}(1-p) = pe^t + q.$$

□

참고 6.6

정리 6.5에서, $E[X]$와 $Var[X]$는 $m_X(t)$를 이용하여 구할 수 있다. 즉

$$E[X] = m_X'(0) = pe^t|_{t=0} = p, \quad E[X^2] = m_X''(0) = pe^t|_{t=0} = p$$

이고, 따라서

$$Var[X] = E[X^2] - (E[X])^2 = p - p^2 = p(1-p) = pq$$

이다.

6.1.3 이항분포

성공할 확률이 p 인 베르누이 시행을 독립적으로 n 번 반복하는 확률실험을 생각한다. 이 실험의 표본공간은

$$\Omega = \{\omega_1 = (\overbrace{s,\cdots,s,s}^{n}),\ \omega_2 = (\overbrace{s,\cdots,s}^{n-1},f),\cdots,\ \omega_{2^n} = (f,\cdots,f,f)\}$$

이다. 여기서 s는 성공을, f는 실패를 나타낸다. 지금 이 실험의 각 결과, 다시 말하여 Ω의 각 표본점에 포함되는 성공의 수를 X로 정의하자. X는 $R_X = \{0, 1, \cdots, n\}$를 치공간으로 갖는 이산확률변수이다.

지금 X의 확률질량함수 $f_X(x)$를 구하자.

$$\begin{aligned} f_X(0) &= P[X=0] = q^n, \\ f_X(1) &= P[X=1] = npq^{n-1}, \\ &\vdots \\ f_X(x) &= P[X=x] = \binom{n}{x} p^x (1-p)^{n-x}, \\ &\vdots \\ f_X(n) &= P[X=n] = p^n \end{aligned}$$

로 주어진다. 더욱이 R_X의 원소를 제외한 모든 실수 x에 대해서는 $f_X(x)=0$이다.

이항분포를 다음과 같이 정의한다.

정의 6.7 이항분포

확률변수 X의 확률질량함수가

$$f_X(x) = \binom{n}{x} p^x (1-p)^{n-x} \cdot I_{\{0,\,1,\,\cdots,\,n\}}(x) \tag{6.5}$$

이면, X는 이항분포를 따른다고 하고, 기호로 $X \sim B(n, p)$로 표시한다. 또 확률질량함수 (6.5)를 간단히 $b(x;\, n,\, p)$로 표시한다.

참고 6.8

$n=1$인 이항분포는 베르누이 분포이다. 즉, $B(1, p) = Ber(p)$.

정리 6.9 합의 법칙

$X \sim B(n, p)$일 때, 다음이 성립한다.

(1) $E[X] = np$.

(2) $Var[X] = np(1-p) = npq$, (단, $q = 1-p$).

(3) $m_X(t) = (pe^t + q)^n$.

증명 먼저 $m_X(t)$를 구하고 이것을 이용하여 $E[X]$와 $Var[X]$을 구하자. $m_X(t)$를 구하면

$$m_X(t) = E[e^{tX}] = \sum_x e^{tx} f_X(x) = \sum_{x=0}^{n} e^{tx} \binom{n}{x} p^x q^{n-x}$$

$$= \sum_{x=0}^{n} \binom{n}{x} (pe^t)^x q^{n-x} = (pe^t + q)^n.$$

따라서

$$E[X] = m_X'(0) = n(pe^t + q)^{n-1} \cdot pe^t|_{t=0} = n(\overbrace{p+q}^{1})p = np.$$

다음에 $Var[X]$을 구하는 데, $Var[X] = E[X^2] - (E[X])^2$을 이용한다.

$$E[X^2] = m_X''(0) = n(n-1)(pe^t + q)^{n-2}(pe^t)^2 + n(pe^t + q)^{n-1}(pe^t)|_{t=0}$$

$$= n(n-1)p^2 + np$$

따라서

$$Var[X] = n(n-1)p^2 + np - (np)^2 = np(1-p) = npq.$$ □

보기 6.1

$X_1, \cdots, X_n$ 이 독립이고 모두 같은 베르누이 분포 $B(1, p)(0 < p < 1)$를 따르는 확률변수일 때, $S_n = \sum_{i=1}^{n} X_i$는 $B(n, p)$를 따른다(보기 7.2 참조). 이때 $E[S_n] = nE[X_1] = np$이다. 정리 5.19의 세 번째 결과에 의하면

$$Var[S_n] = n\,Var[X_1] = np(1-p)$$

를 얻는다. 따라서 이항분포의 평균과 분산은 각각 np와 $np(1-p)$임을 알 수 있다.

보기 6.2

어떤 질병에 걸린 환자가 다시 회복될 확률은 경험적으로 0.3이라고 한다. 같은 상태에 있는 환자 10명에 대하여, 다음 세 경우에 대한 확률, 즉 '적어도 8명이 회복될 확률', '3명에서 7명이 회복될 확률', '단 3명만 회복될 확률'을 각각 구하여 보자. 먼저, 10명의 환자 중 다시 회복되는 사람의 수를 X라 하면, 한 환자가 다시 회복될 확률은 0.3이고 또 환자의 회복은 독립적으로 이루어지므로 확률변수 X는 $n = 10$이고 $p = 0.3$인 이항분포를 따른다. 즉, $X \sim B(n = 10, p = 0.3)$이다. 따라서

$$P[X \geq 8] = 1 - P[X < 8] = 1 - \sum_{x=0}^{7} b(x;\ 10, 0.3)$$
$$= 1 - 0.998 = 0.002$$

이다. 위 식에서 $\sum_{x=0}^{7} b(x;\ 10, 0.3)$의 계산은 부록의 이항분포 확률표를 이용할 수 있다. 같은 방법으로

$$P[3 \leq X \leq 7] = \sum_{x=3}^{7} b(x;\ 10, 0.3)$$
$$= \sum_{x=0}^{7} b(x;\ 10, 0.3) - \sum_{x=0}^{2} b(x;\ 10, 0.3)$$
$$= 0.998 - 0.383 = 0.615.$$

마지막으로

$$P[X = 3] = B(x = 3;\ 10, 0.3)$$
$$= \sum_{x=0}^{3} b(x;\ 10, 0.3) - \sum_{x=0}^{2} b(x;\ 10, 0.3)$$
$$= 0.650 - 0.383 = 0.267.$$

참고 6.10

[SAS를 이용한 확률계산] 위 확률을 계산하는 데 부록의 **[SAS 프로그램 13]**을 응용할 수 있다. 주어진 프로그램은 확률 $P[3 \leq X \leq 7]$을 계산한 것이다.

확률·통계이야기 미신과 확률

1986년의 6월 13일은 금요일이었다. 통계에 의하면, 어떤 작은 도시에서 한 달에 일어난 12건의 교통사고 중 4건이 이날 일어났다고 한다. 이로 인해 13일의 금요일은 불길한 날이라고 믿는 사람이 늘어났다고 한다. 이러한 미신적인 믿음의 근거는 무엇일까?

이러한 믿음의 근거를 확률론적으로 설명하면 다음과 같다. 1건의 교통사고가 이 날(13일이며 금요일)에 일어날 확률은 다른 날과 같이 $\frac{1}{30}$이다. 이날에 일어날 사건의 수를 X라 하면, X는 $B\left(12, \frac{1}{30}\right)$을 따른다. 따라서 12건의 사건중 적어도 4건이 이날 일어날 확률은

$$1 - \sum_{k=0}^{3} \binom{12}{k} \left(\frac{1}{30}\right)^{k} \left(\frac{29}{30}\right)^{12-k} \approx 0.000493$$

결국 이 미신적인 믿음은 일어날 확률이 너무 작은 사건이 실제로 일어난데 기인한다고 할 수 있다.

6.1.4 푸아송 분포

푸아송 분포를 정의하기 전에 이 분포가 만들어진 동기를 생각해 보자.

먼저 다음과 같은 일련의 확률실험을 생각하자.

$\mathcal{E}_1$: 어떤 도시에서 특정한 시간 $(0, t)$ 내에서 발생하는 교통사고의 수를 관찰한다.

$\mathcal{E}_2$: 어떤 회사에서 특정한 시간 $(0, t)$ 내에서 이루어지는 전화통화의 수를 관찰한다.

$\mathcal{E}_3$: 어떤 큰 백화점에서 특정한 시간 $(0, t)$ 내에 도착하는 고객의 수를 관찰한다.

$\mathcal{E}_4$: 어떤 방사선 물질에서 특정한 시간 $(0, t)$ 내에서 방사되는 α-입자의 개수를 관찰한다.

$\mathcal{E}_5$: 어떤 큰 종합병원에서 특정한 시간 $(0, t)$ 내에 응급실에 도착하는 환자의 수를 관찰한다.

$\vdots$

위의 각 확률실험에서 발생하는 사건이나 사고는 시간을 나타내는 수직선 위의 점으로 표시되므로, 이때 확률변수를 다음과 같이 정의하자.

$X_{(0,t)}$ = '**이 현상에서 시간** $(0, t)$ **내에 발생하는 사건들의 수**'

이때 $X_{(0,t)}$는 치공간을 $R_{X_{(0,t)}} = \{0, 1, 2, 3, \cdots\}$로 갖는 이산확률변수이다.

다음은 확률변수 $X_{(0,t)}$의 확률질량함수 $f_{X_{(0,t)}}(x)$를 생각한다. 기본적으로 이 함수는 관찰대상, 관찰시각과 시간 등과 관련된다. 따라서 이 확률질량함수를 구하는 절차는 베르누이 분포나 이항분포 등에 비하여 더 복잡하다.

확률질량함수 $f_{X_{(0,t)}}(x)$를 결정하기 위해 관련되는 확률현상에 관한 몇 가지 가정을 설정한다. 이 가정을 푸아송 가정(Poisson postulates)이라 한다.

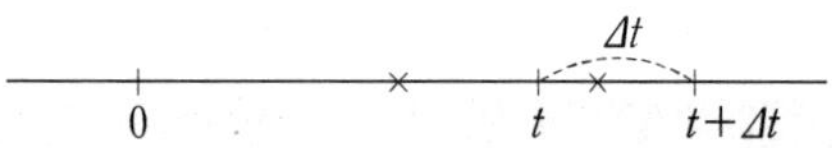

〈그림 6.1〉 시간 축에서 발생하는 사건

- **푸아송 가정**

(A1) $P[X_{(t,t+\Delta t)} = 1] = \lambda\Delta t + o(\Delta t)$.

즉, 충분히 작은 시간(또는 구간) Δt에서 한 사건이 발생할 가능성(즉 확률)은 존재하지만, 그 크기는 시간 Δt에 비례하는 값 $\lambda\Delta t$와 Δt가 작으면 무시될 수 있는 다른 값 $o(\Delta t)$(참고 6.11 참조)의 합으로 주어진다. 이때 비례상수 λ는 관찰현상의 고유상수이다.

(A2) $P[X_{(t,t+\Delta t)} \geq 2] = o(\Delta t)$.

즉, 충분히 작은 시간(또는 구간) Δt에서 사건이 여러 건(즉 2건 이상) 발생할 확률은 거의 없다. 이때 확률의 크기는 시간 Δt이 아주 작을 때는 무시될 수 있다.

(A3) $P[X_{(s,t)} = k | X_{(u,v)} = h] = P[X_{(s,t)} = k]$ (단, $u \leq v \leq s \leq t$).

즉, 중복되지 않는 시간(또는 구간)에서 일어나는 사건은 서로 독립이다.

참고 6.11 **$o(\Delta t)$의 의미**

$o(\Delta t)$는 조건

$$\lim_{\Delta t \to 0}\left[\frac{o(\Delta t)}{\Delta t}\right]=0$$

을 만족하는 Δt의 함수를 말한다. 따라서 $o(\Delta t)$는 각 항이 Δt 의 2차식 이상의 제곱함수이고, 결국 $o(\Delta t)$은 Δt로 나누어도 아직 Δt의 항이 곱해져 있어 $\Delta t \to 0$이면 0이 되는 양을 말한다. 예컨대

$$k(\Delta t)^2 = o(\Delta t), \quad 2t^2(\Delta t)=o(\Delta t)+7t^5(\Delta t)^3, \quad k\Delta t \neq o(\Delta t)$$

(k는 상수)이다. $o(\Delta t) \pm o(\Delta t)=o(\Delta t)$, $ko(\Delta t)=o(\Delta t)$ 등이 성립한다.

다음 정리에서는 푸아송 가정 (A1), (A2), (A3)으로부터 $X_{(0,t)}$의 확률질량함수 $f_{X_{(0,t)}}(x)$를 유도한다.

정리 6.12 **$f_{X_{(0,t)}}(x)$의 유도**

가정 (A1), (A2), (A3)으로부터, $X_{(0,t)}$의 확률질량함수는 다음과 같이 주어진다.

$$f_{X_{(0,t)}}(x)=\frac{(\lambda t)^x e^{-\lambda t}}{x!}\cdot I_{\{0,1,2,\cdots\}}(x)$$

증명† 먼저 기호 p_x를 정의하자.

$$P[X_{(t,t+\Delta t)}=x]=p_x(\Delta t), \quad P[X_{(0,t)}=x]=p_x(t).$$

이것을 이용하면

$$f_{X_{(0,t)}}(x)=P[X_{(0,t)}=x]=p_x(t)$$

이다. 여기서

$$\begin{aligned}
&P[\text{시간 } (0,\ t+\Delta t)\text{에서 사건이 } x\text{건 발생}]\\
&\quad =P[\text{시간 } (0,\ t)\text{에서 } x\text{건 그리고 } (t,\ t+\Delta t)\text{에서 } 0\text{건 발생}]\\
&\quad +P[\text{시간 } (0,\ t)\text{에서 } x-1\text{건 그리고 } (t,\ t+\Delta t)\text{에서 } 1\text{건 발생}]\\
&\quad\quad \vdots\\
&\quad +P[\text{시간 } (0,\ t)\text{에서 } 0\text{건 그리고 } (t,\ t+\Delta t)\text{에서 } n\text{건 발생}]
\end{aligned}$$

이므로, 이것을 위 기호로 쓰면

$$p_x(t+\Delta t)=p_x(t)p_0(\Delta t)+p_{x-1}(t)p_1(\Delta t)+\cdots+p_0(t)p_x(\Delta t)$$

이다. 여기에 $p_0(\Delta t)=1-p_1(\Delta t)-\cdots-p_x(\Delta t)$와 가정 (A1)을 이용하면

$$p_x(t+\Delta t)=p_x(t)[1-p_1(\Delta t)-p_2(\Delta t)-\cdots-p_x(\Delta t)]$$

$$
\begin{aligned}
&+p_{x-1}(t)[\lambda\Delta t+o(\Delta t)]\\
&+p_{x-2}(t)o(\Delta t)\\
&\quad\vdots\\
&+p_0(t)o(\Delta t).
\end{aligned}
$$

또 여기에 가정 (A1), (A2)를 적용하면

$$
\begin{aligned}
p_x(t+\Delta t)&=p_x(t)[1-\lambda\Delta t-o(\Delta t)-\cdots-o(\Delta t)]\\
&\quad+p_{x-1}(t)[\lambda\Delta t+o(\Delta t)]\\
&\quad+[p_{x-2}(t)+p_{x-3}(t)+\cdots+p_0(t)]o(\Delta t)\\
&=p_x(t)-p_x(t)\lambda\Delta t+p_{x-1}(t)\lambda\Delta t+o(\Delta t)
\end{aligned}
$$

이다. 위에서 $p_x(t)$를 좌변으로 옮기고 양변을 Δt를 나누면, 결국

$$\frac{p_x(t+\Delta t)-p_x(t)}{\Delta t}=-\lambda p_x(t)+\lambda p_{x-1}(t)+\frac{o(\Delta t)}{\Delta t}$$

이고, 따라서

$$p_x{}'(t)=\lim_{\Delta t\to 0}\frac{p_x(t+\Delta t)-p_x(t)}{\Delta t}=-\lambda p_x(t)+\lambda p_{x-1}(t)$$

즉, 1계 선형미분방정식

$$p_x{}'(t)+\lambda p_x(t)=\lambda p_{x-1}(t)$$

을 얻는다. 여기서 $x=0, 1, \cdots$의 각 경우에 대한 이 방정식의 일반해를 구하면 다음과 같다.

(1) $x=0$의 경우: $p_0{}'(t)+\lambda p_0(t)=p_{-1}(t)\lambda=0$일반해는 참고 6.13에 의하여

$$p_0(t)=e^{-\lambda t}\left(\int e^{-\lambda t}\cdot 0\cdot dt+c\right)=ce^{-\lambda t}$$

이고, 여기에 $1=p_0(0)=c$를 이용하면

$$p_x(t)=e^{-\lambda t}.$$

(2) $x=1$의 경우: $p_1{}'(t)+\lambda p_1(t)(=p_0(t)\lambda)=\lambda e^{-\lambda t}$의 일반해는

$$p_1(t)=e^{-\lambda t}\left(\int e^{\lambda t}\cdot\lambda e^{-\lambda t}dt+c\right)=\lambda te^{-\lambda t}+ce^{-\lambda t}$$

이고, $p_0(0)=c=0$를 이용하면

$$p_1(t)=\lambda te^{-\lambda t}.$$

(3) $x=2$의 경우: $p_2{}'(t)+\lambda p_2(t)=p_1(t)\lambda=\lambda^2te^{-\lambda t}$의 일반해는

$$p_2(t)=e^{-\lambda t}(e^{\int\lambda dt}\cdot\lambda^2te^{-\lambda t}dt+c)=e^{-\lambda t}\left(\frac{\lambda^2}{2}t^2\right)+c$$

이고, $p_2(0)=c=0$으로부터

$$p_2(t)=\frac{(\lambda t)^2e^{\lambda t}}{2!}.$$

위 결과를 일반화하면, $x=0,\ 1,\ \cdots$에 대하여

$$p_x(t)=\frac{(\lambda t)^x e^{\lambda t}}{x!}$$

이다. 이와 같이 이 확률현상에서 시간 $(0,t)$ 내에 발생하는 사건의 수 $X_{(0,\,t)}$의 확률질량함수 $f_{X_{(0,\,t)}}(x)$는

$$f_{X_{(0,\,t)}}(x)=\frac{(\lambda t)^x e^{-\lambda t}}{x!}\cdot I_{\{0,\,1,\,2,\,\cdots\}}(x)$$

이다. 이때 비례상수 λ에는 이 현상에서 단위 시간당 발생하는 사건의 평균수가 적당하다. 따라서 λt는 시간 $(0,\ t)$에 발생하는 사건의 평균수를 뜻한다. □

참고 6.13 1계 선형미분방정식의 일반해

1계 선형미분방정식

$$y'+P(x)y=Q(x)$$

의 일반해는 다음과 같다.

$$y=e^{\int P(x)dx}\left[\int\left(e^{\int P(x)dx}\right)Q(x)dx+c\right]$$

정의 6.14 푸아송 분포

확률변수 X의 확률질량함수가

$$f_X(x)=\frac{m^x e^{-m}}{x!}\cdot I_{\{0,\,1,\,2,\,\cdots\}}(x),\qquad m>0 \tag{6.6}$$

이면, X는 푸아송 분포(Poisson distribution)를 따른다고 하고, $X\sim P_o(m)$로 표시한다.

참고 6.15

함수 (6.6)는 확률질량함수의 기본성질을 만족한다.

(1) 모든 실수 x에 대하여, $f_X(x)\ge 0$.

(2) $\sum_x f_X(x)=e^{-m}\left(\sum_{x=0}^{\infty}\frac{m^x}{x!}\right)=e^{-m}e^m=1$.

참고 6.16　이항분포와 푸아송 분포

푸아송 분포는 이항분포로부터 유도될 수도 있다. 그 과정은 다음과 같다. 먼저 시구간 $(0, t)$를 등간격 $\Delta t = \frac{t}{n}$를 갖는 n개의 부분구간으로 나눈다. 이때 $X_{(0,\,t)} = x$, 즉 구간 $(0, t)$에서 n개의 사건이 일어난다함은, **n개의 부분구간 중 임의로 x개가 선택되고 그 선택된 부분구간에서 한 사건씩 일어남**을 말한다. 여기서 한 사건이 일어날 확률은 가정 (A1)에 의하여, $\Delta t \to 0$일 때 $\lambda\Delta t$이고 그렇지 않을 확률은 $1-\lambda\Delta t$이므로

$$f_{X_{(0,\,t)}}(x) = P[X_{(0,t)} = x] = \lim_{n\to\infty}\binom{n}{x}(\lambda\Delta t)^x(1-\lambda\Delta t)^{n-x}$$

이다. 여기서 $\Delta t = \frac{t}{n}$이므로, $\binom{n}{x}(\lambda\Delta t)^x(1-\lambda\Delta t)^{n-x}$은

$$\begin{aligned}\binom{n}{x}\cdot\left(\frac{\lambda t}{n}\right)^x\cdot\left(1-\frac{\lambda t}{n}\right)^{n-x} &= \frac{n!}{x!(n-x)!}\cdot\frac{(\lambda t)^x}{n^x}\cdot\left(1-\frac{\lambda t}{n}\right)^n\cdot\left(1-\frac{\lambda t}{n}\right)^{-x}\\ &= \frac{(\lambda t)^x}{x!}\cdot\left(1-\frac{\lambda t}{n}\right)^n\cdot\left(1-\frac{\lambda t}{n}\right)^{-x}\cdot\frac{n(n-1)\cdots(n-x+1)}{n^x}\end{aligned}$$

이고, 여기서 $\lim_{n\to\infty}\left(1+\frac{x}{n}\right)^n = e^x$를 적용하면

$$\begin{aligned}f_{X_{(0,t)}}(x) &= \lim_{n\to\infty}\binom{n}{x}(\lambda\Delta t)^x(1-\lambda\Delta t)^{n-x}\\ &= \frac{(\lambda t)^x}{x!}\lim_{n\to\infty}\left(1-\frac{\lambda t}{n}\right)^n\lim_{n\to\infty}\left(1-\frac{\lambda t}{n}\right)^{-x}\cdot\lim_{n\to\infty}\left(1-\frac{1}{n}\right)\left(1-\frac{2}{n}\right)\cdots\left(1-\frac{x-1}{n}\right)\\ &= \frac{(\lambda t)^x e^{-(\lambda t)x}}{x!}\cdot I_{\{0,\,1,\,2,\,\cdots\}}(x).\end{aligned}$$

정리 6.17

$X \sim P_o(m)$일 때, 다음이 성립한다.

(1) $E[X] = m$.

(2) $Var[X] = m$.

(3) $m_X(t) = e^{m(e^t-1)}$.

증명 먼저 (3)을 보이고, 이것을 이용하여 (1), (2)를 증명한다. 먼저 (3)을 보이면

$$\begin{aligned}m_X(t) = E[e^{tX}] &= \sum_x e^{tx}\frac{m^x e^{-m}}{x!} = \sum_{x=0}^{\infty}\frac{(me^t)^x e^{-m}}{x!}\\ &= e^{-m}\sum_{x=0}^{\infty}\frac{(me^t)^x}{x!} = e^{-m}e^{me^t} = e^{m(e^t-1)}\end{aligned}$$

이고, 따라서

$$E[X] = m'_X(t)|_{t=0} = e^{m(e^t-1)}me^t|_{t=0} = m$$

또

$$\begin{aligned} Var[X] &= E[X^2] - (E[X])^2 = m''_X(t)|_{t=0} - m^2 \\ &= m^2 + m - m^2 = m \end{aligned}$$

□

참고 6.18

정리 6.17의 평균과 분산에 대한

$$E[X] = Var[X] = m$$

의 증명에 다음 식이 이용되기도 한다.

$$\begin{aligned} E[X(X-1)(X-k+1)] &= \sum_{x=k}^{\infty} x(x-1)(x-k+1)\frac{m^x e^{-m}}{x!} \\ &= m^k \sum_{x=k}^{\infty} \frac{m^{x-k}e^{-m}}{(x-k)!} \\ &= m^k \end{aligned}$$

따라서

$$Var[X] = E[X^2] - (E[X])^2 = E[X(X-1)] + E[X] - m^2 = m.$$

보기 6.3

어떤 회사에서 근무시간에 발신되는 이메일의 수는 평균적으로 시간당 30건이라 한다. 이 회사에서 근무시간 중 임의로 선택된 3분 동안에 이메일 통신의 발신이 이루어지지 않을 확률을 생각하자. 또 임의로 선택된 6분 동안에 이 통신이 5건 이상 이루어실 확률을 계산해 보사. 먼저, 이 회사에서 시간 $(0, t)$ 안에 발신되는 이메일의 수를 $X_{(0,\,t)}$라 하고 푸아송 가설 (A1), (A2), (A3)가 성립한다고 가정하면

$$X_{(0,\,t)} \sim P_o(m = \lambda t)$$

여기서 λ는 이 회사에서 단위 시간당 발신되는 이메일의 평균수이다. 따라서 3분인 경우 $\lambda = \frac{30}{60} = 0.5$을 이용하면, $X_{(0,3)} \sim P_o(m = (0.5)3 = 1.5)$, 즉

$$f_{X_{(0,3)}}(x) = \frac{(1.5)^x e^{-1.5}}{x!} \cdot I_{\{0,\,1,\,2,\,\cdots\}}(x)$$

이다. 따라서

$$P[X_{(0,3)} = 0] = \frac{(1.5)^0 e^{-1.5}}{0!} = e^{-1.5} \cong 0.223$$

이다. 또, 위에서와 같은 논리로 $X_{(0,6)} \sim P_o(m=(0.5)6=3.0)$, 즉

$$f_{X_{(0,6)}}(x) = \frac{(3.0)^x e^{-3.0}}{x!} \cdot I_{\{0,\,1,\,2,\,\cdots\}}(x)$$

이고, 따라서

$$P[X_{(0,6)} \geq 5] = 1 - \sum_{x=0}^{4} \frac{(3.0)^x e^{-3.0}}{x!} \cong 1 - 0.815 = 0.135.$$

참고 6.19

위에서 푸아송 분포는 시간을 나타내는 수직선 위에서 일어나는 사건만을 생각하였다. 그러나 실제는 길이나 평면 또는 공간 위에서 일어나는 사건에 대해서도 생각할 수 있다. 이때는 앞에서 생각한 일정한 시구간 대신에 길이나 평면 또는 공간 상의 일정한 영역에서 같은 방법을 적용하게 된다.

보기 6.4

어떤 프린터의 출력물에서는 오자가 평균적으로 100m당 1개 정도 관찰된다고 한다. 그러나 이 구간에서 오자가 2개 이상 발견되는 경우는 거의 없다고 한다. 중복되지 않은 출력의 구간에 나타나는 오자의 수는 확률적으로 서로 독립이라고 가정하고, 이 프린터의 출력물 300m에서 발견되는 오자가 4개 이상 나타날 확률을 구해보자. 먼저 인쇄물 300m에 나타나는 오자의 수를 $X_{(0,\,300)}$라 하면, 확률변수 $X_{(0,\,300)}$는 3을 모수로 갖는 푸아송 분포를 따른다고 할 수 있다. 즉

$$X_{(0,\,300)} \sim P_o(m=3)$$

이다. 그것은 세 가지 푸아송 가정을 만족하기 때문이다.
따라서 출력물 300m에서 발견되는 오자가 4개 이상 나타날 확률은

$$P[X_{(0,\,300)} \geq 4] = 1 - P[X_{(0,\,300)} \leq 3] = 1 - \sum_{x=0}^{3} \frac{3^x e^{-3}}{x!}$$
$$\cong 1 - 0.6472 = 0.3528$$

이다. 또, 이 프린터 출력물 300m 길이의 서로 다른 10개의 구간에서 오자를 관찰하였을 때 4개 이상의 오자가 발견되는 구간이 10개의 구간 중 많아야 2구간이 될 확률을 구하여 보자. 이 경우 한 구간에서 4개 이상의 오자가 발견될 확률은 0.3528 그렇지 않을 확률이 0.6472이다. 이러한 구간 10개를 관찰하였을 때 그 구간 중 4개 이상의 오자가 발견되는 구간의 수를 N이라 하면, N은 이항분포를 따른다. 즉,

$$N \sim B(n=10,\ p=0.3528)$$

이다. 따라서 구하는 확률은

$$P[N \le 2] = \sum_{x=0}^{2} \binom{10}{x} (0.3528)^x (0.6472)^{10-x}$$

이다.

참고 6.20 SAS를 이용한 계산

보기 6.3나 6.4의 푸아송 확률의 계산을 위해서는 **[부록 SAS 프로그램 11]**의 참고 B.17(4)를 이용할 수 있다.

6.1.5 기하분포

성공할 확률이 p 인 베르누이 시행을 독립적으로 계속 반복하는 확률실험을 생각한다. 이 실험의 표본공간은

$$\Omega = \{\omega_1 = (s, s, s, \cdots), \omega_2 = (f, s, s, \cdots), \cdots\}$$

이다. 지금 확률변수 X를

$X =$ '**첫 번째 성공이 일어날 때까지의 시행 횟수**'

로 정의하면, X는 $R_X = \{1, 2, \cdots\}$를 치공간으로 갖는 이산확률변수이다. 예컨대, $\omega = (f, f, s, f, \cdots)$이면 $X(\omega) = 3$, 또 $\omega = (f, f, f, s, s, \cdots)$이면 $X(\omega) = 4$ 등이다.

다음은 X의 확률질량함수 $f_X(x) = P[X = x]$를 구한다. 이 확률실험에서 x번째 처음 성공할 확률은, '$x-1$**번째까지는 모두 실패 그리고** x **번째 처음으로 성공할 확률**'이므로 확률의 곱의 원리에 의하여

$$f_X(x) = P[X = x] = \begin{cases} (1-p)^{x-1} p, & x = 1, 2, 3, \cdots \text{에서}, \\ 0, & \text{다른 모든 실수에서} \end{cases}$$

이다.

기하분포는 다음과 같이 정의된다.

정의 6.21 기하분포

확률변수 X의 확률질량함수가

$$f_X(x) = (1-p)^{x-1} p \cdot I_{\{1, 2, 3, \cdots\}}(x), \quad 0 < p < 1 \tag{6.7}$$

이면, X는 기하분포(geometric distribution)를 따른다고 하고, 기호로 $X \sim Ge(p)$로 표시한다.

참고 6.22

위 확률실험에서, 확률변수 X를 '첫 번째 성공이 일어나기 이전까지의 시행 횟수'로 정의하면, 질량함수는

$$f_X(x) = (1-p)^x p \cdot I_{\{0,\ 1,\ 2,\ \cdots\}}(x), \quad 0 < p < 1$$

이고, 이것을 기하분포의 모형으로 정의하기도 한다.

정리 6.23

$X \sim Ge(p)$일 때, 다음이 성립한다.

(1) $E[X] = \dfrac{1}{p}$.

(2) $Var[X] = \dfrac{q}{p^2}, \quad (q = 1-p)$.

(3) $m_X(t) = \dfrac{pe^t}{1-qe^t}, \quad t < -\ln q$.

증명 먼저 $m_X(t)$를 구하고, 이것을 이용하여 $E[X]$와 $Var[X]$을 구한다.

$$m_X(t) = E[e^{tX}] = \sum_x e^{tx} q^{x-1} p = \sum_{x=1}^{\infty} e^{tx} q^{x-1} p = \frac{p}{q} \sum_{x=1}^{\infty} (qe^t)^x$$

이고, 초항이 qe^t이고 공비가 qe^t인 이 기하급수는 공비의 절댓값이 1보다 작을 때, 즉 $|qe^t| < 1$, 다시 말하여 $t < -\ln q$일 때 수렴한다. 따라서

$$m_X(t) = \frac{p}{q} \frac{qe^t}{1-qe^t} = \frac{pe^t}{1-qe^t}, \quad t < -\ln q$$

이다. 다음은 이 함수를 t에 관하여 2차까지 미분하면

$$m_X'(t) = \frac{(1-qe^t)pe^t + pe^t qe^t}{(1-qe^t)^2} = \frac{pe^t}{(1-qe^t)^2},$$

$$m_X''(t) = \frac{(1-qe^t)^2 pe^t + 2pe^t(1-qe^t)qe^t}{(1-qe^t)^4}$$

$$= \frac{pe^t(1-qe^t)[(1-qe^t) + 2qe^t]}{(1-qe^t)^4} = \frac{pe^t(1-qe^t)}{(1-qe^t)^3}$$

이고, 따라서

$$E[X] = m_X'(0) = \frac{p}{(1-q)^2} = \frac{1}{p},$$

$$E[X^2] = m_X''(0) = \frac{p(1+q)}{(1-p)^3} = \frac{1+q}{p^2}.$$

따라서

$$Var[X] = E[X^2] - (E[X])^2 = \frac{1+q}{p^2} - \frac{1}{p^2} = \frac{q}{p^2}.$$ □

참고 6.24

정리 6.23의 평균과 분산에 대한 결과

$$E[X] = \frac{1}{p},\quad Var[X] = \frac{q}{p^2}$$

은 다음과 같은 방법으로도 증명된다. 먼저 항등식

$$\sum_{x=0}^{\infty}(1-p)^x = \frac{1}{p}$$

의 양변을 p에 대하여 두 번 미분한다.

$$\begin{aligned} -\sum_{x=0}^{\infty}x(1-p)^{x-1} &= -\frac{1}{p^2}, \\ \sum_{x=2}^{\infty}x(x-1)(1-p)^{x-2} &= \frac{2}{p^3}. \end{aligned}$$

이것을 이용하면

$$\begin{aligned} E[X] &= \sum_{x=1}^{\infty}xp(1-p)^{x-1} = \frac{1}{p}, \\ E[X(X-1)] &= \sum_{x=2}^{\infty}x(x-1)f_X(x) \\ &= \sum_{x=2}^{\infty}x(x-1)p(1-p)^{x-1} = \frac{2(1-p)}{p^2}. \end{aligned}$$

따라서

$$\begin{aligned} Var[X] &= E[X^2] - (E[X])^2 \\ &= E[X(X-1)] + E[X] - (E[X])^2 \\ &= \frac{2(1-p)}{p^2} + \frac{p}{p^2} - \frac{1}{p^2} = \frac{1-p}{p^2} = \frac{q}{p^2} \end{aligned}$$

정리 6.25 무기억성

$X \sim Ge(p)$이면, 두 정수 a, b에 대하여

$$P[X \geq a+b | X \geq a] = P[X \geq b]. \tag{6.8}$$

증명 두 정수 a, b에 대하여

$$P[X \ge a+b | X \ge a] = \frac{P[X \ge a+b]}{P[X \ge a]} = \frac{\sum_{x=a+b}^{\infty} p(1-p)^x}{\sum_{x=a}^{\infty} p(1-p)^x}$$

$$= \frac{(1-p)^{a+b}}{(1-p)^a} = (1-p)^b = P[X \ge b]. \qquad \square$$

참고 6.26

정리 6.25의 역도 성립한다. 다시 말하여, 양의 정수를 취하는 이산확률변수 X에 대하여 방정식 (6.8)가 성립하면 X는 기하분포를 따른다. 이에 대한 증명은 독자에게 남긴다.

보기 6.5

불량률이 5%인 제품의 더미에서 일일이 제품을 검사하여 불량품을 선별해 낸다. 20개의 검사가 끝났을 때까지 불량품은 발견되지 않았다고 한다. 이때 첫 불량품이 발견될 때까지 앞으로 적어도 5개의 상품을 더 관찰해야 할 확률을 구하여 보자. 첫 불량품이 나올 때까지의 검사 횟수를 X라 하면, 확률변수 X는 $p=0.05$인 기하분포를 따른다. 즉, $X \sim Ge(p=0.05)$이다. 따라서 구하는 확률은 기하분포의 무기억성을 이용하면

$$P[X \ge 25 | X \ge 20] = P[X \ge 5] = 1 - P[X \le 4]$$
$$= 1 - 0.1855 = 0.8145.$$

이다.

6.1.6 음이항분포: 파스칼 분포

성공할 확률이 p인 베르누이 시행을 독립적으로 계속 반복하는 확률실험을 다시 생각한다. 이 실험의 표본공간은 기하분포에서와 같이

$$\Omega = \omega_1 = (s,\ s,\ s,\ \cdots),\quad \omega_2 = (f,\ s,\ s,\ \cdots),\ \cdots$$

이다. 여기서 확률변수 $X_{(r)}$을

$X_{(r)}$ =‘r-**번째 성공이 일어날 때까지의 시행 횟수**’

로 정의하면, $X_{(r)}$는 $R_{X_{(r)}} = \{r,\ r+1,\ \cdots\}$를 치공간으로 갖는 이산확률변수이다. 예컨대, 표본점이

$$\omega = (f,\ s,\ f,\ f,\ s,\ s,\ \cdots)$$

이면 $X_{(1)}(\omega) = 2,\ X_{(2)}(\omega) = 5,\ X_{(3)}(\omega) = 6$ 등이다.

다음에 $X_{(r)}$의 확률질량함수 $f_{X_{(r)}}(x) = P[X_{(r)} = x]$를 구하면, x 번째 시행에서 처음으로 r-번째 성공이 일어날 확률은, **'처음부터 $x-1$ 번째까지에서 $r-1$ 번은 성공 그리고 나머지 $x-r$에서는 실패일 확률'**로 곱의 원리에 의하여

$$f_{X_{(r)}}(x) = P[X_{(r)} = x] = \begin{cases} \binom{x-1}{r-1} p^r (1-p)^{x-r}, & x = r,\ r+1,\ \cdots \text{에서,} \\ 0, & \text{다른 모든 실수에서} \end{cases}$$

이다. 이것이 음이항분포이다.

음이항분포를 정의하면 다음과 같다.

정의 6.27 음이항분포: 파스칼 분포

확률변수 X의 확률질량함수가

$$f_X(x) = \binom{x-1}{r-1} p^r (1-p)^{x-r} \cdot I_{1,\,2,\,\cdots\,(x)} \tag{6.9}$$

이면, X는 음이항분포(negative binomial distribution) 또는 파스칼 분포(Pascal distribution)를 따른다고 하고, 기호로 $X \sim NB(r,\ p)$로 표시한다.

참고 6.28

$r=1$인 음이항분포는 기하분포이다. 즉, $NB(r=1,\ p) = Ge(p)$. 또 음이항분포의 명칭은 다음에서 유래된다. (6.9)의 확률질량함수 $f_X(x)$가

$$\begin{aligned} \binom{x-1}{r-1} p^r q^{x-r} &= \binom{x-1}{x-r} p^r q^{x-r} \\ &= \frac{(-1)^{x-r}(-r)(-r-1)\cdots(-r-(x-r)+1)}{(x-r)!} p^r q^{r-x} \\ &= \frac{(x-1)(x-2)\cdots(r+1)r}{(x-r)!} p^r q^{x-r} \\ &= \binom{-r}{x-r} p^r (-q)^{x-r}, \quad (q = 1-p) \end{aligned}$$

이기 때문이다.

정리 6.29

$X \sim NB(r,\ p)$일 때, 다음이 성립한다.

(1) $E(X) = \dfrac{r}{p}$.

(2) $Var[X] = \dfrac{rq}{p^2}$, $(q = 1-p)$.

(3) $m_X(t) = \dfrac{(pe^t)^r}{(1-qe^t)^r}$.

증명 이 정리의 증명은 생략하기로 한다. □

보기 6.6

A, B 두 사람이 승부 게임을 한다. 각각 한 개의 주사위를 동시에 던지고 두 주사위에 나타나는 점의 합을 관찰한다. 합이 2의 배수이면 A가, 그렇지 않으면 B가 승리한다고 하고, 이 게임을 독립적으로 반복하여 둘 중 한 사람이 먼저 5게임을 이길 때까지 계속한다. 이때

(1) 게임이 7회 안에 끝날 확률

(2) 게임이 7회 안에 끝났을 때, A가 승리할 확률

을 구하여 보자. 먼저 확률변수

$$X_{(5)}^{A} = \text{'}A\text{가 5게임 이길 때까지의 게임 수'}$$
$$X_{(5)}^{B} = \text{'}B\text{가 5게임 이길 때까지의 게임 수'}$$

라 하면, $X_{(5)}^{A}$와 $X_{(5)}^{B}$는 $\{5, 6, 7, \cdots\}$를 치공간으로 갖는 $NB(r=5, p=0.58)$이다. 먼저

$$\begin{aligned}
&P[\text{게임이 7회 안에 끝남}] \\
&= P[X_{(5)}^{A} = 7 \text{ 또는 } X_{(5)}^{B} = 7] = P[X_{(5)}^{A} = 7] + P[X_{(5)}^{B} = 7] \\
&= \binom{x-1}{r-1} p^r (1-p)^{x-r} + \binom{x-1}{r-1} p^r (1-p)^{x-r} \\
&= \binom{6}{4}(0.58)^5(0.42)^2 + \binom{6}{4}(0.42)^5(0.58)^2 \\
&= 0.17 + 0.066 = 0.24
\end{aligned}$$

이다. 또

$$\begin{aligned}
&P[\text{게임이 7회 안에 끝나고, 이때 } A\text{가 승리함}] \\
&= P[A\text{가 승리함} \mid \text{게임이 7회 안에 끝남}] \\
&= \frac{P[X_{(5)}^{A} = 7]}{P[X_{(5)}^{A} = 7] + P[X_{(5)}^{B} = 7]} \\
&= \frac{0.17}{0.24} = 0.71.
\end{aligned}$$

6.1.7† 초기하분포

한 주머니 안에 r개의 흰 공과 $(N-r)$개의 검은 공 모두 N개의 공이 들어 있다. 이 주머니에서 한꺼번에 n개의 공을 꺼낼 때, 그 가운데에 포함된 흰 공의 개수를 X라 하면

$$P[X=x]=\frac{\binom{r}{x}\binom{N-r}{n-x}}{\binom{N}{n}} \qquad (6.10)$$

(단, $x=0, 1, \cdots, \min(n, r)$)로 주어진다. 이것이 초기하분포이다.

정의 6.30 초기하분포

확률변수 X의 확률질량함수가 (6.10)으로 주어지면, X는 초기하분포(hyper geometric distribution)를 따른다고 하고, $X \sim H(N;\ n, r)$로 표시한다.

정리 6.31

$X \sim H(N;\ n, r)$일 때, 다음이 성립한다.

(1) $E[X]=\frac{nr}{N}=np$, (단, $=\frac{r}{N}$).

(2) $Var[X]=n\frac{r}{N}(1-\frac{r}{N})\frac{N-n}{N-1}=npq\frac{N-n}{N-1}$, (단, $q=1-p$).

(3) N이 크면, $P[X=x]\approx\binom{n}{x}p^x q^{n-x}$.

증명 이 증명에서는 (1)과 (3)만을 증명하고, (2)는 독자에게 남긴다. 먼저 $E[X]$를 구하면

$$E[X]=\sum_x x f_X(x)=\sum_x x\frac{\binom{r}{x}\binom{N-r}{n-x}}{\binom{N}{n}}$$

이고, 이것은 $\binom{r}{x}=\frac{r!}{x!(r-x)!}$ 의 공식을 이용하면

$$\begin{aligned}
&\frac{nr}{N}\sum_x\left\{\frac{(r-1)!}{(x-1)!(r-x)!}\cdot\frac{(N-r)!}{(n-x)!(N-r-n+x)!}\cdot\frac{(n-1)!(N-n)!}{(N-1)!}\right\}\\
&=\frac{nr}{N}\sum_{x'}\left\{\frac{r'!}{x'!(r'-x')!}\cdot\frac{(N-r)!}{(n'-x')!(N-r-n'+x')!}\cdot\frac{n'!(N'-n')!}{N'!}\right\}\\
&=\frac{nr}{N}=np
\end{aligned}$$

이다. 여기서 $x'=x-1$, $r'=r-1$, $N'=N-1$, $n'=n-1$이다.

다음에 (3)을 증명하면, (6.10)에서 $n\to\infty$일 때

$$\begin{aligned}
\binom{r}{x}&=\frac{r!}{x!(r-x)!}=\frac{n(n-1)\cdots(n-x+1)}{n^k}\\
&=\left(1-\frac{1}{n}\right)\left(1-\frac{2}{n}\right)\cdots\left(1-\frac{k-1}{n}\right)\to 1
\end{aligned}$$

의 결과를 이용하면

$$P[X=x]=\frac{\binom{r}{x}\binom{N-r}{n-x}}{\binom{N}{n}}$$

$$=\frac{n!}{k!(n-k)!}\cdot\frac{r^k(N-r)^{n-k}}{N^n}\cdot\frac{r!}{r^k(r-k)!}$$

$$=\frac{(N-r)!}{(N-r)^{n-k}(N-r-n+k)!}\cdot\frac{N^n(N-n)!)}{N!}$$

$$=\left(\frac{n!}{k!(n-k)!}p^k q^{n-k}\right)\cdot\frac{r!}{r^k(r-k)!}\cdot\frac{(N-r)!}{(N-r)^{n-k}(N-r-n+k)!}\cdot\frac{N^n(N-n)!}{N!}$$

이고, 여기서 $p=\frac{r}{N}$이 일정하고 따라서 $q=\frac{N-r}{N}$도 일정하게 되면, $N\to\infty$일 때 $r\to\infty$, $(N-r)\to\infty$이므로 각 항은 1로 수렴한다. 따라서

$$P[X=x]\to\binom{n}{x}p^x q^{n-x}.$$

□

참고 6.32

위 증명 (3)에 의하여, $N\to\infty$ 일 때 초기하분포는 이항분포가 됨을 알 수 있다. 실제로 $\frac{n}{N}\le 0.1$이면 초기하분포의 계산을 이항분포로 처리해도 오차가 크지 않음이 알려져 있다.

보기 6.7

어떤 지역구에서 유권자 5만 명의 절반이 어떤 한 정당을 지지한다고 한다. 이 지역의 유권자 중에서 임의로 선출한 10명 중 과반수가 이 정당의 지지자가 될 확률을 구하여 보자. 여기서 10명 중 해당 정당의 지지자의 수를 X라 하면, $X\sim H(N;\,n,\,r)$이다. $N=50000$, $r=25000$, $n=10$이므로 구하는 확률은

$$P[X>5]=\sum_{x=6}^{10}\frac{\binom{25000}{x}\binom{25000}{10-x}}{\binom{50000}{10}}$$

이다. 여기서 N이 비교적 크기 때문에 이항분포를 이용한 근삿값을 구하면

$$P[X>5]\cong\sum_{x=6}^{10}\binom{10}{x}p^x q^{10-x}$$

이고, $p=\frac{r}{N}=\frac{1}{2}$, $q=\frac{1}{2}$이므로 구하는 확률은

$$P[X>5]\cong\sum_{x=6}^{10}\binom{10}{x}\left(\frac{1}{2}\right)^{10}=0.377$$

이다.

6.1.8† 다항분포

한 번의 실험에서 '성공'과 '실패' 또는 '찬성'과 '반대' 등과 같이 어떤 사건이 일어나든가 그렇지 않은가 두 가지 경우만을 생각하고 이 실험을 독립적으로 n번 반복하는 확률실험에서 이항분포를 얻었다.

이것을 일반화하여 한 번의 실험에서 3가지 이상, 이를테면 k가지 사건을 생각할 수 있는 경우로 확장하면 이항분포의 일반화인 다항분포가 유도된다. 그 절차는 다음과 같다.

한 번의 실험에서 얻은 가능한 모든 결과가

$$s_1,\ s_2,\ \cdots,\ s_k$$

로 k가지이고, 이 결과들이 일어날 확률이 각각

$$p_1,\ p_2,\ \cdots,\ p_k$$

인 확률실험을 생각하고 이 실험을 독립적으로 n회 반복한다. 이때 확률변수 $X_i\ (i=1,\ \cdots,\ k)$를

'$X_i = n$번 실험에서 결과 s_i가 나타난 시행횟수'

라 하고, 또 확률벡터 X를 $\mathrm{X}=(X_1,\ \cdots,\ X_{k-1})$로 정의하자. 확률벡터 X의 연합확률함수 $f_{\mathrm{X}}(\boldsymbol{x}) = P[X_1 = x_1,\ \cdots,\ X_{k-1} = x_{k-1}]$는 곱의 원리에 의하여

$$f_{\mathrm{X}}(\mathrm{x}) = \binom{n}{x_1, \cdots,\ x_{k-1}} p_1^{x_1} p_2^{x_2} \cdots p_{k-1}^{x_{k-1}} \left(1 - \sum_{i=1}^{k-1} p_i\right)^{n - \sum_{i=1}^{k-1} x_i} \tag{6.11}$$

이다(참고 6.34 참조). 이 분포를 다항분포라 한다. 물론, $k-2$인 다항분포는 이항분포가 된다.

따라서 다항분포를 다음과 같이 정의한다.

정의 6.33 다항분포

확률벡터 $\mathrm{X}=(X_1,\ \cdots,\ X_{k-1})$의 확률질량함수가 (6.11)로 주어지면, X는 다항분포(multinomial distribution)를 따른다고 하고,

$$\mathrm{X} \sim M(n,\ p_1,\ \cdots,\ p_{k-1})$$

로 표시한다.

참고 6.34

(6.11)는 구체적으로 다음과 같이 유도된다. 즉, 한 실험에서 k개의 서로 배반인 결과(또는 사건) $s_1,\ s_2,\ \cdots,\ s_k$ 중 하나는 반드시 일어난다고 하고 또 각 사건이 일어날 확률을 각각 $p_1,\ \cdots,\ p_k$, 즉 $P[E_i] = p_i,\ i=1,\ \cdots,\ n$이라 하자. 물론, 여기서 $\sum_{i=1}^{k} p_i = 1$이다. 이 실험을

독립적으로 n번 반복할 때, 그중 s_1이 n_1번, s_2가 n_2번, $\cdots$, s_k가 n_k번 일어날 확률을 생각하자. 이때 $\sum_{i=1}^{k} n_i = n$이다. 우선, n번 중 s_1이 n_1번 일어날 확률은

$$\binom{n}{n_1} p_1^{n_1} (1-p_1)^{n-n_1}$$

이다. 다음은 n번 중 s_1이 n_1번 일어났다는 조건하에서, s_2가 n_2번 일어날 확률은

$$\binom{n-n_1}{n_2} \left(\frac{p_2}{1-p_1}\right)^{n_1} \left(\frac{1-p_1-p_2}{1-p_1}\right)^{n-n_{1-n_2}}$$

이다. 계속하여 같은 방법을 적용하면, 마지막으로 s_1, $\cdots$, s_{k-2}가 각각 n_1, $\cdots$, n_{k-2}번 일어났다는 조건하에서, s_{k-1}이 n_{k-1}번 일어날 확률은

$$\binom{n-\sum_{i=1}^{k-2} n_i}{n_{k-1}} \left(\frac{1-\sum_{i=1}^{k-2} p_i}{p_{k-1}}\right)^{n_{k-1}} \frac{\left(1-\sum_{i=1}^{k-1} p_i\right)^{n-\sum_{i=1}^{k-1} p_i}}{\left(1-\sum_{i=1}^{k-2} p_i\right)^{n-\sum_{i=1}^{k-2} p_i}}$$

이다. 결국, 실험을 독립적으로 n번 반복할 때, 그중 s_1이 n_1번, s_2가 n_2번, $\cdots$, s_k가 n_k번 일어날 확률은

$$\binom{n}{n_1}\binom{n-n_1}{n_2} \cdots \binom{n-\sum_{i=1}^{k-2} n_i}{n_{k-1}} \cdot p_1^{n_1} p_2^{n_2} \cdots p_{k-1}^{n_{k-1}} \cdot \left(1-\sum_{i=1}^{k-1} p_i\right)^{n-\sum_{i=1}^{k-1} n_i}$$

이다. 여기서 윗 식의 앞부분에서

$$\binom{n}{n_1}\binom{n-n_1}{n_2} \cdots \binom{n-\sum_{i=1}^{k-2} n_i}{n_{k-1}} = \binom{n}{n_1,\ n_2,\ \cdots,\ n_{k-1}} = \frac{n!}{n_1!\,n_2!\cdots n_k!}$$

로 표시되고, 또 뒷부분에서

$$\left(1-\sum_{i=1}^{k-1} p_i\right)^{n-\sum_{i=1}^{k-1} n_i} = p_k^{n_k}$$

로 표시된다. 따라서 이 실험을 독립적으로 n번 반복할 때, 그중 s_1이 n_1번, s_2가 n_2번, $\cdots$, s_k가 n_k번 일어날 확률은

$$\frac{n!}{n_1!\,n_2!\cdots n_k!} p_1^{n_1} p_2^{n_2} \cdots p_k^{n_k}$$

이다.

보기 6.8

두 개의 주사위를 동시에 5번 던지는 확률실험에서, 윗면에 나타나는 점의 합이 5의 배수가 되는 경우가 2번, 점의 개수가 같은 경우가 1번, 나머지 3번은 그 외의 경우가 나올 확률을 구하여 보자. 먼저, 세 사건 E_1, E_2, E_3를 각각 다음과 같이 정의하자.

$$E_1 = \{\text{두 면의 합이 5의 배수}\},$$
$$E_2 = \{\text{두 면의 점의 수가 동일}\},$$
$$E_3 = \{\text{두 면의 합이 5의 배수도 아니고 점의 개수가 동일하지도 않음}\}$$

이때 각 사건의 확률은

$$P(E_1) = \frac{7}{36}, \quad P(E_2) = \frac{6}{36}, \quad P(E_3) = \frac{23}{36}$$

이때 5번의 반복실험에서 사건 E_1, E_2, E_3가 일어나는 횟수를 확률변수 X_1, X_2, X_3로 표시하면

$$(X_1, X_2, X_3) \sim M\left(n = 5\,; p_1 = \frac{7}{36},\ p_2 = \frac{6}{36},\ p_3 = \frac{23}{36}\right)$$

이고, 따라서 구하는 확률은

$$P[X_1 = 2,\ X_2 = 1,\ X_3 = 2] = \frac{5!}{2!1!2!}\left(\frac{7}{36}\right)^2\left(\frac{6}{36}\right)^1\left(\frac{23}{36}\right)^2 = 0.01043$$

이다.

참고 6.35

다항분포는 적합도 검정과 독립성 검정에 많이 이용된다. 이에 대한 설명은 참고문헌 [1]을 참조할 수 있다.

6.2 | 여러 연속확률분포와 그 성질

앞 장에서 논한 바와 같이, 이산의 확률변수에 대한 확률분포는 그 확률질량함수, 즉

$$f_X(x) = P[X = x], \quad \forall\, x \in R^1$$

에 의하여 설명되었다.

그러나 확률변수가 연속인 경우 확률질량함수의 값은 모두 점에서 0이 되어 더 이상 의미를 갖지 못한다. 따라서 연속확률변수의 경우 확률변수가 연속적으로 값을 취하는 비가산의 모든 값에서 정의되는 확률밀도함수에 의해 그 역할이 수행된다. 다시 말하여, 연속인 확률변수 X에 대해서는

$$P[X \le x] = \int_{-\infty}^{x} f_X(t)dt, \quad \forall x \in R^1$$

로 정의되는 함수 $f_X(x)$에 의하여 X의 확률구조가 설명된다.

이산에서와는 달리, 연속의 경우 확률변수의 확률밀도함수를 구하는 절차는 일반적으로 쉽지 않다. 따라서 이 경우 밀도함수의 모형을 분류하고 그 모형을 이용하여 사건들의 확률과 모형의 확률구조를 설명하는 방법을 택하게 된다.

6.2.1 연속균일분포

연속균일분포는 다음과 같이 정의된다.

정의 6.36 연속균일분포

확률변수 X의 확률밀도함수가

$$f_X(x) = \frac{1}{b-a} \cdot I_{(a,b)}(x), \quad -\infty < a < b < \infty \tag{6.12}$$

로 주어지면, X는 연속균일분포(continuous uniform distribution)를 따른다고 하고, 기호로 $X \sim U_{(a,b)}$로 표시한다.

정리 6.37

$X \sim U_{(a,b)}$일 때, 다음이 성립한다.

(1) $E[X] = \dfrac{a+b}{2}$.

(2) $Var[X] = \dfrac{(b-a)^2}{12}$.

(3) $m_X(t) = \dfrac{e^{bt}-e^{at}}{(b-a)t}$.

증명 먼저 평균은

$$E[X] = \int_a^b x\frac{1}{b-a}dx = \frac{b^2-a^2}{2(b-a)} = \frac{a+b}{2}$$

이다.

다음 분산은

$$Var[X] = E[X^2] - (E[X])^2 = \int_a^b x^2 \frac{1}{b-a} dx - \left(\frac{a+b}{2}\right)^2$$
$$= \frac{b^3 - a^3}{3(b-a)} - \frac{(a+b)^2}{4} = \frac{(b-a)^2}{12}$$

그리고 적률생성함수는

$$m_X(t) = E[e^{tX}] = \int_a^b e^{tx} \frac{1}{b-a} dx = \frac{e^{bt} - e^{at}}{(b-a)t}.$$ □

보기 6.9

지하철이 정해진 정차역에 오전 6:00부터 10분 간격으로 도착한다고 한다. 지하철을 타려는 승객이 이 역에 도착하는 시각은 6:00에서 6:30 사이에 연속균일분포를 따른다고 한다. 이 승객이 3분 이내에 승차할 수 있는 확률을 생각해 보자. 또 이 승객이 승차를 위하여 적어도 8분을 기다릴 확률을 구하여 보자. 그리고 승객이 정차역에 도착한 시각이 6:11을 넘어선 경우에 승차를 위하여 앞으로 적어도 8분을 기다릴 확률을 구하여 보자. 먼저, 승객이 오전 6:00 이후 이 역에 도착하는 시각을 확률변수 X로 표시하면, $X \sim U_{[0,\,30]}$이다. 따라서 이 승객이 3분 이내에 승차하기 위해서는 정차역에 도착해야 하는 시각이 (6:07, 6:10) 또는 (6:17, 6:20) 또는 (6:27, 6:30) 안에 있어야 하기 때문에, 구하는 확률은

$$P[7 < X < 10] + P[17 < X < 20] + P[27 < X < 30]$$
$$= \frac{3}{30} + \frac{3}{30} + \frac{3}{30} = \frac{3}{10}$$

이다. 또 승객이 기다리는 시간이 적어도 8분이 되기 위해서는 정차역에 도착해야 하는 시각이 (6:00, 6:02) 또는 (6:10, 6:12) 또는 (6:20, 6:22) 안에 있어야 하기 때문에, 구하는 확률은

$$P[0 < X < 2] + P[10 < X < 12] + P[20 < X < 22]$$
$$= \frac{2}{30} + \frac{2}{30} + \frac{2}{30} = \frac{1}{5}$$

이다. 마지막으로, 승객이 정차역에 도착한 시각이 6:11을 넘어선 경우 앞으로 적어도 8분을 기다릴 조건부확률을 구하면

$$P[10 < X < 12 | X \geq 11] + P[20 < X < 22 | X \geq 11]$$
$$= \frac{P[11 < X < 12]}{P[X \geq 11]} + \frac{P[20 < X < 22]}{P[X \geq 11]}$$
$$= \frac{1/30}{19/30} + \frac{2/30}{19/30} = \frac{3}{19}.$$

참고 6.38 난수와 난수표

난수(random number)는 각 자리를 0에서 9까지 숫자를 같은 확률로 선택하여 만들어진 정수를 말한다. 난수는 보통 0과 1 사이의 값으로 표시하여 소숫점으로, 이를테면 난수 3659을 0.3659로 바꾸어 사용하기도 한다. 이런 의미에서, 난수란 $(0,\ 1)$ 위에서 정의되는 연속의 균일확률변수의 값을 뜻한다. 또 난수들의 집합을 난수표(table of random numbers)라 한다. 난수들은 확률론과 통계학에서 많이 이용된다.

6.2.2 정규분포

정규분포는 연속의 확률분포 중 가장 중요한 분포로 통계적 추론에서 많이 이용된다. 여기서는 정규분포를 정의하고 그 확률적 성질을 논한다.

정의 6.39 정규분포

확률변수 X의 확률밀도함수가

$$f_X(x) = \frac{1}{\sqrt{2\pi}\,\sigma} e^{-\frac{(x-\mu)^2}{2\sigma^2}} dx \tag{6.14}$$

로 주어지면, X는 정규분포(normal distribution)를 따른다고 하고, 기호로 $X \sim N(\mu,\ \sigma^2)$로 표시한다. 또 밀도함수 (6.14)를 간단히 $n(x;\ \mu,\ \sigma^2)$로 표시한다.

참고 6.40

(6.14)로 정의되는 정규분포의 밀도함수는 다음 성질을 갖는다.

(1) 모든 $x \in R^1$에 대하여 $f_X(x) \geq 0$이고, $\int_{-\infty}^{\infty} f_X(x)dx = 1$이다.

(2) $f_X(x)$의 그래프를 정규곡선(normal curve)이라 한다. 그림 6.3에서와 같이, 정규곡선은 $x = \mu$에서 가장 큰 값, 즉 가장 큰 확률밀도를 가지며 μ의 양쪽으로 멀어짐에 따라 급속히 하강하여 $x = \mu \pm 3\sigma$에서는 거의 x-축에 접하는 연속 대칭곡선이다.

(3) $f_X(x)$에 대하여

$$F_X(x) = \frac{1}{\sqrt{2\pi}\,\sigma} \int_{\infty}^{x} e^{-\frac{(t-\mu)^2}{2\sigma^2}} dt$$

로 정의된 함수를 정규분포함수(normal distribution function)라 한다. 이때 $F_X(x_1)$는 확률 $P[X \leq x_1]$을 말한다.

정리 6.41

$X \sim N(\mu, \sigma^2)$일 때, 다음이 성립한다.

(1) $E[X] = \mu$.

(2) $Var[X] = \sigma^2$.

(3) $m_X(t) = e^{\mu t + \frac{1}{2}\sigma^2 t^2}$.

증명 먼저 (3)을 보이고, 이것을 이용하여 (1), (2)를 증명한다.

$$\begin{aligned} m_X(t) = E[e^{tX}] &= \int_{-\infty}^{\infty} e^{tx} \frac{1}{\sqrt{2\pi}\,\sigma} e^{-\frac{(x-\mu)^2}{2\sigma^2}} dx \\ &= \frac{1}{\sqrt{2\pi}\,\sigma} \int_{-\infty}^{\infty} e^{-\frac{x^2 - 2(\mu+\sigma^2 t)x + \mu^2}{2\sigma^2}} dx \\ &= e^{\mu t + \frac{1}{2}\sigma^2 t^2} \frac{1}{\sqrt{2\pi}\,\sigma} \int_{-\infty}^{\infty} e^{-\frac{x-(\mu+\sigma^2 t)^2}{2\sigma^2}} dx \\ &= e^{\mu t + \frac{1}{2}\sigma^2 t^2} \end{aligned}$$

위의 마지막 등식은

$$\frac{1}{\sqrt{2\pi}\,\sigma} \int_{-\infty}^{\infty} e^{-\frac{x-(\mu+\sigma^2 t)^2}{2\sigma^2}} dx = 1$$

을 이용한 결과이다. 이것은 $N(\mu + \sigma^2 t, \sigma^2)$의 밀도함수의 전적분이 1이기 때문이다. 따라서

$$m_X(t) = e^{\mu t + \frac{1}{2}\sigma^2 t^2}.$$

이 결과를 이용하면

$$E[X] = m'_X(0) = e^{\mu t + \frac{1}{2}\sigma^2 t^2}\left(\mu + \frac{\sigma^2}{2} 2t\right)\Bigg|_{t=0} = \mu$$

또

$$\begin{aligned} E[X^2] = m_X''(0) &= e^{\mu t + \frac{1}{2}\sigma^2 t^2}(\mu + \sigma^2 t)^2 + e^{\mu t + \frac{1}{2}\sigma^2 t^2}(\sigma^2)\Bigg|_{t=0} \\ &= \mu^2 + \sigma^2 \end{aligned}$$

의 결과를 이용하면

$$Var[X] = E[X^2] - (E[X])^2 = \mu^2 + \sigma^2 - \mu^2 = \sigma^2$$

이다. □

정의 6.42 표준정규분포

정규분포가 평균을 0 그리고 분산을 1로 가지면, 이 정규분포를 표준정규분포(standard normal distribution)라 한다. 따라서 $Z \sim N(0, 1)$인 Z를 표준정규확률변수라 한다.

참고 6.43

$Z \sim N(0, 1)$일 때, Z의 확률밀도함수와 확률분포함수를 각각

$$\phi(z) = \frac{1}{\sqrt{2\pi}} e^{-\frac{z^2}{2}}, \quad \Phi(z) = \int_{-\infty}^{z} \phi(u)du$$

로 표시한다.

다음 정리는 정규분포의 확률을 구하는 데 매우 유용하다.

정리 6.44

$X \sim N(\mu, \sigma^2)$일 때, $Z = \dfrac{X - \mu}{\sigma}$이면, $Z \sim N(0, 1)$이다.

증명 먼저 $F_Z(z)$를 구하고 이것으로부터 $f_Z(z) = F'_Z(z)$를 구하자.

$$F_Z(z) = P[Z \le z] = P\left[\frac{X-\mu}{\sigma} \le z\right] = P[X \le \mu + \sigma z]$$
$$= \int_{-\infty}^{\mu+\sigma z} \frac{1}{\sqrt{2\pi}\,\sigma} e^{-\frac{(x-\mu)^2}{2\sigma^2}} dx$$

이다. 이때 $t = \dfrac{x-\mu}{\sigma}$으로 놓으면, $dx = \sigma dt$이고, 결국

$$F_Z(z) = \int_{-\infty}^{z} \frac{1}{\sqrt{2\pi}} e^{-\frac{t^2}{2}} dt.$$

여기서 부정적분의 미분을 적용하면

$$f_Z(z) = \frac{d}{dz} \int_{-\infty}^{z} \frac{1}{\sqrt{2\pi}} e^{-\frac{t^2}{2}} dt = \frac{1}{\sqrt{2\pi}} e^{-\frac{z^2}{2}}$$

이다. 따라서 $Z \sim N(0, 1)$이다.

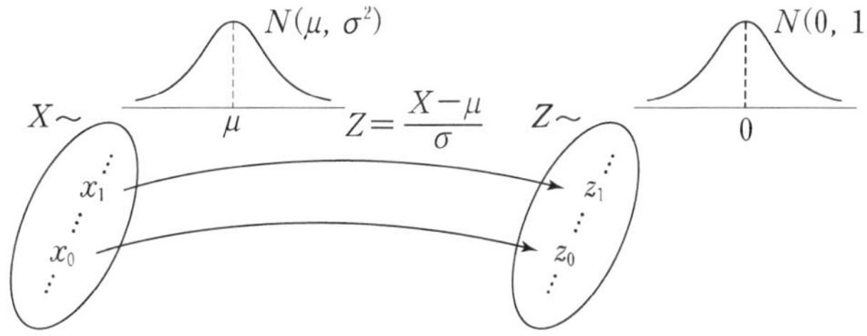

〈그림 6.2〉 정규분포의 표준화 □

참고 6.45

$X \sim N(\mu, \sigma^2)$일 때, $E[X] = \mu$, $Var[X] = \sigma^2$을 다음과 같이 설명하기도 한다. 먼저 $Z \sim N(0, 1)$일 때

$$E[Z] = \int_{-\infty}^{\infty} \frac{z}{\sqrt{2\pi}} e^{-\frac{z^2}{2}} dz = 0$$

와

$$Var[Z] = E[Z^2] = \int_{-\infty}^{\infty} \frac{z^2}{\sqrt{2\pi}} e^{-\frac{z^2}{2}} dz = 1$$

을 보이고, 이것을 이용하여 $X = \sigma Z + \mu$의 기댓값이

$$E[X] = \sigma E[Z] + \mu = \mu$$

이고, 분산은

$$Var[X] = \sigma^2 Var[Z] = \sigma^2$$

임을 설명한다.

참고 6.46

정리 6.44를 이용하면 다음 결과를 얻는다. 즉, $X \sim N(\mu, \sigma^2)$이면

$$\begin{aligned} P[x_1 < X < x_2] &= P\left[\frac{x_1-\mu}{\sigma} < \frac{X-\mu}{\sigma} < \frac{x_2-\mu}{\sigma}\right] \\ &= P[z_1 < Z < z_2], \quad \left(\text{단, } z_1 = \frac{x_1-\mu}{\sigma},\ z_1 = \frac{x_1-\mu}{\sigma}\right) \\ &= P[Z < z_2] - P[Z < z_1] \\ &= \Phi(z_2) - \Phi(z_1) \end{aligned}$$

이고, $\Phi(z_1)$와 $\Phi(z_2)$의 값을 구하는 데는 부록의 표준정규분포표를 이용한다.

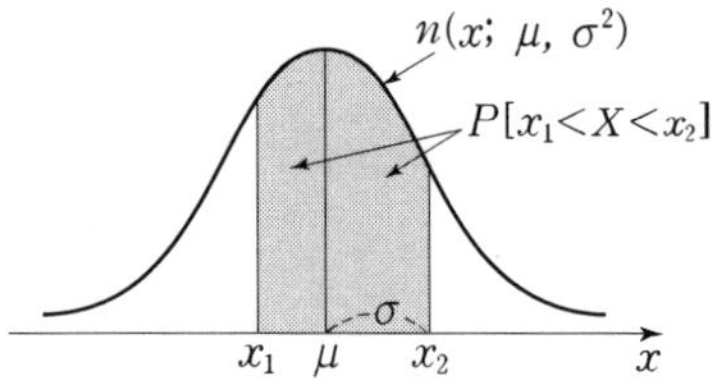

〈그림 6.3〉 정규분포와 확률

보기 6.10

X가 평균이 5, 분산이 4인 정규분포를 따를 때, 즉 $X \sim N(5,\ 2^2)$일 때, 확률 $P[X<7]$, $P[X<3]$ 그리고 $P[3<X<7]$을 구하여 보자.

(1) $P[X<7] = P\left[Z < \dfrac{7-5}{2}\right] = P[Z<1] = \Phi(1) = 0.8413.$

(2) $P[X<3] = P\left[Z < \dfrac{3-5}{2}\right] = P[Z<-1] = 1 - P[Z<1]$

$= 1 - \Phi(1) = 0.1587.$

(3) $P[3<X<7] = P\left[\dfrac{3-5}{2} < Z < \dfrac{7-5}{2}\right] = P[-1<Z<1]$

$= \Phi(1) - \Phi(-1) = 0.8413 - 0.1587 = 0.6826.$

참고 6.47 이항분포의 정규근사식

이항분포에서 n이 크면 확률계산이 쉽지 않다. 이 경우 중심극한의 정리(특히, **드무아브르-라플라스**의 극한정리)를 기초로 하는 '이항분포의 정규근사식'이 도움된다. 즉, n이 충분히 클 때

$$B(n,\ p) \approx N(np,\ npq)$$

이다. 이것은, $X_1,\ \cdots,\ X_n$이 서로 독립이고 같은 베르누이 확률변수일 때

(1) $\sum_{i=1}^{n} X_i \sim B(n,\ p)$

(2) $n \to \infty$ 일 때, $\bar{X}_n \to N\left(p,\ \dfrac{pq}{n}\right)$, 즉 $\sum_{i=1}^{n} X_i \to N(np,\ npq)$ (8.2절 참조)

에 근거를 둔다. 따라서 $X \sim B(n,\ p)$이고 n이 충분히 큰 경우, 임의의 $x_1,\ x_2 \in R^1$에 대하여 근사식

$$P[x_1 < X < x_2] = \sum_{x=x_1}^{x_2} b(x\,;\ n,\ p)$$

$$\cong \int_{x_1 - 0.5}^{x_2 + 0.5} n(x\,;\, np,\, npq)dx \tag{6.15}$$

$$= \Phi\left(\frac{x_1 + 0.5 - np}{\sqrt{npq}}\right) - \Phi\left(\frac{x_2 - 0.5 - np}{\sqrt{npq}}\right)$$

이 성립한다.

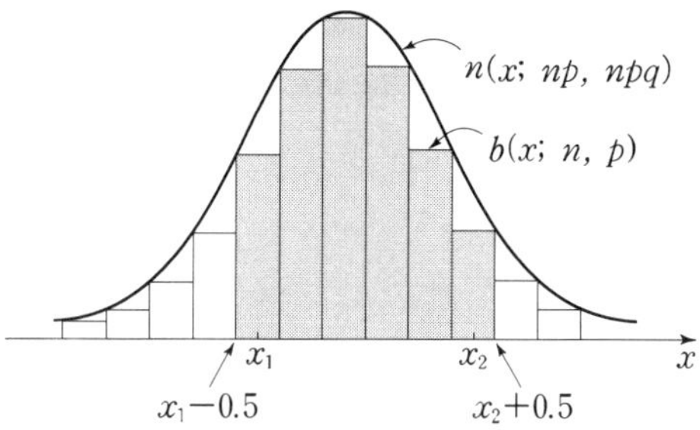

〈그림 6.4〉 이항분포의 정규근사식

참고 6.48 근삿값의 연속성보정

이항분포의 정규근사식은 성공 확률 p가 $\frac{1}{2}$일 때 가장 잘 성립한다. p가 $\frac{1}{2}$에서 멀어질수록 정확도가 떨어진다. 유한인 n에서 $np > 5$, $nq > 5$가 동시에 성립하면 정규근사식을 적용하는 데 큰 어려움은 없다. 더욱이, (6.15)에서 적분구간 x_1, x_2을 $x_1 - 0.5$, $x_2 + 0.5$로 바꿈으로써 많은 경우 근삿값이 개선된다. 이러한 사실은 그림에서 직관적으로도 확인된다. 이것을 근삿값의 연속성 보정(continuous correction)이라 한다.

보기 6.11

어떤 공장의 생산품 중 10%가 불량품이라고 한다. 이 공장의 생산품 더미에서 임의로 100개의 상품을 꺼냈을 때, 그중 불량품이 12개를 넘을 확률을 계산하자. 이때 100개 중에 포함된 불량품의 개수를 X라 하면, $X \sim B(n = 100,\, p = 0.1)$이다. 이 경우 $np = 10 > 5$이고 $nq = 90 > 5$이므로 위 근사식을 적용할 수 있다.

$$\begin{aligned} P[X \geq 13] &= \sum_{x \geq 13} b(x\,;\, 100, 0.1) \\ &\approx \int_{13 - 0.5}^{\infty} n(x\,;\, np = 10,\, npq = 3^2)dx \\ &= 1 - \Phi\left(\frac{13 - 0.5 - 10}{3}\right) \\ &= 1 - \Phi(0.83) = 0.2033. \end{aligned}$$

참고 6.49

보기 6.11에서, 확률 $\sum_{x=13}^{100} b(x;\,100,0.1)$의 완전한 값의 계산에는 부록의 [SAS 프로그램 13]이나 [SAS 프로그램 14]를 응용할 수 있다.

확률·통계이야기　골턴의 퀸쿵스

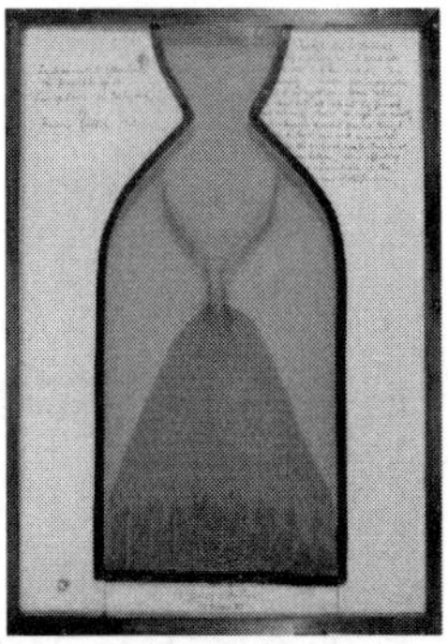

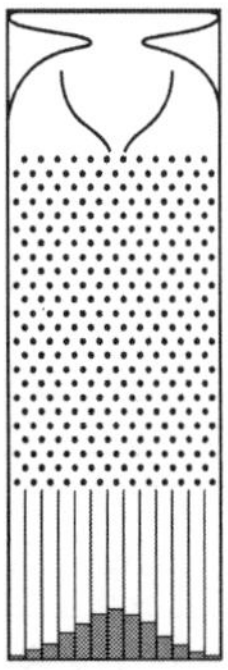

옆 그림과 같이, 둥근 핀들을 일정한 간격으로 엇갈리게 꼽아 놓고, 위에서 깔대기 모양의 좁은 통로를 통해 작은 쇠구슬을 하나씩 아래로 내려 보낸다. 바닥에 내려온 구슬들은 다시 분리된 칸으로 들어간다. 구슬들이 각 단계를 거쳐 아래로 내려갈 때는 마치 공정한 동전을 던져 좌우의 방향을 결정하는 것과 같은 효과를 내게 된다.

골턴의 퀸쿵스(Galton's Quincunx)라 부르는 이 장치는 아주 작은 우연의 요인들도 그 개수가 많아지면 어떤 일정한 확률 법칙을 따른다는 결과를 입증하기 위해 골턴이 이용한 것이다. 움직이는 파스칼의 삼각형이라고도 하는 이 결과에서 각 칸에 들어간 구슬의 개수는, 한 구슬이 각 단계를 거쳐 정해진 바닥의 칸까지 이르는 서로 다른 경로의 가지 수에 비례한다. 결국, 각 칸에 들어간 구슬의 수는 이항계수에 비례하는 수이다. 이때, 거치는 단계가 늘어나고 또 구슬의 개수가 더 늘어날수록 그 분포는 정규분포에 더 가까워진다.

골턴(Francis Galton, 1822~1911)은 영국의 유전학자로 천재의 혈통 연구와 쌍둥이의 연구를 통하여 우생학을 창시하였고, 유전학을 통하여 인류를 개량하여야 한다고 주장하기도 하였다. 그의 저서로 《자연의 유전》이 있다.

6.2.3 지수분포

지수분포의 정의는 다음과 같다.

정의 6.50　지수분포

확률변수 X의 확률밀도함수가

$$f_X(x) = \lambda e^{-\lambda x} \cdot I_{[0,\,\infty)}(x), \quad \lambda > 0 \tag{6.16}$$

이면, X는 지수분포(exponential distribution)를 따른다고 하고, $X \sim \exp(\lambda)$로 표시한다.

정리 6.51

$X \sim \exp(\lambda)$일 때, 다음이 성립한다.

(1) $E[X] = \dfrac{1}{\lambda}$. (2) $Var[X] = \dfrac{1}{\lambda^2}$. (3) $m_X(t) = \dfrac{\lambda}{\lambda - t}$, $(\lambda > t)$.

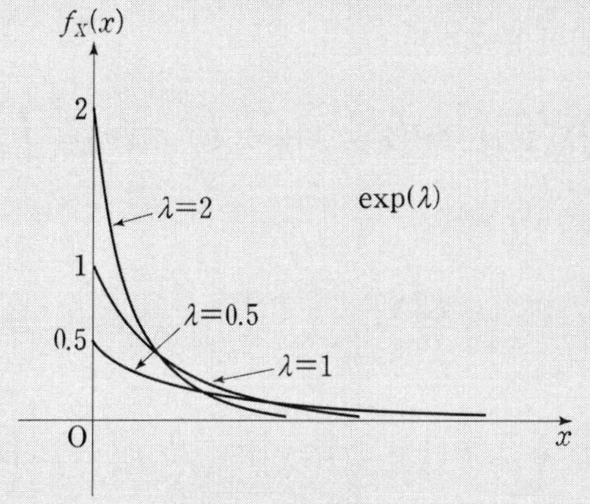

〈그림 6.5〉 지수분포

증명 먼저 (3)을 보이고, 이것을 이용하여 (1), (2)를 증명하자. 먼저 (3)을 보이면

$$\begin{aligned} m_X(t) &= E[e^{tX}] = \int_0^\infty e^{tx}\lambda e^{-\lambda x}dx \\ &= \left(\frac{\lambda}{\lambda - t}\right)\int_0^\infty \frac{\lambda - t}{1} e^{-(\lambda - t)x}dx \\ &= \left(\frac{\lambda}{\lambda - t}\right)\int_0^\infty e^{-y}dy = \frac{\lambda}{\lambda - t}, \quad (\lambda > t). \end{aligned}$$

따라서

$$E[X] = m'_X(0) = \lambda(-1)(\lambda - t)^{-2}(-1)|_{t=0} = \frac{1}{\lambda}$$

그리고

$$\begin{aligned} Var[X] &= E[X^2] - (E[X])^2 \\ &= m''_X(0) - \frac{1}{\lambda^2} = \frac{2}{\lambda^2} - \frac{1}{\lambda^2} = \frac{1}{\lambda^2}. \end{aligned}$$

□

참고 6.52

정리 6.51에서, $E[X] = \dfrac{1}{\lambda}$, $Var[X] = \dfrac{1}{\lambda^2}$임을 보이는 데 다음 방법도 이용될 수 있다. 먼저 $Y \sim \exp(1)$이라 하면

$$E[Y^k] = \int_0^{\infty} y^k e^{-y} dy = \Gamma(k+1) = k!$$

이다. 따라서

$$E[Y] = 1,\ Var[Y] = E[Y^2] - (E[Y])^2 = 2! - 1^2 = 1.$$

한편, $X = \dfrac{Y}{\lambda} \sim \exp(\lambda)$이다. 이것은

$$F_X(x) = P[X \le x] = P[Y \le \lambda x] = \int_0^{\lambda x} e^{-y} dy = \int_{-\infty}^{x} \lambda e^{-\lambda x} dx$$

이기 때문이다. 위 결과를 이용하면

$$E[X] = \frac{1}{\lambda} E[Y] = \frac{1}{\lambda}$$

이다. 또

$$\begin{aligned} Var[X] &= E[X^2] - (E[X])^2 = \frac{1}{\lambda^2} E[Y^2] - \left(\frac{1}{\lambda} E[Y]\right)^2 \\ &= \frac{1}{\lambda^2} Var[Y] = \frac{1}{\lambda^2} \end{aligned}$$

이다.

보기 6.12

퓨즈(fuse)의 수명은 보통 지수분포를 따른다고 한다. 평균수명이 3년인 어떤 종류의 퓨즈가 수명이 10년을 넘을 확률을 구하여 보자. 먼저, 수명을 확률변수 X로 표시하면 $X \sim \exp(\lambda)$이고, $\lambda = \dfrac{1}{E[X]} = \dfrac{1}{3}$인 사실로부터 그 밀도함수는 $f_X(x) = \dfrac{1}{3} e^{-\frac{1}{3}} \cdot I_{[0,\,\infty)}(x)$이다. 따라서

$$\begin{aligned} P[X \ge 10] &= 1 - P[X < 10] = 1 - \int_0^{10} \frac{1}{3} e^{-\frac{1}{3}} dx \\ &= 1 + \int_0^{10} e^{-\frac{1}{3}} d\left(-\frac{1}{3}x\right) = 1 + \left[e^{-\frac{r}{3}}\right]_0^{10} \approx 0.0357 \end{aligned}$$

이다. 또 같은 제품의 이 퓨즈를 동시에 5개를 사용한 전자제품에서 10년 후에도 그 절반 이상이 작동하고 있을 확률을 계산하여 보자. 이때 장착된 5개의 퓨즈 중에서 10년 이상 작동할 퓨즈의 개수를 N라 하면, 확률변수 N은 $n = 5$이고 $p = 0.0357$인 이항분포를 따른다. 즉, $N \sim B(n = 5,\ p = 0.0357)$이다. 따라서 구하는 확률은, $n = 5,\ p = 0.0357$일 때

$$\begin{aligned} P[N \ge 3] &= 1 - P[X \le 2] \\ &= 1 - b(0;\ n,\ p) + b(1;\ n,\ p) + b(2;\ n,\ p) \\ &= 1 - 0.99956 = 0.00044. \end{aligned}$$

과거를 기억하지 않는 지수분포의 '무기억성'은 지수분포가 갖는 성질 중의 하나이다.

정리 6.53 지수분포의 무기억성

$X \sim \exp(\lambda)$일 때, 두 실수 $a,\ b>0$에 대하여

$$P[X>a+b|X>a]=P[X>b]. \tag{6.17}$$

증명 먼저

$$P[X>a+b|X>a]=\frac{P[X>a+b]}{P[X>a]}$$

이 성립한다. 다음에 X의 확률분포함수 $F_X(x)$를 구하면,

$$\begin{aligned} F_X(x)=P[X\le x]&=\int_0^x \lambda e^{-\lambda t}dx \\ &=-\int_0^x \lambda e^{-\lambda t}d(-\lambda t) \\ &=1-e^{-\lambda x} \end{aligned}$$

이다. 여기서 $P[X>x]=1-P[X\le x]=e^{-\lambda x}$이고, 따라서

$$\frac{P[X>a+b]}{P[X>a]}=\frac{e^{-\lambda(a+b)}}{e^{-\lambda a}}=e^{-\lambda b}=P[X>b]. \qquad \square$$

참고 6.54

지수확률변수 X는 성질 (6.17)을 만족하지만, 이 조건을 만족하는 연속확률변수는 지수확률변수 이외에 없음이 증명된다(6장 연습문제 28).

참고 6.55

어떤 부품이나 제품의 수명 X(년)가 지수분포를 따른다고 하자. 정리 6.53에서 예컨대 $a=5$, $b=10$이면

$$P[X>5+10|X>5]=P[X>10]$$

으로, 수명이 이미 5(년)을 넘은 것이 앞으로 10(년)을 더 넘긴 확률은 과거와 상관없이 새 것이 앞으로 10(년)을 넘길 확률과 같음을 말한다. 결국, 지금까지 고장 나지 않은 부품은 새 것과 수명이 같다는 뜻으로, 지수분포로 설명되는 수명은 시간의 경과에도 소모되지 않는 수명, 다시 말하여 수명에 있어서 감가상각이 없는 것을 말한다.

• 지수분포와 푸아송 분포

여기서는 지수분포와 푸아송 분포 사이의 관계를 논하고 이것을 통하여 새로운 문제를 해결해 본다. 먼저, 푸아송 가정 $(A1)$, $(A2)$, $(A3)$을 만족하는 확률현상의 어떤 시스템에서, 확률변수 $X_{(0,\, t)}$를

$$X_{(0,\, t)} = \text{'시간 } (0,\, t)\text{에서 일어나는 사건의 (출현)수'}$$

로 정의하면 $X_{(0,\, t)}$의 확률질량함수 $f_{X_{(0,\, t)}}(x)$는

$$f_{X_{(0,\, t)}}(x) = P[X_{(0,\, t)} = x] = \frac{(\lambda t)^{x} e^{-\lambda t}}{x!} \cdot I_{\{0,\, 1,\, 2,\, \cdots\}}(x)$$

이다. 이때 λ는 **'단위 시간당 일어나는 사건의 평균수'**, 따라서 λt는 **'시간 $(0,\, t)$에서 일어나는 사건의 평균수'**를 나타낸다. 따라서

$$P[X_{(0,\, t)} = 0] = P[\{\text{시간 } (0,\, t)\text{에서는 사건이 일어나지 않음}\}] = e^{-\lambda t}$$

이다. 지금 새 확률변수 T를

$$T = \text{'첫 사건이 일어날 때까지 걸리는 시간'}$$

로 정의하면, T은 연속확률변수로

$$P[T > t] = P[X_{(0,\, t)} = 0] = e^{-\lambda t}$$

이다. 결국, T의 확률분포함수는

$$F_T(t) = P[T \le t] = 1 - P[T > t] = 1 - e^{-\lambda t}$$

이다. 따라서 T의 확률밀도함수는

$$f_T(t) = F_T{}'(t) = \lambda e^{-\lambda t} \cdot I_{[0,\, \infty)}(x)$$

즉, $T \sim \exp(\lambda)$이다.

이 결과를 정리하면 다음 결과를 얻는다.

정리 6.56

푸아송 가정 $(A1)$, $(A2)$, $(A3)$을 만족하는 확률현상의 어떤 시스템에서, 확률변수 $X_{(0,\, t)}$와 T를 각각 $X_{(0,\, t)}$ ='시간 $(0,\, t)$에서 일어나는 사건의 수', T='첫 사건이 일어날 때까지 걸리는 시간'으로 정의하면 각각

$$X_{(0,\, t)} \sim P_o(m = \lambda t), \quad T \sim \exp(\lambda)$$

이다.

보기 6.13

어떤 지역에서, 지진이 평균 1주에 2회 정도 발생한다고 한다. 이 지역에서 앞으로 2주 안에 적어도 3회 지진이 발생할 확률을 구하여 보자. 또 지진이 일어난 후 다음 지진 때까지 안전한 기간이 적어도 4주가 될 확률을 구하여 보자. 먼저, $X_{(0,\,2)}$를 '기간 $(0,\ 2)$에서 나타나는 지진의 횟수'라 하면, 이 경우 푸아송 가정 $(A1)$, $(A2)$, $(A3)$을 만족한다고 가정하여 $X_{(0,\,2)} \sim P_o(m=\lambda t)$이다. 따라서

$$f_{X_{(0,\,2)}}(x) = \frac{4^x e^{-4}}{x!} \cdot I_{\{0,1,2,\cdots\}}(x)$$

이고, 따라서

$$\begin{aligned} P[X_{(0,\,2)} \geq 3] &= 1 - P[X_{(0,\,2)} \leq 2] \\ &= 1 - [f_{X_{(0,2)}}(0) + f_{X_{(0,2)}}(1) + f_{X_{(0,\,2)}}(2)] \\ &= 1 - \left[e^{-4} + \frac{4e^{-4}}{1!} + \frac{4^2 e^{-4}}{2!}\right] \end{aligned}$$

이다. 한편, 확률변수 T를 '지진이 일어난 후 다음 지진 때까지 기간'이라 하면, 정리 6.56에 의하여

$$T \sim \exp(\lambda = 2)$$

이다. 따라서

$$f_T(x) = \lambda e^{-\lambda t} \cdot I_{[0,\,\infty)}(x) = 2e^{-2t} \cdot I_{[0,\,\infty)}(x)$$

이고 결국

$$\begin{aligned} P[T \geq 4] &= 1 - P[T < 4] \\ &= 1 - \int_0^4 2e^{-2t} dt = 1 + [e^{-2t}]_{t=0}^4 = e^{-8}. \end{aligned}$$

6.2.4† 감마분포

감마분포는 지수분포의 일반화로 그 응용도가 높다.

감마분포는 다음과 같이 정의된다.

정의 6.57 감마분포

확률변수 X의 확률밀도함수가

$$f_X(x) = \frac{\lambda}{\Gamma(r)} (\lambda x)^{r-1} e^{-\lambda x} \cdot I_{[0,\,\infty)}(x), \quad \lambda > 0,\ r > 0$$

이면 X는 감마분포(gamma distribution)를 따른다고 하고, $X \sim Ga(r,\ \lambda)$로 표시한다. 여기서

$\Gamma(p)$는 $\Gamma(p) = \int_0^\infty x^{p-1} e^{-x} dx$로 정의되고 감마함수(gamma function)라 한다.

참고 6.58

정의 6.57의 밀도함수 $f_X(x)$는, 모든 $x \in R^1$에서 $f_X(x) \geq 0$이고, 또 감마함수 $\Gamma(r)$의 정의에 의하여 $\int_{-\infty}^{\infty} f_X(x) dx = 1$임이 쉽게 확인된다.

참고 6.59

$Ga(r=1, \lambda) = \exp(\lambda)$이다.

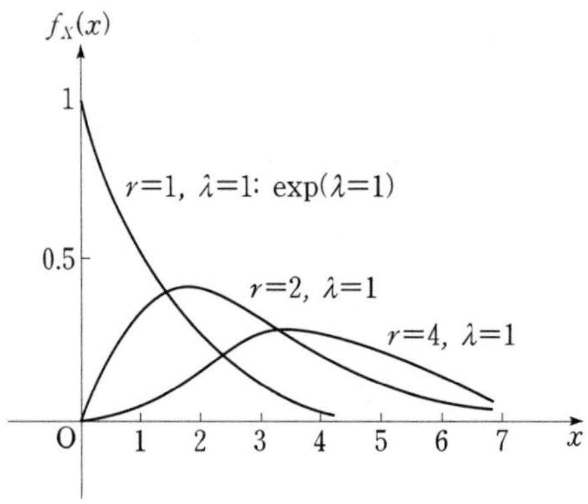

〈그림 6.6〉 감마분포와 지수분포

정리 6.60

$X \sim Ga(r, \lambda)$일 때, 다음이 성립한다.

(1) $E[X] = \dfrac{r}{\lambda}$.

(2) $Var[X] = \dfrac{r}{\lambda^2}$.

(3) $m_X(t) = \left(\dfrac{\lambda}{\lambda - t}\right)^r, \quad (\lambda > t)$.

증명 먼저 $m_X(t)$를 구하면

$$m_X(t)=E[e^{tX}]=\int_0^\infty e^{tx}\frac{\lambda}{\Gamma(r)}(\lambda x)^{r-1}e^{-\lambda x}dx$$
$$=\left(\frac{\lambda}{\lambda-t}\right)^r\int_0^\infty \frac{(\lambda-t)^r}{\Gamma(r)}\cdot x^{r-1}\cdot e^{(\lambda-t)x}dx$$

이다. 여기서 $y=(\lambda-t)x$로 놓으면 $dy=(\lambda-t)dx$이고, 따라서 위 식은

$$\left(\frac{\lambda}{\lambda-t}\right)^r\int_0^\infty \frac{(\lambda-t)^r}{\Gamma(r)}\cdot\frac{1}{(\lambda-t)^{r-1}}y^{r-1}\cdot e^{y}\frac{1}{(\lambda-t)}\ dy$$
$$=\left(\frac{\lambda}{\lambda-t}\right)^r\frac{1}{\Gamma(r)}\int_0^\infty y^{r-1}e^{-y}dy=\left(\frac{\lambda}{\lambda-t}\right)^r,\quad \lambda>t$$

따라서

$$E[X]=m_X{}'(0)=\lambda^r[-r(\lambda-t)^{-r-1}](-1)|_{t=0}=\lambda^r r\lambda^{-r-1}=\frac{r}{\lambda}$$

이고 또

$$E[X^2]=m_X{}''(0)=\lambda^r[r(-r-1)(\lambda-t)^{-r-2}(-1)]=\frac{r(r+1)}{\lambda^2}$$

을 이용하면

$$Var[X]=E[X^2]-(E[X])^2=\frac{r(r+1)}{\lambda^2}-\left(\frac{r}{\lambda}\right)^2=\frac{r}{\lambda^2}.$$ □

보기 6.14

실험에 의하면 정해진 강도의 감마방사능에 노출된 실험용 쥐의 생존기간은 감마분포 $Ga(r,\lambda)$, $r=8,\ \lambda=\dfrac{1}{5}$를 따른다고 한다. 이때 수명을 X로 표시하여 확률 $P[60\le X\le 120]$을 구한다. $X\sim Ga\left(8,\ \dfrac{1}{5}\right)$의 밀도함수는

$$f_X(x)=\frac{1}{15\Gamma(8)}\left(\frac{x}{15}\right)^7e^{-\frac{1}{15}x}\cdot I_{(0,\ \infty)}(x).$$

따라서

$$P[60\le X\le 120]=\int_{60}^{120}\frac{1}{15\Gamma(8)}\left(\frac{x}{15}\right)^7e^{-\frac{1}{15}x}dx$$

이다. 여기서 $y=\dfrac{x}{15}$라 하면 $dx=15dy$이므로, 위 적분식은

$$\int_4^8\frac{1}{\Gamma(8)}y^7e^{-y}dy=\frac{1}{\Gamma(8)}\left[\int_0^8 y^7e^{-y}dy-\int_0^4 y^7e^{-y}dy\right]=0.496.$$

6.3 | 주요 확률분포들의 평균과 분산

앞에서 얻은 분포를 포함하여 몇 가지 주요 확률분포에 대한 평균과 분산은 다음과 같다.

(1) 이산균일분포: $X \sim U_{\{x_1, \cdots, x_n\}}$이면

$$E[X] = \overline{x}_n = \frac{1}{n}\sum_{i=1}^{n} x_i, \quad Var[X] = s_n^2 = \frac{1}{n}\sum_{i=1}^{n}(x_i - \overline{x}_n)^2.$$

(2) 이항분포: $X \sim B(n, p)$이면

$$E[X] = np, \quad Var[X] = np(1-p).$$

(3) 푸아송 분포: $X \sim Po(m)$이면

$$E[X] = m, \quad Var[X] = m.$$

(4) 기하분포: $X \sim Ge(p)$이면

$$E[X] = \frac{1-p}{p}, \quad Var[X] = \frac{1-p}{p^2}.$$

(5) 연속균일분포: $X \sim U_{(a, b)}$이면

$$E[X] = \frac{a+b}{2}, \quad Var[X] = \frac{(b-a)^2}{12}.$$

(6) 감마 분포: $X \sim Ga(r, \lambda)$이면

$$E[X] = \frac{r}{\lambda}, \quad Var[X] = \frac{r}{\lambda^2}.$$

(7) 지수분포 : $X \sim \exp(\lambda)$이면

$$E[X] = \frac{1}{\lambda}, \quad Var[X] = \frac{1}{\lambda^2}.$$

보충설명 **표준점수와 백분위 점수**

어떤 지역 고등학교 3학년 학생들을 대상으로 실시한 과학 교과의 선택과목인 물리, 생물, 화학, 지구과학의 시험성적의 분포가 각각 다음과 같다고 한다(100만점).

$$N(40, 10^2), \quad N(45, 13^2), \quad N(52, 12^2), \quad N(59, 8^2).$$

이 학교의 네 응시생 A, B, C, D의 선택과목과 얻은 점수는 다음과 같다.

A: 물리(62), B: 생물(73), C: 화학(69), D: 지구과학(74)

먼저, 각 과목의 성적을 X라 할 때, 각 학생의 점수를 다음 변환식

$$Z = 10 \cdot \frac{X - m}{\sigma} + 50$$

으로 변환한 각 과목의 표준점수는 다음과 같다.

표준점수: A: 물리(72), B: 생물(71.5), C: 화학(64.2), D: 지구과학(63.8)

이때, 원점수는 D(지구과학), B(생물), C(화학), A(물리)의 내림순이지만, 변환된 점수는 A(물리), B(생물), C(화학), D(지구과학)의 순으로 상대적으로 평가하면 A가 가장 높고 B가 그 다음 그리고 C와 D가 그 뒤를 따르고 있음을 알 수 있다.

한편, '과목 전체 응시자 중 해당 학생의 표준점수보다 낮은 점수를 얻은 학생들의 백분율(%)을 그 학생의 백분위 점수'라고 한다. 각 학생의 백분위 점수에 대한 다음 표

백분위 점수: A: 물리( ), B: 생물( ), C: 화학( ), D: 지구과학( )

를 완성해 보면 어떤 학생이 표준점수보다 백분위 점수가 더 유리한지를 평가할 수 있다.

인물소개 **가우스**

가우스(K. F. Gauss, 1777~1855)는 독일이 나은 천재 수학자이자 과학자로 19세기 수학을 지배한 '수학의 왕자'로 일컬었다.

그의 천재성은 어릴 때부터 두드러져 신동으로 불리었고, 그의 두뇌는 실로 뛰어나 3세에 아버지가 계산한 급여 지불전표의 착오를 지적했을 정도였다. 10세인 초등학교 시절 1에서 100까지를 더하면 얼마가 되느냐는 질문을 받고 그 자리에서 5050이라고 간단히 해결한 일화는 그의 천재성을 보여준 단편적인 예이다.

17세 때에는 대담하게도 수백 년에 걸쳐 수학자들이 누구도 의심치 않았던 유클리드 기하학에 회의를 갖고 그 이론이 곡면 위에서 성립하지 않다는 점을 지적하기도 했다. 이를 계기로 그는 곡면을 측정하는 문제에 집중했으며 그의 생각은 후에 비유클리드 기하학을 창시한 제자 리만에게 계승되어 오늘날 3차원의 굽은 공간은 물론이고 4차원과 그 이상의 다차원으로 이루어지는 환상적인 공간까지로 인간의 사고영역을 넓혔다.

아카데미 시절에도 그는 이항정리, 산술-기하평균, 소수론과 보데의 법칙 등을 발견했고, 2차형식에 관한 상호법칙과 최소제곱법을 발견했다. 대학을 졸업하던 해인 1798년, 18세의 나이로 2천 년 넘는 시간동안이나 수학계의 관심사이던 정17각형의 작도법을 발견해 내 당시 수학계를 흥분시켰다. 1799년에 가우스는 보통 정수에 -1의 제곱근이라는 허수 단위의 몇 배를 더한 '복소수'라는 새로운 수를 고안해 추상적인 고차원의 대수학의 길을 열었다.

가우스는 천문학 분야에도 깊이 관여하여 1801년에는 소행성의 궤도를 계산하는 방법을 발견했고, 1809년에는 천문의 관측오차를 설명하는 데에 처음으로 정규분포를 사용하였다. 수학에서는 수론, 함수론, 확률론 그리고 통계학에 크게 공헌하였다. 특히, 정규분포를 가우스 분포라 부르는 것을 시작으로, 가우스 기호, 가우스 함수, 가우스 소거법은 물론이고 자장의 강도를 측정하는 단위 '가우스', 배가 자기를 배제하여 기뢰를 피하는 측정기를 '데가우싱'이라 부르는 것은 모두 수학과 전기에 관한 가우스의 연구를 기리는 호칭들이다.

EXERCISES 연 습 문 제

01. 어떤 전자제품이 4개의 부품으로 구성되어 있고, 이 부품 중 적어도 2개만 기능을 유지하면 이 제품은 작동될 수 있다고 한다. 각 부품이 독립적으로 기능을 유지할 확률은 0.7이라 한다. 이 제품이 작동할 확률을 구하시오.

02. 출생하는 아기의 남녀 성별의 가능성은 항상 반반이다. 3명의 자녀가 있는 어떤 가정에서 남아의 수를 확률변수 X라 할 때, 다음 물음에 답하시오.

(1) X의 확률분포를 구하시오.

(2) 3명 중 적어도 2명이 남아일 확률은 얼마인가?

03. 어떤 지역의 사람들은 10명 중 3명꼴로 O형의 혈액형을 가지고 있다고 한다. 이 지역을 대표하는 11명의 운동선수 중에서 혈액형이 O형인 사람의 수를 X라 하면, X는 어떤 값들은 취할 수 있을까? 또 이 11명의 선수 중에서 혈액형이 O형인 사람은 몇 명이나 예상할 수 있을까?

04. 유권자의 60%가 갑 후보를 지지하고 있다고 한다. 유권자 사람을 임의로 뽑아 선거인단을 구성할 때, 이 선거인단 중 이 후보를 지지하는 사람의 수를 X라 하자. 다음 물음에 답하시오.

(1) X는 무슨 분포를 이룰까?

(2) 선거인단 중 과반수가 갑 후보를 지지할 확률을 구하시오.

05. 발아율이 80%인 씨앗이 있다. 이 씨앗 100개를 뿌렸을 때, 이 중 몇 개의 씨앗이 발아될 것으로 기대되는가? 발아되는 씨앗을 적어도 90개를 기대한다면 적어도 몇 개의 씨앗을 뿌려야 할까?

06. $X \sim B(n, p)$에서 $n = 10$, $p = 0.3$일 때, 다음 확률을 부록의 이항확률표를 이용하여 구하시오.

(a) $P[X < 4]$ (b) $P[2 < X < 5]$

07. $X \sim B(n, p)$에서 $n = 100$, $p = 0.2$일 때, 다음 확률을 SAS를 이용하여 구하시오.

(a) $P[X < 16]$ (b) $P[14 < X < 20]$

08. $X \sim B(n, p)$이고, $Y \sim B(n, 1-p)$일 때, 다음을 설명하시오.

(1) $P[X \le k] = P[Y \ge n-k]$

(2) $P[X = k] = P[Y = n-k]$

09. 주사위를 50번 던졌을 때, 1의 눈이 6번에서 10번까지 나올 확률을 구하려고 한다. 다음 물음에 답하시오.

(1) 이항분포표를 이용하여 구하시오.

(2) 정규분포표를 이용하여 구하시오.

10. 어떤 식물의 발아율이 50%라고 한다. 이 식물의 씨앗을 100개 뿌리고 그중 발아되는 씨앗의 개수를 X라 할 때, 다음 물음에 답하시오.

(1) X는 무슨 분포를 따를까?

(2) $P(40 \le X \le 60)$을 정규분포를 이용하여 구하시오.

11. $X \sim B(n, p)$일 때, 다음 확률들을 푸아송 근사식을 이용한 근삿값을 구하시오.

(1) $n = 10,\ p = 0.1$일 때, $P[X = 2]$

(2) $n = 10,\ p = 0.1$일 때, $P[X = 0]$

(3) $n = 11,\ p = 0.1$일 때, $P[X = 3]$

12. $X \sim B(n, p)$에서 $n = 200,\ p = 0.55$일 때, 확률 $P[X \le 80]$을 다음 방법들을 통하여 구하시오.

(1) 연속성 수정을 사용하지 않은 정규근삿값

(2) 연속성 수정을 사용한 정규근삿값

(3) SAS 프로그램을 이용하여 완전한 값

13. 당첨될 확률이 0.0001인 복권을 40장 가지고 있다. 이 중 (1) 적어도 한 장이 당첨, (2) 한 장만 당첨, (3) 적어도 2장이 당첨될 확률을 각각 구하시오.

14. 확률변수 X가 평균이 50인 푸아송 분포를 따를 때, 다음 확률들을 구하시오.

(a) $P[X > 65]$ (b) $P[50 \le X \le 60]$

15. 어떤 사람이 오늘 일과가 끝나는 오후 5시 이후 친구로부터 문자메시지를 받기로 약속했다. 메시지는 5시에서 30분을 넘지 않고 각 시각에서 도착 가능성은 같다고 한다. 다음 물음에 답하시오.

(1) 메시지를 10분 이내에 받을 확률은?

(2) 메시지를 기다릴 평균시간은?

16. 어떤 지역에서 발생하는 지진의 횟수는 연당 5회 정도의 푸아송 분포를 따른다고 한다. 다음을 구하시오.

(1) 앞으로 6개월 안에는 이 지역에서 지진이 한 번도 발생하지 않을 확률

(2) 앞으로 15개월 안에 이 지역에서 지진이 적어도 한 번은 발생할 확률

(3) 이 지역에서 지난 6개월간 지진이 한 번도 발생하지 않았을 경우, 앞으로 6개월 안에도 지진이 발생하지 않을 확률

17. 어떤 정밀한 금속판 제조과정에서는 흠집이 평균 5cm^2당 0.012개의 푸아송 분포를 따르며 나타난다고 한다. 이 제조과정에서 생산된 금속판 100cm^2에 이 흠집이 전혀 나타나지 않을 확률을 구하시오. 또 같은 면적에서 많아야 1개 나타날 확률을 구하시오.

18. $X \sim U(0,\,1)$일 때, $a+(b-a)X \sim U(a,\,b)$임을 증명하시오.

19. 버스가 정류장에 9시와 9시 30분 사이에 도착하는데 그 시점은 균일분포를 따른다고 한다. 9시 정각에 이 정류장에 도착한 사람이 10분 이내에 버스를 탈 수 있을 확률을 구하시오. 또 9시 15분까지 아직 버스가 도착하지 않았을 때 앞으로 적어도 10분은 더 기다려야 할 확률을 구하시오.

20. 확률변수 X의 평균이 μ, 표준편차 σ^2인 분포를 따른다고 할 때, 다음 물음에 답하시오.

(1) $Z=\dfrac{X-\mu}{\sigma}$의 평균과 표준편차

(2) $Z=\dfrac{X-\mu}{\sigma}\times 10+50$의 평균과 표준편차

21. $X \sim N(\mu,\,\sigma^2)$에서 $\mu=10,\ \sigma^2=25$일 때, 다음 확률을 구하시오.

(a) $P[X>5]$ (b) $P[X \le 6]$

22. $X \sim N(\mu,\,\sigma^2)$에서 $\mu=3,\ \sigma^2=9$일 때, 다음 확률을 구하시오.

(a) $P[2<X<5]$ (b) $P[X>0]$

(c) $P[|X-3|>6]$

23. 어느 공장에서 남자 근시자 비율이 36%라고 한다. 이 공장의 남자 500명 중에 들어 있는 정상인 사람은 몇 명으로 기대할 수 있는가?

24. 어떤 과수원에서 생산되는 과일의 무게는 정규분포 $N(\mu,\,\sigma^2)$을 따른다고 한다. 이 과수원에서 금년 생산되는 과일은 상위 5%는 '최상급', 그 다음 10%는 '상급'으로 분류하기로 했다고 한다. '상급'과 '최상급'에 대한 무게의 구간을 각각 구하시오.

25. 어떤 과목에서 수강학생들의 성적을 다음과 같이 평가한다고 한다. 한 학기 평균점수 X가 근사적으로 정규분포 $N(\mu,\,\sigma^2)$를 따른다고 가정하고, $X>\mu+\sigma$이면 A, $\mu<X<\mu+\sigma$이면 B, $\mu-\sigma<X<\mu$이면 C, $\mu-2\sigma<X<\mu-\sigma$이면 D, 그리고 $X<\mu-2\sigma$이면 F로 한다고 한다. 이때 각 성적에 해당하는 백분율을 계산하시오.

26. 어떤 지역의 연 강수량은 정규분포 $N(\mu=110,\ \sigma^2=10^2)$를 따른다고 한다. 서로 다른 해의 강수량이 독립이라 할 때, 앞으로 올 4년 중 2년은 연 강수량이 120을 넘을 확률을 구하시오(단위: cm).

27. 어떤 과목에서 수강학생들의 한 학기 평균점수가 근사적으로 $N(\mu,\ \sigma^2)$를 따르고, $\mu = 75$, $\sigma^2 = 64$이라 한다. 상위 15%를 A로 처리한다고 할 때, A 학점을 받는 학생의 최저 점수를 계산하시오.

28. 참고 6.54의 내용, 즉 지수확률변수 X는 (6.17)을 만족하지만 이 조건을 만족하는 연속확률 변수는 지수확률변수 이외에 없음을 증명하시오.

29. $\log X$가 정규분포를 따르면 확률변수 X는 로그정규분포(lognormal distribution)를 따른다고 한다. X의 확률밀도함수 $f_X(x)$를 구하시오.

30. 어떤 개인 컴퓨터의 고장을 수리하는 데 걸리는 시간 X는 $\lambda = \dfrac{1}{3}$의 지수분포를 따른다고 한다. 같은 종류의 고장난 컴퓨터를 수리하는 데 필요한 시간이 3시간을 넘을 확률을 구하시오. 이 컴퓨터의 수리시간이 이미 5시간을 넘어선 상태에서 적어도 8시간이 걸릴 확률을 구하시오.

제7장 확률변수의 함수의 분포

앞에서(정리 6.44) 다음 결과가 증명되었다. 즉,

$$X \sim N(\mu,\ \sigma^2)\text{일 때, } Z = \frac{X-\mu}{\sigma}\text{이면, } Z \sim N(0,\ 1).$$

일반적으로, X가 확률질량함수나 확률밀도함수를 $f_X(x)$ (또는 분포함수 $F_X(x)$)로 갖는 확률변수일 때, 확률변수 $Y = g(X)$의 확률분포를 구하는 문제는 확률론이나 통계학에서 매우 중요하다. 통계적 추론의 기초인 표본론의 주제가 확률변수 함수에 대한 확률분포를 구하는 일이기 때문이다.

이런 문제를 해결하는 방법에는 다음 3가지 방법이 이용된다.

(1) 분포함수기법(distribution function technique),

(2) 적률생성함수기법(moment generating function technique),

(3) 변수변환기법(change-of-variable technique)

등이다.

이 장에서는 위 세 가지 방법을 간단히 소개하기로 한다.

7.1 분포함수기법

이 방법은 확률변수 $Y = g(X)$의 확률분포를 구할 때 주어진 X의 분포함수 $F_X(x)$로부터 먼저 Y의 분포함수 $F_Y(y)$를 구하고 여기서 $f_Y(y)$를 얻는 방법이다.

보기 7.1

X가 $(0,\ 1)$ 위에서 연속균일분포를 따르는 확률변수, 즉 $X \sim U_{(0,\ 1)}$라 하자. 새 확률변수 $Y = X^2$의 확률분포를 생각해 보자. 또 $P[0 \le Y \le 1/2]$을 구하여 보자.

$$F_Y(y) = P[Y \le y] = P[X^2 \le y] = P[-\sqrt{y} \le X \le \sqrt{y}]$$

$$= P[0 < X \le \sqrt{y}] = \int_0^{\sqrt{y}} f_X(x)dx = \int_0^{\sqrt{y}} 1 \cdot I_{(0,1)}(x)dx$$

$$= \begin{cases} 0, & y \le 0\text{이면}, \\ \sqrt{y}, & 0 < y < 1\text{이면}, \\ 1, & y \ge 1\text{이면} \end{cases}$$

이다.

$$F_X(y) = \sqrt{y} \cdot I_{(0,1)}(x) + 1 \cdot I_{[1,\infty)}(x)$$

이고, Y의 확률밀도함수는

$$f_Y(y) = \frac{1}{2\sqrt{y}} \cdot I_{(0,1)}(y)$$

이다. 이 밀도함수를 이용하면 $P[0 \le Y \le 1/2]$은

$$P[0 \le Y \le 1/2] = \int_0^{1/2} \frac{1}{2\sqrt{y}} dy = \frac{1}{2}[2\sqrt{y}]_{y=0}^{\frac{1}{2}} = \frac{\sqrt{2}}{2}$$

7.2 적률생성함수기법

이 방법은 X의 함수인 확률변수 $Y = g(X)$의 확률분포를 구할 때, Y의 확률분포함수 $F_Y(y)$가 아닌 Y의 적률생성함수(moment generating function; mgf)를 통하여 Y의 확률분포를 구하는 방법을 말한다.

먼저 다음 정리를 소개한다.

정리 7.1 연속정리

X와 Y가 각각 $m_X(t)$와 $m_Y(t)$를 적률생성함수로 갖는 두 확률변수라 할 때, 만일 t의 모든 값에서 $m_X(t) = m_Y(t)$이면 X와 Y는 같은 확률분포를 갖는다.

위 정리의 증명은 이 책의 수준을 넘기 때문에 여기서는 생략한다. 증명은 참고문헌 [1]을 참고할 수 있다. 그러나 이 정리의 뜻을 정확하게 이해하는 것은 중요하다. 분포에 따라서는 적률생성함수

는 존재하지 않을 수는 있으나, 만일 존재한다면 이 정리는 적률생성함수가 확률분포를 일의적으로 결정한다는 뜻이다. 따라서 만일 어떤 두 확률변수가 같은 적률생성함수를 가지면 그것들은 같은 확률분포를 따른다는 것을 말한다.

보기 7.2

$X_i (i=1, 2, \cdots, n)$가 서로 독립이고 같은 베르누이 분포를 따르는 확률변수들일 때, 그 합 $Y=\sum_{i=1}^{n} X_i$의 확률분포를 생각하자. Y의 적률생성함수 $m_Y(t)$는

$$\begin{aligned} m_{Y(t)} &= E[e^{tY}] = E[e^{t\sum_{i=1}^{n} X_i}] = E[e^{\sum_{i=1}^{n} tX_i}] \\ &= E[e^{tX_1} \cdots e^{tX_n}] = E[e^{tX_1}] \cdots E[e^{tX_n}] \\ &= \left(E[e^{tX_i}]\right)^n = (m_{X(t)})^n \end{aligned}$$

이다. 또 $m_X(t) = pe^t + q$을 이용하면

$$m_Y(t) = (pe^t + q)^n \tag{7.1}$$

이다. 이것은 이항분포 $B(n, p)$의 적률생성함수이다. 따라서 정리 (7.1)에 의하여 $Y=\sum_{i=1}^{n} X_i$는 $B(n, p)$를 따른다.

보기 7.3

X가 정규분포 $N(\mu, \sigma^2)$을 따른다고 하자. 이때 임의의 두 상수 a, b에 대한 새 확률변수 $Y=aX+b$의 분포를 구하자. 먼저 Y의 확률모함수 $m_Y(t)$는

$$m_Y(t) = E[e^{tY}] = E[e^{t(aX+b)}] = e^{bt}E[e^{(at)X}] = e^{bt}m_X(at)$$

이다. 또 $m_X(t) = e^{\mu t + \frac{1}{2}\sigma^2 t^2}$인 사실로부터

$$m_Y(t) = e^{bt}m_X(at) = e^{bt}e^{a\mu t + \frac{1}{2}a^2\sigma^2 t^2} = e^{(a\mu+b)t + \frac{1}{2}(a^2\sigma^2)t^2} \tag{7.2}$$

이다. 이것은 평균이 $a\mu+b$이고 분산이 $a^2\sigma^2$인 정규분포의 적률생성함수이다. 따라서 정리 7.1에 의하여

$$Y = aX+b \sim N(a\mu+b,\ a^2\sigma^2)$$

이다.

정리 7.2 **정규분포의 재생성**

$X_1, \cdots, X_n$가 독립이고 각각 $N(\mu_i, \sigma_i^2)$를 따르는 확률변수일 때, 그 합 $\sum_{i=1}^{n} X_i$의 확률분포는 $N(\sum_{i=1}^{n}\mu_i, \sum_{i=1}^{n}\sigma_i^2)$이다.

증명 이 정리의 증명은 보기 7.3에서와 유사함으로 연습문제(7-20)에 남긴다. □

따름정리 7.3

두 확률변수 X, Y가 각각 $X \sim N(\mu_x, \sigma_x^2)$, $Y \sim N(\mu_y, \sigma_y^2)$이고 또 서로 독립이면, $X \pm Y \sim N(\mu_x \pm \mu_y, \sigma_x^2 + \sigma_y^2)$이다.

따름정리 7.4

$X_1, \cdots, X_n$가 $X_i \sim N(\mu, \sigma^2)$이고 서로 독립이면, 다음이 성립한다.

(1) $\sum_{i=1}^{n} X_i \sim N(n\mu, n\sigma^2)$.

(2) $\overline{X}_n = \frac{1}{n}\sum_{i=1}^{n} X_i \sim N\left(\mu, \frac{\sigma^2}{n}\right)$.

따름정리 7.5 **푸아송 분포의 재생성**

$X_1, \cdots, X_n$가 서로 독립이고 모수가 각각 m_i인 푸아송 분포를 따르는 확률변수일 때, 그 합 $\sum_{i=1}^{n} X_i$는 모수를 $\sum_{i=1}^{n} m_i$로 갖는 푸아송 분포를 따른다.

증명 먼저 $Y = \sum_{i=1}^{n} X_i$라 하면, Y의 확률모함수 $m_Y(t)$는

$$\begin{aligned} m_Y(t) &= E[e^{tY}] = E[e^{t\Sigma_{i=1}^n X_i}] = E[e^{\Sigma_{i=1}^n tX_i}] \\ &= E[\Pi_{i=1}^n e^{tX_i}] = \Pi_{i=1}^n E[e^{tX_i}] = \Pi_{i=1}^n m_{X_i}(t) \end{aligned}$$

이다. 또 $m_{X_i}(t) = e^{m_i(e^t - 1)}$을 이용하면

$$m_Y(t) = e^{(\Sigma_{i=1}^n m_i)(e^t - 1)}$$

이다. 이것은 푸아송 분포 $P_o(\sum_{i=1}^{n} m_i)$의 적률생성함수이고, 따라서 정리 7.1에 의하여 $Y=\sum_{i=1}^{n} X_i$는 $P_o(\sum_{i=1}^{n} m_i)$를 따른다. □

7.3 | 변수변환기법

이 절에서는 확률변수의 함수의 확률분포를 구하는 효과적인 방법으로 정적분의 변수변환원리에 기초를 두고 있는 변수변환기법(change-of-variable technique)을 다루기로 한다.

먼저 일변수의 경우를 생각하자.

정리 7.6 일변수의 경우

X가 (유한개의 점을 제외한 모든 점에서) 연속인 밀도함수 $f_X(x)$를 갖는 확률변수라 하자. 또 $y=h(x)$이 가측함수로 $Y=h(X)$이 다시 확률변수라 하자. $S=\{x\in R^1 \mid f_X(x)>0\}$일 때, 만약

(1) $h: S\rightarrow T$ (단, $T=h(S)$)가 일대일 함수로 모든 $y\in T$에서 역함수 $x=h^{-1}(y)$이 존재하고,

(2) 역함수 $h^{-1}(y)$도 y에 관하여 미분가능하고, 또 그 도함수 $\frac{d}{dy}h^{-1}(y)$가 T에서 연속이고 0이 아니면,

확률변수 Y도 연속이고, 또 밀도함수를

$$f_Y(y)=f_X[h^{-1}(y)]\left|\frac{d}{dy}h^{-1}(y)\right| I_T(y)$$

으로 갖는다.

증명 B를 가측인 T의 임의의 부분집합이라 하자. 또 $A=h^{-1}(B)$라 하면

$$P(Y\in B)=P[h(X)\in B]=P(X\in A)=\int_A f_X(x)dx \tag{7.1}$$

이다. 주어진 가정에서 (7.1)의 적분은 변수변환의 이론 [7, pp. 270-275]에 의하여

$$\int_A f_X(x)dx=\int_B f_X[h^{-1}(y)]\left|\frac{d}{dy}h^{-1}(y)\right|dy$$

이다. 결국 가측인 임의의 부분집합 $B\subset T$에 대하여

$$P(Y \in B) = \int_B f_X[h^{-1}(y)] \left| \frac{d}{dy} h^{-1}(y) \right| dy$$

이다. 더욱이, $B \subset T^c$인 가측의 부분집합에 대하여

$$P(Y \in B) = P[X \in h^{-1}(B)] \le P(X \in S^c) = 0$$

이므로 기대된 결과를 얻는다. □

보기 7.4

$X \sim N(\mu, \sigma^2)$일 때, X의 일차변환 $Y = aX + b(a, b \in R^1)$의 확률분포를 생각하자. 여기서 함수 $h : R^1 \to R^1$를 $y = h(x) = ax + b$로 정의하면, 이 함수는 정리 7.6의 가정을 모두 만족한다. 또

$$h^{-1}(y) = \frac{y-b}{a}, \quad \frac{d}{dy} h^{-1}(y) = \frac{1}{a}$$

이다. 따라서

$$f_Y(y) = \frac{1}{\sqrt{2\pi}|a|\sigma} e^{\frac{1}{2a^2\sigma^2}[y - (a\mu + b)]^2}$$

임을 알 수 있다. 결국 $Y = aX + b \sim N(a\mu + b, a^2\sigma^2)$이다.

참고 7.7

정리 7.6을 실제로 적용할 때, 변환 $h : S \to T$가 일대일이 아닌 경우가 발생한다. 이 경우에도 S의 유한분할 $\{S_j\}_{j=1}^r$과 (서로 배반일 필요는 없는) T의 부분집합족 $\{T_j\}_{j=1}^r$이 존재하여, 모든 j에 대하여 $h_j : S_j \to T_j$이 일대일이면 정리 7.6을 이용하여 다음 결과를 얻는다.

정리 7.8 일대일 변환이 아닌 경우

X가 (유한개의 점을 제외한 모든 점에서) 연속인 밀도함수 $f_X(x)$를 갖는 확률변수라 하자. 또 $y = h(x)$는 가측함수로 $Y = h(X)$이 확률변수라 하자. 집합 $S = \{x \in R^1 | f_X(x) > 0\}$의 분할 $\{S_j\}_{j=1}^r$과 집합 T의 부분집합족 $\{T_j\}_{j=1}^r$이 존재하여 $\cup_{j=1}^r T_j = T$이고, 또 모든 j에 대하여 함수 $h : S_j \to T_j$이 일대일이라 하자. 함수 h_j를 S_j에서의 h의 제한(restriction)이라 할 때, 만약 모든 j에 대해서 역함수 h_j^{-1}이 T_j 위에서 미분가능하고 또 도함수 $\frac{d}{dy} h_j^{-1}(y)$가 연속이면, Y의 밀도함수 $f_Y(y)$는

$$f_Y(y) = \sum_{j=1}^r I_{T_j}(y) f_{Y_j}(y)] I_T(y)$$

이다. 여기서

$$f_{Y_j}(y) = f_X[h_j^{-1}(y)] \left| \frac{d}{dy} h_j^{-1}(y) \right| I_{T_j}(y), \quad j=1, \cdots, n.$$

보기 7.5

$X \sim N(0, 1)$일 때, $Y = h(X) = X^2$의 확률분포를 생각하자. 여기서 함수 $h : R^1 \to R^1$을 $y = h(x) = x^2$로 정의하면

$$S = \{x \in R^1 | f_X(x) > 0\} = R^1$$

으로, $h : S \to R^1$은 일대일 함수가 아니다. 그러나 S를

$$S_1 = \{x \in R^1 | x \in S, \ x < 0\}, \quad S_2 = \{x \in R^1 | x \in S, \ x \geq 0\}$$

의 두 집합 S_1과 S_2로 분할하면, 함수 $y = h(x) = x^2$은 S_1, S_2 위에서 일대일의 변환으로 분리된다. 집합 S_1, S_2에서 정의되는 일대일 함수를 각각 $y = h_1$, $y = h_2$ 그리고 그 역함수를 $g_1(y) = -\sqrt{y}$, $g_2(y) = \sqrt{y}$라 하면, 이것들은 정리 7.6의 가정을 모두 만족한다. 따라서

$$f_Y(y) = \left[\frac{1}{2} \frac{1}{\sqrt{y}} f_X(-\sqrt{y}) + \frac{1}{2} \frac{1}{\sqrt{y}} f_X(\sqrt{y}) \right] I_{(0, \infty)}(y)$$

로 주어진다. 여기에 $f_X(x) = \frac{1}{\sqrt{2\pi}} e^{-\frac{x^2}{2}}$을 이용하면 다음을 얻는다.

$$f_Y(y) = \frac{1}{\sqrt{2\pi}} e^{-\frac{y}{2}} I_{(0, \infty)}(y).$$

EXERCISES 연 습 문 제

01. 확률변수 X의 확률질량함수가 $f_X(x) = \frac{1}{2} \cdot I_{\{0,1\}}(x)$, 즉

$$f_X(x) = \begin{cases} \frac{1}{2}, & x = 0 \\ \frac{1}{2}, & x = 1 \\ 0, & \text{그렇지 않으면} \end{cases}$$

일 때, 확률변수 $Y = 2X$의 확률분포를 구하시오. 또 기댓값 $E[Y]$와 분산 $Var[Y]$을 구하시오.

02. 확률변수 X가 0, 1, 2, 3, 4에서 확률 $f_X(0)$, $f_X(1)$, $f_X(2)$, $f_X(3)$, $f_X(4)$을 갖는다고 할 때, $Y = (X-2)^2$으로 정의되는 확률변수 Y의 확률분포를 구하시오.

03. X의 확률질량함수 $f_X(x)$의 값이 다음으로 정의될 때, $Y = X^2$의 확률분포를 구하시오.

$$f_X(2) = \frac{11}{30},\ f_X(1) = \frac{1}{15},\ f_X(0) = \frac{1}{5},\ f_X(-1) = \frac{1}{6},\ f_X(-2) = \frac{1}{5}$$

04. $X \sim B(n, p)$, $n = 3$, $p = \frac{2}{5}$일 때, 확률변수 $Y = X^2$의 확률분포를 구하시오. 또 기댓값 $E[Y]$과 분산 $Var[Y]$을 구하시오.

05. X가 확률질량함수 $f_X(x) = \frac{1}{n} \cdot I_{\{1, 2, 3, \cdots, n\}}(x)$을 갖는 이산확률변수일 때, $Y = X^2$인 확률변수 Y의 확률분포를 구하시오.

06. 확률변수 X의 밀도함수 $f_X(x)$가

$$f_X(x) = \begin{cases} 2x, & 0 < x < 1\text{이면,} \\ 0, & \text{그렇지 않으면} \end{cases}$$

일 때, 확률변수 $Y = 3X + 1$의 확률분포를 구하시오.

07. $X_1, \cdots, X_n$이 서로 독립인 베르누이 $Ber(p)$ 확률변수일 때, 합의 확률변수 $X_1 + \cdots + X_n$의 확률분포를 구하시오. (힌트: X_i의 확률생성함수 $m_{X_i}(t) = pe^t + q$을 이용)

08. 확률변수 X의 확률밀도함수 $f_X(x)$가

$$f_X(x)=\begin{cases}\dfrac{1+x}{2}, & -1<x<1\text{이면,}\\ 0\ \ , & \text{그렇지 않으면}\end{cases}$$

일 때, 확률변수 $Y=X^2$의 확률분포를 구하시오.

09. X가 평균이 0이고 분산이 1인 정규분포를 따르는 확률변수일 때, $Y=X^2$의 확률생성함수 $m_Y(t)$을 구하시오.

10. X_1과 X_2가 서로 독립인 표준정규분포를 따르는 확률변수일 때, 합의 확률변수 X_1+X_2의 확률분포를 구하시오.

11. X가 확률질량함수 $f_X(x)=\dfrac{1}{2n}\cdot I_{\{\pm 1,\ \pm 2,\ \pm 3,\ \cdots,\ \pm n\}}(x)$을 갖는 이산확률변수일 때, $Y=X^2$인 확률변수 Y의 확률분포를 구하시오.

12. X가 확률생성함수를 $m_X(t)$로 갖는 확률변수일 때, 확률변수 $Y=\alpha+\beta X$의 확률생성함수를 $m_Y(t)$를 $m_X(t)$로 표시하시오. (힌트: $m_Y(t)=E[e^{tY}]=E[e^{t(\alpha+\beta X)}]$).

13. T가 확률밀도함수 $f_T(t)=\alpha e^{-\alpha t}\cdot I_{(0,\infty)}(t)$을 갖는 연속확률변수일 때, $S=\ln T$인 확률변수 S의 확률밀도함수를 구하시오.

14. 2차원 확률변수 (X, Y)의 결합확률질량함수가

$$f_{X,Y}(x, y)=\frac{xy}{18}\cdot I_{\{(x,y)\mid x=1,2;\ y=1,2,3\}}(x, y)$$

일 때, 확률변수 XY의 확률분포를 구하시오. 또 두 확률변수 X와 Y 사이의 독립성을 설명하시오.

15. 확률변수 X의 확률밀도함수가 $f_X(x)=2xe^{-x^2}\cdot I_{(0,\infty)}(x)$일 때, $Y=X^2$의 확률밀도함수를 구하시오.

16. $X_1, \cdots, X_n$이 서로 독립인 지수분포 $f_X(x)=\dfrac{1}{\beta}e^{-\frac{x}{\beta}}\cdot I_{(0,\infty)}(x)$, $\beta>0$를 따를 때, 합의 확률변수 $X_1+\cdots+X_n$의 확률분포를 구하시오. (힌트: X_i의 확률생성함수 $m_{X_i}(t)=\dfrac{\beta}{\beta-t}$을 이용)

17. 확률변수 X의 확률밀도함수가 $f_X(x) = 2x \cdot I_{(0,\ 1)}(x)$일 때, 확률변수 $Y = 3X + 6$의 확률밀도함수를 구하시오.

18. X_1, X_2가 서로 독립이고 평균이 각각 2와 5 그리고 분산이 각각 9와 1인 정규확률변수일 때, 확률변수 $Y = 3X_1 + 6X_2 - 8$의 확률생성함수를 구하고, 그 확률분포를 말하시오.

19. X가 $[-1,\ 1]$ 위에서 균일확률분포를 따르다. 즉 $X \sim U_{[-1,\ 1]}$이다. 이때 $Y = X^+$의 확률분포의 개형을 그리고 그 확률분포의 특징을 기술하시오. 여기서 $X^+ = \begin{cases} X, & X \geq 0 \\ 0, & X < 0 \end{cases}$ 으로 정의한다.

20. $X_1,\ \cdots,\ X_n$이 서로 독립이고 각각 $N(\mu_i,\ \sigma_i^2)$를 따르는 확률변수일 때, 그 합 $\sum_{i=1}^{n} X_i$의 확률분포가 $N(\sum_{i=1}^{n}\mu_i,\ \sum_{i=1}^{n}\sigma_i^2)$임을 증명하시오. (힌트: X_i의 확률생성함수 $m_{X_i}(t) = e^{\mu_i t + \frac{1}{2}\sigma_i^2 t^2}$을 이용)

제 8 장 극한정리†

확률변수열의 수렴에 관한 정리들을 확률론의 극한정리(limit theorems)라 한다. 극한정리는 크게 대수의 법칙(law of large numbers)과 중심극한의 정리(central limit theorem)로 구분된다. 극한정리는 확률변수열의 **부분합**이나 **평균**의 점근적 행태를 설명하는 것으로 그 개수가 무한히 증가할 때 나타나는 이것들의 극한값과 극한분포를 설명한다. 특히 대수의 법칙은 독립된 확률변수들의 합이나 평균의 극한값을 설명하며, 중심극한의 정리는 그 극한분포가 정규분포임을 말한다. 통계학의 입장에서, 이 정리들은 표본평균의 점근적 행태를 설명하는 것으로, 표본의 크기가 무한히 커질 때 표본평균은 모평균으로 그리고 표본평균의 분포는 정규분포로 수렴함을 설명한다.

이 장에서는 대수의 법칙과 중심극한의 정리를 확률론의 입장에서 논하기로 한다. 통계학, 더 구체적으로 표본론의 입장에서의 대수의 법칙과 중심극한의 정리는 9장에서 다루기로 한다.

8.1 대수의 법칙

먼저 대수의 법칙의 직관적인 뜻을 생각하자.

앞면이 나올 확률이 p인 동전을 계속하여 던지는 확률실험을 생각하자. 이때 상대도수 $\frac{n_h}{n}$, 즉 던진 횟수 n에 대한 앞면이 나온 횟수 n_h의 비는 실험횟수를 증가함에 따라 p로 수렴할 것이 기대된다. 예컨대, 실험의 결과 표본점이

$$\omega = (\mathrm{H},\ \mathrm{T},\ \mathrm{H},\ \mathrm{H},\ \mathrm{T},\ \mathrm{T},\ \cdots) \tag{8.1}$$

로 주어지면, 이 진행에 대응하는 상대도수의 실수열

$$\left\{\frac{n_h}{n}\right\} = \left\{\frac{1}{1},\ \frac{1}{2},\ \frac{2}{3},\ \frac{3}{4},\ \frac{3}{5},\ \frac{3}{6},\ \cdots\right\} \tag{8.2}$$

이 p로 수렴할 수 있는 것이다. 더 일반적으로 표현하여, 어떤 사건 E가 일어날 확률이 p인 확률실험을 계속 반복하면, 이때 던진 횟수 n에 대한 사건 E가 일어난 횟수 n_e의 상대도수인 $\frac{n_e}{n}$는 실험횟수를 증가함에 따라 p로 수렴이 기대된다. 다시 말하여, n이 무한이면 (거의) 모든 ω에서

수렴이 기대되어 결국 임의의 $\epsilon > 0$에 대하여

$$\lim_{n\to\infty} P\left\{\left|\frac{n_e}{n} - p\right| < \epsilon\right\} = 1$$

의 표현이 가능하다. 이 직관적인 결과는 적당한 조건하에서 이론적으로도 증명되며 이것이 대수의 법칙의 한 형태이다.

위 결과를 확률변수로 표현하면 다음 결과를 얻는다.

정리 8.1 대수의 약법칙: 베르누이

$\{X_n\}$이 서로 독립이고 1을 취할 확률이 p이고 0을 취할 확률이 $q(=1-p)$인 베르누이 확률변수열, 즉 모든 n에 대하여

$$P[X_n = 1] = p, \quad P[X_n = 0] = q = 1 - p$$

이면, 임의의 $\epsilon > 0$에 대하여

$$\lim_{n\to\infty} P\left\{\left|\frac{S_n}{n} - p\right| < \epsilon\right\} = 1 \tag{8.3}$$

이다.

정리 8.1의 증명은 다음 몇 가지 결과를 통하여 이루어진다.

참고 8.2

(8.3)이 성립할 때, $\{X_n\}$는 p로 약수렴(weak convergence) 또는 확률수렴(convergence in probability)한다고 하고, 기호로

$$\frac{S_n}{n} \xrightarrow{P} p$$

로 표시한다.

증명 이 정리는 더 일반적인 경우를 다룬 정리 8.6의 따름정리로 성립한다. □

참고 8.3

정리 8.1에서, 확률변수열 $\{X_n\}$은 베르누이 시행의 무한한 반복을 의미한다. S_n는 n회의 반복 시행에서 얻은 성공횟수이고, $\frac{S_n}{n}$는 시행횟수 n에 대한 성공횟수의 상대도수를 의미한다. 따라서 이 성질은 베르누이 시행에서 반복의 횟수가 충분히 크면, 성공의 상대도수 $\frac{S_n}{n}$는 p에 얼마든지 접근할 수 있음을 의미한다. 이 정리는 표본론에서 모비는 표본비의 극한임을 설명하는 데 이용되기도 한다.

참고 8.4

확률수렴은 미적분학이나 해석학에서 말하는 수렴과는 차이가 있다. 예컨대, 해석학에서 실수열 $\left\{\frac{1}{n}\right\}$이 $n\to\infty$ 일 때 0으로 수렴한다는 뜻은, n을 충분히 크게 하면 $\frac{1}{n}$은 0에 얼마든지 가깝게 할 수 있다는 뜻이고, 이에 반하여 (8.3)은 n을 충분히 크게 하면 사건 $\left\{\omega \middle| \left|\frac{S_n(\omega)}{n}-p\right|<\epsilon\right\}$이 일어날 확률을 1에 얼마든지 가깝게 할 수 있다는 뜻이다.

참고 8.5

대수의 '약법칙'에 반하여 '강법칙'을 생각할 수 있다. 대수의 강법칙에 대한 개념은 이 책의 수준을 넘기 때문에 여기서는 깊이 다루진 않지만, 두 개념의 차이를 어느 정도 이해해 둘 필요가 있다. 만일 어떤 조건에서

$$P\left\{\omega\in\Omega \;\middle|\; \lim_{n\to\infty}\left|\frac{S_n(\omega)}{n}-p\right|<\epsilon\right\}=1 \tag{8.4}$$

이 성립하면 대수의 강법칙이 성립한다고 한다. (8.4)의 수렴은 거의 모든 표본점 ω에서 성립함을 뜻한다. 여기서 **거의 모든** 표본점이란 표본공간의 원소 중에서 확률에 영향을 주지 않는 점들은 제외한다는 뜻으로 결국 이 수렴은 확률 1을 가지고 성립함을 뜻한다. 이것을 대수의 강법칙이라 하고, $\frac{S_n}{n}\xrightarrow{a.s.}p$로 표시한다.

정리 8.1은 다음 정리의 따름정리로 성립한다.

정리 8.6

$\{X_n\}$이 서로 독립이고 (그러나 같은 분포를 가질 필요는 없는) 유한인 평균과 분산을 갖는, 즉 $E[X_i]=\mu_i<\infty$, $Var[X_i]=\sigma_i^2<\infty$인 확률변수열에서, 만일 분산들이 균일유계(uniformly bound), 즉 $M(\in R^1)$이 존재하여 모든 i에 대하여 $\sigma_i^2<M$이면, $S_n=X_1+\cdots+X_n$일 때

$$\frac{S_n-E[S_n]}{n}\xrightarrow{P}0.$$

즉, 임의의 ϵ에 대하여

$$\lim_{n\to\infty}P\left\{\left|\frac{S_n-E[S_n]}{n}\right|<\epsilon\right\}=1. \tag{8.5}$$

증명 체비셰프의 부등식(정리 4.18)에 의하여, 임의의 $\epsilon>0$에 대하여

$$P\left[\left|\frac{S_n - E[S_n]}{n}\right| \geq \epsilon\right] \leq \frac{1}{\epsilon^2} E\left[\left(\frac{S_n - E[S_n]}{n}\right)^2\right]$$

$$= \frac{Var[S_n]}{\epsilon^2 n^2} = \frac{\sum_{i=1}^{n} \sigma_i^2}{\epsilon^2 n^2} \leq \frac{M}{\epsilon^2 n^2} \to 0. \qquad \square$$

증명 **정리 8.1의 증명**

$\{X_n\}$이 서로 독립이고 성공할 확률이 p인 베르누이 확률변수열이므로, $E[X_i] = p < \infty$, $Var[X_i] = pq < \infty$이고, 또 분산들은 당연히 균일유계이다. 따라서 정리 8.6에 의하여

$$\frac{S_n}{n} \xrightarrow{P} p$$

이 성립한다. □

다음 결과는 정리 8.6의 특별한 경우로 많이 응용된다.

따름정리 8.7 **대수의 약법칙: iid 경우**

$\{X_n\}$이 서로 독립이고 같은 분포를 따르는 확률변수열로 모든 i에 대하여 $E[X_i] = \mu < \infty$, $Var[X_i] = \sigma^2 < \infty$이면

$$\frac{S_n}{n} - \mu \xrightarrow{P} 0, \quad \text{즉,} \quad \overline{X}_n \xrightarrow{P} \mu.$$

증명 이 정리의 결과는 정리 8.6에 의하여 쉽게 성립한다. □

킨친(Khintchine)에 의한 다음 정리는 유한분산의 조건을 유한평균의 조건으로 대체하는 데 뜻이 있다. 증명에서도 유한분산이 요구되는 체비셰프의 부등식이 아닌 유한평균의 조건이 이용된다.

정리 8.8 **대수의 약법칙: 킨친†**

$\{X_n\}$이 서로 독립이고 같은 분포를 따르는 확률변수열일 때, 만일 $E[X_1] = \mu < \infty$이면

$$\frac{S_n}{n} - \mu \xrightarrow{P} 0, \quad \text{즉} \quad \overline{X}_n \xrightarrow{P} \mu.$$

증명 X_1의 확률생성함수를 $m_X(t)$라 하면

$$m_{\overline{X}_n}(t) = E\left[e^{t\overline{X}_n}\right] = E\left[e^{\frac{t}{n}(X_1 + \cdots + X_n)}\right] = E\left[\prod_{i=1}^{n} e^{\frac{t}{n}X_i}\right] = \prod_{i=1}^{n} E\left[e^{\frac{t}{n}X_i}\right]$$

이고, 여기에 X_n들이 서로 독립이고 또 같은 분포를 갖는 성질을 이용하면 위 식은 다시

$$\prod_{i=1}^{n}\left\{m_{X_i}\left(\frac{t}{n}\right)\right\}=\left[m_{X_1}\left(\frac{t}{n}\right)\right]^n=(E\,[e^{\frac{tX_1}{n}}])^n$$

이고, 따라서

$$\begin{aligned} m_{\overline{X}_n}(t) &= \left\{E\left[1+\frac{tX_1}{n}+\frac{1}{2!}\left(\frac{tX_1}{n}\right)^2+\cdots\right]\right\}^n \\ &= \left\{1+\frac{t}{n}E\,[X_1]+\frac{1}{2!}\left(\frac{t}{n}\right)^2 E\,[X_1^2]+\cdots\right\}^n \\ &= \left\{1+\frac{t}{n}\mu+o\left(\frac{1}{n}\right)t\right\}^n \to e^{t\mu} \end{aligned}$$

이 된다(기호 $o(1/n)$는 참고 6.11를 참조). 여기서 $e^{t\mu}$는 $P[X=\mu]=1$인 확률변수 X의 적률생성함수 $m_X(t)$이므로, 정리 4.12에 의하여 기대한 결과를 얻는다. □

다음은 대수의 강법칙을 생각한다.

정리 8.9 대수의 강법칙: 콜모고로프†

확률변수열 $\{X_n\}$이 서로 독립이고 또 모든 i에 대하여 $E[X_i]=\mu_i<\infty$, $Var[X_i]=\sigma_i^2<\infty$일 때, 만약 $a_n\equiv E[S_n]=\sum_{i=1}^{n}\mu_i$이고 또 b_n이 $\sum_{i=1}^{\infty}\frac{\sigma_i^2}{b_i^2}<\infty$을 만족하면

$$\frac{S_n-a_n}{b_n}=\frac{S_n-E[S_n]}{b_n}\xrightarrow{a.s.}0.$$

증명 이 정리의 증명은 이 책의 정도를 넘으므로 여기서는 생략한다. 참고문헌 [1]의 8장을 참고할 수 있다. □

다음 정리는 정리 8.9에 의하여 성립하는 결과로 매우 유용하다. 이 정리는 특히 관련 확률변수열이 서로 독립일 뿐 같은 분포를 따르지는 않는 경우에 성립함을 유의할 필요가 있다.

정리 8.10

$\{X_n\}$이 서로 독립이고, 또 모든 i에 대하여 $E[X_i]=\mu<\infty$, $Var[X_i]=\sigma^2<\infty$이면,

$$\frac{S_n}{n}-\mu\xrightarrow{a.s.}0.$$

증명 $a_n\equiv E[S_n]=n\mu$이고 $b_n=n$이면,

$$\sum_{k=1}^{\infty}\frac{\sigma^2}{k^2}=\sigma^2\sum_{k=1}^{\infty}\frac{1}{k^2}<\infty$$

이다. 따라서 정리 8.9에 의하여

$$\frac{S_n}{n}-\mu=\frac{S_n-n\mu}{n}\xrightarrow{a.s.}\mu.$$ □

다음 정리는 분산에 대한 제한조건이 없는 것이 그 특징이다.

정리 8.11 대수의 강법칙: iid 경우

$\{X_n\}$이 서로 독립이고 또 같은 분포를 따르는 확률변수열로서, $E[X_1]=\mu<\infty$이면

$$\frac{S_n}{n}\xrightarrow{a.s.}\mu,\ \text{즉},\ \overline{X}_n\xrightarrow{a.s.}\mu.$$

증명 이 정리의 증명은 참고문헌 [1]의 8장을 참조할 수 있다. □

참고 8.12

정리 8.11에서, $E[X_k]$가 $k\geq 2$에서 존재하는 경우에도 유한일 필요는 없다. 실제, $E[X_k]=\infty$의 경우에는 $\frac{S_n}{n}\xrightarrow{a.s.}\infty$임을 보일 수 있다.

8.2 | 중심극한의 정리

대수의 법칙은 독립인 확률변수들의 합이나 평균의 분포를 근사화하는 데는 유효하지 않다. 여기서 다룰 중심극한의 정리는 이러한 확률변수들의 합이나 평균의 극한분포가 정규분포임을 설명하고 있다. 특히 이 정리는 정규분포가 확률론과 통계학에서 중추적인 역할을 하는 이론적 배경이기도 하다.

정규분포는 이항분포의 극한으로 얻을 수 있었다(참고 6.47). 즉, $X_1,\cdots,X_n$이 서로 독립이고 같은 베르누이 $B(1,\ p)$ 확률변수일 때, 부분합 $S_n=\sum_{k=1}^{n}X_k$은 $E[S_n]=np$, $Var[S_n]=npq$이며, 또 그 표준화된 확률변수에 의하여

$$S_n^*=\frac{S_n-E[S_n]}{\sqrt{Var[S_n]}}=\frac{S_n-np}{\sqrt{np(1-p)}}\xrightarrow{D}N(0,\ 1)$$

이 성립함을 알았다. 여기서 $\xrightarrow{D}$는 분포수렴(convergence in distribution)를 말하는 것으로, 임의의 $x \in R^1$에 대하여

$$\lim_{n\to\infty} P\left[S_n^* \le x\right] = \int_{-\infty}^{x} \frac{1}{\sqrt{2\pi}} e^{-y^2/2} dy = \Phi(x)$$

를 뜻한다. 이것이 **드무아브르와 라플라스**에 의하여 확인된 최초의 중심극한의 정리이다. 여기서 $\Phi(x)$를 S_n^*의 극한분포(limiting distribution) 또는 점근적 분포(asymptotic distribution)라 한다. 또 n에 대한 $\Phi(x)$의 근사식 $\Phi_n(x)$를 S_n의 근사분포(approximation distribution)라 한다.

베르누이의 경우에 대한 위 결과는 다음과 같이 정리된다.

정리 8.13 중심극한의 정리: 드무아브르-라플라스

$\{X_n\}$이 서로 독립이고, 성공할 확률이 p인 같은 베르누이 확률변수열일 때,

$$\frac{S_n - np}{\sqrt{np(1-p)}} \xrightarrow{L} N(0,\ 1).$$

증명 이 정리의 결과는 중심극한의 정리의 일반적인 형태인 정리 8.18의 따름정리로 성립한다(참고 8.21 참조). □

참고 8.14

$\xrightarrow{L}$ (convergence in law)은 $\xrightarrow{D}$ 와 같은 의미로 분포수렴을 말한다.

참고 8.15

정리 8.13에서 $p = \frac{1}{2}$의 경우는 드무아브르에 의하여 유도되었고, 이 결과는 후에 라플라스에 의하여 일반적인 p로 확장되었다. 또 이 결과는 X_n가 베르누이의 확률변수가 아닌 더 일반적인 경우로 서로 독립이고 같은 분포를 따르는 어떤 확률변수열에서도 성립함이 밝혀졌다.

다음 결과는 고전적 중심극한의 정리로 알려졌다.

정리 8.16 중심극한의 정리: iid 경우

$\{X_n\}$이 서로 독립이고 또 같은 분포를 따르는 확률변수열로, 평균이 μ 그리고 분산이 $\sigma^2 > 0$이면

$$Z_n = \frac{S_n - n\mu}{\sqrt{n}\,\sigma} \xrightarrow{L} N(0,\ 1).$$

증명 $m_{Z_n}(t) = E[e^{tZ_n}]$라 하면,

$$m_{Z_n}(t) = E\left[\exp\left\{\frac{t}{\sigma\sqrt{n}}\left(\sum_{k=1}^{n} X_k - n\mu\right)\right\}\right] = \prod_{k=1}^{n} E\left[\exp\left\{\frac{t}{\sigma\sqrt{n}}(X_k - \mu)\right\}\right]$$
$$= \left[E\left\{\exp\left(\frac{tU}{\sqrt{n}}\right)\right\}\right]^n = \left\{\phi_U\left(\frac{t}{\sqrt{n}}\right)\right\}^n$$

이다. 여기서 $U = (X_1 - \mu)/\sigma$, $m_U(t) = E[e^{tU}]$이다. $m_U(t/\sqrt{n})$를 테일러 급수로 전개하고, $E[U] = 0$, $E[U^2] = 1$을 이용하면

$$m_U\left(\frac{t}{\sqrt{n}}\right) = 1 + \frac{t}{\sqrt{n}} E[U] + \frac{t^2}{2n} E[U^2] + o\left(\frac{t^2}{n}\right)$$
$$= 1 - \frac{t^2}{2n} + o\left(\frac{t^2}{n}\right)$$

이다. 따라서 $n \to \infty$일 때

$$m_{Z_n}(t) = \left\{1 - \frac{t^2}{2n} + o\left(\frac{t^2}{n}\right)\right\}^n \to e^{-\frac{t^2}{2}}$$

으로, 극한함수가 표준정규분포의 적률생성함수이므로 증명은 완성된다. □

참고 8.7

정리 8.16의 증명은 더 일반적인 결과인 정리 8.18의 따름정리로 성립할 수 있다(참고 8.20 참조). 더욱이, $\{X_n\}$에 대한 제한이 더 약화되어 여러 형태의 종속상태의 경우에서도 성립하는 내용으로 중심극한의 정리는 일반화된다.

다음 정리는 중심극한의 정리 중 가장 일반적인 형태이다. 이 정리를 중심극한의 정리의 **린드버그-펠러**(Lindeberg-Feller)형이라 한다.

정리 8.18 중심극한의 정리: 린드버그-펠러†

$\{X_n\}$이 서로 독립이고 모든 i에 대하여 $E[X_i] = \mu_i$, $Var[X_i] = \sigma_i^2$인 확률변수열이고, $s_n^2 = \sum_{i=1}^{n} \sigma_i^2$이라 하자. 만일, 모든 i에 대하여 $s_n \to \infty$일 때 $\frac{\sigma_i}{s_n} \to 0$이고, 또 임의의 $\epsilon > 0$

에 대하여

$$\lim_{n\to\infty}\frac{1}{s_n^2}\sum_{k=1}^{n}\int_{[|x-\mu_k|\ge\epsilon s_n]}(x-\mu_k)^2 f_{X_k}(x)\,dx=0 \tag{8.6}$$

이면

$$\frac{S_n-E[S_n]}{\sqrt{Var[S_n]}}\xrightarrow{L}N(0,\ 1)$$

이다. 즉, 임의의 $x\in R^1$에 대하여

$$\lim_{n\to\infty}P\left[\frac{S_n-E[S_n]}{\sqrt{Var[S_n]}}\le x\right]=\int_{-\infty}^{x}\frac{1}{\sqrt{2\pi}}e^{-y^{2/2}}dy=\Phi(x).$$

증명 이 정리의 증명은 이 책의 수준을 넘어 여기서는 생략한다. □

참고 8.19†

정리 8.18에서, 모든 i에서 $s_n\to\infty$일 때 $\frac{\sigma_i}{s_n}\to 0$이 성립함은 변수의 각 분산이 전체 분산에 비하여 (영향을 주지 못할 정도로) 작음을 뜻한다. 또 이 정리의 린드버그 조건(Lindeberg's condition) (8.6)은 서로 독립인 $\{X_n\}$이 린드버그-펠러의 (중심극한의) 정리가 성립하기 위한 충분조건으로 참고 8.20, 8.21, 8.22 등에서와 같이 여러 형태로 나타날 수 있다.

참고 8.20† iid 경우

정리 8.16에서와 같이, $\{X_i\}$들이 모두 같은 분포를 따르면 밀도함수 $f_{X_1}(x)=\cdots=f_{X_n}(x)$ $=f_X(x)$이고 또 $s_n^2=n\sigma^2$이므로, 린드버그-조건 (8.6)은

$$\begin{aligned}&\lim_{n\to\infty}\frac{n}{s_n^2}\int_{[|x-\mu_k|\ge\epsilon s_n]}(x-\mu_k)^2 f_X(x)dx\\&=\lim_{n\to\infty}\frac{1}{\sigma^2}\int_{[|x-\mu_k|\ge\epsilon s_n]}(x-\mu_k)^2 f_X(x)dx=0\end{aligned}$$

으로 당연한 결과가 된다. 따라서 정리 8.16는 린드버그-펠러의 중심극한의 정리의 따름 정리라 할 수 있다.

참고 8.21† **베르누이 경우**

정리 8.13에서와 같이, $\{X_i\}$이 서로 독립이고, 성공할 확률이 p인 같은 베르누이 확률변수열일 때,

$$\frac{S_n - np}{\sqrt{np(1-p)}} \xrightarrow{L} N(0,\ 1)$$

이다. 이것은 $\mu = E[X_i] = p$, $\sigma^2 = Var[X_i] = p(1-p)$이고, 또 $E[S_n] = np$, $s_n^2 = np(1-p)$이므로, 참고 8.20에 의하여 주어진 결과를 얻는다. 결국 정리 8.13는 린드버그-펠러의 중심극한의 정리의 따름정리라 할 수 있다.

참고 8.22 **균일유계의 경우†**

확률변수열 $\{X_n\}$이 서로 독립이고, 모든 k에 대하여 $|X_k| \leq M(\in R^1)$이며, 또 $n \to \infty$일 때 $s_n \to \infty$이면

$$\frac{S_n - E[S_n]}{s_n} \xrightarrow{L} N(0,\ 1)$$

이 성립한다. 이것을 보이기 위해 이 조건에서 린드버그-조건이 만족됨을 보이자. 먼저 임의의 $\epsilon > 0$에 대하여

$$\begin{aligned}\int_{[|x-\mu_k| \geq \epsilon s_n]} (x-\mu_k)^2 f_{X_k}(x)dx &= E[(X_k - \mu_k)^2 I_{[|X_{k-}\mu_k| \geq \epsilon s_n]}] \\ &\leq (2M)^2 P[|X_{k-}\mu_k| \geq \epsilon s_n] \\ &\leq (2M)^2 \frac{\sigma_k^2}{\epsilon^2 s_n^2}\end{aligned}$$

이다. 마지막 부등식은 체비셰프의 부등식으로 성립한다. 따라서

$$\frac{1}{s_n^2}\sum_{k=1}^{n}\int_{[|x-\mu_k| \geq \epsilon s_n]} (x-\mu_k)^2 f_{X_k}(x)dx \leq \frac{(2M)^2}{\epsilon^2 s_n^2} \to 0$$

이다.

참고 8.23 **부등식†**

$$\begin{aligned}\frac{1}{s_n^2}\sum_{k=1}^{n}\int_{[|x-\mu_k| \geq \epsilon s_n]} (x-\mu_k)^2 f_{X_k}(x)dx &\geq \epsilon^2 \sum_{k=1}^{n} P[|X_k - \mu_k| \geq \epsilon s_n] \\ &\geq \epsilon^2 \max_{1 \leq k \leq n} P[|X_k - \mu_k| \geq \epsilon s_n]\end{aligned}$$

으로부터, (8.6)이 성립하면 임의의 $\epsilon > 0$과 모든 k에 대하여, $n \to \infty$일 때

$$P\left[\frac{|X_k-\mu_k|}{s_n}\geq \epsilon\right]\to 0$$

임을 의미한다. 이것은 직관적으로 확률변수 $|X_k-\mu_k|/s_n$이 균일하게 작아짐을 의미한다.

참고 8.24 중심극한의 정리와 대수의 법칙과의 관계

$\{X_n\}$이 독립이고 같은 분포를 따르는 확률변수열일 때, 표준화된 확률변수

$$S_n^*=\frac{S_n-E[S_n]}{\sqrt{Var[S_n]}}=\frac{S_n-n\mu}{\sqrt{n}\,\sigma}=\frac{\overline{X}_n-\mu}{\dfrac{\sigma}{\sqrt{n}}}$$

는 중심극한의 정리에 의하여

$$S_n^*\xrightarrow{D}N(0,\ 1)$$

이다. 따라서,

$$P\left[|\overline{X}_n-\mu|\leq\frac{x\sigma}{\sqrt{n}}\right]\to\frac{1}{\sqrt{2\pi}}\int_{-x}^{x}e^{-\frac{y^2}{2}}dy$$

이 성립한다. 여기서, 임의의 $\epsilon>0$에 대하여 $x\sigma/\sqrt{n}=\epsilon$로 놓으면

$$P[|\overline{X}-\mu|\leq\epsilon]\to 1$$

이다. 즉 약대수의 법칙, $\overline{X}_n\xrightarrow{P}\mu$가 성립한다. 이와 같이, 대수의 법칙이 극한값만을 주는 반면에 중심극한의 정리는 $|\overline{X}_n-\mu|$와 관련된 확률의 유계값을 정규확률법칙을 통하여 설명한다. 결국, 중심극한의 정리는 대수의 법칙이 나타내는 극한값에다 그 극한의 수렴률을 나타낸다. 물론 두 법칙에 대한 일반적인 충분조건은 주어지지 않는다.

보기 8.1 이항분포의 정규근사화

$X_1,\ X_2,\ \cdots$이 서로 독립이며 또 같은 베르누이 $B(1,\ p)$ 확률변수일 때, $S_n=\sum_{i=1}^{n}X_i$는 정리 8.13에 의하여

$$\frac{S_n-np}{\sqrt{np(1-p)}}\xrightarrow{D}N(0,\ 1)$$

이 성립한다. 이 결과를 이용하여 $X_i\sim B\left(1,\ \frac{1}{2}\right)$, $i=1,\cdots,\ n=25$일 때, 확률 $P[S_{16}=8]$의 근삿값을 구하여 보자.

$$P[|S_{16}-8|\leq 0.5]=P\left[\frac{|S_n-np|}{\sqrt{p(1-p)}}\leq 0.25\right]$$

$$\doteq P[|Z| \le 0.25] = 0.1974$$

한편, 완전분포인 이항분포를 이용한 확률은 0.1964가 된다.

보기 8.2 푸아송 분포의 정규근사화

X_1, X_2, $\cdots$이 서로 독립이고, 또 평균이 $m(<\infty)$인 푸아송 확률변수일 때, 부분합 $S_n = \sum_{i=1}^{n} X_i$는 평균 nm을 갖는 푸아송 분포를 따른다. 한편, $Var[X_i] < \infty$이므로, 중심극한의 정리 (참고 8.20)에 의하여

$$\frac{S_n - nm}{\sqrt{nm}} \xrightarrow{D} N(0,\ 1)$$

이다.

EXERCISES 연습문제

01. 주머니 안에 0에서 9까지 숫자가 하나씩 기록된 카드 10장이 들어 있다. 이 주머니에서 반납을 허용하며 한 장씩 모두 n개의 카드를 임의로 꺼낸다.

(1) 이 경우 0들의 출현에 대한 대수의 법칙의 뜻을 설명하시오.

(2) 0들 출현의 상대도수가 $(0.1,\ 0.2)$ 안에 들어갈 확률이 0.99가 되기 위한 n을 구하시오.

(3) $n=20$일 때 숫자 5의 출현횟수가 $[(n-3\sqrt{n})/10,\ (n+3\sqrt{n})/10]$ 안에 있을 확률을 중심극한의 정리를 통하여 구하시오.

02. 평균 m의 푸아송 분포는 m이 충분이 크면 중심극한의 정리에 의하여 평균과 분산이 모두 μ인 정규분포로 근사화될 수 있다. 이 결과를 기초로 X가 평균 10의 푸아송 확률변수일 때, $P[X \le 15]$의 완전 확률을 구하시오. 또 이 확률을 정규근사식을 통하여 구하되, 연속성 수정을 사용한 것과 그렇지 않은 것을 비교하시오.

03. 확률변수 $X \sim B(n,\ p)$, $n=100$, $p=0.1$일 때, 확률 $P[X \le 5]$을 다음 방법에 의하여 구하시오.

(1) 이항분포의 푸아송 근사식

(2) 연속성 수정을 사용한 이항분포의 정규근사식

04. $X \sim B(n,\ p)$, $n=200$, $p=\dfrac{1}{2}$일 때, 확률 $P[X=50]$의 근삿값을 구하시오.

05. $X \sim B(n,\ p)$, $n=75$, $p=\dfrac{1}{3}$일 때, 확률 $P[20 \le Y \le 30]$의 근삿값을 구하시오.

06. $X \sim B(n,\ p)$, $p=0.6$일 때, 확률 $P\left[X > \dfrac{n}{2}\right]$이 근사적으로 0.95를 넘을 최소 n을 구하시오.

07. $X_1,\ \cdots,\ X_{100}$은 독립이고 또 같은 분포를 따르는 확률변수로 평균이 10이고 분산이 4이라 하자. $\overline{X}_n$과 평균 10과의 차가 5를 넘을 확률을 다음 방법에 의하여 구하시오.

(1) 체비셰프의 부등식

(2) 중심극한의 정리

08. $X \sim B(n,\ p)$이고, $p = 0.3$, $\alpha = 0.45$일 때, 중심극한의 정리를 통하여 확률

$$P\left[X > \frac{n}{2}\right] \geq 1 - \alpha$$

을 만족하는 n을 구하시오.

09. 한 개의 공정한 동전을 던지고 앞면이 나오면 확률변수 X를 1로 뒷면이 나오면 0으로 정의한다. 이러한 확률실험을 독립적으로 계속하여 얻은 확률변수 $X_1, \cdots, X_n$의 평균 $\overline{X}_n$가 0.4에서 0.6 사이에 놓일 확률이 적어도 0.9가 되기 위해서는 이러한 실험을 몇 번 해야 되는지를 체비셰프 부등식을 이용하여 구하시오.

10. 표본평균을 이용하여 모평균을 추정할 때, 이 두 값의 차이가 표본편차의 25%를 넘지 않기 위한 표본의 크기를 말하시오.

11. 평균이 20, 표준편차가 2인 모집단으로부터 추출된 크기 n의 확률표본에 대하여 다음 질문에 답하시오.

(1) $n = 16$일 때, 표본평균 $\overline{X}_n$의 평균과 표준편차를 구하시오.

(2) $n = 64$일 때, 표본평균 $\overline{X}_n$의 평균과 표준편차를 구하시오.

(3) 위 두 경우에 대하여, 확률 $P[19 < \overline{X}_n < 21]$이 차이가 나는 이유를 설명하시오.

12. 문제 5에서 모집단이 정규분포를 따를 때, 같은 질문에 대답하시오.

13. 평균이 50, 표준편차가 2인 모집단으로부터 추출된 크기 $n = 100$의 확률표본에 대하여

(1) 확률 $P[48 < \overline{X}_n < 52]$을 중심극한의 정리를 이용하여 구하시오.

(2) 모평균이 48일 때, (1)의 같은 질문에 답하시오.

14. 어떤 공장에서 생산되는 산업용 줄의 세기는 평균이 120(lb), 표준편차가 2(lb)로 알려졌다고 한다. 이 공장에서 생산된 제품 중에서 임의로 40개를 선택했을 때, 그 세기의 평균이 100에서 140 사이에 주어질 확률을 구하시오. 표본의 크기가 15인 경우에 이 확률을 계산하시오.

15. 불량율이 5%인 어떤 생산품의 큰 더미에서 꺼낸 크기 n의 확률표본 중에 불량율이 많아야 3%가 될 확률을 다음의 세 경우에 대하여 계산하시오.

(1) $n = 10$ (2) $n = 30$ (3) $n = 100$

16. 어떤 종류의 축전지의 수명은 평균이 20(시간) 표준편차가 1.5(시간)인 정규분포를 따른다고 한다. 이 상품에서 임의로 선택한 5개의 평균수명이 얼마일 때 이것이 전체 평균수명의 상위 5%를 넘어설 수 있는지를 말하시오.

17. 정규모집단 $X \sim N(\mu,\ \sigma^2)$에서 $\mu = 12,\ \sigma^2 = 2^2$이고, 여기서 크기 5의 확률표본을 추출한다.

(1) 표본평균이 14보다 클 확률을 구하시오.

(2) 표본의 최솟값이 9 미만일 확률을 구하시오.

(3) 표본의 최댓값이 16 미만일 확률을 구하시오.

18. 정규모집단 $X \sim N(\mu,\ \sigma^2)$에서 $\mu = 0,\ \sigma^2 = 0.03^2$이고, 여기서 크기 25의 확률표본 $X_1,\ \cdots,\ X_n$을 추출하였다. 통계량 $\sum_{k=1}^{25} x_k^2$이 2.0보다 클 확률을 구하시오.

19. 푸아송 모집단 $X \sim P_o(\lambda = 0.05)$에서 추출한 크기 $n = 40$의 확률표본을 $X_1,\ \cdots,\ X_n$라 하고 또 그 합을 S_n라 할 때

(1) $P[S_n \geq 5]$을 구하시오.

(2) (1)을 중심극한의 정리를 통하여 구하시오.

20. 평균이 μ, 분산이 σ^2인 모집단에서 추출한 크기 n의 확률표본의 평균을 $\overline{X}_n$라 할 때, 부등식

$$P[|\overline{X}_n - \mu| < 0.1\sigma] \geq 0.99$$

을 만족하는 n을 구하시오.

제2편

통계

제 9 장 표본과 통계량

여기서는 통계적 추론의 기초가 되는 표본론을 다룬다. 특히 표본론의 주요 개념인 모집단과 표본, 확률표본 그리고 통계량 등의 개념들을 논한다. 표본론에서의 극한정리는 확률론에서의 극한정리와 근본적인 차이는 없지만, 대수의 법칙과 중심극한의 정리를 표본론의 관점에서 다시 생각하고, 이것을 통하여 표본평균의 점근적 성질들을 논한다.

9.1 통계적 추론과 실험

과학의 지식은 실험의 산물이다. 실험으로 입증된 가설이 바로 과학의 지식이고 법칙이기 때문이다. 과학자는 실험을 수행하여 자료를 얻고 또 이 자료를 기초로 새로운 결과를 얻는다. 이때 실험과 관찰을 통하여 얻은 자료는 복잡하고 다양하지만 이것을 어떤 정해진 방법에 따라 정리하고 요약함으로써 종합적이고 간결한 정보를 얻고 이것을 바탕으로 다시 더 일반적인 결론을 도출하거나 미리 설정한 가설을 입증하는 것이다.

이와 같이 실험을 통하여 얻은 결론이나 원리는 더 보편적인 대상이나 환경에까지 적용하고 일반화 할 수 있는 것이다. 이것이 새로운 지식을 얻는 방법이다. 특별한 상황이나 조건에서 얻은 결론을 더 일반적인 상황에서의 원리로 확대해 가는 추론 방법이 귀납적 추론이다.

결국 실험이나 관찰을 통하여 자료, 즉 표본을 모으는 것은 표본 자체에 관한 지식을 얻으려는 데 있지 않고 이것으로부터 그 표본이 추출된 일반적인 집단의 현상, 즉 자연이나 사회현상에 대한 어떤 결론을 도출하고자 하는 것이다. 이것을 통계적 추론이라 한다.

1장에서도 언급한 바와 같이, 통계적 추론에 의해 얻은 결과는 어느 정도의 불확실성이 수반된다. 그러나 통계적 추론은 제한된 관찰을 통하여 전체를 추리하는 데 발생하는 오류나 불확실성의 정도를 확률의 개념으로 규정하여 이것을 확률법칙으로 설명함으로써 결론의 확실성에 대한 과학적인 정밀성을 부여한다. 이것은 확률론이 확률현상에 대한 정확한 수학적인 모형을 제공할 수 있기 때문에 가능하다. 따라서 통계적 추론의 주제는 결국 관찰이나 실험의 결과를 기초로 하여 일정한 결론을 이끌어 내고 그 결과의 정확성에 대해 확률적인 판단을 내리는 일이라고 말할 수 있다.

9.2 | 모집단과 표본

앞서 설명한 바와 같이, 통계적 추론에서는 표본정보를 이용하여 모집단의 지식을 결정하게 된다. 이때 모집단이란, 수나 수에 대응하는 원소의 모임으로 그 구성상태가 확률분포로 설명될 수 있는 모임을 말한다. 따라서 모집단은 확률분포, 즉 밀도함수나 확률함수를 갖는 확률변수로 표시될 수 있다.

모집단은 다음과 같이 정의된다.

정의 9.1 모집단

관심이나 사고의 대상이 되는 원소들의 모임으로, 그 집단구성의 특징이 확률분포로 기술되는 모임을 모집단이라 한다. 특히, 집단구성의 특성이 확률변수 X나 확률함수 또는 밀도함수 $f(x;\,\theta)$로 주어지면, 이 모집단을 간단히 '모집단 X' 또는 '모집단 $f(x;\,\theta)$'라 부른다.

통계적 문제란 모집단이 부분적으로 결정되지 않은 상태를 말하는 것으로, 보통 모집단의 분포를 나타내는 밀도함수나 확률함수 $f(x;\,\theta)$의 함수적 형태는 알고 있거나 또는 가정할 수는 있으나, 그 속에 포함된 상수, 즉 모수 θ가 미지인 경우를 말한다. 모수의 값이 미지인 상태에서도 분포의 함수적인 형태는 알 수도 있고 또 가정될 수도 있기 때문이다. 모집단은 주로 모수에 의하여 그 특징이 수적으로 기술되므로, 확률분포에 있어서 함수적 형태는 물론이고 그 함수에 포함된 모수가 모두 정해지는 경우에만 그 분포로부터 모집단에 관한 모든 확률적 특성이 설명되기 때문이다. 사실, 모집단의 확률분포의 형태는 물론 그 속에 포함된 모수의 값도 모두 알고 있다면 통계적 연구의 필요성은 없어진다. 결국 통계적 문제는, 밀도함수나 확률함수의 족 $\{f(x;\,\theta);\ \theta \in \Theta\}$으로 표시되며, 특히 통계적 추론이란 표본정보를 기초로 하여 이 중 한 원소를 관련 모집단의 확률분포로 확정하는 절차를 말한다.

따라서 통계적 추론은 관찰이나 실험의 결과를 기초로 하여 일정한 결론을 이끌어 내고, 여기서 얻은 결과의 정확성에 관하여 확률적인 판단을 내린다. 이러한 과정에서, 모집단에 관한 지식을 얻기 위하여 모집단에서 '실제로 관찰된 대상'이나 '실험의 결과', 즉 관찰값 $x_1,\ \cdots,\ x_n$을 주어진 모집단에서 추출한 '표본'이라 한다. 통계적 추론에서는 실제로 관찰된 이 표본의 지식을 바탕으로 하여 모집단에 관한 지식을 이끌어 내는 방법의 개발에 목표를 두는 것이다. 한편, 수학적으로는 표본을 확률변수로 정의하는 것이 편리하다. 다시 말하여, 관찰값 $x_1,\ \cdots,\ x_n$를 실현값(realization)으로 갖는 확률변수 $X_1,\ \cdots,\ X_n$을 표본으로 정의하는 것이다. 여기서 X_i는

'$X_i = i$-번째 추출로 얻는 모집단 X의 값'

들을 나타내는 확률변수이다. 표본이 관찰된 후에는 $X_1, \cdots, X_n$의 실제값을 알게 되므로, 그 값들이 $x_1, \cdots, x_n$이 되는 것이다.

표본의 정의는 다음과 같다.

정의 9.2 표본

F를 분포함수로 갖는 모집단 X로부터 관찰된 n개의 값, $x_1, \cdots, x_n$ 또는 이것을 실현값으로 하는 n개의 확률변수 $X_1, \cdots, X_n$을 모집단 X(또는 F)로부터 추출된 크기 n의 표본(sample of size n)이라 한다.

참고 9.3

확률변수는 보통 대문자로 표시하고 확률변수의 값은 소문자로 표시한다. 따라서 $(x_1, \cdots, x_n)$는 크기 n의 표본 $(X_1, \cdots, X_n)$의 값을 나타낸다.

보기 9.1

공장에서 생산되는 제품에 관하여 품질을 정해둔 일정한 수준으로 유지시키기 위한 관리를 품질관리라 한다. 보통 한 제조 공정을 설정하고 그 공정에서 생산되는 제품이 주어진 조건을 만족시키는가 아닌가를 관찰하기 위하여, 그 공정에서 생산된 몇 개의 제품에 대하여 조사를 위한 측정을 행하고, 그것으로 그 공정에서 생산되는 모든 제품의 품질에 관하여 추측을 행하게 된다. 이 경우 실제 조사된 제품 전체의 집단이나 그 관찰값의 집단이 표본이다. 이에 반하여, 모집단은 이 공정에서 생산되는 모든 제품, 또는 이것들을 측정하여 얻을 수 있는 관찰값 전체의 집단을 말한다. 물론 이 경우 이 모집단은 무한집단이라 할 수 있다.

모집단에서 표본을 추출할 때, **모집단의 각 원소가 표본으로 선택될 기회가 동등**하고 또 **서로 확률적인 영향을 주지 않는** 상태에서 주어지면 그 값들 또는 이것들을 실현값으로 갖는 확률변수들을 특히 확률표본 또는 임의표본이라 한다. 또 확률표본이 아닌 표본을 편기표본(biased sample)이라 한다.

확률표본은 편기표본에 비해 확률분포이나 적률들을 이끌어 내는 데 특히 유리하다. 이런 이유에서 통계이론에서의 표본은 확률표본임을 전제로 한다.

확률표본은 형식적으로 다음과 같이 정의된다.

정의 9.4 확률표본

X가 분포함수 F를 갖는 확률변수일 때, 서로 독립이고 또 X와 같은 분포를 갖는 n개의 확률변수 $X_1, \cdots, X_n$을 모집단 X(또는 F)에서 추출된 크기 n의 확률표본(random sample)이라 하고, 이것을 $X_1, \cdots, X_n$ 또는 $\mathbb{X} = (X_1, \cdots, X_n)$로 표시한다.

참고 9.5

모집단 X에서 추출된 크기 n의 확률표본을, X와 같은 분포를 따르며 또 서로 독립인 n개의 확률변수 $X_1, \cdots, X_n$으로 정의하는 것은 매우 자연스러운 일이다. 그것은 $X_1, \cdots, X_n$이 모집단에서 표본이 추출될 때 모집단의 모든 원소가 표본으로 선택될 기회가 같으며 또 서로 확률적인 영향을 주지 않는 상태에서 추출되는 값들의 실현값을 나타내는 확률변수들이기 때문에, $X_1, \cdots, X_n$의 각 원소는 X와 같은 분포를 따르고 또 서로 독립일 수밖에 없기 때문이다.

보충설명 전수조사와 표본조사

어떤 생산 공장에서 매년 정기적으로 다음 두 가지 일을 하고 있다고 하자. 신체검사를 실시하여 근로자의 건강 상태를 점검하여 산업 재해자를 파악하고, 생산된 제품 중에서 불량품이 어느 정도인지를 조사하여 불량품을 줄일 방안을 생각한다.

이때, 신체검사는 한 사람 한 사람의 건강 상태를 확인해야 하는 일로 대상 전체를 빠짐없이 조사해야 한다. 일반적으로, 조사 대상 전체를 조사하는 방법을 전수조사(complete survey)라 한다. 전수조사의 대표적인 예는 국세조사라고 할 수 있다. 국세조사는 국가에서 세대별 인구, 주택, 경제 등에 관한 실태를 파악하여 시책을 개선하는 자료로 삼기 위해 전국적으로 실시하는 이 조사도 모든 가구를 대상으로 하게 되기 때문이다.

그러나 조사 대상이 너무 커서 조사 시간이나 비용이 너무 많이 드는 경우나, 생산제품 중에서 불량품을 조사하는 일과 같이 조사가 파괴적일 경우 등은 전수조사가 불가능할 때도 있다. 한 번의 조사로 상품의 가치가 없어지는 제품의 수명검사는 전수조사가 불가능하기 때문이다. 이러한 경우에는 전체 중에서 그 일부를 뽑아 그것을 조사하여 대상 전체의 성질을 추측하게 된다. 이와 같이, 조사 대상의 일부를 조사하는 방법을 표본조사(sampling survey)라고 한다.

보충설명 복원추출과 비복원추출

표본조사에서 조사 대상이 되는 전체 집단을 모집단이고, 표본조사를 위하여 모집단에서 뽑은 일부의 자료가 표본이 된다. 모집단에서 표본을 뽑는 것을 표본추출이라고 하고, 표본에 포함된 자료의 개수를 표본의 크기라고 하는 것이다. 모집단에서 표본을 추출할 때, 모집단의 모든 원소가 표본으로 추출될 확률이 같은 상태에서 추출하는 것이 확률추출 또는 임의추출이고 임의추출로 얻어진 표본을 확률표본 또는 임의표본인 것이다. 모집단에 표본을 추출할 때, 한 번 뽑은 자료를 조사한 후 다시 모집단에 되돌려 놓고 다음 자료를 뽑는 방법을 복원추출이라 하고, 다시 되돌려 놓지 않고 뽑는 방법을 비복원추출이라 한다. 모집단의 원소의 개수가 유한일 경우, 복원추출로 얻은 표본은 임의표본이 된다. 모집단의 원소의 개수가 무한일 경우, 복원추출은 물론이고 비복원추출로 얻은 표본도 임의표본이라고 할 수 있다.

이를 테면, 어느 고등학교 2학년 학생 전원 200명에 대한 키의 평균을 알기 위해 복원추출로 40명의 키를 측정하였고 하자. 이때 모집단은 이 학교 2학년 전원 200명에 대한 키를 나타내는 200개의 수치이고 실제 키를 측정하여 얻은 40개의 값은 모집단에서 뽑은 크기 40의 임의표본이다.

한편, 어떤 호수의 깊이를 여러 곳에서 측정하여 n개의 관측값을

$$x_1,\ x_2,\ \cdots,\ x_n$$

얻었다고 할 때, 이것은 확률표본으로 볼 수 있다. 이때의 모집단은 같은 측정을 한 없이 반복하여 얻을 수 있다고 생각되는 무한개의 수치의 집단이 되기 때문이다.

보충설명 확률표본과 난수표

표본을 임의로 뽑기 위해서는 제비를 뽑는다든지, 주사위(정4, 6, 8, 12, 20면체)를 던진다든지 하는 방법이 있으나 때에 따라서는 난수표가 이용되기도 한다.

난수표는 0에서 9까지의 수자를 임의로 배열하여 만든 수표이며 아래 표는 난수표의 한 예의 일부분이다.

	⋯	8	9	10	11	12	13	14	15	16	17	18	19	20
⋮				⋮			⋮				⋮			
16	⋯	90	84	17	83	19	21	21	49	16	05	71	21	60
17	⋯	36	76	20	59	46	50	05	65	07	47	06	64	27
18	⋯	44	68	89	⑦1 (71)	33	78	48	44	89	27	04	09	74
19	⋯	98	62	41	85	51	29	07	12	35	97	77	01	81
20	⋯	12	88	21	09	02	60	91	20	80	18	67	36	15

난수표를 이용하여 크기가 500인 모집단으로부터 크기 5의 표본을 뽑는 방법을 알아보자.

(1) 500개의 모집단 원소에 1번에서 500번까지 번호를 붙인다.

(2) 두 글자씩 구성된 난수표 위의 한 수를 임의로 잡아 출발점으로 삼는다. 이것이 18행 11열이라고 하자.

(3) 이 출발점으로부터 오른쪽과 왼쪽 그리고 위와 아래 어느 방향으로 일어 나갈 것인가를 임의로 정한다. 여기서는 오른쪽으로 정했다고 하자.

(4) 모집단의 크기가 500이므로 표본을 뽑는 번호는 3자리 수이고, 난수표 위의 18행 11열의 첫 숫자인 7로부터 오른쪽 방향으로 3자리씩을 끊어 기록한 수열을 다음과 같이 얻는다.

713, 378, 484, 489, 270, 409

을 얻는다. 이 가운데 500 넘는 수자 713을 버리며 아래 5개의 수를 얻는다.

378, 484, 489, 270, 409

이렇게 정해진 번호에 해당하는 자료가 임의표본이다.

확률표본의 함수가 미지 모수를 포함하지 않으면 관찰값에 의하여 그 값이 정해지므로 미지 모수에 관한 정보가 될 수 있다. 이것을 통계량이라 한다.

정의 9.6 통계량

$(X_1, \cdots, X_n)$이 모집단 X로부터 추출된 표본이라 하자. 표본원소들의 함수, 즉 함수 $g : R^n \to R^1$로 정의되는 확률변수 $g(\mathrm{X})$가 미지 모수를 포함하지 않으면 이것을 통계량(statistic)이라 한다.

참고 9.7

통계량이란 모집단에 대한 표본정보를 요약하는 규칙을 나타내는 표본원소의 함수이다. 또 통계량은 확률변수이기 때문에 확률분포를 가지며 따라서 통계량은 평균, 분산을 포함한 모든 적률을 갖는다. **통계량은 미지 모수를 포함하지 않으나, 통계량의 분포는 일반적으로 미지 모수에 의존한다.** 이 사실은 통계량의 값으로부터 미지 모수의 정보를 얻을 수 있음을 뜻한다.

보기 9.2

$\mathrm{X} = (X_1, \cdots, X_n)$이 모집단 $X \sim N(\mu, \sigma^2)$로부터 추출된 표본일 때,

$$\overline{X}_n = \frac{1}{n}\sum_{i=1}^{n} X_i,$$

$$S_n^2 = \frac{1}{n-1}\sum_{i=1}^{n}(X_i - \overline{X}_n)^2, \tag{9.1}$$

$$T_n^2 = \frac{1}{n-1}\sum_{i=1}^{n}(X_i - \mu)^2$$

은 통계량이다. 물론 T_n^2에서 모평균 μ는 알려진 상수이어야 한다. μ가 미지인 경우에는 T_n^2은 통계량이 아니다. 실제로 미지 모수를 포함하는 T_n^2는 모집단에 대한 표본의 정보를 제공하지 못하기 때문이다.

정의 9.8

$\mathrm{X}=(X_1, \cdots, X_n)$이 모집단 $X \sim f(x;\theta)$로부터 추출된 표본일 때, (9.1)로 정의된 통계량 $\overline{X}_n$을 특히 표본평균(sample mean) 그리고 S_n^2을 표본분산(sample variance)이라 한다. 또 $X_{(k)}$이 '표본 안에서 k-번째로 큰 관측값'으로 정의되는 통계량 $X_{(1)}, \cdots, X_{(n)}$을 순서통계량(order statistic)이라 한다. 특히 $X_{(1)}$와 $X_{(n)}$을 각각 표본의 최솟값(minimum), 최댓값(maximum)이라 한다. 또 $R=X_{(n)}-X_{(1)}$을 표본의 범위(range)라 한다.

정의 9.9 표본적률

$X_1, \cdots, X_n$이 모집단 $X \sim f(x;\theta)$로 추출된 확률표본일 때, 원점에 관한 r차 표본적률을 M_r'로 표시하고,

$$M_r' = \frac{1}{n}\sum_{i=1}^{n} X_i^{\,r}$$

로 정의한다. 또 표본평균 $\bar{X}_n$에 관한 r차 표본적률을 M_r로 표시하고,

$$M_r = \frac{1}{n}\sum_{i=1}^{n}(X_i - \bar{X}_n)^r$$

로 정의한다.

표본평균의 평균과 분산 등 표본적률들의 평균과 분산은 특히 중요하다.

정리 9.10

$X_1, \cdots, X_n$이 적률 $E[X^r](=\mu_r')$을 갖는 모집단 X에서 추출된 확률표본일 때, 다음이 성립한다.

(1) $E[M_r'] = \mu_r'$

(2) $Var[M_r'] = \frac{1}{n}\{E[X^{2r}] - (E[X^r])^2\} = \frac{1}{n}(\mu_{2r}' - \mu_r'2)$.

증명 확률변수 $X_1, \cdots, X_n$들이 독립이고 같은 분포를 따르는 성질을 이용하면

$$E[M_r'] = E\left[\frac{1}{n}\sum_{i=1}^{n} X_i^r\right] = \frac{1}{n}\sum_{i=1}^{n} E[X_i^r] = \mu_r'$$

을 얻는다. 같은 방법으로

$$Var[M_r'] = Var\left[\frac{1}{n}\sum_{i=1}^{n} X_i^r\right] = \left(\frac{1}{n}\right)^2 \sum_{i=1}^{n} Var[X_i^r]$$

$$= \left(\frac{1}{n}\right)^2 \sum_{i=1}^{n} \left(E[X_i^{2r}] - (E[X_i^r])^2\right)$$

$$= \frac{1}{n}\left\{E[X^{2r}] - \left(E[X^r]\right)^2\right\} = \frac{1}{n}(\mu_{2r}' - \mu_r'2)$$

을 얻는다. □

다음 정리는 정리 9.10에서 $r=1$로 성립하는 다음 결과는 매우 유용하다.

정리 9.11

$X_1, \cdots, X_n$이 평균과 분산이 각각 μ, σ^2인 모집단 X에서 추출된 확률표본일 때, 다음이 성립한다.

(1) $E[\overline{X}_n] = \mu$ (2) $Var[\overline{X}_n] = \dfrac{\sigma^2}{n}$

증명 이 정리의 증명은 정리 9.10의 증명에서 $r=1$로 성립하지만, 다음과 같이 직접 증명할 수 있다.

$$E[\overline{X}_n] = E\left[\frac{1}{n}\sum_{i=1}^{n} X_i\right] = \frac{1}{n}\sum_{i=1}^{n} E[X_i] = \frac{1}{n} n\mu = \mu$$

이고, X_i들이 독립임을 이용하여 정리 5.19을 적용하면

$$Var[\overline{X}_n] = Var\left[\frac{1}{n}\sum_{i=1}^{n} X_i\right] = \frac{1}{n^2}\sum_{i=1}^{n} Var[X_i] = \frac{1}{n^2} n\sigma^2 = \frac{\sigma^2}{n}$$

이다. □

참고 9.12

정리 9.11에서, $\overline{X}_n$의 확률분포는 일반적으로 모집단 X의 확률분포의 형태에 의존한다. 따라서 이 경우 $\overline{X}_n$의 확률분포를 일률적으로 하나의 분포로 설명할 수 없다. 그러나 충분히 큰 n에 대해서는 표본평균 $\overline{X}_n$의 분포는 근사적으로 정규분포로 설명된다. 이것이 표본론에서의 중심극한의 정리(9.4절 참조)이다.

보기 9.3

상자 속에 1, 3, 5, 7, 9의 숫자가 하나씩 적힌 카드가 한 장씩 모두 5장 들어 있다.

(1) 상자에서 임의로 1장의 카드를 꺼내 그 수를 X라 할 때, X의 확률분포를 구하고, 또 $E[X]$와 $Var[X]$을 구하여 보자.

(2) 복원추출을 통하여 2장의 카드를 꺼내 그 수를 각각 X_1, X_2라 할 때, $\bar{X} = \frac{1}{2}(X_1 + X_2)$의 확률분포를 구하고, 또 $E[\bar{X}]$와 $Var[\bar{X}]$을 구하여 보자.

(3) (1), (2)에서 구한 평균 사이의 관계, 그리고 두 분산 사이의 관계를 생각해 보자.

먼저 X의 확률분포는 다음과 같다.

X	1	3	5	7	9
$P(X=x)$	$\frac{1}{5}$	$\frac{1}{5}$	$\frac{1}{5}$	$\frac{1}{5}$	$\frac{1}{5}$

이 확률분포로부터 다음을 얻는다.

$$E[X] = 5,\ Var[X] = 6.7$$

또 확률변수 $X_1 + X_2$의 확률분포는 다음과 같다.

$x_1 + x_2$	2	4	6	8	10	12	14	16	18
$P(X_1 + X_2 = x_1 + x_2)$	$\frac{1}{25}$	$\frac{2}{25}$	$\frac{3}{25}$	$\frac{4}{25}$	$\frac{5}{25}$	$\frac{4}{25}$	$\frac{3}{25}$	$\frac{2}{25}$	$\frac{1}{25}$

이 결과로부터 $\bar{X}_2 = \dfrac{X_1 + X_2}{2}$의 확률분포를 얻는다.

$\bar{x}_2$	1	2	3	4	5	6	7	8	9
$P(\bar{X}_2 = \bar{x}_2)$	$\frac{1}{25}$	$\frac{2}{25}$	$\frac{3}{25}$	$\frac{4}{25}$	$\frac{5}{25}$	$\frac{4}{25}$	$\frac{3}{25}$	$\frac{2}{25}$	$\frac{1}{25}$

이 분포로부터 다음을 얻는다.

$$E[\bar{X}_2] = 5,\ Var[\bar{X}_2] = 3.35$$

위에서, 첫 번째 주어진 X의 확률분포가 모집단분포이고, $E[X]$, $Var[X]$이 각각 모평균, 모분산이다. 복원추출에 의하여 얻은 두 확률변수 X_1, X_2는 크기 2의 확률표본이고 $\bar{X}_2 = \dfrac{X_1 + X_2}{2}$는 표본평균이다 또 마지막에 주어진 확률분포를 표본평균의 확률분포이고,

$$E[\bar{X}_2] = 5,\ Var[\bar{X}_2] = 3.35$$

이 각각 표본평균의 평균, 표본평균의 분산이 된다.

정리 9.13

$X_1, \cdots, X_n$이 평균과 분산이 각각 μ, σ^2인 크기 N의 모집단 X에서 반복을 허용하지 않고 추출된 표본일 때, 다음이 성립한다.

(1) $E[\bar{X}_n] = \mu$ (2) $Var[\bar{X}_n] = \dfrac{\sigma^2}{n}\left(\dfrac{N-n}{N-1}\right)$

증명 이 정리의 증명은 연습문제로 남긴다. □

9.3 | 대수의 법칙: 표본론에서

평균이 μ인 모집단 X에서 μ가 미지일 때, X에서 관찰된 유한개의 값인 표본으로부터 μ를 정확히 결정할 수 있는가 하는 의문은 매우 자연스러운 것이다. μ는 X의 기댓값으로 무한이 많은 X값들의 평균값인데 반하여, $\bar{X}_n$은 다만 유한개인 X값들의 평균이기 때문이다. 표본론의 입장에서 대수의 법칙은 바로 이러한 의문에 긍정적인 답변을 할 수 있다. 크기 n의 표본평균 $\bar{X}_n$의 값은, 비록 유한이지만 n을 적절히 크게만 하면 표본평균값 $\bar{x}_n$은 μ와의 거리를 얼마든지 가깝게 할 수 있다는 것이다. 다시 말하면, 표본의 크기 n이 충분히 크면 $\bar{X}_n$와 μ의 차가 극히 작은 값인 $\epsilon(>0)$보다 커지는 일은 거의 없음을 말한다. 따라서 관찰수 n이 커질수록 표본평균값 $\bar{X}_n$으로 더 정확하게 평균 μ를 추정할 수 있는 것이다. 이 성질을 가리켜 표본론에서의 대수의 법칙이라 할 수 있다.

표본론의 관점에서 대수의 법칙은 다음과 같다.

정리 9.14 대수의 (약)법칙

$X_1, \cdots, X_n$을 평균이 μ, 분산이 $\sigma^2(<\infty)$인 임의의 모집단 X에서 추출된 크기 n의 확률표본이라 하고, 또 그 평균을 $\bar{X}_n$라 하자. $\epsilon > 0$, $0 < \delta < 1$인 임의의 두 실수 ϵ, δ에 대하여, 만약 $n \geq \sigma^2/\epsilon^2\delta$이면

$$P[|\bar{X}_n - \mu| < \epsilon] \geq 1 - \delta.$$

증명 정리 9.11에 의하면, $E[\bar{X}_n] = \mu$, $Var[\bar{X}_n] = \sigma^2/n$이다. 임의의 $\epsilon > 0$에 대하여, $k = \frac{\sqrt{n}}{\sigma}\epsilon$라 놓고, 통계량 $\bar{X}_n$에 체비셰프의 부등식(정리 4.18)을 적용하면

$$P[|\bar{X}_n - \mu| \geq \epsilon] \leq \frac{\sigma^2}{n\epsilon^2}$$

이다. 즉, 임의의 $\epsilon > 0$에 대하여

$$P[|\bar{X}_n - \mu|^2 < \epsilon^2] \geq 1 - \frac{\sigma^2}{n\epsilon^2}$$

이 성립한다. 이때 $\delta > \frac{\sigma^2}{n\epsilon^2}$, 즉 $n > \frac{\sigma^2}{\epsilon^2\delta}$이면, 위의 마지막 항은 $1-\delta$보다 크게 된다. □

보기 9.4

평균이 μ, 분산이 σ^2인 어떤 모집단에서 표본평균과 모평균과의 차가 모표준편차 σ의 절반을 넘지 않을 확률이 적어도 0.95가 되기 위해 필요한 표본의 크기를 결정해 보자. 결국

$$P[|\bar{X}_n - \mu| < 0.5\sigma] \geq 0.95$$

을 만족하는 표본의 크기를 구하면 된다. 대수의 법칙을 적용하면, $\epsilon = 0.5\sigma$, $\delta = 0.05$이므로, 구하는 n은

$$n > \frac{\sigma^2}{\delta\epsilon^2} = \frac{\sigma^2}{(0.05)(0.5)^2\sigma^2} = 80.$$

보충설명 표본평균과 모평균

다음 자료는 어느 학교 학생 60명의 체중을 조사한 것이다.

79.5 50.8 54.7 56.3 65.2 48.9 69.0 52.0 56.3 57.0 59.9 63.1 59.4
78.6 66.3 71.1 52.0 59.8 66.0 67.5 73.2 84.8 50.9 53.4 56.4 57.6
63.5 62.2 63.1 68.1 55.0 68.5 67.6 64.5 62.1 42.6 55.0 42.5 67.5
61.0 56.7 53.7 63.8 53.1 47.8 56.8 63.9 49.9 55.2 49.9 59.4 51.5
63.0 49.7 59.1 63.6 54.6 55.7 68.6 72.4

이 자료의 평균과 표준편차는 각각 $\mu = 12$, $\sigma^2 = 10^2$이다. 난수표나 제비를 이용하여 크기 3의 표본을 5개 추출하여 각 평균을 구하고, 또 이 평균들의 평균을 계산하고 μ와 비교해 보자.

일반적으로 어떤 조사에서 관찰 대상이 되는 집단 전체가 모집단이고, 표본조사를 위해 모집단에서 뽑힌 부분 집단이 표본이다. 여기서는 이 학교 학생 60명의 집단이 모집단이고 난수표를 통해 이 집단에서 뽑은 3사람은 크기 3의 표본이다.

여기서 관찰된 량은 학생들의 체중이다. 모집단에서 관찰된 어떤 변량을 모집단 변량이라 한다. 이 모집단에서 변량을 X로 나타내면 X가 어떤 값을 취할 확률은 이 모집단에서 그 값이 임의로 뽑힐 확률이기 때문에 X는 확률분포를 갖는 확률변수이다. 또 모집단의 변량 X로 주어지는 확률분포를 모집단분포라 하고 이 확률분포의 평균 $E[X]$, 분산 $Var[X]$, 표준편차 $\sqrt{VarX}$을 모평균, 모분산, 모표준편차이라 하고 각각 μ, σ^2, σ로 나타낸다. 위 자료에서 모평균과 분산 그리고 표준편차는 각각 67.0, 8.79^2, 8.79이다.

이 모집단에서 크기 n의 표본을 복원추출하고 그 값을 확률변수

$$X_1,\ X_2,\ \cdots,\ X_n$$

로 나타내면, 이 변수들은 각각 모집단 확률변수 X와 같은 확률변수이다. 이때

$$\bar{X} = \frac{X_1 + X_2 + \ \cdots\ + X_n}{n}$$

로 나타내는 확률변수 $\bar{X}$가 크기 n인 표본의 표본평균이다.

다음 표는 위 모집단에서 난수표를 이용하여 크기 3의 표본을 5회 추출한 것과 그것들의 평균이다.

67.5 84.8 64.5 : 72.27
42.5 56.8 49.9 : 49.73

$$55.2 \;\; 68.2 \;\; 72.4 \; : \; 65.27$$

$$54.7 \;\; 65.2 \;\; 48.9 \; : \; 56.27$$

$$59.4 \;\; 66.3 \;\; 71.1 \; : \; 65.60$$

위 표에 주어진 5개의 평균들의 평균을 다시 구하면

$$\frac{72.27 + 49.73 + 65.27 + 56.27 + 65.60}{5} \approx 61.8$$

로 모평균에 가까운 값이다. 평균들의 평균값은 반복회수가 크면 클수록 모평균에 더 가까운 값이 되는 성질이 있다.

9.4 중심극한의 정리: 표본론에서

표본론에 있어서 중심극한의 정리는 표본평균 $\overline{X}_n$의 극한분포, 즉 표본평균 $\overline{X}_n$의 점근적 분포를 설명하고 있다. 어떤 측정값의 모집단평균을 μ, 분산을 σ^2라 하면 크기 n의 표본을 기초로 하여 얻어지는 표본평균 $\overline{X}_n$의 확률분포는 모집단의 분포형에 관계없이 n이 커지는 데에 따라 점차로 평균값 μ, 분산 $\frac{\sigma^2}{n}$의 정규분포에 접근해가는 사실이 증명된다. 물론 그 측정값의 모집단 분포가 정규분포이면 어떠한 n의 값에 대해서도 $\overline{X}_n$가 정확히 정규분포를 따른다. 더 일반적으로, 확률론 편에서는 다수의 확률변수의 합이나 또는 평균의 확률분포가 점차로 정규분포에 접근해 가는 성질들이 몇 가지 다른 조건에서 증명되기도 하였다. 또 이러한 일련의 성질을 다루는 정리를 중심극한의 정리라 하였다. 이 중심극한의 정리를 표본론의 관점에서 기술하면 다음과 같다.

정리 9.15 중심극한의 정리

$X_1, \cdots, X_n$을 평균이 μ, 분산이 σ^2인 모집단 X에서 추출된 크기 n의 확률표본이라 하자. $\overline{X}_n$이 표본평균일 때,

$$Z_n = \frac{\overline{X}_n - E[\overline{X}_n]}{\sqrt{Var[\overline{X}_n]}} = \frac{\overline{X}_n - \mu}{\frac{\sigma}{\sqrt{n}}}$$

라 하면, Z_n의 분포는 표준정규분포로 수렴한다. 즉, $Z_n \xrightarrow{L} N(0,\ 1)$.

증명 이 정리의 결과는 정리 8.16에 의하여 쉽게 성립한다. □

참고 9.16

통계적 추론의 관점에서 보는 중심극한의 정리의 중요성으로 두 가지로 요약된다. 하나는 모집단의 분포가 정규분포 등과 같은 특정의 분포가 아닌 임의의 분포를 대상으로 하는 것이고, 다른 하나는 실제 크기가 유한인 표본에 대하여 표본평균의 근사분포 $N\left(\mu, \frac{\sigma^2}{n}\right)$가 이용될 수 있다는 것이다.

확률 · 통계이야기 **임의추출**

원숭이가 컴퓨터의 키보드를 무심히 두들겨 우연히 셰익스피어의 완벽한 작품을 만들려면 10^{36}년이란 긴 세월이 필요하다는 컴퓨터 실험 결과가 나왔다. 우연히 선택되는 결과를 이용하는 임의추출은 확률을 공업에 이용하는 효과적인 방법이다. 우연히 선택된 소수의 품질만을 검사하고 그 결과에 의거해서 다른 많은 제품의 품질을 아주 정확하게 예측할 수 있기 때문이다. 표본론은 임의추출을 합리적으로 설명해 내는 이론이라고 할 수 있다.

집중논의 **컴퓨터 모의실험과 몬테카를로 방법**

과학이나 산업의 문제들을 해결하는 데는 수학적 해법이 주로 이용되지만, 컴퓨터를 통한 모의실험(simulation)의 방법이 더 효과적일 때가 있다. 일반적으로 모의실험이란 같은 실험을 수천 번 또는 그 이상 반복하여 관심을 갖는 현상이 얼마나 자주 일어나는지를 측정하는 실험 방법을 말한다. 예를 들어, 공정하지 않은 동전을 던져 앞면이 나올 확률을 구하려 할 때, 이 동전을 충분히 많이 던지고 그중 앞면이 나오는 횟수를 관찰하여 총 시행횟수에 대한 그 비를 확률로 사용하는 것이다. 사실 동전이 공정하지 않을 때는 수학적 방법으로는 그 확률을 계산하기는 불가능하다. 물론, 모의실험 결과의 신뢰성은 실험을 많이 반복할수록 그 값은 정확하겠지만, 실험을 언제 정지하여 그 결과를 이용하느냐는 실험자의 주관에 달려 있다. 반복횟수를 계속 늘려도 결과가 더 이상 큰 차이를 보이지 않을 때, 다시 말하여 값들이 실험자가 미리 정해놓은 허용범위 안에서만 움직이면 반복실험은 정지하게 된다. 반복실험의 수가 대개 2, 3천 번 정도이면 족하다. 그러나 반복의 횟수가 커질수록 관련 계산과 연산도 증가하게 되어 모의실험은 결국 컴퓨터에 의존할 수밖에 없다.

확률현상을 설명하는 데에는 컴퓨터 모의실험이 많이 이용된다. 수학적 모형화가 어려운 현상, 모형이 주어지긴 해도 그 해를 구하기 어려운 현상, 복잡한 현상의 행태를 개괄적으로 파악하고자 하는 경우 등에서 컴퓨터 모의실험이 이용된다. 모의실험에 대한 이론적인 뒷받침은 확률론의 '대수의 법칙'이나 '중심극한 정리'에서 찾을 수 있는데, 그것은 확률현상을 모의실험으로 설명할 때는 '랜덤넘버(random number)'가 주로 이용되기 때문이다. 이를테면, 앞면이 나올 확률이 뒷면에 나올 확률보다 두 배인 동전에 대한 확률성질들을 규명하는데, 실제 이런 동전을 던지지 않고 구간$(0,\ 1)$에서 랜덤넘버를 택하여 이것이 $(0,\ 1/3)$에서 나오면 앞면 나온 것으로, $(1/3,\ 1)$에서 나오면 뒷면이 나온 것으로 해석하는 것이다.

컴퓨터 모의실험을 통하여 도형의 면적을 구하는 실례를 생각해 보자. 그림과 같이, 단위 면적의 사각형에서 함수 $y=f(x)$에 의해 위와 아래위로 분리된 두 도형을 각각 A와 B라고 하고, 지금 B의 면적을 구하는 방법을 생각해 보자. 물론, 이 경우는 $y=f(x)$에 대하여 적분을 이용할 수 없다고 하자. 구간 $(0,\ 1)$에서의 두 랜덤넘버를 통하여 사각형 위의 한 점 $(x,\ y)$을 임의로 택하고 이것이 $y<f(x)$을 만족하는지를 관찰한다. 이 실험을 n번 반복하고 부등식을 만족하는 점의 개수를 m이라 하면, 임의로 선택한 점이 도형 B에서 나올 확률은 근사적으로 $\frac{m}{n}$이다. 이 확률 $\frac{m}{n}$은 근사적으로 두 도형의 면적의 비와 근사적으로 같으므로

$$\frac{m}{n} \approx \frac{Area(B)}{Area(A \cup B)}$$

이 성립한다. $Area(A \cup B)=1$이므로, 결국 $Area(B) \approx \frac{m}{n}$을 얻게 된다.

이러한 컴퓨터 모의실험 등 "인위적인 표본추출방법으로 '근사추산'을 하거나 '문제의 적정 해'를 찾는 방법"을 '몬테카를로 방법(Monte Carlo Method)'이라 한다. 이러한 모의실험은 천재수학자인 헝가리 태생의 미국인 노이만(John von Neumann, 1903~1957)과 폴란드 태생 미국인 울람(Stanislaw Ulam, 1909~1984)이 처음 고안하여 2차 대전 중 미국의 원자폭탄실험계획인 '맨해튼 계획(Manhattan Project)'에서 이용하였다. 당시 이 비밀 연구의 암호명이 'Monte Carlo Method'이었다.

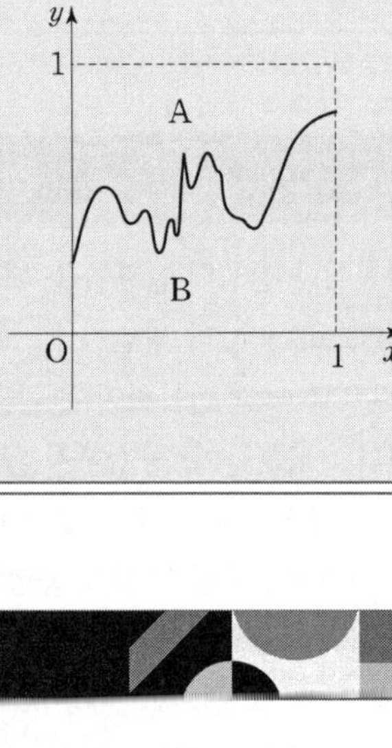

확률·통계이야기 통계학의 기원

통계나 통계조사에 대한 역사적인 근거는 고대 그리스나 이집트 시대에서도 나타나고 있지만, 통계학의 발원은 17세기 이후 독일, 영국, 프랑스에서 나타난 세 가지 학문적인 원유에 두고 있다. 1660년경에 발생한 독일의 "국세학(Statistik)", 1670년경에 완성된 영국의 "정치산술(Political Arithmatics)", 그리고 1600년대에 프랑스에서 시작되어 완성된 "고전확률론"의 출현이라고 할 수 있다.

고전확률론은 16세기 도박에서 시작된 순열, 조합 그리고 이항계수의 원리 등을 포함한 초보적인 확률 계산이 그 후 수학으로서 형태를 갖추어 일반적인 우연 현상에 관한 체제적인 연구로 발전된 것이다. 특히, 프랑스의 파스칼, 페르마 등에 의하여 괄목할 만한 연구가 이루어 졌고, 이어 베르누이에 의하여 대수의 법칙이 발견됨으로써 고전확률론은 더욱 발전하였다. 더욱이 18세기에 들어 이 고전확률론은 프랑스의 라플라스에 의하여 대성되었고, 특히 대수의 법칙은 확률론과 통계학의 교접의 동기가 확률이 통계학에 도입되었다.

영국의 정치산술은 인구현상의 수량분석법을 사회 및 경제현상을 수량화하는 데 도입하고 그것을 수리적으로 처리함으로써, 대량관찰값의 규칙성을 찾고자 하는 정치연구의 한 방법을 말한다. 이 학풍의 영향을 받은 독일의 쥐즈밀히(J. P. Sussmilch, 1707~1767)는 도시의 사망률 조사를 통하여 다수관찰 속에는 일정한 규칙이 내존하는 사실을 확인하였다. 이것은 문서상으로 나타난 최초의 대수의 법칙(Law of large numbers)으로 볼 수 있다.

쥐즈밀히

통계학에 수적 방법을 도입하여 학문적인 체제를 완성한 사람은 근대통계학의 창시자인 벨기에의 케틀레(L.D.J. Quetelet, 1796~1874)이다. 그는 라플라스의 확률론에 힘입어 사회현상에도 자연현상에서와 같이 일정한 규칙성이 존재함을 인식하고, 사회현상의 연구에 확률론적인 개념을 도입하였다. 특히, 그는 인간의 출생과 사망, 신체의 발육상황 등 인구현상 또는 범죄발생과 같은 사회현상에도 결정론적인 안정성이 있음을 주장하였고 이를 다시 확률론에서 제시한 대수의 법칙으로 설명하였다. 이와 같이 그는 수학의 개념을 통계학에 도입하여 통계학이 근대과학으로 발전하는 기초를 세웠다.

케틀레

EXERCISES 연 습 문 제

01. 다음 각 실험에서 모집단과 표본을 구분하고, 그 표본이 확률표본인지 아닌지를 말하시오.

(1) 어떤 화학이나 물리 실험에서 같은 조건하에서 실험 100번을 반복하고 100개의 실험치를 얻었다.

(2) 발아율을 조사하기 위하여 어떤 농작물의 씨앗 100개를 심은 결과 40개가 싹이 텄다.

02. 신생아 출산을 전문으로 하는 병원에서는 태어나는 신생아들의 성별이 기록된다고 한다. 출생한 어린이의 총 수를 N, 그 때까지 출생한 남아의 수를 n라 할 때, 다음 물음에 답하시오.

(1) N이 커지면, $\dfrac{n}{N}$은 어떤 값으로 가까이 갈까?

(2) (1)이 성립하는 근거는 무엇인가?

03. 한 개의 공정한 동전을 던지고 앞면이 나오면 확률변수 X를 1로, 뒷면이 나오면 0으로 정의한다. 이러한 확률실험을 독립적으로 계속하여 얻어지는 확률변수 $X_1, \cdots, X_n$의 평균 $\bar{X}_n$가 0.4에서 0.6 사이에 놓일 확률이 적어도 0.9가 되기 위해서는 이러한 실험을 몇 번 해야 되는지를 체비셰프 부등식을 이용하여 구하시오.

04. 평균이 μ이고 표준편차가 1인 모집단에서 추출된 크기 50의 확률표본의 평균을 $\bar{X}$라 할 때, $P[|\bar{X}-\mu| \le c] = 0.95$이 되는 c를 중심극한의 정리를 이용하여 구하시오. 또 체비셰프의 부등식을 이용한 결과와 비교하시오.

05. 모평균을 표본평균으로 추정할 때, 표본평균과 모평균의 차이가 표준편차의 25%을 넘지 않게 할 확률이 적어도 0.95가 되는 표본의 크기를 정하시오.

06. 평균이 20, 표준편차가 2인 모집단으로부터 추출된 크기 n의 확률표본에 대하여 다음 질문에 답하시오.

(1) $n = 16$일 때, 표본평균 $\bar{X}_n$의 평균과 표준편차를 구하시오.

(2) $n = 64$일 때, 표본평균 $\bar{X}_n$의 평균과 표준편차를 구하시오.

(3) 위 두 경우에 대하여, 확률 $P[19 < \bar{X}_n < 21]$이 차이가 날 수 있는 이유를 설명하시오.

07. 모집단이 $N(\mu, \sigma^2)$일 때, 표본평균을 이용하여 모평균을 추정할 때 두 값의 차이가 표준편차의 25%을 넘지 않게 할 확률이 적어도 0.95가 되는 표본의 크기를 정하시오.

08. 평균이 50, 표준편차가 2인 모집단으로부터 추출된 크기 $n = 100$의 확률표본에 대하여

(1) 확률 $P[48 < \bar{X}_n < 52]$을 중심극한의 정리를 이용하여 구하시오.

(2) 모평균이 48일 때, (1)의 같은 질문에 답하시오.

09. 어떤 공장에서 생산되는 산업용 줄의 세기는 평균이 120(lb), 표준편차가 2(lb)로 알려졌다고 한다. 이 공장에서 생산된 제품 중에서 임의로 40개를 선택했을 때, 그 세기의 평균이 100에서 140 사이에 주어질 확률을 구하시오. 표본의 크기가 15인 경우에 이 확률을 계산하시오.

10. 불량률이 5%인 어떤 생산품의 큰 더미에서 꺼낸 크기 n의 확률표본 중에 불량률이 많아야 3%가 될 확률을 세 경우 (1) $n = 10$, (2) $n = 30$, (3) $n = 100$에 대하여 계산하시오.

11. 어떤 종류의 축전지의 수명은 평균이 20(시간) 표준편차가 1.5(시간)인 정규분포를 따른다고 한다. 이 상품에서 임의로 선택한 5개의 평균수명이 얼마일 때 이것이 전체 평균수명의 상위 5%를 넘어설 수 있는지를 말하시오.

12. 정규모집단 $X \sim N(\mu, \sigma^2)$에서 $\mu = 12$, $\sigma^2 = 2^2$이고, 여기서 크기 5의 확률표본을 추출한다.

(1) 표본평균이 14보다 클 확률을 구하시오.

(2) 표본의 최솟값이 9 미만일 확률을 구하시오.

(3) 표본의 최댓값이 16 미만일 확률을 구하시오.

13. 정규모집단 $X \sim N(\mu, \sigma^2)$에서 $\mu = 0$, $\sigma^2 = 0.03^2$이고, 여기서 크기 25의 확률표본 $X_1, \cdots, X_n$을 추출하였다. 통계량 $\sum_{k=1}^{25} x_k^2$이 2.0보다 클 확률을 구하시오.

14. 푸아송 모집단 $X \sim P_o(\lambda = 0.05)$에서 추출한 크기 $n = 40$의 확률표본을 $X_1, \cdots, X_n$라 하고 또 그 합을 S_n라 할 때

(1) $P[S_n \geq 5]$을 구하시오.

(2) (1)을 중심극한의 정리를 통하여 구하시오.

15. 평균이 μ, 분산이 σ^2인 모집단에서 추출한 크기 n의 확률표본의 평균을 $\bar{X}_n$라 할 때, 부등식

$$P[|\bar{X}_n - \mu| < 0.1\sigma] \geq 0.99$$

을 만족하는 n을 구하시오.

16. 정리 9.13을 증명하시오.

제 10 장 정규모집단과 표본분포

정규분포는 통계적 추론에서 중추적인 역할을 한다. 모집단은 물론이고 중심극한의 정리에서와 같이 많은 표본분포들이 정규분포나 근사적 정규분포로 설명되기 때문이다. 이 장에서는, 정규모집단에서 추출된 확률표본을 기초로 하는 통계량들의 확률분포를 논한다. 특히, 표본평균과 표본분산 등 주요 통계량들의 분포를 설명하는 데 필요한 카이-제곱분포, t-분포, 그리고 F-분포 등을 논하고, 정규모집단과 관련된 표본평균, 표본분산, 순서통계량 등의 분포를 다룬다.

10.1 | 카이-제곱분포, t-분포, F-분포

여기서는 카이-제곱분포, t-분포, F-분포 등을 정의하고, 이 분포들의 기본성질들을 다룬다. 먼저 카이-제곱분포를 정의한다.

정의 10.1 카이-제곱분포

확률변수 X이 밀도함수가

$$f_X(x) = \frac{1}{\Gamma\left(\frac{k}{2}\right)}\left(\frac{1}{2}\right)^{\frac{k}{2}} x^{\frac{k}{2}-1} e^{-\frac{1}{2}x} \cdot I_{(0,\ \infty)}(x)$$

이면, 이 확률변수는 자유도 k의 카이-제곱분포(Chi-squared distribution)를 따른다고 하고, 기호로 $X \sim \chi^2(k)$로 나타낸다.

참고 10.2

카이-제곱분포는 감마분포의 특별한 경우이다. 다시 말하여, 자유도 k의 카이-제곱분포 $\chi^2(k)$는 모수 $r = \frac{k}{2}$, $\lambda = \frac{1}{2}$인 감마분포, 즉 $\chi^2(k) \equiv G\left(\frac{k}{2}, \frac{1}{2}\right)$이다.

다음 결과는 감마분포의 성질로부터 쉽게 얻어진다.

정리 10.3

확률변수 X가 자유도 k의 카이-제곱분포를 따르면, 즉 $X \sim \chi^2(k)$이면, 다음이 성립한다.

(1) $E[X] = k$

(2) $Var[X] = 2k$

(3) $m_X(t) = \left(\dfrac{1}{1-2t}\right)^{\frac{k}{2}}, \ t < \dfrac{1}{2}$

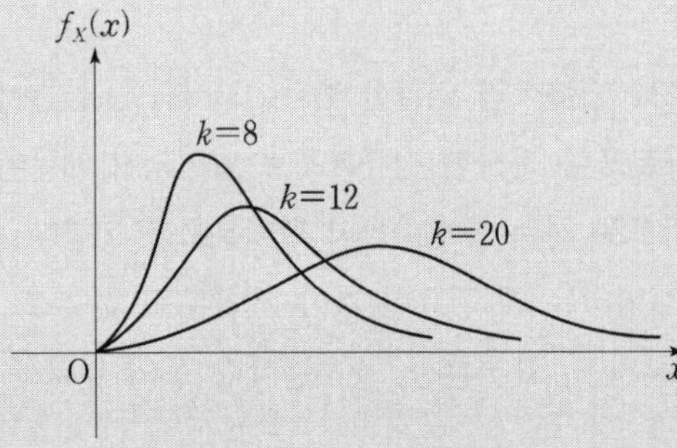

〈그림 10.1〉 카이-제곱분포

증명 이 결과는 참고 10.2에서와 같이 감마분포의 결과로부터 성립한다. □

정리 10.4

$X_1, \cdots, X_k$가 평균과 분산을 각각 μ_i와 σ_i^2로 하는 정규분포를 따르고 또 서로 독립이면, 확률변수

$$U = \sum_{i=1}^{k} \left(\frac{X_i - \mu_i}{\sigma_i}\right)^2$$

는 자유도 k의 카이-제곱분포를 따른다. 즉, $U \sim \chi^2(k)$이다.

증명 먼저 $Z_i = (X_i - \mu_i)/\sigma_i$로 놓으면, $Z_1, \cdots, Z_k$는 서로 독립이고, 따라서 U의 적률생성함수 $m_U(t) = E[e^{tU}]$은

$$m_U(t) = E\left[e^{t\Sigma_{i=1}^k Z_i^2}\right] = E\left[\prod_{i=1}^{k} e^{tZ_i^2}\right] = \prod_{i=1}^{k} E\left[e^{tZ_i^2}\right]$$

이다. 또 $Z_1, \cdots, Z_k$는 표준정규분포의 확률변수이므로

$$E\left[e^{tZ_i^2}\right] = \int_{-\infty}^{\infty} e^{tz^2} \frac{1}{\sqrt{2\pi}} e^{-\frac{1}{2}z^2} dz = \int_{-\infty}^{\infty} \frac{1}{\sqrt{2\pi}} e^{-\frac{1}{2}(1-2t)z^2} dz$$

$$= \frac{1}{\sqrt{1-2t}} \int_{-\infty}^{\infty} \frac{\sqrt{1-2t}}{\sqrt{2\pi}} e^{-\frac{1}{2}(1-2t)z^2} dz$$

$$= \frac{1}{\sqrt{1-2t}}, \quad t < \frac{1}{2}.$$

위의 마지막 등식의 성립은 앞 식에서의 적분이 1이 되기 때문이다. 그것은 그 피적분함수가 평균이 0, 분산이 $\frac{1}{1-2t}$인 정규분포의 밀도함수이기 때문이다. 따라서

$$m_U(t) = \prod_{i=1}^{k} E\left[e^{tZ_i^2}\right] = \left(\frac{1}{1-2t}\right)^{k/2}, \quad t < \frac{1}{2}$$

이고, 이것은 $\chi^2(k)$-분포의 적률생성함수이다. □

다음에는 t-분포를 정의하고 관련되는 성질들을 논한다.

정의 10.5 **t-분포**

확률변수 X의 밀도함수가

$$f_X(x) = \frac{\Gamma[(k+1)/2]}{\Gamma(k/2)} \frac{1}{\sqrt{k\pi}} \frac{1}{(1+x^{2/k})^{(k+1)/2}}, \quad -\infty < x < \infty$$

이면, 이 확률변수는 자유도 k의 **(스튜던트)** t-분포(t-distribution)를 따른다고 하고, 기호로 $X \sim t(k)$로 나타낸다.

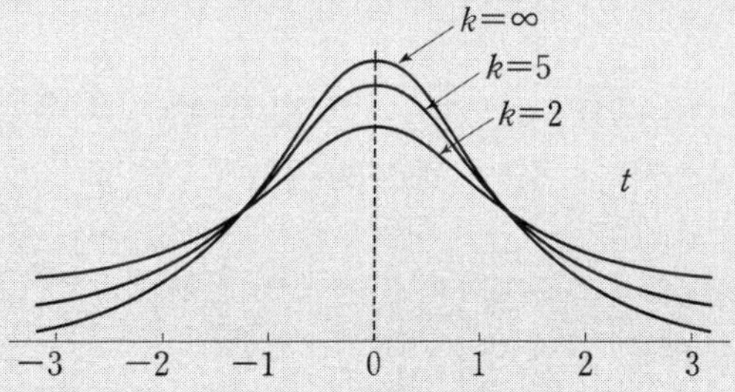

〈그림 10.2〉 t-분포

참고 10.6

$f_X(x)$가 자유도가 k인 t-분포의 밀도함수일 때 $\lim_{k\to\infty} f_X(x) = \phi(x)$(단, $\phi(x)$는 표준정규분포의 밀도함수)임을 증명할 수 있다. 이것은 자유도가 ∞인 t-분포는 표준정규가 됨을 뜻한다.

정리 10.6

$Z \sim N(0,\ 1)$, $U \sim \chi^2(k)$이고 또 Z와 U가 서로 독립이면, 확률변수

$$T = \frac{Z}{\sqrt{U/k}}$$

는 자유도 k의 t-분포를 따른다. 즉, $T = \dfrac{Z}{\sqrt{U/k}} \sim t(k)$이다.

증명† 증명에 변수변환기법을 이용하자. 두 확률변수 Z와 U가 독립이므로 (Z, U)의 결합밀도함수 $f_{Z,U}(z, u) = f_Z(z) f_U(u)$는

$$f_{Z,\,U}(z,\ u) = \frac{1}{\sqrt{2\pi}} e^{-\frac{1}{2}z^2} \cdot \frac{1}{\Gamma(k/2)}\left(\frac{1}{2}\right)^{\frac{k}{2}} u^{\frac{k}{2}-1} e^{-\frac{u}{2}} \cdot I_{(0,\,\infty)}(u)$$

이다. T의 밀도함수 $f_T(t)$를 구하기 위하여, 방정식

$$t = \frac{z}{\sqrt{u/k}}, \quad s = u$$

로 정의되는 변환을 정의하자. 이 변환은 집합

$$\begin{aligned}\mathcal{A} &= \{(z,\ u) | f_{Z,\,U}(z,\ u) > 0\} \\ &= \{(z,\ u) | -\infty < z < \infty,\ 0 < u < \infty\}\end{aligned}$$

의 집합

$$\begin{aligned}\mathcal{B} &= \{(t,\ s) \,|\, t = z/\sqrt{u/k},\ s = u,\ (z,\ u) \in \mathcal{A}\} \\ &= \{(t,\ s) | -\infty < t < \infty,\ 0 < s < \infty\}\end{aligned}$$

위로의 일대일 변환이다. 따라서 역변환 $z = \sqrt{\dfrac{s}{k}}\,t,\ u = s$이 존재하고 또 편도함수 $\partial z/\partial t,\ \partial z/\partial s,\ \partial u/\partial t,\ \partial u/\partial s$ 등이 모두 연속이다. 따라서 이 변환의 야코비안 J는

$$J = \frac{\partial(z,\ u)}{\partial(t,\ s)} = \begin{vmatrix} \dfrac{\partial z}{\partial t} & \dfrac{\partial z}{\partial s} \\ \dfrac{\partial u}{\partial t} & \dfrac{\partial u}{\partial s} \end{vmatrix} = \begin{vmatrix} \sqrt{\dfrac{s}{k}} & -\dfrac{1}{2\sqrt{ks}} \\ 0 & 1 \end{vmatrix} = \sqrt{\frac{s}{k}} \quad (\neq 0)$$

이고 그 절댓값은 $|J| = \sqrt{\dfrac{s}{k}}$ 이다. $(T,\ S)$의 결합밀도함수 $f_{T,\,S}(t,\ s)$는

$$\begin{aligned}f_{T,\,S}(t,\ s) &= |J| f_{Z,\,U}(z = \sqrt{s/k}\,x,\ u = s) \cdot I_{\mathcal{B}}(t,\ s) \\ &= \sqrt{\frac{s}{k}} \frac{1}{\sqrt{2\pi}} \frac{1}{\Gamma(k/2)} \left(\frac{1}{2}\right)^{\frac{k}{2}} s^{\frac{k}{2}-1} e^{-\frac{s}{2}} e^{-\frac{t^2 s}{2k}} \cdot I_{\mathcal{B}}(t,\ s)\end{aligned}$$

이다. 따라서 T의 주변밀도함수 $f_T(t) = \displaystyle\int_{-\infty}^{\infty} f_{T,\,S}(t,\ s)\,ds$는

$$f_T(t) = \frac{1}{\sqrt{2k\pi}} \frac{1}{\Gamma(k/2)} \left(\frac{1}{2}\right)^{\frac{k}{2}} \int_0^{\infty} s^{\frac{1}{2}(k-1)} e^{-\frac{1}{2}(1+\frac{t^2}{k})s}\, ds$$

이고, 이 적분에서 $z = \dfrac{1}{2}(1 + \dfrac{t^2}{k})s$로 변수변환하면

$$f_T(t) = \frac{1}{\sqrt{2k\pi}} \frac{1}{\Gamma(k/2)} \left(\frac{1}{2}\right)^{\frac{k}{2}} 2^{\frac{k}{2}-\frac{1}{2}+1} \left(1+\frac{z^2}{k}\right)^{-\frac{1}{2}(k+1)} \cdot \Gamma\left(\frac{k}{2+}\frac{1}{2}\right)$$

이고, 이것으로부터

$$f_T(t) = \frac{\Gamma[(k+1)/2]}{\Gamma(k/2)} \frac{1}{\sqrt{k\pi}} \frac{1}{(1+t^2/k)^{(k+1)/2}}$$

을 얻는다. □

정리 10.7

$X \sim t(k)$, $k > 1$이면, $r < k$에 대하여 $E[X^r]$이 존재하고, 그 값은

$$E[X^r] = \begin{cases} 0, & r\text{이 } r < k\text{인 홀수이면}, \\ k^{\frac{r}{2}} \dfrac{\Gamma[(r+1)/2]\Gamma[(k-r)/2]}{\Gamma(1/2)\Gamma(k/2)}, & r\text{이 } r < k\text{인 짝수이면} \end{cases}$$

이다.

증명 이 증명은 독자에게 맡긴다. □

따름정리 10.8

$X \sim t(k)$, $k > 2$일 때

(1) $E[X] = 0, \quad k > 1$　　(2) $Var[X] = \dfrac{k}{k-2}, \quad k > 2$

증명 이 정리의 결과는 정리 10.7로부터 쉽게 성립한다. □

다음은 F-분포를 정의한다.

정의 10.9 **F-분포**

확률변수 X의 밀도함수가

$$f_X(x) = \frac{\Gamma[(m+n)/2]}{\Gamma(m/2)\Gamma(n/2)} \left(\frac{m}{n}\right)^{\frac{m}{2}} \frac{x^{\frac{m}{2}-1}}{[1+(m/n)x]^{(m+n)/2}} \cdot I_{(0,\,\infty)}(x)$$

이면, X는 자유도 m, n의 F-분포(F-distribution)를 따른다고 한다. 또 기호로 $X \sim F(m, n)$로 표시한다.

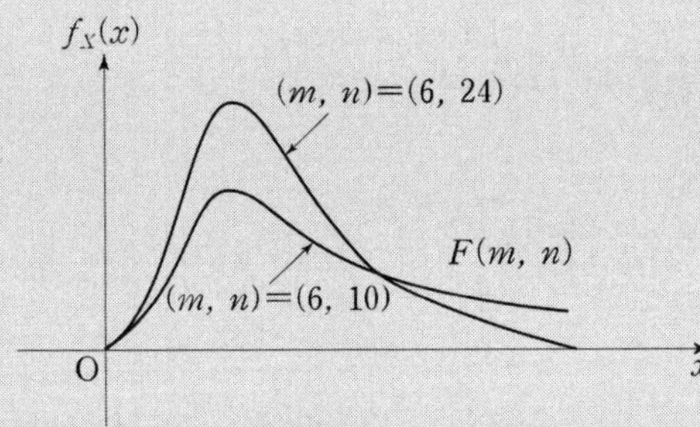

〈그림 10.3〉 F-분포

정리 10.10

$U \sim \chi^2(m)$, $V \sim \chi^2(n)$이고, U와 V가 확률적으로 독립이면, 확률변수

$$X = \frac{U/m}{V/n}$$

은 자유도 m, n의 F-분포를 따른다. 즉, $X \sim F(m, n)$이다.

증명† 변수변환기법을 이용하자. 먼저 독립성을 이용하면, (U, V)의 결합밀도함수 $f_{U,V}(u, v) = f_U(u) f_V(v)$는

$$\frac{1}{\Gamma(m/2)} \frac{1}{\Gamma(n/2)} \left(\frac{1}{2}\right)^{\frac{1}{2}(m+n)} u^{\frac{m}{2}-1} v^{\frac{n}{2}-1} e^{-\frac{1}{2}(u+v)} \cdot I_{(0,\infty)}(u) \cdot I_{(0,\infty)}(v)$$

이다. 확률변수 F의 밀도함수 $f_X(x)$를 구하기 위하여, 방정식

$$x = \frac{u/m}{v/n}, \quad y = v$$

로 정의되는 변환을 정의한다. 이 변환은 집합

$$\begin{aligned} \mathcal{A} &= (u, v) | f_{U,V}(u, v) > 0 \\ &= \{(u, v) | -\infty < u < \infty,\ 0 < v < \infty\} \end{aligned}$$

을 집합

$$\begin{aligned} \mathcal{B} &= \left\{(x, y) | x = \frac{u/m}{v/m},\ y = v,\ (u, v) \in A\right\} \\ &= \{(x, y) | -\infty < x < \infty,\ 0 < y < \infty\} \end{aligned}$$

위로의 일대일 변환이다. 따라서 역변환 $u = (m/n)xy$, $v = y$이 존재하고, 관련된 편도함수들이 모두 연속이다. 이 변환의 야코비안 J는

$$J = \frac{\partial(u, v)}{\partial(x, y)} = \begin{vmatrix} \frac{\partial u}{\partial x} & \frac{\partial u}{\partial y} \\ \frac{\partial v}{\partial x} & \frac{\partial v}{\partial y} \end{vmatrix} = \begin{vmatrix} \frac{m}{n}y & \frac{m}{n}x \\ 0 & 1 \end{vmatrix} = \frac{m}{n}y \quad (\neq 0)$$

이고, 그 절댓값으로 $|J| = \frac{m}{n}y$을 얻는다. 결국 확률변수 (X, Y)의 결합밀도함수 $f_{X,Y}(x, y)$는

$$f_{X,Y}(x, y) = |J| \cdot f_{U,V}(u = \frac{m}{n}xy, v = y) \cdot I_{\mathcal{B}}(x, y)$$

즉, $f_{X,Y}(x, y)$는

$$\frac{m}{n}y\frac{1}{\Gamma(m/2)}\frac{1}{\Gamma(n/2)}\left(\frac{1}{2}\right)^{\frac{1}{2}(m+n)}\left(\frac{m}{n}xy\right)^{\frac{n}{2}-1}y^{\frac{n}{2}-1}e^{-\frac{1}{2}\left(\frac{m}{n}x+1\right)y}I_{\mathcal{B}}(x, y)$$

로 주어진다. 따라서 X의 주변밀도함수 $f_X(x) = \int_{-\infty}^{\infty} f_{X,Y}(x, y)dy$는

$$\frac{1}{\Gamma(m/2)}\frac{1}{\Gamma(n/2)}\left(\frac{1}{2}\right)^{\frac{1}{2}(m+n)}\left(\frac{m}{n}\right)^{\frac{m}{2}}x^{\frac{m}{2}-1}\int_0^{\infty} y^{\frac{1}{2}(m+n)-1}e^{-\frac{1}{2}\left(\frac{m}{n}x+1\right)y}dy$$

이고, 여기서 적분변수를 $z = \frac{1}{2}(\frac{m}{n}x+1)y$로 변환하면 구하는 $f_X(x)$는

$$\frac{1}{\Gamma(m/2)}\frac{1}{\Gamma(n/2)}\left(\frac{1}{2}\right)^{\frac{m+n}{2}}\left(\frac{m}{n}\right)^{\frac{m}{2}}x^{\frac{m}{2}-1}\left(\frac{m}{n}x+1\right)^{-\frac{m+n}{2}} \cdot \int_0^{\infty} z^{\frac{1}{2}(m+n)-1}e^{-z}dz$$

이다. 여기서 마지막 적분이 $\Gamma[(m+n)/2]$이므로

$$f_X(x) = \frac{\Gamma[(m+n)/2]}{\Gamma(m/2)\Gamma(n/2)}\left(\frac{m}{n}\right)^{\frac{m}{2}}\frac{x^{\frac{1}{2}(m-2)}}{[1+(m/n)x]^{\frac{1}{2}(m+n)}}I_{(0,\infty)}(x)$$

을 얻는다. □

정리 10.11

$F \sim F(m, n)$이면, $r > 0$에 대하여 $E[X^r]$이 존재하고 그 값은

$$E[X^r] = \left(\frac{n}{m}\right)^r \frac{\Gamma[r+(m/2)]\,\Gamma[(n/2)-r]}{\Gamma[(m/2)]\,\Gamma[(n/2)]}, \quad n > 2r$$

이다.

증명 $r > 0$에 대하여, $E[X^r] = \int_0^{\infty} f_X(x)dx$을 구하면

$$EX^r = \frac{\Gamma[(m+n)/2]}{\Gamma(m/2)\Gamma(n/2)}\left(\frac{m}{n}\right)^{\frac{m}{2}}\int_0^{\infty} x^r x^{\frac{m}{2}-1}\left(1+\frac{m}{n}x\right)^{-\frac{1}{2}(m+n)}dx$$

로 주어진다. 이때 적분항을 I라 하면 이 적분은 $y = \frac{m}{n}x\left(1+\frac{m}{n}\right)^{-1}$의 변수변환에 의하여 간단히

$$I = \frac{n}{m}^{r+\frac{m}{2}}\int_0^1 y^{r+\frac{m}{2}-1}(1-y)^{\frac{n}{2}-r-1}dy$$

로 표시된다. 여기서 오른쪽 적분항은 $\frac{n}{2} - r > 0$일 때만 그 값이 존재하고

$$\int_0^1 y^{r+\frac{m}{2}-1}(1-y)^{\frac{n}{2}-r-1}dy = B\left(r+\frac{m}{2},\ \frac{n}{2}-r\right)$$

와 같이 베타함수로 표시된다. 결국 베타함수의 성질을 이용하면 마지막 결과를 얻는다. □

따름정리 10.12

$X \sim F(m,\ n)$이면

(1) $E[X] = \dfrac{n}{n-2}$, $(n > 2)$.

(2) $Var[X] = \dfrac{2n^2(m+n-2)}{m(n-2)^2(n-4)}$, $(n > 4)$.

증명 (2)도 같은 방법으로 증명할 수 있으므로, 여기서는 (1)의 증명만 하기로 한다. $X = \dfrac{U/m}{V/n}$이므로

$$E[X] = E\left[\frac{U/m}{V/n}\right] = \frac{n}{m}E[U]E\left[\frac{1}{V}\right]$$

이다. 먼저 정리 10.3에 의하여 $E[U] = m$이고, 또 $E\left[\dfrac{1}{V}\right] = \dfrac{1}{n-2}$은 다음과 같이 증명된다. 즉,

$$E\left[\frac{1}{V}\right] = \frac{1}{\Gamma(n/2)}\left(\frac{1}{2}\right)^{n/2}\int_0^\infty \frac{1}{v}v^{\frac{n}{2}-1}e^{-\frac{v}{2}}dv$$

이고, 이것은 다시

$$\begin{aligned}\frac{1}{\Gamma(n/2)}\left(\frac{1}{2}\right)^{n/2}\int_0^\infty v^{\frac{n}{2}-2}e^{-\frac{v}{2}}dv &= \frac{\Gamma((n-2)/2)}{\Gamma(n/2)}\left(\frac{1}{2}\right)^{n/2}\left(\frac{1}{2}\right)^{-\frac{n}{2}+1} \\ &= \frac{1}{n-2}\end{aligned}$$

이다. 따라서

$$E[X] = \frac{n}{m}E[U]E\left[\frac{1}{V}\right] = \frac{n}{m}\frac{m}{n-2} = \frac{n}{n-2}.$$

□

10.2 | 표본평균의 분포

표본평균이 반드시 모평균과 일치하지는 않을 뿐 아니라 같은 크기의 표본이라 할지라도 표본마다 평균값이 다를 수 있다. 그러므로 한 표본의 평균값에 의하여 모평균에 대한 정보를 얻는 데 만족하지 않고, 그 모집단으로부터 뽑혀 나온 같은 크기의 표본평균들이 어떠한 분포를 하고 있는가를 동시에 생각하고 또 이것을 통하여 모평균이 어떤 범위 내에 있는가를 설명하는 것이 더 합리적일

수 있다.

여기서는 정규모집단과 관련된 표본평균의 (완전)분포를 생각한다.

정리 10.3

정규모집단 $N(\mu,\ \sigma^2)$에서 추출한 확률표본 $X_1,\ \cdots,\ X_n$의 표본평균을 $\bar{X}_n$라 할 때, $\bar{X}_n$은 평균과 분산이 각각 $\mu,\ \dfrac{\sigma^2}{n}$인 정규분포를 따른다. 즉, $\bar{X}_n \sim N\left(\mu,\ \dfrac{\sigma^2}{n}\right)$이다.

증명 $\bar{X}_n$의 적률모함수가 $N\left(\mu,\ \dfrac{\sigma^2}{n}\right)$의 적률모함수가 됨을 증명하자.

$$m_{\bar{X}_n}(t) = E[e^{t\bar{X}_n}] = E[e^{\frac{t}{n}\sum_{i=1}^{n} X_i}]$$

이고, 여기에 X_i의 독립성을 적용하면 이것은 다시

$$E\left[\prod_{i=1}^{n} e^{\frac{t}{n}X_i}\right] = \prod_{i=1}^{n} E[e^{\frac{t}{n}X_i}] = \prod_{i=1}^{n} m_{X_i}\left(\frac{t}{n}\right)$$

로 주어진다. 더욱이 X_i들은 모집단 X와 같은 분포를 따르므로

$$m_{\bar{X}_n}(t) = \prod_{i=1}^{n} e^{\mu\left(\frac{t}{n}\right) + \frac{1}{2}\sigma^2\left(\frac{t}{n}\right)^2} = e^{\mu t + \frac{1}{2}\left(\frac{\sigma^2}{n}\right)t^2}$$

이다. □

10.3 | 표본분산의 분포

여기서는 정규모집단 $N(\mu,\ \sigma^2)$에서 추출된 확률표본의 분산에 관한 확률분포를 생각한다. 표본분산의 확률분포로 특히 $(n-1)S_n^2/\sigma^2$의 확률분포를 논한다.

정리 10.14

$X_1,\ \cdots,\ X_n$이 정규분포 $N(\mu,\ \sigma)$에서 추출한 확률표본이면, 확률변수

$$U = \sum_{i=1}^{k}\left(\frac{X_{i-\mu}}{\sigma}\right)^2$$

는 자유도 k의 카이-제곱분포를 따른다. 즉 $U \sim \chi^2(k)$이다.

증명 이 정리의 결과는 정리 10.4에 의하여 쉽게 성립한다. □

정리 10.15

$X_1, \cdots, X_n$이 정규모집단 $N(\mu, \sigma)$에서 추출한 확률표본이고, S_n^2를

$$S_n^2 = \frac{1}{n-1}\sum_{i=1}^{k}(X_i - \bar{X}_n)^2 \tag{10.1}$$

라 하면, 확률변수 $(n-1)S_n^2/\sigma^2$은 자유도 $n-1$의 카이-제곱분포를 따른다. 즉 $(n-1)S_n^2/\sigma^2 \sim \chi^2(n-1)$이다.

정리 10.15를 증명하는 데는 다음 두 정리가 보조정리로 필요하다.

정리 10.16

$X_1, \cdots, X_n$이 정규분포 $N(\mu, \sigma^2)$의 모집단에서 추출한 확률표본일 때, $\bar{X}_n$과 $(X_1 - \bar{X}_n, \cdots, X_n - \bar{X}_n)$은 확률적으로 독립이다.

증명 먼저 $\mathrm{X} = (X_1, \cdots, X_n)$라 놓고, 연합통계량 $(\bar{X}_n, \mathrm{X})$의 적률생성함수를 구하자. $t \in R^1$, $\mathrm{t} = (t_1, \cdots, t_n)$에 대하여, 적률생성함수 $m_{(\bar{X}_n, \mathrm{X})}(t, \mathrm{t})$는

$$E[e^{t\bar{X}_n + \mathrm{tX}}] = Ee^{\left[\Sigma_{i=1}^n t_i X_i - (\Sigma_{i=1}^n t_i - t)\bar{X}_n\right]} = E\left[\prod_{i=1}^n e^{\frac{1}{n}\{X_i[(nt_i^n - n(\bar{t}+t)]\}}\right]$$

이고, 이것은 다시 독립성에 의하여

$$\begin{aligned}\prod_{i=1}^n Ee^{\frac{1}{n}\{X_i[t_i - n(t_i - \bar{t})]\}} &= \prod_{i=1}^n e^{\frac{1}{n}\{[t+n(t_i-\bar{t})] + \frac{\sigma^2}{2n^2}[t+n(t_i-\bar{t})]^2\}} \\ &= e^{\frac{\mu}{n}[nt + n\sum_{i=1}^n (t_i - \bar{t})] + \frac{\sigma^2}{2n^2}\sum_{i=1}^n [t+n(t_i-\bar{t})]^2}\end{aligned}$$

이고, 간단한 대수처리에 의하여

$$m_{(\bar{X}_n, \mathrm{X})}(t, \mathrm{t}) = e^{\mu t + \frac{\sigma^2}{2n}t^2} \cdot e^{\frac{\sigma^2}{2}\Sigma_i^n (t_i - \bar{t})^2} = m_{\bar{X}_n}(t) m_{\mathrm{X}}(\mathrm{t})$$

을 얻는다. 따라서 정리가 증명된다. □

정리 10.17

두 통계량 $\bar{X}_n$와 S_n은 확률적으로 서로 독립이다.

증명 이 정리의 결과는 정리 10.16으로부터 따른다. □

증명 정리 10.15의 증명

우선

$$\frac{(n-1)S_n^2}{\sigma^2} = \frac{1}{\sigma^2}\sum_{i=1}^{n}(X_i-\mu)^2 - \left(\frac{\overline{X}_n-\mu}{\sigma/\sqrt{n}}\right)^2$$

이 성립한다. 여기서 정리 10.14에 의하여

$$\frac{1}{\sigma^2}\sum_{i=1}^{n}(X_i-\mu)^2 \sim \chi^2(n)$$

이고, 또

$$\left(\frac{\overline{X}_n-\mu}{\sigma/\sqrt{n}}\right)^2 \sim \chi^2(1)$$

이다. $\overline{X}_n$와 S_n은 확률적으로 서로 독립이므로

$$m_U(t) = e^{tU} = \frac{(1-2t)^{-\frac{n}{2}}}{(1-2t)^{-\frac{1}{2}}} = (1-2t)^{-\frac{n}{2}-1}, \quad t < \frac{1}{2}$$

이다. □

참고 10.18

통계량의 자유도(degree of freedom)란 그 통계량에서 독립적으로 변하는 항이나 변량의 개수를 뜻한다. 정리 10.14의 U는 독립인 제곱항이 k개이고, 또 정리 10.15의 $\sum_i^n (X_i - \bar{X}_n)^2$에서 독립인 제곱항은 $n-1$이 되는 것이다. 후자의 경우 자유도가 n이 아니고 $n-1$이 되는 것은, 방정식 $\sum_{i=1}^{n}(X_i-\bar{X}_n)^2 = 0$이 성립하기 때문에 여기서 $n-1$항이 결정되면 나머지 한 항은 자동으로 결정되기 때문에 자유도는 1이 감소되는 것이다.

정리 10.19

$X_1, \cdots, X_n$이 정규모집단 $N(\mu, \sigma^2)$에서 추출된 확률표본이고, 표본평균, 표본분산을 각각 $\bar{X}_n$과 S_n^2라 하면,

$$T = \frac{\sqrt{n}(\bar{X}_n - \mu)}{S_n}$$

은 자유도 $n-1$의 t-분포를 따른다. 즉, $T \sim t(n-1)$이다.

증명 먼저

$$\frac{\sqrt{n}(\overline{X}_n-\mu)}{\sigma} \sim N(0,\ 1)$$

이고, 또

$$\frac{(n-1)S_n^2}{\sigma^2} \sim \chi^2(n-1)$$

이다. 여기서 $\overline{X}_n$와 S_n^2은 확률적으로 서로 독립이므로

$$T = \frac{\sqrt{n}(\overline{X}_n - \mu)}{S_n} = \frac{\sqrt{n}(\overline{X}_n - \mu)/\sigma}{\sqrt{(n-1)S_n/\sigma^2(n-1)}}$$

이다. 따라서 정리 10.6에 의하여 자유도 $n-1$인 t-분포를 따른다. □

정리 10.20

$X_1, \cdots, X_m$은 모집단 $N(\mu_1, \sigma_1^2)$에서 추출된 확률표본이고, 또 $Y_1, \cdots, Y_n$은 모집단 $N(\mu_2, \sigma_2^2)$에서 추출된 확률표본일 때, 두 표본이 서로 독립이면 확률변수

$$U = \frac{S_1^2/\sigma_1^2}{S_2^2/\sigma_2^2}$$

은 $F(m, n)$-분포를 따른다. 즉, $U \sim F(m, n)$이다. 특히, $\sigma_1 = \sigma_2$인 경우에는 $S_1^2/S_2^2 \sim F(m, n)$이다. 여기서 S_1^2, S_2^2은 (10.1)로 정의되는 각 표본의 표본분산들을 나타낸다.

증명 정리 10.15에 의하면, 통계량

$$\frac{1}{\sigma_1^2}\sum_{i=1}^{m}(X_i - \overline{X}_m)^2, \qquad \frac{1}{\sigma_2^2}\sum_{i=1}^{n}(Y_j - \overline{Y}_n)^2$$

는 각각 자유도가 $m-1$과 $n-1$인 카이-제곱분포를 따른다. 또 가정에 의하여 두 통계량이 독립이므로 정리 10.10에 의하여 주어진 결과를 얻는다. □

정리 10.21

$X_1, \cdots, X_m$이 모집단 $N(\mu_1, \sigma_1^2)$에서 추출된 확률표본이고, 또 $Y_1, \cdots, Y_n$은 모집단 $N(\mu_2, \sigma_2^2)$에서 추출된 확률표본일 때, 만약 이 두 표본이 서로 독립이면 확률변수

$$U = \frac{\overline{X}_m - \overline{Y}_n - (\mu_1 - \mu_2)}{S_p\sqrt{\dfrac{1}{m} + \dfrac{1}{n}}}$$

은 $t(m+n-2)$-분포를 따른다. 즉, $U \sim t(m+n-2)$이다. 여기서 S_1^2, S_2^2은 위에서와 같은 각 표본의 표본분산이고, 여기서 S_p^2는

$$S_p^2 = \frac{(m-1)S_1^2 + (n-1)S_2^2}{m+n-2}$$

이다. 만약 $\sigma_1^2 = \sigma_2^2$이면,

$$U^* = \frac{\overline{X}_m - \overline{Y}_n - (\mu_1 - \mu_2)}{S_p\sqrt{\frac{1}{m}+\frac{1}{n}}}$$

은 $t(m+n-2)$-분포를 따른다. 즉, $U \sim t(m+n-2)$이다.

증명 주어진 가정에서

$$\overline{X}_m - \overline{Y}_n \sim N\left(\mu_1 - \mu_2,\ \frac{\sigma_1^2}{m} + \frac{\sigma_2^2}{n}\right)$$

이고,

$$\frac{(m-1)S_1^2}{\sigma_1^2} + \frac{(n-1)S_2^2}{\sigma_2^2} \sim \chi^2(m+n-2)$$

이다. 또 두 통계량이 독립이므로 여기에 정리 10.6을 적용하면 첫 번째 결과를 얻는다. 또 두 번째 결과는 첫 번째 결과로부터 쉽게 얻는다. □

다음에 정의하는 중추확률량은 추정과 가설검정에서 주요한 역할을 한다.

정의 10.22 중추확률량

$X \sim f(x;\theta)$이고 $\mathrm{X} = (X_1, \cdots, X_n)$는 X로부터 추출된 표본일 때, 만약 확률변수 $Q(\mathrm{X};\theta)$의 확률분포가 보수 θ에 독립이면 $Q(\mathrm{X};\theta)$를 중추확률량(pivotal quantity)이라 한다.

보기 10.1

$X \sim N(\mu, \sigma^2)$이고, $\mathrm{X} = (X_1, \cdots, X_n)$은 X로부터 추출된 확률표본일 때, 확률변수

$$\frac{\sqrt{n}(\overline{X}_n - \mu)}{S_n}$$

은 모수 μ와 σ^2에 의존하지 않으므로 중추확률량이다. 물론 정리 10.14의 U, 정리 10.15의 $(n-1)S_n^2/\sigma^2$, 그리고 정리 10.21의 U 등도 모두 중추확률량이다.

10.4 순서통계량

표본적률이 모집단적률의 정보를 주는 것과 같이, 순서통계량은 모집단 사분위수(quartile)를 포함한 집단의 일반적인 분위수들에 대한 정보를 제공한다. 9.2절에서도 소개되었지만 순서통계량의 정의는 다음과 같다.

정의 10.23 순서통계량

$X_1, \cdots, X_n$이 확률분포 F에서 추출한 크기 n의 확률표본일 때, $X_{(1)} \le \cdots \le X_{(n)}$ (단, $X_{(i)}$는 X_i들의 크기의 증가 순에서 i-번째의 확률변수)를 주어진 확률표본의 순서통계량(order statistic)이라 한다.

참고 10.14

$X_{(i)}$는 주어진 표본의 i-번째 크기를 나타내는 확률변수이므로, 결국 확률표본(의 원소)의 함수이다. 순서통계량 $X_{(1)}, \cdots, X_{(n)}$은 원래의 확률표본 $X_1, \cdots, X_n$와는 달리 확률적으로 독립이 아니다. 그것은 만약 $X_{(i)} \ge x$이면 언제나 $X_{(i+1)} \ge x$이므로 확률적으로 종속임을 직관적으로 알 수 있다.

순서통계량의 다음 성질은 추정과 검정에서 유용하다.

정리 10.25

$X_{(1)} \le \cdots \le X_{(n)}$이 확률분포 $X \sim F$에서 추출된 확률표본의 순서통계량일 때, $X_{(k)}$, $k=1, \cdots, n$의 주변확률분포함수 $F_{X_{(k)}}$는 다음과 같다.

$$F_{X_{(k)}}(x) = \sum_{j=k}^{n} \binom{n}{j} [F(x)]^j [1-F(x)]^{n-j}$$

증명 주어진 $y \in R^1$에 대하여, 확률변수 Z_i를

$$Z_i = I_{(-\infty, y]}(X_i)$$

로 정의하자. $\sum_{i=1}^{n} Z_i$는 y값을 넘지 않는 원소의 개수를 의미한다. 주어진 확률표본의 임의의 원소 X_i가 y값을 넘지 않을 확률은

$$P[X_i \le x] = P[X \le x] = F(x)$$

이므로, 결국 $\sum_{i=1}^{n} Z_i \sim B(n,\ F(x))$이다. 따라서

$$\begin{aligned} F_{Y_{(k)}}(x) &= P[Y_{(k)} \le x] = P\left[\sum_{i=1}^{n} Z_i \ge k\right] \\ &= \sum_{j=k}^{n} \binom{n}{j} [F(x)]^j [1-F(x)]^{n-j} \end{aligned}$$

이다. □

위 정리로부터 얻은 순서통계량 $X_{(1)}$과 $X_{(n)}$에 대한 다음 결과는 특히 많이 이용된다.

정리 10.26

정리 10.25와 같은 가정에서 다음을 얻는다.

$$F_{X_{(1)}} = \sum_{j=1}^{n} \binom{n}{j} [F(x)]^j [1-F(x)]^{n-j} = 1 - [1-F(x)]^n,$$

$$F_{X_{(n)}} = \sum_{j=n}^{n} \binom{n}{j} [F(x)]^j [1-F(x)]^{n-j} = [F(x)]^n.$$

따름정리 10.27

정리 10.25와 같은 가정에서, $X \sim F$이고 또 $F' = f$이라 할 때, $X_{(k)}$, $k = 1, \cdots, n$의 밀도함수 $f_{(k)}(x)$는 다음과 같다.

$$f_{X_{(k)}} = \frac{n!}{(k-1)!(n-k)!} [F(x)]^{k-1} [1-F(x)]^{n-k} f(x).$$

증명 이 정리의 증명은 연습문제로 남긴다. □

EXERCISES 연 습 문 제

01. 카이-제곱분포 $\chi^2(\nu)$에 대하여, 다음을 구하시오.

(a) $\nu = 20$일 때, $\chi^2_{0.975}(\nu)$

(b) $\nu = 12$일 때, $\chi^2_{0.99}(\nu)$

02. 카이-제곱분포 $X^2 \sim \chi^2(\nu)$에 대하여, 다음을 만족하는 $\chi^2_{1-\alpha}(\nu)$를 구하시오. 여기서 $\chi^2_{1-\alpha}(\nu)$는 자유도 ν의 카이-제곱분포에서 왼쪽 면적이 $1-\alpha$되는 점을 나타낸다.

(1) $\nu = 5$일 때, $P[X^2 > \chi^2_{1-\alpha}(\nu)] = 0.01$.

(2) $\nu = 25$일 때, $P[37.652 < X^2 < \chi^2_{1-\alpha}(\nu)] = 0.015$.

03. $X \sim \chi^2(6)$일 때, 다음 확률을 부록의 확률표를 이용하여 구하시오.

(a) $P[X < 5]$

(b) $P[3 < X < 7]$

04. 확률변수 X와 Y가 서로 독립이고 자유도가 각각 3과 6인 카이-제곱분포를 따를 때, $X+Y$가 12를 넘어설 확률을 구하시오.

05. 감마함수(gamma function) $\Gamma(p)$를

$$\Gamma(p) = \int_0^\infty x^{p-1} e^{-x} dx$$

로 정의할 때, $\Gamma(1/2) = \sqrt{\pi}$ 임을 증명하시오.

06. t-분포 $t(\nu)$에 대하여, 다음을 구하시오.

(a) $\nu = 12$일 때, $t_{0.975}(\nu)$

(b) $\nu = 20$일 때, $t_{0.10}(\nu)$

07. t-분포 $T \sim t(\nu)$에 대하여, 다음을 구하시오

(1) $\nu = 7$일 때, $P[T < 2.365]$.

(2) $\nu = 12$일 때, $P[-1.356 < T < 2.179]$.

08. $T \sim t(9)$일 때, 다음 확률을 구하시오.

(a) $P[T < 3]$

(b) $P[-2 < T < 2]$

09. 두 분포 $X \sim N(0,\ 1)$와 $X \sim t(\nu)$에 대하여 확률 $P[X \geq 1]$을 다음에 주어진 t-분포의 자유도 ν의 크기에 따라 그 값을 비교하시오.

(1) $\nu = 5$,

(2) $\nu = 10$,

(3) $\nu = 20$,

(4) $\nu = 25$,

(5) $\nu = 30$,

(6) $\nu = 100$.

10. $T \sim t(k)$일 때, $T^2 \sim F(1,\ k)$을 증명하시오.

11. F-분포 $F \sim F(m,\ n)$에 대하여, 다음을 구하시오.

(1) $m=7,\ n=15$일 때, $f_{0.95}(m,\ n)$.

(2) $m=24,\ n=19$일 때, $f_{0.025}(m,\ n)$.

12. $F \sim F(m,\ n)$일 때, 다음 각 경우의 확률을 구하시오.

(1) $(m,\ n)=(2,\ 4)$일 때, $P[F>4]$.

(2) $(m,\ n)=(3,\ 6)$일 때, $P[F>6]$.

(3) $(m,\ n)=(13,\ 9)$일 때, $P[F>12]$.

13. 아래 주어진 자료에 대하여, SAS를 통하여 다음을 구하시오.

5.9 7.2 7.8 6.3 9.1 6.9 7.1 8.4

8.5 7.9 8.4 7.6 8.1 9.8 9.8 12.6

(1) 줄기와 잎(stem-and-leaf) 도표

(2) 표본평균, 중앙값, 최빈수

(3) 표본분산과 표준편차

(4) 히스토그램

14. 어떤 학교의 1000명 학생의 키의 분포는 평균이 175 cm이고 분산이 49cm^2인 정규분포를 따른다고 한다. 이 집단으로부터 크기 25의 확률표본을 200번 추출하여 평균들을 계산하였다.

(1) $\bar{X}_n$의 표본분포의 평균과 분산을 결정하시오.

(2) $(173,\ 176)$ 안에 떨어지는 표본평균 $\bar{X}_n$의 개수를 구하시오.

(2) 172 미만의 표본평균 $\bar{X}_n$의 개수를 구하시오.

15. 정상인의 경우 혈청 속에 포함된 철분함량은 혈액 100 ml당 평균과 표준편차가 각각 120 ml, 15 ml인 정규분포를 따른다고 한다. 정상인 25명을 임의로 선발하여 검사한 철분함량의 평균이 95 ml에서 105 ml 사이 값이 될 확률을 구하시오.

16. 어떤 전기제품의 수명은 평균이 7년 표준편차가 1년인 정규분포를 따른다고 한다. 임의로 선택된 제품 9개의 평균수명이 $(6.4,\ 7.2)$ 안에 주어질 확률을 구하시오. 크기 9인 확률표본의 표본평균분포에서 오른쪽 15% 해당하는 값을 구하시오.

17. 어떤 생산 공장에서 숙련공이 전자부품을 조립하는 데 걸리는 시간은 평균이 25분, 그리고 표준편차가 5분인 정규분포를 따른다고 한다. 이 공장의 숙련공 25명을 임의로 선택하여 조립 시간을 관찰하였을 때 평균시간이 28시간을 넘어설 확률을 구하여라. 또 24시간과 29시간 사이에 주어질 확률을 구하시오.

18. 평균과 표준편차가 각각 100과 25인 정규분포 X에서 추출된 크기 16의 확률표본의 평균을 $\overline{X}$라 할 때, 다음 확률을 구하시오.

(a) $P[\overline{X} \geq 100]$ (c) $P[95 \leq \overline{X} \leq 110]$ (b) $P[\overline{X} \leq 120]$

19. 평균이 같고 분산이 각각 $\sigma_1^2 = 81$, $\sigma_2^2 = 64$인 두 정규모집단 X에서 크기 $n_1 = 25$, $n_2 = 16$의 각 확률표본의 평균을 각각 $\overline{X}_1$, $\overline{X}_2$라 할 때, $P[\overline{X}_1 - \overline{X}_2 \geq 10]$을 구하시오. 또 $P[|\overline{X}_1 - \overline{X}_2| \leq 5]$을 구하시오.

20. 어떤 도시에 있는 가구의 80%가 첨단통신의 시설을 갖추고 있다고 한다. 이 도시의 150가구를 확률표본으로 한 표본비는 27%라 한다. 표본비들이 이 값보다 클 확률은 얼마인가?

21. 유권자 76명의 확률표본에서 32명이 한 특정 정당을 지지하였다고 한다. 이 정당에 대한 모집단의 지지율이 0.53일 때, 표본비들이 관찰된 이 값보다 작을 확률을 구하시오.

22. 어떤 유행성 독감에 대한 한 예방주사의 효과는 0.75%이라 한다. 이 독감에 대한 새 예방주사의 효과를 평가하기 위하여 150명을 임상 실험한 결과 그중 97명이 효과를 보았다고 한다. 두 예방주사의 효과가 차이가 없다고 할 때, 관찰된 표본비보다 더 작은 값이 나올 확률은 얼마인가?

23. 모비가 0.75인 모집단에서 크기 100의 확률표본을 $\tilde{p}$라 할 때, 다음 확률을 구하시오.

(a) $P[\tilde{p} \geq 0.55]$ (b) $P[0.55 \leq \tilde{p} \geq 0.65]$

24. 어떤 지방의 성인남자의 10%가 비만이라 한다. 이 지방의 성인여자의 비만율도 남자와 같다고 할 때, 250명의 남자와 200명의 여자로 구성된 확률표본에서 그 비만율의 차 $\widetilde{p_1} - \widetilde{p_2}$가 0.05보다 클 확률을 구하시오.

25. 정규모집단 $N(\mu, \sigma^2)$, $\mu = 3$, $\sigma = 10$에서 추출된 크기 25인 확률표본의 평균과 분산을 각각 $\overline{X}_n$, S_n^2라 할 때, 확률 $P[0 < \overline{X}_n < 4,\ 60 < S_n^2 < 120]$을 구하시오.

제 11장 추정의 기본개념

11.1 | 서론

모집단의 확률분포는 보통 함수적 형태는 알거나 가정될 수 있어도 미지 모수를 포함한다. 모집단 분포가 함수적 형태뿐 아니라 모수까지도 알게 되면 모집단 분포가 확정되므로 통계적 연구의 필요성은 더 이상 없게 된다. 이와 같이, 통계적 문제란 모집단이 완전히 정해지지 않은 상태를 말한다.

표본정보를 기초로 하여 모집단의 지식을 확정하는 절차를 통계적 추론이라 한다. 따라서 통계적 문제는 보통 모집단을 나타내는 밀도함수나 확률함수 $f(x;\theta)$에서 그 함수형태는 정해져 있으나 모수 θ가 미지인 경우로 나타난다.

예컨대, 어떤 공장에서 생산되는 한 종류의 생산품에서 불량률을 결정하는 문제를 생각하자. 불량률 p는 생산품 전체를 통하여 결정되므로 미지이다. 이때 이 공장에서 생산된 같은 종류의 각 상품이 불량이면 1로, 그렇지 않으면 0으로 대응하면, 이 생산품 전체의 모임인 모집단은 p를 모수로 갖는 베르누이 분포가 된다. 즉, $X \sim Ber(p)$로 모집단 X의 확률질량함수는

$$f_X(x) = p^x(1-p)^{1-x} \cdot I_{\{0,1\}}(x) \tag{11.1}$$

이고, 여기서 p는 미지 모수이다. 결국 통계적 문제는 이 베르누이 모집단의 모수 p를 결정하는 것이 된다. 그래서 X와 같은 분포를 따르는 n개의 독립인 확률변수 $X_1, \cdots, X_n$의 실현값으로 해석되는 확률표본 $x_1, \cdots, x_n$을 토대로 하여 제품의 불량률 p를 추정하게 된다. 이때 표본평균 $\overline{x}_n = \frac{1}{n}\sum_{i=1}^{n}$를 p의 추정값으로 생각하면 $\overline{x}_n$는 표본 가운데 불량품의 비율, 즉 표본비를 나타냄으로 p의 추정값 $\hat{p}$로 사용할 수 있다.

위 추정에서는, 먼저 모집단에서 확률표본을 추출하고, 다음은 이 표본을 요약하는 통계량 중에서 추정량을 적절히 선택하고, 마지막으로 이 추정량으로부터 미지 모수의 추정값을 결정하였다.

일반적으로 모집단 $f(x;\theta)$에서 모수 θ가 미지일 때, (1) 모집단 X에서 확률표본 $X_1, \cdots, X_n$의 실현값 $x_1, \cdots, x_n$을 추출하고, (2) 확률표본의 함수인 통계량 중에서 적절한 $T(X_1, \cdots, X_n)$을 선택하고, (3) 이 $T(X_1, \cdots, X_n)$의 실현값 $t(x_1, \cdots, x_n)$을 θ의 추정값 $\hat{\theta}$로 삼게 된다. 이때 $T(X_1, \cdots, X_n)$을 θ의 추정량(estimator)이라 하고 그 실현값 $t(x_1, \cdots, x_n)$을 θ의 추정값

(estimate)이라고 한다.

추정방법은 두 가지, 즉 점추정(point estimation)과 구간추정(interval estimation)으로 구분된다. 점추정은 표본에서 계산된 값을 이용하여 미지 모수를 하나의 값으로 추정하는 방법이다. 표본은 모집단의 축소로 볼 수 있어 표본에서 계산된 값은 같은 종류인 모수의 추정값이 될 수 있다는 뜻이다. 그러나 점추정의 값은 일반적으로 모수와 일치하지 않고 어느 정도의 오차를 갖는다. 따라서 이 오차에 대하여 어떤 종류이든 설명이 필요하다. 이때 보통 모수가 정해진 확률을 갖고서 포함되리라고 기대되는 어떤 구간에 의하여 추정값을 표시하게 된다. 이러한 방법으로 모수를 추정하는 것이 구간추정이다.

표본을 기초로 하여 모수를 추정할 때는 먼저 추정량을 결정하게 된다. 그러나 여기서 계산된 추정값이 모수에 얼마나 가까운지를 아는 것은 실제로 가능하지 않다. 결국 추정량의 평가는 한 표본에서 계산되는 추정값으로 설명되지 않고 그 통계량에서 얻을 수 있는 가능한 추정값들의 통계적 성질, 즉 통계량의 표본분포에서 설명된다. 구간추정론에서도 마찬가지이지만, 특히 점추정론에서는 통계량의 질적 평가의 기준으로 그리고 최적의 통계량을 찾는 데 필요한 개념으로 통계량의 불편성, 일치성, 충분성 그리고 효율성 등이 이용된다. 여기서는 불편성, 일치성 그리고 효율성을 중심으로 논한다.

11.2 | 점추정

미지 모수를 한 값으로 추정할 때 가능하면 참값에 가까운 값을 만들어 주는 추정량을 선택하게 된다. 이 경우 이러한 추정량의 함수적 형태는 어떻게 결정될 수 있을까? 또 이러한 추정량들이 갖는 확률적·통계적 특성은 무엇인가? 등의 문제가 자연히 제기된다. 이 절에서는 이러한 문제와 관련하여 우수 추정량을 선별하는 추정량의 최적성질, 다시 말하여 추정량의 우열을 판정하는 기준을 논한다.

11.2.1 불편추정량: 불편최소분산추정량

어떤 추정량을 이용하여 미지 모수를 추정할 때 그 추정값이 모수의 참값에 얼마나 가까운지를 알고 싶어 한다. 그러나 추정값에 대한 이러한 평가는 가능하지 않다. 그것은 특정한 표본으로 계산된 추정값이 모수의 참값에 얼마나 가까운지를 알 수가 없기 때문이다.

그렇지만 추정량에 대한 평가는 확률적으로 설명이 가능하다. 그것은 주어진 추정량으로 모수의 참값을 얻을 수 있는지 없는지를 평균적으로는 설명할 수 있기 때문이다. 이것이 추정량의 불편성(unbiasedness)의 개념이다.

정리 11.1 불편추정량

모집단 $X \sim f(x;\theta)$에서 추출된 확률표본 $\mathbb{X}=(X_1, \cdots, X_n)$을 기초로 한 통계량 $T=T(\mathbb{X})$가, 만약 모든 $\theta \in \Theta$에 대하여

$$E_\theta[T]=\theta$$

이면 T를 θ의 불편통계량(unbiased statistic)이라 한다. 특히, T가 θ의 추정량이면 T를 θ의 불편추정량(unbiased estimator)이라 한다.

참고 11.2

추정량의 불편성은 추정량의 평균값이 모수와 일치하는 것을 뜻한다. 따라서 같은 불편추정량이 반복하여 사용되었을 때, 이 값들을 평균하면 모수에 가까울 것으로 기대할 수 있다.

보기 11.1

X가 $(0, \theta)$에서 정의되는 연속균일분포의 모집단이라 하자. 즉

$$f_X(x,\theta)=\frac{1}{\theta}\cdot I_{(0,\theta)}(x).$$

X에서 추출한 확률표본 $\mathbb{X}=(X_1, \cdots, X_n)$을 기초로 하는 두 통계량 $\hat{\theta}_1$과 $\hat{\theta}_2$를 다음과 같이 정의한다.

$$\hat{\theta}_1=\overline{X}_n=\frac{1}{n}\sum_{i=1}^{n}X_i, \quad \hat{\theta}_2=\frac{n+1}{n}X_{(n)}.$$

여기서 $X_{(n)}$은 주어진 확률표본의 n번째 순서통계량이다. 먼저, 모든 i에 대하여 $E[X_i]=\dfrac{\theta}{2}$임을 이용하면

$$E[\hat{\theta}_1]=E\left[\frac{1}{n}\sum_{i=1}^{n}X_i\right]=\frac{1}{n}\cdot n\cdot\frac{\theta}{2}=\frac{\theta}{2}$$

이다. 따라서 $\hat{\theta}_1$는 θ의 불편추정량이 아니다. 다음은 $\hat{\theta}_2$의 불편성을 생각하자. $X_{(n)}$의 밀도함수가

$$f_{X_{(n)}}(x)=\frac{nx^{n-1}}{\theta^n}\cdot I_{(0,\theta)}(x)$$

임(따름정리 10.27 참고)을 이용하면

$$\begin{aligned}E[\hat{\theta}_2]&=E\left[\frac{n+1}{n}X_{(n)}\right]=\frac{n+1}{n}\int_0^\theta x\cdot\frac{nx^{n-1}}{\theta^n}dx\\&=\frac{n+1}{\theta^n}\int_0^\theta x^n dx=\theta\end{aligned}$$

이다. 결국 $\hat{\theta}_2$은 θ의 불편추정량이다.

참고 11.3

보기 11.1에서, $E[\hat{\theta}_1] = \frac{\theta}{2}$인 사실로부터 θ의 다른 한 불편추정량은

$$\hat{\theta}_3 = 2 \cdot \hat{\theta}_1 = \frac{2}{n}\sum_{i=1}^{n} X_i$$

임을 알 수 있다.

보기 11.2

$E[X] = \mu$이고 $Var[X] = \sigma^2$인 모집단 $X \sim f(x)$을 생각하자. 확률표본 $\mathbf{X} = (X_1, \cdots, X_n)$의 평균과 분산 그리고 원점에 관한 k-차 적률, 즉

$$\overline{X}_n = \frac{1}{n}\sum_{i=1}^{n} X_i, \quad S_n^2 = \frac{1}{n-1}\sum_{i=1}^{n}(X_i - \overline{X}_n)^2, \quad M_{(k)}{}' = \frac{1}{n}\sum_{i=1}^{n} X_i{}^k$$

은 모두 불편성을 갖는다. $\overline{X}_n$는 $\mu(<\infty)$의 불편추정량이고, 또 $\sigma^2 < \infty$일 때 S_n^2은 σ^2의 불편추정량, 그리고 $M_{(k)}{}'$는 모집단의 k-차 적률 $E[X^k]$의 불편추정량이다. 먼저 표본평균의 경우, $X_1, \cdots, X_n$가 서로 독립이고, X와 같은 분포를 따르는 확률변수이므로

$$E[\overline{X}_n] = \frac{1}{n}\sum_{i=1}^{n} E[X_i] = \mu$$

이다. 다음은 표본분산 S_n^2의 불편성을 증명하자. 우선 등식

$$X_i - \overline{X}_n = (X_i - \mu) + (\mu - \overline{X}_n)$$

의 양변을 제곱하여 얻은 변량의 전체 합을 계산하면

$$\sum_{i=1}^{n}(X_i - \overline{X}_n)^2 = \sum_{i=1}^{n}(X_i - \mu)^2 + 2(\mu - X_n)\sum_{i=1}^{n}(X_i - \mu) + n(\mu - \overline{X}_n)^2$$

을 얻는다. $\sum_{i=1}^{n}(X_i - \mu) = n(\overline{X}_n - \mu)$이므로

$$\sum_{i=1}^{n}(X_i - \overline{X}_n)^2 = \sum_{i=1}^{n}(X_i - \mu)^2 - n(\overline{X}_n - \mu)^2$$

이다. 따라서

$$E\left[\frac{1}{n}\sum_{i=1}^{n}(X_i - \overline{X}_n)^2\right] = \frac{1}{n}\sum_{i=1}^{n} E(X_i - \mu)^2 - E(\overline{X}_n - \mu)^2$$

이고, 여기서 등식

$$E(X_i-\mu)^2 = Var[X_i] = \sigma^2,\ E(\overline{X}_n-\mu)^2 = Var[\overline{X}_n] = \frac{\sigma^2}{n}$$

을 이용하면

$$E\left[\frac{1}{n}\sum_{i=1}^{n}(X_i-\overline{X}_n)^2\right] = \frac{n-1}{n}\sigma^2. \tag{11.2}$$

결국

$$E[S_n^2] = E\left[\frac{n}{n-1}\frac{1}{n}\sum_{i=1}^{n}(X_i-\overline{X}_n)^2\right] = \frac{n}{n-1}\cdot\frac{n-1}{n}\sigma^2 = \sigma^2 \tag{11.3}$$

이다. 마지막으로, $M_{(k)}{}'$에 대한 결과의 증명은 독자에게 남긴다.

참고 11.4

(11.2)와 (11.3)에서와 같이, 불편성을 기준으로 하면 모분산 σ^2의 추정량은 $\frac{1}{n}\sum_{i=1}^{n}(X_i-\overline{X}_n)^2$보다 $\frac{1}{n-1}\sum_{i=1}^{n}(X_i-\overline{X}_n)^2$을 선호하게 된다.

참고 11.5

표본분산 S_n^2은 모분산 σ^2의 불편추정량이다. 그러나 S_n이 σ의 불편추정량이 될 필요는 없다. 일반적으로 T가 θ의 불편추정량일 때, g가 선형함수가 아닌 한 $g(T)$는 $g(\theta)$의 불편추정량이 되지 않는다.

참고 11.6

모수에 따라서는 불편추정량을 갖지 않는 것도 존재한다. 예컨대, $X \sim B(n, p)$, $0 \le p \le 1$에서 $\frac{1}{p}$에 대한 크기 1의 확률표본을 기초로 하는 불편추정량이 존재하지 않는다. 또 불편추정량이 존재할 때도 하나만 존재할 필요도 없다. 사실 한 모수에 대하여 불편추정량이 두 개 존재하면 이것은 불편추정량이 무수히 많이 존재하는 것을 의미한다.

추정량의 불편성은 그 추정값이 평균적으로 모수에 일치함을 의미한다. 그러나 불편성만으로는 어떤 통계량이나 추정량이 모수의 실제값에 가까운 값을 추정하는 데 충분치 않다. 불편추정량이라 할지라도 그 추정량의 분산의 크기에 따라서는 모수와 동떨어진 값을 만들어 낼 수 있기 때문이다. 그러나 불편추정량은 분산이 작으면 작을수록 추정오차를 줄이는데 더 효과적이라 할 수 있다.

정의 11.7 **불편최소분산추정량**

모집단 $X \sim f(x;\theta)$에서 추출된 확률표본을 $\mathrm{X} = (X_1, \cdots, X_n)$이라 하고, 또 $\hat{\theta}_1 = T_1(\mathrm{X})$, $\hat{\theta}_2 = T_2(\mathrm{X})$를 θ의 두 불편추정량이라 하자. 만약 모든 θ에 대하여

$$Var_\theta[\hat{\theta}_1] \le Var_\theta[\hat{\theta}_2]$$

이면, 추정량 $\hat{\theta}_1$은 추정량 $\hat{\theta}_2$보다 θ에 대하여 더 효율적(more efficient)이라 한다. 특히, 불편추정량 $\hat{\theta}_e$이 θ의 모든 불편추정량 중에서 가장 작은 분산을 가지면, 다시 말하여 모든 θ와 그리고 모든 불편추정량 $\hat{\theta}$에 대하여

$$Var_\theta[\hat{\theta}_e] \le Var_\theta[\hat{\theta}]$$

이면, $\hat{\theta}_e$를 θ의 (균일)불편최소분산추정량(uniformly minimum variance estimator: UMVUE) 또는 최대효율추정량(most efficient estimator)이라 한다. 또 이 추정량을 최우량추정량(best estimator)이라고도 한다.

보기 11.3

보기 11.1에서와 같이 X가 $[0, \theta]$에서 연속의 균일분포를 따를 때, 확률표본 $\mathrm{X} = (X_1, \cdots, X_n)$를 기초로 하는 두 통계량

$$\hat{\theta}_1 = \frac{2}{n}\sum_{i=1}^{n} X_i, \quad \hat{\theta}_2 = \frac{n+1}{n} X_{(n)}$$

은 모두 θ의 불편추정량이다. 여기서 그 효율성을 생각하자. 먼저, $\hat{\theta}_1$의 분산은

$$Var[\hat{\theta}_1] = Var\left[\frac{2}{n}\sum_{i=1}^{n} X_i\right] = \frac{4}{n^2}\sum_{i=1}^{n} Var[X_i] = \frac{4}{n^2}\cdot n \cdot \frac{\theta^2}{12} = \frac{\theta^2}{3n}$$

이다. 다음에 $\hat{\theta}_2$의 분산을 구하면, 우선

$$Var[\hat{\theta}_2] = Var\left[\frac{n+1}{n} X_{(n)}\right] = \left(\frac{n+1}{n}\right)^2 Var[X_{(n)}]$$

이고, 여기서 $Var[X_{(n)}] = E[X_{(n)}^2] - (E[X_{(n)}])^2$은 다음과 같이 구해진다.

$$E[X_{(n)}] = \int_0^\theta x \cdot \frac{nx^{n-1}}{\theta^n} = \frac{n}{\theta^n}\int_0^\theta x^n dx = \frac{n}{n+1}\theta$$

$$E[X_{(n)}^2] = \int_0^\theta x^2 \cdot \frac{nx^{n-1}}{\theta^n} dx = \frac{n}{\theta^n}\int_0^\theta x^{n+1} dy = \frac{n}{n+2}\theta^2.$$

이것을 이용하면

$$Var[X_{(n)}] = \frac{n\theta^2}{n+2} - \left(\frac{n}{n+1}\right)^2 \theta^2$$

이고, 따라서

$$Var[\hat{\theta}_2] = \left(\frac{n+1}{n}\right)^2 \left[\frac{n\theta^2}{n+2} - \left(\frac{n}{n+1}\right)^2 \theta^2\right] = \frac{\theta^2}{n(n+2)}$$

이다. 위 결과를 이용하면

$$\frac{Var_\theta[\hat{\theta}_1]}{Var_\theta[\hat{\theta}_2]} = \frac{n(n+2)}{3n} = \frac{n+2}{3}$$

이고 이것은 $n > 1$에서 1 보다 크다. $\hat{\theta}_2$의 분산은 $\hat{\theta}_1$의 분산보다 작아 $\hat{\theta}_2$가 $\hat{\theta}_1$보다 더 효율적이다.

보기 11.4

평균이 μ이고 분산이 σ^2인 모집단 X에서 추출된 확률표본 X의 원소 $X_1, \cdots, X_n$의 일차결합으로 주어진 추정량 $T(\mathrm{X}) = \sum_{i=1}^{n} a_i X_i$이 μ의 최우량추정량이 되도록 a_i를 결정할 수 있다. a_i는 T가 최소분산의 불편추정량이 되는, 다시 말하여 $E_\mu[T] = \mu$이고 또 $Var_\mu[T]$가 최소가 되는, 즉 $\sum_{i=1}^{n} a_{i=1}$이며 동시에 $\sum_{i=1}^{n} a_i^2$을 최소화하는 상수들을 말한다. 이러한 제한적 최소화의 문제에는 '**라그랑주**의 승수법(Lagrange's multiplier method)'을 적용하면 $a_i = \frac{1}{n}$임을 어렵지 않게 보일 수 있다. 결국 μ의 최우량추정량은 표본평균 $\overline{X}_n$이다.

11.2.2† 일치추정량

추정량에 따라서는 어떤 추정량은 표본의 크기가 커질수록 그 추정값이 모수의 참값에 얼마든지 가까이 갈 수 있다. 추정의 입장에서 추정량의 이러한 성질은 매우 바람직하다. 표본의 크기가 무한히 커질 때 확률적으로 모수에 수렴하는 추정량을 그 모수의 일치추정량이라 한다.

정의 11.8 일치추정량

$\mathrm{X} = (X_1, \cdots, X_n)$을 모집단 $f(x;\theta)$, $\theta \in \Theta$에서 추출된 확률표본이고, $\hat{\theta}_n = T(\mathrm{X})$가 θ의 한 추정량일 때, 만약 $n \to \infty$일 때

$$\hat{\theta}_n \xrightarrow{P} \theta$$

이면(즉, $\hat{\theta}_n$이 θ로 확률수렴하면), 추정량 $\hat{\theta}_n$를 θ의 일치추정량(consistent estimator)이라 한다.

참고 11.9

추정량의 일치성은 그 추정량의 확률분포 모양이 표본의 크기에 따라 어떻게 변하는가를 참작하는 통계량이다. 이러한 형태의 성질은 $\epsilon - \delta$의 표현을 이용하는 것이 편리하다. $\hat{\theta}_n$이 θ의 일치추정량이기 위해서는, 임의의 $\epsilon > 0$와 $\delta > 0$에 대하여, 정수 $n_o (= n(\epsilon, \delta))$이 존재하여 $n > n_o$이면

$$P[|\hat{\theta}_n - \theta| < \epsilon] > 1 - \delta$$

이 성립하는 것이다.

보기 11.5

베르누이 분포 $X \sim B(1, p)$에서, $E[X] = p$, $Var[X] = p(1-p)$이다. 이 모집단에서 추출된 확률표본 $X. = (X_1, \cdots, X_n)$를 기초로 하는 두 통계량

$$\hat{\theta}_1(\mathrm{X}) = \overline{X}_n, \quad \hat{\theta}_2(\mathrm{X}) = \frac{1}{n}\left(\sum_{i=1}^{n} X_i + 1\right)$$

은 모두 p의 일치통계량이다. 이 결과는 대수의 법칙의 특별한 경우로 성립한다. 또 마르코프의 부등식이나 체비셰프의 부등식을 이용하여 직접 증명할 수도 있다. 마르코프의 부등식에서 X를 $\overline{X}_n - p$로 놓고 또 a를 $\epsilon(> 0)$으로 놓으면,

$$P[|\overline{X}_n - p| < \epsilon] = P[|\overline{X}_n - p|^2 < \epsilon^2] \geq 1 - \frac{E[\overline{X}_n - p]^2}{\epsilon^2}$$

$$= 1 - \frac{p(1-p)}{n\epsilon^2} > 1 - \eta$$

이 성립한다. 마지막 부등식에서 $\eta > \dfrac{p(1-p)}{n\epsilon^2}$이다. 이것은 임의의 $\epsilon > 0$과 $\eta > 0$에 대하여

$$n > \frac{p(1-p)}{\eta\epsilon^2} \Rightarrow P[|X_n - p| < \epsilon] > 1 - \eta$$

을 의미한다. 결국 $\hat{\theta}_1 \xrightarrow{P} p$한다. 한편, 이 결과에 확률수렴의 성질(문제 11-6)을 적용하면 $\hat{\theta}_2 = \hat{\theta}_1 + 1 \xrightarrow{P} p$이 성립한다.

보기 11.6

보기 11.1를 다시 생각하자. X는 밀도함수를

$$f_X(x, \theta) = \frac{1}{\theta} \cdot I_{(0, \theta)}(x)$$

으로 갖는 $(0, \theta)$에서의 연속균일분포이다. 확률표본 $\mathbf{X}=(X_1, \cdots, X_n)$을 기초로 하는 통계량 $\hat{\theta}_2 = \frac{n+1}{n} X_{(n)}$은 θ의 불편추정량이었다. 지금 $\hat{\theta}_2$이 θ의 일치추정량이 되는가를 생각한다. 먼저, $\hat{\theta}_n = X_{(n)}$라 하고, θ에 관한 $\hat{\theta}_n$의 일치성을 생각한다. $X_{(n)}$의 밀도함수가

$$f_{X_{(n)}}(x) = \frac{nx^{n-1}}{\theta^n} \cdot I_{(0, \theta)}(x)$$

임을 이용하면, $x > \theta$에서 $f_{X_{(n)}}(x) = 0$이므로

$$\begin{aligned} P[|\hat{\theta}_n - \theta| < \epsilon] = P[\theta - \epsilon < \hat{\theta}_n < \epsilon] &= \int_{\theta-\epsilon}^{\theta} \frac{nx^{n-1}}{\theta^n} dx = \frac{x^n}{\theta^n} \Bigg|_{\theta-\epsilon}^{\theta} \\ &= 1 - \left(\frac{\theta - \epsilon}{\theta}\right)^n \end{aligned} \tag{11.4}$$

이 성립한다. 여기서 $\frac{\theta-\epsilon}{\theta} < 1$이므로, $n \to \infty$일 때 $\left(\frac{\theta-\epsilon}{\theta}\right)^n \to 0$이다. 따라서

$$\lim_{n \to \infty} P[|\hat{\theta}_n - \theta| < \epsilon] = 1$$

이다. 결국 $\hat{\theta}_n \xrightarrow{P} \theta$, 즉 $\hat{\theta}_n$은 θ의 일치추정량이다. 더욱이

$$\hat{\theta}_2 = \frac{n+1}{n} \hat{\theta}_n \xrightarrow{P} 1 \cdot \theta = \theta$$

이므로 $\hat{\theta}_2$도 θ의 일치추정량이다.

보기 11.7 일치성과 대수의 약법칙

평균이 μ, 분산이 $\sigma^2 > 0$인 모집단 X에서 추출된 확률표본을 $\mathbf{X}=(X_1, \cdots, X_n)$라 하면, 그 표본평균 $\overline{X}_n$은 μ의 일치추정량이다. 즉

$$\overline{X}_n \xrightarrow{P} \mu$$

이다. 이것은 체비셰프의 부등식을 이용하여 다음과 같이 증명된다. 임의의 $\epsilon > 0$에 대하여

$$\begin{aligned} P[|\overline{X}_n - \mu| < \epsilon] &= P[|\overline{X}_n - \mu|^2 < \epsilon^2] \\ &\geq 1 - \frac{E[\overline{X}_n - \mu]^2}{\epsilon^2} \\ &= 1 - \frac{\sigma^2}{n\epsilon^2} \\ &\to 1 \end{aligned}$$

이기 때문이다. 이와 같이, 임의의 확률분포에서 표본평균 $\overline{X}_n$이 μ의 일치추정량이 되는 성

질, 다시 말하여 표본평균이 모평균에 약수렴하는 성질이 '대수의 약법칙(weak law of large numbers)'이다.

정리 11.10 **표본적률의 일치성**

X가 $E|X|^p < \infty$ (p는 양의 정수)인 확률분포를 따르고, $(X_1, \cdots, X_n)$가 X의 확률표본일 때, $1 \le k \le p$인 모든 k에 대하여

$$\frac{1}{n}\sum_{i=1}^{n} X_i^k \xrightarrow{P} E[X^k]$$

이다.

증명 이 정리에 대한 증명은 여기서 생략하기로 한다. □

보기 11.8

$\mathbb{X} = (X_1, \cdots, X_n)$이 평균 μ, 분산 $\sigma^2 > 0$인 정규모집단 X에서 추출된 확률표본일 때, 표본분산 $S_n^2 = \frac{1}{n-1}\sum_{i=1}^{n}(X_i - \overline{X}_n)^2$은 모분산 σ^2의 일치추정량이다. 정리 11.10에서

$$\frac{1}{n}\sum_{i=1}^{n} X_i \xrightarrow{P} E[X] = \mu, \quad \frac{1}{n}\sum_{i=1}^{n} X_i^2 \xrightarrow{P} E[X^2]$$

이다. 여기서 확률수렴의 성질(11장 연습문제 6)을 적용하면

$$\begin{aligned}\frac{1}{n}\sum_{i=1}^{n}(X_i - \overline{X}_n)^2 &= \frac{1}{n}\sum_{i=1}^{n}X_i^2 - \left(\frac{1}{n}\sum_{i=1}^{n}X_i\right)^2 \xrightarrow{P} EX^2 - (EX)^2 \\ &= VarX = \sigma^2\end{aligned}$$

이다. 더욱이, 같은 정리에 의하여

$$\frac{1}{n-1}\sum_{i=1}^{n}(X_i - \overline{X}_n)^2 = \frac{n}{n-1}\frac{1}{n}\sum_{i=1}^{n}(X_i - \overline{X}_n)^2 \xrightarrow{P} 1 \cdot \sigma^2 = \sigma^2$$

을 얻는다.

참고 11.11

정리 11.10는 표본적률이 모적률로 확률수렴함을 의미한다. 특히, $\overline{X}_n$는 μ의 일치추정량이며, 보기 11.8에서와 같이 S_n^2은 σ^2의 일치추정량임을 알 수 있다. 이 결과는 특히 앞으로 다루게 될 '추정의 적률이용법'의 타당성에 대한 이론적 근거가 되기도 한다.

다음 정리는 어떤 통계량이 일치추정량이 되기 위한 충분조건을 설명한다.

정리 11.12

추정량계열 $\hat{\theta}_n = T(\mathrm{X})$이 다음 두 조건, 즉 $n \to \infty$일 때

(1) $E[\hat{\theta}_n] \to \theta$,

(2) $Var[\hat{\theta}_n] \to 0$

이면, $\hat{\theta}_n$는 θ의 일치추정량이다.

증명 이 정리의 증명은 여기서 생략하기로 한다. □

보기 11.9

보기 11.8에서 표본분산 S_n^2은 모분산 σ^2의 일치추정량임을 보였다. 이 결과는 정리 11.12에 의하여 더 쉽게 확인된다. $\dfrac{(n-1)S_n^2}{\sigma^2} \sim \chi^2(n-1)$이므로

$$E\left[\frac{(n-1)S_n^2}{\sigma^2}\right] = n-1, \quad Var\left[\frac{(n-1)S_n^2}{\sigma^2}\right] = 2(n-1)$$

이고, 결국 $E[S_n^2] = \sigma^2$, $Var[S_n^2] = \dfrac{2\sigma^2}{n-1} \to 0$이므로, 위 정리에 의하여 $S_n^2 \to \sigma^2$가 성립한다.

11.3† | 우수추정량의 결정 방법

앞에서는 우수추정량의 기준들을 논하였지만 이러한 추정량들을 구하는 일반적인 방법에 대해서는 논의하지 않았다. 여기서는 우수추정량을 구하는 가장 효과적인 방법의 하나로 최우추정원리를 논한다

11.3.1 최우추정원리: 최우추정량

표본을 이용하여 모수를 추정할 때 '주어진 표본의 우도(likelihood)', 즉 '관측된 표본이 모집단에서 나올 가능성'을 가장 크게 하는 모수의 값을 그 모수의 추정값으로 하는 것이 최우도추정법의

원리이다. 이때 주어진 표본이 모집단으로부터 나올 가능성은 표본의 우도함수(likelihood function)로 설명된다.

먼저 이 방법의 기본개념을 예를 통하여 살펴보자.

모집단 X가 p를 모수로 하는 베르누이 $B(1, p)$ 분포를 따른다고 하고, 이 확률함수 $f_X(x) = p^x(1-p)^{1-x} \cdot I_{\{0, 1\}}(x)$의 미지 모수 $p(0 < p < 1)$를 확률표본 $\mathrm{X} = (X_1, \cdots, X_n)$을 기초로 추정한다고 하자.

먼저, p가 $\frac{1}{4}$이거나 $\frac{1}{3}$이라고 가정하고, 표본의 크기가 1인 경우를 생각하자. 우선 $p = \frac{1}{4}$일 때는, 표본이 $X_1 = 0$으로 나타날 확률은 $\frac{3}{4}$이고, $X_1 = 1$로 나타날 확률은 $\frac{1}{4}$이다. 같은 논리로, $p = \frac{1}{3}$일 때는, $X_1 = 0$과 1일 확률은 각각 $\frac{2}{3}$, $\frac{1}{3}$이다. 다시 말하면,

$$P\left[X_1 = 0 | p = \frac{1}{4}\right] = \frac{3}{4}, \quad P\left[X_1 = 1 | p = \frac{1}{4}\right] = \frac{1}{4}$$

그리고

$$P\left[X_1 = 0 | p = \frac{1}{3}\right] = \frac{2}{3}, \quad P\left[X_1 = 1 | p = \frac{1}{3}\right] = \frac{1}{3}$$

이다. 여기서 p가 $\frac{1}{4}$인지 아니면 $\frac{1}{3}$인지를 결정할 때, 다음과 같은 방법을 이용한다고 하자. 즉,

$$\hat{p} = \begin{cases} \frac{1}{4}, & \mathrm{X}_1 = 0\text{이면}, \\ \frac{1}{3}, & \mathrm{X}_1 = 1\text{이면}. \end{cases}$$

이것은 직관적으로 매우 합리적이라 할 수 있다. 모수 p의 값이 $\frac{1}{4}$일 때는 $\frac{1}{3}$일 때보다 표본이 0으로 관찰될 확률이 $\frac{3}{4} - \frac{2}{3} = \frac{1}{12}$만큼 크고, 반대로 p의 값이 $\frac{1}{3}$이면 $\frac{1}{4}$일 때보다 표본이 1로 관찰될 확률이 $\frac{1}{3} - \frac{1}{4} = \frac{1}{12}$만큼 크기 때문이다. 이것을 최우추정법의 기본원리라 할 수 있다. 최우추정법은 그 추정값을 결정할 때 p의 가능한 값들 중 이미 관찰된 표본이 나올 확률을 가장 크게 하는 것을 선택하는 것이다. 이것은 관찰된 표본의 정보를 무엇보다도 신뢰하는 합리적인 사고라 할 수 있다.

이와 같이 결정된 소위 최우추정값 $\hat{p}$이란 결국 $p = \frac{1}{4}$과 $\frac{1}{3}$ 값 중 함수

$$P[X_1 = x] = f_{X_1}(x) = p^x(1-p)^{1-x}$$

를 더 크게 하는 p의 값을 의미한다.

다음에는, $0 \leq p \leq 1$인 경우를 생각하자. 위와 같은 개념으로, 이때의 최우추정값은 $0 \leq p \leq 1$인 p의 값 중에서

$$P[X_1 = x] = f_{X_1}(x) = p^x(1-p)^{1-x} I_{\{0, 1\}}(x)$$

를 최대로 하는 p값을 의미한다. 결국 이 최우추정값은 이 함수를 $L(p,\ x)$라 놓고 여기에 로그를 취해 얻은

$$l(p) = x\log\ p + (1-x)\log(1-p)$$

를 최대로 하는 p와 같다. 따라서

$$l'(p) = \frac{x}{p} - \frac{1-x}{1-p} = 0$$

하는 $\hat{p} = x$이다. 결국, 추정값은

$$\hat{p} = \begin{cases} 0, & X=0\text{이면}, \\ 1, & X=1\text{이면} \end{cases}$$

이 된다.

마지막으로, $0 \le p \le 1$이고 또 표본크기가 n인 더 일반적인 경우를 생각하자. 표본 $\mathrm{X} = (X_1,\ \cdots,\ X_n)$의 우도함수는

$$L(p,\ \mathbf{x}) = f(\mathbf{x},\ p) = \prod_{i=1}^{n} f_{X_i}(x_i) = p^{\sum_{i=1}^{n} x_i}(1-p)^{n-\sum_{i=1}^{n} x_i}\left[\prod_{i=1}^{n} I_{\{0,\ 1\}}(x_i)\right]$$

이고, 여기에 로그를 취한 로그 우도함수

$$l(p) = \log L(p,\ x.) = \left(\sum_{i=1}^{n} x_i\right)\log\ p + \left(n - \sum_{i=1}^{n} x_i\right)\log(1-p) + c$$

을 최대로 하는 p를 찾는 것이다. 따라서

$$l'(p) = \frac{1}{p}\left(\sum_{i=1}^{n} x_i\right) - \frac{1}{1-p}\left(n - \sum_{i=1}^{n} x_i\right) = 0$$

를 만족하는 $\hat{p} = \overline{x}_n$이 구하는 최우추정값이다.

표본의 우도함수와 최우추정량의 정의는 다음과 같다.

정의 11.3 우도함수

확률벡터 X 의 연합확률함수 또는 연합밀도함수가 $f(\mathbf{x};\theta)$, $\theta \in \Theta$일 때, 이 θ의 함수 $f(\mathbf{x}\ ;\ \theta)$을 $L(\theta\ ;\ \mathbf{x})$로 표시하고, 이것을 확률벡터 X 의 우도함수(likelihood function)라 한다.

참고 11.14

$\mathrm{X} = (X_1,\ \cdots,\ X_n)$이 확률분포 $f(x;\ \theta)$로부터 추출된 확률표본이면, X 의 우도함수 $L(\theta\ ;\ \mathbf{x})$는 $L(\theta\ ;\ \mathbf{x}) = \prod_{i=1}^{n} f(x_i;\ \theta)$이다.

참고 11.15

확률표본의 우도함수와 연합밀도함수는 기본적으로는 같은 것이다. 그러나 그 해석은 서로 다르게 한다. 확률표본의 연합밀도함수는 n개의 변수의 다변수함수로 보는데 반하여 확률표본의 우도함수는 모수 θ의 함수로 생각한다.

정의 11.16 최우추정량

확률분포 $X \sim f(x;\theta)$, $\theta \in \Theta \subset R^k$로부터 추출된 확률표본을 $\mathbf{X} = (X_1, \cdots, X_n)$라 할 때, $\mathbf{X}$의 우도함수 $L(\theta; \mathbf{x})$을 최대화하는 θ, 즉

$$L(\hat{\theta}; \mathbf{x}) = \sup_{\theta \in \Theta} L(\theta; \mathbf{x})$$

을 만족하는 $\hat{\theta} = T(\mathbf{X})$을 θ의 최우추정량(maximum likelihood estimator)이라 한다.

참고 11.17 최우추정량의 의미

최우추정량의 의미는 우도함수에서도 찾을 수 있다. X가 이산일 때 표본 $\mathbf{X} = (X_1, \cdots, X_n)$의 우도함수 $L(\theta; \mathbf{x})$는

$$L(\theta; \mathbf{x}) = f(\mathbf{x}; \theta) = P[\mathbf{X} = \mathbf{x}]$$

로 '$\mathbf{x}$가 표본으로 추출될 확률'을 의미한다. 따라서 최우추정량이란 '실제 관찰된 $\mathbf{x}$가 표본으로 추출된 확률을 최대로 갖는 θ의 값'이라 할 수 있다. 이러한 의미는 연속에서도 비슷하게 성립한다. X가 연속인 경우에는 $L(\theta; \mathbf{x}) = P[\mathbf{X} = \mathbf{x}] = 0$으로 여기에 특별한 의미를 부여할 수는 없지만, 대신

$$L(\theta; \mathbf{x})d\mathbf{x} = f(\mathbf{x}; \theta)d\mathbf{x} = P[\mathbf{X} \in (\mathbf{x}, \mathbf{x} + d\mathbf{x})]$$

으로, 모든 i에 대하여 표본 $\mathbf{X}$의 i-번째 원소 X_i가 $(x_i, x_i + d_i)$에 놓일 확률을 의미한다. 따라서 연속의 경우, 최우추정량은 '실제 관찰된 $\mathbf{x}$의 근방에서의 확률밀도'가 '최대로 주어지는 θ의 값'으로 이산의 경우와 비슷한 해석을 할 수 있다.

보기 11.10

X를 확률밀도함수가

$$f(x;\theta) = \frac{1}{\theta^2} x e^{-\frac{x}{\theta}} \cdot I_{(0,\infty)}(x)$$

인 연속의 확률분포에서 추출한 확률표본이라 하자. 표본의 우도함수는

$$L(\theta; \mathbf{x}) = \prod_{i=1}^{n} f(x_i; \theta) = \theta^{-2n} \prod_{i=1}^{n} x_i \, e^{-\frac{1}{\theta}\sum_{i=1}^{n} x_i}$$

이고, 이것을 최대로 하는 최우도추정량 $\hat{\theta}$ 은 이 우도함수에 로그를 취한 로그우도함수

$$l(\theta;\mathbf{x}) = \ln L(\theta;\mathbf{x}) = -2n\ln\theta + \ln\left\{\prod_{i=1}^{n} x_i\right\} - \frac{1}{\theta}\sum_{i=1}^{n} x_i$$

을 최대화하는 것이다. 따라서

$$\frac{\partial l(\theta)}{\partial\theta} = \frac{-2n}{\theta} + \frac{n\overline{x}_n}{\theta^2}$$

을 0으로 놓아 $\hat{\theta} = \dfrac{\overline{x}_n}{2}$를 얻는다. 여기서

$$\frac{\partial^2 l(\theta)}{\partial\theta^2} = \frac{2n}{\theta^2} - \frac{2n\overline{x}_n}{\theta^3}$$

이고

$$\left.\frac{\partial^2 l(\theta)}{\partial\theta^2}\right|_{\theta=\hat{\theta}} = -\frac{8n}{\overline{x}_n^2} < 0$$

이므로, $\hat{\theta}$은 $l(\theta)$을 최대로 만든다. 따라서 통계량

$$\hat{\theta} = \frac{\overline{X}_n}{2}$$

은 θ의 최우추정량이다.

보기 11.11

X를 푸아송 분포 $P_o(\theta)$, $\theta > 0$에서 추출한 확률표본이라 하자. 표본의 우도함수는

$$L(\theta;\mathbf{x}) = \prod_{i=1}^{n} f(x_i;\theta) = \frac{\theta^{\sum_{i=1}^{n} x_i} e^{-n\theta}}{\prod_{i=1}^{n} x_i!} \prod_{i=1}^{n} I_{\{0,\,\cdots,\,n\}}(x_i)$$

이고, 이것을 최대로 하는 최우량통계량 $\hat{\theta}$은 이 우도함수에 로그를 취한 로그우도함수

$$l(\theta) = \log L(\theta;\mathbf{x}) = \left(\sum_{i=1}^{n} x_i\right)\log\theta - n\theta - \log\left(\prod_{i=1}^{n} x_i!\right) + c$$

을 최대화하는 것이다. 따라서

$$\frac{\partial l(\theta)}{\partial\theta} = \frac{1}{\theta}\sum_{i=1}^{n} x_i - n$$

을 0으로 놓아 $\hat{\theta} = \overline{x}_n$를 얻는다. 더욱이

$$\frac{\partial^2 l(\theta)}{\partial\theta^2} = -\frac{1}{\theta^2}\sum_{i=1}^{n} x_i = -\left.\frac{n\overline{x}_n}{\theta^2}\right|_{\theta=\overline{x}_n} < 0$$

이므로, $\hat{\theta} = \overline{x}_n$은 $l(\theta)$을 최대로 한다. 따라서 통계량

$$\bar{X}_n = \frac{1}{n}\sum_{n}^{n} X_i$$

은 θ의 최우추정량이다.

보기 11.12

X를 정규분포 $N(\mu, \sigma^2)$, $-\infty < \mu < \infty$, $0 < \sigma^2 < \infty$에서 추출한 확률표본이라 하자. 표본의 우도함수는

$$L(\mu, \sigma^2; \mathbf{x}) = \prod_{i=1}^{n} f(x_i) = \left(\frac{1}{\sqrt{2\pi}\,\sigma}\right)^n e^{-\frac{1}{2\sigma^2}\sum_{i=1}^{n}(x_i-\mu)^2}$$

이고, 이것을 최대로 하는 최우량통계량 $(\hat{\mu}, \hat{\sigma}^2)$은 이 우도함수에 로그를 취한 로그우도함수

$$l(\mu, \sigma^2) = \log L(\mu, \sigma^2 : \mathbf{x}) = -\frac{1}{2\sigma^2}\sum_{i=1}^{n}(x_i-\mu)^2 - \frac{n}{2}\ln(2\pi\sigma^2)$$

을 최대화하는 것이다. 따라서

$$\frac{\partial l}{\partial \mu} = \frac{1}{\sigma^2}\sum_{i=1}^{n}(x_i-\mu), \quad \frac{\partial l}{\partial \sigma^2} = \frac{1}{2\sigma^4}\sum_{i=1}^{n}(x_i-\mu)^2 - \frac{n}{2\sigma^2}$$

을 0으로 놓고 얻어지는 연립방정식의 해 $(\overline{x}_n, s_n^2)$에 대응되는 두 통계량

$$\bar{X}_n = \frac{1}{n}\sum_{n}^{n} X_i, \quad S_n^2 = \frac{1}{n}\sum_{i=1}^{n}(X_i - \bar{X}_n)^2$$

은 (μ, σ^2)의 최우추정량이다. 물론 이것은 $l(\mu, \sigma^2)$을 최대로 하게 됨을 보일 수 있다.

참고 11.18

보기 11.12에서 구한 최우추정량 $(\bar{X}_n, S_n^2)$은 앞에서 설명한 바와 같이 일치성과 충분성을 만족한다. 한편, $\frac{nS_n^2}{\sigma^2} \sim \chi^2(n-1)$로부터 얻은 $E\left[\frac{nS_n^2}{\sigma^2}\right] = n-1$에서

$$E\left[S_n^2\right] = \frac{\sigma^2}{n}E\left[\frac{nS_n^2}{\sigma^2}\right] = \frac{n-1}{n}\sigma^2$$

임을 알 수 있다. 결국 S_n^2은 σ^2의 불편추정량은 되지 못한다.

보기 11.13

$\mathbf{X}$를 연속균일분포 $U_{\left[\theta-\frac{1}{2},\ \theta+\frac{1}{2}\right]}$에서 추출한 확률표본이라 하자. 이때 우도함수는

$$L(\theta\,;\mathbf{x})=\prod_{i=1}^{n}f(x_i;\ \theta)=\prod_{i=1}^{n}I_{\left[\theta-\frac{1}{2},\ \theta+\frac{1}{2}\right]}(x_i)$$

으로 주어진다. 여기서

$$\prod_{i=1}^{n}I_{\left[\theta-\frac{1}{2},\ \theta+\frac{1}{2}\right]}(x_i)=\begin{cases}1, & \text{모두 } x_i\in\left[\theta-\frac{1}{2},\ \theta+\frac{1}{2}\right]\text{이면,}\\ 0, & \text{그렇지 않으면}\end{cases}$$

이 된다. 더욱이, 모든 i에 대하여 $x_i\in\left[\theta-\frac{1}{2},\ \theta+\frac{1}{2}\right]$이 성립하기 위한 조건은 $\theta-\frac{1}{2}\le x_{(1)}$과 $x_{(n)}\le\theta+\frac{1}{2}$이 동시에 성립하는 것이다. 따라서

$$L(\theta\,;\mathbf{x})=\begin{cases}1, & \text{만일 } x_{(n)}-\frac{1}{2}\le\theta\le x_{(1)}+\frac{1}{2}\text{이면,}\\ 0, & \text{그렇지 않으면}\end{cases}$$

이고, 결국

$$L(\theta,\ \mathbf{x})=I_{\left[x_{(n)}-\frac{1}{2},\ x_{(1)}+\frac{1}{2}\right]}(\theta)$$

이다. 물론 이 우도함수는 $\theta=X_{(1)}$과 $\theta=X_{(n)}$에서 미분이 불가능하므로 이 방법에 의해서는 최우추정량을 구할 수 없다. 그러나 이 함수를 최대, 즉 1로 하는 θ는

$$x_{(n)}-\frac{1}{2}\le T(\mathbf{x})\le x_{(1)}+\frac{1}{2}$$

을 만족하는 $T(\mathbf{x})$이다. 따라서 통계량

$$X_{(n)}-\frac{1}{2},\quad X_{(1)}+\frac{1}{2}$$

는 물론이고

$$\frac{\left(X_{(n)}-\frac{1}{2}\right)+\left(X_{(1)}+\frac{1}{2}\right)}{2}=\frac{X_{(1)}+X_{(n)}}{2}$$

등은 모두 θ의 최우추정량이다. 물론 이 경우 최우추정량은 무수히 많이 존재한다.

11.4 | 구간추정: 신뢰구간

앞의 추정론에서는 모수의 점추정을 다루었다. 불편성, 일치성, 효율성 등 추정량을 비교하고 선택하는 기준과 그 성질을 다루었다. 또 최우도원리를 통하여 우수 추정량을 구하는 효과적인 원리도 논하였다. 사실 모수는 하나나 둘의 실수이므로 그 추정값도 하나나 둘의 실수값으로 주어지는 것이 합리적이다.

그러나 이러한 점추정의 방법에도 약점은 있다. 같은 크기의 표본이라도 표본마다 그 추정값이 다를 뿐 아니라, 자기가 갖고 있는 추정의 정확도를 스스로 설명하지 못하는 것이다. 추정에서 그 정확도를 객관적으로 설명하지 못하는 것은 추정으로써 심각한 약점이다. 따라서 모수를 추정할 때 추정값 하나로 모수를 추정하기보다는 같은 크기의 표본에서 얻을 수 있는 추정값 대부분이 어떤 구간 안에 떨어질 수 있는가를 아울러 설명하는 방법이 더 합리적이라는 생각을 하게 된다. 이것이 구간추정의 개념이다. 추정량이 가지는 불확실성의 양을 수량화하는 방법으로 구간을 이용하는 것이다. 따라서 신뢰구간은 그 내부에 미지 모수를 포함할 확률을 설명하는 구간이며 그 폭의 크기에 의하여 추정의 정확도가 설명되는 것이다.

일반적으로, 모수가 일정한 확률을 가지고 포함될 것으로 기대되는 구간을 제시하는 추정방법을 구간추정(interval estimation)이라 한다. 모수가 포함될 것으로 기대되는 구간을 신뢰구간이라 하고 또 이에 대한 확률을 신뢰계수라 한다. 물론 신뢰구간은 표본의 관찰값을 기초로 하기 때문에 점추정에서와 마찬가지로 통계량이다. 또 개념상으로 구간추정은 다음 장에서 다루는 가설검정과 밀접한 관계를 갖는다. 다시 말하여, 검정의 채택영역과 구간추정의 신뢰구간 사이에는 서로 밀접한 관계가 있다.

이 장에서는 구간추정에 관한 기본개념을 논하고 또 신뢰구간을 구하는 방법을 논한다.

먼저 일반적인 신뢰구간을 정의하면 다음과 같다.

정의 11.19 신뢰구간

모집단 $X \sim f(x;\theta)$에서 θ가 미지이고 X의 확률표본을 $\mathrm{X} = (X_1, \cdots, X_n)$라 할 때, 만약 X를 기초로 하는 두 통계량 $L(\mathrm{X})$, $U(\mathrm{X})$이 θ에 관계없이

$$P\,[L(\mathrm{X}) \le \theta \le U(\mathrm{X})] \doteq 1-\alpha$$

이면, 확률구간 $(L(\mathrm{X}), U(\mathrm{X}))$을 모수 θ에 대한 신뢰수준(confidence level) $(1-\alpha)$ (또는 신뢰도(confidence degree) $100(1-\alpha)\%$)의 신뢰구간(confidence interval)이라 한다.

모수 θ의 신뢰구간을 구하기 위해서는, 확률표본과 모수 θ의 함수로 표시된 확률량이 그 확률분포가 θ에 독립인 것을 찾아야 한다. 이러한 확률변수를 중추확률량이라 하며, 중추확률량은 구간추정의 신뢰구간을 구하는 데도 효과적으로 이용된다.

11.4.1 모평균의 신뢰구간

모평균의 구간추정을 위한 신뢰구간은, 모분산이 알려진 경우와 모분산이 알려지지 않은 경우 두 가지로 나누어 생각한다.

11.4.1.1 μ의 신뢰구간: σ^2의 알려진 경우

평균이 μ이고 분산이 σ^2인 정규모집단 $N(\mu, \sigma^2)$을 생각하자. μ는 미지이고 σ^2는 알려진 상수라 하고 지금 표본정보를 기초로 μ의 추정을 생각한다. 크기 n의 확률표본 $X_1, \cdots, X_n$을 추출하고 여기서 만들어지는 표본평균 $\bar{X}_n$을 생각한다. 앞 장에서와 같이, $\bar{X}_n$는 μ의 최우추정량으로 μ에 가까운 값을 만들 수는 있으나 μ와 같은 값을 항상 만들지는 못한다. 그런 의미에서, 정해진 신뢰도를 갖고 μ를 포함할 수 있는 어떤 구간을 정하는 것은 의미가 있다.

$\bar{X}_n$는 평균이 μ이고 분산이 $\dfrac{\sigma^2}{n}$인 정규분포를 따른다. 즉,

$$\bar{X}_n \sim N\left(\mu, \frac{\sigma^2}{n}\right)$$

이다. 이것을 다시 표준화하면

$$Z = \frac{\bar{X}_n - \mu}{\sigma/\sqrt{n}} \sim N(0, 1)$$

이다. 결국, 이 표준정규분포는 미지 모수의 값에 독립인 중추확률량이므로, Z가 임의로 선택된 두 값 사이에 놓일 확률을 계산할 수 있다. 예컨대,

$$P[-1.96 < Z < 1.96] = \int_{-1.96}^{1.96} \phi(z)dz = 0.95$$

이다. 여기서 $\phi(z)$는 표준정규분포의 밀도함수이다. 이것은

$$P\left[-1.96 < \frac{\bar{X}_n - \mu}{\sigma/\sqrt{n}} < 1.96\right] = 0.95$$

이다. 이것을 다시 변형하면

$$P\left[\bar{X}_n - 1.96\frac{\sigma}{\sqrt{n}} < \mu < \bar{X}_n + 1.96\frac{\sigma}{\sqrt{n}}\right] = 0.95$$

이다.

더 일반적으로, 임의의 실수 $\alpha(0<\alpha<1)$에 대하여, $z_{1-\frac{\alpha}{2}}$이 존재하여

$$P\left[\bar{X}_n - z_{1-\frac{\alpha}{2}}\frac{\sigma}{\sqrt{n}} < \mu < \bar{X}_n + z_{1-\frac{\alpha}{2}}\frac{\sigma}{\sqrt{n}}\right] = 1-\alpha$$

을 만족한다. 여기서 $z_{1-\frac{\alpha}{2}}$는 표준정규분포의 왼쪽 확률이 $1-\frac{\alpha}{2}$인 값을 나타낸다. 이것으로부터 중심이 표본평균 $\bar{X}_n$이고 중심에서 양 끝점까지의 거리가 $z_{1-\frac{\alpha}{2}}\frac{\sigma}{\sqrt{n}}$으로 총길이가 $2z_{1-\frac{\alpha}{2}}\frac{\sigma}{\sqrt{n}}$이며, 또 중심이 확률변수로 주어지는 확률구간(random interval)

$$(L(\mathrm{X}),\ U(\mathrm{X})) = \left(\bar{X}_n - z_{1-\frac{\alpha}{2}}\frac{\sigma}{\sqrt{n}},\ \ \bar{X}_n + z_{1-\frac{\alpha}{2}}\frac{\sigma}{\sqrt{n}}\right) \tag{11.5}$$

을 얻는다. 이 확률구간은 μ의 참값을 포함할 확률이 $1-\alpha$이라고 할 수 있다. 여기서 표본의 관찰로 $\bar{X}_n = \bar{x}$을 얻었다면 위 확률구간

$$(l,\ u) = \left(\bar{x} - z_{1-\frac{\alpha}{2}}\frac{\sigma}{\sqrt{n}},\ \ \bar{x} + z_{1-\frac{\alpha}{2}}\frac{\sigma}{\sqrt{n}}\right) \tag{11.6}$$

로 주어진다. 이것을 모수 μ에 관한 신뢰도 $100(1-\alpha)\%$의 신뢰구간(confidence interval)이라고 한다.

참고 11.20

확률구간 $(L,\ U)$가 신뢰계수 $(1-\alpha)$인 θ의 신뢰구간이란, θ의 어떤 참값에 대해서도 θ가 구간 $(L,\ U)$에 포함될 확률이 적어도 $(1-\alpha)$임을 말한다. 그러나 여기서 'θ가 구간 $(L,\ U)$에 포함될 확률'의 표현보다는 오히려 '구간 $(L,\ U)$가 θ를 덮을 확률'의 표현이 더 적절하다고 할 수 있다. 그것은 구간 $(L,\ U)$이 표본에 따라 변하는 확률량인데 반하여 모수 θ는 미지이기는 하지만 고정된 상수이기 때문이다.

참고 11.21 신뢰구간의 의미

확률구간 $(L,\ U)$이 θ의 참값을 포함하거나 덮을 확률이 $1-\alpha$이라는 해석은 실험을 통하여 자료가 얻어지기 이전까지만 적용되는 말이다. 표본의 값이 관찰되어 확률구간 $(L,\ U)$이 일단 $(l,\ u)$로 정해지면 이것은 더 이상 확률구간이 아니기 때문이다. 따라서 θ가 미지이지만 $P[\theta \in (l,\ u)] = 0.95$의 표현은 더 이상 성립하지 않는다. 이때 $(l,\ u)$이 신뢰도 $100(1-\alpha)\%$, 즉 95%의 신뢰구간이란, 같은 크기의 확률표본을 추출하는 확률실험을 무수히 반복한다면, 이때 얻은 구간들의 95%가 θ를 포함하게 되고 나머지 5%는 그렇지 못하게 됨을 뜻한다.

참고 11.22

신뢰구간이 (11.5)과 (11.6)과 같이, 좌우에 유한의 상한과 하한을 모두 가지면 이것을 신뢰도 $(1-\alpha)$의 양측신뢰구간(two-sided confidence interval)이라 한다. 이에 반하여,

$$\left(\bar{x}-z_{1-\alpha}\frac{\sigma}{\sqrt{n}},\ \infty\right) \quad \text{또는} \quad \left(-\infty,\ \bar{x}+z_{1-\alpha}\frac{\sigma}{\sqrt{n}}\right)$$

와 같이 모수 μ가 어떤 값보다 크다든지 아니면 작다든지 하는 유한의 하한이나 상한 하나만을 갖는 신뢰구간을 신뢰도 $(1-\alpha)\%$의 단측신뢰구간(one-sided confidence interval)이라 한다.

보기 11.14

어떤 전자부품의 수명은 근사적 정규분포를 따른다고 한다. 이 부품 100개를 검사하여 평균수명 $\bar{x}=301.2$(시간)를 얻었다고 하자. $\sigma^2=16$으로 알려졌다고 할 때, μ의 95% 신뢰구간을 구하고 또 그 의미를 생각해 보자. 먼저 (11.6)에 의하여 μ의 신뢰도 95% 신뢰구간은

$$\left(301.2-1.96\frac{4}{10},\ 301.2+1.96\frac{4}{10}\right)=(300.4,\ 302.0)$$

이다. 이때 μ의 95% 신뢰구간이 (300.4, 302.0)이라는 뜻은 μ는 어떤 정해진 상수이지만 미지이므로, 실제 이 추정은 옳을 수도 있고 그렇지 않을 수도 있다. 그러나 이 추정을 무수히 반복한다면 이때 얻은 결과들의 95%는 옳은 추정이 된다는 뜻이다. 다음은 추정값이 참값의 1.0(시간) 안에 있을 확률이 0.95가 되는 최소의 표본크기 n을 결정해 보자. 신뢰도가 0.95%인 신뢰구간의 길이 d가

$$d=301.2+1.96\frac{4}{\sqrt{n}}-\left(301.2-1.96\frac{4}{\sqrt{n}}\right)=3.92\frac{4}{\sqrt{n}}$$

이다. 따라서 구하는 최소의 표본크기 n은

$$3.92\frac{4}{\sqrt{n}}=1.0$$

즉, $n=[4(3.92)]^2=245.86$으로 246이 된다.

보기 11.15

$X\sim N(\theta,\ \sigma^2)$, $\sigma^2=25$이고 θ는 미지라 하자. $\mathrm{X}=(X_1,\ \cdots,\ X_n)$를 X로부터 추출된 확률표본이라 하자. 통계량 $L,\ U$를

$$L(\mathrm{X})=\bar{X}_n-\frac{10}{\sqrt{n}},\quad U(\mathrm{X})=\bar{X}_n-\frac{10}{\sqrt{n}}$$

로 정의하면, 확률구간 $[L,\ U]$ 또는 $(L,\ U)$은 신뢰수준 0.9544인 θ의 신뢰구간이다. 왜냐하면

$$P_\theta\left[\bar{X}_n - \frac{10}{\sqrt{n}} < \theta < \bar{X}_n + \frac{10}{\sqrt{n}}\right] = P_\theta\left[-2 < \frac{\bar{X}_n - \theta}{\sigma/\sqrt{n}} < 2\right]$$
$$= \Phi(2) - \Phi(-2)$$
$$= 0.9544$$

이기 때문이다. 만약 $n = 36$이고 $\bar{x} = 30$이면, 신뢰수준 0.9544인 θ의 신뢰구간은 (28.33, 31.66)이다.

참고 11.23 SAS를 이용한 계산

σ^2을 아는 경우, 모평균 μ의 $(1-\alpha)\%$ 신뢰구간의 계산은 부록의 [SAS 프로그램 16]을 응용할 수 있다.

확률·통계이야기　이탈리아인의 조상

기원전 800년경 고대 이탈리아를 지배한 에트루리아인들이 현재의 이탈리아인의 실제 조상인지에 대한 분석을 실시한 적이 있다. 그 방법의 하나로 구간추정이 이용되었다. 다음 조건을 이용하여 이 고대인들이 이탈리아인의 조상인지 여부를 설명할 수 있는지를 생각해 보자.

먼저 현재의 이탈리아인들의 머리뼈의 폭 X는 $N(132.4,\ 6^2)$을 따른다. 그리고 발굴된 84개의 고대 에트루리아인들의 머리뼈의 평균 폭은 $\bar{x} = 143.8$이다. 여기서 사용된 단위는 mm이다. 이 경우 위 질문에 대한 결론과 그 신뢰성은 어떻게 설명해야 할까?

11.4.1.2 μ의 신뢰구간: σ^2의 미지인 경우

평균이 μ이고 분산이 σ^2인 정규모집단 $N(\mu,\ \sigma^2)$을 생각하자. μ와 σ^2이 모두 미지이고 지금 표본정보를 기초로 μ의 추정을 생각한다. σ^2이 미지이기 때문에 여기서는

$$Z = \frac{\bar{X}_n - \mu}{\sigma/\sqrt{n}} \sim N(0,\ 1)$$

을 더 이상 이용할 수 없다. 그러나 이 경우 σ^2를 그 우수추정량인 표본분산 $S_n^2 = \frac{1}{n-1}\sum_{i=1}^{n}(X_i - \bar{X}_n)^2$으로 대체하여

$$t(\mathrm{X},\ \mu) = \frac{\bar{X}_n - \mu}{S_n/\sqrt{n}} \sim t(n-1)$$

을 이용될 수 있다. 이 통계량의 분포가 모수 $(\mu,\ \sigma^2)$에 의존하지 않는 중추확률량인 사실을 이용한다.

임의의 실수 $\alpha(0<\alpha<1)$에 대하여, $t_{1-\frac{\alpha}{2}}$이 존재하여

$$P\left[-t_{1-\frac{\alpha}{2}}(n-1)<\frac{\bar{X}_n-\mu}{S_n/\sqrt{n}}<t_{1-\frac{\alpha}{2}}(n-1)\right]=1-\alpha$$

이고, 이것을 다시 정리하면

$$P\left[\bar{X}_n-t_{1-\frac{\alpha}{2}}(n-1)\frac{S}{\sqrt{n}}<\mu<\bar{X}_n+t_{1-\frac{\alpha}{2}}(n-1)\frac{S}{\sqrt{n}}\right]=1-\alpha$$

이다. 여기서 $t_{1-\frac{\alpha}{2}}(n-1)$는 t-분포의 왼쪽 확률이 $1-\dfrac{\alpha}{2}$인 값을 나타낸다. 이것으로부터 확률구간

$$\left(\bar{X}_n-t_{1-\frac{\alpha}{2}}(n-1)\frac{S_n}{\sqrt{n}},\quad \bar{X}_n+t_{1-\frac{\alpha}{2}}(n-1)\frac{S_n}{\sqrt{n}}\right) \tag{11.7}$$

을 얻는다. 이 확률구간은 μ의 참값을 포함할 확률이 $1-\alpha$이라고 할 수 있다. 여기서 표본의 관찰로 $\bar{X}_n=\bar{x}$과 $S^2=s^2$을 얻었다면 위 확률구간은

$$\left(\bar{x}-t_{1-\frac{\alpha}{2}}(n-1)\frac{s}{\sqrt{n}},\quad \bar{x}+t_{1-\frac{\alpha}{2}}(n-1)\frac{s}{\sqrt{n}}\right) \tag{11.8}$$

로 주어진다. 이것이 σ^2이 미지일 때 모수 μ에 관한 신뢰도 $100(1-\alpha)\%$의 신뢰구간이다.

참고 11.24 SAS를 이용한 계산

σ^2이 미지인 경우, 모평균 μ의 $(1-\alpha)\%$ 신뢰구간의 계산은 부록의 [SAS 프로그램 17]을 응용할 수 있다.

참고 11.25

위에서는 모평균에 대한 구간추정을 하는 데 정규모집단만을 대상으로 하였다. 그러나 경우에 따라서는 베르누이 분포, 지수분포 등 비정규모집단의 평균에 대한 신뢰구간이 요구될 때가 있다. 특히, 베르누이 모집단, 즉 $X\sim Ber(p)$인 경우, $E[X]=p$로 p는 모비를 나타내는 것으로 모비의 신뢰구간을 구하는 문제는 11.4.3절에서 별도로 다룬다. 또 지수분포, 즉 $X\sim\exp(\lambda)$의 평균인 $E[X]=\mu=\dfrac{1}{\lambda}$의 신뢰구간은 11장 연습문제 5로 남긴다.

참고 11.26 추정의 표준오차

추정량의 분산은 불편성과 함께 그 추정량을 기초로 하는 점추정이나 구간추정의 질적 평가의 기준이 된다.

예컨대, (11.6)에서와 같이, 모분산 σ^2이 알려진 경우 모평균 μ의 신뢰구간에서 그 효율을 나타내는 구간의 폭은 그 추정량의 표준편차 $\frac{\sigma}{\sqrt{n}}$에 달려있다. 따라서 추정량의 표준편차를 그 추정량의 표준오차(standard error of estimator)라 한다. (11.8)의 경우, 모분산 σ^2이 미지이므로 그 추정값 $\frac{\sigma}{\sqrt{n}}$을 사용한다. 이때 이 추정값을 추정된 표준오차(estimated standard error)라 한다.

11.4.2 모분산의 신뢰구간

여기서는 모집단 $N(\mu, \sigma^2)$에서 모분산 σ^2의 신뢰구간을 생각하자. 모평균 μ를 미지라고 가정하고, 확률표본 $X_1, \cdots, X_n$에 대하여

$$\frac{(n-1)S_n^2}{\sigma^2} \sim \chi^2(n-1)$$

인 사실을 이용한다. 우선

$$P\left[\chi^2_{\frac{\alpha}{2}}(n-1) < \frac{(n-1)S_n^2}{\sigma^2} < \chi^2_{1-\frac{\alpha}{2}}(n-1)\right] = 1-\alpha$$

이고, 이것은

$$P\left[\frac{(n-1)S_n^2}{\chi^2_{1-\frac{\alpha}{2}}(n-1)} < \sigma^2 < \frac{(n-1)S_n^2}{\chi^2_{\frac{\alpha}{2}}(n-1)}\right] = 1-\alpha \tag{11.9}$$

로 표시된다. 이때 표본관측값에서 $S_n^2 = s^2$을 얻었다면 모수 σ^2에 관한 신뢰도 $100(1-\alpha)\%$의 신뢰구간은

$$\frac{(n-1)s^2}{\chi^2_{1-\frac{\alpha}{2}}(n-1)} < \sigma^2 < \frac{(n-1)s^2}{\chi^2_{\frac{\alpha}{2}}(n-1)}$$

이다. 더욱이, (11.9)에서 괄호 안의 세 항에 제곱근을 취해도 확률은 변하지 않기 때문에, 모표준편차 σ에 관한 신뢰도 $100(1-\alpha)\%$의 신뢰구간은

$$\sqrt{\frac{(n-1)s^2}{\chi^2_{1-\frac{\alpha}{2}}(n-1)}} < \sigma < \sqrt{\frac{(n-1)s^2}{\chi^2_{\frac{\alpha}{2}}(n-1)}}.$$

보기 11.16

어떤 제약회사에서 생산되는 알약의 무게는 약간씩 차이를 보여 전체는 정규분포를 따른다고 한다. 이 회사에서 만든 같은 알약 10개를 임의로 추출하여 무게를 측정한 결과

$$2.58,\ 2.71,\ 2.60,\ 2.54,\ 2.57,\ 2.61,\ 2.59,\ 2.66,\ 2.51,\ 2.54$$

을 얻었다고 한다(단위 mg). 이 자료를 기초로 이 회사의 제품 전체의 분산에 대한 95%의 신뢰구간을 구하여 보자. 먼저

$$s^2 = \frac{1}{n-1}\sum_{i=1}^{n}(x_i - \overline{x}_n)^2 = \frac{n\sum_{i=1}^{n} x_i^2 - \left(\sum_{i=1}^{n} x_i\right)^2}{n(n-1)}$$

를 이용한 표본분산은 $s^2 = 0.3169$이다. 또 $\alpha = 0.05$에 대하여

$$\chi^2_{0.025}(9) = 2.700, \quad \chi^2_{0.925}(9) = 19.023$$

이므로, 구하는 신뢰구간은

$$\frac{(9)(0.3169)}{19.023} < \sigma^2 < \frac{(9)(0.3169)}{2.700}$$

즉, $0.150 < \sigma^2 < 1.056$이다. 또 표준편차 σ의 신뢰도 95%의 신뢰구간은 이 부등식의 각 변을 제곱근한 $0.387 < \sigma < 1.028$이다.

참고 11.27 μ를 아는 경우

μ가 알려진 경우 σ^2의 신뢰구간을 구하기 위해서는, $\frac{1}{\sigma^2}\sum_{i=1}^{n}(X_i-\mu)^2 \sim \chi^2(n)$인 사실을 이용한다. 여기에 위와 같은 방법을 적용하면 신뢰도 $(1-\alpha)\%$인 σ^2의 신뢰구간은

$$\left(\frac{\sum_{i=1}^{n}(X_i-\mu)^2}{\chi^2_{1-\frac{\alpha}{2}}(n)},\ \frac{\sum_{i=1}^{n}(X_i-\mu)^2}{\chi^2_{\frac{\alpha}{2}}(n)}\right)$$

로 주어진다.

11.4.3 모비의 신뢰구간

여기서는 모비가 p인 모집단에서 p의 신뢰구간을 생각한다. 모비를 갖는 모집단은 모든 원소가 성공과 실패 또는 찬성과 반대 등 두 가지 특성만을 나타내는 0과 1만으로 구성되는 베르누이 분포, 즉 $X \sim Ber(p)$를 뜻한다. 이때 $X_1, \cdots, X_n$을 이 모집단에서 추출한 확률표본이라 할 때, 이 표본은 예컨대

$$(\overbrace{0,\ 1,\ 1,\ 0,\ 1,\ \cdots,\ 1}^{n})$$

로 주어지므로, 표본비 $\widetilde{P}$는

$$\widetilde{P} = \frac{1\text{의 개수}}{n} = \frac{X_1 + \cdots + X_n}{n} = \overline{X}_n$$

로 결국 표본평균을 뜻한다. 여기에 $E[X] = p$와 $Var[X] = pq$ 그리고 중심극한의 정리를 적용하면, 충분히 큰 n에 대하여 (근사적으로)

$$\widetilde{P} = \overline{X}_n \dot{\sim} N\left(p,\ \frac{pq}{n}\right)$$

즉

$$\frac{\widetilde{P} - p}{\sqrt{pq/n}} \dot{\sim} N(0,\ 1)$$

이 성립한다. 이 결과를 이용하면

$$P\left[-z_{1-\frac{\alpha}{2}} < \frac{\widetilde{P} - p}{\sqrt{pq/n}} < z_{1-\frac{\alpha}{2}}\right] \approx 1 - \alpha$$

이다. 그리고 이것은 간단한 대수적 처리를 통하여

$$P\left[\widetilde{P} - z_{1-\frac{\alpha}{2}}\sqrt{\frac{pq}{n}} < p < \widetilde{P} + z_{1-\frac{\alpha}{2}}\sqrt{\frac{pq}{n}}\right] \approx 1 - \alpha$$

으로 변형된다. 여기서 나타난 어려움은 이 확률구간의 하한과 상한에 미지 모수 p가 다시 포함되는 것이다. 이것은 어떤 대수적 처리를 통해서도 해결되기 어렵다. 그러나 다행이도 n이 충분히 크면, 양변에 포함된 p를 그 최우추정량인 표본비 $\hat{p} = \frac{x}{n}$(단, x은 표본 안에 포함된 1의 개수)로 대체하여도 확률에 큰 변화가 없음이 알려졌다. 다시 말하여,

$$P\left[\widetilde{P} - z_{1-\frac{\alpha}{2}}\sqrt{\frac{\hat{p}\hat{q}}{n}} < p < \widetilde{P} + z_{1-\frac{\alpha}{2}}\sqrt{\frac{\hat{p}\hat{q}}{n}}\right] \approx 1 - \alpha.$$

따라서 표본비가 $\hat{p} = \frac{x}{n}$로 주어졌을 때 모수 p에 관한 신뢰도 $100(1-\alpha)\%$의 신뢰구간은

$$\hat{p} - z_{1-\frac{\alpha}{2}}\sqrt{\frac{\hat{p}\hat{q}}{n}} < p < \hat{p} + z_{1-\frac{\alpha}{2}}\sqrt{\frac{\hat{p}\hat{q}}{n}} \tag{11.10}$$

이다.

참고 11.28

(11.10)은 표본의 크기 n이 충분히 클 때만 적용된다. 실제 n은 유한이므로, 보통 $n\hat{p} \geq 5$, $n\hat{q} \geq 5$이 동시에 만족할 때 적용한다. 이것은 서로 독립인 베르누이 확률변수의 합(따라서 평균)이 이항분포를 따르므로 이항분포가 정규분포로 근사화 될 수 있는 조건인 것이다(참고 6.48 참조).

참고 11.29 모비추정과 표본의 크기

(11.10)에 의하면, 모비의 참값 p가 $\hat{p}$를 중심으로 하는 구간

$$\left(\hat{p} - z_{1-\frac{\alpha}{2}}\sqrt{\frac{\hat{p}\hat{q}}{n}},\quad \hat{p} + z_{1-\frac{\alpha}{2}}\sqrt{\frac{\hat{p}\hat{q}}{n}}\right) \tag{11.11}$$

안에 놓일 확률이 $1-\alpha$이다. 이것은 참값과 추정값의 차인 예측오차 d가 신뢰도 $(1-\alpha)\%$를 가지고

$$d = |p - \hat{p}| < z_{1-\frac{\alpha}{2}}\sqrt{\frac{\hat{p}\hat{q}}{n}}$$

임을 뜻한다. 결국 예측오차 d가 e를 넘지 않을 표본의 크기는 적어도

$$n = \frac{z^2_{1-\frac{\alpha}{2}}\hat{p}\hat{q}}{e^2}$$

이다.

보기 11.17

어떤 지역의 유권자 중에서 임의로 150명을 선발하여 이 지역 자치단체장 특정 후보에 대한 지지여부를 조사한다고 한다. 92명이 지지를 나타냈을 때 이것을 기초로 이 후보자의 지지율에 대한 95% 신뢰구간을 구하여 보자. 표본비 $\hat{p} = \frac{x}{n} = \frac{92}{150} = 0.613$이고, $\alpha = 0.05$에 대하여 $z_{0.975} = 1.96$이므로, 지지율 p에 대한 구하는 신뢰구간은

$$0.613 - 1.96\sqrt{\frac{0.613(0.387)}{150}} < p < 0.613 + 1.96\sqrt{\frac{0.613(0.387)}{150}}$$

즉, $0.535 < p < 0.691$이다. 이 경우 같은 신뢰도에서 예측오차 $d = \hat{p} - p$가 0.02를 넘지 않을 표본의 크기를 구하면

$$n = \frac{1.96^2(0.613)(0.387)}{0.0004} = 2278.4$$

따라서 필요한 표본의 크기는 2279이다.

11.4.4 두 모평균 차의 신뢰구간

두 모평균 차의 신뢰구간은 세 가지 경우, 즉 두 모분산이 알려진 경우, 두 모분산이 알려지지 않았지만 같은 경우, 두 모분산이 모두 알려지지 않은 경우 등으로 나누어 생각한다.

11.4.4.1 $\mu_1 - \mu_2$의 신뢰구간: σ_1^2, σ_2^2이 알려진 경우

여기서는 평균이 각각 μ_1, μ_2이고 분산이 σ_1^2, σ_2^2인 두 모집단 X_1과 X_2의 평균의 차 $\mu_1 - \mu_2$에 대한 신뢰구간을 생각한다. 여기서는 두 모분산 σ_1^2, σ_2^2은 알려졌다고 가정하자. 지금 $X_{11}, \cdots, X_{1n_1}$이 모집단 X_1으로부터 추출한 확률표본, 또 $X_{21}, \cdots, X_{2n_2}$는 모집단 X_2로부터 추출한 확률표본이라 하자. 이때 두 표본평균의 차 $\overline{X}_1 - \overline{X}_2$는 두 모평균의 차 $\mu_1 - \mu_2$의 점추정량이다. 더욱이, $n_1 \geq 30$, $n_2 \geq 30$의 가정하에서 중심극한의 정리를 적용하면

$$\overline{X}_1 \dot{\sim} N\left(\mu_1, \frac{\sigma_1^2}{n_1}\right), \quad \overline{X}_2 \dot{\sim} N\left(\mu_2, \frac{\sigma_2^2}{n_2}\right) \tag{11.12}$$

이다. 또 독립인 두 정규확률변수의 합도 다시 정규분포가 되는 사실로부터

$$\overline{X}_1 - \overline{X}_2 \dot{\sim} N\left(\mu_1 - \mu_2, \frac{\sigma_1^2}{n_1} + \frac{\sigma_2^2}{n_2}\right) \tag{11.13}$$

이 성립하고, 이것이 $\mu_1 - \mu_2$의 신뢰구간을 구하는 기초가 된다. 이것의 표준화로부터

$$P\left[-z_{1-\frac{\alpha}{2}} < \frac{(\overline{X}_1 - \overline{X}_2) - (\mu_1 - \mu_2)}{\sqrt{(\sigma_1^2/n_1) + (\sigma_2^2/n_2)}} < z_{1-\frac{\alpha}{2}}\right] \approx 1 - \alpha$$

이고, 이것은

$$P\left[(\overline{X}_1 - \overline{X}_2) - z_{1-\frac{\alpha}{2}}\sqrt{\frac{\sigma_1^2}{n_1} + \frac{\sigma_2^2}{n_2}} < \mu_1 - \mu_2 < (\overline{X}_1 - \overline{X}_2) + z_{1-\frac{\alpha}{2}}\sqrt{\frac{\sigma_1^2}{n_1} + \frac{\sigma_2^2}{n_2}}\right] \approx 1 - \alpha$$

로 표시된다. 표본으로부터 $\overline{X}_1 = \overline{x}_1$과 $\overline{X}_2 = \overline{x}_2$이 주어졌다면 두 모평균이 차 $\mu_1 - \mu_2$에 관한 신뢰도 $100(1-\alpha)\%$의 신뢰구간은

$$(\overline{x}_1 - \overline{x}_2) - z_{1-\frac{\alpha}{2}}\sqrt{\frac{\sigma_1^2}{n_1} + \frac{\sigma_2^2}{n_2}} < \mu_1 - \mu_2 < (\overline{x}_1 - \overline{x}_2) + z_{1-\frac{\alpha}{2}}\sqrt{\frac{\sigma_1^2}{n_1} + \frac{\sigma_2^2}{n_2}}$$

이다. 여기서 두 모집단 분포가 정규분포일 필요는 없다. 그러나 두 모집단이 모두 정규분포를 따를 때에는 신뢰도가 정확한 반면 그렇지 않을 경우에는 두 표본의 크기 n_1과 n_2가 모두 30보다 클 때에만 근사적으로 성립한다.

보기 11.18

같은 기능을 갖는 a, b 두 종류 전자부품의 수명을 비교한다. a종류 45개 그리고 b종류 65개를 이용한 실험의 평균수명은 각각 41개월, 35개월이었다. 두 종류의 모분산이 각각 36과 64라는 가정하에서, 두 부품의 평균수명의 차 $\mu_a - \mu_b$에 대한 96% 신뢰구간을 구하여 보자. 먼저 $\mu_a - \mu_b$의 점추정값은

$$\bar{x}_a - \bar{x}_b = 41 - 35 = 6$$

이다. $\alpha = 0.05$에 대하여 $z_{0.98} = 2.05$이므로, 구하는 신뢰구간은

$$6 - 2.05\sqrt{\frac{36}{45} + \frac{64}{65}} < \mu_a - \mu_b < 6 + 2.05\sqrt{\frac{36}{45} + \frac{64}{65}}$$

이다. 즉, $3.26 < \mu_a - \mu_b < 8.74$이다. 결국 두 부품의 수명의 차는 3.26에서 8.74의 구간 안에 있음을 96% 확신하게 된다.

11.4.4.2 $\mu_1 - \mu_2$의 신뢰구간: $\sigma_1^2 = \sigma_2^2 = \sigma_2$이고 미지인 경우

여기서는 두 모분산 σ_1^2과 σ_2^2를 모르지만, $\sigma_1^2 = \sigma_2^2 = \sigma_2^2$인 경우를 생각한다. 두 모집단에서 추출된 두 확률표본 $(X_{11}, \cdots, X_{1n_1})$와 $(X_{21}, \cdots, X_{2n_2})$의 표본평균 $\overline{X}_1$와 $\overline{X}_2$은 (11.12)의 성질에 의하여 근사적 정규분포를 따르고, 또 (11.13)의 성질에 의하여

$$Z = \frac{(\overline{X}_1 - \overline{X}_2) - (\mu_1 - \mu_2)}{\sigma\sqrt{\frac{1}{n_1} + \frac{1}{n_2}}} \stackrel{\cdot}{\sim} N(0, 1) \tag{11.14}$$

이 성립한다. 여기서 두 모집단이 $N(\mu_1, \sigma^2)$, $N(\mu_2, \sigma^2)$이면, (11.14)은 완전한 정규분포를 따른다. 한편, 정규모집단의 가정하에서

$$\frac{(n_1 - 1)S_1^2}{\sigma^2} \sim \chi^2(n_1 - 1), \quad \frac{(n_2 - 1)S_2^2}{\sigma^2} \sim \chi^2(n_2 - 1)$$

이고 또 서로 독립이므로 그 합은

$$V = \frac{(n_1 - 1)S_1^2 + (n_2 - 1)S_2^2}{\sigma^2} \sim \chi^2(n_1 + n_2 - 2)$$

이다. 더욱이, Z와 V는 서로 독립이므로 정리 10.6에 의하여 그 상은

$$\frac{Z}{\sqrt{V/(n_1 + n_2 - 2)}} \sim t(n_1 + n_2 - 2)$$

이고, 따라서

$$\frac{(\overline{X}_1 - \overline{X}_2) - (\mu_1 - \mu_2)}{S_p\sqrt{\frac{1}{n_1} + \frac{1}{n_2}}} \stackrel{\cdot}{\sim} t(n_1 + n_2 - 2)$$

이다. 이것은 정리 10.21에서 설명된 것과 같다. 결국, 임의의 $\alpha(0 < \alpha < 1)$에 대하여 실수 $t_{1-\frac{\alpha}{2}}(n_1 + n_2 - 2)$가 존재하여

$$P\left[(\overline{X}_1-\overline{X}_2)-t_{1-\frac{\alpha}{2}}(n_1+n_2-2)\ S_p\sqrt{\frac{1}{n_1}+\frac{1}{n_2}}<\mu_1-\mu_2 \right.$$
$$\left. <(\overline{X}_1-\overline{X}_2)+t_{1-\frac{\alpha}{2}}(n_1+n_2-2)\ S_p\sqrt{\frac{1}{n_2}+\frac{1}{n_2}}\right]$$
$$\approx 1-\alpha$$

을 만족한다. 이때 S_p^2는 두 모집단의 공통인 미지분산 σ^2의 연합추정량(pooled estimator)인

$$S_p^2=\frac{(n_1-1)S_1^2+(n_2-1)S_2^2}{n_1+n_2-2}$$

이다. 표본으로부터 $\overline{X}_1=\overline{x}_1$, $\overline{X}_2=\overline{x}_2$ 그리고 $S_P^2=s_p^2$이 주어졌다면, 이 경우 두 모평균이 차 $\mu_1-\mu_2$에 관한 신뢰도 $100(1-\alpha)\%$의 신뢰구간은

$$(\overline{x}_1-\overline{x}_2)-t_{1-\frac{\alpha}{2}}(n_1+n_2-2)\ s_p\sqrt{\frac{1}{n_1}+\frac{1}{n_2}}<\mu_1-\mu_2$$
$$<(\overline{x}_1-\overline{x}_2)+t_{1-\frac{\alpha}{2}}(n_1+n_2-2)\ s_p\sqrt{\frac{1}{n_1}+\frac{1}{n_2}}$$

이다.

보기 11.19

서로 다른 두 비철금속으로 만든 소형 전지의 용량을 비교하는 실험을 하였다. 금속 A인 경우 16개의 전지에서 관측된 평균용량은 $\overline{x}_1=9.40$, 분산은 $s_1^2=(0.20)^2$이다. 이에 반하여, 금속 B인 경우 14개의 전지에서 관측된 평균용량은 $\overline{x}_2=6.21$, 분산은 $s_2^2=(0.17)^2$이다. 이 결과를 기초로 $\mu_1-\mu_2$에 대한 신뢰도 95%의 신뢰구간을 구해 보자. 우선 관련된 두 모집단은 정규분포를 따르고 두 모분산도 같다고 가정한다(두 표본분산을 기초로 두 모분산이 같은지 그렇지 않은지에 대한 추정과 검정은 각각 11.4.6절과 12.3.5절에서 다룬다). 먼저, $\mu_1-\mu_2$의 점추정은

$$\overline{x}_1-\overline{x}_2=9.40-6.21=3.19$$

이다. 그리고 공동분산 σ^2에 대한 연합추정값을 구하면

$$s_p^2=\frac{(16-1)(0.20)^2+(14-1)(0.17)^2}{16+14-2}=0.0334$$

이다. 이 결과를 이용하면 $\alpha=0.05$에 대하여 $t_{0.975}^2(28)=2.048$이므로, 구하는 신뢰구간은

$$3.19-(2.048)(0.0334)\sqrt{\frac{1}{12}+\frac{1}{10}}<\mu_1-\mu_2$$
$$<3.19+(2.048)(0.0334)\sqrt{\frac{1}{12}+\frac{1}{10}}$$

이다. 즉, $3.16<\mu_1-\mu_2<3.22$이다. 결국 두 비철금속으로 만들어진 소형 전지의 용량의 차는 3.16에서 3.22의 구간에 있음을 95% 확신하게 된다.

11.4.4.3 $\mu_1 - \mu_2$의 신뢰구간: $\sigma_1^2 \neq \sigma_2^2$이고 모두 미지인 경우

여기서는 두 정규모집단 $N(\mu_1, \sigma_1^2)$와 $N(\mu_2, \sigma_2^2)$에서 분산 σ_1^2과 σ_2^2이 미지이면서 같다고 할 수 없는 경우, 두 모평균의 차 $\mu_1 - \mu_2$의 신뢰구간을 생각한다. 이때 이용되는 통계량과 그 분포는 다음과 같다.

$$T = \frac{(\overline{X}_1 - \overline{X}_2) - (\mu_1 - \mu_2)}{\sqrt{\dfrac{S_1^2}{n_1} + \dfrac{S_2^2}{n_2}}} \overset{\cdot}{\sim} t(\nu) \tag{11.15}$$

이다. 이때 t-분포의 자유도 ν는

$$\nu = \frac{\left(\dfrac{s_1^2}{n_1} + \dfrac{s_2^2}{n_2}\right)^2}{\left(\dfrac{s_1^2}{n_1}\right)^2 \Big/ (n_1 - 1) + \left(\dfrac{s_2^2}{n_2}\right)^2 \Big/ (n_2 - 1)} \tag{11.16}$$

임이 알려져 있다. ν는 대부분 정수가 아니므로 보통 가장 가까운 정수를 사용한다. 위 결과를 이용하면, 임의의 $\alpha\,(0 < \alpha < 1)$에 대하여 실수 $t_{1-\alpha/2}(\nu)$가 존재하여

$$\begin{aligned} P\Bigg[(\overline{X}_1 - \overline{X}_2) - t_{1-\frac{\alpha}{2}}(\nu)\sqrt{\frac{S_1^2}{n_1} + \frac{S_2^2}{n_2}} &< \mu_1 - \mu_2 \\ &< (\overline{X}_1 - \overline{X}_2) + t_{1-\frac{\alpha}{2}}(\nu)\sqrt{\frac{S_1^2}{n_1} + \frac{S_2^2}{n_2}}\Bigg] \\ &\approx 1 - \alpha \end{aligned}$$

을 만족한다. 표본으로부터 $\overline{X}_1 = \overline{x}_1$, $\overline{X}_2 = \overline{x}_2$ 그리고 $S_1^2 = s_1^2$, $S_2^2 = s_2^2$이 주어졌다면, 두 모평균이 차 $\mu_1 - \mu_2$에 관한 신뢰도 $100(1-\alpha)\%$의 신뢰구간은

$$\begin{aligned} (\overline{x}_1 - \overline{x}_2) - t_{1-\frac{\alpha}{2}}(\nu)\sqrt{\frac{s_1^2}{n_1} + \frac{s_2^2}{n_2}} &< \mu_1 - \mu_2 \\ &< (\overline{x}_1 - \overline{x}_2) + t_{1-\frac{\alpha}{2}}(\nu)\sqrt{\frac{s_1^2}{n_1} + \frac{s_2^2}{n_2}} \end{aligned}$$

이다.

보기 11.20

두 지역의 대기오염 수준의 차이를 확인하기 위해 관측된 아황산가스(SO_2) 농도의 자료를 이용하였다. 지역 1에서 최근 12일간 관측된 자료에서 $\overline{x}_1 = 4.79$, $s_1^2 = (3.17)^2$이 주어지고, 또 지역 2에서 최근 10일간 관측된 자료에서 $\overline{x}_2 = 2.58$, $s_2^2 = (0.92)^2$이 주어졌다(실제값은 10^2배임).

이 통계량들을 기초로 $\mu_1 - \mu_2$에 대한 신뢰도 95%의 신뢰구간을 구하여 보자. 우선 두 표본분산 s_1^2와 s_2^2의 차가 적지 않다고 판단되어 두 모분산이 같지 않다고 가정한다(두 표본분산을 기초로 두 모분산이 같은지 아닌지에 대한 추론은 11.4.6절과 12.3.5절에서 다룬다). 이 경우 두 모평균의 차에 대한 신뢰구간은 자유도

$$\nu = \frac{\left(\dfrac{3.17^2}{12} + \dfrac{0.92^2}{10}\right)^2}{\left(\dfrac{3.17^2}{12}\right)^2 \Big/ 11 + \left(\dfrac{0.92^2}{10}\right)^2 \Big/ 9} = 14.28 \approx 14$$

의 t-분포를 이용한다. 먼저 $\mu_1 - \mu_2$의 점추정은

$$\overline{x}_1 - \overline{x}_2 = 4.79 - 2.58 = 2.21$$

이고 또 $\alpha = 0.05$에 대하여 $t_{0.975}^2(14) = 2.145$이므로, 결국 구하는 신뢰구간은

$$4.79 - 2.58\sqrt{\frac{3.17^2}{12} + \frac{0.92^2}{10}} < \mu_1 - \mu_2 < 4.79 + 2.58\sqrt{\frac{3.17^2}{12} + \frac{0.92^2}{10}}$$

이다. 즉, $0.15 < \mu_1 - \mu_2 < 4.27$이다. 결국 두 지역의 대기오염 중 아황산가스 농도의 차는 0.15에서 4.27의 구간에 있음을 95% 확신하게 된다.

참고 11.30

두 표본을 이용하여 두 모평균의 유의적인 차를 생각할 때, 앞에서와는 달리 두 표본이 독립이라고 할 수 없는 경우가 있다. 이러한 경우는 의도적이거나 아니거나 한 쪽 표본의 값들이 다른 쪽의 표본값들과 일대일로 짝이나 대응을 이루게 한다. 이러한 경우를 두 모평균의 대응비교(paired comparison)라 하고, 이에 대한 구간추정의 문제는 검정문제와 함께 12.3.6절에서 다루기로 한다.

11.4.5 두 모비 차의 신뢰구간

여기서는 두 모비 p_1과 p_2의 차 $p_1 - p_2$의 신뢰구간을 생각한다. 11.4.3절에서 설명한 바와 같이, 모비와 관련된 모집단은 0, 1만을 생각할 수 있는 베르누이 분포이다. 따라서 여기서는 두 베르누이 모집단 $X_1 \sim Ber(p_1)$, $X_2 \sim Ber(p_2)$에서 $p_1 - p_2$의 신뢰구간을 구한다. 지금 $(X_{11}, \cdots, X_{1n_1})$을 모집단 $X_1 \sim Ber(p_1)$에서 추출한 크기 n_1의 확률표본이고, 또 $(X_{21}, \cdots, X_{2n_2})$을 모집단 $X_2 \sim Ber(p_2)$에서 추출한 크기 n_2의 확률표본일 때, $\overline{X}_1$와 $\overline{X}_2$을 각 표본의 표본평균, 그리고 $\widetilde{P}_1$과 $\widetilde{P}_2$을 각각의 표본비를 나타내는 확률변수라 하면, 충분히 큰 n에 대하여

$$\widetilde{P}_1 = \overline{X}_1 \stackrel{\cdot}{\sim} N\left(p_1, \frac{p_1 q_1}{n}\right), \quad \widetilde{P}_2 = \overline{X}_2 \stackrel{\cdot}{\sim} N\left(p_2, \frac{p_2 q_2}{n}\right)$$

이다. 다시 말하여,

$$\widetilde{P}_1 - \widetilde{P}_2 \dot{\sim} N\left(p_1 - p_2, \frac{p_1 q_1}{n_1} + \frac{p_2 q_2}{n_2}\right)$$

이다. 이것을 표준화하면

$$Z = \frac{(\widetilde{P}_1 - \widetilde{P}_2) - (p_1 - p_2)}{\sqrt{(p_1 q_1 / n_1) + (p_2 q_2 / n_2)}} \dot{\sim} N(0, 1)$$

이다. 이 결과를 이용하면

$$P\left[-z_{1-\frac{\alpha}{2}} < \frac{(\widetilde{P}_1 - \widetilde{P}_2) - (p_1 - p_2)}{\sqrt{(p_1 q_1 / n_1) + (p_2 q_2 / n_2)}} < z_{1-\frac{\alpha}{2}}\right] \approx 1 - \alpha$$

이것은 간단한 대수적 처리에 의하여

$$P\left[(\widetilde{P}_1 - \widetilde{P}_2) - z_{1-\frac{\alpha}{2}} \sqrt{\frac{p_1 q_1}{n_1} + \frac{p_2 q_2}{n_2}} < p_1 - p_2 < (\widetilde{P}_1 - \widetilde{P}_2) + z_{1-\frac{\alpha}{2}} \sqrt{\frac{p_1 q_1}{n_1} + \frac{p_2 q_2}{n_2}}\right] \approx 1 - \alpha$$

으로 변형된다. 이 확률구간의 하한과 상한에 미지 모수 p_1과 p_2가 포함되어 있지만 대수적 처리로는 없앨 수 없다. 그러나 n이 충분히 크면, 양변에 포함된 p_1, p_2, q_1, q_2를 그 점추정값인 $\hat{p}_1 = \frac{x_1}{n}$, $\hat{p}_2 = \frac{x_2}{n}$(단, x_1, x_2는 각 표본 안에 포함된 1의 개수들), 그리고 $\hat{q}_1 = 1 - \hat{p}_1$, $\hat{q}_2 = 1 - \hat{p}_2$로 대체해도 확률의 변화가 크지 않음을 이용한다. 따라서 두 모수의 차 $p_1 - p_2$에 관한 신뢰도 $100(1-\alpha)\%$의 신뢰구간은

$$(\hat{p}_1 - \hat{p}_2) - z_{1-\frac{\alpha}{2}} \sqrt{\frac{\hat{p}_1 \hat{q}_1}{n_1} + \frac{\hat{p}_2 \hat{q}_2}{n_2}} < p_1 - p_2 < (\hat{p}_1 - \hat{p}_2) + z_{1-\frac{\alpha}{2}} \sqrt{\frac{\hat{p}_1 \hat{q}_1}{n_1} + \frac{\hat{p}_2 \hat{q}_2}{n_2}}$$

이다.

참고 11.31

11.4.3절에서와 같이, 이 신뢰구간은 두 표본의 크기 n_1, n_2가 충분히 클 때만 적용한다. $n_1 \hat{p}_1$, $n_1 \hat{q}_1$, $n_2 \hat{p}_2$, $n_2 \hat{q}_2$가 모두 5보다 작지 않을 때 적용한다.

보기 11.21

새로 개발된 예방약의 효과를 평가하기 위한 실험을 실시하였다. 모두 200명을 대상으로 100명에게는 새 약을 나머지 100명에게는 기존의 약을 사용하여 일정기간 후 그 효과를 관찰하였다.

새 예방약에서는 91명이 그리고 기존의 예방약에서는 72명이 효과를 본 것으로 판단되었다. 이 자료를 기초로, 두 예방약 효과의 실제 차에 대한 신뢰도 95%의 신뢰구간을 구하여 보자. 자료를 기초로 하는 표본비는 각각 $\hat{p}_1 = \frac{91}{100} = 0.91$, $\hat{p}_2 = \frac{72}{100} = 0.72$이고, $\alpha = 0.05$에 대하여 $z_{0.975} = 1.96$이므로, 두 모비의 차 $p_1 - p_2$에 대한 구하는 신뢰구간은

$$(0.91-0.72) - 1.96\sqrt{\frac{(0.91)(0.09)}{100} + \frac{(0.72)(0.28)}{100}} < p_1 - p_2$$
$$< (0.91-0.72) + 1.96\sqrt{\frac{(0.91)(0.09)}{100} + \frac{(0.72)(0.28)}{100}}$$

즉, $0.086 < p_1 - p_2 < 0.294$이다. 따라서 신뢰도 95%에서 두 모비의 차가 약 9%에서 30% 사이에 있다고 말 할 수 있다. 여기서 신뢰도 95%란 같은 실험을 계속 반복한다면 이때 얻은 신뢰구간의 약 95%가 실제 차이를 포함하게 됨을 뜻한다.

11.4.6 두 모분산 비의 신뢰구간

여기서는 두 정규모집단의 분산이 σ_1^2, σ_2^2일 때, 그 비 σ_1^2/σ_2^2의 신뢰구간을 생각한다. 이 두 모집단에서 추출한 크기 n_1, n_2의 확률표본들의 표본분산을 각각 S_1^2, S_2^2이라 할 때,

$$F = \frac{\sigma_2^2 S_1^2}{\sigma_1^2 S_2^2} \sim F(n_1 - 1,\, n_2 - 1)$$

임을 이용하여 σ^2의 신뢰구간을 구한다. 먼저

$$P\left[f_{\frac{\alpha}{2}}(n_1 - 1,\, n_2 - 1) < F < f_{1-\frac{\alpha}{2}}(n_1 - 1,\, n_2 - 1)\right] = 1 - \alpha$$

이고, 여기서 $f_{\frac{\alpha}{2}}(\nu_1, \nu_2)$와 $f_{1-\frac{\alpha}{2}}(\nu_1, \nu_2)$은 $F(n_1 - 1,\, n_2 - 1)$-분포에서 왼쪽 끝부분의 면적이 각각 $\frac{\alpha}{2}$, $1-\frac{\alpha}{2}$인 값을 나타낸다. $F = \frac{\sigma_2^2 S_1^2}{\sigma_1^2 S_2^2}$를 대입하면

$$P\left[f_{\frac{\alpha}{2}}(n_1 - 1,\, n_2 - 1) < \frac{\sigma_2^2 S_1^2}{\sigma_1^2 S_2^2} < f_{1-\frac{\alpha}{2}}(n_1 - 1,\, n_2 - 1)\right] = 1 - \alpha$$

로 표시되고, 각 항에 $\frac{S_2^2}{S_1^2}$를 곱하고 다시 역수를 취하면 확률의 변화 없이

$$P\left[\frac{S_1^2}{S_2^2}\frac{1}{f_{1-\frac{\alpha}{2}}(n_1 - 1,\, n_2 - 1)} < \frac{\sigma_1^2}{\sigma_2^2} < \frac{S_1^2}{S_2^2}\frac{1}{f_{\frac{\alpha}{2}}(n_1 - 1,\, n_2 - 1)}\right] = 1 - \alpha$$

이다. 여기서 $f_{\frac{\alpha}{2}}(n_1-1,\, n_2-1)=1/f_{1-\frac{\alpha}{2}}(n_2-1,\, n_1-1)$인 사실을 이용하면

$$P\left[\frac{S_1^2}{S_2^2}\frac{1}{f_{1-\frac{\alpha}{2}}(n_1-1,\, n_2-1)}<\frac{\sigma_1^2}{\sigma_2^2}<\frac{S_1^2}{S_2^2}f_{1-\frac{\alpha}{2}}(n_2-1,\, n_1-1)\right]=1-\alpha$$

이다. 표본에서 $\frac{S_1^2}{S_2^2}=\frac{s_1^2}{s_2^2}$을 얻으면, 모수 $\frac{\sigma_1^2}{\sigma_2^2}$에 관한 신뢰도 $100(1-\alpha)\%$의 신뢰구간은

$$\frac{s_1^2}{s_2^2}\frac{1}{f_{1-\frac{\alpha}{2}}(n_1-1,\, n_2-1)}<\frac{\sigma_1^2}{\sigma_2^2}<\frac{s_1^2}{s_2^2}f_{1-\frac{\alpha}{2}}(n_2-1,\, n_1-1)$$

이다. 더욱이, 이 경우 $\frac{\sigma_1}{\sigma_2}$의 신뢰구간은 $\frac{\sigma_1^2}{\sigma_2^2}$의 신뢰구간에서 양 끝값에 제곱근을 취하여 구할 수 있다.

보기 11.22

보기 11.20를 여기서 다시 생각한다. 앞에서는 두 표본분산의 차가 적지 않아 이것을 근거로 두 모분산이 같지 않다고 가정한 바 있다. 여기서는 두 모분산의 비 $\frac{\sigma_1^2}{\sigma_2^2}$나 두 표준편차의 비 $\frac{\sigma_1}{\sigma_2}$에 대한 95% 신뢰구간을 구하고, 또 이것을 바탕으로 두 모분산이 같지 않다는 가정의 타당성을 확인한다. $n_1=12$, $n_2=10$이고 $s_1^2=3.17^2$, $s_2^2=0.92^2$, 그리고 $f_{0.975}(11,9)\approx 3.87$, $f_{0.975}(9,11)\approx 3.44$이다. 따라서 $\frac{\sigma_1^2}{\sigma_2^2}$에 대한 신뢰도 95% 신뢰구간은

$$\frac{(3.17)^2}{(0.92)^2}\frac{1}{3.87}<\frac{\sigma_1^2}{\sigma_2^2}<\frac{(3.17)^2}{(0.92)^2}(3.44)$$

즉, $3.068<\frac{\sigma_1^2}{\sigma_2^2}<40.84$이다. 또 이 신뢰구간의 상한과 하한에 제곱근을 취하면, $\frac{\sigma_1}{\sigma_2}$에 대한 99% 신뢰구간은 $1.75<\frac{\sigma_1}{\sigma_2}<6.39$이다. 결국 이 신뢰구간은 $\frac{\sigma_1}{\sigma_2}$이 1과 같음을 허용할 가능성이 적고, 따라서 두 모분산이 같지 않다는 가정은 타당하다고 하겠다.

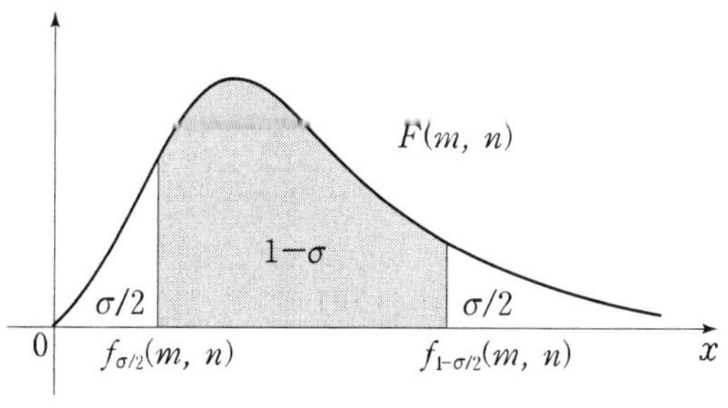

〈그림 11.1〉 $F(m, n)$-분포의 확률

확률·통계이야기 여론조사

1936년은 미국에서 대통령 선거가 있던 해이다. 당시 인기이던 잡지 〈다이제스트(Literary Digest)〉사에서는 전화번호부와 자동차 등록부를 기초로 1천만 명의 유권자에게 당시 대통령 후보자이던 공화당의 알프 랜턴(Alf Landon, 1887~1987)과 민주당의 프랭클린 루스벨트(Franklin Roosevelt, 1882~1945) 중에서 누구에게 투표할 생각인지를 묻는 무기명 투표용지를 발송하였다. 그 중에서 약 230만 명만이 응답하였고 당시 예상과는 달리 도전자였던 랜턴이 루스벨트를 57% 대 43%라는 압도적인 차이로 이기는 것으로 나타났다. 실제의 투표 결과는 루스벨트의 압승으로 끝났고 결국 여기서 가상투표의 한계가 드러나게 되었다.

사실 〈다이제스트〉사는 1920년에 실시한 선거에서도 당시 후보자인 워런 하딩(Warren Harding)과 제임스 콕스(James Cox)에 대하여 규모는 적지만 같은 방법으로 가상투표를 실시하여 하딩이 당선될 것을 예측한 경험이 있었다.

1936년의 이 가상투표에서 제기된 문제는 여론조사에서 응답률이 23%로 너무 적다는 사실과 여기서 사용한 표본들은 지나치게 편중된 소위 편기표본(biased sample)이었다는 것이다. 당시는 미국 역사상 최악의 경제 불황의 말기로 전화가입자와 자동차소유자는 매우 높은 부유 계층이었기 때문이다.

잡지사 측은 "누가 보아도 이번 표본은 너무 편중되었다."고 고백하고, "우편을 통한 설문조사로 자의적인 응답을 얻어내는 방법은 사회 과학의 자료 수집에서 통계학자들이 이용하는 가장 보편적인 방법이지만 이번 만큼은 최악인 것 같다."고 변명하였다.

EXERCISES 연 습 문 제

01. 평균과 분산이 각각 μ, σ^2인 모집단에서 추출된 확률표본이 $X_1, \cdots, X_n$일 때, 통계량 $c\sum_{i=1}^{n}(X_i - \overline{X}_n)^2$이 σ^2의 불편추정량이 되도록 상수 c를 결정하시오.

02. 평균과 분산이 각각 μ, σ^2인 모집단 X에서 추출된 확률표본 $X_1, \cdots, X_n$에서

$$\sum_{i=1}^{10} x_i = 219, \quad \sum_{i=1}^{10} x_i^2 = 4869$$

일 때, μ와 σ^2에 대한 불편추정값을 구하시오.

03. $X \sim B(n, p)$일 때, $\hat{P} = \dfrac{X}{n}$이 p의 불편추정량이고, 또 $\widetilde{P} = \dfrac{X + \sqrt{n}/2}{n + \sqrt{n}}$는 p의 편기추정량임을 보이시오. 그러나 $\widetilde{P}$은 P의 점근적 불편추정량, 즉 $n \to \infty$일 때 $E[\widetilde{P}] \to p$임을 보이시오.

04. $(-\alpha, \alpha)$ 위에서 균일분포를 따르는 확률변수 X로부터 추출한 크기 n의 확률표본 $X_1, \cdots, X_n$를 기초로 α의 최우추정량을 구하시오.

05. 지수분포, 즉 $X \sim exp(\lambda)$의 평균 $E[X] = \dfrac{1}{\lambda}$에 대한 신뢰구간을 유도하시오(**힌트**: 지수 분포의 합의 분포를 생각한다).

06. 두 확률변수열 $\{X_n\}$과 $\{Y_n\}$에 대하여, $X_n \xrightarrow{P} X$, $Y_n \xrightarrow{P} Y$일 때, 다음을 증명하시오.

(1) 모든 실수 c에 대하여, $cX_n \xrightarrow{P} cX$.

(2) $X_n \pm Y_n \xrightarrow{P} X \pm Y$.

07. 어떤 대학의 신입생 중에서 임의로 선정한 50명의 키의 평균이 173cm, 표본분산은 36㎠이라 한다. 이 대학 신입생 전체의 평균 신장에 대한 98% 신뢰구간을 구하시오.

08. 분산이 $\sigma_1^2 = 16$인 한 정규모집단에서 크기 $n_1 = 25$의 확률표본의 평균이 $\overline{x}_1 = 82$이다. 또 분산이 $\sigma_2^2 = 9$인 다른 정규모집단에서 크기 $n_2 = 36$의 확률표본의 평균이 $\overline{x}_2 = 73$이다. 이 결과를 기초로 하여 두 모평균의 차 $\mu_1 - \mu_2$에 대한 신뢰도 95%의 신뢰구간을 구하시오.

09. 다음은 두 약물 A, B가 인체 내에서 효과를 나타날 때까지 걸리는 시간을 관측한 자료에서 얻은 결과이다.

A	B
$n_1 = 16$	$n_2 = 18$
$\overline{x}_1 = 37$	$\overline{x}_2 = 41$
$s_1^2 = 1.67$	$s_2^2 = 1.95$

두 모집단이 모두 정규분포를 따르고 또 분산이 같다고 할 때, 두 약물 반응시간의 차에 대한 95% 신뢰구간을 구하시오.

10. 어떤 도시에서 임의로 500가구를 관찰한 결과 98가구가 심야전기를 사용하고 있다고 한다. 이 자료를 기초로 이 도시의 심야전기를 사용하는 비율에 대한 99% 신뢰구간을 구하시오. 또 표본비와 모비의 차가 0.05 안에 있을 신뢰도가 98%되는 표본의 크기를 정하시오.

11. 어떤 공장에서 생산되는 전자부품의 수명은 평균 14개월 그리고 표준편차가 1.4개월이라고 주장하고 있다. 이 공장에서 생산되는 부품 7개를 임의로 선택하여 관측된 수명이

$$19.5,\quad 23.2,\quad 31.2,\quad 34.5,\quad 41.1,\quad 31.2,\quad 24.7$$

일 때, 모분산 σ^2에 대한 신뢰도 95% 신뢰구간을 구하시오. 이때 모집단이 근사적으로 정규분포를 따른다는 가정한다. 또 이 결과를 기초로 σ^2에 대한 주장을 확인하시오.

12. 다음 자료는 어떤 대학에서 두 전공 1, 2를 선택한 여학생수(x_1, x_2)를 조사한 자료이다.

전공 1	전공 2
$n_1 = 500$	$n_2 = 350$
$x_1 = 155$	$x = 92$

이 자료를 기초로 두 전공을 선택하는 여성비율의 차 $p_1 - p_2$에 대한 95% 신뢰구간을 구하시오. 또 두 비에 유의적인 차이가 있는지를 설명하시오.

13. $X \sim N(\mu, \sigma^2)$, $\sigma^2 = 4$에서 크기 25의 확률표본의 평균값이 $\overline{x}_n = 80$이라 한다. 모평균 μ에 대한 신뢰도 95% 신뢰구간을 구하시오. 또 98% 신뢰구간을 구하시오.

14. 평균과 분산이 μ, σ^2인 모집단에서 크기 20인 확률표본의 값이 다음과 같이 주어졌다.

0.2	2.6	0.2	1.4	4.1	0.2	0.2	1.5	9.7	0.4
0.6	0.1	0.6	11.3	0.3	7.5	2.1	1.6	10.2	0.5

표본평균 ($\overline{x}$)과 표본분산 (s^2)을 기초로 모평균 μ의 95% 신뢰구간을 다음 식

$$\left(\overline{x} - t_{0.975}(n-1) \cdot \frac{s}{\sqrt{n}}, \quad \overline{x} + t_{0.975}(n-1) \cdot \frac{s}{\sqrt{n}}\right)$$

을 이용하여 구하시오. 이 결과가 바르지 않은 이유를 표본의 막대그림표를 이용하여 설명하시오.

15. $X \sim f(x\,;\,\theta) = \theta x^{\theta-1} \cdot I_{(0,\,1)}(x)$, $\theta > 0$일 때, X에서 추출된 크기 1의 확률표본을 기초로 하는 θ의 중추확률량을 구하시오. 이 확률량을 이용하여 θ의 구간추정량을 구하시오. 또 $W(X) = -\dfrac{1}{\log X}$로 정의할 때, $(w/2,\, w)$이 θ의 구간추정량임을 보이고, 이 신뢰구간의 신뢰수준을 구하시오.

16. $X \sim f(x,\,\theta) = \dfrac{1}{\theta} \cdot I_{(0,\,\theta)}(x)$일 때, 크기 n의 확률표본을 기초로 하여 θ에 대한 신뢰계수 $(1-\alpha)$의 신뢰구간을 구하시오.

17. $X \sim f(x,\,\theta) = \dfrac{2x}{\theta^2} \cdot I_{(0,\,\theta)}(x)$, $\theta > 0$일 때, 크기 n의 확률표본을 기초로 하여 θ에 대한 신뢰계수 $(1-\alpha)$인 신뢰구간을 구하시오.

18. $X \sim N(\theta,\,1)$이고 X_1, $\cdots$, X_n을 X에서 추출된 확률표본이라 할 때, 신뢰수준 0.95인 θ에 대한 신뢰구간은

$$\left(\overline{x}_n - 1.96\frac{1}{\sqrt{n}}, \quad x_n + 1.96\frac{1}{\sqrt{n}}\right)$$

임을 설명하시오. 또 확률표본의 $(n+1)$-번째 원소 X_{n+1}이 이 구간에 떨어질 확률이 0.95인지 아닌지를 설명하시오.

19. X_1, $\cdots$, X_n은 균일분포 $X \sim U_{\left(\theta - \frac{1}{2},\, \theta + \frac{1}{2}\right)}$에서 추출한 확률표본이다. 미지 모수 θ에 대한 신뢰도 $1-\alpha$의 신뢰구간을 구하시오

20. X_1, $\cdots$, X_n은 정규분포 $X \sim N(\theta,\,\theta)$, $\theta > 0$으로부터 추출한 확률표본이다. 적당한 중추확률량을 기초로 하여 θ의 신뢰구간을 구하시오.

21. $X_1, \cdots, X_n$은 확률밀도함수 $f(x) = \theta x^{\theta - 1} \cdot I_{(0,\,1)}(x)$, $\theta > 0$에서 추출한 확률표본이다. 미지 모수 θ에 대한 신뢰도 $1 - \alpha$의 신뢰구간을 구하시오.

22. $X_1, \cdots, X_n$은 푸아송 분포 $X \sim P_o(\theta)$, $\theta > 0$으로부터 추출한 확률표본이다.

(1) 확률변수 $\dfrac{\overline{X}_n - \theta}{\sqrt{\theta / n}}$이 점근적 중추확률량임으로 보이시오.

(2) (1)의 결과를 이용하여, 미지 모수 θ에 대한 신뢰도 $100(1 - \alpha)\%$의 신뢰구간을 구하시오.

(3) 확률변수 $\dfrac{\overline{X}_n - \theta}{\sqrt{\overline{X}_n / n}}$이 점근적 중추확률량임으로 보이시오.

(4) (3)의 결과를 이용하여, 미지 모수 θ에 대한 신뢰도 $100(1 - \alpha)\%$의 신뢰구간을 구하시오.

23. 정규모집단 $X \sim N(\mu, \sigma^2)$에서, $\sigma > 0$에 대한 신뢰구간의 길이는 표본의 크기가 커질수록 0에 수렴함을 보이시오.

24. 정규모집단 $X \sim N(\theta, \theta)$, $\theta > 0$에서 추출한 확률표본을 $X_1, \cdots, X_n$라 할 때, 적당한 중추확률량을 밀하고, 또 이것을 이용하여 θ의 신뢰구간을 구하시오.

25. 지수모집단 $X \sim exp(\lambda)$, $\lambda > 0$에서 추출한 확률표본을 $X_1, \cdots, X_n$라 할 때, 다음을 구하시오.

(1) X의 평균에 관한 신뢰구간을 구하시오.

(2) X의 분산에 관한 신뢰구간을 구하시오.

(3) 이 두 구간이 모평균과 모분산을 동시에 포함할 확률을 구하시오.

(4) 모수 $e^{-\lambda} = P[X > 1]$의 신뢰구간을 구하시오.

제12장 가설검정의 기본개념

통계적 추론은 선택하는 기본 형태에 따라 추정과 가설검정으로 구분된다. 추정이 적절한 통계량을 통하여 모수의 값을 결정하고 또 모분포의 특성을 추측한다면, 가설검정은 미리 설정된 모수나 모집단에 관한 가설이 표본정보에 의하여 지지를 받을 수 있는지 없는지를 확인하는 절차를 말한다. 이 장에서는 가설검정의 기본개념과 여러 가지 가설의 검정 절차를 논한다.

12.1 | 검정의 기본원리

먼저 가설검정의 용어와 여러 기본개념을 설명한다.

정의 12.1 통계적 가설

모집단이나 모수에 관한 추측 또는 주장을 통계적 가설(statistical hypothesis) 또는 간단히 가설(hypothesis)이라 한다.

보기 12.1

모집단 X가 평균이 μ, 분산이 σ^2인 정규분포를 따르고 μ와 σ^2가 모두 미지일 때, 이에 대한 다음과 같은 추측 또는 주장

$$(1)\ H : \mu = \mu_o, \quad (2)\ H : \mu < \mu_o, \quad (3)\ H : \sigma^2 = \sigma_o^2$$

(단, μ_o, σ_o^2은 정해진 상수)등은 통계적 가설이다.

보기 12.2

통계적 가설은 수적 표현은 물론이고 모집단을 설명하는 적절한 질적 표현이나 어떤 문구도 될 수 있다. 예컨대, 모집단 X의 분포가 표준정규분포 $N(0, 1)$를 따르는지, 아니면 t-분포

$t(k=10)$를 따르는지를 확인한다고 하자. 이때

$$\text{'}X\text{의 분포는 } N(0,1) \text{ 또는 } X\text{의 분포는 } t(k=10)\text{'}$$

즉

$$\text{'}X \sim N(0,1) \text{ 또는 } X \sim t(k=10)\text{'}$$

는 통계적 가설이다. 또 새로 개발된 예방주사약이 효과적인지 아닌지를 확인하고자 하는 통계적 실험에서, 주사약이 '효과적이다' 또는 '효과적이 아니다' 등은 가설이 될 수 있다.

통계적 가설은 편의상 기각을 전제로 하는 가설과 그것이 기각될 때 상대적으로 채택되는 가설, 두 가지 작은 가설로 구성한다.

참고 12.2 귀무가설과 대립가설

한 가설을 구성하는 두 작은 가설 중, 기각을 전제로 하여 세우는 가설을 귀무가설(null hypothesis)(H_0 : 으로 표시) 그리고 귀무가설이 기각될 때 상대적으로 채택되는 가설을 대립가설(alternative hypothesis)(H_1 : 으로 표시)이라 한다.

참고 12.3

귀무가설과 대립가설을 설정할 때, 둘 중 하나는 진(true), 다른 하나는 위(false)가 되도록 설정하며, 둘 다 동시에 진 또는 동시에 위가 되지 않도록 설정해야 한다. 또 두 가설 중 비교적 중요한 쪽을 보통 귀무가설로 선택한다. 이것은 다음 절에서 알 수 있는 바와 같이, 진인 귀무가설이 기각되어 발생되는 손실을 미리 계산하고 조절하기 위해서이다. 한 가설이 귀무가설 H_0와 대립가설 H_1으로 주어질 때, 이 가설을 대립가설 H_0 : ____에 대한 귀무가설 H_1: ____ 인 가설이라고 말하고 기호로

H_0 : ____ **대**(verse) H_1 : ____

또는 간단히 'H_0 대 H_1' 또는 'H_0 vs. H_1'으로 표시한다.

보기 12.3

다음 세 가설을 생각하자.

$$\text{가설 1: } H_0 : \mu = \mu_o \text{ vs. } H_1 : \mu \neq \mu_o,$$

$$\text{가설 2: } H_0 : \mu = \mu_o \text{ vs. } H_1 : \mu > \mu_o,$$

$$\text{가설 3: } H_0 : \mu \in \Theta_o \text{ vs. } H_1 : \mu \in \Theta_1,$$

단, Θ를 모수공간, 즉 θ가 취할 수 있는 가능한 값의 집합, $\Theta_o = \{\mu \in \Theta \mid H_0\text{가 진}\}$ 그리고 $\Theta_1 = \Theta - \Theta_o$. 여기서 가설 2는 $\mu < \mu_o$가 생각될 수 없는 경우를 의미한다.

참고 12.4

보기 12.3에서, 모집단이 정규분포 $N(\mu,\ \sigma_o^2)$를 따른다면 가설 1의 귀무가설 $H_0 : \mu = \mu_o$은 이 모집단이 $N(\mu_o,\ \sigma_o^2)$임을 의미한다. 이에 반해 귀무가설 $H_1 : \mu \neq \mu_o$는 모집단을 일의적으로 결정하지 못하고 다만 정규모집단의 집합 $\{N(\mu,\ \sigma_o^2) \mid \mu \neq \mu_o\}$을 의미할 뿐이다.

정의 12.5 단순가설과 복합가설

어떤 가설에 의하여 모집단의 분포가 하나로 규정되면 이 가설을 단순가설(simple hypothesis)이라 한다. 이와 반대로 주어진 가설이 모집단의 분포를 완전히 하나로 규정하지 못하고 분포의 집합만을 의미할 때, 이 가설을 복합가설(compound hypothesis)이라 한다.

보기 12.4

보기 12.3에서 가설 1은 '단순가설 **대** 복합가설' 그리고 가설 2는 '단순가설 **대** 복합가설'로 각각 구성되어 있고, 가설 3은 집합 Θ_o와 Θ_1에 따라 달라질 수 있다.

정의 12.6 통계적 검정

표본정보를 기초로 하여 주어진 가설을 기각할 것인지 아닌지를 결정할 수 있는 선택규칙 또는 절차를 통계적 검정(statistical test) 간단히 검정(test)이라 하고, 기호로 검정 T: _____로 표시한다.

보기 12.5

모집단 X가 $N(\mu,\ \sigma^2)$를 따른다고 하자. 여기서 분산 σ^2는 알려진 상수이고, 모평균 μ는 미지수라 하자. μ에 대한 가설

$$H_0 : \mu \leq \mu_o \quad \text{vs.} \quad H_1 : \mu > \mu_o$$

를 표본 $X_1,\ \cdots,\ X_n$의 값을 기초로 하여, 만약 $\overline{x}_n > \mu_o + \dfrac{\sigma}{\sqrt{n}}$이면 귀무가설 H_0를 기각하고 또 그렇지 않으면, 즉 $\overline{x}_n \leq \mu_o + \dfrac{\sigma}{\sqrt{n}}$이면 H_0를 채택한다고 하자. 이때 이 규칙(T_1로 표시)은 하나의 통계적 검정이며 다음과 같이 표시될 수 있다.

$$\text{검정 } T_1 : \text{“만일 } \overline{x}_n > \mu_o + \frac{\sigma}{\sqrt{n}} \text{이면, } H_0\text{를 기각”}$$

보기 12.6

모집단 X가 $p\,(0 \le p \le 1)$를 미지수로 갖는 이항분포 $B(n,\, p)$를 따른다고 하자. 미지수 p에 관한 가설

$$\text{“}H_0 : p \le p_o \quad \text{vs.} \quad H_1 : p > p_o\text{”}$$

(p_o는 정해진 상수)에 대한 선택규칙 T_2는

만일 "$\overline{x}_n > p_o$이면 H_0를 기각, $\overline{x}_n < p_o$이면 H_0를 채택"

그리고

"$\overline{x}_n = p_o$이면, 한 개의 동전을 던져 나온 결과에 따라 기각과 채택을 결정"

으로 정의할 때, 이것은 주어진 가설에 대한 한 검정이다.

정의 12.7 표본공간

확률표본 $\mathbf{X} = (X_1,\, \cdots,\, X_n)$이 취할 수 있는 모든 결과의 집합, 즉

$$\Xi = \{\mathbf{x} = (x_1,\, \cdots,\, x_n) \in R^n \,|\, \mathbf{X} = \mathbf{x}\}$$

을 확률표본 $\mathbf{X}$의 표본공간(sample space)이라 한다.

보기 12.8

보기 12.5에서 주어진 가설 "$H_0 : \mu \le \mu_o$ vs. $H_1 : \mu > \mu_o$"의 검정 T_1을 생각하자. 이때 표본공간 Ξ은

$$\Xi = \left\{x \,|\, \overline{x}_n > \mu_o + \frac{\sigma}{\sqrt{n}}\right\} \uplus \left\{x \,|\, \overline{x}_n \le \mu_{o} + \frac{\sigma}{\sqrt{n}}\right\}$$

(단, $\uplus$ 는 상호배반 합)와 같이

$$\Xi = \{x \,|\, x\text{에서 } H_0\text{가 기각}\} \uplus \{x \,|\, x\text{에서 } H_0\text{가 채택}\}$$

으로 분리됨을 유의할 필요가 있다.

정의 12.6 검정의 기각역

가설 "H_0 vs. H_1"의 한 검정 T에 대하여, 귀무가설 H_0가 기각되는 표본점의 집합, 즉

$$C_T = \{\mathbf{x} \in \Xi \,|\, \mathbf{x}\text{에서 } H_0\text{가 기각}\}$$

을 검정 T의 기각역(critical region)이라 한다.

보기 12.7

보기 12.5의 정규모집단 $N(\mu,\ \sigma_o^2)$의 모평균 μ에 대한 가설

$$\text{“}H_0 : \mu \in \Theta_o \ \text{vs.}\ H_1 : \mu \in \Theta_1\text{”}$$

(단, $\Theta_o = \mu | \mu \le \mu_0$, $\Theta_1 = \Theta - \Theta_0$)을 다시 생각하자. 검정 T_1의 기각역은

$$C_{T_1} = \left\{ \mathbf{x} \in \Xi \mid \overline{x}_n > \mu_o + \frac{\sigma}{\sqrt{n}} \right\}$$

이다. 이때 검정 T_1은

“만일 $\mathbf{x} \in C_{T_1}$이면, H_0를 기각”

으로 더 간단히 표시된다.

참고 12.10

보기 12.6의 검정 T_2에 있어서는

$$\Xi = \left\{ \mathbf{x} \mid \overline{x}_n > p_o \right\} \uplus \left\{ \mathbf{x} \mid \overline{x}_n < p_o \right\} \uplus \left\{ \mathbf{x} \mid \overline{x}_n = p_o \right\}$$

이다. 그러나 참고 12.8에서 지적된 바와 같이, Ξ이

$\{\mathbf{x} \mid \mathbf{x}$에서 H_0가 기각$\} \uplus \{\mathbf{x} \mid \mathbf{x}$에서 H_0가 채택$\}$

의 형태로 양분되지는 않는다. 따라서 이 경우 T_2의 기각역은 쉽게 얻어지지 않는다.

12.2 | 우수검정의 결정방법

귀무가설과 대립가설 중 하나는 진(참) 다른 하나는 위(거짓)가 되도록 설정된 가설에서, 하나를 선택하는 검정의 결과가 항상 타당한 결과라고 기대할 수는 없다. 검정의 결과에는 어느 정도의 오류가 수반된다. 따라서 어느 검정에서나 진의 가설이 기각되고 위인 가설이 채택되는 오류도 초래할 수 있다. 이러한 오류 결정이 일어날 가능성을 없애거나 아니면 줄이려는 노력이 검정론의 주제라 할 수 있다. 이와 같은 관점에서 오류결정의 발생요인을 구체적으로 분석할 필요가 있다.

정의 12.11 검정의 오류, 유의수준, 검정력

가설 "H_0 vs. H_1"의 검정 T에서, 귀무가설 H_0가 진일 때 이것이 기각 (따라서 위인 대립가설 H_1이 채택)되는 오류를 검정 T의 제1종의 오류(type I error)라 한다. 반면에 귀무가설 H_0가 위일 때 이것이 채택(따라서 진인 대립가설 H_1이 기각)되는 오류를 검정 T의 제2종의 오류(type II error)라 한다. 또 제1종이나 제2종의 오류를 범할 확률을 각각 그 오류의 크기(size)라 하고 보통 α, β로 표시한다. 다시 말해

$$\alpha = P[H_0\text{를 기각} \mid H_0\text{이 진}] = P[H_1\text{를 채택} \mid H_0\text{이 진}]$$
$$\beta = P[H_0\text{를 채택} \mid H_0\text{이 위}] = P[H_1\text{를 기각} \mid H_1\text{이 진}]$$

이다. 특히, 제1종의 오류의 크기를 그 검정의 크기(size of test) 또는 유의수준(level of significance)이라 한다. 또 검정이 진인 대립가설을 채택할 확률, 즉 $(1-\beta)$를 그 검정의 검정력(power of test)이라 한다.

주어진 가설에 대한 가장 이상적인 검정은 그 검정의 제1종, 제2종 오류의 크기가 모두 0이 되는 것이다. 이러한 검정은 항상 타당한 결정만을 내릴 수 있는 검정을 말한다. 그러나 표본의 크기는 유한이므로 실제로 이러한 검정은 존재하지 않는다. 그것은 이 두 종류의 오류가 서로 배반성을 띄고 있기 때문이다. 다시 말하여, 제1종의 오류가 감소하도록 검정규칙이 정해지면 제2종의 오류의 크기는 반대로 증가하고, 또 그 역도 성립하기 때문이다.

보기 12.8

모집단 X가 $N(\mu, \sigma^2)$를 따르고, 여기서 $\sigma^2 = 10^2$이고, μ는 미지라 하자. μ에 대한 가설

$$\text{“}H_0 : \mu = 1500 \ \text{vs.}\ H_1 : \mu = 1520\text{”}$$

을 크기 $n = 10$인 확률표본을 기초로 하여 검정할 때, 만약 $\overline{x}_n \geq 1508$이면 귀무가설 H_0를 기각하고 그렇지 않으면 H_0를 채택한다고 하자. 즉

$$T : \text{“}\overline{x}_n \geq 1508\text{이면, } H_0\text{을 기각”}$$

여기서 검정 T에 대한 제1종과 제2종 오류의 크기를 계산해 보자. H_0하에서, $\overline{X}_n \sim N(\mu, \sigma^2/n) = N(1500, 10)$이므로, 제1종의 오류를 범할 확률 $\alpha = P[H_0\text{를 기각} \mid H_0\text{가 진}]$는

$$\begin{aligned} P\left[\overline{X}_n \geq 1508 \mid \mu = 1500\right] &= P\left[Z \geq \frac{1508-1500}{\sqrt{10}}\right] \\ &= P[Z \geq 2.529] \\ &= 0.0057 \end{aligned}$$

이다. 여기서 Z는 $N(0, 1)$의 확률변수이다. 결국 제1종 오류의 크기는 0.0057이다. 모평균 μ가 실제 $\mu = 1500$임에도 불구하고 표본이 $\overline{x}_n \geq 1508$을 만족하여 결국 모평균이 $\mu = 1520$인 것

으로 잘못 판정될 확률은 0.0057인 것이다.

이에 반하여, 제2종 오류의 크기 $\beta = P[H_0$를 채택$|H_1$이 진]는

$$P\left[\,\overline{X}_n < 1508 \,|\, \mu = 1520\right] = P\left[Z < \frac{1508-1520}{\sqrt{10}}\right]$$
$$\leq P[Z < -3.795]$$
$$\approx 0$$

으로, 이 검정이 제2종의 오류를 범할 확률은 거의 0임을 알 수 있다. 이 두 오류확률은 검정의 임계점(critical point)인 1508의 위치에 따라 그 크기가 변하고 있음을 알 수 있다. 예컨대, 1508이 1509로 바뀌면 α, β는 각각 0.0022와 0.0003이고, 또 1508이 1507로 바뀌면 α, β는 각각 0.0136과 0으로 주어진다. 한편, 제1종의 오류를 범할 확률 α를 미리 0.05로 정해 놓으면 이 검정은

$$T : \text{“}\overline{x}_n \geq 1505.2\text{이면, } H_0\text{을 기각”}$$

이 됨을 알 수 있다.

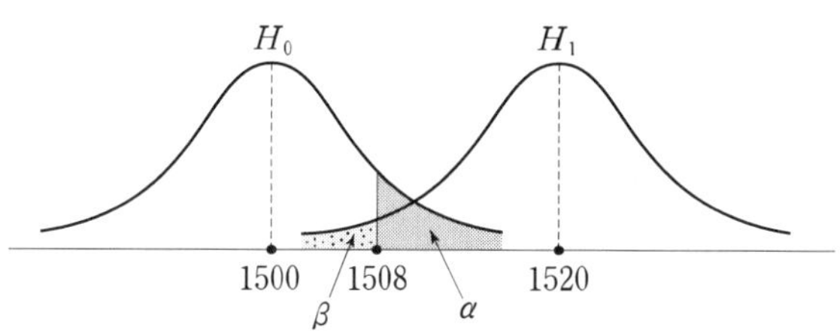

〈그림 12.1〉 가설검정의 두 오류확률

보기 12.9

보기 12.5와 12.7에서의 가설

$$\text{“}H_0 : \mu \leq \mu_o \ \text{ vs. } \ II_1 : \mu > \mu_o\text{”}$$

에 대한 검정 T : “만일 $\overline{x}_n > \mu_o + \dfrac{\sigma}{\sqrt{n}}$이면, H_0을 기각”, 즉

$$T : \text{“}\overline{x}_n > \mu_o + \frac{\sigma}{\sqrt{n}}\text{이면, } H_0\text{을 기각”}$$

에 대한 제1종과 제2종 오류의 크기 α, β를 계산하자. 확률표본의 평균 $\overline{X}_n$분포가 μ와 σ^2/n을 평균, 분산으로 하는 정규분포를 따르므로, 제1종의 오류를 범할 확률 $\alpha = P[H_0$를 기각 $|H_0$가 진]는

$$P\left[\overline{X}_n > \mu_o + \frac{\sigma}{\sqrt{n}} \,|\, \mu \leq \mu_o\right] = P\left[Z > \frac{\mu_o - \mu}{\sigma/\sqrt{n}} + 1 \,|\, \mu \leq \mu_o\right]$$
$$\leq P[Z > 1] = 0.1587$$

이다. 여기서 Z는 $N(0, 1)$의 확률변수이다. 결국 제1종 오류의 크기는 많아야 0.1587이다. 이

와 같이, 모집단 평균 μ가 실제로 $\mu \le \mu_o$임에 불구하고 표본 $\mathbf{x}$가 $\bar{x}_n > \mu_o + \frac{\sigma}{\sqrt{n}}$을 만족하여 결국 μ가 $\mu > \mu_o$인 것으로 판정될 확률은 많아야 0.1587인 것이다.

한편, 제2종 오류의 크기 $\beta = P[H_0$를 채택 $|H_1$이 진$]$는

$$P\left[\bar{X}_n \le \mu_o + \frac{\sigma}{\sqrt{n}} \,\middle|\, \mu > \mu_o\right] = P\left[Z \le \frac{\mu_o - \mu}{\sigma/\sqrt{n}} + 1 \,\middle|\, \mu > \mu_o\right]$$
$$\le P[Z \le 1] = 0.8413$$

이다. 이때에도 H_1은 μ의 실제값을 하나로 규정하지 못하는 복합가설이므로 β의 값은 구체적으로 결정되지 않지만, μ의 실제값에 따라 달라지는 이 확률은 많아야 0.8413임을 의미한다.

다음은 검정을 더 정밀하게 설명하는 데 도움이 되는 검정통계량의 P-값에 대하여 생각한다. 검정은 표본정보를 기초로 하여 귀무가설을 채택하거나 기각하는 절차이다. 보기 12.8에서, 유의수준 0.05에서는 표본평균이 $\bar{x}_n \ge 1505.2$이면 H_0는 기각된다. 따라서 이 검정에 의하면, 예를 들어 표본에서 $\bar{x}_n = 1510$나 $\bar{x}_n = 1520$인 경우는 물론이고, 표본이 이 부등식을 만족하는 어떤 경우에도 H_0이 기각되는 같은 결과를 얻는다. 그러나 H_0이 기각되는 같은 경우에도, $\bar{x}_n = 1520$의 경우는 $\bar{x}_n = 1510$의 경우보다 대립가설 H_1이 진일 증거가 더 강한 의미를 갖는다. 이것은 표본이 제공하는 정보로 검정에서도 설명되어야 하는 중요한 내용이라 할 수 있다.

이러한 정보를 제공하는 한 가지 방법은, 보기 12.8에서와 같이 주어진 검정이 우측검정이고 또 만약 검정통계량의 관측값이 k_o, 즉 $\bar{X}_n = k_o$이면, H_0하에서 확률

$$P_{H_0}[\bar{X}_n \ge k_o] = p_o$$

을 검정에서 제시하는 것이다. 물론, 주어진 검정이 좌측검정일 때 p_o는

$$P_{H_0}[\bar{X}_n \le k_o] = p_o$$

이 된다. 확률 p_o를 관측된 검정통계량의 P-값이라 한다. 검정에서 P-값을 밝히는 것은, 정해진 유의수주에서 검정통계량의 관측값이 통계적으로 유의적인지 아닌지 만을 단순히 설명하는 것보다 더 많은 정보를 제공하게 된다. 물론, α가 검정의 유의수준이고 또 p_o가 관측값 k_o에 대응되는 P-값이라 할 때, 만약 $p_o \le \alpha$이면 k_o는 유의수준 α에서 유의적이 된다.

검정에서 P-값은 몇 가지 다른 편의를 제공하기도 한다. 우선, P-값은 검정에서 각 분석자가 유의수준의 크기를 임의로 정할 수 있도록 허용한다. 이것은 분석자로 하여금 다양한 유의수준에서 대립가설 H_1이 진이 될 증거를 더 상세히 제공할 수 있도록 한다. 다음은, P-값은 검정통계량의 귀무분포(null distribution) (즉, H_0하에서 검정통계량의 확률분포)에 대한 확률표가 준비되어 있지 않는 경우에도 P-값만의 계산으로 검정이 쉽게 이루어지도록 하는 이점을 갖기로 한다.

주어진 검정이 양측검정인 경우 그 P-값은 귀무분포하에서 검정통계량의 분포가 대칭이냐 아니냐에 관계없이 단측검정 경우의 두 배로 한다. 사실 검정통계량의 귀무분포가 표준정규분포나 t-분

포와 같이 완전히 대칭일 때는 양측검정의 P-값은 단측검정의 P-값의 꼭 두 배이지만, 귀무분포가 χ^2-분포나 F-분포와 같이 대칭이 아닌 경우에는 양측검정의 P-값은 단측검정의 P-값의 근사적으로 두 배일 수밖에 없다.

관찰된 검정통계량의 P-값, 즉 검정의 P-값은 검정통계량의 관측값이 유의적이 되는 최소의 유의수준으로도 설명될 수 있다.

따라서 검정의 P-값은 다음과 같이 정의된다.

정의 12.12 검정의 P-값

검정통계량 T의 값 t_o에 대한 P-값(P-value)은 관측값 t_o에서 귀무가설 H_0이 기각될 수 있는 최소의 유의수준이다.

참고 12.13

실제로 검정통계량의 P-값이란, H_0이 진일 때 검정통계량 T가 실제 관측된 값 t_o보다 더 바깥쪽에서 값을 취할 확률을 말한다. 따라서 P-값이 작을수록 표본정보에는 H_0에 반하는 근거가 있음을 의미한다. 결국, P-값이 검정의 유의수준인 α보다 작거나 같으면 주어진 H_0는 이 유의수준에서 기각됨을 말한다.

보기 12.10

어떤 생산 공장에서 만들어지는 제품의 수명은 평균이 $\mu = 26$, 분산이 $\sigma^2 = 25$라 한다. 제품의 수명을 연장하기 위하여 새로운 공정을 계획하고 그 효과를 확인하고자 한다. 새 상품 $n = 36$개의 수명을 관측하고 여기서 표본평균 $\overline{x}_n = 28.04$를 얻었다. 가설

$$\text{“}H_0 : \mu \le 26 \text{ vs. } H_1 : \mu > 26\text{”}$$

을 세우고, 다음에는 여기에 검정

$$T : \text{“}\overline{x}_n > 26 \text{이면, } H_0\text{을 기각”}$$

을 적용한다. 이 검정에 대한 관측값의 P-값을 구하고, 이것을 통하여 검정의 결과를 논하여 보자. 여기서 분산 σ^2은 공정의 변화에 의하여 영향을 받지 않는다고 가정한다. 표본의 평균수명 $\overline{x}_n = 28.04$이 모평균의 귀무값 $\mu_o = 26$보다 훨씬 크므로, 그 차가 H_0를 기각시킬 수 있는지를 관측값의 P-값

$$p_o = P\,[\,\overline{X}_n \ge 28.04 \mid \mu = 26,\, \sigma^2 = 5^2]$$

계산한다. 중심극한의 정리에 의하여 $\overline{X}_n \dot\sim N\left(\mu = 26,\ \frac{\sigma^2}{\sqrt{n}} = \frac{5}{6}\right)$이고, 따라서

$$\begin{aligned} p_o &= P[\overline{X}_n \geq 28.04 \mid \mu = 26,\ \sigma^2 = 5^2] \\ &= P[Z \geq 2.45] \\ &= 0.0071 \end{aligned}$$

을 얻는다. P-값 0.0071은 검정에서 보통 사용하는 유의수준 0.05은 물론이고 0.01에도 훨씬 못 미침으로, 이 경우 H_0는 강하게 기각된다.

참고 12.14 SAS에서의 P-값

SAS에서 주어지는 P-값은 양측검정을 전제로 계산한다. 예컨대, 보기 12.10에서 검정통계량의 값 28.04에서 계산한 SAS의 P-값은 귀무분포에서 표본평균이 28.04보다 작지 않거나 또는 -28.04보다 크지 않을 확률, 즉

$$\begin{aligned} P-\text{값} &= P[\bar{X}_n \geq 28.04 \mid \mu = 26,\ \sigma^2 = 5^2] \\ &\quad + P[\bar{X}_n \leq -28.04 \mid \mu = 26,\ \sigma^2 = 5^2] \\ &= P[Z \geq 2.45] + P[Z \leq -2.45] \\ &= 0.0142 \end{aligned}$$

이다. 따라서 단측검정에서는 SAS의 P-값을 2로 나눈 값을 이용하게 된다.

12.3 정규분포에 관한 여러 검정

여기서는 정규모집단의 평균과 분산에 관련된 여러 가지 가설에 대한 검정들을 생각한다. 정규분포의 모수에 관한 검정들은 완전 또는 근사적 χ^2-분포, t-분포 또는 F-분포를 기초로 하기 때문에 보통 χ^2-검정, t 검정 그리고 F-검정으로 분류하기도 한다. 여기서는 이와 관련한 몇 가지 주요 결과를 소개한다.

12.3.1 모평균에 관한 검정: t-검정

정리 12.15 평균에 관한 검정: 분산이 미지인 경우

평균과 분산 μ와 σ^2이 모두 미지인 정규분포 $N(\mu, \sigma^2)$의 평균에 관한 가설

$$(1) \quad \text{“}H_0 : \mu \leq \mu_o \ \text{vs.}\ H_1 : \mu > \mu_o\text{”}$$

에 대하여, 확률표본 $\mathrm{X} = (X_1, \cdots, X_n)$을 기초로 하는 유의수준(또는 크기) α의 검정은

$$T_1 : \text{"만일 } t(\mathbf{x}) \geq t_{1-\alpha}(n-1)\text{이면, } H_0\text{를 기각"}$$

이다. 여기서

$$t(\mathbf{x}) = \frac{\sqrt{n}(\overline{x}_n - \mu_o)}{s_n}$$

이고, $s_n^2 = \frac{1}{n-1}\sum_{i=1}^{n}(x_i - \overline{x}_n)^2$이다.

참고 12.16

정리 12.15의 t-검정은 다음 사실로 설명된다. 즉,

$$\frac{\sqrt{n}(\overline{X}_n - \mu_o)}{S_n} \sim t(n-1).$$

이것이 성립하는 것은

$$\frac{\sqrt{n}(\overline{X}_n - \mu_o)}{S_n} = \frac{\dfrac{\overline{X}_n - \mu_o}{\dfrac{\sigma}{\sqrt{n}}}}{\sqrt{\dfrac{(n-1)S_n^2}{\sigma^2(n-1)}}}$$

이고, 분자 $\sqrt{n}(\overline{X}_n - \mu_o)/\sigma \sim N(0, 1)$와 분모의 $(n-1)S_n^2/\sigma^2 \sim \chi^2(n-1)$은 서로 확률적으로 독립이기 때문이다.

참고 12.17

정리 12.15에서, μ에 관한 가설이

$$(2)\ \text{"}H_0 : \mu \geq \mu_o \quad \text{vs.} \quad H_1 : \mu < \mu_o\text{"}$$

$$(3)\ \text{"}H_0 : \mu = \mu_o \quad \text{vs.} \quad H_1 : \mu \neq \mu_o\text{"}$$

로 주어질 때, 유의수준(또는 크기) α의 검정은 각각

$$T_2 : \text{"만일 } t(\mathbf{x}) \leq t_{1-\alpha}(n-1)\text{이면, } H_0\text{를 기각"}$$

와

$$T_3 : \text{"만일 } |t(\mathbf{x})| \geq t_{1-\alpha/2}(n-1)\text{이면, } H_0\text{를 기각"}$$

로 주어진다.

참고 12.18

위 검정 T_1, T_2는 t-분포를 기초로 하는 단측검정이므로, 이 검정을 단측 t-검정(one tailed t-test)이라 한다. 이에 반하여, 검정 T_3는 양측 t-검정(two tailed t-test)이라 한다.

참고 12.19 SAS를 이용한 계산

σ^2을 아는 경우, 모평균 μ에 대한 가설에 대한 P-값 계산은 부록의 [SAS 프로그램 20]을 응용할 수 있다. 또 σ^2이 미지인 경우, 모평균 μ에 대한 가설들에 대한 계산은 부록의 [SAS 프로그램 18], [SAS 프로그램 20] 그리고 [SAS 프로그램 20] 등을 응용할 수 있다.

보기 12.11

세제를 만드는 공장에서 중성(pH7)이 유지되는지를 확인하는 실험을 한다. 크기 10의 실험 값

$$6.96\ 7.08\ 7.12\ 7.02\quad 6.97\ 7.00\ 6.98\ 7.03\ 6.97\ 7.06$$

을 기초로 하여, 가설

$$\text{“}H_0 : \mu = 7.0 \text{ vs. } H_1 : \mu \neq 7.0\text{”}$$

을 검정한다. 여기서 μ는 생산품 pH의 모집단 pH $\sim N(\mu, \sigma^2)$의 평균이다. 앞의 t-검정을 이용하면, 만약 $|t(\mathbf{x})| \geq t_{1-\alpha/2}(n-1)$ (단, $t(\mathbf{x}) = \dfrac{\sqrt{n}(\overline{X}_n)}{S_n}$)이면, 유의수준 α에서 H_0을 기각한다. 표본정보

$$n = 10,\ \overline{x}_n = 7.019,\ s_n = 0.0536$$

을 이용하면 $|t(\mathbf{x})| = t(\mathbf{x}) = 1.12$이고 이것이다. 이것은 $\alpha = 0.05$에서 $t_{1-\alpha/2}(n-1) = t_{0,975}(9) = 2.262$보다 작아 H_0을 기각하지 않는다. 결국, 생산되는 세제는 중성세제라 할 수 있다.

위 검정에서 P-값을 이용하면 더 상세한 설명이 가능하다. 그러나 검정의 정확한 P-값, 즉

$$P[T(X) > 1.12] = P[t(9) > 1.12]$$

은 부록(t-분포표)에서는 찾을 수 없다. 아래 [SAS 프로그램 20B(a)]을 이용하면 정확한 P-값 $= 0.14586$을 얻는다. 이 값은 유의수준 1%는 물론 5%에 비해서도 매우 커서 H_0을 기각할 수 없다. 한편, 위 검정에서 가설을 “$H_0 : \mu^* := 0$ vs. $H_1 : \mu^* \neq 0$” (단, $\mu^* = \mu - 7.0$)으로 바꾸고 PROC MEANS [SAS 프로그램 20B(b)]을 이용할 수도 있다. 여기서 얻는 P-값$= 0.2916$은 위에서와 같이 H_0을 강하게 기각한다.

12.3.2 모분산에 관한 검정: χ^2-검정

평균과 분산 μ, σ^2이 모두 미지인 정규분포 $N(\mu, \sigma^2)$의 분산에 관한 가설

$$(1)\quad \text{“}H_0 : \sigma^2 \le \sigma_o^2 \quad \text{vs.} \quad H_1 : \sigma^2 > \sigma_o^2\text{”}$$

에 대하여, 확률표본 $X. = (X_1, \cdots, X_n)$을 기초로 하는 유의수준(또는 크기) α의 검정은

$$T_1 : \begin{cases} \text{만일 } \sum_{i=1}^{n} (x_i - \overline{x}_n)^2 \ge c_o \text{이면, } H_0\text{을 기각,} \\ \text{만일 } \sum_{i=1}^{n} (x_i - \overline{x}_n)^2 < c_o \text{이면, } H_0\text{을 채택} \end{cases}$$

여기서 $c_o = \sigma_o^2 \chi_{1-\alpha}^2(n-1)$이다.

> **참고 12.21**
>
> 정리 (12.20)에서 c_o가 $c_o = \sigma_o^2 \chi_{1-\alpha}^2(n-1)$로 주어지는 것은
>
> $$\alpha = P_{\sigma_o^2}\left[\frac{1}{\sigma_o^2}\sum_{i=1}^{n}(X_i - \overline{X}_n)^2 > \frac{c_o}{\sigma_o^2}\right]$$
>
> 에서
>
> $$\frac{1}{\sigma_o^2}\sum_{i=1}^{n}(X_i - \overline{X}_n)^2 = \frac{(n-1)S_n^2}{\sigma_o^2} \sim \chi^2(n-1)$$
>
> 이기 때문이다.

> **참고 12.22**
>
> 정리 12.20에서, σ^2에 관한 가설이
>
> $$(2)\ \text{“}H_0 : \sigma^2 \ge \sigma_o^2 \quad \text{vs.} \quad H_1 : \sigma^2 < \sigma^{2_o}\text{”}$$
>
> $$(3)\ \text{“}H_0 : \sigma^2 = \sigma_o^2 \quad \text{vs.} \quad H_1 : \sigma^2 \ne \sigma_o^2\text{”}$$
>
> 로 주어질 때, 유의수준(또는 크기) α의 검정은 각각
>
> $$T_2 : \begin{cases} \text{만일 } s(\mathbf{x}) \ge \chi_{1-\alpha}^2(n-1)\text{이면, } H_0\text{을 기각,} \\ \text{만일 } s(\mathbf{x}) < \chi_{1-\alpha}^2(n-1)\text{이면, } H_0\text{을 채택} \end{cases}$$
>
> 그리고
>
> $$T_3 : \begin{cases} \text{만일 } s(\mathbf{x}) \le \chi_{\alpha}^2(n-1) \text{ 또는 } s(\mathbf{x}) \ge \chi_{1-\frac{1}{\alpha}}^2(n-1)\text{이면, } H_0\text{을 기각,} \\ \text{만일 } \chi_{\alpha}^2(n-1) < s(\mathbf{x}) < \chi_{1-\frac{1}{\alpha}}^2(n-1)\text{이면, } H_0\text{을 채택} \end{cases}$$

로 주어진다. 여기서 $s(\mathbf{x}) = \sum_{i=1}^{n}(x_i - \overline{x}_n)^2$이다.

참고 12.23

정리 12.15와 참고 12.17에서 주어진 검정 T_1, T_2를 단측 χ^2-검정(one tailed chi-square test)이라 하고, 또 T_3를 양측 χ^2-검정(two tailed chi-square test)이라 한다.

참고 12.24

정리 12.15의 검정 T_1과 참고 12.17에서 주어진 검정 T_2, T_3는 수리통계학의 입장에서 모두 우수한 검정(즉, 최강력불변검정)으로 알려져 있다. 이에 대한 설명은 이 책의 정도를 넘기 때문이 여기서는 생략하지만 자세한 설명은 [1], [58] 등에 주어진다.

12.3.3 두 모평균의 비교에 관한 검정: 두 표본 t-검정

정리 12.25 두 모평균의 비교 검정

두 정규분포 $N(\mu_1, \sigma^2)$와 $N(\mu_2, \sigma^2)$ (공통분산 σ^2는 미지)의 두 평균에 관한 가설

$$(1)\ \text{“}H_0 : \mu_1 \le \mu_2 \quad \text{vs.} \quad H_1 : \mu_1 > \mu_2\text{”}$$

에 대하여, 각 분포에서 추출된 서로 독립인 확률표본 $\mathbf{X}_1 = (X_{11}, \cdots, X_{1n_1})$, $\mathbf{X}_2 = (X_{21}, \cdots, X_{2n_2})$를 기초로 하는 유의수준(또는 크기) α의 검정은

$$T_1 : \begin{cases} \text{만일 } t(\mathbf{x}_1, \mathbf{x}_2) \ge t_o \text{이면, } H_0\text{을 기각,} \\ \text{만일 } t(\mathbf{x}_1, \mathbf{x}_2) < t_o \text{이면, } H_0\text{을 채택} \end{cases}$$

이다. 검정통계량 $t(\mathbf{x}_1, \mathbf{x}_2)$는, 두 확률표본의 평균과 분산을 각각 $\overline{x}_1$, $\overline{x}_2$ 그리고 s_1^2, s_2^2라 할 때

$$t(\mathbf{x}_1, \mathbf{x}_2) = \frac{\overline{x}_1 - \overline{x}_2}{s_p\sqrt{\frac{1}{n_1} + \frac{1}{n_2}}}$$

로 정의하고, s_p^2는

$$s_p^2 = \frac{(n_1 - 1)s_1^2 + (n_2 - 1)s_2^2}{n_1 + n_2 - 2}$$

이다. 여기서 t_o는 $t_o = t_{1-\alpha}(n_1 + n_2 - 2)$이다.

참고 12.26

정리 12.25에서 상수 t_o가

$$t_o = t_{1-\alpha}(n_1+n_2-2)$$

로 주어지는 것은 다음과 같이 설명된다. 두 모집단 $N(\sigma_1^2,\ \sigma^2)$, $N(\mu_2,\ \sigma^2)$에서 추출된 확률표본 $\mathrm{X}_1=(X_{11},\ \cdots,\ X_{1n_1})$와 $\mathrm{X}_2=(X_{21},\ \cdots,\ X_{2n_2})$의 표본평균 $\overline{X}_1$와 $\overline{X}_2$은 정규분포를 따르므로 다음이 성립한다.

$$Z=\frac{(\overline{X}_1-\overline{X}_2)-(\mu_1-\mu_2)}{\sigma\sqrt{\dfrac{1}{n_1}+\dfrac{1}{n_2}}}\sim N(0,\ 1) \tag{12.1}$$

한편, $(n_1-1)S_1^2/\sigma^2\sim\chi^2(n_1-1)$, $(n_2-1)S_2^2/\sigma^2\sim\chi^2(n_2-1)$이고 또 서로 독립이므로

$$V=\frac{(n_1-1)S_1^2+(n_2-1)S_2^2}{\sigma^2}\sim\chi^2(n_1+n_2-2) \tag{12.2}$$

이다. Z와 V는 서로 독립이므로,

$$\frac{Z}{\sqrt{V/(n_1+n_2-2)}}\sim t(n_1+n_2-2)$$

이고, 따라서 $\mu_1=\mu_2$일 때

$$t(\mathrm{X}_1,\ \mathrm{X}_2)=\frac{\overline{X}_1-\overline{X}_2}{S_p\sqrt{\dfrac{1}{n_1}+\dfrac{1}{n_2}}}\sim t(n_1+n_2-2) \tag{12.3}$$

이다. 결국 $\mu_1=\mu_2$일 때

$$P[t(\mathrm{X}_1,\ \mathrm{X}_2)>t_o]-\alpha \tag{12.4}$$

을 만족하는 t_o는 $t_o=t_{1-\alpha}(n_1+n_2-2)$이다.

참고 12.27

정리 12.25에서, 두 평균에 관한 가설이

(2) "$H_0:\mu_1\ge\mu_2$ vs. $H_1:\mu_1<\mu_2$"

(3) "$H_0:\mu_1=\mu_2$ vs. $H_1:\mu_1\ne\mu_2$"

로 주어질 때, 유의수준(또는 크기) α의 검정은 각각

$$(2)\ T_2:\begin{cases}\text{만약 } t(\mathbf{x}_1,\ \mathbf{x}_2)\ge t_{1-\alpha}(n_1+n_2-2)\text{이면, } H_0\text{을 기각,}\\ \text{만약 } t(\mathbf{x}_1,\ \mathbf{x}_2)<t_{1-\alpha}(n_1+n_2-2)\text{이면, } H_0\text{을 채택}\end{cases}$$

그리고

$$(3)\ T_3 : \begin{cases} \text{만약 } |t(\mathbf{x}_1, \mathbf{x}_2)| \ge t_{1-\frac{\alpha}{2}}(n_1+n_2-2)\text{이면, } H_0\text{을 기각,} \\ \text{만약 } |t(\mathbf{x}_1, \mathbf{x}_2)| < t_{1-\frac{\alpha}{2}}(n_1+n_2-2)\text{이면, } H_0\text{을 채택} \end{cases}$$

이다.

참고 12.28

정리 12.25의 검정 T_1과 참고 12.27에서 주어진 검정 T_2, T_3는 수리통계학의 입장에서 모두 우수한 검정(즉, 최강력불변검정)으로 알려져 있다.

참고 12.29 SAS를 이용한 계산

$\sigma_1^2 = \sigma_2^2 = \sigma^2$이며 이것이 미지인 경우, 두 모평균 μ_1, μ_2의 비교를 위한 가설에 대한 P-값 계산은 부록의 [SAS 프로그램 22]을 응용할 수 있다.

12.3.4 여러 모평균의 비교에 관한 검정: F-검정

앞에서 다룬 두 평균에 관한 비교 검정은 다음과 같이 k개의 모집단의 경우로 일반화 될 수 있다.

정리 12.30 k개 모평균의 비교 검정: F-검정

k개 정규분포 $N(\mu_j, \sigma^2)$, $j=1, \cdots, k$의 평균에 관한 가설

$$\text{“}H_0 : \mu_1 = \cdots = \mu_k \quad \text{vs.} \quad H_1 : H_0\text{는 진이 아니다”}$$

에 대하여, 각 모집단에서 추출된 독립인 확률표본

$$\mathrm{X}_j = (X_{j1}, \cdots, X_{jn_j});\ j=1, \cdots, k$$

를 기초로 하는 크기 α의 우도비검정은

$$T : \text{“만일 } F^* \le f_{1-\alpha}(k-1, n-k)\text{이면, } H_0\text{를 기각”}$$

이다. 여기서

$$F^* = \frac{\dfrac{1}{k-1}\displaystyle\sum_{j=1}^{k} n_j(\overline{x}_{j.} - \overline{x}_{..})^2}{\dfrac{1}{n-k}\displaystyle\sum_{j=1}^{k}\sum_{i=1}^{n_i}(x_{ji} - \overline{x}_{j.})^2}$$

이다.

참고 12.31

정리 12.30의 검정 문제를 다루는 분석을 특히 일원배치분산분석(one-way analysis of variance)이라고도 한다. 이원 및 삼원배치법을 포함한 일반적인 분산분석에 대해서는 별도로 15장에서 논한다.

12.3.5 두 모분산의 비교에 관한 검정: F-검정

정리 12.32 두 모분산의 비교 검정: F-검정

두 정규분포 $N(\mu_1, \sigma_1^2)$ 그리고 $N(\mu_2, \sigma_2^2)$의 두 분산에 관한 가설

$$(1)\quad \text{“}H_0 : \sigma_1^2 \le \sigma_2^2 \quad \text{vs.} \quad H_1 : \sigma_1^2 > \sigma_2^2\text{”}$$

에 대하여, 각 분포에서 추출된 서로 독립인 확률표본 $\mathbf{X}_1 = (X_{11}, \cdots, X_{1n_1})$, $\mathbf{X}_2 = (X_{21}, \cdots, X_{2n_2})$를 기초로 하는 유의수준(또는 크기) α의 검정은

$$T : \begin{cases} \text{만일 } F(\mathbf{x}_1, \mathbf{x}_2) > c_o \text{이면, } H_0\text{을 기각,} \\ \text{만일 } F(\mathbf{x}_1, \mathbf{x}_2) < c_o \text{이면, } H_0\text{을 채택} \end{cases}$$

이다. 여기서 검정통계량 $F(\mathbf{x}_1, \mathbf{x}_2)$는, 두 확률표본의 분산을 각각 s_1^2, s_2^2라 할 때

$$F(\mathbf{x}_1, \mathbf{x}_2) = \frac{s_1^2}{s_2^2}$$

로 정의한다. 또 상수 c_o는 $c_o = f_{1-\alpha}(n_1 - 1, n_2 - 1)$로 주어진다.

참고 12.33

정리 12.32에서 상수 c_o는

$$c_o = f_{1-\alpha}(n_1 - 1, n_2 - 1)$$

로 주어진다. 그것은 다음과 같이 설명된다.

$$(n_1 - 1)S_1^2/\sigma_1^2 \sim \chi^2(n_1 - 1), \quad (n_2 - 1)S_2^2/\sigma_2^2 \sim \chi^2(n_2 - 1)$$

이고, 또 이것은 서로 독립이므로

$$\frac{\sigma_2^2}{\sigma_1^2}\frac{S_1^2}{S_2^2} = \frac{\dfrac{(n_1 - 1)S_1^2}{\sigma_1^2(n_1 - 1)}}{\dfrac{(n_2 - 1)S_2^2}{\sigma_2^2(n_2 - 1)}} \sim F(n_1 - 1, n_2 - 1) \tag{12.5}$$

이다. 따라서 $\sigma_1^2 = \sigma_2^2$일 때

$$F(\mathbf{x}_1, \mathbf{x}_2) = \frac{S_1^2}{S_2^2} \sim F(n_1 - 1,\ n_2 - 1) \tag{12.6}$$

이다. 이와 같이 $\sigma_1^2 = \sigma_2^2$일 때

$$P[F(\mathrm{X}_1, \mathrm{X}_2) > c_o] = \alpha \tag{12.7}$$

을 만족하는 상수 c_o는 $c_o = f_{1-\alpha}(n_1 - 1,\ n_2 - 1)$이다.

참고 12.34

정리 12.32에서, 두 분산에 관한 가설이

(2) "$H_0 : \sigma_1^2 \geq \sigma_2^2 \quad \text{vs.} \quad H_1 : \sigma_1^2 < \sigma_2^2$"

(3) "$H_0 : \sigma_1^2 = \sigma_2^2 \quad \text{vs.} \quad H_1 : \sigma_1^2 \neq \sigma_2^2$"

로 주어질 때, 유의수준(또는 크기) α의 검정은 각각

$$(2)\ T_2 : \begin{cases} \text{만약 } F(\mathbf{x}_1, \mathbf{x}_2) < f_{1-\alpha}(n_1 - 1,\ n_2 - 1)\text{이면, } H_0\text{을 기각,} \\ \text{만약 } F(\mathbf{x}_1, \mathbf{x}_2) > f_{1-\alpha}(n_1 - 1,\ n_2 - 1)\text{이면, } H_0\text{을 채택} \end{cases}$$

그리고

$$(3)\ T_3 : \begin{cases} F^* > f_{1-\frac{\alpha}{2}}(n_1 - 1,\ n_2 - 1) \text{ 또는 } < f_{\frac{\alpha}{2}}(n_1 - 1,\ n_2 - 1)\text{이면, } H_0\text{을 기각,} \\ f_{\frac{\alpha}{2}}(n_1 - 1,\ n_2 - 1) < F^* < f_{1-\frac{\alpha}{2}}(n_1 - 1,\ n_2 - 1)\text{이면, } H_0\text{을 채택} \end{cases}$$

이다. 여기서 F^*는 $F(\mathbf{x}_1, \mathbf{x}_2)$를 간단히 표시한 것이다.

참고 12.35 SAS를 이용한 계산

두 모분산의 비교를 위한 F-검정의 P-값 계산은 부록의 [SAS 프로그램 24]을 응용할 수 있다.

12.3.6 대응비교검정: 대응 t-검정

두 표본을 이용하여 두 모평균의 유의적인 차를 생각할 때, 정리 12.25 등과는 달리 두 표본이 독립이 아니고 또 모분산도 서로 같다는 가정을 할 수 없는 경우가 자주 있다. 특히, 의도적(즉, 계획)이거나 아니거나 한 쪽 표본의 값들이 다른 쪽의 표본값들과 일대일로 짝(pair)이나 대응(match)이 이루어질 수 있는 경우를 생각할 수 있다.

예컨대, 혈압을 치료하고 이전과 이후의 상태를 비교하여 치료의 효과를 평가하려는 경우, 어떤 식이요법을 통하여 체중을 조절하고 그 효과를 확인하려는 경우 등을 생각할 수 있다. 처리 이전과 이후의 값을 각각 X, Y라 하고 모두 n명을 관찰한다. 그 결과를

$$(x_1, y_1), (x_2, y_2), \cdots, (x_n, y_n)$$

라 하고, 그 차를

$$d_1 = x_1 - y_1, \ d_2 = x_2 - y_2, \ \cdots, \ d_n = x_n - y_n$$

이라 하자. 지금, 같은 방법으로 만들어질 수 있는 이러한 차들의 모집단

$$D = X - Y$$

를 생각하고, D는 평균이 $\mu_D (= \mu_1 - \mu_2)$이고 분산이 σ_D^2인 정규분포를 따른다고 가정하자. 즉

$$D \sim N(\mu_D, \sigma_D^2).$$

이때 $d_1, \cdots, d_n$은 모집단 D로부터 추출된 크기 n의 확률표본으로 볼 수 있다. 또 여기서 μ_X와 μ_Y을 각각 두 모집단의 평균이라 하면,

$$\mu_X - \mu_Y = E[X] - E[Y] = E[X - Y] = E[D] = \mu_D$$

이므로, 가설 "$H_0 : \mu_X = \mu_Y$"의 검정문제는 가설 "$H_0 : \mu_D = 0$"의 검정문제와 같다. 따라서 여기에 이미 알려진 결과(일표본 t-검정(참고 12.27(3))를 적용하면, 귀무가설 "$H_0 : \mu_D = 0$의 검정통계량은 S_d^2가 d_i들의 표본분산을 나타낼 때

$$\frac{\overline{D} - \mu_D}{S_d / \sqrt{n}} \tag{12.8}$$

로 주어지고, 그 귀무분포

$$\frac{\overline{D} - 0}{S_d / \sqrt{n}} \sim t(n-1)$$

로부터 검정을 얻을 수 있다.

참고 12.36

가설 "$H_0 : \mu_D = 0$"의 검정문제는 분석상으로는 일표본 문제(one-sample problem)이지만 개념상으로는 이표본문제(two-sample problem)이다. 그러나 이 이표본문제는 앞서 다룬 두 표본 t-검정(참고 12.27(3))과는 자료구조상 차이가 있음을 유의할 필요가 있다. 두 표본이 서로 독립이 아닌데 근본적인 차이가 있다. 여기서 다루는 검정을 특히 '대응비교검정(paired comparison test)' 또는 '대응 t-검정(paired t-test)'이라 부른다.

정리 12.37 **대응비교검정**

평균 $\mu_D(=\mu_1-\mu_2)$, 분산이 σ_D^2이 모두 미지인 정규분포 $N(\mu, \sigma^2)$의 평균에 관한 가설

$$\text{“}H_0 : \mu_D = 0 \quad \text{vs.} \quad H_1 : \mu_D \neq 0\text{”}$$

에 대하여, 확률표본 $D_1, \cdots, D_n$을 기초로 하는, 유의수준(또는 크기) α의 검정은

$$T : \text{“만일 } t(\mathbf{d}) \geq t_{1-\alpha}(n-1)\text{이면, } H_0\text{를 기각”}$$

이다. 여기서 $t(\mathbf{d})$는

$$t(\mathbf{d}) = \frac{\bar{d}}{s_d / \sqrt{n}}$$

이고, $\bar{d}$와 s_d^2는 각각 표본차 d_i들의 평균과 분산이다.

참고 12.38 **μ_D의 신뢰구간**

중추확률량 (12.8)의 확률분포

$$\frac{\overline{D} - \mu_D}{S_d / \sqrt{n}} \sim t(n-1)$$

을 이용하면, μ_D의 $100(1-\alpha)\%$ 신뢰구간은

$$\bar{d} - t_{1-\frac{\alpha}{2}}(n-1) \cdot \frac{s_d}{\sqrt{n}} < \mu_D < \bar{d} + t_{1-\frac{\alpha}{2}}(n-1) \cdot \frac{s_d}{\sqrt{n}}$$

으로 주어진다.

보기 12.11

체중감소를 위한 어떤 식이요법의 효과를 분석하기 위하여 12명의 대상을 실험에 동원하였다. 식이요법을 적용하기 이전과 이후의 체중측정값이 다음과 같이 주어질 때 그 결과를 논하여 보자.

번호	이전	이후	차 = 이후 − 이전
1	60.3	60.0	−0.3
2	69.3	70.8	1.5
3	66.3	64.8	−1.5
4	78.0	69.9	−8.1
5	68.4	67.2	−1.2
6	71.3	64.8	−6.5
7	97.8	88.8	−9.0
8	70.5	58.5	−12.0
9	72.0	62.1	−9.9
10	80.1	74.1	−6.0
11	85.2	63.0	−22.2
12	60.3	62.7	−2.4

위 자료로부터, $d_i = x_i - y_i$라 할 때

$$\bar{d} = -6.066, \quad s_d^2 = (6.94)^2$$

이다. 평균에 관한 가설

$$\text{“}H_0 : \mu_D = 0 \quad \text{vs.} \quad H_1 : \mu_D < 0\text{”}$$

에 대하여, 검정통계량의 계산값은

$$\frac{\bar{d} - 0}{s_d / \sqrt{n}} = \frac{-6.066 - 0}{6.94/\sqrt{12}} = -3.028$$

이다. 자유도 11의 t-분포를 기초로 하는 이 검정의 P-값은 $0.0115/2 = 0.00575$이고, 이 값은 매우 작은 값이므로 귀무가설 H_0를 기각한다. 따라서 식이요법은 체중감소에 효과적이라 할 수 있다.

참고 12.39

참고 12.38에 의하면, μ_D의 95%신뢰구간은

$$-6.066 - t_{0.0975}(11) \cdot \frac{6.94}{\sqrt{12}} < \mu_D < 6.066 + t_{0.0975}(11) \cdot \frac{6.94}{\sqrt{12}}$$

즉

$$-12.1319 < \mu_D < -1.6564$$

이다.

참고 12.40 SAS를 이용한 계산

대응비교, 즉 대응 t-검정에 대한 P-값 계산은 부록의 [SAS 프로그램 23], [SAS 프로그램 25] 등을 응용할 수 있다.

인물소개 네이만

이론통계학의 창시자로 일컫는 네이만(Jerzy Neyman, 1894~1981)은 폴란드계 부모 밑에서 러시아 벤데리(Bebdery)에서 태어났다. 젊은 시절에는 우크라이나의 하리코프(Kharkov)대학에서 수학과 물리학을 공부했고, 특히 수학의 확률론과 적분론에 대한 관심이 많아 르베그 적분(Lebesgue Integral)에 대한 연구로 상을 받기도 하였다.

1921년에는 러시아에서 고국 폴란드로 이주하여 비드고슈치(Bydgoszcz)에 있는 '국립농업연구

소'에서 통계학자로 일하면서, 농업실험에 대한 '완전확률화배열계획'의 '확률화'에 대한 확률모형에 대한 논문을 발표하기도 하였다. 1922년에는 바르샤바에 있는 '주립기상대(State Meteorological Institute)'에서 일하기도 하였고, 1924년에는 농업연구소에서 한 농업실험을 바탕으로 바르샤바대학에서 박사학위를 받았다.

네이만

1925년에는 영국 런던의 유니버시티 칼리지(University College)로 유학하였고, 그곳에서 당대 최고의 학자인 칼 피어슨(Karl Pearson)을 만날 기회를 얻었다. 이 시절 네이만은 칼 피어슨의 문하생인 고셋(Gosset: Student), 에곤 피어슨(Egon S. Pearson, 1895~ : Karl Pearson의 아들) 등과 친교하며 논문을 발표하게 되었다.

네이만과 에곤 피어슨은 10여년(1928~1938)의 공동연구를 통하여 그동안 칼 피어슨, 피셔, 고셋에 의해 부분적으로 제안되었던 가설검정에 대한 여러 주요 개념들을 정립하여 새로운 논리적 기초를 이루었다. 1928년에는 잠시 바르샤바대학에서 교수로 일하기도 했다.

1936년과 1938년에 이르러 이 두 사람은 검정이론을 완성하여 발표하였으며 이것이 오늘날의 '네이만-피어슨의 검정론'의 기초이다. 이 검정론은 통계적 가설을 귀무가설과 대립가설로 설정하고, 가설의 진위를 판정할 때 여기서 초래될 수 있는 검정의 오류를 진인 귀무가설이 기각되는 제1종의 오류와 거짓인 귀무가설을 채택되는 제2종 오류로 분류하고, 검정을 대립가설이 진일 때 귀무가설을 기각할 확률, 즉 검정력을 통하여 이 두 종류의 오류를 결부시켜 가설의 진위를 판정하는 이론으로 설명하였다.

1933년 당시 칼 피어슨의 은퇴와 동시에 그가 주재하였던 응용통계학 교실은 우생학 교실과 통계학 교실로 분리되었는데, 우생학 교실은 피셔가 통계학 교실은 에곤 피어슨이 주임을 맡았고, 이때 네이만은 에곤 피어슨이 주임으로 있는 통계학 교실에서 1934년부터 연구와 강의를 하였다. 그는 또 1934~1938년에는 런던 유니버시티 칼리지의 교수를 역임하였다.

네이만은 그 후 미국으로 이주하여 1938년에 캘리포니아 버클리대학의 수학과 교수가 되었고, 1955년에는 그의 노력으로 통계학과가 신설되어 학과장으로 일하였다. 1960년에 퇴임한 후에도 그곳의 통계연구소장으로 계속 활동하였고, 그가 가르친 많은 통계학자, 확률론자들과 함께 세계 최고의 수리통계학파를 이끌다가 1981년에 생을 마쳤다.

EXERCISES 연 습 문 제

01. 어느 스포츠용 낚싯줄을 생산하는 공장에서는 그 생산품의 강도가 평균 20kg, 표준편차가 0.5kg인 것으로 알고 있다. 이 사실을 확인하기 위하여 확률표본 50줄을 이용하여 실험한 결과 그 평균이 22.5kg이었다. 유의수준 0.01에서 모평균의 가설 $\mu = 25$의 유의성을 검정하시오.

02. 어떤 지방의 연강수량은 과거 자료로 보아 평균이 30밀리미터인 정규분포를 따른다고 한다. 근래의 기후변화에 따라 강수량에도 변화가 있을 것으로 판단하고, 강수량에 대한 가설

$$\text{“}H_0 : \mu = 30 \quad \text{vs.} \quad H_1 : \mu \neq 30\text{”}$$

을 검정하고자 한다. 기후변화에 의한 강수량의 변화는 강수량의 분산에도 영향이 있을 수 있다고 판단된다. 과거 10년간의 연강수량의 값

32.2, 31.1, 30.9, 35.8, 33.7, 35.0, 33.2, 32.0, 34.0, 36.0

을 기초로 하여, 유의수준 0.05에서 위 가설을 검정하시오.

03. 한 정규모집단 $N(\mu_1, \sigma_0^2)$, $\sigma_0^2 = 5^2$에서 크기 $n = 25$의 확률표본으로부터 평균 80을 얻었다. 또 다른 정규모집단 $N(\mu_2, \sigma_0^2)$, $\sigma_0^2 = 4^2$에서 크기 $n = 36$의 확률표본을 꺼내 평균 75를 얻었다. 유의수준 0.04에서 가설 $H_0 : \mu_1 = \mu_2$을 검정하시오.

04. 두 종류의 연마제의 효과를 비교하기 위하여 연마제 A, B에 각각 14개, 12개를 임의로 추출하여 성능을 실험하였다. 연마제 A에서 평균이 85(단위), 표준편차가 4(단위)를, 연마제 B에서는 평균이 82(단위), 표준편차가 5(단위)의 결과를 얻었다. 두 연마제의 효과의 차가 단위 3을 넘을 수 있는지를 유의수준 0.05를 이용하여 검정하시오. 이때, 두 모집단은 모두 근사적으로 정규분포를 따르고 두 분산은 같다고 가정한다.

05. 흡연자와 비흡연자 사이의 혈중 일산화탄소 헤모글로빈(carboxyhemoglobin)의 수준을 비교하려고 한다. 임상실험을 통하여 다음 자료를 얻었다.

구 분	표본크기 A	일산화탄소헤모글로빈(%)
흡 연	100	$\bar{x} = 4.1$, $s^2 = 4.0$
비흡연	200	$\bar{x} = 1.3$, $s^2 = 1.4$

유의수준 0.01에서 두 집단의 혈중 일산화탄소헤모글로빈의 유의적인 차를 확인하시오.

06. 한 예방주사의 효과는 70%이라고 한다. 새 예방주사를 개발하여 효과를 높이고자 한다. 새 예방주사에서 성인 100명을 대상으로 70명의 효과를 보았다. 새 주사약이 기존의 것보다 우수하다고 할 수 있는지를 유의수준 0.05로 검정하시오.

07. 한 생산 공장에서 생산품의 수명을 연장하는 조치를 취하고 결과를 확인하고자 한다. 새 공정에 의한 수명을 $X \sim N(\theta,\ 10^2)$라 하고, 가설 "$H_0 : \theta \le 100$ vs. $H_1 : \theta > 100$"을 검정한다. 이 검정에서 두 가지 오류의 크기가 다음과 같다.

$$\alpha = P[H_0\text{를 기각}\,|\,\theta = 100] = 0.01, \quad \beta = P[H_0\text{를 채택}\,|\,\theta = 105] = 0.05,$$

다시 말하면, 새 공정이 수명 연장에 기여를 하지 못했을 때 H_0이 기각되어 기여를 한 것으로 결정될 확률 α가 0.01, 또 새 공정에 의해 평균수명이 5% 증가되어 105가 되었는데 수명이 100보다 작다는 주장이 기각될 확률이 0.95, 이 두 조건을 동시에 만족하는 표본의 크기 n을 구하시오.

08. 조립된 제품의 소비자들은 월요일에 조립된 제품이 다른 요일에 조립된 것보다 불량률이 높다고 믿고 있다고 한다. 이 사실을 확인하기 위하여, 월요일에 조립된 제품 100개를 임의로 추출하여 조사하니 7개의 불량품이 포함되었다. 반면에 다른 요일에 조립된 제품 300 중에는 17개의 불량품이 관찰되었다. 이 문제를 위한 가설을 세우고, P-값을 통하여 결과를 논하시오.

09. 두 모비의 차 $p_1 - p_2$는 기본적으로 각 모집단으로부터 추출된 서로 독립인 확률표본을 기초로 추정된다. 각 표본의 크기를 모두 n으로 하여 차 $p_1 - p_2$를 신뢰구간으로 추정할 때 차가 미리 정한 값 d를 넘지 않고 또 신뢰도가 $100(1-\alpha)\%$가 되기 위한 표본의 크기는 근사적으로

$$n = z_{1-\alpha/2} \cdot \frac{\hat{p}_1(1-\hat{p}_1) + \hat{p}_2(1-\hat{p}_2)}{d^2}$$

임을 증명하시오. 또 p_1과 p_2의 추정값이 사용될 수 없을 때는 근사적으로

$$n = z_{1-\frac{\alpha}{2}} \cdot \frac{1}{2d^2}$$

임을 증명하시오.

10. 어떤 제품을 조립하는 데 걸리는 시간은 고용인의 성별에 따라 차이가 있을 수 있다고 판단된다. 경험에 의하면 조립시간의 분포는 남녀 어느 경우나 근사적 정규분포를 따르나, 분산의 크기는 남성의 경우가 여성의 경우보다 더 크다고 한다. 남성 22명 여성 28명의 확률표본에서 얻은 표본분산은 각각 $s_1^2 = 6.9$, $s_2^2 = 6.0$일 때, 가설

$$\text{“}H_0 : \sigma_1^2 = \sigma_2^2 \text{ vs. } H_1 : \sigma_1^2 > \sigma_2^2\text{”}$$

을 유의수준 0.05로 검정하시오.

11. $X \sim N(\mu, \sigma^2)$이고, 모수 μ와 σ^2가 모두 미지라 하자. X에서 추출된 크기 25의 확률표본에서 $\sum_{i=1}^{n}(x_i - \overline{x})^2 = 25$일 때, 가설

$$\text{“}H_0 : \sigma^2 = 2^2 \quad \text{vs.} \quad H_1 : \sigma^2 \neq 2^2\text{”}$$

의 검정을 수행하시오.

12. 두 정규분포 $N(\mu_1, \sigma_1^2)$, $N(\mu_2, \sigma_2^2)$에서 크기가 10, 20이고 서로 독립인 확률표본을 관찰하여, $s_1^2 = 4$, $s_2^2 = 3$를 얻었다. 유의수준 $\alpha = 0.01$에서 가설 “$H_0 : \sigma_1^2 = \sigma_2^2 \quad \text{vs.} \quad H_1 : \sigma_1^2 \neq \sigma_2^2$”을 검정하시오. 또 $\sigma_1^2 = 4$, $\sigma_2^2 = 9$일 때 이 검정의 검정력을 구하시오.

13. 문제 4에서 두 종류의 연마제의 효과를 비교할 때, 두 모분산이 같다는 가정을 하였다. 이 가정의 타당성에 대한 검정을 유의수준 0.10를 가지고 실시하시오.

14. 어떤 특정한 화학성분이 혈액의 응고에 효과가 있는지 없는지를 확인하려고 한다. 실험에서 일정량의 사용 전과 사용 후의 응고시간에 대한 조사결과가 다음과 같이 주어졌을 때, 이 성분이 혈액의 응고시간에 영향을 주고 있는지를 유의수준 0.01과 0.05를 이용하여 검정하시오.

번 호	사용 전	사용 후	사용 후-사용 전
1	11.0	11.4	0.40
2	12.1	12.5	0.40
3	12.5	12.6	0.10
4	11.2	10.8	−0.40
5	11.7	11.4	−0.30
6	11.6	11.6	0.00
7	11.0	11.1	0.10
8	11.3	11.5	0.20
9	12.4	12.2	−0.20
10	12.0	12.4	0.40
11	13.0	12.0	−1.00
12	13.0	13.1	0.10

15. 두 컴퓨터 알고리즘 A, B의 성능을 비교하기 위하여 같은 컴퓨터에 내장된 두 알고리즘을 통하여 15가지 계산문제를 수행하고 그 소요시간(초)을 관측하였다. 다음 결과표를 기초로 두 알고리즘의 성능에 차이가 있는 지를 유의수준 0.01과 0.05를 이용하여 검정하시오.

문 제	알고리즘 A	알고리즘 B	$A-B$
1	2.8	2.4	−0.4
2	4.1	3.5	0.6
3	3.7	3.3	0.4
4	3.0	3.1	−0.1
5	2.8	2.7	0.1
6	3.5	4.3	−0.8
7	2.0	2.4	−0.4
8	2.7	2.4	0.3
9	2.2	2.2	0.0
10	1.9	1.4	0.5
11	1.7	1.6	0.1
12	6.8	5.9	0.9
13	1.8	1.6	0.2
14	3.8	3.8	0.0
15	5.1	4.8	0.3

16. A, B 두 식품이 혈중 콜레스테롤(cholesterol)의 수준에 차이를 가져올 수 있는지를 확인하려는 실험을 하였다. 먼저 성인 여자 10명을 임의로 선발하여 식품 A의 음식을 일정기간 섭취토록 하고 저밀도 지방단백질(lipprotein)을 측정하였다. 또 이 사람들을 식품 B의 음식으로 바꾸도록 하고 일정기간 후에 다음 자료를 얻었다.

대상	식품 A	식품 B
1	7.32	6.77
2	5.64	5.68
3	5.13	4.98
4	6.22	5.51
5	5.36	4.88
6	5.52	5.38
7	6.25	6.27
8	4.95	4.73
9	3.45	2.74
10	5.14	5.16

두 식품에 의하여 혈중 콜레스테롤의 수준에 차이를 보일 수 있는지를 유의수준 0.05에서 검정하시오.

제 13 장 회귀분석의 기본개념

자연이나 사회현상을 파악하는 데는 그 현상과 관련되는 변수 사이에 존재하는 종속상태를 파악하거나 그 종속상태를 설명하는 수학적 모형을 도출하는 것이 효과적일 때가 많다. 그것은 그 모형이나 종속상태로부터 그 현상의 구조적 특성이 쉽게 파악되어 그 현상을 지배하는 법칙을 설명하는 데 효과적이기 때문이다. 회귀분석이란 어떤 현상을 지배하는 변수 사이의 종속관계를 설명하고 또 그 종속관계를 기술하는 수학적 모형을 유도하는 통계기법이라 할 수 있다.

이 장에서는 변수 사이의 종속관계를 설명하는 선형의 회귀모형과 또 이와 관련된 추론 방법의 주요 개념들을 논한다. 특히 선형에 대한 회귀모형의 의미 그리고 모형 적합의 방법을 생각한다.

13.1 | 통계적 모형: 회귀 모형

실험이나 관찰 등을 통하여 얻은 자료를 요약하고 이것을 적절한 방법으로 기술하고자 할 때 어떤 수식이나 방정식을 이용하는 것이 편리하다. 이 경우 회귀모형은 이 방정식을 개발하는 데 도움이 된다. 예컨대, 농작물에 투여된 '비료의 양'과 이에 상응하는 '농작물의 수확량'과의 관련성을 설명할 때, 두 변량 사이의 함수적 표현은 이러한 자료를 요약하는 데 표나 그래프보다도 편리할 수 있다. 두 변수 x, y를 각각 '비료의 양'과 이에 대응되는 '농작물의 수확량'이라 하면, 이 두 변수의 관련 방정식은

$$y = f(x,\ \theta) \tag{13.1}$$

(θ은 상수)로 표시할 수 있다. 그러나 실제 실험의 자료점들은 모두 이 곡선 위에 정확하게 놓이지 않는다. 이러한 사실은 결국 이 자료점들은 이 방정식에 의하여 정확히 설명되지 않음을 의미하며, 그것은 y가 우리가 알지 못하는 다른 요인들에 의하여 영향을 받고 또 x가 그중 하나임을 뜻한다. 관측오차(measurement error)도 이런 요인 중 하나일 수 있다. 따라서 방정식 (13.1)은 두 변수의 함수관계를 완전히 설명하는 식이 아니고, 다만 두 변수 사이 관계를 적절히 설명해 주는 하나의 근사식이라 할 수 있다.

이러한 관점에서, y의 관찰값과 함숫값 $f(x, \theta)$과 사이의 차, 즉 오차(error; disturbance)를 설명하는 새로운 변수 ϵ을 도입하게 된다. 결국 ϵ은 방정식 (13.1)이 자료를 완전히 적합 시키지 못하기 때문에 도입된 변수로, 측정오차는 물론 y에 영향을 주는 다른 모든 변수의 효과를 포괄적으로 설명하는 변수라 할 수 있다. 더욱이, ϵ은 y에 영향을 주는 x을 제외한 다른 모든 변수의 값을 총체적으로 나타내는 변수로, 크기가 한 값으로 정해지지 않을 뿐 아니라 미리 예측할 수도 없기 때문에 ϵ은 상수가 아닌 확률변수로 주어지는 것이 더 적당하다. 확률변수 ϵ을 모형의 확률오차(random error) 또는 통계적 오차(statistical error)라 한다.

따라서 y의 관찰값은 주어진 x의 값에서의 함숫값 $f(x, \theta)$과 확률오차 ϵ의 합으로 표시되어 여기서 얻은 새 모형은, y를 확률변수 Y로 바꾸어

$$Y = f(x, \theta) + \epsilon \tag{13.2}$$

로 표시한다. 방정식 (13.2)를 통계적 모형(statistical model)이라 한다. 더욱이, 확률변수 ϵ의 평균을 0으로 가정하면 (13.2)은

$$E[Y \mid x] = f(x, \theta) \tag{13.3}$$

을 만족한다. $E[Y|x]$은 입력값 x에서의 반응값들의 평균을 의미한다. (13.3)을 특히 회귀방정식(regression equation) 그리고 (13.3)을 만족하는 모형 (13.2)를 회귀모형(regression model)이라 한다. 그리고 x를 이 모형의 독립변수, y를 종속변수 그리고 θ를 모형의 회귀계수(regression coefficient)라 하고, 또 함수 $f(x, \theta)$를 이 모형의 반응함수(response function)라 한다.

참고 13.1

모형 (13.2)에서 x을 예측인자변수(predictor variable) 또는 회귀인자변수(regressor variable)나 설명변수(explanatory variable)라고도 한다. 또 y 또는 Y를 반응변수(response variable)라고도 한다. 그것은 이것들을 확률변수 X, Y의 확률적 독립과 종속의 개념들과 혼동하지 않기 위해서이다.

모형 (13.2)에서, 반응함수 $f(x, \theta)$이 특히 (x이 아닌) 모수 β_0, β_1의 선형함수(일차함수), 즉

$$Y = \beta_0 + \beta_1 x + \epsilon, \tag{13.4}$$

또는 더 일반적으로 Y가 p개의 독립변수 $x_1, \cdots, x_p$을 포함하여, $(p+1)$개의 모수 $\beta_0, \cdots, \beta_p$의 선형함수

$$Y = \beta_0 + \beta_1 x_1 + \cdots + \beta_p x_p + \epsilon \tag{13.5}$$

로 표시될 때, 이 모형을 선형모형(linear model)이라 한다. 특히, (13.4)를 단순선형모형(simple linear model) 그리고 (13.5)를 다중선형모형(multiple linear model)이라 한다. 또 반응함수 $f(x, \theta)$이 θ의 선형함수가 아닌, 예컨대 $\theta = (\beta_0, \beta_1)$으로 주어져 $Y = \beta_0 e^{-\beta_1 x} + \epsilon$ 등으로 표시되면 이

모형을 비선형모형(nonlinear model)이라 한다.

보기 13.1

다음 자료(표 13.1)는 어떤 회사에서 판매원의 입사 시 적성검사의 점수(X)와 입사 후 판매실적(Y)을 나타낸 것이다.

〈표 13.1〉 적성검사의 자료

적성점수	15	17	18	24	26	26	28	34	35	36
판매실적	51	52	59	53	53	60	54	61	65	70
적성점수	40	42	44	48	50	52	54	55	55	60
판매실적	63	70	75	76	78	69	74	71	76	81

점수에 대한 실적의 산점도(scatter diagram)인 그림 13.1에서와 같이, 두 변수는 선형의 종속관계가 존해하는 것으로 판단되고 자료에는 확률오차가 포함되어 있음이 관찰된다. 이 오차는 측정오차는 물론 판매실적에 영향을 주는 다른 모든 변수의 효과를 포괄적으로 설명한다고 할 수 있다.

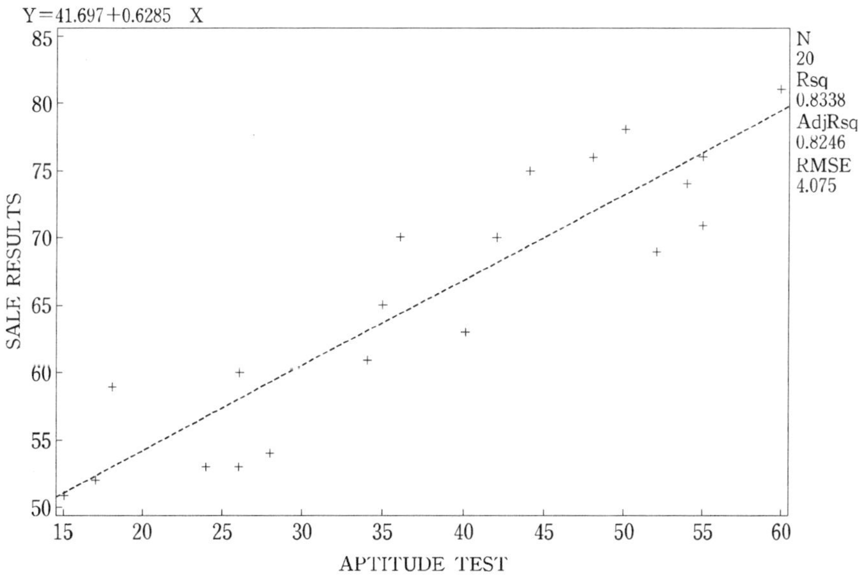

〈그림 13.1〉 적성검사점수와 판매실적

참고 13.2 수학적 관계와 통계적 관계

두 변량이나 변수(또는 확률변수) 사이의 종속관계는 수학적 관계와 통계적 관계로 구분하는 것이 편리할 때가 있다. 두 변수를 X, Y이 할 때, 먼저 X의 한 값 x에 대하여 대응하는 Y의 값 y이 하나만 존재하면 이 두 변수 사이에는 수학적 관계(mathematical relationship)를 갖는다고 말한다. 이에 반하여, $X=x$의 한 값에 대하여 이에 대응하는 $Y=y$의 값이 여러 개 존재하여 결국 여기에 Y의 어떤 확률분포(F_Y)가 존재하면, 변수 X과 Y 사이에는 통계적 관계(statistical relationship)가 존재한다고 한다. 예컨대, 농장물에 투여되는 비료의 양 X과 이에 대응되는 농작물의 수확량 Y, 또 사람의 키 X과 몸무게 Y 사이에는 통계적 관계가 존재한다고 할 수 있다. 이때 x과 $E[Y \mid X=x]$ 사이에는 수학적 관계가 주어진다. 한편, 방정식 (13.1)을 만족하는 x, y 사이에는 수학적 관계로 그리고 방정식 (13.2)을 만족하는 x, y 사이에는 통계적 관계로 설명할 수 있다.

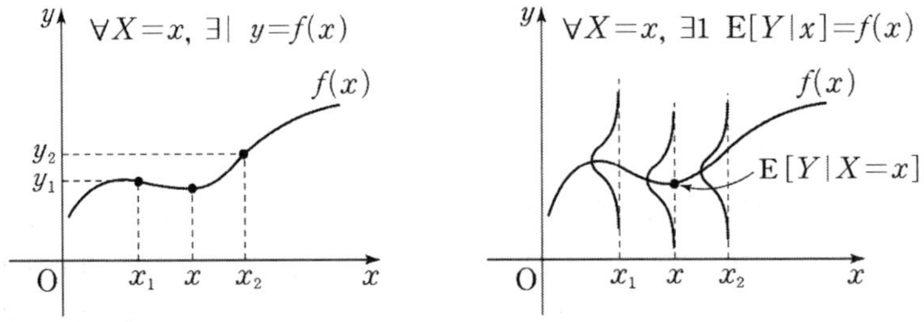

〈그림 13.2〉

참고 13.3

선형모형 중에는 y이 독립변수인 x_i들의 비선형함수로 표시되는 경우도 나타난다. 대표적으로, y이 x의 다항식으로 주어지는

$$Y=\beta_0+\beta_1 x+\beta_2 x^2+\cdots+\beta_p x^p+\epsilon \tag{13.6}$$

을 다항식선형모형(polynomial linear model)이라 한다.

13.2 | 모형적합: 최소제곱원리, 최소절대편차원리

선형이나 비선형의 회귀모형과 그 분석방법인 회귀분석은 둘 또는 그 이상의 변수들 사이에 존재하는 종속관계를 기술하고 또 그것을 모형화하는 통계기법을 말한다.

먼저 선형과 비선형을 포함한 다음의 일반적인 (표본)회귀모형을 생각하자.

$$Y_i=f(\mathbf{x}_i,\ \theta)+\epsilon_i, \quad i=1,\ \cdots,\ n \tag{13.7}$$

여기서 $\mathbf{x}_i$는 독립변수 $\mathbf{x} \in R^m$의 i-번째 관찰원소로 고정된 상수벡터이고, ϵ_i은 독립이고 같은 분포를 따르는 확률변수열로 $E[\epsilon_i]=0$, $Var[\epsilon_i]=\sigma^2<\infty$이다. 또 $\theta\in\Theta\subset R^p$이고 회귀함수 f의 함수적 형태는 알려진 것으로 가정한다.

회귀분석의 내용은 크게 두 가지로 나눌 수 있다. 하나는 표본을 기초로 하여 모형에 포함된 미지 모수 θ를 결정하는 일이다. 이것을 자료의 모형적합(model fitting) 또는 곡선적합(curve fitting)이라 한다. 그리고 다른 하나는 적합된 모형의 타당성을 확인하고 적합의 질적 평가를 내리는 일이다. 이것은 적합검진(diagnostic checking)이라 한다.

모형 또는 곡선적합의 방법으로 최소제곱법(least squares method)이나 최소절대편차법(least absolute deviation method)이 많이 사용된다.

주어진 표본 $(\mathbf{x}_1, Y_1)$, $\cdots$, $(\mathbf{x}_n, Y_n)$를 기초로 하여, 회귀함수 $f(\mathbf{x}, \theta)$의 미지 모수 θ를 추정할 때 표본점 모두가 곡선 $y=f(\mathbf{x}, \theta)$ 위에 놓이도록, 다시 말하여 모든 i에 대하여 $\epsilon_i=0$이 되도록 하는 것이 가장 이상적이다. 그러나 Y_i가 확률변수의 관측값인 이상 이것은 실제로 가능하지 않다. 그것은 앞서 설명한 바와 같이 한 x값에 대하여 서로 다른 여러 개의 Y값이 대응될 수 있기 때문이다. 주어진 함수 f에 대하여 표본점들을 근사적으로 맞추어 줄 수 있는 모수를 결정하는 방법으로, 곡선 위의 값 $f(\mathbf{x}_i, \theta)$에 대한 관측값 Y_i의 편차 $\epsilon_i=Y_i-f(\mathbf{x}_i, \theta)$를 적절한 방법으로 최소화하는 것이다.

이러한 목적으로 사용되는 방법이 최소제곱법과 최소절대편차법이고 이 원리들의 정의는 다음과 같다.

정의 13.4 최소제곱원리

비선형회귀모형 (13.7)에서 $Q_n(\theta)$를

$$Q_n(\theta)=\sum_{i=1}^{n}(Y_i-f(\mathbf{x}_i, \theta))^2$$

라 할 때, $Q_n(\hat{\theta}_n)=\underset{\theta\in\Theta}{\infty}\, Q_n(\theta)$를 만족하는 ($\mathcal{B}$-가측)함수 $\hat{\theta}_n : R^n\rightarrow\Theta$를 (표본값 $(\mathbf{x}_i, Y_i)_{i=1}^n$을 기초로 하는) θ의 최소제곱추정량(least squares estimator: LSE)이라 한다.

정의 13.5 최소절대편차원리

비선형회귀모형 (13.7)에서 $D_n(\theta)$를

$$D_n\theta)=\sum_{i=1}^{n}|Y_i-f(\mathbf{x}_i, \theta)|$$

라 할 때, $D_n(\tilde{\theta}_n)=\underset{\theta\in\Theta}{\infty}\, D_n(\theta)$을 만족하는 가측함수 $\tilde{\theta}_n$을 θ의 최소절대편차추정량(least absolute deviation estimator: LAD)이라 한다.

참고 13.6

최소제곱방법은 1805년에 처음으로 **르장드르**(Legendre)에 의하여 대수적 절차의 방법으로 제안되었다. 그러나 이 방법은 그 후 1809년에 통계적 절차로 사용됨이 더 타당하다는 사실이 **가우스**(Gauss)에 의하여 입증되었고 이 방법은 당시 천문관측자료나 측지(geodetic)자료의 분석에 제한적으로 사용되었다. 한편, 최소절대편차방법의 사용은 매우 제한적이었다. $D_n(\theta)$를 최소화하는데 절대기호가 수학적인 어려움이었기 때문이다. 그러나 이 문제는 수치해석의 발전으로 해결되었고, 특히 회귀모형의 오차항인 ϵ_i의 분포(즉 Y_i의 분포)가 t-분포, 코시분포 등과 같이 정규분포보다 꼬리가 두꺼운 경우에는 최소절대편차방법이 가장 효과적이라는 사실도 알려졌다.

인물소개 **피셔**

피셔

피셔(Ronald A. Fisher, 1890~1962)는 영국이 나은 통계학자이며 우생학자로 수리통계학의 창시자로 일컫는다. 그의 수학에 대한 재능은 어릴 때부터 나타났으나 심한 근시로 수학적인 문제는 전적으로 머릿속에서 상상으로만 풀게 되었다. 이러한 감각은 후에 소표본의 표본분포를 유도하는 데 큰 역할을 하기도 하였다.

피셔는 칼 피어슨(Karl Pearson, 1857~1936), 고셋(Gosset, 1876~1937)으로부터 학문적인 영향을 받고, 농학, 생물학, 유전학 등의 연구에 통계적 방법의 적용을 강조하였다. 실제 그는 케임브리지 대학에서 재학 중 당시 우생학자이며 통계학이던 칼 피어슨의 저서《진화론에 대한 수학적 기여》를 읽고 진화론과 유전학에 관심을 갖게 되었다. 22세인 1912년에는 빈도곡선의 접합에 관한 연구결과를 내었고, 이어서 칼 피어슨이 고민하던 상관계수의 정확한 분포를 유도하기도 하였다.

1918년에는 혈통에 존재하는 유전적 상관계수 등을 발표하여 명성을 얻었고, 이를 계기로 당시 존 러셀이 운영하던 '로담스테드 실험연구소'에서 통계전문가로 일하면서, '통계적 실험계획'과 '분산분석'에 대한 이론을 확립하게 되었다. 이어서 1922년에는 추정에 있어서 추정량의 일치성, 효율성, 충분성의 개념을 확립하였고, 특히 최우추정법으로 구한 최우추정량이 충분성을 가지면 이것은 효율통계량이 된다는 사실을 알아내 수리통계학의 기초를 세웠다. 그동안의 공을 인정받아 1929년에 영국 왕립학회의 펠로우로 추대되었다. 1930년에는《자연도태의 유전이론》이라는 저서에서 문명사회에서 열생학(劣生學)적 효과로 인한 인간능력의 도태에 대한 이론을 제시하기도 하였다. 이러한 연구업적에 힘입어 칼 피어슨의 뒤를 이어 런던 유니버시티 칼리지의 골든 교수가 되었다. 당시 칼 피어슨의 아들인 이곤 피어슨(Egon S. Pearson)이 관장하고 있던 이 대학의 통계분야를 일부 분리하여 응용통계학과를 새로 발족시키기도 하였다. 1943년에는 다시 케임브리지 대학 유전학과 교수로 부임해 은퇴할 때까지 이곳에서 연구하였다.

피셔의 가장 큰 업적은 비교실험의 연구로 확률화이론(randomization theory), 분산분석법(analysis of variance), 요인실험(factorial experiment)으로 특징지을 수 있다. 그 기본원리는 확률화, 블록화, 반복으로 규정할 수 있다. 실험계획과 그 분석에서 적용되는 확률화의 원리는 1925년에 고안했고 당시 피셔는 요인실험의 효율성을 구체적으로 밝혀냈다. 특히, 요인실험에서 처리의 수가 늘어나면 전체 실험의 수가 크게 늘어나는 문제를 교락(confounding)의 개념으로 해결했다. 또 피셔는 공분산분석을 개발하여 회귀분석과 분산분석의 장점을 두루 갖추어 실험의 정확도를 높이는 방법을 개발하기도 했다.

EXERCISES 연습문제

01. 회귀모형의 기본가정들을 말하고 그 의미를 설명하시오.

02. 회귀모형에서 오차항의 의미를 설명하고 특히 정규오차항의 역할을 말하시오.

03. (모집단)회귀방정식의 의미를 설명하시오.

04. (표본)회귀방정식의 용도를 말하시오.

05. (표본)회귀방정식을 표본에서 나타내는 독립변수의 값의 범위를 넘어서는 추정이나 예측에 사용할 때 그 위험성을 설명하시오.

06. 회귀관계(또는 상관관계)에서 두 변수의 종속관계를 이 두 변수 사이의 원인과 결과의 관계로 해석하지 말아야 하는 이유를 설명하시오.

07. 선형회귀모형에서 오차항이 정규분포를 따를 때 최소제곱추정량은 최우추정량임을 설명하시오.

제 14 장 선형회귀분석

앞 장에서는 선형회귀모형을 포함하는 일반적인 통계적 모형에 관한 기본개념을 설명하였다. 여기서는 이 개념을 구체적으로 선형회귀모형에 대하여 생각한다.

14.1 | 단순선형회귀분석

회귀(regression)는 어떤 현상과 관련된 변수나 변량 사이에 존재하는 종속관계를 통하여 그중 한 변수를 다른 변수로 설명하는 것을 말한다. 자연현상이나 사회현상을 연구하는 학문의 모든 분야에서 한 변수와 다른 변수 사이의 관계를 규명하는 것은 매우 중요하다. 그것은 이러한 관계가 다른 변수로부터 어떤 한 변수의 값을 미리 예측할 수 있게 하여 미래를 효과적으로 계획할 수 있게 하고 또 경우에 따라서는 그 현상의 결과들을 효과적으로 조절할 수 있기 때문이다.

이러한 관점에서, 회귀분석(regression analysis)은 여러 변수 사이에 존재하는 종속관계를 파악하고, 그 관계를 바탕으로 그중 독립변수로 판단되는 변수의 관측값으로부터 종속변수라고 할 수 있는 다른 변수의 값을 예측하거나 추정하는 절차라 할 수 있다. 보건학자가 나이와 혈압과의 관계를 규명한다든지, 어떤 약물의 농도와 심장박동수와의 관계를 규명하고 이 관계를 바탕으로 이 약물로 심장박동을 조절한다든지, 또는 경제학자가 산업생산지표나 소비자물가지표 등으로부터 미래의 실업률이나 GNP를 예측하는 것은 이러한 일의 예라 할 수 있다.

단순선형회귀분석(simple linear regression analysis)에서는 특히 두 변수에만 관심을 갖는다. 두 변수를 X, Y라 하면 보통 X를 독립변수(independent variable) 또는 예측변수(predictor variable) 그리고 Y를 종속변수(dependent variable) 또는 반응변수(response variable)라 한다. X는 연구자의 조절하에 있고, 다시 말하여 X의 값은 연구자가 임의로 선정할 수 있고, 이에 반하여 Y의 값은 선정된 X의 각 값에서 관측된 값들을 나타낸다. 따라서 종속변수인 Y는 확률변수이고, 독립변수인 X는 (확률변수가 아닌) 수학변수이다. 결국 Y의 값에는 관측오차가 포함되지만, X의 값은 고정값으로 관측오차가 포함되지 않는다.

14.1.1 단순선형회귀모형

한 변수의 관측값으로부터 다른 변수의 값을 예측하려면 먼저 두 변수 사이의 관계가 파악되어야 한다. 이런 의미에서, 단순회귀분석에서는 먼저 단순선형회귀모형(simple linear regression model)을 도입하게 된다.

$x_1, \cdots, x_n$이 주어진 고정값이고, $y_1, \cdots, y_n$은 서로 종속되지 않았거나 독립인 확률변수 $Y_1, \cdots, Y_n$에서 하나씩 관측된 값이다. 먼저 고정값 x_i와 확률변수 Y_i 사이에서 선형관계

$$E[Y_i] = \beta_0 + \beta_1 x_i, \quad i = 1, \cdots, n \tag{14.1}$$

이 가정된다. 여기에 또

$$Var[Y_i] = \sigma^2 \quad i = 1, \cdots, n \tag{14.2}$$

이 가정된다. (14.1)과 (14.2)는 간단히 다음과 같이 표시된다.

$$Y_i = \beta_0 + \beta_1 x_i + \epsilon_i, \quad i = 1, \cdots, n \tag{14.3}$$

여기서 $\epsilon_1, \cdots, \epsilon_n$은 서로 독립이고

$$E[\epsilon_i] = 0, \quad Var[\epsilon_i] = \sigma^2 \tag{14.4}$$

인 (정규분포를 따르는) 확률변수로 가정한다. 이때 $\epsilon_1, \cdots, \epsilon_n$을 확률오차(random errors)라 한다. Y_i은 ϵ_i에 의존하지만 ϵ_i가 서로 독립이므로 Y_i들은 서로 독립이다. 또 (14.1)과 (14.2)는 (14.3)과 (14.4)에서 얻음을 알 수 있다.

단순선형회귀모형에서 요구되는 기본가정은 다음과 같이 요약된다.

(1) X의 각 값 x에 대하여 Y의 값들로 구성되는 한 확률분포가 대응된다. 이것을 x에 대응되는 Y의 부분모집단(subpopulation)이라 하고, 이 부분모집단은 정규분포를 따른다. 기호로 표시하여

$$\forall X = x, \ \exists Y (= Y_x) \sim N(\mu_{Y|x}, \sigma_x^2).$$

(2) 이 부분모집단의 분산은 모두 같다. 즉

$$\forall X = x, \ \sigma_x^2 = \sigma^2.$$

(3) Y의 부분모집단의 평균 $E[Y|X=x](=\mu_{Y|x})$은 모두 동일 직선 위에 존재한다. 즉,

$$E[Y|X=x](=\mu_{Y|x}) = \beta_0 + \beta_1 x.$$

이것은, $X=x$에서의 Y의 기댓값 $E[Y|X=x]$, 즉 $\mu_{Y|x}$은 y-축의 절편이 β_0이고 기울기가 β_1인 직선 위에 있음을 뜻한다.

(4) Y의 값은 확률적으로 서로 독립이다. 즉, X의 한 값에서 관측된 Y의 값은 X의 다른 값에서 관측된 Y의 값에 종속되지 않는다.

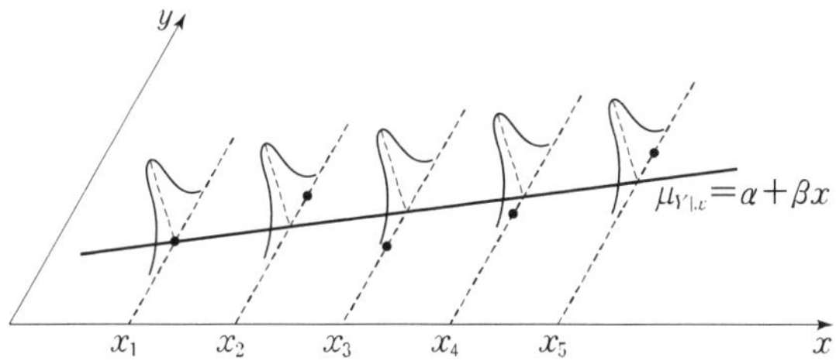

〈그림 14.1〉 선형모형

단순선형회귀모형은 결국 다음과 같이 정의된다.

정의 14.1 **단순선형회귀모형**

독립변수 X의 고정된 값 $x_1, \cdots, x_n$에서 관측된 종속변수 Y의 값 $Y_1, \cdots, Y_n$ 사이에 방정식

$$Y_i = \beta_0 + \beta_1 x_i + \epsilon_i, \quad i = 1, \cdots, n \tag{14.5}$$

이 만족되고, ϵ_i가 확률변수로

$$\epsilon_i \sim N(0, \sigma^2) \tag{14.6}$$

이며, 또 β_0와 β_1가 (각각 직선의 y-절편과 기울기를 나타내는) 두 상수이면, X와 Y는 단순선형관련을 갖는다고 말한다. 이때 (14.5)를 (표본)단순선형회귀모형(simple linear regression model)이라 한다.

참고 14.2

가정 (14.6)을 모형 (14.5)에 적용하면

$$E[Y_i] = \alpha + \beta x_i, \quad i = 1, \cdots, n \tag{14.7}$$

을 얻는다. 방정식 (14.7)의 실제 의미는 다음과 같다. 즉, 변수 x의 한 값 x_i에 대하여 확률변수 Y의 Y_i에 한 확률분포가 대응되어 그 평균이 $E[Y_i|x_i]$이고, x_i와 기댓값 $E[Y_i|x_i]$ 사이에는

$$E[Y_i|x_i] = \alpha + \beta x_i \tag{14.8}$$

의 직선관계가 존재한다.

참고 14.3

일반적으로, $E[Y|x](=\mu_{Y|x})$를 x로 표시한 함수를 모집단회귀함수(population regression function)라 한다. 따라서 방정식

$$E[Y|X=x](=\mu_{Y|x})=\beta_0+\beta_1 x$$

은 단순회귀의 모집단 선형회귀직선이다. 회귀분석의 목적의 하나는 표본 $\{(x_i, y_i)|i=1, 2, \cdots, n\}$으로부터 모집단회귀함수나 모집단회귀직선을 결정하는 것이다.

14.1.2 최소제곱추정량: 최소제곱직선

앞에서 설명한 바와 같이, 단순회귀모형 (14.5)에서 오차제곱합(error sum of squares)

$$Q(\beta_0, \beta_1)=\sum_{i=1}^{n}\epsilon_i^2=\sum_{i=1}^{n}(Y_i-\beta_0-\beta_1 x_i)^2$$

을 최소가 되도록 β_0와 β_1를 결정하는 방법을 최소제곱법(least squares method)이라 한다. 그리고 여기서 얻은 직선을 최소제곱직선(least squares line)이라 한다.

오차제곱합을 최소로 하는 β_0, β_1를 구하기 위하여 $Q(\beta_0, \beta_1)$를 β_0와 β_1으로 각각 편미분하여 그 값을 0으로 놓는다. 즉

$$\frac{\partial Q}{\partial \beta_0}=-2\sum_{i=1}^{n}(Y_i-\beta_0-\beta_1 x_i)$$

$$\frac{\partial Q}{\partial \beta_1}=-2\sum_{i=1}^{n}x_i(Y_i-\beta_0-\beta_1 x_i)$$

여기서 β_0, β_1를 b_0, b_1라 놓고 정리하면, 연립방정식

$$\begin{aligned}\sum_{i=1}^{n}Y_i&=nb_0+b_1\sum_{i=1}^{n}x_i\\ \sum_{i=1}^{n}x_iY_i&=b_0\sum_{i=1}^{n}x_i+b_1\sum_{i=1}^{n}x_i^2\end{aligned} \tag{14.9}$$

을 얻는다. 방정식 (14.9)를 수지방정식(normal equation)이라 하고, 이 식의 b_0를 b_1에 대하여 풀면

$$\begin{aligned}b_0&=\overline{Y}_n-b_1\overline{x}_n\\ b_1&=\frac{\sum_{i=1}^{n}(x_i-\overline{x}_n)(Y_i-\overline{Y}_n)}{\sum_{i=1}^{n}(x_i-\overline{x}_n)^2}\end{aligned} \tag{14.10}$$

을 얻는다. 이때 추정량 (b_0, b_1)을 (β_0, β_1)의 최소제곱추정량(least squares estimator)이라 한다.

참고 14.4

추정량 (14.10)의 성분표시식은 다음과 같다.

$$b_0 = \frac{\sum_{i=1}^{n} Y_i}{n} - b_1\left(\frac{\sum_{i=1}^{n} x_i}{n}\right)$$
$$b_1 = \frac{n\sum_{i=1}^{n} x_i Y_i - \left(\sum_{i=1}^{n} x_i\right)\left(\sum_{i=1}^{n} Y_i\right)}{n\sum_{i=1}^{n} x_i^2 - \left(\sum_{i=1}^{n} x_i\right)^2} \tag{14.11}$$

위에서 얻어지는 직선식

$$\hat{y} = \hat{\mu}_{Y|x} = b_0 + b_1 x$$

을 표본회귀직선(sample regression line) 또는 추정된 회귀직선(estimated regression line)이라 한다. 이것은

$$E[Y|x] = \beta_0 + \beta_1 x$$

의 불편추정량이 된다.

보기 14.1

보기 13.1에서 주어진 자료에 선형회귀모형 (14.5)을 적합하여 얻은 최소제곱직선(그림 13.1 참조)은 다음과 같다.

$$y = b_0 + b_1 x = 41.696 + 0.628x$$

이 결과는 부록의 [SAS 프로그램 27]을 통하여 얻은 회귀계수의 추정값(표 14.1)에서 얻어진다. 이 표에서 주어지는 다른 값들에 대한 논의는 다음 절에서 다룬다.

〈표 14.1〉 회귀모수의 추정과 검정

변 수	추정값	표준오차(S.E.)	t 통계량	P-값
절 편	41.696	2.669	15.62	<0.0001
기울기	0.628	0.066	9.50	<0.0001
$n=20$	R^2=0.8338	$\sqrt{MSE}=4.074$		

14.1.3 최소제곱추정량의 성질

직관적으로 말하여, **회귀란 동시에 변하는 두 변량에서 한 변량이 고정되었을 때, 다른 한 변량이 갖는 값들의 평균**을 뜻한다. 또 **회귀방정식은 고정된 한 변량의 값에 대한 다른 변량의 평균값 사이의 관계를 설명하는 방정식**을 말한다.

예컨대, 어떤 사람의 집단에서 각 사람에 대응되는 키와 몸무게를 각각 변량으로 생각할 때, 회귀

는 어떤 고정된 값의 키를 가진 사람들 전체의 몸무게의 평균을 의미한다. 또 회귀방정식은 고정시킨 키의 값에 따른 몸무게의 평균값 사이의 방정식을 말하고, 선형회귀방정식이란 키의 값에 따른 몸무게의 평균이 모두 이 직선 위에 있음을 의미한다.

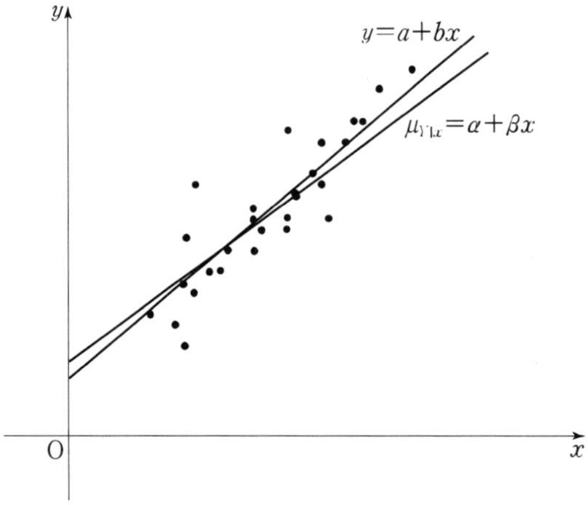

〈그림 14.2〉 자료의 점산도와 회귀직선

이것을 수식으로 표시하여, X, Y를 두 변량을 나타내는 변수라 하고, X에 대한 Y의 회귀가 선형으로 주어진 X의 값 x에 대한 Y의 분포는 평균이 $\beta_0+\beta_1 x$이고 분산이 σ^2인 정규분포이며, 또 각 Y는 서로 독립인 것으로 가정한다.

(X, Y)에 대한 관측 자료가 주어졌을 때, 최소제곱방법에 의하여 회귀계수, 즉 회귀직선의 절편과 기울기인 β_0, β_1의 추정값으로써 b_0, b_1이 주어진다. 추정값 b_0, b_1은 표본 집합에 따라 변하기 때문에 이 추정값은 B_0, B_1로 표시되는 확률변수들의 실현값이라 할 수 있다. 또 이 두 확률변수는 다음과 같이 표시할 수 있다.

$$B_0 = \overline{Y} - B_1 \overline{x}, \qquad B_1 = \frac{S_{xY}}{S_{xx}}$$

여기서 S_{xx}, S_{xY} 그리고 S_{YY}은 다음과 같이 정의한다.

$$S_{xx} = \sum_{i=1}^{n}(x_i - \overline{x})^2, \qquad S_{YY} = \sum_{i=1}^{n}(Y_i - \overline{Y})^2 \tag{14.12}$$

$$S_{xY} = \sum_{i=1}^{n}(x_i - \overline{x})(Y_i - \overline{Y})$$

먼저 두 추정량 B_0, B_1의 확률분포를 밝히고, 또 그 결과를 이용하여 회귀모수 β_0, β_1은 물론, $X=x$에서의 Y의 평균값, 즉 평균반응값(mean respond value) $\mu_{Y|x}$, 그리고 $X=x$에서의 Y의 실제값(actual value) Y_x 등의 신뢰구간과 가설검정 등을 논한다.

앞에서 설명한 바와 같이, 단순선형회귀모형은

$$Y_i = \beta_0 + \beta_1 x_i + \epsilon_i \tag{14.13}$$

으로 정의되었다. 여기서 오차항 ϵ_i은 평균이 0인 확률변수이다. B_0, B_1의 확률분포를 유도하는 데 ϵ_i에 관한 가정이 이용된다. ϵ_1, $\cdots$, ϵ_n은 평균이 0이고 분산이 σ^2인 정규분포에서 추출한 확률표본으로 가정되었다. 다시 말하여, ϵ_i은 서로 독립이고 평균이 0 분산이 σ^2인 동일한 정규확률변수, 즉

$$\epsilon_i \sim N(0,\ \sigma^2). \tag{14.14}$$

(14.13)에서와 같이, Y_i는 ϵ_i의 선형함수이므로 Y_i는 서로 독립이고, 또 평균이 $\beta_0 + \beta_1 x_i$이고 분산이 σ^2인 정규분포를 따르는 확률변수이다. 다시 말하여,

$$Y_i \sim N(\beta_0 + \beta_1 x_i,\ \sigma^2)$$

이다. 물론, σ^2은 모집단회귀직선에 대한 반응값의 변동정도를 나타내는 값이라 할 수 있다. 결국 Y_1, $\cdots$, Y_n의 평균값은 서로 다르지만 동일 직선상에 있고 같은 분산을 가짐을 의미한다.

(1) B_1의 확률분포

회귀직선의 기울기 β_1에 대한 신뢰구간과 가설검정을 구하기 위해서는 통계량 B_1의 확률분포가 필요하다. 다음 정리는 B_1의 확률분포를 설명한다.

정리 14.5 **B_1의 확률분포**

회귀모형 (14.13)과 이와 관련된 기본 가정하에서

$$B_1 \sim N\left(\beta_1,\ \frac{\sigma^2}{S_{xx}}\right)$$

이다. S_{xx}은 (14.12)에서 정의되었다.

증명 먼저 B_1은 다음과 같이 표시된다. 즉

$$B_1 = \frac{S_{xY}}{S_{xx}} = \frac{\sum_{i=1}^{n}(x_i - \overline{x})Y_i}{S_{xx}}.$$

또 $i = 1,\ \cdots,\ n$에 대하여

$$c_i = \frac{x_i - \overline{x}}{S_{xx}}$$

라 하면

$$B_1 = \sum_{i=1}^{n} c_i Y_i$$

로 표시된다. 이와 같이, B_1은 서로 독립인 정규확률변수들의 일차결합으로 표시되므로 B_1은 정규분포를

따른다. 또

$$E[B_1] = E\left[\sum_{i=1}^{n} c_i Y_i\right] = \frac{1}{S_{xx}}\sum_{i=1}^{n}(x_i - \bar{x})E[Y_i]$$

이다. 여기서 모든 i에 대하여 $E[Y_i] = \beta_0 + \beta_1 x_i$ 이므로

$$\begin{aligned} E[B_1] &= \frac{1}{S_{xx}}\sum_{i=1}^{n}(x_i - \bar{x})(\beta_0 + \beta_1 x_i) \\ &= \frac{1}{S_{xx}}\left[\sum_{i=1}^{n}(x_i - \bar{x})\beta_0 + \beta_1\sum_{i=1}^{n}(x_i - \bar{x})x_i\right] \end{aligned}$$

이고, 더욱이 이 식의 첫 항은 0이고 또 여기에 (14.12)를 이용하면

$$E[B_1] = \beta_1.$$

따라서 B_1은 β_1의 불편추정량이다. 다음은 $Var[B_1]$를 구한다.

$$\begin{aligned} Var[B_1] &= Var\left[\frac{1}{S_{xx}}\sum_{i=1}^{n}(x_i - \bar{x})\,Y_i\right] \\ &= \left(\frac{1}{S_{xx}}\right)^2 Var\left[\sum_{i=1}^{n}(x_i - \bar{x})\,Y_i\right] \\ &= \left(\frac{1}{S_{xx}}\right)^2 \sum_{i=1}^{n}(x_i - \bar{x})^2\,Var[Y_i] \end{aligned}$$

이다. 물론 여기서 Y_i들이 서로 독립임이 이용되었다. 모든 i에 대하여 $Var[Y_i] = \sigma^2$인 사실과 (14.12)를 이용하면

$$Var[B_1] = \frac{\sigma^2}{\sum_{i=1}^{n}(x_i - \bar{x})^2} = \frac{\sigma^2}{S_{xx}}$$

이다. □

(2) B_0의 확률분포

회귀직선의 y-절편인 β_0에 대한 신뢰구간과 가설검정을 위해서는 통계량 B_0의 확률분포가 요구된다.

정리 14.6 B_0의 확률분포

선형회귀모형 (14.13)과 이와 관련된 기본 가정하에서

$$B_0 \sim N\left(\beta_0, \frac{\sum_{i=1}^{n} x_i^2}{nS_{xx}}\sigma^2\right)$$

이다.

증명 $B_0 = \overline{Y} - B_1 \overline{x}$이고 여기서 $\overline{Y}$와 B_1은 서로 독립이다(14장 연습문제 1). 따라서 B_0가 서로 독립인 두 정규확률변수 $\overline{Y}$와 B_1의 선형함수로 표시되므로, B_0도 정규분포를 따른다. 먼저, B_0의 기댓값을 구하면

$$E[B_0] = E\left[\ \overline{Y} - B_1 \overline{x}\ \right] = \frac{1}{n}\sum_{i=1}^{n} E[Y_i] - \overline{x}\, E[B_1]$$

이고, 여기서 $Y_i = \beta_0 + \beta_1 x_i + \epsilon_i$, 그리고 $E[Y_i] = \beta_0 + \beta_1 x_i$ 임을 이용하면

$$\begin{aligned} E[B_0] &= \frac{1}{n}\left(n\beta_0 + \beta_1 \sum_{i=1}^{n} x_i\right) - \overline{x} E[B_1] \\ &= \beta_0 + \overline{x}\beta_1 - \overline{x}\beta_1 = \beta_0 \end{aligned}$$

이다. 이와 같이 B_0는 β_0의 불편추정량이다. 다음은 $Var[B_0]$를 구하자.

$$Var[B_0] = Var\left[\ \overline{Y} - B_1 \overline{x}\ \right] = Var[\ \overline{Y}\ ] + \overline{x}^2 Var[B_1]$$

이고, 여기에 $Var[\ \overline{Y}\ ] = \sigma^2/n$과 $Var[B_1] = \sigma^2/S_{xx}$ 임을 이용하면

$$Var[B_0] = \frac{\sigma^2}{n} + \frac{\sigma^2 \overline{x}^2}{S_{xx}}$$

이다. 우변을 통분하고 분자에 $S_{xx} = \sum_{i=1}^{n}(x_i - \overline{x})^2$을 대입하면, 위 식은

$$\frac{\sum (x_i - \overline{x})^2 + n\overline{x}^2}{nS_{xx}}\sigma^2 = \frac{\sum x_i^2}{nS_{xx}}\sigma^2$$

이다. 따라서

$$Var[B_0] = \frac{\sigma^2 \sum_{i=1}^{n} x_i^2}{nS_{xx}}$$

을 얻는다 □

(3) σ^2의 추정

선형회귀모형의 여러 모수들을 추정하는 데 σ^2의 추정이 요구된다. 앞에서 설명한 바와 같이, σ^2은 모집단회귀직선의 주위에 주어지는 반응값 Y_i의 변동을 나타낸다. 다시 말하여, $Y_1, \cdots, Y_n$의 평균값은 서로 다르지만 같은 직선상에 있고 그 퍼져있는 정도는 모두 같은 σ^2인 것이다. 이 분산을 추정하는 데는 주어진 자료에 대한 최소제곱직선에서 얻은 잔차의 분산을 이용한다. 즉

$$\hat{\sigma}^2 = S^2 = \frac{SSE}{n-2} = \frac{1}{n-2}\sum_{i=1}^{n}(Y_i - \widehat{Y}_i)^2 \tag{14.15}$$

여기서 $\widehat{Y}_i = B_0 + B_1 x_i$이다. 이때 S^2은 σ^2의 불편추정량이 된다(14장 연습문제 2).

14.1.4 선형회귀모형과 관련된 추론

앞에서는 단순선형회귀모형의 회귀모수에 관한 점추정을 생각하였다. 여기서는 최소제곱추정량의 확률분포를 이용하여 단순선형회귀모형의 회귀모수를 포함하여 반응변수의 평균반응값 및 실제값 등에 관한 구간추정과 가설검정 등을 논한다.

관련되는 추론의 문제를 요약하면 다음과 같다.

(1) 회귀직선의 기울기 β_1과 y-절편 β_0에 관한 신뢰구간과 가설검정

(2) $X = x_0$에서의 Y의 평균값, 즉 평균반응값(mean response)

$$E[Y|X = x_0] = \mu_{Y|x_0}$$

에 대한 신뢰구간과 가설검정

(3) $X = x_0$에서의 Y의 실제값(actual value) y_{x_0}에 대한 신뢰구간과 가설검정

(1) 기울기 β_1에 관한 추론

먼저 회귀직선의 기울기 β_1에 관한 구간추정을 생각하자. 정리 14.5의 결과

$$B_1 \sim N\left(\beta_1, \frac{\sigma^2}{S_{xx}}\right)$$

로부터

$$\frac{B_1 - \beta_1}{\sigma / \sqrt{S_{xx}}} \sim N(0, 1)$$

이 성립한다. 한편, (14.15)에서 정의된 S를 이용하면

$$\frac{(n-2)S^2}{\sigma^2} = \frac{SSE}{\sigma^2} \sim \chi^2(n-2)$$

이고, 또 B_1과 S^2는 독립이다(14장 연습문제 3). 따라서 추론에 필요한 확률변수와 그 확률분포는

$$T = \frac{(B-\beta_1)/(\sigma/\sqrt{S_{xx}})}{\sqrt{(n-2)S^2/\sigma^2(n-2)}} = \frac{B_1 - \beta_1}{S/\sqrt{S_{xx}}} \sim t(n-2) \qquad (14.16)$$

이다. 따라서 주어진 $\alpha(0 < \alpha < 1)$에 대하여 적당한 실수 $t_{1-\frac{\alpha}{2}}(n-2)$이 존재하여

$$P[|T| < t_{1-\frac{\alpha}{2}}(n-2)] = 1 - \alpha$$

을 만족한다. 결국 신뢰도 $100(1-\alpha)\%$인 β_1의 신뢰구간은

$$b_1 - t_{1-\frac{\alpha}{2}}(n-2)\frac{s}{\sqrt{s_{xx}}} < \beta_1 < b_1 + t_{1-\frac{\alpha}{2}}(n-2)\frac{s}{\sqrt{s_{xx}}} \qquad (14.17)$$

이다.

다음은 기울기 β_1에 관한 검정을 생각한다. 먼저, 가설

$$“H_0 : \beta_1 = \beta_{10} \text{ vs. } H_1 : \beta_1 > \beta_{10}”$$

의 검정을 생각하자. 여기서 β_{10}는 정해진 상수이다. 우선 귀무가설 H_0하에서

$$T^* = \frac{B_1 - \beta_{10}}{S/\sqrt{S_{xx}}} \sim t(n-2)$$

이고, 이에 반하여 H_1이 진이면 검정통계량 T^*는 귀무분포가 $\beta_1 - \beta_{10}$만큼 양의 방향으로 평행이동한 분포를 따른다. 따라서 만약 $T^* > t_{1-\frac{\alpha}{2}}(n-2)$이면, 이 검정은 유의수준 $1-\alpha$에서 H_0를 기각하게 된다.

같은 논리를 이용하면 두 가지 다른 형태의 가설에서도 비슷한 검정을 얻는다. 결과를 정리하면 다음과 같다.

정리 14.7 기울기 β_1에 관한 검정

회귀모형 (14.13)와 이와 관련된 기본 가정하에서, 기울기 β_1에 관한 세 가설

(1) $“H_0 : \beta_1 = \beta_{10} \text{ vs. } H_1 : \beta_1 > \beta_{10}”$

(2) $“H_0 : \beta_1 = \beta_{10} \text{ vs. } H_1 : \beta_1 < \beta_{10}”$

(3) $“H_0 : \beta_1 = \beta_{10} \text{ vs. } H_1 : \beta_1 \neq \beta_{10}”$

(β_{10}는 알려진 상수)에 대하여, 확률표본 $\mathbf{X} = (X_1, \cdots, X_n)$을 기초로 하는 유의수준(즉, 크기) α의 검정은 각각

$$T_{(1)} : \begin{cases} \text{만약 } t(\mathbf{x}) \geq t_{1-\alpha}(n-2) \text{이면, } H_0\text{를 기각,} \\ \text{만약 } t(\mathbf{x}) < t_{1-\alpha}(n-2) \text{이면, } H_0\text{를 채택} \end{cases}$$

$$T_{(2)} : \begin{cases} \text{만약 } t(\mathbf{x}) \leq \ t_{1-\alpha}(n-2) \text{이면, } H_0\text{를 기각,} \\ \text{만약 } t(\mathbf{x}) > -t_{1-\alpha}(n-2) \text{이면, } H_0\text{를 채택} \end{cases}$$

그리고

$$T_{(3)} : \begin{cases} \text{만약 } |t(\mathbf{x})| \geq t_{1-\frac{\alpha}{2}}(n-2) \text{이면, } H_0\text{를 기각,} \\ \text{만약 } |t(\mathbf{x})| < t_{1-\frac{\alpha}{2}}(n-2) \text{이면, } H_0\text{를 채택} \end{cases}$$

이다. 여기서

$$t(\mathbf{x}) = \frac{b_1 - \beta_{10}}{s/\sqrt{s_{xx}}}$$

이고, s_{xx}와 s는 각각 (14.12)와 (14.15)에서 정의된 통계량의 값이다.

참고 14.8

위 검정에서 특히 $\beta_{10} = 0$인 경우, 즉 귀무가설 '$H_0 : \beta_1 = 0$'는 'X와 Y 사이에 선형관련이 없음'을 뜻하는 가설임을 유의할 필요가 있다.

보기 14.2

보기 13.1과 보기 14.1을 다시 생각하자. 선형회귀모형 (14.5)을 자료에 적합하여 얻은 최소제곱 직선은

$$y = b_0 + b_1 x = 41.696 + 0.628x$$

이다. 예시의 목적으로 여기서 (모집단)회귀직선의 기울기 β_1를 0이라고 할 수 있는지, 아니면 0.5라고 할 수 있는지를 최소제곱추정값 $b_1 = 0.628$를 기초로 확인해 본다. 먼저 가설

$$\text{“}H_0 : \beta_1 = 0 \text{ vs. } H_1 : \beta_1 > 0\text{”}$$

을 검정한다. 이 가설은 독립변수와 종속변수 사이에 선형관련이 없음을 뜻한다. 정리 14.7의 가설 (1)에서 '$\beta_{10} = 0$'로 놓고 검정 $T_{(1)}$를 적용한다. 부록의 [SAS 프로그램 26]으로 얻은 최소제곱회귀선의 절편과 기울기의 추정값 그리고 관련된 여러 통계량들은 표 14.1에 주어졌다. $\beta_{10} = 0$일 때, 검정 $T_{(1)}$의 검정통계량은

$$t(\mathbf{x}) = \frac{b_1 - 0}{s/\sqrt{s_{xx}}} = \frac{0.628 - 0}{0.066} = 9.50, \quad \text{d.f.} = n - 2 = 18$$

이고, 이것은 t-분포의 임계값 $t_{0.99}(18) = 2.5524$에 비하여 매우 크다. 또 이때의 P-값은 <0.0001이다. 결국 귀무가설은 매우 유의적으로 '적성검사의 점수'와 '입사 후 판매실적'과의 선형관련을 강하게 설명하고 있다. 다음은 가설

$$\text{“}H_0 : \beta_1 = 0.5 \text{ vs. } H_1 : \beta_1 > 0.5\text{”}$$

을 검정해 보자. 이 가설은 적성검사의 점수가 한 단위(즉, 1점) 증가하면 판매원들의 개별 판매실적이 평균적으로 0.5 단위 증가함을 말한다. 정리 14.7의 가설 (1)에서 $\beta_{10} = 0.5$인 검정 $T_{(1)}$를 적용한다. 표 6.4의 결과는 이 경우에도 그 일부를 이용할 수 있다. 그러나 이 표에서 주어지는 t-통계량의 p-값은 가설 '$H_0 : \beta_1 = 0$'에 대한 결과이기 때문에 위의 가설 '$H_0 : \beta_1 = 0.5$'에는 의미가 없음을 유의할 필요가 있다. 주어진 가설에 대한 t-검정통계량의 값과 그 자유도는

$$t = \frac{b_1 - \beta_{1(0)}}{s/\sqrt{s_{xx}}} = \frac{0.628 - 0.5}{0.066} = 1.9393, \quad \text{d.f.} = n - 2 = 18$$

이다. 이것은 t-분포의 임계값 $t_{0.99}(8) = 2.5524$에 비하여 유의적이 아니기 때문에 결국 귀무가설은 기각되지 않는다.

참고 14.9 회귀의 뜻

회귀(regression)라는 말은 영국의 생물학자이며 상관과 회귀 개념의 창시자인 **골턴**(F. Galton, 1822~1911)에 의하여 처음 사용되었다(참고문헌 [1] 참조). 그는 유전현상을 어떤 집단 안에서 극단적 상태를 갖는 개체들의 특성이 그 자손들을 통하여 결국 그 집단의 평균적 상태로 돌아가는 현상으로 생각하였다. 이에 대하여, 영국의 통계학자 **칼 피어슨**(Karl Pearson, 1857~1936)은 그 실예로 아버지와 그 아들의 키의 자료(표 14.1)를 제시하였다(참고문헌 [59] 참조).

〈표 14.2〉 아버지의 키와 아들의 키의 자료

아버지의 키	152.4	157.5	162.6	165.1	167.6
아들의 키	161.5	165.6	167.6	166.4	169.9
아버지의 키	170.2	172.7	177.8	182.9	188.0
아들의 키	170.4	171.2	173.5	178.1	177.8

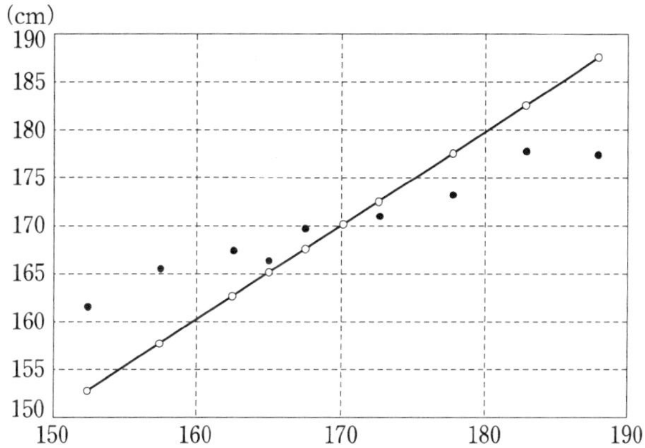

〈그림 14.3〉 아버지의 키와 아들의 키

그림 14.3의 산점도에서와 같이, 키가 큰 아버지를 둔 아들들의 키는 크고 또 키가 작은 아버지들을 둔 아들들의 키는 작은 경향이 있지만, 키가 극히 크거나 극히 작은 아버지를 둔 아들들의 키는 그 아버지들과는 달리 극히 크거나 극히 작지 않고 오히려 평균값으로 가는 경향, 즉 **평균으로의 회귀**가 존재하는 것이다.

이러한 결과는 검정을 통해서도 확인할 수 있다. 평균으로의 회귀는 주어진 자료에 선형회귀모형을 적합할 때 그 회귀선의 기울기가 1보다 작다는 것을 의미한다. 따라서 가설

$$“H_0 : \beta_1 = 1 \text{ vs. } H_1 : \beta_1 < 1”$$

을 검정해 본다. 정리 14.7의 가설 (2)에 대하여 검정 $T_{(2)}$를 적용하는 데 부록의 [SAS 프로그램 26]를 이용한다. 최소제곱회귀선의 절편과 기울기의 추정값과 그리고 그와 관련된 통계량들은 표 14.2에 주어진다. 여기서도 표 14.2에 주어진 t-통계량과 P-값은 가설 ‘$H_0 : \beta_1 = 0$’에 대한 결과이기 때문에 가설 ‘$H_0 : \beta_1 = 1$’에는 의미가 없다.

〈표 14.3〉 회귀모수의 추정과 검정

변 수	추정값	표준오차(S.E.)	t-통계량	P-값
절 편	91.12648	5.59288	16.29	0.0001
기울기	0.46602	0.03290	14.17	0.0001
$n=10$	$R^2=0.9617$	$\sqrt{MSE}=1.09511$		

결정계수의 의미는 14.3절에서 설명하지만, 우선 결정계수가 0.9617로 주어짐은 아들들의 키는 아버지들의 키에 의하여 약 96% 설명됨을 말한다. 주어진 위 가설의 검정에는 t-검정이 이용된다. 검정통계량의 값과 그 자유도는

$$t=\frac{b_1-\beta_{1(0)}}{s/\sqrt{s_{xx}}}=\frac{0.46602-1}{0.03290}=-16.2304,\quad \text{d.f.}=n-2=8$$

이다. 이것은 t-분포의 임계값 $t_{0.99}(8)=-2.896$에 비하여 매우 유의적이다. 귀무가설 'H_0 : $\beta_1=1$'은 기각되고 결국 아들들의 키가 평균으로 회귀함을 강하게 설명하고 있다.

(2) 절편 β_0에 관한 추론

여기서는 단순선형회귀직선의 y-절편 β_0에 관한 신뢰구간과 가설검정을 생각한다. 먼저 β_0의 구간추정을 생각한다. 정리 14.6의 결과인

$$B_0\sim N\left(\beta_0,\ \frac{\sum_{i=1}^{n}x_i^2}{nS_{xx}}\sigma^2\right)$$

을 이용하면

$$\frac{B_0-\beta_0}{\left(\sigma\sqrt{\sum x_i^2}\right)/\sqrt{nS_{xx}}}\sim N(0,\,1)$$

이다. 한편, 앞에서와 같이

$$\frac{(n-2)S^2}{\sigma^2}=\frac{SSE}{\sigma^2}\sim\chi^2(n-2)$$

이고, 또 B_0과 S^2는 독립임을 보일 수 있다(14장 연습문제 5). 따라서 추론에 필요한 확률변수의 확률분포는

$$\begin{aligned} T&=\frac{(B_0-\beta_0)/(\sigma\sqrt{\sum x_i^2}/\sqrt{nS_{xx}})}{\sqrt{(n-2)S^2/\sigma^2(n-2)}} \\ &=\frac{B_0-\beta_0}{\left(S\sqrt{\sum x_i^2}\right)/\sqrt{nS_{xx}}}\sim t(n-2) \end{aligned} \tag{14.18}$$

이다. 따라서 주어진 $\alpha(0<\alpha<1)$에 대하여 적당한 실수 $t_{1-\frac{\alpha}{2}}(n-2)$이 존재하여

$$P[|T| < t_{1-\frac{\alpha}{2}}(n-2)] = 1-\alpha$$

을 만족한다. 따라서 신뢰도 $100(1-\alpha)\%$인 β_{10}의 신뢰구간은

$$b_0 - t_{1-\frac{\alpha}{2}}(n-2)\frac{s\sqrt{\sum x_i^2}}{\sqrt{ns_{xx}}} < \beta_0 < b_0 + t_{1-\frac{\alpha}{2}}(n-2)\frac{s\sqrt{\sum x_i^2}}{\sqrt{ns_{xx}}}$$

이다.

다음은 β_0에 관한 검정을 생각한다. 먼저 가설

$$\text{“}H_0 : \beta_0 = \beta_{00} \text{ vs. } H_1 : \beta_0 > \beta_{00}\text{”}$$

의 검정을 생각하자. 귀무가설 H_0하에서

$$T^* = \frac{B_0 - \beta_{00}}{\left(S\sqrt{\sum x_i^2}\right)/\sqrt{nS_{xx}}} \sim t(n-2)$$

이다. 또 대립가설 H_1하에서 T^*의 분포는 귀무분포가 $\beta_0 - \beta_{00}$만큼 양의 방향으로 평행이동한 분포를 갖는다.

만약 통계량 T^*의 값이 $t_{1-\frac{\alpha}{2}}(n-2)$보다 크면, 이 검정은 유의수준 $(1-\alpha)$에서 H_0를 기각하게 된다.

위 결과로부터 다음 정리를 얻는다.

정리 14.10 y-절편 β_0에 관한 검정

회귀모형 (14.13)와 관련된 기본 가정하에서, β_0에 관한 가설

(1) “$H_0 : \beta_0 = \beta_{00}$ vs. $H_1 : \beta_0 > \beta_{00}$”

(2) “$H_0 : \beta_0 = \beta_{00}$ vs. $H_1 : \beta_0 < \beta_{00}$”

(3) “$H_0 : \beta_0 = \beta_{00}$ vs. $H_1 : \beta_0 \neq \beta_{00}$”

(β_{00}는 알려진 상수)에 대하여, 확률표본 $\mathbf{X} = (X_1, \cdots, X_n)$을 기초로 하는 크기 α의 검정은, 가설 (1)의 경우

$$T : \begin{cases} t^*(\mathbf{x}) \geq t_{1-\alpha}(n-2)\text{이면, } H_0\text{를 기각,} \\ t^*(\mathbf{x}) < t_{1-\alpha}(n-2)\text{이면, } H_0\text{를 채택} \end{cases}$$

이다. 여기서

$$t^* = \frac{b_0 - \beta_{00}}{\left(s\sqrt{\sum x_i^2}\right)/\sqrt{ns_{xx}}}$$

로 정의한다. 여기서 s_{xx}와 s는 각각 (14.12)와 (14.15)에서 정의된 통계량의 값이다. 가설 (2)와 (3)의 경우에도 이와 비슷한 결과를 얻는다.

참고 14.11

위 검정에서 $\beta_{00}=0$인 경우가 특히 많이 적용된다. 그것은 이 가설이 선형회귀모형에서 추정할 모수를 하나 줄일 수 있는지를 확인할 수 있기 때문이다.

보기 14.3

보기 14.2를 여기서 다시 생각한다. 앞에서 얻은 바와 같이, 선형회귀모형을 자료에 적합하여 얻은 최소제곱직선은

$$y=b_0+b_1x=41.696+0.628x$$

이다. 여기서 회귀계수 $b_0=41.696$은 추정된 회귀직선의 y-절편으로 적성검사의 점수가 0인 경우에 판매원에게서 기대되는 평균판매실적을 뜻한다. 지금 모집단 회귀직선의 β_0를 50으로 보아도 되는지를 생각해 보자. 가설

$$\text{"}H_0\ :\ \beta_0=50\ \text{ vs. }\ H_1\ :\ \beta_0<50\text{"}$$

을 검정한다. 정리 14.10의 가설 (2)에서 $\beta_{00}=50$로 놓고 검정을 적용한다. 검정통계량은, 표 14.1의 결과를 이용하면

$$t(\mathbf{x})=\frac{b_1-50}{s/\sqrt{s_{xx}}}=\frac{41.696-50}{2.669}=-3.111,\quad \text{d.f.}=n-2=18$$

이고, 이것은 t-분포의 임계값 $t_{0.99}(18)=-2.5524$보다 작게 주어진다. 결국 귀무가설은 유의적으로 적성검사의 점수가 0인 판매원에게서 기대되는 평균판매실적을 50으로 평가하는 것은 무리임을 알 수 있다.

---

(3) 평균반응에 관한 추론

앞에서는 주어진 독립변수의 값 $X=x$에 대한 Y의 평균반응값인 $\mu_{Y|x}$의 점추정을 생각하였다. 여기서는 이 값에 대한 신뢰구간을 유도하기로 한다. 이를 위해, $\mu_{Y|x}$의 점추정량인 $\hat{\mu}_{Y|x}$이 확률분포를 생각한다. 먼저 다음 식을 관찰한다.

$$\begin{aligned}\hat{\mu}_{Y|x}&=B_0+B_1x\\&=(\overline{Y}-B_1\overline{x})+B_1x\\&=\overline{Y}-B_1(x-\overline{x}).\end{aligned}\tag{14.19}$$

이때 $\overline{Y}$와 B_1은 모두 정규분포를 따르고 또 서로 독립이기 때문에 $\hat{\mu}_{Y|x}$도 정규분포를 따른다. 더욱이 이 추정량은 $\mu_{Y|x}$의 불편추정량임을 보일 수 있다. 즉

$$E[\hat{\mu}_{Y|x}]=\mu_{Y|x}$$

이다(14장 연습문제 6). 또 이 추정량의 분산을 구하기 위하여, 정리 14.5를 이용하면

$$\begin{aligned}Var[\hat{\mu}_{Y|x}] &= Var[\overline{Y}] + (x-\overline{x})^2 Var[B_1] \\ &= \frac{\sigma^2}{n} + (x-\overline{x})^2 \frac{\sigma^2}{S_{xx}} \\ &= \left[\frac{1}{n} + \frac{(x-\overline{x})^2}{S_{xx}}\right]\sigma^2.\end{aligned}$$

결국

$$\hat{\mu}_{Y|x} \sim N\left(\mu_{Y|x},\ \left[\frac{1}{n} + (x-\overline{x})^2 S_{xx}\right]\sigma^2\right). \tag{14.20}$$

따라서

$$\frac{\hat{\mu}_{Y|x} - \mu_{Y|x}}{\sigma\sqrt{\dfrac{1}{n} + \dfrac{(x-\overline{x})^2}{S_{xx}}}} \sim N(0,\ 1). \tag{14.21}$$

여기서 σ^2은 미지이므로, 앞에서와 같이 $(n-2)S_n^2/\sigma^2 \sim \chi^2(n-2)$을 이용하기 위하여, (14.21)의 확률변수를 $\sqrt{(n-2)S^2/\sigma^2(n-2)} = \dfrac{S}{\sigma}$로 나누면 B_1과 S^2의 독립성에 의하여

$$\frac{\hat{\mu}_{Y|x} - \mu_{Y|x}}{S\sqrt{\dfrac{1}{n} + \dfrac{(x-\overline{x})^2}{S_{xx}}}} \sim t(n-2)$$

이다. 결국 $X=x$에서 Y의 평균값 $\mu_{Y|x}$의 신뢰구간 또는 신뢰한계(confidence limits)를 구하면

$$\hat{\mu}_{Y|x} \pm t_{1-\frac{\alpha}{2}}(n-2) \cdot s \cdot \sqrt{\frac{1}{n} + \frac{(x-\overline{x})^2}{s_{xx}}}$$

을 얻는다.

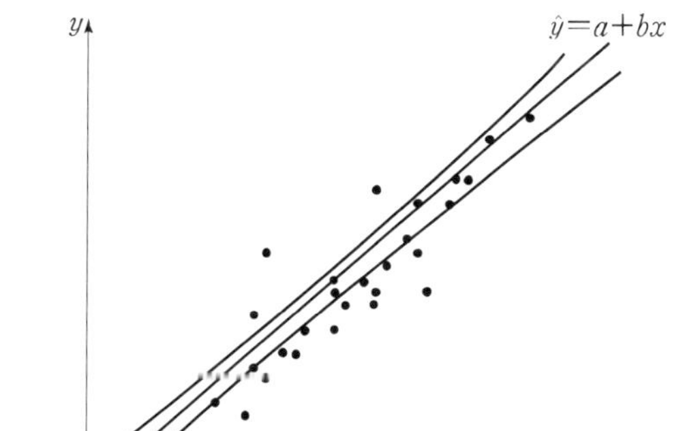

〈그림 14.4〉 평균반응값의 신뢰구간들

보기 14.4

보기 14.2의 자료에서, 입사 전 적성검사의 점수가 55인 사원들의 평균판매실적에 대한 95% 신뢰구간을 생각한다. 주어진 자료와 그리고 이 자료에 부록의 [SAS 프로그램 26]을 적용하면

$$n = 20,\ x_0 = 55,\ \bar{x} = 37.95,\ s_{xx} = 3796.95,\ s = \sqrt{MSE} = 4.074$$

을 얻고, 따라서 앞에서와 같이 선형회귀모형을 자료에 적합하여 얻는 최소제곱직선은

$$y = b_0 + b_1 x = 41.696 + 0.628x$$

이다. 여기서 회귀계수 $b_0 = 41.696$은 추정된 회귀직선의 y-절편으로 적성검사의 점수가 0인 판매원에게서 기대되는 평균판매실적을 뜻한다. 지금 모집단 회귀직선의 β_0를 50으로 보아도 되는지를 생각해 보자. 가설

$$\text{“}H_0 : \beta_0 = 50 \text{ vs. } H_1 : \beta_0 < 50\text{”}$$

을 검정한다. 정리 14.10의 가설 (2) $\beta_{00} = 50$로 놓고 검정을 적용한다. 검정통계량은, 표 14.1의 결과를 이용하면

$$t(\mathbf{x}) = \frac{b_1 - 50}{s/\sqrt{s_{xx}}} = \frac{41.696 - 50}{2.669} = -3.111,\quad \text{d.f.} = n - 2 = 18$$

이고, 이것은 t-분포의 임계값 $t_{0.99}(18) = -2.5524$보다 작게 주어진다. 결국 귀무가설은 유의적으로 적성검사의 점수가 0인 판매원에게서 기대되는 평균판매실적을 50으로 평가하는 것은 무리임을 설명하고 있다.

---

(4) 실제반응값에 관한 추론

추정된 회귀직선의 용도 중 다른 하나는 독립변수 X의 특별한 값 x에 대한 Y의 실제값(actual value)을 예측하는 것이다. 주어진 $X = x$값에 대한 Y의 값 Y_x의 점추정은 $\mu_{Y|x}$에 대한 점추정과 같다. 즉,

$$\hat{Y}_x = \hat{\mu}_{Y|x} = B_0 + B_1 x$$

이다. 여기서 Y_x은 표본에 따라 그 값이 달라지는 확률변수이다. Y_x에 대한 신뢰구간을 얻기 위해서는

$$P[L_1 \le Y_x \le L_2] = 1 - \alpha$$

을 만족하는 두 통계량 L_1, L_2를 구해야 한다. (14.20)과 $Y_x \sim N(\mu_{Y|x},\ \sigma^2)$의 가정에 의하여, 먼저

$$\begin{aligned} E[\hat{Y}_x - Y_x] &= E[\hat{Y}_x] - E[Y_x] \\ &= \mu_{Y|x} - \mu_{Y|x} \\ &= 0 \end{aligned}$$

이 성립한다. 또

$$
\begin{aligned}
Var[\hat{Y}_x - Y_x] &= Var[\hat{Y}_x] + Var[Y_x] \\
&= \left[\frac{1}{n} + \frac{(x-\overline{x})^2}{S_{xx}}\right]\sigma^2 + \sigma^2 \\
&= \left[1 + \frac{1}{n} + \frac{(x-\overline{x})^2}{S_{xx}}\right]\sigma^2
\end{aligned}
$$

이다. 따라서

$$
\hat{Y}_x - Y_x \sim N\left(0,\ \left[1 + \frac{1}{n} + \frac{(x-\overline{x})^2}{S_{xx}}\sigma^2\right]\right)
$$

이다. 앞에서와 같은 방법으로,

$$
T^* = \frac{\hat{Y}_x - Y_x}{S\sqrt{1 + \frac{1}{n} + \frac{(x-\overline{x})^2}{S_{xx}}}} \sim t(n-2)
$$

이 성립한다. 주어진 α, $(0 < \alpha < 1)$에 대하여 실수값 $t_{1-\frac{\alpha}{2}}(n-2)$이 존재하여

$$
P[\,|\,T^*\,| < t_{1-\frac{\alpha}{2}}(n-1)] = 1-\alpha
$$

을 만족한다. 따라서 Y_x에 관한 신뢰도 $100(1-\alpha)\%$의 신뢰한계는

$$
\hat{y}_x \pm t_{1-\frac{\alpha}{2}}(n-2) \cdot s \cdot \sqrt{1 + \frac{1}{n} + \frac{(x-\overline{x})^2}{s_{xx}}} \tag{14.22}
$$

이다.

보기 14.5

보기 14.4의 내용을 계속 생각한다. 선형회귀모형을 자료에 적합하여 얻은 최소제곱직선은

$$
y = b_0 + b_1 x = 41.696 + 0.628x
$$

이므로, 이 회사에서 적성검사의 점수가 70인 이것을 $\hat{y}|70$으로 표시하면 $\hat{y}|x = \mu_Y|x = b_0 + b_1 x$인 사실을 이용하여

$$
\hat{y}|70 = 41.696 + 0.628(70) = 85.656
$$

을 얻는다. 또 (14.22)을 이용하면 $\hat{y}|70$에 관한 95%의 신뢰구간은

$$
85.656 \pm 2.101(4.074)\sqrt{1.5157} = (75.118,\ 96.194)
$$

을 얻는다.

14.1.5† 가중최소제곱법

단순선형회귀모형

$$Y_i = \beta_0 + \beta_1 x_i + \epsilon_i, \quad i = 1, \cdots, n \tag{14.23}$$

을 다시 생각하자. 여기서 오차 ϵ_i은 서로 독립이고 평균이 0, 분산이 σ^2인 같은 정규분포를 따르는 확률변수, 즉 $\epsilon_i \sim N(0, \sigma^2)$로 가정하였다.

모형 (14.23)에서 $E[\epsilon_i] = 0$인 오차 ϵ_i를 보통 불편오차(unbiased error)라 한다. 또 오차가 불편이면 모든 i에 대하여 $E[Y_i] = \beta_0 + \beta_1 x_i$이 성립하므로 이 모형을 불편모형(unbiased model)이라고도 한다.

앞으로도 논의하겠지만, 위 모형과 그 기본 가정하에서 최소제곱추정량은 여러 가지 우수성을 갖는다. 불편성, 선형성, 최소분산성 등이다. **가우스-마르코프**정리(정리 14.22)에 의하면, 최소제곱추정량은 최량선형불편추정량(best linear unbiased estimator: BLUE)인 것이다. 여기서 최량(best)이란 선형불편추정량 중에서 분산이 가장 작은 추정량을 말한다. 그러나 여기서 등분산(equal variance)의 가정 즉 $Var(\epsilon_i) = \sigma^2$이 만약 성립하지 않으면 최소제곱추정량에서 최량의 성질은 더 이상 성립되지 않는다. 더욱이 등분산의 가정이 성립하지 않는 경우는 실제로 자주 나타나므로 여기에 새로운 처방이 요구되며, 가중최소제곱방법은 이러한 방법의 하나이다.

단순회귀모형 (14.23)에서 오차가 가중된 제곱합함수

$$Q_w(\beta_0, \beta_1) = \sum_{i=1}^{n} w_i \epsilon_i^2 = \sum_{i=1}^{n} w_i (Y_i - \beta_0 - \beta_1 x_i)^2$$

를 최소로 하는 β_0, β_1의 결정방법을 가중최소제곱법(weighted least squares method)이라 하고, 또 여기서 얻은 직선을 가중최소제곱직선(weighted least squares line)이라 한다. w_i를 가중최소제곱법의 가중값(weight)이라 한다.

가중최소제곱방법을 통하여 구해지는 β_0, β_1의 추정량 $b_{0(w)}$, $b_{1(w)}$은 다음과 같다. $\overline{x}_w$, $\overline{Y}_w$를 각각 x, Y의 가중산술평균, 즉

$$\overline{x}_w = \frac{\sum_{i=1}^{n} w_i x_i}{\sum_{i=1}^{n} w_i}, \quad \overline{Y}_w = \frac{\sum_{i=1}^{n} w_i Y_i}{\sum_{i=1}^{n} w_i}$$

이라 하면

$$b_{1(w)} = \frac{\sum_{i=1}^{n} w_i (x_i - \overline{x}_w) Y_i}{\sum_{i=1}^{n} w_i (x_i - \overline{x}_w)^2}$$

$$b_{0(w)} = \overline{Y}_w - b_1 \overline{x}_w$$

이다. 또 오차분산의 추정값 $\hat{\sigma}^2$은 다음과 같다.

$$\hat{\sigma}^2 = \frac{\sum_{i=1}^{n} w_i (Y_i - \overline{Y}_i)^2}{n-2}$$

그리고 $b_{0(w)}$, $b_{1(w)}$의 분산은 다음과 같다.

$$Var[b_{1(w)}] = \frac{\sigma^2}{\sum_{i=1}^{n} w_i (x_i - \overline{x}_w)^2}$$

$$Var[b_{0(w)}] = \sigma^2 \left[\frac{\sum_{i=1}^{n} w_i}{\left(\sum_{i=1}^{n} w_i\right)^2} + \frac{\overline{x}_w^2}{\sum_{i=1}^{n} w_i (x_i - \overline{x}_w)^2} \right].$$

이 결과들의 증명은 독자에게 남긴다.

Y_i가 서로 독립(또는 무상관)일 때, 만약 가중값 $\{w_i\}$가

$$Y_i^* = \sqrt{w_i}\, Y_i, \quad i = 1, 2, \cdots, n \tag{14.24}$$

으로 따라서 등분산 $Var[Y_i^*] = \sigma^2$이 성립하도록 선택하면 이때의 가중최소제곱통계량은 당연히 최량선형불편추정량이 된다. 또 이 경우 $\{w_i\}$를 최적가중값(optimal weight)이라 한다.

최적의 가중값은 어떻게 결정될 수 있는가? 우선 (14.24)로부터

$$w_i = \frac{\sigma^2}{Var[Y_i]}, \quad i = 1, 2, \cdots, n \tag{14.25}$$

이고, 따라서 최적의 w_i는 Y_i의 분산에 역비례하는 값임을 알 수 있다. 물론 Y_i의 분산이 일정하면 최적의 가중값은 $w_i = 1$이고 이 경우 가중최소제곱법은 자연히 보통최소제곱법이 된다. Y_i의 분산은 보통 경험적으로 구하게 된다. 예컨대, 같은 값에서 반복된 반응값이 주어진 경우에는 x_i에 대응되는 반응값들의 표본분산을 Y_i의 분산으로 사용하여 그 역을 가중값으로 사용한다. 또 같은 x의 값에서 반복되는 값이 존재하지 않을 때는 x_i의 근방의 값을 그룹으로 만들어 이용하게 된다.

분산의 형태를 미리 알 수 있는 경우를 제외하고, 일반적으로 적절한 가중값을 찾는 일은 쉽지 않다. 비교적 간단한 경우를 대상으로 최적의 가중값을 찾는 몇 가지 예를 살펴보자.

(1) 반응값 Y_i가 설명변수의 값 x_i에서 관측된 n_i개 관측값의 평균으로 구성되어 있다면, $Var[Y_i] = \frac{\sigma^2}{n_i}$으로 이때의 가중값은 $w_i = n_i$이다.

(2) 반응값 Y_i가 n_i개 자료의 합으로 주어지면, $Var[Y_i] = n_i\sigma^2$으로 이때의 가중값은 $w_i = \frac{1}{n_i}$이 된다.

(3) 반응변수의 분산이 설명변수의 값에 비례하면, 즉 $Var[Y_i] \propto x_i$이면 위와 같은 이유에서

$w_i = \dfrac{1}{x_i}$이 된다.

(4) 반응변수의 분산이 그 기댓값에 비례하면, 즉 $Var[Y_i] \propto E[Y_i] = \beta_0 + \beta_1 x_i$이면 $w_i = \dfrac{1}{\beta_0 + \beta_1 x_i}$이다.

(5) 반응변수의 표준편차가 그 기댓값에 비례하면, 즉 $\sqrt{Var[Y_i]} \propto E[Y_i] = \beta_0 + \beta_1 x_i$이면 $w_i = \dfrac{1}{(\beta_0 + \beta_1 x_i)^2}$이 된다.

물론 (4)와 (5)에서 β_0와 β_1은 일반적으로 미지이므로 이때는 그 추정값을 사용한다. 추정을 위해서는 먼저 자료를 선형모형에 (가중치를 사용하지 않는) 보통최소제곱방방법을 이용하여 적합하고 예측값 $\widehat{Y}_i = b_0 + b_1 x_i$를 얻는다. 그리고 $w_i = \dfrac{1}{\widehat{Y}_i}$와 $w_i = \dfrac{1}{\widehat{Y}_i^2}$을 각각의 가중값으로 사용한다.

참고 14.12 가중최소제곱법의 SAS 프로그램

가중최소제곱방법에 의한 회귀모수의 추정도 보통최소제곱방법에서와 마찬가지로 SAS 프로그램을 이용할 수 있다. 부록의 [SAS 프로그램 31]은 반응변수의 분산이 그 기댓값에 비례하여 가중값이 $w_i = \dfrac{1}{\widehat{Y}_i}$로 주어지는 경우의 프로그램이다.

14.2 | 상관계수와 그 추론

(1) 상관계수의 점추정

앞에서 논의한 바와 같이, (선형)회귀분석은 한 **확률변수 Y의 평균값을 확률변수가 아닌 다른 변수 X의 값의 (선형)함수로 표시하는 방법**을 말하였다. 이에 반하여, 여기서 다루는 상관분석에서는 두 변량이나 변수 X, Y 사이의 상관(correlation)을 생각한다. 회귀분석에서와는 달리, **상관분석에서는 X, Y 모두를 확률변수로 가정하고, X와 Y 사이에 존재하는 선형관련의 존재와 강도를 설명하는 방법과 이와 관련한 추론**을 다룬다.

앞서 설명한 바와 같이, 두 확률변수 X, Y의 선형관련의 측도로는 **피어슨**의 상관계수(Pearson correlation coefficient)

$$\rho = \frac{Cov(X,\ Y)}{\sqrt{Var X\, Var Y}} = \frac{E(X-EX)(Y-EY)}{\sqrt{E(X-EX)^2 E(Y-EY)^2}} \tag{14.26}$$

가 이용된다. 여기서 ρ는 -1과 1 사이의 값으로 주어지고, 1 또는 -1의 값에서는 각각 완전한 양 또는 음의 선형관계를 나타낸다. 또 $\rho = 0$는 X와 Y 사이의 선형관련이 없음을 의미하고, 이때 X, Y는 무상관(uncorrelated)이라 한다.

ρ는 X, Y의 확률함수나 밀도함수로부터 계산되기 때문에 실제 그 값은 미지인 경우가 많다. 이러한 경우 ρ는 (X, Y)의 관측값 $(x_i, y_i) : i = 1, 2, \cdots, n$을 기초로 하여 추정하게 된다. ρ의 추정값으로는

$$r = \frac{\sum_{i=1}^{n}(x_i - \bar{x})(y_i - \bar{y})}{\sqrt{\sum_{i=1}^{n}(x_i - \bar{x})^2}\sqrt{\sum_{i=1}^{n}(y_i - \bar{y})^2}} = \frac{S_{xy}}{\sqrt{S_{xx}}\sqrt{S_{yy}}} \tag{14.27}$$

이 이용된다.

일반으로 표본상관계수 r을 그냥 상관계수라 하며 그 의미를 요약하면 다음과 같다.

(1) r이 양이면 X, Y 사이에는 양의 상관(positive correlation)이 있음을 암시한다. 이때 X가 증가하면 Y도 증가하는 경향이 있다. 특히, r이 거의 1이면 X와 Y 사이의 직선적인 상관관계는 아주 강하고 그 회귀계수는 양이 됨을 의미한다.

(2) r이 음이면 X, Y 사이에는 음의 상관(negative correlation)을 암시한다. 이때 X가 증가하면 Y는 감소하는 경향이 있다. r이 거의 -1이면 X와 Y 사이의 직선적인 상관관계는 아주 강해지며 그 회귀계수는 음이 된다.

(3) r이 근사적으로 ± 0인 경우는 X와 Y 사이의 선형적 상관관계는 거의 없는 무상관을 의미한다.

(4) 통상적으로 $|r| < 0.25$이면 무상관, $|r| > 0.75$이면 강한 상관이라고 판정하기도 한다.

이와 같은 설명은 물론 표본에 대한 것이다. r의 지식으로부터 모집단에 관한 결론을 내리려면 별도로 추론이 필요하다.

참고 14.13

상관계수는 두 변량 또는 변수 간의 직선적 회귀관계를 전제로 하여 정의되었다. 따라서 직선회귀의 가설이 만족되지 않는 경우에는 그대로 기계적으로 상관계수를 계산하면 그릇된 결과를 가져올 수 있다. 그러므로 상관관계를 계산할 때는 우선 점산도(scatter diagram)나 상관도를 그려보아 그것이 두 변량간에의 직선회귀를 용인할 수 있는 경우에만 적용하여야 한다. 또 상관계수가 아주 적어 선형관계의 부재를 설명하는 경우에도 이 두 변량 사이에 강한 곡선관계나 비선형관계를 가질 수 있다. 따라서 상관계수가 적은 것을 곡선관계까지 확대해서는 안 된다. 더욱이, 상관계수는 두 변량간에 선형관련의 정도를 재는 척도이지만 이것은 반드시 두 변량간의 인과관계를 설명하는 것은 아니다.

(2) 상관계수의 구간추정과 검정

점추정에서와는 달리 상관계수의 구간추정이나 가설검정을 위해서는 모집단분포에 대한 가정이 요구된다. 이때 가정되는 분포는 이변수정규분포이다.

먼저 이변수정규분포를 정의하면 다음과 같다.

정의 14.14 이변수정규분포

만일 확률벡터 (X, Y)의 연합밀도함수가

$$f_{X,Y}(x, y) = \frac{1}{2\pi\sigma_X\sigma_Y\sqrt{1-\rho}}\, e^{-\frac{1}{2(1-\rho^2)}\left[\left(\frac{x-\mu_X}{\sigma_X}\right)^2 - 2\rho\left(\frac{x-\mu_X}{\sigma_X}\right)\left(\frac{y-\mu_Y}{\sigma_Y}\right) + \left(\frac{y-\mu_Y}{\sigma_Y}\right)^2\right]}$$

이면, (X, Y)는 이변수정규분포(bivariate normal distribution)를 갖는다고 한다. 이때 $-\infty < x,\ y < \infty$이고, 상수 $\mu_X,\ \mu_Y,\ \sigma_X,\ \sigma_Y,\ \rho$는

$$-\infty < \mu_X < \infty, \quad -\infty < \mu_Y < \infty, \quad \sigma_X > 0, \quad \sigma_Y > 0, \quad -1 < \rho < 1$$

이다. 기호로는 $(X, Y) \sim N(\mu_X, \mu_Y; \sigma_X^2, \sigma_Y^2; \rho)$로 표시한다.

참고 14.15

이변수정규분포의 연합밀도함수가 나타내는 곡면 $z = f_{X,Y}(x, y)$는 그림 14.5에서와 같이 종의 모양을 한다. 또 이 곡면은 xy-평면과 평행한 모든 평면과 항상 타원곡선으로, 그리고 xy-평면에 수직인 평면들과는 항상 정규곡선으로 만난다.

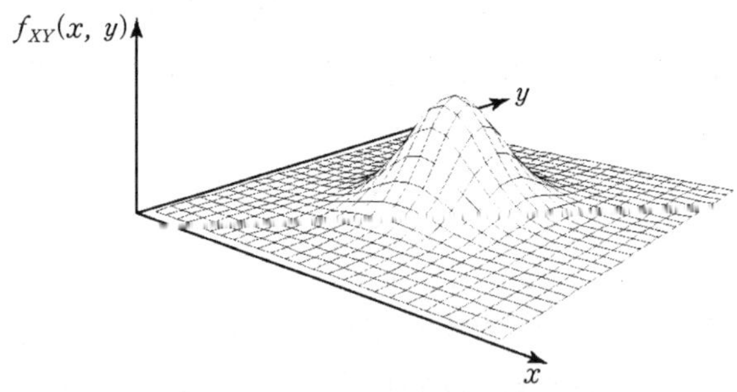

〈그림 14.5〉 이변수정규분포의 곡면

참고 14.16 이변수정규분포의 성질

(X, Y)가 이변수정규분포를 따르면, 즉

$$(X, Y) \sim N(\mu_X, \mu_Y; \sigma_X^2, \sigma_Y^2; \rho)$$

이면, 다음이 성립한다.

(1) X, Y의 주변분포는 각각 정규분포를 따른다. 즉

$$X \sim N(\mu_X,\ \sigma_X^2), \quad Y \sim N(\mu_Y,\ \sigma_Y^2)$$

(2) '$Y=y$에 대한 X의 조건부분포', 그리고 '$X=x$에 대한 Y의 조건부분포'는 모두 정규분포를 따른다. 구체적으로

$$[X \mid Y=y] \sim N\left(\mu_X + \rho\frac{\sigma_X}{\sigma_Y}(y-\mu_Y),\ \sigma_X^2(1-\rho^2)\right),$$

$$[Y \mid X=x] \sim N\left(\mu_Y + \rho\frac{\sigma_Y}{\sigma_X}(x-\mu_X),\ \sigma_Y^2(1-\rho^2)\right)$$

이다.

(3) 상수 ρ은 X와 Y의 상관계수를 나타낸다. 특히 $\rho=0$이면 X와 Y는 독립이다.

(4) 두 조건부 확률변수 $[X \mid Y=y]$와 $[Y \mid X=x]$의 평균값인 $E[X \mid Y=y]$와 $E[Y \mid X=x]$는 각각 그 고정값 y와 x의 함수로 그 곡선을 각각 'Y 위에서 X의 회귀곡선(regression curve of X on Y)', 'X 위에서 Y의 회귀곡선(regression curve of Y on X)'이라 하며, 이 회귀곡선들은 모두 직선이다. 즉

$$\begin{aligned} E[X \mid Y=y](=\mu_{X|y}) &= \mu_X + \rho\frac{\sigma_X}{\sigma_Y}(y-\mu_Y) \\ &= \left(\mu_X - \rho\frac{\sigma_X}{\sigma_Y}\mu_Y\right) + \left(\rho\frac{\sigma_X}{\sigma_Y}\right)y \\ &= \beta_0 + \beta_1 y \end{aligned}$$

단, $\beta_0 = \left(\mu_X - \rho\frac{\sigma_X}{\sigma_Y}\mu_Y\right), \quad \beta_1 = \left(\rho\frac{\sigma_X}{\sigma_Y}\right).$

그리고

$$\begin{aligned} E[Y \mid X=x](=\mu_{Y|x}) &= \mu_Y + \rho\frac{\sigma_Y}{\sigma_X}(x-\mu_X) \\ &= \left(\mu_Y - \rho\frac{\sigma_Y}{\sigma_X}\mu_X\right) + \left(\rho\frac{\sigma_Y}{\sigma_X}\right)x \\ &= \beta_0^* + \beta_1^* x, \end{aligned}$$

단, $\beta_0^* = \left(\mu_Y - \rho\frac{\sigma_Y}{\sigma_X}\mu_X\right), \quad \beta_1^* = \left(\rho\frac{\sigma_Y}{\sigma_X}\right).$

다음은, 모집단상관계수의 검정을 생각한다. 만약 표본상관계수 r의 값이 0에 가까우면, X, Y의 모집단상관계수 ρ가 0인지 아니지, 즉 X와 Y가 독립인지 아닌지를 검정하게 된다. 가설

$$\text{“}H_0 : \rho = 0 \quad \text{vs.} \quad H_1 : \rho \neq 0\text{”}$$

의 검정통계량에는 표본상관계수의 확률변수 R의 함수인

$$T_R = R\sqrt{\frac{n-2}{1-R^2}}$$

이 사용된다. 귀무가설 H_0하에서

$$T_R = R\sqrt{\frac{n-2}{1-R^2}} \sim t(n-2) \tag{14.28}$$

인 사실로부터 구하는 유의수준 α의 검정은

"만약 $|T_R| > t_{1-\frac{1}{\alpha}}(n-2)$이면, H_0를 기각"

이다.

참고 14.17

(14.28)의 성립은 다음과 같이 확인된다. 참고 14.16에서 주어진 관계식 $\beta_1 = (\sigma_X/\sigma_Y)\rho$에서 $\rho = 0$이면 $\beta_1 = 0$이다. 따라서 가설 'H_0 : $\beta_1 = 0$'의 검정통계량

$$T(\mathbf{x}) = \frac{B_1}{S/\sqrt{S_{xx}}}$$

은 가설 'H_0 : $\rho = 0$'의 검정에 사용될 수 있다. 사실

$$\frac{B_1}{S/\sqrt{S_{xx}}} = R\sqrt{\frac{n-2}{1-R^2}} \tag{14.29}$$

이 성립한다.

더 일반적인 가설

"H_0 : $\rho = \rho_0$ vs. H_0 : $\rho \neq \rho_0$"

($\rho_0 \neq 0$)의 검정을 생각한다. (X, Y)이 이변수정규분포를 따를 때 근사적으로

$$Z_R = \frac{1}{2}\ln\frac{1+R}{1-R} \mathrel{\dot\sim} N(\mu_R, \sigma_R^2)$$

으로 알려져 있다. 여기서

$$\mu_R = \frac{1}{2}\ln\left(\frac{1+\rho}{1-\rho}\right), \quad \sigma_R^2 = \frac{1}{n-3}$$

이다. 가설 H_0 : $\rho = \rho_0$ 하에서, 근사적으로

$$Z^* = \frac{Z_R - \mu_R}{1/\sqrt{n-3}} \mathrel{\dot\sim} N(0, 1) \tag{14.30}$$

임을 이용하면, 구하는 유의수준 α의 검정은

"만약 $|Z_R| > z_{1-\frac{1}{\alpha}}$ 이면, H_0를 기각"

이다.

마지막으로, ρ의 신뢰구간을 생각한다. (14.30)을 이용하면,

$$P\left[-z_{1-\frac{1}{\alpha}} \le \frac{\frac{1}{2}\ln\frac{1+R}{1-R} - \frac{1}{2}\ln\left(\frac{1+\rho}{1-\rho}\right)}{\sqrt{\frac{1}{n-3}}} \le z_{1-\frac{1}{\alpha}}\right] \approx 1-\alpha$$

이 성립한다. 이 결과로부터 $100(1-\alpha)\%$의 ρ에 관한 신뢰구간 $[L, U]$은

$$L = \frac{(1+R)-(1-R)e^{2z_{1-\alpha/2}/\sqrt{n-3}}}{(1+R)+(1-R)e^{2z_{1-\alpha/2}/\sqrt{n-3}}},$$

$$U = \frac{(1+R)-(1-R)e^{-2z_{1-\alpha/2}/\sqrt{n-3}}}{(1+R)+(1-R)e^{-2z_{1-\alpha/2}/\sqrt{n-3}}}$$

을 얻는다.

14.3 | 분산분석을 통한 회귀분석: 회귀성검정, 결정계수

앞에서 다룬 단순선형회귀모형은 한 확률변수 Y의 평균값을 (확률변수가 아닌) 다른 변수 X의 값의 선형함수로 표시한 것이다. 독립변수 X의 값 x와 이에 대응되는 종속변수의 평균값 $E[Y|X=x]$ 사이에 선형관련이 있다고 판단되어, 선형모형 (14.13)을 주어진 자료집합에 최소제곱방법을 통하여 적합 시킨 것이다.

그러나 일단 회귀방정식(즉, 최소제곱직선)을 얻으면 이 식이 정말 두 변수 사이의 관련을 적절히 기술하고 있는지, 또 이 식을 통하여 미래의 값을 예측하거나 추정할 때 효과적인 결과를 얻을 수 있는지 등과 관련한 '추정된 회귀식에 대한 질적 평가'가 당연히 요구된다.

여기서는 이러한 추정된 회귀식의 질적 평가를 위한 방법으로 두 가지를 생각할 수 있다. 하나는 Y의 변동이 독립변수 X의 값과는 무관하게 다만 랜덤진동에 기인한 것인지를 확인해 주는 '회귀직선의 유의성 검정'이다. 또 다른 하나는 추정된 회귀직선이 표본의 관측값들을 어느 정도 잘 설명하고 있는지를 말하여 주는 '결정계수'를 구하는 것이다.

추정된 회귀식의 질적 평가에 대한 분석은 분산분석(analysis of variance)이 효과적이다. 일반적으로 분산분석은 여러 가지 형태의 자료를 효과적으로 분석하는 통계적 방법의 하나로, 이 방법은

기본적으로 종속변수의 변량에 내존하는 변동을 몇 가지 변동요인에 따라 의미를 갖는 성분으로 분할하고, 또 그 성분에 내포되어 있는 요인에 대한 정보를 제공하는 방법이다. 분산분석에 대한 일반적인 논의는 15장에서 다루지만, 여기서는 회귀분석에 적용되는 분산분석의 개념과 결과를 제한적으로 논한다.

먼저 주어진 n쌍의 관측값

$$(X, Y) = (x_1, Y_1), \cdots, (x_n, Y_n)$$

에 의한 최소제곱직선이

$$\hat{\mu}_{Y|x} = b_0 + b_1 x \tag{14.31}$$

이라 하자. 앞에서 논한 바와 같이, 회귀계수의 추정값 b_0, b_1은

$$b_0 = \overline{Y} - b_1 \overline{x},$$

$$b_1 = \frac{\sum_{i=1}^{n}(x_i - \overline{x})(Y_i - \overline{Y})}{\sum_{i=1}^{n}(x_i - \overline{x})^2} = \frac{S_{xY}}{S_{xx}}$$

이다. 여기서 종속변수 Y의 관측값 $\{Y_i\}$의 전변동(total variation)

$$\sum_{i=1}^{n}(Y_i - \overline{Y})^2$$

을 생각하고, 이것을 항등식

$$Y_i - \overline{Y} = (Y_i - \widehat{Y}_i) + (\widehat{Y}_i - \overline{Y})$$

(단, $\widehat{Y}_i = b_0 + b_1 x_i$)을 통하여 다음과 같이 분해한다.

$$\sum_{i=1}^{n}(Y_i - \overline{Y})^2 = \sum_{i=1}^{n}(Y_i - \widehat{Y}_i)^2 + \sum_{i=1}^{n}(\widehat{Y}_i - \overline{Y})^2 + 2\sum_{i=1}^{n}(Y_i - \widehat{Y}_i)(\widehat{Y}_i - \overline{Y}).$$

여기서 우변 마지막 항은 0이므로, 등식

$$\sum_{i=1}^{n}(Y_i - \overline{Y})^2 = \sum_{i=1}^{n}(Y_i - \widehat{Y}_i)^2 + \sum_{i=1}^{n}(\widehat{Y}_i - \overline{Y})^2 \tag{14.32}$$

을 얻는다. 관찰값과 그 예측값의 차 $Y_i - \widehat{Y}_i = R_i$을 잔차(residual)라 하고, (14.32)의 오른쪽 첫 항 $\sum_{i=1}^{n}(Y_i - \widehat{Y}_i)^2$은 잔차의 변동(variation of residuals)이라 한다. 또 둘째항 $\sum_{i=1}^{n}(\widehat{Y}_i - \overline{Y})^2$은 추정값의 변동(variation of estimates)이라 한다. 이 용어의 의미는 다음과 같다. 먼저, 잔차의 변동이란

$$\frac{1}{n}\sum_{i=1}^{n}(Y_i - \widehat{Y}_i) = \frac{1}{n}\left[\sum_{i=1}^{n} Y_i - \sum_{i=1}^{n} \widehat{Y}_i\right] = \frac{n\overline{Y} - n\overline{Y}}{n} = 0$$

에서 성립하는

$$\sum_{i=1}^{n}(R_i - \overline{R})^2 = \sum_{i=1}^{n}\left[(Y_i - \widehat{Y}_i) - \frac{1}{n}\sum_{i=1}^{n}(Y_i - \widehat{Y}_i)\right]^2 = \sum_{i=1}^{n}(Y_i - \widehat{Y}_i)^2$$

에서 유래한다. 또 추정값의 변동은, $\widehat{Y}_i = b_0 + b_1 x_i$에서 $\overline{\widehat{Y}}_i = b_0 + b_1\overline{x} = \overline{Y}$이 성립하므로

$$\sum_{i=1}^{n}(\widehat{Y}_i - \overline{Y})^2 = \sum_{i=1}^{n}(\widehat{Y}_i - \overline{\widehat{Y}}_i)^2$$

이기 때문이다.

관측값의 전변동을 보통 전체곱합(total sum of squares: $SSTO$)이라 한다. 또 추정값의 변동과 잔차의 변동을 각각 회귀제곱합(regression sum of squares: SSR), 오차제곱합(error sum of squares: SSE)이라 한다. 오차제곱합을 잔차제곱합(residual sum of squares)이라고도 한다. SSR과 SSE를 각각 Y의 전변동 중 '회귀직선(즉, 독립변수 X)에 의해 설명되는 변동', '회귀직선(즉, 독립변수 X)에 의해 설명되지 않은 변동'이라고도 한다. 여기서 '설명된다'란 자료에 회귀직선을 적합할 때 변동량의 변화를 뜻한다. 따라서 (14.32)는

$$\begin{aligned} SSTO &= SSR + SSE \\ (SS_{\text{total}} &= SS_{\text{explained}} + SS_{\text{unexplained}}) \end{aligned} \tag{14.33}$$

로 표시된다.

이와 같이, (14.33)에서 '관측값 Y의 전변동'은 '추정값의 변동'과 '잔차의 변동'으로 분리된다. 두 변수 Y와 X의 선형관련의 정도가 강하면 강할수록, x_i에 대응되는 예측값 $\widehat{Y}_i$는 관측값 Y_i과 더 많이 일치하게 된다. 이 경우 잔차의 변동은 적고, 따라서 전변동에서 차지하는 추정값의 변동이 상대적으로 증가한다. 추정값 $\widehat{Y}_i$가 이에 대응하는 관측값 Y_i에 모두 일치하는 특별한 경우, 잔차의 변동은 0이 되고 따라서 관찰값의 전변동은 예측값의 변동으로만 구성된다. 역으로, Y와 X의 선형관련의 정도가 약하여 예측값 $\widehat{Y}_i$가 관측값 Y_i와의 차가 나면 날수록 잔차의 변동은 커지고, 따라서 관찰값의 전변동에서 차지하는 예측값의 변동은 작아진다. $\widehat{Y}_i$가 Y_i의 추정값으로써 별 의미가 없는, 다시 말하여 $\widehat{Y}_i$가 이에 대응하는 Y_i와 모두 같은 특별한 경우, 관찰값의 변동은 0이 되고 결국 전변동은 잔차의 변동만으로 구성된다.

(1) 회귀성의 검정: $\beta_1 = 0$의 검정

(14.32)과 (14.33)에서 보면, SST의 자유도는 $n-1$이고, SSR와 SSE의 자유도는 각각 1, $n-2$이다. 이 제곱합 각각을 자기의 자유도로 나눈 것을 제곱평균(mean squares)이라 하고, MS로 표시하면

$$MSR = \frac{SSR}{1}, \quad MSE = \frac{SSE}{n-2}$$

이고, 이것들을 각각 회귀제곱평균(regression mean squares), 잔차 또는 오차제곱평균(error mean squares)이라 한다. 앞에서 설명한 바와 같이 MSE는 오차의 분산 σ^2의 불편추정량이다.

단순회귀모형 (14.5)에서, 회귀성의 유무를 말하는 가설

$$“H_0 : \beta_1 = 0 \text{ vs. } H_1 : \beta_1 \neq 0”$$

(여기서 H_0는 X와 Y 사이에 선형의 종속성이 없음을 의미)에 대한 검정통계량은 귀무가설 H_0 하에서

$$F^* = \frac{MSR}{MSE} \sim F(1, n-2) \tag{14.34}$$

이고, 또 대립가설 H_1하에서 F^*의 분포는 그 기댓값이 귀무분포의 것보다 오른쪽(양의 방향)에 있음을 증명할 수 있다. 따라서 $F^* > f_{1-\frac{\alpha}{2}}(1, n-2)$이면, 이 검정은 유의수준 $(1-\alpha)$에서 H_0를 기각하게 된다.

이와 같이, 회귀직선의 유의성 검정을 위해서는 다음과 같은 표를 작성하는 것이 편리하다. 이 표는 분산분석의 과정에서 계산되는 모든 통계량, 그 자유도 그리고 검정통계량 등의 값을 요약한 것으로 분산분석표(analysis of variance table: ANOVA-table)라고 한다.

〈표 14.4〉 분산분석표

변동원	제곱합(SS)	자유도(df)	평균제곱(MS)	F-비
회귀	$SSTR$	1	$MSTR$	$F = \frac{MSTR}{MSE}$
잔차	SSE	$n-2$	MSE	
전체	$SSTO$	$n-1$		

참고 14.18

분산분석에서 사용하는 F-검정의 결과는 같은 가설 '$\beta_1 = 0$'에 대한 t-검정(정리 14.7)의 결과와 항상 같게 됨을 유의할 필요가 있다. 그것은 $S_{xy} = B_1 S_{xx}$, $S^2 = MSE$의 관계를 이용하면

$$T^2 = \left(\frac{B_1}{S/\sqrt{S_{xx}}}\right)^2 = \frac{B_1^2 S_{xx}}{S^2} = \frac{B_1 S_{xy}}{S^2} = \frac{MSR}{MSE} = F^*$$

이 성립하기 때문이다. 또 자유도 $n-2$의 t-검정과 자유도 $(1, n-2)$의 F-검정의 임계값 사이에서도

$$t^2_{1-\frac{1}{\alpha}}(n-2) = f_{1-\alpha}(1, n-2)$$

의 관계가 성립한다.

(2) 결정계수

앞에서 언급한 바와 같이, 회귀방정식을 얻은 경우에도 $X=x$와 $E[Y|x]$ 사이에는 이 선형회귀식에 의하여 설명되는 이 관련이 얼마나 강한가를 추가로 설명할 필요가 있다. 그것은 서로 다른 자료집합에서도 동일한 회귀식을 얼마든지 얻을 수 있기 때문이다. Y 관찰값의 전변동에 대한 추정값의 변동의 비는 X, Y 사이의 선형관련의 강도, 바꾸어 말하여 추정된 회귀직선의 설명력을 나타내는 척도가 될 수 있다.

여기서

$$R^2 = \frac{SSR}{SSTO} = \frac{\sum_{i=1}^{n}(\widehat{Y}_i - \overline{Y})^2}{\sum_{i=1}^{n}(Y_i - \overline{Y})^2} \tag{14.35}$$

라 하면, R^2은 Y 관찰값의 전변동 중에서 차지하는 추정값의 변동(즉, 추정된 회귀직선에 의하여 설명되는 변동)의 비를 의미한다. R^2을 결정계수(coefficient of determination)라 한다. 결정계수에 100을 곱한 수는 두 변수 사이의 선형관계를 백분율로 설명하는 수라고 할 수 있다. 다시 말하면, $100 \times R^2\%$는 종속변수의 값이 갖는 전변동 중에서 회귀직선(즉, 독립변수)에 의해 설명되는 부분의 백분율을 말한다.

여기서, $\widehat{Y}_i = b_0 + b_1 x_i$ 그리고 $\overline{Y} = b_0 + b_1 \overline{x}$ 를 이용하면

$$SSR = \sum_{i=1}^{n}(Y_i - \overline{Y})^2 = b_1^2 \sum_{i=1}^{n}(x_i - \overline{x})^2$$

이므로

$$R^2 = \frac{b_1^2 \sum_{i=1}^{n}(x_i - \overline{x})^2}{\sum_{i=1}^{n}(Y_i - \overline{Y})^2}$$

이고, 여기에

$$b_1 = \frac{\sum_{i=1}^{n}(x_i - \overline{x})(Y_i - \overline{Y})}{\sum_{i=1}^{n}(x_i - \overline{x})^2}$$

을 이용하면, 결국

$$R^2 = \frac{\left[\sum_{i=1}^{n}(x_i - \overline{x})(Y_i - \overline{Y})\right]^2}{\sum_{i=1}^{n}(x_i - \overline{x})^2 \sum_{i=1}^{n}(Y_i - \overline{Y})^2} \tag{14.36}$$

을 얻는다.

참고 14.19

(14.19)에서 주어지는 제곱근 R의 값은 종속변수 Y와 독립변수 X의 표본상관계수인 r과 같은 값임을 알 수 있다.

아래 분석사례는 보기 13.1과 보기 14.1에 주어진 자료와 분석에 추가적인 분석을 수행하여 완성한 단순선형회귀모형의 전형적 분석사례이다.

14.4 분석사례 [1]: 단순선형회귀분석, 최소제곱법

이 분석에서는 소형 컴퓨터를 판매하는 어떤 회사에서 판매원의 개별 판매실적은 입사 시에 실시하는 적성검사의 결과와 밀접한 관계가 있을 것으로 생각하고 그 관계를 밝히려 한다. 또 이 회사에서 새로 개발한 이 적성검사의 효과도 이 분석을 통하여 평가될 수 있다고 판단하였다. 이에 따라 이 회사에서 실시한 적성검사 결과와 입사 후 일정기간의 개별 판매실적 자료를 기초로 하여 이 두 변량 사이의 관계를 분석한다.

분석에 이용될 기본 자료는 표 14.5와 같다. 각 판매원의 입사 시 적성검사의 점수를 독립(또는

〈표 14.5〉 적성검사의 자료

적성점수	15	17	18	24	26	26	28	34	35	36	적성점수	40	42	44	48	50	52	54	55	55	60
판매실적	51	52	59	53	53	60	54	61	65	70	판매실적	63	70	75	76	78	69	75	71	76	81

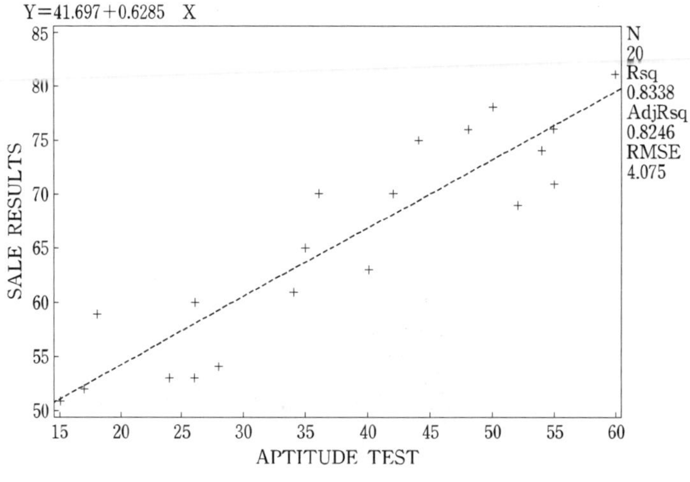

〈그림 14.6〉 적성검사점수와 판매실적

〈표 14.6〉 회귀모수의 추정과 검정

변 수	추정값	표준오차(S.E.)	t-통계량	P-값
절 편	41.696	2.669	15.62	0.0001
기울기	0.628	0.066	9.50	0.0001
$n=20$	$R^2=0.8338$	$\sqrt{MSE}=4.074$		

설명)변수(X) 그리고 입사 후 일정기간의 판매실적을 종속변수(Y)로 하였다. 이 자료의 산점도는 그림 14.6과 같다.

자료의 이 산점도는 두 변수 사이에 선형의 종속관계가 존재할 수 있음을 강하게 암시하고 있다. 따라서 관련되는 회귀모형은 단순선형인

$$Y_i = \beta_0 + \beta_1 X_i + \epsilon_i, \quad i = 1, 2, \cdots, n \tag{14.37}$$

으로 가정한다. 여기서 β_0와 β_1는 추정할 회귀계수이고, 확률오차 ϵ_i는 평균이 0 분산이 σ^2이며 또 서로 종속되지 않은 확률변수로 가정한다. 이 회귀모형을 최소제곱방법을 통하여 자료에 적합하고, 이때의 계수의 추정값과 그 표준오차를 계산한다. 부록의 [SAS 프로그램 27]을 자료에 맞게 적용하면 표 14.6의 결과를 얻는다.

먼저 결과에서 $R^2=0.8338$이 비교적 큰 값을 나타낸 것은 적성검사의 결과와 개별 판매실적의 사이에는 강한 선형의 종속관계가 존재함을 암시한다. 다시 말하면, 개별 판매실적의 약 83%가 개인의 적성에 의하여 설명되고 있음을 말하고 있다.

분석을 더 진행하기에 앞서 사용된 모형과 관련되는 기본 가정의 성립을 확인할 필요가 있다. 오차에 대한 기본 가정의 확인은 잔차의 분석으로 이루어진다. 위 프로그램을 통하여 얻은 잔차의 산점도(그림 14.7)를 보면, 우선 잔차들은 0을 중심으로 하고 있으며 또 그 폭도 어느 정도 일정한 구간에서 램덤하게 퍼져 있음을 알 수 있다. 이것은 잔차에 어떤 회귀추세의 존재를 의미하는 어떠

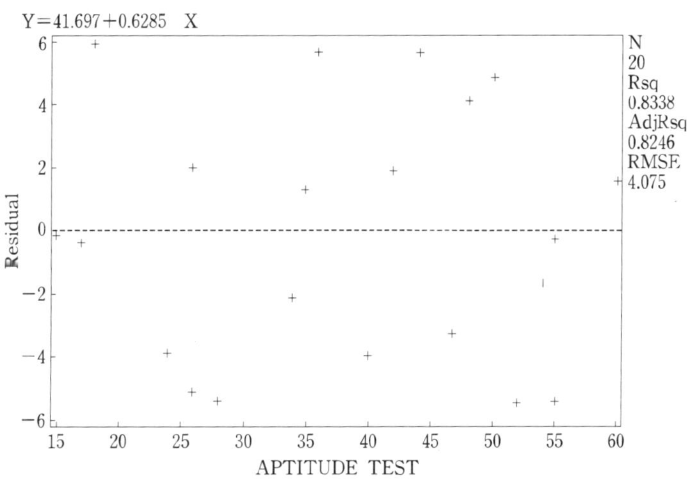

〈그림 14.7〉 잔차의 산점도

<표 14.7> 적성검사자료의 분산분석표

변동원	제곱합(SS)	자유도(df)	평균제곱(MS)	F-비	P-값
모형	1500.051	1	1500.051	90.33	<0.0001
오차	298.898	18	16.605		
전체	1798.950	19			

한 규칙적인 변화도 존재하지 않음을 뜻한다. 결국 잔차들은 평균이 0이고 분산이 일정하며 또 서로 종속되지 않는다고 할 수 있다. 이러한 결과는 모형의 가정이 제대로 이루어졌고 또 일차식으로 가정된 회귀식의 함수적 형태도 바르게 결정되었음을 암시한다.

이 결과에 대한 구체적인 설명은 분산분석표(표 14.7)에서 얻을 수 있다. F-검정의 통계량이

$$F = \frac{MSR}{MSE} = \frac{1500.051}{16.60} = 90.33, \quad \text{d.f.} = (1,\ n-2) = (1,\ 18)$$

이고 또 유의수준 0.01에서 그 임계값은 이 보다 훨씬 작은 $f_{0.99}(1, 18) = 8.10$ (즉, P-값 < 0.0001)으로 주어지므로, 결국 두 변수 사이에는 강한 선형관계가 존재함을 설명하고 있다.

또 여기서 설명변수의 선정에 대한 타당성을 확인해 본다. 결정계수로부터 개별 판매실적의 약 83%가 판매원 개인의 적성에 의하여 결정되고 있음을 설명한 바 있다. 설명변수의 설명력을 평가하는 더 구체적인 방법은 가설 '$H_0 : \beta_1 = 0$'을 검정하는 것이다. 이 가설은 주어진 선형의 회귀관계가 유의적인가? 다시 말하여, 표본자료에는 적성검사와 판매실적 사이에 기울기가 0이 아닌 직선의 회귀관계의 존재에 대한 충분한 근거가 있는가를 밝히는 것이다. 이 가설의 검정에는 t-검정이 이용된다. 검정통계량의 값과 그 자유도는

$$t = \frac{b_1 - \beta_{1(0)}}{s/\sqrt{s_{xx}}} = \frac{0.628 - 0}{0.066} = 9.50, \quad \text{d.f.} = n - 2 = 18$$

이다. 이것을 t-분포의 임계값 $t_{0.99}(18) = 2.552$에 비하여 매우 유의적이라 할 수 있다. 물론 P-값이 0.0001 이하로 이 결과를 더 구체적으로 설명하고 있다. 결국 귀무가설 H_0는 기각된다. 물론 위 F-검정에서도 같은 결과를 얻었다. 사실 단순선형의 경우 두 검정은 같은 결과를 가져온다. 실제 $t^2 = F$이 성립한다.

자료의 적합에서 얻은 회귀방정식은

$$y = 41.696 + 0.628x$$

이다. 추정된 이 회귀계수들로부터 다음과 같은 해석이 가능하다. 먼저 기울기 β_1은 설명변수가 단위량이 증가할 때 따라서 변하는 종속변수 확률분포의 평균의 변화량을 의미하므로, 그 추정값 0.628은 적성검사의 점수가 한 단위(즉, 1점) 증가하면 판매원들의 개별 판매량은 평균적으로 0.628단위 증가함을 말한다. 또 상수 β_0은 추정된 회귀직선의 y의 절편이므로, 그 추정값 41.696은 적성검사의 점수가 0인 경우에도 그 판매원에게서 기대되는 기본적 평균판매량을 말한다. 그러

나 실제 적성검사의 점수가 0인 경우는 잘 나타나지 않으므로 이것에 너무 큰 의미를 줄 수는 없다고 판단된다.

회사의 입장에서는 입사 시 적성검사의 10점 차에서 입사 후 개인실적에서 약 10단위의 증가를 기대해도 되는가에 대한 의문을 가질 수 있다. 이 물음에 대한 대답은 가설

$$“H_0 : \beta_1 = 1 \quad \text{vs.} \quad H_1 : \beta_1 < 1”$$

의 검정으로 설명할 수 있다. 이 검정에 적절한 검정통계량은

$$t = \frac{b_1 - \beta_{1(0)}}{s/\sqrt{s_{xx}}} = \frac{0.628 - 1}{0.066} = -5.636, \quad \text{d.f.} = n - 2 = 18$$

이다. $t_{0.01}(18) = -2.552$이므로 검정의 결과는 높은 유의성을 가지고 귀무가설을 기각한다. 결국 회사의 이러한 기대는 자료에 의하여 지지를 받을 수 없다. 회사의 기대는 실제보다 과장되었다고 할 수 있다.

다음은 기울기 β_1에 대한 신뢰구간을 구한다. β_1의 95%의 신뢰구간은

$$b_1 \pm t_{1-\frac{\alpha}{2}}(n-2) \cdot \frac{s}{\sqrt{s_{xx}}}$$

으로, $b_1 = 0.628$, $t_{0.975}(18) = 2.101, s = \sqrt{MSE} = 4.074$, 그리고 $s_{xx} = 3796.95$을 대입하면

$$0.628 \pm 2.101(0.0661) = (0.4391,\ 0.7669)$$

이다. 다시 말하면, 신뢰도 95%를 가지고 입사 시 적성검사의 1점 차이가 입사 후의 판매실적을 약 0.44단위에서 0.77단위까지 증가시킨다고 할 수 있다. 바꾸어 말하면, 적성검사 10점은 개인실적을 4단위에서 8단위까지 증가시키는 것이다. 더욱이, 이 회사에서 적성검사의 점수가 80점인 판매원들의 입사 후 예측되는 평균 판매실적 $\hat{\mu}_{Y|80}$은 $\hat{\mu}_{Y|x} = b_o + b_1 x$ 을 이용하면

$$\hat{\mu}_{Y|80} = 41.696 + 0.628(80) = 91.936$$

로 주어진다. 또 표준오차를 이용하여 얻은 근사적인 95% 신뢰구간은

$$\hat{\mu}_{Y|x} \pm t_{1-\frac{\alpha}{2}}(n-2) \cdot s \cdot \sqrt{\frac{1}{n} + \frac{(x-\overline{x})^2}{s_{xx}}}$$

을 이용하여, $n = 20$, $x = 80$, $t_{0.975}(18) = 2.101$, $s = 4.074$, $\overline{x} = 37.95$, 그리고 $s_{xx} = 3796.95$을 대입하면

$$91.936 \pm 2.101(4.074)\sqrt{0.5157} = (85.789,\ 98.083)$$

을 얻는다.

또 적성검사의 점수가 80점 정도이면 입사 후 예측되는 판매실적은 얼마나 될지를 생각해 보자. 이것을 $y|_{80}$로 표시하면 $\hat{y}|_x = \hat{\mu}_{Y|x} = b_o + b_1 x$ 인 사실로부터

$$\hat{y}|_{80} = 41.696 + 0.628(80) = 91.936$$

이다. 또 $y|x$ 의 신뢰도 95%의 근사적 신뢰구간은

$$\hat{y}|x \pm t_{1-\frac{\alpha}{2}}(n-2) \cdot s \cdot \sqrt{1+\frac{1}{n}+\frac{(x-\bar{x})^2}{s_{xx}}} \qquad (14.38)$$

을 이용하여, 위와 같은 방법으로

$$91.936 \pm 2.101(4.074)\sqrt{1.5157} = (81.338,\ 102.473)$$

을 얻는다.

$y|x$ 의 예측에 대한 표준오차는 (14.38)에서와 같이, 독립변수의 값(x)이 실제 관측값의 중심($\bar{x}$)에서 멀수록 증가한다. 따라서 관측값들로부터 가깝지 않은 적성검사의 점수에 대응되는 판매실적의 실제값을 예측할 때에는 이러한 점을 유의해야 한다. 여기에 두 가지 형태의 위험이 따르기 때문이다. 하나는 이 경우 큰 표준오차에 기인하는 적지 않은 불확실성이고, 더 중요한 다른 하나는 지금 추정된 선형관련이 관측범위 밖에 있을 수 있다는 것이다. 추정된 회귀선을 관측범위 밖에서 사용할 때는 특히 유의해야 한다. 앞에서도 언급된 바와 같이, 위에서 추정된 회귀직선은 적성검사의 점수가 음인 경우는 물론이고 0인 경우에 판매실적을 예측하기 위해서 사용하기에는 적당하지 않은 것이다. 이것은 실제로 나타나지 않는 값이기 때문이다.

참고 14.20

위 분석에서 사용된 적성검사의 자료는 개인별 판매실적을 예측하는 데 유익한 정보를 제공했다고 할 수 있다. 더욱이 분석과정에서 회귀모형 등 분석과 관련된 기본 가정도 비교적 잘 만족되었으므로, 종합적으로 분석을 통하여 얻은 모수의 추정 및 검정, 회귀식 그리고 예측값 등을 포함한 결과는 비교적 높은 신뢰성을 갖는다고 할 수 있다.

14.5† | 다중선형회귀분석

단순선형회귀분석은 한 종속변수(즉, 반응변수)에 영향을 주는 독립변수(즉, 예측변수)가 하나만 존재하여 관측 자료에 직선의 회귀모형을 적합 시키는 회귀분석을 말하였다. 그러나 일반적인 회귀문제에서는 두 개 이상의 독립변수가 회귀모형과 관련될 수 있다. 그것은 자연이나 사회현상에서 결과를 나타내는 종속변수에 대하여 원인이 되는 독립변수가 하나인 경우보다는 여러 개인 경우가 더 많기 때문이다. 농장물의 '수확량'이 단순히 '비료의 양'에만 관련되어 있는 것이 아니고 성장기의 '기온', '강수량', '일조량' 등과도 정도의 차이는 있지만 어느 정도 관련이 있고 따라서 이 요소

중 어느 것이라도 변하면 수확량도 어느 정도 변화를 갖게 되는 경우와 같다.

일반적으로, 한 종속변수에 대하여 독립변수가 두 개 이상 관련된 회귀분석을 다중 또는 다중회귀분석(multiple regression analysis)이라 하고, 또 여기서 사용되는 회귀모형이 계수들에 대하여 일차식, 즉 선형함수로 주어지면, 이 모형을 다중선형회귀모형(multiple linear regression model)이라 한다.

14.5.1 다중선형회귀모형

단순선형회귀모형에서와 같이, 두 개 이상의 여러 독립변수 $X_1, \cdots, X_p$ 의 관측값으로부터 다른 한 변수 Y 의 값을 예측하려면 먼저 이들 사이의 관계가 파악되어야 한다. 이런 의미에서, 다중선형회귀분석에서도 다음과 같이 다중선형회귀모형의 도입이 필요하다.

먼저, $\mathrm{X} = (X_1, \cdots, X_p)$ 그리고 $\mathbf{x} = (x_1, \cdots, x_p)$로 표시하자. 지금 독립변수 벡터 X 의 n개 고정값

$$\begin{aligned} \mathbf{x}_1 &= (x_{11}, \cdots, x_{p1}), \\ \mathbf{x}_2 &= (x_{12}, \cdots, x_{p2}), \\ &\vdots \\ \mathbf{x}_n &= (x_{1n}, \cdots, x_{pn}) \end{aligned} \tag{14.39}$$

에 대응하여 스칼라인 종속변수 Y는 n개의 값 $Y_1, \cdots, Y_n$이 관측되었다고 하자. 이때, 관측값 Y_i는 서로 독립인 확률변수 $Y_1, \cdots, Y_n$에서 하나씩 관측된 값으로, 고정값 $\mathbf{x}_i$와 확률변수 Y_i 사이에는

$$E[Y_i \mid \mathrm{X} = \mathbf{x}_i] = \beta_0 + \beta_1 x_{1i} + \cdots + \beta_p x_{pi}, \quad i = 1, \cdots, n \tag{14.40}$$

의 선형관계를 가정한다. 더욱이

$$Var[Y_i] = \sigma^2, \quad i = 1, \cdots, n \tag{14.41}$$

을 가정한다. 이 두 가정은 간단히 다음과 같이 표현된다.

$$Y_i = \beta_0 + \beta_1 x_{1i} + \cdots + \beta_p x_{pi} + \epsilon_i, \quad i = 1, \cdots, n \tag{14.42}$$

여기서 $\epsilon_1, \cdots, \epsilon_n$은 서로 독립이고

$$E[\epsilon_i] = 0, \quad Var[\epsilon_i] = \sigma^2 \tag{14.43}$$

인 (정규분포를 따르는) 확률변수들이다. Y_i는 확률오차인 ϵ_i에 의존하고 또 ϵ_i들이 서로 독립이므로, Y_i들은 독립이다. 또 (14.40), (14.41)은 각각 (14.42), (14.43)에서 얻어진다.

다중선형회귀모형의 기본 가정은 다음과 같이 요약된다.

(1) 독립변수인 벡터 X 의 각 값 $\mathbf{x}$에 대하여 Y의 값으로 구성되는 한 확률분포가 대응된다. 이

것을 $\mathbf{x}$에 대응되는 Y의 부분모집단(subpopulation)이라 하고, 이 부분모집단은 정규분포를 따른다. 즉

$$\forall \mathrm{X} = \mathbf{x},\ \exists\, Y|\mathbf{x} \sim N(\mu_{Y|\mathbf{x}}, \sigma_{\mathbf{x}}^2)$$

(2) 부분모집단의 분산은 모두 같다. 즉

$$\forall \mathrm{X} = \mathbf{x},\ \sigma_{\mathbf{x}}^2 = \sigma^2$$

(3) Y의 부분모집단의 평균 $E[Y|\mathrm{X} = \mathbf{x}]$ (즉, $\mu_{Y|\mathbf{x}}$)은 모두 한 (초)평면(hyper-plane) 위에 존재한다. 즉,

$$E[Y|\mathrm{X} = \mathbf{x}](= \mu_{Y|\mathbf{x}}) = \beta_0 + \beta_1 x_1 + \cdots + \beta_p x_p$$

(4) Y의 값은 확률적으로 서로 독립이다. 즉, X 의 한 값에서 관측된 Y의 값은 X 의 다른 값에서 관측된 Y의 값에 종속되지 않는다.

다중선형회귀모형은 다음과 같이 정의한다.

정의 14.21 다중선형회귀모형

독립변수인 벡터 X 의 고정값 $\mathbf{x}_1, \cdots, \mathbf{x}_n$에서 관측된 종속변수 Y의 값 $Y_1, \cdots, Y_n$ 사이에 방정식

$$Y_i = \beta_0 + \beta_1 x_{1i} + \cdots + \beta_p x_{pi} + \epsilon_i, \quad i = 1, \cdots, n \tag{14.44}$$

을 만족하면, X와 Y는 다중선형관련을 갖는다고 하고 관계식 (14.44)를 (표본)다중선형회귀모형이라고 한다. 여기서 ϵ_i은 확률변수로 $\epsilon_i \sim N(0, \sigma^2)$이고, $\beta_0, \cdots, \beta_p$는 모두 상수이다.

참고 14.22 다항식회귀모형

선형회귀모형 중에는 Y_i가 x_i의 비선형함수로 표시되는 경우도 자주 나타난다. 대표적으로, y_i가 하나의 독립변수 X의 관측값 x_i의 다항식으로 주어지는

$$Y_i = \beta_0 + \beta_1 x_i + \beta_2 x_i^2 + \cdots + \beta_p x_i^p + \epsilon_i \tag{14.45}$$

을 다항식회귀모형(polynomial regression model)이라 한다.

다중선형회귀모형의 벡터형은

$$\mathbf{y} = \mathrm{X}\,\beta + \epsilon \tag{14.46}$$

이다. 여기서 $\mathbf{y}$는 $n \times 1$의 관측 가능한 확률벡터, X 는 고정상수의 $n \times p$의 행렬, $\boldsymbol{\beta}$는 모수공간

$\Theta \subset R^{p+1}$에서 정의되는 미지의 모수벡터, 그리고 $\boldsymbol{\epsilon}$은 관측 불가능한 확률벡터로

$$E(\boldsymbol{\epsilon}) = \mathbf{0}, \quad Cov[\boldsymbol{\epsilon}] = \Sigma$$

로 정의된다. $\mathbf{y}$, X, $\boldsymbol{\beta}$ 그리고 $\boldsymbol{\epsilon}$은 다음과 같이 주어진다.

$$\mathbf{y} = \begin{bmatrix} Y_1 \\ Y_2 \\ \vdots \\ Y_n \end{bmatrix} \quad \mathrm{X} = \begin{bmatrix} 1 & x_{11} & x_{21} & \cdots & x_{p1} \\ 1 & x_{12} & x_{22} & \cdots & x_{p2} \\ \vdots & \vdots & \vdots & \ddots & \vdots \\ 1 & x_{1n} & x_{2n} & \cdots & x_{pn} \end{bmatrix} \quad \boldsymbol{\beta} = \begin{bmatrix} \beta_1 \\ \beta_2 \\ \vdots \\ \beta_p \end{bmatrix} \quad \boldsymbol{\epsilon} = \begin{bmatrix} \epsilon_1 \\ \epsilon_2 \\ \vdots \\ \epsilon_n \end{bmatrix}$$

14.5.2 최소제곱추정량과 그 성질

다중선형회귀모형 (14.44)나 (14.46)에 관한 통계적 문제도 선형에서와 같이 회귀모수의 벡터 $\boldsymbol{\beta}$와 분산 σ^2의 추론, 즉 추정과 가설검정에 관한 문제들이다. 선형의 경우에서와 같이, $\boldsymbol{\beta}$의 최소제곱추정량은 잔차제곱합

$$Q_n(\boldsymbol{\beta}) = \boldsymbol{\epsilon}^t \boldsymbol{\epsilon} = (\mathbf{y} - \mathrm{X}\boldsymbol{\beta})^t (\mathbf{y} - \mathrm{X}\boldsymbol{\beta}) \tag{14.47}$$

를 최소화하는 벡터 $\boldsymbol{\beta}$를 말한다. $\boldsymbol{\epsilon}^t$는 벡터 $\boldsymbol{\epsilon}$의 전치(transpose)를 의미한다.

$$Q_n(\boldsymbol{\beta}) = \mathbf{y}^t \mathbf{y} - 2\boldsymbol{\beta}^t \mathbf{y} + \boldsymbol{\beta}^t \mathrm{X}^t \mathrm{X} \boldsymbol{\beta} \tag{14.48}$$

와 같이 $Q_n(\boldsymbol{\beta})$는 $\boldsymbol{\beta}$의 이차식(quadratic)이고, 모수벡터 $\boldsymbol{\beta}$의 최소제곱추정량을 구하기 위하여 이것을 $\boldsymbol{\beta}$에 대하여 (벡터)미분하면

$$\frac{dQ_n(\boldsymbol{\beta})}{d\boldsymbol{\beta}} = 0 - 2\mathrm{X}^t \mathbf{y} + 2\mathrm{X}^t \mathrm{X} \boldsymbol{\beta}^t \tag{14.49}$$

이며(14장 연습문제 26), 이 식을 $\mathbf{0}$으로 하는 $\boldsymbol{\beta}$의 값을 $\hat{\boldsymbol{\beta}}_n$로 놓으면 다음의 수직방정식(normal equations)

$$\mathrm{X}^t \mathrm{X} \hat{\boldsymbol{\beta}}_n = \mathrm{X}^t \mathbf{y} \tag{14.50}$$

을 얻는다. 계획행렬 X가 완전계수(full rank)이면, 다시 말하여 $\mathrm{rank}(\mathrm{X}) = p$이면, $\mathrm{X}^t \mathrm{X}$은 양의 정칙행렬이고 따라서 이 행렬은 역행렬을 갖는다. 결국 방정식 (14.50)의 해는 하나만 존재하여 $\boldsymbol{\beta}$의 최소제곱추정량 $\hat{\boldsymbol{\beta}}_n$는

$$\hat{\boldsymbol{\beta}}_n = (\mathrm{X}^t \mathrm{X})^{-1} \mathrm{X}^t \mathbf{y} \tag{14.51}$$

이다. 물론 이때 (14.48)은 (14.51)에서 최소가 됨을 보일 수 있다(14장 연습문제 28). 한편, 계획행렬이 완전계수가 아닌 경우 방정식 (14.51)을 만족하는 해는 무수히 많이 존재한다. 이때 이 해들은 (14.51)에서 $(\mathrm{X}^t \mathrm{X})^{-1}$을 일반화된 역행렬 $(\mathrm{X}^t \mathrm{X})^{-}$로 대체하여 표시하게 된다.

단순선형의 경우, 수직방정식 (14.48)의 성분형은 물론 (14.9)에서 주어진

$$\sum_{i=1}^{n} Y_i = nb_0 + b_1 \sum_{i=1}^{n} x_i, \quad \sum_{i=1}^{n} x_i Y_i = b_0 \sum_{i=1}^{n} x_i + b_1 \sum_{i=1}^{n} x_i^2,$$

이고, 해 (14.51)의 성분형은

$$b_0 = \overline{Y} - b_1 \overline{x}, \quad b_1 = \frac{\sum_{i=1}^{n} (x_i - \overline{x}) Y_i}{\sum_{i=1}^{n} (x_i - \overline{x})^2} = \frac{S_{xY}}{S_{xx}}$$

로 주어진다. 이 결과는 앞 절에서 구한 단순선형의 결과와 일치한다.

한편, 최소제곱추정량 $\hat{\beta}_n$의 기댓값과 분산은 각각

$$E[\hat{\beta}_n] = \beta, \quad Var[\hat{\beta}_n] = \sigma^2 (\mathrm{X}^t \mathrm{X})^{-1}$$

으로 주어지고, 따라서 $\hat{\beta}_n$는 β의 불편추정량이다. 이 결과는 다음과 같이 증명된다.

$$\begin{aligned} E[\hat{\beta}_n] &= E[(\mathrm{X}^t \mathrm{X})^{-1} \mathrm{X}^t \mathbf{y}] \\ &= (\mathrm{X}^t \mathrm{X})^{-1} \mathrm{X}^t E[\mathbf{y}] \\ &= (\mathrm{X}^t \mathrm{X})^{-1} \mathrm{X}^t \mathrm{X} \beta \\ &= \beta \end{aligned}$$

다음에 $Var[\hat{\beta}_n]$을 구하는 데, 먼저 선형변환의 분산에 대한 성질(14장 연습문제 24)을 이용하면

$$\begin{aligned} Var[\hat{\beta}_n] &= Var[(\mathrm{X}^t \mathrm{X})^{-1} \mathrm{X}^t \mathbf{y}] \\ &= (\mathrm{X}^t \mathrm{X})^{-1} \mathrm{X}^t Var[\mathbf{y}][(\mathrm{X}^t \mathrm{X})^{-1} \mathrm{X}^t]^t \end{aligned} \tag{14.52}$$

이다. 또 여기에 다음 성질

$$\begin{aligned} [(\mathrm{X}^t \mathrm{X})^{-1} \mathrm{X}^t]^t &= \mathrm{X}[(\mathrm{X}^t \mathrm{X})^{-1}]^t \\ &= \mathrm{X}[(\mathrm{X}^t \mathrm{X})^t]^{-1} \\ &= \mathrm{X}(\mathrm{X}^t \mathrm{X})^{-1} \end{aligned}$$

을 적용하면, (14.52)는

$$\begin{aligned} Var[\hat{\beta}_n] &= (\mathrm{X}^t \mathrm{X})^{-1} \mathrm{X}^t Var[\mathbf{y}] \mathrm{X} (\mathrm{X}^t \mathrm{X})^{-1} \\ &= (\mathrm{X}^t \mathrm{X})^{-1} \mathrm{X}^t (\sigma^2 I) \mathrm{X} (\mathrm{X}^t \mathrm{X})^{-1} \\ &= \sigma^2 (\mathrm{X}^t \mathrm{X})^{-1} (\mathrm{X}^t \mathrm{X}) (\mathrm{X}^t \mathrm{X})^{-1} \\ &= \sigma^2 (\mathrm{X}^t \mathrm{X})^{-1} \end{aligned} \tag{14.53}$$

이다. 단순선형의 경우, (14.53)에 주어진 $Var[\hat{\beta}_n]$의 성분식은

$$(X^t X)^{-1} = \frac{1}{n \sum_{i=1}^{n} (x_i - \overline{x})^2} \begin{bmatrix} \Sigma x_i^2 & -\Sigma x_i \\ -\Sigma x_i & n \end{bmatrix}$$

을 이용하여

$$Var[\hat{\beta}_n] = Var\begin{pmatrix} b_0 \\ b_1 \end{pmatrix} = \frac{\sigma^2}{n\sum_{i=1}^{n}(x_i - \bar{x})^2}\begin{bmatrix} \Sigma x_i^2 & -\Sigma x_i \\ -\Sigma x_i & n \end{bmatrix}$$

이다. 이 결과는 다음과 같이 표시하기도 한다.

$$Var[\hat{\beta}_n] = Var\begin{pmatrix} b_0 \\ b_1 \end{pmatrix} = \frac{\sigma^2}{s_{xx}}\begin{bmatrix} \frac{1}{n}\Sigma x_i^2 & -\bar{x} \\ -\bar{x} & 1 \end{bmatrix}$$

가우스-마르코프 정리로 알려진 다음 정리는 최소제곱추정량 $\hat{\beta}_n$의 주요한 성질을 설명한다.

정리 14.23 가우스-마르코프 정리

중선형회귀모형 (14.44), 즉 $\mathbf{y} = \mathrm{X}\boldsymbol{\beta} + \boldsymbol{\epsilon}$에서, 만약

$$E[\boldsymbol{\epsilon}] = \mathbf{0}, \quad Var[\boldsymbol{\epsilon}] = \sigma^2 I \tag{14.54}$$

이면, 임의의 $\mathbf{c} \in R^{p+1}$에 대하여 $\mathbf{c}^t\hat{\boldsymbol{\beta}}_n$은 $\mathbf{c}^t\boldsymbol{\beta}$의 최량선형불편추정량(best linear unbiased estimator: BLUE)이다.

증명 이 정리의 증명은 생략하기로 한다. □

참고 14.24

정리 14.23에서 선형(linear)이란 추정량 $\mathbf{c}^t\hat{\boldsymbol{\beta}}_n$이 $y_1, \cdots, y_n$의 선형함수, 즉 일차결합임을 의미하고, 또 최량(best)이란 이 추정량이 $\mathbf{c}^t\boldsymbol{\beta}$의 선형불편추정량 중 분산을 가장 작게 갖는 추정량임을 뜻한다.

최소제곱추정량의 다른 우수성으로는 정규성을 들 수 있다. 또 선형회귀모형 (14.46)에서 오차항이 정규분포를 따를 때, 즉 $\epsilon \sim N(0, \sigma^2 I_p)$일 때, 최소제곱추정량 $\hat{\beta}_n$은 확률표본의 우도함수를 최대로 하는 β_n의 최우도추정량(MLE)과 일치한다. 이때, 오차의 분산 σ^2에 대한 불편추정량은

$$\hat{\sigma}^2 = S^2 = \frac{SSE}{n-p-1} = \frac{(\mathbf{y} - \mathrm{X}\hat{\boldsymbol{\beta}}_n)^t(\mathbf{y} - \mathrm{X}\hat{\boldsymbol{\beta}}_n)}{n-p-1} = \frac{\mathbf{e}^t\mathbf{e}}{n-p-1}$$

이다.

다음 정리는 오차의 분포가 정규분포일 때, 회귀모수와 오차분산에 관한 최소제곱추정량들의 성질을 설명한다.

정리 14.25

정리 14.23의 가정하에서 $\boldsymbol{\epsilon} \sim N(\mathbf{0}, \sigma^2 I_n)$, 즉 $\mathrm{Y} \sim N_n(\mathrm{X}\boldsymbol{\beta}, \sigma^2 I_n)$이고, 또 X가 양의 정칙 행렬이면 추정량 $\hat{\boldsymbol{\beta}}_n$은 다음 성질을 갖는다.

(1) $\hat{\boldsymbol{\beta}}_n \sim N_{p+1}(\boldsymbol{\beta}, \sigma^2(\mathrm{X}^t\mathrm{X})^{-1})$

(2) $(\hat{\boldsymbol{\beta}}_n - \boldsymbol{\beta})^t \mathrm{X}^t \mathrm{X}(\hat{\boldsymbol{\beta}}_n - \boldsymbol{\beta})/\sigma^2 \sim \chi^2(p+1)$

(3) $\hat{\boldsymbol{\beta}}_n$와 S^2는 독립

(4) $\dfrac{(n-p-1)S^2}{\sigma^2} \sim \chi^2(n-p-1)$

증명 이 정리의 증명은 생략하기로 한다. □

14.5.3 다중선형회귀의 모수 추론

앞에서도 설명한 바와 같이, 일반적으로 구간추정은 점추정에 비하여 추정의 결과에 대한 정확도를 제공할 수 있는 이점을 갖는다. 이것이 모수의 추정에서 구간추정이 많이 이용되는 이유이기도 하다.

여기서 논의될 다중선형회귀모형과 관련한 추론의 문제는 다음과 같다.

(1) 회귀모수 $\beta_0, \cdots, \beta_p$의 개별 원소에 대한 신뢰구간과 가설검정

(2) 독립변수(벡터) X의 값 $\mathbf{x}$에서의 종속변수(즉, 반응변수) Y의 평균반응값(mean response) $\mu_{Y|\mathbf{x}}$에 관한 신뢰구간

(3) 독립변수(벡터) X의 값 $\mathbf{x}$에서의 종속변수 Y의 실제값(즉, 개별반응) $y_{\mathbf{x}}$에 관한 신뢰구간

(4) (다중선형)회귀모형에 관한 유의성 검정

(5) 예측변수의 부분집합에 관한 검정

(6) 예측변수의 선별절차

14.5.3.1 개별 회귀모수의 신뢰구간과 검정

정리 14.24에 의하면, $\boldsymbol{\beta}$의 최소제곱추정량 $\hat{\boldsymbol{\beta}}_n$은 정규분포를 따른다. 즉

$$\hat{\boldsymbol{\beta}}_n = (\mathrm{X}^t\mathrm{X})^{-1}\mathrm{X}^t\mathbf{y} \sim N_{p+1}(\boldsymbol{\beta}, \sigma^2(\mathrm{X}^t\mathrm{X})^{-1})$$

따라서 모수 $\beta_0, \beta_1, \cdots, \beta_p$의 각 추정량 $\hat{\beta}_0, \hat{\beta}_1, \cdots, \hat{\beta}_p$은 각각

$$\hat{\beta}_i \sim N(\beta_i, c_{ii}\sigma^2), \quad i = 0, 1, \cdots, p \tag{14.55}$$

이다. 여기서 c_{ii}는 행렬 $(\mathrm{X}^t\mathrm{X})^{-1}$에서 주대각선의 $(i+1)$-번째 원소를 나타낸다. 결국

$$\frac{\hat{\beta}_i - \beta_i}{\sigma\sqrt{c_{ii}}} \sim N(0,\ 1), \quad i = 0, 1, \cdots, p \tag{14.56}$$

이고, 여기서 σ는 미지이므로 σ^2의 (불변)추정량

$$\hat{\sigma}^2 = S^2 = \frac{SSE}{n-p-1}$$

을 이용하면, 정리 14.25(3)과 (4)에 의하여

$$\frac{\hat{\beta}_i - \beta_i}{S\sqrt{c_{ii}}} \sim t(n-p-1), \quad i = 0, 1, \cdots, p \tag{14.57}$$

이 성립한다. 따라서 다중선형회귀모형의 i-번째 회귀모수 β_i에 대한 신뢰도 $100(1-\alpha)\%$의 신뢰구간은

$$\hat{\beta}_i - t_{1-\frac{\alpha}{2}}(n-p-1) \cdot s \cdot \sqrt{c_{ii}} \le \beta_i \le \hat{\beta}_i + t_{1-\frac{\alpha}{2}}(n-p-1) \cdot s \cdot \sqrt{c_{ii}}$$

이다.

한편, (14.57)을 이용하면 한 예측변수, 이를테면 'X_i를 회귀모형 (14.42)에 포함시켜야 하는가?'의 문제, 즉 가설

$$\text{“}H_0 : \beta_i = 0 \text{ vs. } H_1 : \beta_i \neq 0\text{”}$$

을 검정할 수 있다. 이 검정에서는, H_0이 진일 때 다음 통계량

$$T^* = \frac{\hat{\beta}_i - 0}{S\sqrt{c_{ii}}} \sim t(n-p-1)$$

의 성질을 이용한다. 계산된 T^*의 값이 너무 크거나 작으면, H_0를 기각한다. 결국, 주어진 가설에 대한 유의수준 α의 검정은

$$\text{“만약 } |T^*| > t_{1-\frac{\alpha}{2}}(n-p-1)\text{이면, } H_0\text{를 기각.”}$$

물론, H_0가 기각되면 $\beta_i \neq 0$의 근거가 표본자료에 있음을 의미하고, 또 H_0가 기각되지 않으면 예측변수 X_i가 모형에서 필요하지 않음을 뜻한다.

14.5.3.2 평균반응값의 신뢰구간

독립변수, 즉 예측변수의 한 특정값에서의 평균반응값은 회귀예측에서 많이 이용된다. 예측변수벡터 X의 한 값 $\mathbf{x}_0 = (x_{10}, \cdots, x_{p0})$에서의 평균반응값

$$\begin{aligned} \mu_{Y|\mathbf{x}_0} &= \beta_0 + \beta_1 x_{10} + \cdots + \beta_p x_{p0} \\ &= \mathbf{x}_c^t \boldsymbol{\beta} \end{aligned}$$

(단, $\mathbf{x}_c^t = [1, x_{10}, \cdots, x_{p0}]$)의 불편추정량은, $E[\hat{\boldsymbol{\beta}}_n] = \boldsymbol{\beta}$인 사실로부터

$$\hat{\mu}_{Y|\mathbf{x}_0} = \hat{\beta}_0 + \hat{\beta}_1 x_{10} + \cdots + \hat{\beta}_p x_{p0}$$
$$= x._c^t \hat{\boldsymbol{\beta}}_n$$

이다. 또 이 추정량의 분산은 $Var[\hat{\boldsymbol{\beta}}_n] = \sigma^2 (X^t X)^{-1}$인 사실과 14장 연습문제 24에 의하여

$$Var[\hat{\mu}_{Y|\mathbf{x}_0}] = Var[\mathbf{x}_c^t \hat{\boldsymbol{\beta}}_n]$$
$$= \mathbf{x}_c^t Var[\hat{\boldsymbol{\beta}}_n] \mathbf{x}_c$$
$$= \sigma^2 \mathbf{x}_c^t (\mathrm{X}^t \mathrm{X})^{-1} \mathbf{x}_c$$

이다. 더욱이, $\hat{\boldsymbol{\beta}}_n$의 정규성과 (14.53)에 의하여 $\hat{\mu}_{Y|x_0}$은 정규분포를 따르므로

$$\hat{\mu}_{Y|\mathbf{x}_0} \sim N(\mathbf{x}_c^t \boldsymbol{\beta}_n,\ \sigma^2 \mathbf{x}_c^t (\mathrm{X}^t \mathrm{X})^{-1} \mathbf{x}_c)$$

이 성립한다. 이것을 표준화하면

$$\frac{\hat{\mu}_{Y|\mathbf{x}_0} - \mu_{Y|\mathbf{x}_0}}{\sigma \sqrt{\mathbf{x}_c^t (\mathrm{X}^t \mathrm{X})^{-1} \mathbf{x}_c}} \sim N(0, 1)$$

이고, 여기서 미지인 σ^2을 그 불편추정량인 S^2으로 대체하면, 앞에서와 같은 논리로

$$\frac{\hat{\mu}_{Y|\mathbf{x}_0} - \mu_{Y|\mathbf{x}_0}}{S \sqrt{\mathbf{x}_c^t (\mathrm{X}^t \mathrm{X})^{-1} \mathbf{x}_c}} \sim t(n-p-1)$$

이다. 여기서 $\hat{\mu}_{Y|\mathbf{x}_0} = \mathbf{x}_c^t \hat{\boldsymbol{\beta}}_n$이므로, $\mu_{Y|\mathbf{x}_0}$에 대한 신뢰도 $100(1-\alpha)\%$ 신뢰한계는

$$\mathbf{x}_c^t \hat{\boldsymbol{\beta}}_n \pm t_{1-\frac{\alpha}{2}}(n-p-1) \cdot s \cdot \sqrt{\mathbf{x}_c^t (\mathrm{X}^t \mathrm{X})^{-1} \mathbf{x}_c} \tag{14.58}$$

이다.

14.5.3.3 실제반응값의 신뢰구간

앞 절에서와 같은 방법을 이용하면, 예측변수(벡터)의 미래의 한 값 $\mathrm{X} = \mathbf{x}_0$에 대한 개별반응값, 즉 반응값의 실제값 $y_{\mathbf{x}_0}$의 신뢰구간을 얻을 수 있다. 단순선형에서 설명한 바와 같이, $y_{\mathbf{x}_0} = \mathbf{x}_c^t \boldsymbol{\beta}_n + \epsilon_0$이기 때문에, $y_{\mathbf{x}_0}$의 예측값은 ($\mu_{Y|\mathbf{x}_0}$의 예측값과 같이) $\hat{y}_{\mathbf{x}_0} = \mathbf{x}_c^t \hat{\boldsymbol{\beta}}_n$이다. 여기서 확률변수 $y_{\mathbf{x}_0}$와 $\hat{y}_{\mathbf{x}_0}$은 독립이다. 그것은 $y_{\mathbf{x}_0}$가 $\hat{y}_{\mathbf{x}_0} = \mathbf{x}_c^t \hat{\boldsymbol{\beta}}_n$의 계산에 사용되는 n개의 관측값에 독립인 (미래)값이기 때문이다. $\hat{\boldsymbol{\beta}}_n \sim N\boldsymbol{\beta}, \sigma^2 (X^t X)^{-1})$에 의하여,

$$\hat{y}_{\mathbf{x}_0} = \mathbf{x}_c^t \hat{\boldsymbol{\beta}}_n \sim N(\mathbf{x}_c^t \boldsymbol{\beta},\ \sigma^2 \mathbf{x}_c^t (\mathrm{X}^t \mathrm{X})^{-1} \mathbf{x}_c)$$

이고, $\epsilon_0 \sim N(0, \sigma^{2)}$에 의하여

$$y_{\mathbf{x}_0} = \mathbf{x}_c^t \boldsymbol{\beta} + \epsilon_0 \sim N(\mathbf{x}_c^t \boldsymbol{\beta},\ \sigma^2)$$

이다. $y_{\mathbf{x}_0}$와 $\hat{y}_{\mathbf{x}_0}$은 독립성을 이용하면

$$\hat{y}_{\mathbf{x}_0} - y_{\mathbf{x}_0} \sim N(0,\ \sigma^2 \mathbf{x}_c^t (\mathrm{X}^t \mathrm{X})^{-1} \mathbf{x}_c)$$

이다. 따라서

$$\frac{\hat{y}_{\mathbf{x}_0} - y_{\mathbf{x}_0}}{\sigma \sqrt{\mathbf{x}_c^t (\mathrm{X}^t \mathrm{X})^{-1} \mathbf{x}_c}} \sim N(0,\ 1)$$

이고, 여기서 σ^2이 미지이면 이것을 S^2으로 대체한다. S^2는 $\hat{\boldsymbol{\beta}}_n$와 독립이므로, S^2는 $y_{\mathbf{x}_0} = \mathbf{x}_c^t \hat{\boldsymbol{\beta}}_n + \epsilon_0$에 독립이고, 또 S^2는 $y_{\mathbf{x}_0}$에도 독립이므로, 앞에서와 같은 논리로

$$\frac{\hat{y}_{\mathbf{x}_0} - y_{\mathbf{x}_0}}{S \cdot \sqrt{1 + \mathbf{x}_c^t (\mathrm{X}^t \mathrm{X})^{-1} \mathbf{x}_c}} \sim t(n-p-1)$$

이다. 결국 임의의 $\alpha(0 < \alpha < 1)$에 대하여

$$P\left[\left|\frac{\hat{y}_{\mathbf{x}_0} - y_{\mathbf{x}_0}}{S \cdot \sqrt{1 + \mathbf{x}_c^t (X^t X)^{-1} \mathbf{x}_c}}\right| \le t_{1-\frac{\alpha}{2}}(n-p-1)\right] = 1 - \alpha$$

이다. 여기서 $\hat{y}_{\mathbf{x}_0} = \mathbf{x}_c^t \hat{\boldsymbol{\beta}}_n$을 이용하면, $y_{\mathbf{x}_0}$에 대한 $100(1-\alpha)\%$ 신뢰한계는

$$\mathbf{x}_c^t \hat{\boldsymbol{\beta}}_n \pm t_{1-\frac{\alpha}{2}}(n-p-1) \cdot s \cdot \sqrt{1 + \mathbf{x}_c^t (\mathrm{X}^t \mathrm{X})^{-1} \mathbf{x}_c} \qquad (14.59)$$

로 주어진다. 이 경우 신뢰구간의 폭은 평균반응 $\mu_{Y|\mathbf{x}_0}$의 경우 (14.58)에서 보다 커졌으며 그 크기는 $\mathbf{x}_0$의 위치에 따라 달라진다.

14.5.3.4 회귀모형의 유의성 검정: 분산분석방법

회귀분석에서 관심을 갖는 다른 문제의 하나는 적용되는 회귀모형 (14.42)에 관한 유의성 검정이다. 다시 말하면, 지금 적용하고 있는 회귀방정식의 독립변수 중 적어도 하나는 종속변수에 영향을 주고 있는가? 바꾸어 말하면, 독립변수 중 적어도 하나는 종속변수를 설명하는 데 도움이 되는가를 확인하는 일이다. 결국 가설

"$H_0 : \beta_1 = \cdots = \beta_p = 0$ vs. H_1 : 적어도 한 j에 대하여 $\beta_j \neq 0$"

을 검정하게 된다. 이 가설은 벡터모형 (14.46)에서 $\hat{\boldsymbol{\beta}}_1^t = (\beta_1,\ \cdots,\ \beta_p)$일 때

"$H_0 : \boldsymbol{\beta}_1 = 0$ vs. $H_1 : \boldsymbol{\beta}_1 \neq 0$"

로 표시된다. 보통 β_0는 0이 아니기 때문에 $\beta_0 = 0$를 포함하는 가설 $\boldsymbol{\beta} = \mathbf{0}$의 검정에는 관심을 갖지 않는다.

이 검정에서는 단순선형모형에서와 같이 분산분석이 효과적이다. 분산분석법은 종속변수의 전변동($SSTO$)를 두 부분, 즉 추정된 회귀식에 의하여 설명되는 회귀변동(SSR)과 오차에 의하여 설명

되는 잔차변동(SSE)으로 분해하고, 그 두 부분의 비율에 따라 의미를 부여한다.

이를 위해, 먼저 전편차 $Y_i - \overline{Y}$를 모든 $i = 1, 2, \cdots, n$

$$Y_i - \overline{Y} = (Y_i - \widehat{Y}_i) + (\widehat{Y}_i - \overline{Y})$$

로 분해한다. 여기서 $\widehat{Y}_i$는 $\mathbf{x}_i$에서 추정된 회귀식(즉, 최소제곱방정식)을 통하여 계산된 Y의 예측값, 즉 $\widehat{Y}_i = \mathbf{x}_{c_i}^t \hat{\beta}_n$, $\mathbf{x}_{c_i}^t = [1, x_{1i}, \cdots, x_{pi}]$이다. 또 이 등식의 양변을 제곱하여 모든 i에 대하여 합하면

$$\sum_{i=1}^{n}(Y_i - \overline{Y})^2 = \sum_{i=1}^{n}(Y_i - \widehat{Y}_i)^2 + \sum_{i=1}^{n}(\widehat{Y}_i - \overline{Y})^2 + 2\sum_{i=1}^{n}(\widehat{Y}_i - \overline{Y})(Y_i - \widehat{Y}_i) \qquad (14.60)$$

이고, 여기서 마지막 교차항이 0이 되므로(14장 연습문제 29)

$$\sum_{i=1}^{n}(Y_i - \overline{Y})^2 = \sum_{i=1}^{n}(Y_i - \widehat{Y}_i)^2 + \sum_{i=1}^{n}(\widehat{Y}_i - \overline{Y})^2$$

으로 분해한다. 단순선형에서와 같이

$$\begin{aligned} SSTO &= \sum_{i=1}^{n}(Y_i - \overline{Y})^2 = \sum_{i=1}^{n} Y_i^2 - n\overline{Y}^2 = \mathbf{y}^t\mathbf{y} - n\overline{Y}^2, \\ SSR &= \sum_{i=1}^{n}(Y_i - \widehat{Y})^2 = \sum_{i=1}^{n} Y_i^2 - n\overline{Y}^2 = \hat{\beta}_n^t \mathrm{X}^t\mathbf{y} - n\overline{Y}^2, \\ SSE &= \sum_{i=1}^{n}(Y_i - \widehat{Y}_i)^2 = \mathbf{e}^t\mathbf{e} \end{aligned}$$

는 각각 전변동, 잔차변동, 회귀변동을 나타내며, 이것들을 각각 전제곱합, 오차제곱합, 회귀제곱합이라 한다. 위에서 SSR의 마지막 등식은

$$\begin{aligned} \sum_{i=1}^{n} \widehat{Y}_i^2 = \hat{\mathbf{y}}^t\hat{\mathbf{y}} = \hat{\beta}_n^t \mathrm{X}^t\hat{\mathbf{y}} &= \hat{\beta}_n^t \mathrm{X}^t(\mathbf{y} - \mathbf{e}) \\ &= \hat{\beta}_n^t \mathrm{X}^t\mathbf{y} - \hat{\beta}_n^t \mathrm{X}^t\mathbf{e} = \hat{\beta}_n^t \mathrm{X}^t\mathbf{y} \end{aligned}$$

에 의하여 성립한다. 여기서 $\hat{\beta}_n^l \mathrm{X}^t\mathbf{e} = \mathbf{0}$은 $\mathrm{X}^t\mathbf{e} = \mathbf{0}$(14장 연습문제 29)에서 성립한다. 더욱이 $SSTO$, SSR, SSE의 자유도는 각각 $n-1$, p, $n-p-1$이므로, 특히 MSR와 MSE를

$$MSE = \frac{SSE}{p}$$

$$MSR = \frac{SSR}{n-p-1}$$

으로 정의하고, 각각 회귀평균제곱, 잔차평균제곱이라 한다. 회귀성의 유무를 말하는 위 가설(H_0는 독립변수와 종속변수 사이에 회귀성이 없음을 의미)에 대한 검정통계량은 $F^* = \dfrac{MSR}{MSE}$이고, 이것은 다음 성질을 갖는다.

정리 14.26

정리 14.23에서와 같은 가정, 즉 모형 $\mathbf{y} \sim N_n(\mathrm{X}\boldsymbol{\beta},\ \sigma^2 I_n)$이 성립하면

$$F^* = \frac{MSR}{MSE} \sim \begin{cases} F(p, n-p-1), & \text{만일 '}H_0 : \boldsymbol{\beta}_1 = \mathbf{0}\text{'일 때,} \\ F(p, n-p-1;\ \lambda), & \text{만일 '}H_1 : \boldsymbol{\beta}_1 = \mathbf{0}\text{'일 때} \end{cases}$$

이다. 여기서 $\lambda = \boldsymbol{\beta}_1^t \mathrm{X}_1^t \mathrm{X}_1 \beta_1 / 2\sigma^2$이고, X_n은 계획행렬 X_1에서 제1열을 제외하고 중심화한 행렬이다.

증명 이 정리의 증명은 여기서 생략하기로 한다. □

이 결과에 의하면, 귀무가설 H_0하에서

$$F^* = \frac{MSR}{MSE} \sim F(p, n-p-1) \tag{14.61}$$

이고, 또 대립가설 H_1하에서 F^*의 분포는 그 기댓값이 귀무분포의 것보다 오른쪽(양의 방향)에 있게 된다. 실제로,

$$\begin{aligned} E[MSR] &= \sigma^2 + \frac{1}{p}\boldsymbol{\beta}_1^t \mathrm{X}_1^t \mathrm{X}_1 \boldsymbol{\beta}_1 \\ E[MSE] &= \sigma^2 \end{aligned} \tag{14.62}$$

임이 증명된다(14장 연습문제 8).

따라서 주어진 가설에 대한 유의수준 α의 검정은

"만약 $F^* > f_{1-\alpha}(p, n-p-1)$이면, H_0를 기각"

이다. $f_{1-\alpha}(p, n-p-1)$은 자유도 $(p, n-p-1)$의 (중심적) F-분포의 오른쪽 $\alpha\%$ 점을 말한다. 이 검정은 물론 P-값으로도 설명된다. 계산된 F^*의 값을 넘어서는 귀무분포인 (중심적) F-분포의 오른쪽 꼬리면적(즉, 계산된 F^* 값을 초과할 확률)이 α 보다 작으며 H_0는 기각된다. 실제로 P-값이 α 보다 작다는 것은 $F^* > f_{1-\alpha}(p, n-p-1)$와 동치이다.

또 검정의 결과에서 만약 H_0가 기각되면 관련된 회귀모형은 유의수준 α에서 유의하다고 하며, 이것은 'p개의 독립변수 중 적어도 하나는 종속변수의 변동에 영향을 주고 있음'을 의미한다. 물론, 이것이 모형에 포함된 모든 독립변수들이 종속변수에 영향을 주고 있다는 의미는 아님을 유의할 필요가 있다.

유의성 검정을 위해서는 단순선형에서와 같이 분산분석과 관련되는 통계량, 자유도 그리고 검정통계량 등의 값을 요약하는 다음의 분산분석표를 작성하는 것이 편리하다.

<표 14.8> 다중선형의 분산분석표

변동원	제곱합(SS)	자유도(df)	평균제곱(MS)	F-비
회귀	$SSR=\hat{\boldsymbol{\beta}}_n^t \mathrm{X}^t \mathbf{y}-n\overline{Y}^2$	p	$MSTR$	$\dfrac{MSTR}{MSE}$
잔차	$SSE=\mathbf{e}^t\mathbf{e}$	$n-p-1$	MSE	
전체	$SSTO=\mathbf{y}^t\mathbf{y}-n\overline{Y}^2$	$n-1$		

참고 14.27 회귀방정식의 평가

추정된 회귀방정식

$$\hat{Y}=\hat{\beta}_0+\hat{\beta}_1 x_1+\hat{\beta}_2 x_2+\cdots+\hat{\beta}_p x_p.$$

이 F-검정에 의하여 일단 유의적이면, 다음은 단순선형에서와 마찬가지로 이 추정된 회귀식을 평가하는 절차가 필요하다. 평가에는 Y의 전변동 중 이 추정된 회귀모형에 의하여 설명되는 부분의 비, 즉 결정계수 R^2로 설명한다. 다중결정계수라고도 부르는 이 R^2은, Y의 관측값들의 '자기 평균값 $\overline{Y}$ 주위에 퍼져있는 정도'에 대한 '추정된 회귀식 주위에 퍼져있는 정도'의 비를 의미한다. 다시 말하면, R^2는 종속변수 Y의 전변동($SSTO$)에 대한 회귀평면(즉, 최소제곱방정식)에 의하여 설명되는 변동(SSR)의 비

$$R^2=\frac{SSR}{SSTO}$$

로 정의한다. 만약 모든 관측값 Y_i가 그 예측값 $\hat{Y}_i$와 일치하면 $SSE=0$이며 따라서 $R^2=1$이다. 또 R^2의 값이 1에 가까우면 가까울수록 추정된 회귀식이 관측값을 잘 설명해 준다고 할 수 있다. 반대로 R^2의 값이 0에 가까우면 가까울수록 그 추정된 회귀식은 관측값들을 제대로 설명해주지 못함을 의미하며, 이러한 경우에는 이 관측 자료를 위해서 새로운 회귀모형이 요구된다. 다중선형의 경우에 있어 결정계수와 상관계수에 관해서는 14.5절에서 더 자세히 논한다.

14.5.3.5 예측변수의 부분집합에 관한 검정

한 회귀모형이 주어진 자료의 적합에 유의적이라 할지라도 이 모형에는 종속변수의 값을 예측하는데 필요하지는 않은 독립변수가 포함될 수 있다.

회귀모형에서 예측에 꼭 필요하지 않은 독립변수를 제거시키는 일은 예측에서 매우 중요하다. 그것은 추정되는 계수의 수가 많으면 많을수록 예측오차의 증대를 가져오기 때문이다. 더욱이, 회귀분석의 기본원리의 하나는 관측된 현상을 가급적 작은 개수의 변수를 이용하여 효과적으로 기술하는 것이기 때문이다. 이러한 원리는 분석하려는 현상을 가장 간단히 기술함으로써 그 현상을 용이하게

오차 없이 이해할 수 있기 때문이다. 이것이 소위 절약의 원리(principle of parsimony)이다.

앞에서 논의된 회귀모형의 유의성 검정은 본래의 독립변수의 어떤 부분집합이 예측의 목적에 충분한지 아닌지를 결정하는 데 이용될 수 있다. 그 절차는 다음과 같다.

먼저, X_1, X_2, $\cdots$, X_p를 본래의 예측변수라 하자. 이 모형은

$$\mu_{Y|x_1,\, x_2,\, \cdots,\, x_p} = \beta_0 + \beta_1 x_1 + \beta_2 x_2 + \cdots + \beta_p x_p$$

이고, 이 모형을 완전모형(full model)이라 한다. 또 여기서 일부의 예측변수가 제거된 새 모형을 생각하고, 이것을

$$\mu_{Y|x_1,\, x_2,\, \cdots,\, x_m} = \beta_0 + \beta_1 x_1 + \beta_2 x_2 + \cdots + \beta_m x_m$$

이라 하자. 여기서 $m < p$이고 이 모형을 축소모형(reduced model)이라 한다. 지금 이 두 모형 중에서 하나를 선택하기로 한다. 즉, 다음 가설을 검정한다.

"H_0 : 축소모형이 적절 vs. H_1 : 완전모형이 적절"

이 가설을 검정하는 데, 먼저 앞에서 설명한 기존의 방법에 의하여 본래의 모든 예측변수를 포함한 완전모형의 잔차(또는 오차)제곱합(SSE)을 계산한다. 이것을 SSE_F로 표시한다. 다음은 완전모형의 예측변수 일부만으로 구성된 축소모형에 대한 잔차제곱합(SSE)을 계산하고 이것을 SSE_R로 표시한다. 앞에서 설명한 바와 같이, 회귀모형의 잔차제곱합 SSE는 반응변수 Y의 변동중 이 회귀모형(더 구체적으로 말하여, 회귀모형에 포함된 독립변수들)에 의하여 설명되지 않는 부분을 말한다. 따라서 회귀모형에서 예측변수

$$X_{m+1},\ \cdots,\ X_p$$

들이 정말 중요한 역할을 한다면, 이 변수들을 제거한 새 축소모형에서는 Y의 잔차제곱합이 유의적으로(즉, 무시할 수 없을 정도로) 증가한다. 다시 말하여, SSR_R이 SSR_F보다 현저히 커지게 된다. 검정은 이 성질을 이용한다. 사실, 이때

$$F^{**} = \frac{(SSE_R - SSE_F)/(p-m)}{SSE_F/(n-p-1)} \sim F(p-m,\, n-p-1)$$

이 증명된다. 여기서 만약 H_0이 진이면 축소모형은 완전모형만큼 반응변수 Y의 변동을 잘 설명하게 된다. 이 경우에 $SSE_R - SSE_F$는 작은 값이 된다. 결국 H_0하에서 검정통계량 F는 비교적 작은 값을 갖게 된다. 반대로, H_0이 진이 아니면 축소모형은 적당치 않으며, 이 경우 $SSE_R - SSE_F$가 커져서, 결국 F^*는 큰 값을 갖게 된다. 따라서 구하는 유의수준 α의 검정은

"만약 $|F^*| > f_{1-\frac{1}{\alpha}}(p-m,\, n-p-1)$이면, H_0를 기각"

이다.

참고 14.28 가변수를 갖는 회귀모형

앞에서 다룬 회귀모형의 예측변수(즉, 독립변수)들은 온도나 시간, 또는 키, 몸무게, 나이 등과 같이 모두 양적인 값들을 표시하는 양적변수(quantitative variable)였다. 그러나 경우에 따라서는 예측변수가 성별이나 인종, 계절이나 월, 또는 종류나 등급 등과 같이 질적 변수(qualitative variable)나 또는 범주형적 변수(categorical variable)가 될 수 있다. 이러한 질적 변수를 위해서는 회귀모형에 지시변수(indicator variable)나 가변수(dummy variable)를 사용하는 것이 편리하다. 예컨대, 회귀모형

$$Y_i = \beta_0 + \beta_1 x_{1i} + \beta_2 x_{2i} + \beta_3 x_{3i} + \beta_4 x_{4i} + \beta_5 x_{5i} + \epsilon_i, \quad i = 1, \cdots, n$$

에서 $x_{ki}(k=2,3,4,5)$는 각각 사계절(봄, 여름, 가을, 겨울)을 나타내는 가변수로

$$x_{ki} = \begin{cases} 1, & \text{만약 } i\text{가 계절 } k\text{에 속하면,} \\ 0, & \text{그렇지 않으면} \end{cases}$$

의 지시변수로 정의된다. 이 경우 만약 $k=2$이면

$$\begin{aligned} Y_i &= \beta_0 + \beta_1 x_{1i} + \beta_2(1) + \beta_3(0) + \beta_4(0) + \beta_5(0) + \epsilon_i \\ &= (\beta_0 + \beta_2) + \beta_1 x_{1i} + \epsilon_i \end{aligned}$$

를 의미한다. 더욱이, 지시변수(또는 가변수)가 반응변수의 값을 예측하는 데 필요한 독립변수이지 아닌지를 검정하는 경우에도, 앞에서와 같은 방법으로, 예컨대 가설

$$\text{“}H_0 : \beta_5 = 0 \text{ vs. } H_1 : \beta_5 \neq 0\text{”}$$

을 t-검정이나 F-검정을 통하여 검정한다. 이때 귀무가설하에서의 모형은

$$Y_i = \beta_0 + \beta_1 x_{1i} + \beta_2 x_{2i} + \beta_{3x_{3i}} + \beta_{4x_{4i}} + \epsilon_i \tag{14.63}$$

을 말한다. 따라서 귀무가설 H_0가 기각되면 이것은 $k=5$인 계절(즉, 겨울)을 나타내는 질적 변수가 회귀모형에서 제외될 수 없고 중요하다는 것을 의미하게 된다.

14.5.3.6 예측변수의 선별절차

앞에서 언급한 바와 같이, 다변수회귀분석에서 관측 자료를 가장 적절히 적합하는 모형을 선택하는 것은 매우 중요한 일이다. 그것은 어떤 현상이든 원인과 결과 사이의 간결한 표현으로부터 그 현상의 특성이 가장 정확하게 기술되기 때문이다.

간단하면서도 관측 자료를 적절히 적합할 수 있는 예측모형에 대한 변수의 선택문제 또는 다항식회귀모형에서 적정한 차수의 결정문제 등은 기본적으로 결정계수 R^2와 평균제곱오차(MSE)를 기초로 하여 이루어진다. R^2은 반응변수의 변동에 대한 적합된 회귀식으로 설명되는 부분의 비 $\dfrac{MSR}{MSE}$를 나타내므로, R^2이 클수록 우선 적합이 잘 됨을 뜻한다. 반면에, $MSE(=S^2)$는 적합된

회귀식에서 발생한 예측오차들의 제곱의 평균값으로 이 값은 회귀계수를 포함한 모든 회귀모수들에 대한 신뢰구간의 폭을 결정하는 역할을 한다. 따라서 MSE의 값이 작을수록 더 잘 된 적합을 의미하게 된다.

회귀모형에서 예측변수, 즉 독립변수의 개수가 추가될수록 R^2의 값은 작아지지만, 독립변수의 무분별한 추가는 예측능력을 감소시키는 과도적합(overfitting)의 원인이 되기도 한다. 더욱이 예측변수의 증가는 추정해야 할 회귀모수의 증가로 예측오차를 증대시키는 요인이 될 수 있다.

따라서 예측변수에 대한 사전 지식이나 과거 경험이 없을 때에는 회귀모형에서 적정한 예측변수의 선택은 매우 어려운 문제가 될 수 있다. 또 지원변수가 많을수록 그 선별과정에서 계산량이 증대되므로 회귀모형에서 더 효과적인 예측변수의 선별절차가 필요하다.

변수선별의 효과적인 방법으로 보통 다음 세 가지 방법이 이용된다.

(1) **전방변수추가법**(forward selection method): 가장 중요하다고 생각되는 변수부터 하나씩 추가하되 더 이상 주요 변수가 없다고 판단되면 이 절차를 중단한다. 다시 말하여, 축소모형이 기각될 수 없을 때까지 한 변수씩 추가한다. 기본적으로, 추가할 변수를 선별할 때는 결정계수 R^2을 비교하여 가장 큰 값에 해당하는 변수나 모형을 선택하고, 그리고 추가된 완전모형과 여기서 다른 한 변수를 제거한 축소모형의 선별은 F-검정(6.4.3.5절)을 이용한다.

(2) **후방변수제거법**(backward elimination method): 가능한 모든 변수들을 포함시킨 후 가장 중요하지 않은 변수부터 하나씩 제거해 가서 더 이상 불필요한 변수가 없다고 판단되면 중단하다. 변수의 제거는 축소모형이 기각될 수 없을 때까지 실시한다. 기본적으로, 변수의 선별에는 결정계수를, 그리고 모형의 선택에는 F-검정을 이용한다. 변수의 제거는 축소모형의 적합성에 대한 F-검정을 이용한다.

(3) **단계별 방법**(stepwise method): 전방변수추가법과 후방변수제거법을 혼합한 절차로 단순회귀에서부터 매 단계에서 한 변수를 넣고 대신 뺄 수 있는 변수가 있는지를 확인하며 최적의 모형을 선별한다. 기본적으로, 변수의 추가는 R^2을, 변수의 제거 즉 모형의 선택에는 F검정을 이용한다.

위의 세 가지 변수선별법에 대한 절차를 더 구체적으로 설명하면 다음과 같다. 지금 종속변수 Y에 영향을 줄 수 있는 예측변수의 지원변수가 X_1, X_2, X_3 세 개라 하자. 표현의 간소화를 위하여 선형회귀모형

$$Y_i = \beta_0 + \beta_1 x_{1i} + \beta_2 x_{2i} + \beta_3 x_{3i} + \epsilon_i$$

를

$$Y = [\beta_0,\ X_1,\ X_2,\ X_3]$$

로 표시하자.

(1) 전방변수추가법

1 단계: 지원변수인 X_1, X_2, X_3를 하나씩 포함하는 선형모형

$$Y=[\beta_0,\ X_1],\quad Y=[\beta_0,\ X_2],\quad Y=[\beta_0,\ X_3]$$

을 생각하고, 각 모형에 대한 결정계수 R^2을 계산한다. 여기서 R^2이 가장 큰 변수를 선택한다. 만약 두세 번째 모형의 R^2이 가장 크다고 가정하면 1 단계 예비모형은 $Y=[\beta_0,\ X_2]$이다.

2 단계: $Y=[\beta_0,\ X_2]$을 완전모형으로 하고 또 $Y=[\beta_0]$을 축소모형하여, X_2가 예측변수로 꼭 필요한지를 검정한다. 즉,

$$\text{“}H_0 : Y=[\beta_0]\text{이 적절 vs. } H_1 : Y=[\beta_0,\ X_2]\text{이 적절”}$$

를 검정한다. 예측변수의 부분집합에 관한 검정(6.4.3.5절)인 F-검정을 적용한다. 여기서 만약 H_0이 기각된다면 X_2는 예측에 필요한 변수이고, 결국 2 단계 예비모형은 $Y=[\beta_0,\ X_2]$이다.

3단계: 2단계의 예비모형에 가능한 대로 한 변수씩을 더 추가하여 두 가지

$$Y=[\beta_0,\ X_1,\ X_2],\quad Y=[\beta_0,\ X_2,\ X_3]$$

이변수모형을 생각한다. 각 모형을 자료에 적합시키고 R^2을 구하여 비교한다. R^2이 큰 것을 선택한다. 여기서 $Y=[\beta_0,\ X_1,\ X_2]$가 선택되었다고 하자. 다음은 변수 X_1이 정말 필요한지를 확인하기 위하여, $Y=[\beta_0,\ X_1,\ X_2]$을 완전모형으로, $Y=[\beta_0,\ X_2]$을 축소모형으로 하여 다음 가설을 검정한다.

$$\text{“}H_0 : Y=[\beta_0,\ X_2]\text{이 적절 vs. } H_1 : Y=[\beta_0,\ X_1,\ X_2]\text{이 적절”}$$

만약 이 검정에서 H_0이 기각되었다면, 세 번째 선정모형은 $Y=[\beta_0,\ X_1,\ X_2]$이다(물론 H_0이 기각되지 않았다면 세 번째 선정모형은 아직 $Y=[\beta_0,\ X_2]$이다).

4 단계: 위 모형에 변수 X_3를 추가한 모형 $Y=[\beta_0,\ X_1,\ X_2,\ X_3]$을 생각하여 이것을 완전모형으로 그리고 $Y=[\beta_0,\ X_1,\ X_2]$을 축소모형으로 하여 하나를 정한다. 즉,

$$\text{“}H_0 : Y=[\beta_0,\ X_1,\ X_2]\text{이 적절 vs. } H_1 : Y=[\beta_0,\ X_1,\ X_2,\ X_3]\text{이 적절”}$$

만약 H_0이 기각되지 않으면 최종모형은 $Y=[\beta_0,\ X_1,\ X_2]$이다(물론, H_0이 기각되면 최종모형은 $Y=[\beta_0,\ X_1,\ X_2,\ X_3]$이다).

(2) 후방변수제거법

1 단계: 지원변수인 X_1, X_2, X_3를 모두를 포함하는 선형모형

$$Y=[\beta_0,\ X_1,\ X_2,\ X_3]$$

을 생각하여 주어진 자료에 적합하고 결정계수 R^2을 계산한다.

2 단계: 위 모형에서 한 변수를 제거시켜 얻은 다음 세 가지 모형을

$$Y=[\beta_0, X_1\ X_2],\quad Y=[\beta_0, X_1, X_3],\quad Y=[\beta_0, X_2, X_3]$$

을 만들고, 각 모형을 자료에 적합하여 R^2을 계산한다. R^2이 가장 큰 모형을 예비모형으로 선택한다. 여기서 $Y=[\beta_0, X_1, X_3]$가 선택되었다고 가정하여, 완전모형

$$Y=[\beta_0, X_1, X_2, X_3]$$

와 비교한다. 즉, 다음 가설을 검정한다.

"H_0 : $Y=[\beta_0, X_1, X_3]$이 적절 vs. H_1 : $Y=[\beta_0, X_1, X_2, X_3]$이 적절"

만약 H_0이 기각되지 않는다면, 예비모형은 아직 $Y=[\beta_0, X_1, X_3]$이다.

3 단계: 위 예비모형에서 한 변수씩을 제거하여 두 개의 한 변수 모형

$$Y=[\beta_0, X_1],\quad Y=[\beta_0, X_3]$$

을 생각하고, 자료적합을 통하여 각각의 R^2을 계산한다. R^2이 큰 모형을 선택한다. 여기서 $Y=[\beta_0, X_1]$이 선택되었다고 하면, 이 모형과 $Y=[\beta_0, X_1, X_3]$을 다시 비교한다. 즉, 다음 가설을 검정한다.

"H_0 : $Y=[\beta_0, X_1]$이 적절 vs. H_1 : $Y=[\beta_0, X_1, X_3]$이 적절"

만약 H_0이 기각되지 않으면, 3단계 예비모형은 $Y=[\beta_0, X_1]$이 된다.

4 단계: 3 단계 예비모형에서 한 변수(X_1)를 제거한 상수모형

$$Y=[\beta_0]$$

을 만들고, 이것을 예비모형과 비교한다. 즉,

"H_0 : $Y=[\beta_0]$이 적절 vs. H_1 : $Y=[\beta_0, X_1]$이 적절"

만약 H_0이 기각되면, 최종적 선정모형은 $Y=[\beta_0, X_1]$이다. 물론, 여기서 H_0가 기각되지 않으면 $Y=[\beta_0]$가 선정모형이 된다. 이때는 종속변수 Y와 지원변수 X_1, X_2, X_3는 선형종속관계가 없다는 결론을 얻는다.

(3) 단계별 선택법

1 단계: 지원변수인 X_1, X_2, X_3를 하나씩 포함하는 세 모형

$$Y=[\beta_0, X_1],\quad Y=[\beta_0, X_2],\quad Y=[\beta_0, X_3]$$

을 생각하고, 각 모형을 자료에 적합하여 R^2들을 계산한다. R^2가 가장 큰 변수를 선택한다. 여기서 변수 X_3가 선정되었다고 가정하자. 다음은 예비모형 $Y=[\beta_0, X_3]$을 완전모형으로 하고 이것의 축소모형 $Y=[\beta_0]$ 중 하나를 선택한다. 즉, 다음 가설을 검정한다.

"H_0 : $Y=[\beta_0]$이 적절 vs. H_1 : $Y=[\beta_0, X_3]$이 적절"

만약 H_0이 기각되었다면, 1 단계의 선정모형은 $Y=[\beta_0, X_3]$이 된다.

2 단계: 1 단계 선정모형에 한 변수를 추가시킨 두 변수모형

$$Y = [\beta_0, X_1, X_3], \quad Y = [\beta_0, X_2, X_3]$$

을 생각한다. 이것들을 자료에 적합하여 R^2을 계산하고 큰 값을 갖는 모형을 선택한다. 모형 $Y = [\beta_0, X_1, X_3]$가 선택되었다고 가정하자. 여기서 선정된 모형을 완전모형으로 하고, 1 단계 선정모형 $Y = [\beta_0, X_3]$을 축소모형하여 그중 하나를 선택한다. 즉, 다음 가설을 검정한다.

"$H_0 : Y = [\beta_0, X_3]$이 적절 vs. $H_1 : Y = [\beta_0, X_1, X_3]$이 적절"

만약 H_0이 기각되었다면, 예비모형은 아직 $Y = [\beta_0, X_1, X_3]$이다.

3 단계: 2 단계 예비모형에 나머지 한 변수 X_2를 추가하여 새 지원모형 $Y = [\beta_0, X_1, X_2, X_3]$을 생각한다. 이것을 완전모형으로 하고 이것의 축소모형 $Y = [\beta_0, X_1, X_2]$ 중 하나를 검정을 통하여 선택한다. 다시 말하여, 다음 가설을 검정한다.

"$H_0 : Y = [\beta_0, X_1, X_2]$이 적절 vs. $H_1 : Y = [\beta_0, X_1, X_2, X_3]$이 적절"

만약 H_0이 기각되면, 여기서 선정된 모형은 $Y = [\beta_0, X_1, X_2, X_3]$이다.

4 단계: 변수 X_2이 꼭 필요한지를 확인하기 위하여, 선정된 모형을 완전모형으로 하고, X_2가 제거된 축소모형 $Y = [\beta_0, X_1, X_3]$를 생각하여 이 중 하나를 선택한다. 즉, 다음 가설을 검정한다.

"$H_0 : Y = [\beta_0, X_1, X_3]$이 적절 vs. $H_1 : Y = [\beta_0, X_1, X_2, X_3]$이 적절"

만약 H_0가 기각될 수 없다면, X_2이 꼭 필요하지 않은 것으로 판단하여 최종선정모형은 $Y = [\beta_0, X_1, X_3]$가 된다.

참고 14.29

일반적으로 위의 세 방법이 항상 같은 모형 그리고 같은 결과를 만들어 낼 필요는 없다. 결과가 서로 다를지라도 이 방법들은 모든 모형을 다 시험하지 않고도 비교적 타당한 모형을 선별할 수 있는 데 그 의미가 있다.

14.5.3.7† 다중공선성

다변수 선형회귀모형에서 설명변수, 즉 예측변수인 $X_1, \cdots, X_p$가 심히 종속된(correlated) 경우가 있다. 이것은 설명변수행렬이나 계획행렬 $\mathbf{X}$의 열벡터들이 일차종속인, 즉 $\mathbf{X}$의 한 열벡터가 다른 하나 또는 여러 열벡터들의 일차결합(linear combination)으로 표시되는 상태를 말한다. 이러한 상태를 설명변수 또는 회귀모형에 다중공선성(multicollinearity)이 존재한다고 말한다. 반대로, 설명변수에 다중공선성이 전혀 없는 경우 이 설명변수들은 수직(orthogonal)이라고 한다.

선형회귀모형에 존재하는 심한 다중공선성은 추정된 최소제곱회귀식을 모호하고 불확실하게 하여 추정결과에 대한 정확한 해석을 불가능하게 하고 또 추정된 회귀식을 예측에 사용할 수 없게도

한다.

회귀모형이나 회귀자료에 다중공선성이 존재할 때 회귀분석에서 발생하는 어려움들은 구체적으로 다음과 같다.

(1) 행렬 $\mathbf{X}^t\mathbf{X}$이 거의 비정칙(singular)이 되고, 따라서 $\mathbf{X}^t\mathbf{X}$이 역행렬을 갖기 어렵다. 결국 정규 방정식의 일의적인 해를 존재하지 못하게 하고, 따라서 모수(벡터) β의 최소제곱추정량 $\hat{\beta}_n = (\mathbf{X}^t\mathbf{X})^{-1}\mathbf{X}^t\mathbf{y}$을 구하기 어렵게 한다. 실제로, 다중공선성은 행렬식 $|\mathbf{X}^t\mathbf{X}|$을 0에 가까운 값을 갖게(즉, $\mathbf{X}^t\mathbf{X}$을 불량조건(ill-condition)에 있게)하여 역행렬이 존재해도 그 수치계산을 어렵게 한다.

(2) 행렬 $\mathbf{X}^t\mathbf{X}$의 불량조건으로 $(\mathbf{X}^t\mathbf{X})^{-1}$의 주대각선 값들은 커지고, 따라서 불편추정량인 최소제곱추정량 $\hat{\beta}_n$의 분산 $Var[\hat{\beta}_n] = \sigma^2(\mathbf{X}^t\mathbf{X})^{-1}$을 크게 만든다. 다중공선성은 결국 각 계수의 추정값들의 정확성을 떨어뜨리는 결과로 나타난다. 이 경우 회귀모수의 추정값 사이에는 상관성이 높아지기도 한다.

(3) 개별 설명변수의 유의성 검정을 어렵게 한다. 다시 말하여, 다중공선성은 개별 설명변수의 유의성 검정을 위한 t-통계량의 해석을 어렵게 한다. 예컨대, X_1이 반응변수 Y의 주요한 설명변수이고, X_2가 X_1과 긴밀히 연관된 변수라면 당연히 X_2도 Y의 주요한 설명변수가 된다. 그러나 설명변수에 다중공선성이 존재하면 t-검정을 통하여 나타나는 개별검정의 결과는 이와 상반될 수 있다(참고 14.30).

(4) 회귀모형에서 변수를 선별할 때, 다중공선성은 선별에 적용되는 절차나 방법에 따라 서로 다른 모형이 만들어지는 요인이 될 수 있다. 그것은 모형의 설명변수가 서로 다를지라도 그 모형이 설명하는 변동량에는 큰 차이가 없을 수 있기 때문이다.

참고 14.30

(3)의 결과는 다음과 같이 설명된다. X_1만을 갖는 선형모형 $Y=[X_1]$에서 만들어지는 $SSTO$와 SSR을 각각 $SSTO(X_1)$와 $SSR(X_1)$로 하고, X_1에 X_2가 추가된 선형모형 $Y=[X_1, X_2]$에서의 SSR을 $SSR(X_2|X_1)$로 나타내자. 이때 $SSR(X_2|X_1)$은 'X_1에 X_2를 추가하여 설명되는 변동부분'을 의미한다. 같은 방법으로, $SSR(X_1|X_2)$을 정의하면, $SSR(X_2|X_1)$과 $SSR(X_1|X_2)$은 다중공선성에 의하여 둘 다 작아진다. 이때

$$t^* = \frac{\hat{\beta}_i}{S\sqrt{c_{ii}}} = \frac{SSR(X_2|X_1)}{MSE(X_1, X_2)}$$

의 관계가 증명됨으로 결국 t^*-통계량이 값이 너무 작아져 개별변수의 귀무가설이 기각된다(14.5.3.1절 참조). 결과적으로, 두 설명변수가 모두 선형모형에 포함되어 있을 때 개별변수의 유의성을 위한 이 t-검정의 결과는 본래의 상태와 상반될 수 있다.

참고 14.31 다중공선성의 징후

설명변수 사이에 다중공선성이 존재하면 분석과정에서 몇 가지 징후들이 나타날 수 있다. 우선 설명변수를 한두 개 추가하거나 제외하면 회귀계수의 (최소제곱)추정값이 심하게 변한다. 또 관측 자료가 바뀌거나 일부분의 교체에 의하여 추정값이 민감하게 반응하며, 그리고 추정계수의 부호가 기대한 것과 반대로 나타난다. 많은 경우 주요 설명변수들에 대한 추정의 표준오차가 크게 나타나기도 한다.

참고 14.32 다중공선성과 특성근

행렬 $\mathrm{X}^t\mathrm{X}$의 특성근(characteristic root)은 회귀모형 $\mathbf{y} = \mathrm{X}\boldsymbol{\beta} + \boldsymbol{\epsilon}$의 다중공선성과 밀접한 관계를 갖는다. $\lambda_1 \geq \cdots \geq \lambda_p (> 0)$이 크기순으로 나타낸 특성근일 때, 만약 그중 어떤 λ_i가 아주 작은(근사적으로 0에 가까운) 값을 가지면, 설명변수 사이에는 근사적으로나마 선형관계가 존재하게 된다. 다시 말하면, 행렬 $\mathrm{X}^t\mathrm{X}$에 작은 특성근이 존재하는 것은 설명변수 사이에 다중공선성이 존재함을 뜻한다. 더욱이, 모수벡터 $\boldsymbol{\beta}$의 최소제곱추정량 $\hat{\boldsymbol{\beta}}_n = (\mathrm{X}^t\mathrm{X})^{-1}\mathrm{X}^t\mathbf{y}$에 대하여

$$E[(\hat{\boldsymbol{\beta}}_n - \boldsymbol{\beta}_n)^t(\hat{\boldsymbol{\beta}}_n - \boldsymbol{\beta}_n)] = \sigma^2 \sum_{i=1}^{p} \frac{1}{\lambda_i}$$

(단, σ^2은 오차항 ϵ_i의 분산)이 성립한다. 결국 행렬 $\mathrm{X}^t\mathrm{X}$에 비교적 작은 특성근이 존재하는 것은 최소제곱통계량의 부정확성을 의미하게 된다.

참고 14.33 능형회귀

위에서 논의한 바와 같이, 행렬 $\mathrm{X}^t\mathrm{X}$의 불량조건이나 (거의)비정칙성은 최소제곱추정량 $\hat{\boldsymbol{\beta}}_n$의 분산을 확대시키고 또 표본값에 따라 추정값이 크게 달라지는 문제들을 야기한다. 이러한 추정량의 불확실성과 불안전성을 극복하는 방법의 하나는 능형회귀(ridge regression)를 이용하는 것이다. 이 방법은 회귀계수의 추정값으로 $\hat{\boldsymbol{\beta}}_n$ 대신

$$\mathbf{b}_n = (\mathrm{X}^t\mathrm{X} + k\mathrm{I})^{-1}\mathrm{X}^t\mathbf{y}$$

(단, k는 양의 값)을 사용한다. 이때 추정값 $\mathbf{b}_n$는 $\hat{\boldsymbol{\beta}}_n$와는 달리 편의추정량(biased estimator)이지만 k를 적절히 선택함으로써 본래의 불편추정량인 $\hat{\boldsymbol{\beta}}_n$보다 평균제곱오차(MSE)를 더 작게 하는 장점을 갖는다. 회귀모형에 나타나는 다중공선성의 검색에는 능형회귀방법이 이용되기도 한다. 회귀계수의 추정값들에 대한 상관행렬의 역행렬을 V라 할 때, V의 주대각선의 i-번째 원소로 정의되는 최소제곱추정값 $\hat{\beta}_i$의 분산영향인자(variance inflation factor: VIF) VIF_i를 계산하고, 만약 $\mathrm{VIF}_i > 10$이면 설명변수에 존재하는 다중공선성이 추정에 문제될 수 있는 수준으로 평가한다. 이에 대한 자세한 논의는 참고문헌 [32], [48]를 참조할 수 있다.

> **참고 14.34 실험계획와 다중공선성**
>
> 실험계획을 통한 회귀분석에서는 다중공선성의 문제를 어느 정도 피할 수 있다. 그것은 설계를 통하여 설명변수를 선정할 때 서로 수직인 것으로 한다. 다시 말하여, 설명변수를 선정할 때 두 변수 X_k와 X_h의 관측값이 $\sum_{i=1}^{n} x_{ki}x_{hi}=0\ (k \neq h)$을 만족하는 $X_1,\ \cdots,\ X_p$로 하는 것이다.

14.5.3.8 부분 F-검정과 순차 F-검정

선형회귀모형

$$Y_i=\beta_0+\beta_1 x_{1i}+\ \cdots\ +\beta_p x_{pi}+\epsilon_i,\ i=1,\ \cdots,\ n$$

즉

$$Y=[X_1,\ \cdots,\ X_p]$$

에서, 독립변수의 일부가 모형에서 꼭 필요한지 아니지를 검정하는 소위 '독립변수 부분집합에 관한 유의성 검정'은 14.4.3.4절에서 다루었다. 여기서는 그 특별한 경우로 i-번째 독립변수 X_i가 모형에 포함될 가치가 있는지를 평가하는 소위 '일변수 유의성 검정'을 다시 생각한다. 이를테면, 가설

$$\text{“}H_0\ :\ \beta_p=0 \quad \text{vs.} \quad H_1\ :\ \beta_p \neq 0\text{”}$$

(단, 다른 β_j의 값은 임의)을 검정한다. 위 기호를 써서 14.4.3.4절의 결과를 나타내 보면, 검정통계량

$$F^*=\frac{SSR(X_p\,|\,X_1,\ \cdots,\ X_{p-1})/1}{SSE(X_1,\ \cdots,\ X_p)/(n-p-1)}=\frac{SSR(X_p\,|\,X_1,\ \cdots,\ X_{p-1})}{MSE(X_1,\ \cdots,\ X_p)}$$

은 H_0하에서 $F^* \sim F(1,\, n-p-1)$이고, 이 성질을 이용하여 주어진 가설에 대한 검정을 얻는다. 주어진 가설에 대한 유의수준 α의 검정은

$$\text{‘만약 } F^*>f_{1-\alpha}(1,\, n-p-1)\text{이면, } H_0\text{을 기각’}$$

이다. 이 검정을 '부분 F-검정(partial F-test)'이라고도 한다. 이때

$$SSR(X_p\,|\,X_1,\ \cdots,\ X_{p-1})=\frac{b_p^2}{c_{pp}}$$

임을 보일 수 있다. 여기서 b_p는 β_p의 최소제곱추정량이고, c_{pp}는 $(\mathrm{X}^t\mathrm{X})^{-1}$의 주대각선의 마지막 원소이다. 따라서, $S^2=\dfrac{SSE}{n-p-1}=MSE$일 때

$$F^*=\frac{b_p}{S\sqrt{c_{pp}}}=(t^*)^2$$

이 증명될 수 있다. 또 검정과정은 순차적으로

$$SSR(X_1),\ SSR(X_2 \mid X_1),\ SSR(X_3 \mid X_1, X_2),\ \cdots$$

등의 계산을 통하여 한 변수 추가에 대한 유의성 검정을 실시하므로, 이것을 '순차 F-검정(sequential F-test)'이라고도 한다.

14.6 | 다중결정계수: 다중상관계수, 편상관계수

두 변량(또는 변수) 사이의 상관관계를 단순상관(simple correlation)이라 한다면, 셋 또는 그 이상의 여러 변량(또는 변수) 사이의 상관관계는 (다)중상관(multiple correlation)과 편상관(partial correlation)으로 구분하여 생각한다.

먼저, 중상관은 하나의 변량과 그것과 중요한 관계를 갖는다고 생각되는 다른 변량 전체와의 사이의 상관관계를 설명하는 일이며, 이에 반하여 편상관은 그중 두 변량간의 상관관계를 생각하는 경우에도 다른 변량의 영향을 참작하고 그것을 제거한 후에 그 특정한 두 변량간의 순수한 상관관계를 생각하는 일을 말한다.

예를 들어, 어떤 농작물의 수확량(Y)이 성장기의 기온(X_1)뿐 아니라 강수량(X_2)에 의해서도 영향을 받는다든지, 또는 어떤 상품의 소비량(Y)이 그 상품의 가격(X_1)은 물론이고 국민소득(X_2)에도 종속되어 있는 경우에, 한 변량(Y)와 그것과 관련되어 있다고 생각되는 다른 변량들(X_1, X_2)과의 상관관계를 설명하는 일이 중상관이며, 또 여기서 두 변량, 이를테면 Y와 X_1 사이의 상관관계를 생각하는 경우에도 다른 변량(X_2)의 영향을 인정하여 그것을 제거한 후에 그 특정한 두 변량 Y와 X_1 사이의 순수한 상관관계를 생각하는 일로, 예컨대 기온(X_1)을 일정하게 한 경우의 수확량(Y)과 강수량(X_2)과의 관계는 어떠한지, 또는 강수량(X_2)을 일정하게 한 경우 수확량(Y)과 기온(X_1)과의 관계는 어떠한지 등을 생각하는 것이 편상관이다.

(1) 다중결정계수

반응변수 Y와 설명변수 X_1, $\cdots$, X_n 사이에 적합된 회귀모형이 일단 유의적임이 확인되면 다음에는 자연히 이 적합이 어느 정도 잘 되었는지를 설명하는 '적합도의 평가'가 요구된다. 적합에 대한 이 평가는 Y의 전변동이 적합모형, 다시 말하여 적합에 동원된 독립변수, X_1, $\cdots$, X_p에 의하여 얼마나 많이 설명되는가로 평가한다.

단순선형에서와 같은 개념으로, 우선 Y의 전변동(즉, 관측값 Y_i들의 자기 평균 $\overline{Y}$ 주변으로의 변동)

$$SSTO = \sum_{i=1}^{n}(Y_i - \overline{Y})^2$$

을 두 부분으로 분해한다. 하나는 예측값 $\widehat{Y}_i$의 평균 $\overline{Y}_i$ 주변으로의 변동(즉, Y의 변동중 회귀식, 다시 말하여 설명변수 X_1, $\cdots$, X_n에 의하여 설명되는 부분)인

$$SSR = \sum_{i=1}^{n}(\widehat{Y}_i - \overline{Y}_i)^2$$

이고, 다른 하나는 적합값 주위 속에 있는 관측값의 변동을 측정하는

$$SSE = \sum_{i=1}^{n}(Y_i - \widehat{Y}_i)^2$$

이다. SSE는 모형에 의하여 설명되지 않는 변동이기 때문에 보통 비설명변동(unexplained variation)라고 하기도 한다. 단순선형에서와 같이, 이 세 변동 사이의 관계는 다음과 같다.

$$\sum_{i=1}^{n}(Y_i - \overline{Y})^2 = \sum_{i=1}^{n}(\widehat{Y}_{i-}\overline{Y})^2 + \sum_{i=1}^{n}(Y_i - \widehat{Y}_i)^2$$

즉

$$SSTO = SSR + SSE$$

이다. 더욱이 각 변동의 계산식 그리고 그 벡터식은 14.4.3.4절에서 설명한 바와 같이

$$\begin{aligned}
SSTO &= \sum_{i=1}^{n}(Y_i - \overline{Y})^2 = \sum_{i=1}^{n} y_t^2 - n\overline{y}^2 = \mathbf{y}^t\mathbf{y} - n\overline{Y}^2 \\
SSR &= \sum_{i=1}^{n}(\widehat{Y}_i - \overline{Y})^2 = \sum_{i=1}^{n}\hat{y}_t^2 - n\overline{Y}^2 = \hat{\boldsymbol{\beta}}_n^t X^t\mathbf{y} - n\overline{Y}^2 \\
SSE &= \sum_{i=1}^{n}(Y_i - \widehat{Y}_i)^2 = \mathbf{e}^t\mathbf{e} = \mathbf{y}^t\mathbf{y} - \hat{\boldsymbol{\beta}}_n^t X^t\mathbf{y}
\end{aligned}$$

이다.

위 분할에서 SSR는 모형(즉, 설명변수들)에 의하여 설명되는 변동, 그리고 SSE은 모형(즉, 설명변수들)에 의하여 설명되지 않는 변동을 말한다. 따라서 자료에 대한 회귀모형에 대한 적합도의 척도에는 전제곱합($SSTO$)과 회귀제곱합(SSR)의 비로 정의하는 다음의 다중결정계수(coefficient of multiple determination: R^2)가 사용된다. 즉

$$R^2 (= R^2_{Y|12\cdots p}) = \frac{SSR}{SSTO} = 1 - \frac{SSE}{SSTO}$$

여기서 $SSR \le SSTO$이기 때문에, 이 계수의 값은 0과 1 사이에 있다. 결국, R^2은

"Y의 전변동에 대한 적합된 회귀모형으로 설명되는 관측값의 변동의 비"

이다. 결국, R^2은 자료에 대한 회귀곡면의 적합정도를 나타내고 있다. 따라서 R^2이 1에 가까우면

모형(즉, 설명변수들)에 의하여 설명되는 변동의 부분이 그 만큼 크며, 반대로 0에 가까울수록 회귀모형에 의하여 설명되는 변동의 부분이 작게 된다. 자주 $100 \cdot R^2\%$를 적합된 회귀모형으로 설명되는 변동의 백분율로 해석하기도 한다. 이를테면, $R^2 = 0.9223$이면 반응변수 Y 변동의 약 92%가 설명변수들에 의하여 설명됨을 의미한다. 또 R^2의 제곱근은 반응변수와 설명변수 사이의 중상관계수(multiple correlation coefficient)라 부른다.

R^2이 예측모형의 선별에 사용될 때는, 예측하려는 변수인 Y의 변동을 최대로 설명해 내는 변수들을 갖는 모형, 다시 말하여 R^2을 가장 크게 하는 모형을 선택하게 되는 것이다.

참고 14.35 $R^2_{Y|12\cdots p}$**과** $r_{Y,\hat{Y}}$

결정계수 R^2, 즉 $R^2_{Y|12\cdots p}$은 그 값이 클수록 적합된 회귀모형, 다시 말하여 설명변수 $X_1, \cdots, X_p$ 들이 Y의 관측값의 변동을 잘 설명해준다. 이것은 Y의 관측값이 모형을 이용하여 얻은 그 예측값과 많이 일치함을 의미한다. 반대로 결정계수가 작을수록 이 두 값 사이에는 상당히 차이를 보이게 된다. 이와 같이, R^2은 관측값 Y_i과 그 예측값 $\hat{Y}_i$ 사이의 단순상관계수 $r_{Y,\hat{Y}}$와 밀접한 관계를 갖는다. 실제로, $R^2 = r_{Y,\hat{Y}}$ 이 증명된다(14장 연습문제 32).

참고 14.36 F**-통계량과** $r_{Y,\hat{Y}}$

만약 $F^* > f_{1-\alpha}(p, n-p-1)$이면, H_0이 기각되고, 이것은 p개의 설명변수 $X_1, \cdots, X_p$ 중 적어도 하나는 종속변수 Y의 변동에 영향을 주고 있음을 말한다. 이때 $F^* = \dfrac{MSR}{MSE}$의 값이 크면 클수록 이러한 현상이 더욱 강하게 나타난다. 따라서 F-통계량의 값이 크면 클수록 다중상관계수 $R^2_{Y|12\cdots p}$의 값도 커지고 그 역도 성립한다. 실제로,

$$F^* = \frac{n-p-1}{p}\frac{R^2}{1-R^2}$$

이 증명된다(14장 연습문제 33).

(2) 중상관계수와 편상관계수

다중회귀모형의 기본개념은 한 설명변수 X_1으로 충분히 설명되지 않는 반응변수 Y의 변화량을 새로운 설명변수 X_2를 (또는 X_2와 X_3를) 추가해서 더 효과적으로 설명하겠다는 의미로 해석할 수 있다. 따라서 다중회귀모형에서는 X_1만 포함하는 단순선형회귀모형 $Y = [X_1]$에다 X_2를 더 추가하여 $Y = [X_1, X_2]$를 만들었을 때, 추가된 X_2에 의하여 Y의 변동이 얼마나 더 설명되느냐 하는 'X_2의 추가설명력'을 측정하게 된다. 이것이 Y에 대한 X_2의 편상관계수의 개념이다.

따라서 반응변수 Y에 대한 설명변수 X_2의 편상관계수(partial correlation coefficient)는 'X_1에다

X_2를 추가하여 얻은 Y에 대한 추가설명력'으로 정의하고, $r_{(YX_2|X_1)}$로 표시한다. 즉, 편상관계수 $r_{(YX_2|X_1)}$는

$$r_{(YX_2|X_1)} = \frac{X_1\text{에 } X_2\text{를 추가하여 설명되는 변동부분}}{X_1\text{으로 설명되지 않은 } Y\text{의 변동}}$$

로 정의한다. 이때, X_1만을 포함한 선형모형 $Y=[X_1]$에서 만들어지는 $SSTO$와 SSR을 각각 $SSTO(X_1)$와 $SSR(X_1)$로, 또 X_1에 X_2가 추가되어 만들어진 선형모형 $Y=[X_1, X_2]$에서 만들어지는 SSR을 $SSR(X_2|X_1)$으로 표시하기로 하면

'X_1에 X_2를 추가하여 설명되는 변동부분$= SSR(X_2|X_1)$'

'X_1으로 설명되지 않은 Y의 변동$= SSTO(X_1) - SSR(X_1)$'

에 의하여

$$r_{(YX_2|X_1)} = \sqrt{\frac{SSR(X_2|X_1)}{SSTO(X_1) - SSR(X_1)}}$$

이다.

참고 14.37

X_1과 X_2를 동시에 포함하는 선형모형 $Y=[X_1, X_2]$에서 만들어지는 SSR을 $SSR(X_1, X_2)$로 표시하면,

$$SSR(X_1) + SSR(X_2|X_1) = SSR(X_1, X_2)$$

이 성립한다.

집중논의

이상값의 중요성

실험이나 조사 또는 관측을 통하여 통계 자료를 얻어 보면 그 자료 중에는 조사대상인 모집단에 속하지 않는다고 의심이 가는 정상 범위 밖의 값들이 존재하는 경우가 많다. 이러한 값을 이상값(outlier)이라고 한다.

주어진 자료의 전체적인 행태를 설명하는 것이 통계 처리의 주요 목적의 하나임을 고려하다면 자료에 포함된 이상값들은 자료가 갖는 전체적인 추세나 현상을 크게 왜곡시킬 수 있음을 알게 된다. 자료에 이상값들이 존재해도 그 통계방법에 주어지는 기본 가정의 이탈에 대해 덜 예민하고 크게 영향을 받지 않는 통계량을 찾는 이유도 여기에 있다. 이러한 통계량을 로버스트 통계량이라 한다. 산술평균(mean)보다는 중앙값(median)이 더 로버스트하고, 최소절대편차추정법(least absolute deviation method)이 최소제곱추정법(least square method)보다도 곡선적합방법에서 더 로버스트 한 것은 잘 알려진 사실이다.

그러면 이러한 이상값들은 모두 쓸모없는 것들인가? 사실 그렇지 만은 않다. 경우에 따라서는 이상값들의 역할이 자료의 전체적인 행태를 포괄적으로 설명하는 일보다 더 중요할 때가 있다. 항공기의 블랙박스(black box)의 경우를 생각해 보자. 블랙박스란 항공기에 사고가 일어났을 때 그 원인을 정확히 분석하기 위해 조정실 내의 대화나 기지국과의 통화를 자동으로 녹음하는 장치를 말한다. 이때 입력된 음성은 자동으로 평활(smoothing)되어 녹음되는 방법을 사용한다. 사고가 일어난 비상 상황에서 음성에 섞일 수 있는 여러 가지 잡음(noise)을 미리 제거하기 위해서이다. 그러나 사실은 평활에서 제거된 이상값이나 그 추정값인 잔차들은 당시 급박한 상황에서 움직이는 부품이나 기계의 고장 또는 이탈 현상 그리고 관리자의 심리상태에 대한 정보가 한꺼번에 들어 있는 정보의 덩어리인 것이다.

14.7 | 분석사례 [2]: 단순선형회귀분석, 가중최소제곱법

이 분석에서는 선형회귀모형에서 가정되는 관측값의 오차항이 모든 값에서 같은 분산을 갖지 않는 소위 이분산오차(heteroscedastic errors)에 관한 회귀분석을 생각한다. 독립변수의 값이 증가함에 따라 분산이 증가하거나 감소하는 이러한 자료는 실제 현상에서 자주 나타나며, 오차분산의 동일성은 최소제곱방법의 기본요건으로 이것이 위배되는 최소제곱직선은 예측분산이 커지는 현상으로 나타난다.

여기서 분석되는 자료(표 14.9)는 어떤 생산공장에서 '생산라인의 속도'와 그 때 발생하는 '불량품의 수'에 대한 관측값이다. 이 분석에서는 이 자료를 근거로 생산라인의 속도를 설명변수(X)로 그리고 월불량품의 수를 반응변수(Y)로 하여 두 변량 사이의 종속관계를 분석하고 그 타당성을 논한다.

자료의 산점도(그림 14.8)를 기초로 할 때, 먼저 두 변량 사이에는 선형회귀모형

$$Y_i = \beta_0 + \beta_1 x_i + \epsilon_i, \quad i = 1, 2, \cdots, n \tag{14.64}$$

이 가정된다. 여기서 β_0와 β_1는 추정될 회귀계수이고, 확률오차 ϵ_i는 평균이 0이고 분산이 σ^2로 서로 독립으로 가정한다. 이 모형을 최소제곱법(부록 [SAS 프로그램 30]의 전반부)에 의하여 자료에 적합하면 표 14.10에 주어지는 추정 결과와 잔차의 산점도(그림 14.9)를 얻는다.

〈표 14.9〉 생산라인속도와 불량품의 수

라인속도	10	14	19	21	23	27	33	46	48	46
불량품수	172	189	196	232	249	262	301	390	386	416
라인속도	51	54	64	64	77	88	90	98	102	106
불량품수	397	491	500	618	559	725	727	903	732	961

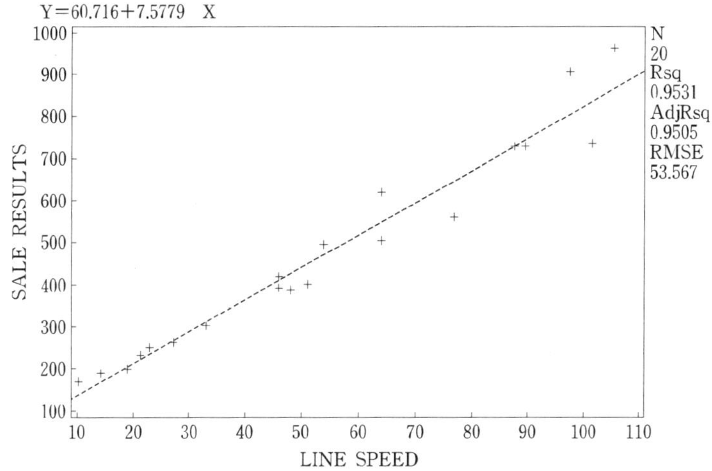

〈그림 14.8〉 생산라인속도와 불량품의 수

결정계수 $R^2 = 0.9531$은 매우 큰 값으로 생산라인의 속도와 불량품의 계수 사이에는 강한 선형 관련이 존재함을 말하고 있다. 불량품수의 95% 정도가 생산라인의 속도와 관련됨을 말하고 있다. 또 표 14.10에 의하면 자료의 적합에서 최소제곱직선은

$$y = 60.716 + 7.578x$$

으로 주어진다.

〈표 14.10〉 회귀계수의 추정과 검정

변 수	계 수	표준오차(SE)	t-통계량	P-값
절 편	60.716	24.537	2.47	0.0235
기울기	7.578	0.396	19.13	<0.0001
$n=20$	$R^2=0.9531$	$\sqrt{MSE}=53.567$		

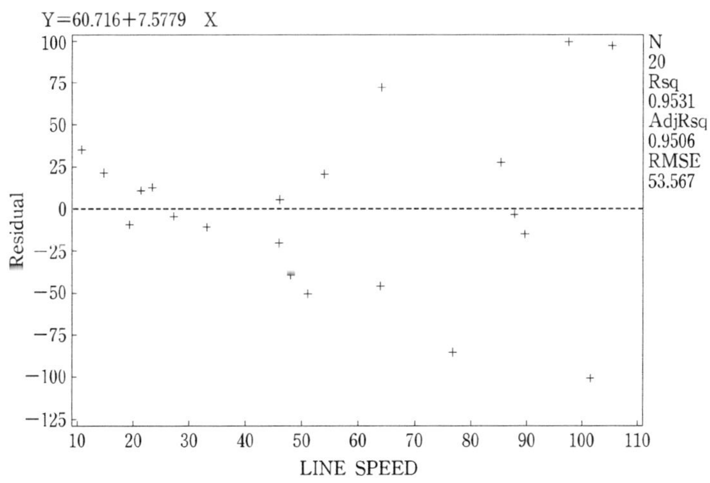

〈그림 14.9〉 잔차의 산점도

추정된 회귀계수들을 해석하고 또 방정식을 예측에 이용하기에 앞서 회귀모형 (14.64)에서 설정한 기본 가정들을 확인해야 한다. 개괄적으로 말하면, 자료에는 이상값이 존재하지 않아야 하고, 예측에서 발생하는 오차의 분산은 동일해야 하며, 또 주요한 설명변수는 모형에서 누락시키지 않되 이 설명변수는 서로 (일차)종속되지 말아야 한다. 또 오차 따라서 관측값들은 서로 종속되지 않고 독립되어야 한다. 이러한 조건들이 성립되어야만 추정된 회귀식은 예측오차를 최소로 할 수 있고 또 예측에 대한 정확도나 정밀도를 수량적으로 설명할 수 있다.

이러한 기본 가정을 확인하는 방법의 하나는 추정된 회귀방정식의 예측오차를 나타내는 잔차(residuals)를 구하여 그 산점도를 관찰하는 것이다. 우선 확실한 이상값이 존재하지 않은 상태에서 점들이 램덤하게 퍼져있다면 적합된 모형은 자료를 설명하는 데 적절하다고 할 수 있다. 그러나 잔차에 이상값의 존재와 관련한 징후가 있거나 아니면 여기에 어떤 곡선적인 패턴이 존재한다면, 또 잔차에 상호 종속성을 의미하는 진동이나 규칙성이 존재하거나 아니면 어떤 조직적 형태의 패턴 등이 존재한다면, 적합된 회귀모형은 적절치 않은 것으로 판단하고 개선되어야만 한다.

먼저 회귀모형의 적합에서 얻은 이 분석의 잔차 산점도(그림 14.9)를 보면, 설명변수의 값 x_i에 대한 잔차 $\{r_i\}(r_i = y_i - \hat{y}_i)$의 분포에서는 설명변수의 값 x_i가 커질수록 오차의 분산이 증가하고 있음을 보여주고 있다.

일반적으로, 잔차 전체를 근사적으로 에워싸는 띠가 설명변수의 값이 증가함에 따라 점점 넓어지거나 아니면 반대로 좁아지는 경우 이것은 회귀모형의 오차 $\{\epsilon_i\}$의 분산이 일정하지 않다는 이분산성의 존재를 암시한다. 잔차의 산점도에 의하면 그 퍼져있는 정도가 적합된 값 $\hat{y}_i$ (또는 설명변수의 값 x_i)에 비례하고, 따라서 관측값 y_i들의 표준편차는 그들의 기댓값 $\beta_0 + \beta_1 x_i$(또는 x_i)에 근사적으로 비례한다고 판단된다. 다시 말하여, $\sqrt{Var[Y_i]} \propto E[Y_i] = \beta_0 + \beta_1 x_i$이다. 결국 여기서는 가중최소제곱방법의 적용이 요구되고, 적절한 가중값 w_i는 y_i의 분산에 역비례하는 $w_i = \dfrac{1}{(\beta_0 + \beta_1 x_i)^2}$이다. 여기서 β_0, β_1은 미지이므로 앞에서 얻은 보통최소제곱법을 통하여 얻은 추정값 $b_0 = 60.716$와 $b_1 = 7.578$을 이용한다.

부록의 [SAS 프로그램 31]을 이용하면 가중회귀모형에 대한 분산분석표(표 14.11)와 가중최소제곱추정값(표 14.12) 그리고 그 잔차를 얻는다.

표 14.12에서 얻은 가중최소제곱방정식과 추정된 회귀계수의 표준오차(괄호 안의 수)는 (14.65)와 같다.

〈표 14.11〉 가중최소제곱의 분산분석표

변동원	제곱합(SS)	자유도(df)	평균제곱(MS)	F-비	P-값
모형	4.4913	1	4.4913	532.29	< 0.0001
오차	0.1518	18	0.0084		
전체	4.6432	19			

〈표 14.12〉 가중최소제곱방법에 의한 회귀계수의 추정과 검정

변 수	계 수	표준오차(SE)	t-통계량	P-값
절 편	85.9771	10.0691	8.54	<0.0001
기울기	7.0256	0.3045	23.07	<0.0001
$n=20$	$R^2=0.9646$	$\sqrt{MSE}=2.138$		

$$\begin{aligned} y &= 85.977 + 7.0256x \\ &\quad (10.069)\ (0.304) \end{aligned} \tag{14.65}$$

그림은 [SAS 프로그램 30]에서 쉽게 얻으므로 여기서는 생략하지만, 가중최소제곱의 경우 잔차를 근사적으로 에워싸는 띠도 비교적 같은 폭을 가지고 있어 회귀모형의 새 오차의 분산이 일정한 등분산성의 가정에 부합된다고 할 수 있다. 더욱이 이 잔차들은 0을 중심으로 하고 그 폭도 어느 정도 일정한 구간에서 랜덤하게 퍼져 있음을 확인할 수 있다. 이것은 잔차에 어떤 회귀추세의 존재를 의미하는 어떠한 규칙적인 변화도 존재하지 않음을 뜻한다. 결국 잔차들은 평균이 0이고 분산이 일정하며 또 서로 종속되지 않는다고 말할 수 있다. 이것은 모형의 가정이 제대로 이루어졌고 또 일차식으로 가정된 회귀식의 함수적 형태도 바르게 결정되었음을 의미한다.

회귀모수의 추정에서, 보통이나 가중의 최소제곱추정량은 모두 모수의 불편추정량이지만, 오차항의 분산에 따라서 관측값의 분산이 일정하지 않을 경우 추정량의 최소분산성은 성립하지 않는다. 결국, 가중최소제곱추정량은 모든 선형불편추정량 중에서 분산을 최소로 하는 추정량이라 할 수 있다. 실제로, 위의 두 결과를 비교해보면, 가중최소제곱방법은 보통최소제곱방법에 비하여 두 회귀모수의 추정값들의 표준오차를 각각 약 59%와 23%를 감소시켰음을 확인할 수 있다.

한편, 회귀모수의 추정에는 위의 가중최소제곱방법과 같은 효과가 있는 변수의 변환방법이 적용될 수도 있다. 위에서 설명한 바와 같이, 관측값 y_i의 표준편차가 간단히 x_i에 근사적으로 비례, 즉 $Var[\epsilon_i]=c^2x_i^2(c>0)$으로 보고, 우선 (14.64)의 양변을 x_i로 나누고 여기서 얻은 새 변수 Y_i', x_i', ϵ_i'를 각각

$$Y_i' = \frac{Y_i}{x_i}, \quad x_i' = \frac{1}{x_i}, \quad \epsilon_i' = \frac{\epsilon_i}{x_i}$$

로 정의하면 다음 모형을 얻는다.

$$Y_i' = \beta_1 + \beta_0 x_i' + \epsilon_i', \quad i=1,\ 2,\ \cdots,\ n \tag{14.66}$$

여기서

$$Var[\epsilon_i'] = \frac{Var[\epsilon_i]}{x_i^2} = \frac{c^2x_i^2}{x_i^2} = c^2$$

이므로, 변환모형 (14.66)의 오차항은 일정한 분산을 갖는다. 따라서 변환된 새 자료에

$$(y_i{}', x_i{}') = \left(\frac{y_i}{x_i}, \frac{1}{x_i}\right), \quad i = 1, 2, \cdots, n$$

에 변환된 새 모형 (14.66)를 적합 시킨다. 여기서 보통의 최소제곱방법을 적용하여 얻어진 잔차의 산점도는 그림 14.9와는 달리 그 분포가 임의적이고 또 x'-축에 평행한 띠 안에 있음을 알 수 있다.

또 변환된 새 모형의 잔차에서는 이분산성은 물론이고 분포에 어떤 형태의 확실한 회귀적 패턴도 보이지 않는다. 따라서 변환된 모형이 적절하고 또 오차에 대한 기본 가정도 어느 정도 성립한다고 할 수 있다. 결국, 변환된 자료는 등분산의 오차 그리고 최소제곱방법의 적용을 위한 기본 가정들을 만족한다고 평가된다. 여기서 얻어지는 회귀모수의 최소제곱추정값은

$$b_0 = 6.854, \quad b_1 = 92.192$$

이고, 이때 얻은 최소제곱방정식은

$$y' = 6.854 + 92.192x'$$

이다. 또 이것은

$$\frac{y}{x} = 6.854 + \frac{92.192}{x}$$

이고, 따라서 구하는 회귀식은

$$\begin{aligned} y = 92.192 &+ 6.854x \\ (8.082) &\ \ (0.300) \end{aligned} \tag{14.67}$$

이다. 추정된 두 단순선형회귀방정식 (14.65)과 (14.67)은 거의 같은 결과라 할 수 있다.

참고 14.38

변환된 선형모형 (14.66)에 적용되는 최소제곱원리는

$$\begin{aligned} Q(\beta_0, \beta_1) &= \sum_{i=1}^{n} (y_i{}' - \beta_1 - \beta_0 x_i{}')^2 \\ &= \sum_{i=1}^{n} \frac{1}{x_i^2} (y_i - \beta_0 - \beta_1 x_i)^2 \\ &= \sum_{i=1}^{n} \frac{1}{Var[\epsilon_i]} (y_i - \beta_0 - \beta_1 x_i)^2 \end{aligned}$$

으로 보아, 오차분산의 역수를 가중값으로 하는 가중최소제곱방법임을 알 수 있다. 다시 말하여, 변환된 선형모형의 보통최소제곱추정방법은 오차분산을 역수를 가중값으로 하는 가중최소제곱방법임을 알 수 있다.

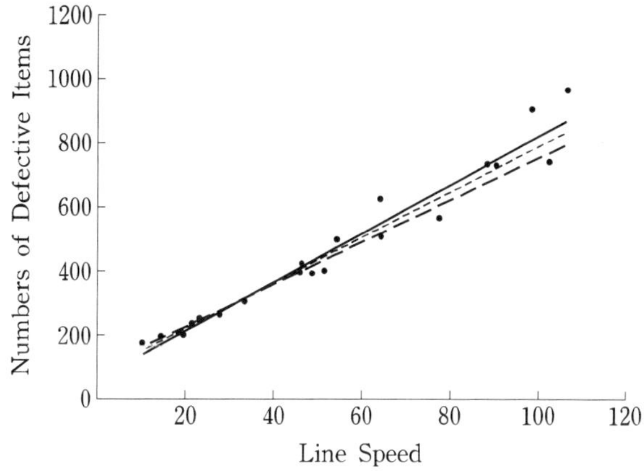

〈그림 14.10〉 원자료 위에 표시한 보통최소제곱과 가중최소제곱직선

참고 14.39

그림 14.10은 본래의 자료 위에 동시에 표시한 세 추정직선을 나타낸다. 연속선으로 표시된 직선은 오차가 이분산인 상태에서 보통최소제곱방법으로 얻어진 회귀직선이고, 둘째의 점선으로 표시된 직선은 가중최소제곱방법에 의하여 얻어진 추정직선이다. 또 마지막 긴 점선으로 표시된 직선은 자료의 변수변환을 통하여 분산을 안정시킨 후 보통최소제곱방법을 적용시켜 얻어진 결과이다. 그림에서 보는 바와 같이, 보통최소제곱직선과 가중최소제곱직선 사이에서 큰 차이는 보이지 않는다. 그러나 두 결과가 갖는 통계적 의미는 같지 않다. 전자의 결과는 최소제곱방법에서 요구하는 기본 가정, 특히 오차의 등분산 가정이 성립되지 않았다. 따라서 이 경우 회귀모수의 이 추정량은 최적추정량이 갖는 우수성들을 보장받을 수 없다. 다시 말하면, 이 추정값은 **가우스-마르코프** 정리 14.22에서 말하는 최량선형불편추정값이라고 할 수 없다. 이것은 선형불편추정량은 될 수 있어도 그러한 추정량 중 최소분산을 갖는 추정량의 값이 되지 못함을 뜻한다. 또 오차의 분포가 정규분포를 따르는 경우에도 정리 14.24의 결과들이 성립한다고 할 수 없기 때문에 이 추정값을 기초로 하는 신뢰구간의 신뢰도나 검정의 유의수준 등이 정확히 성립한다고 할 수 없는 것이다. 그리고 마지막 식은 가중최소제곱직선과 같은 결과가 되어야 하지만, 두 번째 결과와 차이를 보이는 것은 관측값 y_i의 표준편차가 근사적으로 x_i에 비례하는 것으로 판단한 것이 적절하지 않았던 것으로 보인다.

14.8 | 분석사례 [3]: 다중선형회귀분석

여기서는 선형회귀모형에서 한 개의 반응변수(종속변수)에 두 개의 설명변수(독립변수)가 관련되는 다중회귀분석을 생각한다.

이 분석에서는 초등학교 어린이들의 '지능점수'(Y)가 집안에서의 '출생순위'(X_1)와 출생 시 '어머니의 나이'(X_2)에 의하여 어떻게 관련되어 있는가를 밝힌다.

분석될 자료는 표 14.13(참고문헌 [20])과 같다.

〈표 14.13〉 어린이 지능점수 자료

지능점수	100	104	110	118	115	99	110	93	98	90
출생순위	5	3	2	1	1	4	1	5	4	6
산모나이	29	24	20	24	24	30	25	30	24	28
지능점수	98	105	108	120	90	111	120	99	90	103
출생순	3	2	2	1	5	1	1	4	5	3
산모나이	25	20	20	22	30	26	24	26	29	25

먼저 제안되는 회귀모형은 2변수선형회귀모형

$$y_i = \beta_0 + \beta_1 x_{1i} + \beta_2 x_{2i} + \epsilon_i, \quad i = 1, 2, \cdots, n \tag{14.68}$$

이다. 이것을 간단히

$$Y = [X_1, \ X_2] \tag{14.69}$$

표시한다. 위 모형에서 β_0, β_1, β_2는 추정될 회귀계수이고, 확률오차 ϵ_i는 평균이 0 이고 분산이 σ^2로 서로 독립인 확률변수로 가정한다. 부록의 **[SAS 프로그램 32]**에 의하여, 지능점수(Y)를 출생순서(X_1) 및 산모의 나이(X_2)의 두 변수를 선형으로 연관시킨 이 선형회귀모형의 적합 결과는 표 14.14와 같다.

회귀모수의 최소제곱추정값을 각각 $b_0 = 119.129$, $b_1 = -5.416$ 그리고 $b_2 = 0.0357$이고, 따라서 최소제곱회귀평면은

〈표 14.14〉 회귀모형 $Y = [X_1, X_2]$에 대한 회귀계수의 추정과 검정

변수	계수	표준오차(SE)	t-통계량	P-값
절편	119.128	7.907	15.07	<0.0001
X_1	−5.416	0.704	−7.68	<0.0001
X_2	0.03566	0.364	0.10	0.9232
$n = 20$	$R^2 = 0.8724$	$\sqrt{MSE} = 3.6914$		

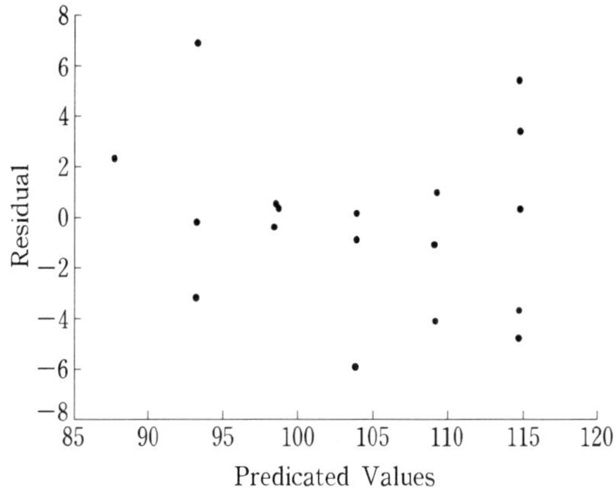

〈그림 14.11〉 예측값에 대한 잔차의 산점도

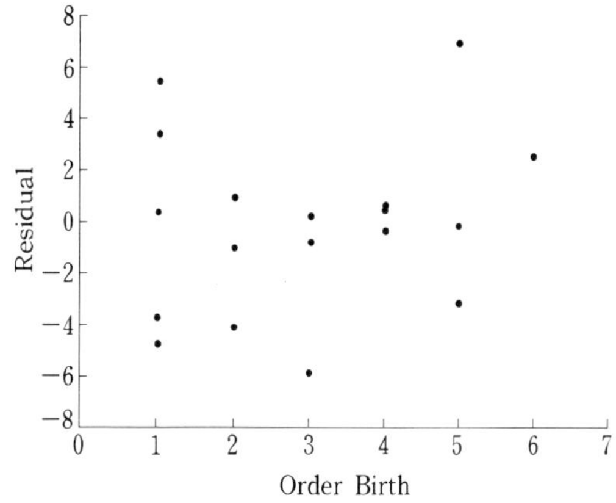

〈그림 14.12〉 출생순서에 대한 잔차의 산점도

$$
\begin{aligned}
y &= b_0 + b_1 x_1 + b_2 x_2 \\
&= 119.129 - 5.416\, x_1 + 0.0357\, x_2 \qquad (14.70) \\
&\quad\ (7.907) \quad (0.704) \quad (0.364)
\end{aligned}
$$

이다. 괄호 안의 수는 추정값의 표준오차이다.

다른 분석에 앞서 먼저 모형설정에 대한 오류나 모형의 기본 가정에 대한 심한 위배는 없는지를 검토한다. 간편한 방법으로 적합값($\hat{y}_i$)에 대한 잔차의 산점도(그림 14.11)를 검토해 보면, 잔차에는 모형설정의 오류를 암시하는 어떤 조직적인 패턴이나 회귀추세도 발견되지 않는다. 또 자료에 이상값의 존재나 오차의 이분산성의 확실한 증거도 보이지 않는다. 각 설명변수에 대한 잔차의 산점도 그림 14.11과 14.12에서도 모형의 기본 가정에 대한 위배나 어떤 새로운 설명변수의 추가를 요구하는 뚜렷한 근거는 없다.

다음은 주어진 모형의 유의성 검정을 통하여 모형 (14.68)의 설명력을 검토한다. 가설

$$\text{“}H_0 : \beta_1 = \beta_2 = 0 \quad \text{vs.} \quad H_1 : H_0\text{은 진이 아니다.”}$$

를 검정한다. 분산분석표(표 14.15)에서와 같이, F-검정통계량의 값은 $F = \dfrac{MSR}{MSE} = 58.10$를 보이고, 이 값은 자유도 (2, 17)를 따르는 F-분포에서의 오른쪽 1% 임계값 $f_{0.99}(2,\ 17) = 6.11$과 비교하면 매우 유의적이다. 다시 말하여, 분산분석표에서 보는 바와 같이 P-값이 0에 가까운 아주 작은 값으로 주어져 귀무가설 H_0는 강하게 기각된다. 이것은 모형에 주어진 두 설명변수 X_1, X_2 중 적어도 하나는 반응변수 Y를 설명하는 것이 통계적으로 의미가 있음을 말하고 있다. F-검정의

〈표 14.15〉 회귀모형 $Y = [X_1,\ X_2]$의 분산분석표

변동원	제곱합(SS)	자유도(df)	평균제곱(MS)	F-비	P-값
모형	1583.306	2	791.653	58.10	<0.0001
오차	231.644	17	13.626		
전체	1814.950	19			

값 58.10은 표본상관계수 $R^2 = 0.8724$를 이용하여 계산될 수도 있다. 그것은 모집단 회귀계수 β_1, β_2가 모두 0인지 아닌지에 대한 검정은 모집단 중상관계수가 0인지 아닌지의 검정과 근본적으로 같기 때문이다. 실제로 표 14.14에서 주어진 $R^2 = 0.8724$를 이용하면

$$F = \frac{R^2/p}{(1-R^2)/(n-p-1)} = \frac{0.8724/2}{(1-0.8724)/(20-2-1)} = 58.10$$

을 얻는다.

위 F-검정을 통하여 두 회귀계수 β_1, β_2 중 적어도 하나는 0이 아님이 확인되었지만, 추정된 회귀방정식 (14.70)에서 β_2의 추정값이 비교적 0에 가까워 이 계수의 참값이 0인지 아닌지를 확인하는 가설

$$\text{“}H_0 : \beta_2 = 0 \quad \text{vs.} \quad H_1 : \beta_2 \neq 0\text{”} \tag{14.71}$$

(단, β_1의 값은 임의의 값)을 검정할 필요가 있다. 회귀모형은 가급적 적은 개수의 설명변수로 표시해야 한다. 간단한 모형일수록 예측오차를 더 줄일 수 있고 또 관찰된 현상인 모집단을 더 정확하게 기술할 수 있기 때문이다. t-검정통계량은 귀무가설하에서 자유도 $n-p-1(=20-2-1)=17$인 t-분포를 따르고, 표 14.14에서와 같이 이 검정통계량의 값이 0.10으로 그 절댓값이 유의수준 0.05에서의 임계값 $t_{1-\frac{\alpha}{2}}(17) = t_{0.975}(17) = 2.1098$에 비하여 너무 작아 귀무가설은 기각되지 않는다. 다시 말하여, 검정의 P-값 0.9232는 귀무가설을 기각하기에는 너무 큰 것이다. 결국 출생 시 어머니의 나이(X_2)는 자녀의 지능점수(Y)를 설명하는 데 꼭 필요한 변수가 아니다. 또 R^2의 값이 0.87로 어린이의 지능점수를 나타내는 반응변수의 전변동의 약 87%가 어린이의 출생순서로 설명되고 있다. 물론 다음에서 밝혀지지만 출생순위가 빠를수록 지능점수는 높아지고 있다.

위 결과에 의하면, 어린아이들의 지능점수인 반응변수를 설명하는 데는 출생순위(X_1)가 중요하지 출생 당시 어머니의 나이(X_2)는 그렇게 중요하지 않다. 그러면 여기서 X_1만으로 설명되는 않은 반응변수 Y의 변동부분이 X_2의 추가로 얼마나 더 설명되는가? 다시 말하여, X_2에 의한 추가 설명력의 크기를 더 구체적으로 밝혀보자. 먼저 Y에 X_1만을 포함한 단순모형 $Y=[X_1]$을 자료에 적용하여 회귀제곱합(SSR)을 구하고 이것을 $SSR(X_1)$으로 표시하자. 다음은 X_1과 X_2가 동시에 들어 있는 회귀제곱합을 구하고 $SSR(X_1,\ X_2)$로 나타내자. 여기서 X_1이 들어간 후에 X_2가 추가된 회귀제곱합을 $SSR(X_2 | X_1)$이라 하면 이것은

$$SSR(X_1) + SSR(X_2 | X_1) = SSR(X_1,\ X_2) \tag{14.72}$$

으로 표시된다.

분산분석표 14.16과 14.17에 의하면, $SSR(X_2 | X_1) = 0.1306$이다. 같은 방법으로, $SSR(X_1 | X_2) = 804.6911$이다. 이것을 정리하면 표 14.18과 14.19와 같다. 이 결과에 의하면, 모형 $Y=[X_1]$에 X_2를 추가하여 얻은 효과는 0.1306으로 1583.176에 비하여 약 0.008%이고, 이에 비하여 $Y=[X_2]$에 X_1를 추가하여 얻은 효과는 804.691으로 778.615에 비하여 약 103%임을 알 수

〈표 14.16〉 모형 $Y=[X_1]$에 대한 회귀계수의 추정과 검정

변수	계수	표준오차(SE)	t-통계량	P-값
절편	119.884	1.638	73.19	<0.0001
X_1	−5.367	0.484	−11.09	<0.0001
$n=20$	$R^2=0.8723$	$\sqrt{MSE}=3.588$		

〈표 14.17〉 모형 $Y=[X_1]$의 분산분석표

변동원	제곱합(SS)	자유도(df)	평균제곱(MS)	F-비	P-값
모형	1583.176	1	1583.176	122.95	<0.0001
오차	231.774	18	12.876		
전체	1814.950	19			

있다.

가설 (14.71)의 검정은 분산분석표 표 14.18와 표 14.19을 이용하여 순차 F-검정으로도 수행된다. 14.4.3.8절에서 논의된 바와 같이, 검정통계량

$$F^* = \frac{SSR(X_2 \mid X_1)/1}{SSE(X_1,\ X_2)/(n-p-1)} = \frac{SSR(X_2 \mid X_1)}{MSE(X_1,\ X_2)}$$

은 H_0하에서 $F^* \sim F(1,\ n-p-1) = F(1,\ 20-2-1) = F(1,\ 17)$이고, 따라서 만약 $F^* > f_{1-\alpha}(1,\ n-p-1)$이면, 유의수준 α에서 H_0을 기각한다. 이 분석에서는 $F^* = \frac{0.1306}{13.626} = 0.01$이고, 이것은 유의수준 0.05에서 F-분포의 임계값 $f_{0.95}(1,\ 17) = 4.451$에 비하여 너무 작기 때문에 귀무가설 H_0은 기각될 수 없다. 사실, 표 14.14를 참고하면 $F^* = 0.01 = (0.1)^2 = (t^*)^2$임을 알 수 있다.

같은 방법으로, β_1에 대한 순차 F-검정도 이루어진다.

위 분석을 통하여 얻은 축소된 1변수선형회귀모형은

〈표 14.18〉 순차분산분석표

변동원	순차제곱합	자유도
X_1	$SSR(X_1)=1583.176$	1
X_2	$SSR(X_2 \mid X_1)=0.1306$	1

〈표 14.19〉 순차분산분석표

변동원	순차제곱합	자유도
X_2	$SSR(X_2)=778.615$	1
X_1	$SSR(X_1 \mid X_2)=804.691$	1

$$Y_i = \beta_0 + \beta_1 x_{1i} + \epsilon_i, \quad i = 1, 2, \cdots, n \tag{14.73}$$

이다. 여기서 β_0, β_1는 다시 추정될 회귀계수이고, 확률오차 ϵ_i는 평균이 0이고 분산이 σ^2로 서로 독립인 확률변수이다. 자료에 적합된 최소제곱회귀직선은

$$y = b_0 + b_1 x_1 = \underset{(1.638)}{119.884} - \underset{(0.484)}{5.368} x_1 \tag{14.74}$$

이다. 괄호 안의 수는 추정값의 표준오차이다.

앞에서와 같은 방법으로, 주어진 축소모형에 대한 유의성 검정을 통하여 모형 (14.73)의 설명력을 다시 검토한다. 가설

$$\text{“}H_0 : \beta_1 = 0 \quad \text{vs.} \quad H_1 : \beta_1 \neq 0\text{”}$$

을 검정한다. 분산분석표(표 14.17)에서와 같이, F-검정의 통계량값은 $F = \frac{MSR}{MSE} = 122.95$이고, 이 값은 자유도 (1, 18)를 따르는 F-분포에서의 오른쪽 1% 임계값 $f_{0.99}(1, 18) = 8.29$과 비교하면 유의수준 0.01에서 매우 유의적이다. 다시 말하여, P-값이 0에 아주 가까운 작은 값으로 귀무가설 H_0는 강하게 기각된다. 이것은 X_1만을 포함한 축소모형이 Y의 변동을 설명하는데 X_1과 X_2를 모두 포함한 완전모형에 비하여 큰 차이를 보이지 않음을 말한다. F-검정통계량의 값 122.95는

$$F^* = \frac{[SSE(\beta_0) - SSE(X_1)]/(p+1-m)}{SSE(X_1)/(n-p-1)}$$

으로도 계산된다. 여기서 $SSE(\beta_0)$는 상수만 갖는 축소모형 $Y = [\beta_0]$에 대한 오차제곱합으로

$$SSE(\beta_0) = \sum_{i=1}^{n}(y_i - \hat{y}_i)^2 = \sum_{i=1}^{n}(y_{i} - \bar{y})^2 = 1814.95$$

이고, $SSE(X_1) = 213.774$ 그리고 $n = 20,\ p = 1,\ m = 1$을 이용하면

$$F^* = \frac{(1814.95 - 231.774)/(1+1-1)}{231.774/(20-1-1)} = 122.95$$

을 얻는다. 여기서 m은 축소모형에 포함되는 미지수의 개수이다. 더욱이, F^*는 모형 $Y = [\beta_0]$와 $Y = [X_1]$에서 얻은 표본상관계수 R_0^2와 R_1^2를 이용하여 계산할 수도 있다. 실제로, 자명하게 $R_0^2 = 0$이고 또 표 6.13에서 주어진 $R_1^2 = 0.8723$를 이용하면

$$F^* = \frac{(R_1^2 - R_0^2)/(p-m)}{(1-R_1^2)/(n-p-1)} = \frac{(0.8723-0)/(1-0)}{(1-0.8723)/(20-1-1)} = 122.95$$

임을 알 수 있다. 한편, 완전모형에서 얻은 다중결정계수 0.8724와 축소모형에서 얻은 상관계수 0.8723에서도 큰 차이를 보이지 않고 있으며, 또 축소모형에 대한 잔차의 산점도를 검토해 볼 때 오차의 기본 가정도 만족스럽게 확인되고 있다. 이러한 점들을 감안하면 독립변수 X_2를 완전모

형으로부터 제외시킨 것이 모형의 설명력에 불리한 영향을 주지 않는다는 결론을 얻는다.

마지막으로 얻어진 최소제곱직선식 (14.74)을 이용하여 출생순위 3, 즉 $X_1 = 3$에서의 어린이의 평균지능점수 $\hat{\mu}_{Y|x_1=3}$와 또 지능점수의 실제값 $y_{(3)}$에 대한 95% 신뢰구간 등을 계산하여 보자.

먼저, 출생순위가 3인 모든 어린이들의 평균지능점수의 점추정값은

$$\hat{\mu}_{Y|x_1=3} = 119.884 - 5.368(3) = 103.78$$

이다. 이때 정확성을 설명하지 않고는 이 추정값을 사용하는 데 어려움이 있다. 그런 의미에서 $\mu_{Y|x_1=3}$에 대한 95%의 신뢰구간을 구하자. $SSE = 231.774$이고 따라서 $MSE = SSE/(n-2) = 231.774/18 = 12.876$를 이용하면, $\mu_{Y|x_1=3}$에 대한 95%의 신뢰구간은

$$\hat{\mu}_{Y|x_1=3} \pm t_{1-\frac{\alpha}{2}}(n-2) \cdot \sqrt{MSE} \cdot \sqrt{\frac{1}{n} + \frac{(x-\overline{x})^2}{S_{xx}}}$$

이고, 여기서

$$103.78 \pm t_{0.975}(18)(3.588)\sqrt{\frac{1}{20} + \frac{(3-2.95)^2}{54.95}}$$

이다. $t_{0.975}(18) = 2.101$을 이용하면 구하는 신뢰구간은 (102.102, 105.476)이다. 이 결과는 부록의 [SAS 프로그램 32]에 의하여 쉽게 얻어질 수 있다.

다음은 출생순위 3, 즉 $X_1 = 3$의 한 어린이의 지능점수 $y_{(3)}$에 대한 95% 신뢰구간을 생각한다. 출생순위 3인 한 어린이의 지능점수 $y_{(3)}$의 점추정값은 $\mu_{Y|x_1=3}$의 점추정값과 같이

$$\hat{y}_{(3)} = \hat{\mu}_{Y|x_1=3} = 119.884 - 5.368(3) = 103.78$$

이다. $y_{(3)}$에 대한 95%의 신뢰구간을 구하면, 위에서와 같이 $MSE = SSE/(n-2) = 231.774/18 = 12.876$이고, 따라서 $y_{(3)}$의 95% 신뢰구간은

$$\hat{y}_{(3)} \pm t_{1-\frac{\alpha}{2}}(n-2) \cdot \sqrt{MSE} \cdot \sqrt{1 + \frac{1}{n} + \frac{(x-\overline{x})^2}{S_{xx}}}$$

즉

$$103.78 \pm t_{0.975}(18)(3.588)\sqrt{1 + \frac{1}{20} + \frac{(3-2.95)^2}{54.95}}$$

이다. 구하는 신뢰구간은 (96.064, 111.514)이다. 이 결과도 부록의 [SAS 프로그램 32]에 의하여 쉽게 얻을 수 있다. 기대한 바와 같이, 출생순위 3인 한 어린이의 지능점수 예측구간은 같은 출생순위 3의 모든 어린이들의 평균지능점수의 예측구간보다 그 폭이 다소 넓어짐을 볼 수 있다.

확률·통계이야기 근대통계학과 통계적 추론의 발달

골턴

피어슨

1900년대 초기의 약 20년 간에 다수관찰의 기술방법인 기술통계학의 방법이 더욱 발전하였다. 여기에는 특히 영국의 생물학자인 골턴과 칼 피어슨의 공헌이 두드러진다. 골턴은 자연현상, 특히 유전현상의 정확한 기술을 위해서는 객관적인 자료수집과 그 자료에 대한 체계적인 분석의 필요성을 강조하였다. 특히 유전현상을 수학적으로 설명하려는 노력으로 다수관찰에서 나타나는 변동성, 유전성 등을 정량적으로 표현하고자 사분위수, 백분위수, 상관계수, 회귀선 등의 새로운 개념을 정립하였다. 결국 그는 상관분석과 회귀분석의 개념을 창조하기에 이르렀다.

피어슨은 유전현상 등 자연현상을 설명하는 데, 관찰된 대량의 자료를 정리 요약하여 그 현상을 정확히 수량적으로 기술하는 것을 통계학의 목적으로 규정하였다. 또 그는 골턴에 의하여 창안된 '상관과 회귀'의 개념을 더욱 발전시켜 계량생물학을 완성시켰으며, 이 과정에서 '모집단'과 '표본'의 개념을 도입하였다. 특히 표본의 도수분포가 모집단 분포에 적합한가를 논하는 적합검정을 생각하고, 이 과정에서 카이제곱분포의 계산을 하였다. 그는 표본의 크기가 클 때만이 표본의 특성은 모집단에 대한 지식으로서 유효하다는 대표본 이론을 주장하였고, 가능한 한 큰 표본을 이용한 근사계산에 의하여 '가설검정'을 전개하였다.

피어슨이 제창한 대표본론은 관찰을 전제로 하는 논리이다. 따라서 관찰은 물론 실험을 실시하여 소표본을 주로 다루는 생물학 등 자연과학의 분야에서는 대표본론이 크게 주목을 받지 못했다. 이러한 문제성을 해결한 사람은 피어슨의 제자 고셋(Gosset, 1876~1937)으로 평가된다. 그는 1908년에 현대통계학에서 기본적으로 이용되고 있는 스튜던트(student: Gosset의 아호) t-분포의 존재를 발표하여 소표본에 대한 정밀표본론을 개척하였다. 이 분포의 발견은 근사계산이 아닌 소표본에 의한 추론을 가능케 한 것으로 이것은 진정한 의미에서 통계적 추론의 시작이라고 할 수 있다. 한편, 소표본에 대한 완전분포의 발견은 통계학의 대상을 집단현상으로부터 확률현상으로 변환시킨 계기가 되었다. 다시 말하면, 모집단은 미지 모수를 포함하는 확률분포의 정의된 확률공간으로 이해되었고, 또 표본을 근거로 하여 모집단에 대한 추론을 하기 위해서는 표본은 모집단으로부터 추출된 확률표본이어야 한다는 사실을 강조하였다.

통계적 추론의 개념이 확립되는 과정에서 특히 중추적인 역할을 한 사람으로는 영국의 피셔(Ronald A. Fisher, 1890~1962)를 들 수 있다. 피셔는 피어슨, 고셋으로부터 학문적인 영향을 받고, 농학, 생물학, 유전학 등의 연구에 통계적 방법의 적용을 강조하였으며, 이 과정에서 '실험계획'의 분석방법으로 '분산분석법'을 확립하였다. 분산분석법의 이와 같은 도입은 확률화 과정에 기본을 둔 실험의 장에 확률모델의 도입을 가능하게 한 계기가 되었다. 더욱이, 그는 가설검정이나 유의성검정 등과 같은 검정론의 주요개념, 그리고 추정량의 일치성, 유효성, 충분성 등과 같은 추정론의 주요개념을 도입함으로써, 통계적 추론의 핵심 개념들을 정립하는 데 공헌하였다. 그 밖에도 피셔는, 미지 모수에 관한 최우추정법을 제안하였고, 고셋에 의하여 계산된 다소 불완전한 t-분포를 '중적분법'을 통하여 완성하기도 하였다. 이와 같이 피어슨과 피셔는 통계적 추론의 기초가 되는 새로운 개념들을 도입하였고, 이것들을 통하여 통계적 추론의 초석이 마련된 것이다.

집중논의 빅데이터, 인공신경망, 인공지능과 기계학습의 원리

빅데이터(big data: 대용량자료)란 디지털 환경, 즉 숫자 0, 1만을 쓰는 이진법 논리로 만들어지는 다양한 조합을 1은 on, 0은 off 두 전기기능으로 표현하여 일상의 모든 정보를 쉽게 저장·관리하고 전달하는 환경에서 만들어지는 방대한 데이터를 뜻한다. 디지털 데이터에는 숫자처럼 구조화된 정형데이터는 물론이고 소위 인공지능을 통해 인식하는 그림·영상·음성 등 구조화되지 않은 비정형데이터도 포함한다. 따라서 빅데이터는 기존의 관리나 분석 체계로는 감당하기 어려운 거대한 데이터 집합이다.

인간(또는 동물)이 뇌를 통해 여러 문제를 처리하는 인체구조를 신경망(Neural Network)이라 한다. 또 이와 유사한 구조를 컴퓨터에 적용하여 주어진 문제를 처리하게 하는 절차 즉 알고리즘을 인공신경망(Artificial Neural Network)이라 한다. 컴퓨터 인공신경망에서는, 인간의 뇌가 서로 연결된 신경(Neural)을 통해 문제를 처리해 가는 절차와 유사하게, 입력 데이터를 입력층(input layer), 은닉층(hidden layer) 그리고 출력층(output layer)을 순차적으로 진행해 가는 수학적 모델을 통해 문제를 처리하게 된다.

인공지능(AI: artificial intelligence)은 컴퓨터 프로그램을 통해 인간의 학습 능력이나 추론 능력을 실현하는 기술을 말한다. 특히, 기계학습(머신러닝: machine learning)은 인공지능의 한 분야로 컴퓨터에 데이터를 입력하여 반복적인 수행과 학습을 통해 새로운 지식을 얻는 컴퓨터의 학습 방법이다. 머신러링에서 은닉층을 여러 개 갖는 다층구조일 때 특별한 효과를 볼 수 있는 데 이것을 딥러링(심층학습: deep learning)이라 한다. 최근 음성인식, 영상인식 또는 언어처리 등의 발전은 이 딥러링의 효과라 할 수 있다. 은닉층에서 이루어지는 계산절차는 밖에서 들어다 볼 수 없어 브랙박스와 같다. 은닉층에서는 엄청난 양의 계산이 순간적으로 반복해서 이루어지기 때문이다.

인공지능이 기계학습이나 자기학습을 통하여 새로운 지식을 얻는 데는 양질의 빅데이터는 필수적이고, 더 많고 더 좋은 데이터를 가질수록 더 좋은 결과를 얻게 된다. 최근 인공지능이 막대한 양의 빅데이터를 통해 자기학습이 이루어지는 상황에서는 그 효과를 가늠하기 힘들 정도이고, 여기서 얻은 결과는 정확성, 객관성, 신뢰성은 물론 판단력이나 미래 예측력 등에서 인간의 능력을 넘게 된다. 특히, 이 기술은 실제로 마케팅, 경영, 교통, 금융, 보험, 의학 및 보건, 기상 등의 분야에서 두드러진 효과를 보고 있다. 인공신경망을 도식화하면 다음과 같다.

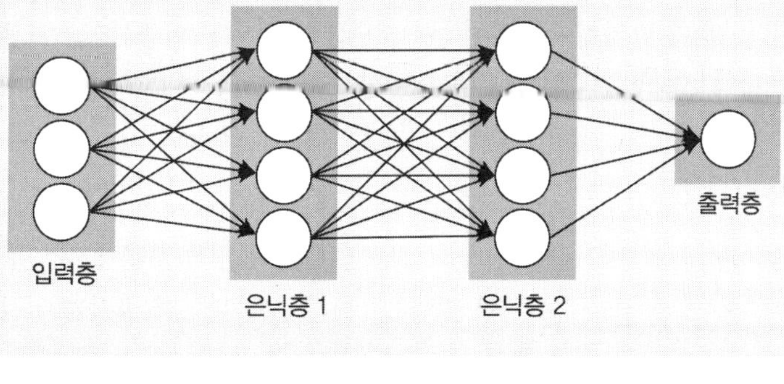

앞의 그림과 같이, 입력 데이터가 3개(따라서 입력층의 연결점인 노드(node)가 셋), 은닉층의 노드가 4개 그리고 출력층의 노드가 하나인 간단한 인공신경망을 생각해 보자. 먼저 시스템 외부로부터 세 입력값 x_1, x_2, x_3가 입력층에 도달하여 3개의 입력 노드가 주어지고, 각 입력 노드와 은닉 노드들은 가중치를 갖는 망으로 연결되어 있다. 따라서 은닉층은 모든 입력 노드에서 입력 값을 넘겨 받아 그것들의 가중 값을 계산하고 이것에 다시 활성화 함수(activation function)를 적용하여 출력층에 전달하게 된다. 전이함수(transfer function)라고도 하는 이 활성화 함수는 결국 은닉층에 있는 신호를 변환하고 이 변환된 신호를 다음 모드인 출력층에 전달하는 역할을 하는 함수로 보통 비선형함수가 사용된다. 전이함수는 보통 S모양의 시그모이드 함수(sigmoid function)나 tanh 함수 또는 렐루(ReLU) 함수가 사용되나, 렐루함수가 더 효과적인 것으로 알려져 있다.

인공신경망의 학습력을 더욱 증대시키기 위해서는 활성화 함수를 좌우로 크게 작게 평행이동할 필요가 생기게 되는 데 이때 이용되는 평행이동 상수를 바이어스(편견: bias)이라 한다. 입력층과 은닉층의 바이어스의 초기값은 둘 다 랜덤(보통 1)으로 정한다.

신경망을 학습시킨다는 것은, 입력층에 들어온 입력 값들에 대하여 출력 값(들)을 구하되, 손실함수(loss function) 즉 비용함수(cost function)를 최소로 하는 방향으로 노드 사이의 각 가중치와 바이어스를 변화시키는 과정을 뜻한다. 인공지능망 프로그램에 사용되는 컴퓨터 언어는 파이썬(Python), R, JAVA, $C^{(++)}$ 등이다.

인공신경망은 예측방법에서 회귀분석과 자주 비교된다. 먼저 회귀분석에서는 최소제곱방법을 통해 회귀식을 구하고 이것으로부터 예측 값을 계산한다. 다시 말해, 설명변수 X의 고정 값(입력값) $x_1, x_2, \cdots, x_n$에서 관측된 반응변수 Y의 값 $y_1, y_2, \cdots, y_n$ 사이의 관계식을

$$y_i = \beta_0 + \beta_1 x_i + \epsilon_i,\ \ \epsilon_i \sim NID(0,\ \sigma^2),\ \ i = 1,\ 2,\ \cdots,\ n$$

으로 가정하고, 여기서 오차제곱합

$$Q(\beta_{0,}\ \beta_1) = \Sigma_{(i=1)}^{n} (y_{i-\beta_0} - \beta_1 x_i)^2$$

을 최소로 하는 $(\beta_0,\ \beta_1)$의 값 $(b_0,\ b_1)$을 구한다. $X = x_0$에서 예측 값은 $y_0 = b_0 + b_1 x_0$이다. 이에 반하여, 인공신경망에서는 $x_1, x_2, \cdots, x_n$이 입력층의 입력 값이고, 은닉층은 입력 노드에서 이 입력 값을 넘겨 받아 주어진 가중치의 합을 계산한다. 이 합에 다시 전이함수를 적용하여 활성화 시키고 결과를 출력층에 전달한다. 이 과정에서 결과가 목표에 가까운 값이 나올 때까지 가중치를 수정한다. 이 수정 과정이 인공신경망 모델의 학습이다. 인공신경망 모델에서 만약 은닉층이 없고 가중 합에 전이함수로의 적용이 없다면 회귀모델의 알고리즘이 된다고 할 수 있다.

최소제곱추정량은 일치성(consistency)을 갖는다. 다시 말하여, $n \to \infty$이면 $(b_0,\ b_1) \to (\beta_0,\ \beta_1)$이다. 관찰값 $\left\{(x_i,\ y_i)_{(i=1)}^{n}\right\}$이 빅데이터로 주어지면 $(b_0,\ b_1)$은 $(\beta_0,\ \beta_1)$에 아주 가까운 값이 되는 것이다. 표본 데이터를 기초로 하는 기존의 통계적 추론에서는 분석 결과에 대한 확실성을 확률적으로 설명하는 데 반하여 빅데이터를 기초로 하는 인공지능의 결과는 무한히 큰

양질의 빅데이터에 의해 보장된다고 할 수 있다.

아래 인공지능망에서, 입력값 x_1, x_2, x_3이 은닉층의 노드의 출력값 z_1, z_2, z_3, z_4를 거쳐 출력층의 출력값 y_1에 이르는 계산 절차를 생각해 보자. 여기서 x_0, z_0를 각각 입력층과 은닉층의 바이어스라 하고(보통 각각 1로 사용), ω_{kj}를 노드 j와 노드 k를 연결하는 가중값 그리고 $\sigma_1(\cdot)$, $\sigma_2(\cdot)$를 각각 두 노드의 전이함수라 하면, y_1은 다음과 같이 계산된다. 이때 가중값 $(\omega_{kj}, \omega_{ji})$를 변화시키며 주어진 손실함수의 값이 최소가 되도록 한다.

$$
\begin{aligned}
y_1 = \sigma_1(\omega_{10} \cdot \sigma_2(\omega_{00}x_0 + \omega_{01}x_1 + \omega_{02}x_2 + \omega_{03}x_3)) \\
+ \sigma_1(\omega_{11} \cdot \sigma_2(\omega_{10}x_0 + \omega_{11}x_1 + \omega_{12}x_2 + \omega_{13}x_3)) \\
+ \sigma_1(\omega_{12} \cdot \sigma_2(\omega_{20}x_0 + \omega_{21}x_1 + \omega_{22}x_2 + \omega_{23}x_3)) \\
+ \sigma_1(\omega_{13} \cdot \sigma_2(\omega_{30}x_0 + \omega_{31}x_1 + \omega_{32}x_2 + \omega_{33}x_3)) \\
+ \sigma_1(\omega_{14} \cdot \sigma_2(\omega_{40}x_0 + \omega_{41}x_1 + \omega_{42}x_2 + \omega_{43}x_3))
\end{aligned}
$$

은닉층의 역할로 볼 때, 우리는 인공지능(AI)이 내놓은 결과는 알지만 그 결정 이유를 이해하지 못한다. 결국 우리는 알파고가 둔 바둑 수를 논리적으로 설명해 내지 못하며, 그 능력의 한계도 알지 못한다. 인공지능이 내 놓은 결과의 질은 다만 입력 데이터의 양과 질에만 의존한다.

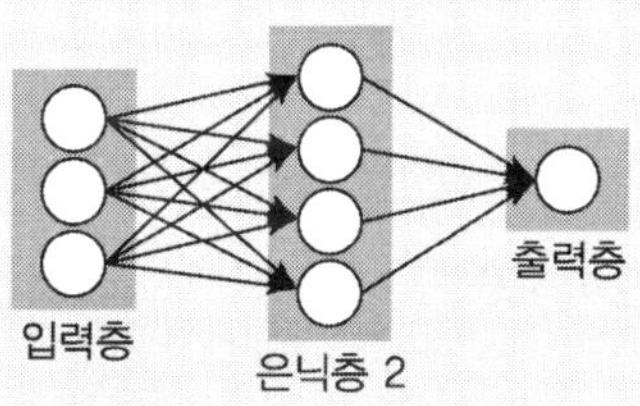

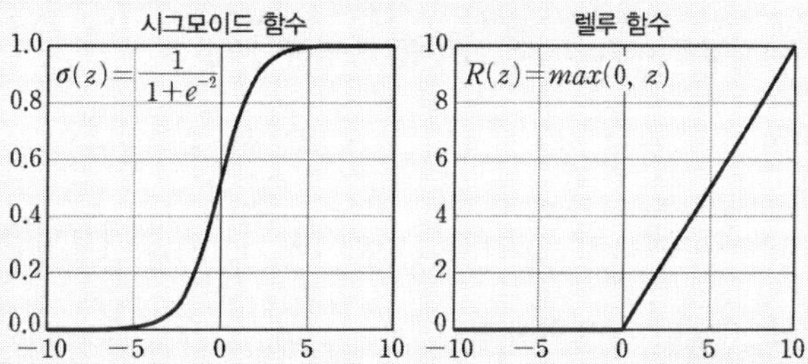

EXERCISES 연 습 문 제

01. 단순선형회귀모형 (14.13)에서 β_1의 추정량 $B_1 = S_{xY}/S_{xx}$은 반응값의 평균 $\overline{Y}$와 독립임을 증명하시오.

02. (14.15)에서 정의된 $S^2 = SSE/(n-2)$는 선형회귀모형 (14.13)의 오차항 ϵ_i의 분산 σ^2에 대한 불편추정량임을 증명하시오.

03. 선형회귀모형 (14.13)에서, 기울기 β_1의 추정량 $B_1 = S_{xY}/S_{xx}$은 오차분산 σ^2의 불편추정량 $S^2 = SSE/(n-2)$와 서로 독립임을 증명하시오.

04. $S^2 = SSE/(n-2)$이 σ^2의 불편추정량, 즉 $E[SSE/(n-2)] = \sigma^2$임을 증명하는데, 다음 네 단계를 이용하시오.

(a) $SSE = S_{YY} - S_{xx}B_1^2$을 증명하시오.

(b) $SSE = \sum_{i=1}^{n} Y_i^2 - n\overline{Y}^2 - S_{xx}B_1^2$을 증명하시오.

(c) $E[SSE] = \sum_{i=1}^{n} E[Y_i^2] - nE[\overline{Y}^2] - S_{xx}E[B_1^2]$을 증명하시오.

(d) 다음을 증명하시오.

(1) $E[Y_i^2] = Var[Y_i] + (E[Y_i])^2 = \sigma^2 + (\beta_0 + \beta_1 x_i)^2$

(2) $E[\overline{Y}] = Var[\overline{Y}] + (E[\overline{Y}])^2 = \sigma^2/n + (\beta_0 + \beta_1 \overline{x})^2$

(3) $E[B_1^2] = Var[B_1] + (E[B_1])^2 = \sigma^2/S_{xx} + \beta_1^2$

05. 선형회귀모형 (14.13)에서, 절편 β_0의 추정량 $B_0 = \overline{Y} - B_1\overline{x}$ (단, $B_1 = S_{xY}/S_{xx}$)와 오차분산 σ^2의 불편추정량 $S^2 = SSE/(n-2)$은 서로 독립임을 증명하시오.

06. $\mu_{Y|x}$의 추정량 $\hat{\mu}_{Y|x} = b_0 + b_1 x$은 불편추정량임을 증명하시오. 즉,

$$E[\hat{\mu}_{Y|x}] = \mu_{Y|x}$$

07. 선형회귀모형 (14.13)에서 오차항이 정규분포를 따를 때 최소제곱추정량은 최우추정량임을 증명하시오.

08. 정리 14.25의 기본 가정하에서 (14.62)를 증명하시오.

09. 다음 자료에서 X를 독립변수로 그리고 Y를 종속변수로 하여 질문에 답하시오.

X	2	4	6	8	9
Y	2236	38480	82680	152360	242320
X	12	14	16	18	20
Y	320450	370630	410520	435467	442365

(1) 자료의 산점도를 구하시오.
(2) (1)의 결과를 통하여 적절한 회귀모형을 제시하고 그 모형의 기본 가정을 말하시오.
(3) (2)에서 제시된 회귀모형에 대하여 회귀모수의 최소제곱추정값을 구하시오.
(4) (3)에서 얻은 잔차의 분석을 통하여 이 곡선접합의 타당성을 논하시오.

10. 어떤 화합물이 물에 녹는 양(Y)은 물의 온도(T)에 따라 달라진다. 실험으로 얻은 다음 자료에 대하여 최소제곱직선을 구하고 적합의 적절성을 잔차분석을 통하여 논하시오.

T(℃)	0	5	10	15	20
$Y(g)$	68.6	73.2	96.2	100.2	106.7
T(℃)	25	30	35	40	45
$Y(g)$	112.3	129.2	134.6	146.2	156.2

11. $\overline{x}$와 $\overline{y}$를 각각 독립변수 X와 종속변수 Y에 대한 자료집합

$$(X,\ Y) = \{(x_1,\ y_1),\ \cdots,\ (x_n,\ y_n)\}$$

의 산술평균이라 하고, 또 $y = b_0 + b_1 x$를 이 자료에서 구한 최소제곱직선이라 할 때, 점 $(\overline{x},\ \overline{y})$는 항상 이 회귀직선 위에 있음을 증명하시오. 또 잔차 r_i(단, $r_i = y_i - (b_0 + b_1 x_i)$)는 항상 $\sum_{i=1}^{n} r_i = 0$임을 증명하시오.

12. 다음은 자료는 일반 가정에서 여름철에 사용하는 수돗물의 양과 그 가구의 수입과의 관계를 밝히기 위해 조사된 자료이다. 같은 도시에서 조사된 10가구의 연수입(X)와 그 가정에서 여름철 일정기간에 사용된 수돗물의 양(Y)를 나타내는 다음 자료를 기초로 질문에 답하시오(단위: X는 천원, Y는 m^3).

(1) 이 자료의 산점도를 구하시오.

(2) 이 자료의 회귀직선을 구하고 그 타당성을 설명하시오.

(3) 연 수입이 2000만 원인 가정에서 이 기간에 사용되는 수돗물의 평균량을 구하시오.

(4) 연 수입이 2500만 원인 어떤 가정에서 이 기간에 사용되는 수돗물의 양을 예측하시오.

(5) 한 가구의 연 수입이 200만 원 감소할 때 그 가정에서 나타나는 수돗물 소비의 변화를 설명하시오.

$X(\times 1000)$	$Y(\times 100)$
11.20	1.62
14.40	2.80
16.10	3.90
20.10	3.99
24.00	5.12
36.60	6.52
48.30	7.00
66.12	9.12
72.36	10.00
89.88	11.22

13. 문제 12에서, 유의수준 0.05에서 X와 Y의 선형회귀의 유의성 검정을 검정하시오.

14. 문제 12에서, $x = \overline{x}$ 그리고 $x = 12$에서 $\mu_{Y|x}$에 관한 신뢰도 0.95%의 신뢰구간을 각각 구하고, 또 폭의 차이의 의미를 설명하시오.

15. 문제 12에서, 가설 $H_0 : \beta_0 = 2$을 유의수준 0.01에서 검정하시오.

16. 문제 12에서, 선형회귀에 관한 유의성을 검정하시오. 즉, 가설 $H_0 : \beta_1 = 0$을 유의수준 0.01에서 검정하시오.

17. 문제 12에서, $X = 50.00$에서 Y의 실제값을 추정하시오. 또 이 값에 대한 95% 신뢰구간을 구하시오.

18. 다음 관측 자료를 기초로 질문에 답하시오.

(a) 이 자료의 산점도를 구하시오.

(b) 이 자료의 회귀직선을 구하고 그 적합의 타당성을 논하시오.

(c) 추정된 계수들의 의미를 설명하시오.

(d) $X = 22.5$에서의 Y의 값을 추정하시오.

(e) 유의수준 0.05에서 선형회귀의 유의성을 검정하시오. 즉, 가설 '$H_0 : \beta_1 = 0$'을 유의수준 0.01에서 검정하시오.

X	Y	X	Y
17.2	31.1	21.2	38.2
18.1	26.9	23.0	43.5
18.9	31.5	24.3	49.6
19.6	29.9	24.9	55.0
19.9	37.4	26.9	49.9

19. 다음 자료는 어떤 산업현장에서 12년간 발생한 산업재해의 연 사망률(백 명당 사망수)을 조사한 것이다. 이것을 기초로 하여 다음 질문에 답하시오.

T	1	2	3	4	5	6
Y	3.124	2.934	2.363	2.108	1.976	1.562
T	7	8	9	10	11	12
Y	1.454	1.292	0.901	0.840	0.799	0.710

(1) 이 자료의 산점도를 구하시오. 또 변수 T에 대한 변수 Y의 추세를 모형화하는 데 함수 $Y=\beta_0+\beta_1 T$를 이용하고 결정계수 등 잔차분석을 통하여 그 적합성을 논하시오.

(2) 변수 T를 $T'=\ln T$로 변환한 후, T'과 Y에 대하여 (1)에서와 같은 분석을 수행하시오.

(3) 변수 T를 $T'=1/T$로 변환한 후, T'과 Y에 대하여 (1)에서와 같은 분석을 수행하시오.

(4) 위 세 모형의 곡선접합을 비교 평가하고, 만약 필요하면 더 적절한 변수변환을 통하여 (1)에서와 같은 분석을 수행하시오.

20. 다음 자료는 어느 대학에서 재학생의 입학성적(100만 점)과 졸업성공률(%) 사이의 관계를 파악하기 위해 조사된 것이다. 이것을 기초로 다음 질문에 답하시오.

X(입학성적)	Y(졸업성공률)
40	0.38
45	5.10
60	16.2
75	34.2
90	46.3
100	51.2

(1) 산점도를 통하여 적당한 로지스틱모형을 제시하시오.

(2) 최소제곱방법을 이용하여 회귀모수를 추정하시오.

(3) 잔차분석을 통하여 곡선적합의 타당성을 논하시오.

21. 다음 실험 자료를 기초로 질문에 답하시오.

(1) 이 자료의 산점도를 구하시오.

(2) 두 변수 사이의 상관계수를 구하고 그 의미를 설명하시오.

(3) 두 변수가 무상관(uncorrelated)인지를, 즉 가설 'H_0 : $\rho=0$'를 유의수준 0.05에서 검정하시오.

(4) 상관계수 ρ의 신뢰도 95%의 신뢰구간을 구하시오.

(5) 상관계수에 대한 가설 'H_0 : $\rho=0.7$'을 유의수준 0.05에서 검정하시오.

X	Y
102.3	209.9
119.5	216.7
121.1	203.5
120.8	221.2
146.5	219.4
141.2	249.2
178.0	253.5
192.3	269.2
203.9	278.1
206.9	280.6

22. 다음 자료는 어느 지역 어떤 농작물의 재고량(X)과 그 때의 그 농작물의 가격(Y)을 나타내고 있다(단위는 생략). 이 자료를 기초로 아래 질문에 답하시오.

X	9751	9923	7086	7988	9667
Y	2.25	2.45	2.89	2.36	2.19
X	11285	11054	8565	8804	9665
Y	2.19	1.39	2.26	2.02	2.17

(a) 자료의 산점도를 구하고, 두 변수 X, Y 사이의 상관계수 ρ를 구하시오.

(b) 상관계수 ρ의 95%의 신뢰구간을 구하시오.

(c) 두 변수 X와 Y가 무상관인지 아닌지를, 즉 가설 'H_0 : $\rho = 0$'를 유의수준 0.05에서 검정하시오.

(d) 두 변수 X와 Y 사이의 상관계수에 대한 가설 'H_0 : $\rho = 0.9$'를 유의수준 0.01에서 검정하시오.

23. A, B가 곱이 정의되는 두 행렬이고, A^t는 A의 전치행렬 그리고 A^{-1}를 A의 역행렬이라 할 때, 다음을 증명하시오.

(a) $(AB)^t = B^t A^t$ (b) $(A^{-1})^t = (A^t)^{-1}$

24. 확률변수 $Y_1, \cdots, Y_n$를 원소로 갖는 확률벡터 Y의 기댓값 $E[\mathrm{Y}]$와 분산-공분산행렬 $Var[\mathrm{Y}]$을 각각 다음과 같이 정의한다.

$$\mathrm{Y} = \begin{bmatrix} Y_1 \\ Y_2 \\ \vdots \\ Y_n \end{bmatrix}, \quad E[\mathrm{Y}] = \begin{bmatrix} E[Y_1] \\ E[Y_2] \\ \vdots \\ E[Y_n] \end{bmatrix}$$

그리고

$$Var[\mathrm{Y}] = \begin{bmatrix} Var[Y_1] & Cov[Y_1, Y_2] \cdots & Cov[Y_1, Y_n] \\ Cov[Y_1, Y_2] & Var[Y_2] \quad \cdots & Cov[Y_1, Y_n] \\ \vdots & \vdots \quad \ddots & \vdots \\ Cov[Y_1, Y_n] & Cov[Y_2, Y_n] \cdots & Var[Y_1] \end{bmatrix}$$

여기서 C가 Y와 곱이 정의되는 상수행렬일 때,

$$Var[C\mathrm{Y}] = C\,Var[\mathrm{Y}]C^t$$

을 증명하시오.

25. 실변수벡터 $\mathbf{x} = (x_1, \cdots, x_n)^t$와 상수벡터 $\mathbf{a} = (a_1, \cdots, a_n)^t$로 정의되는 선형함수

$$l(\mathbf{x}) = \sum_{i=1}^{n} a_i x_i = \mathbf{a}^t \mathbf{x} = \mathbf{x}^t \mathbf{a}$$

의 $\mathbf{x}$에 관한 도함수 $\dfrac{\partial l(\mathbf{x})}{\partial \mathbf{x}}$을

$$\frac{\partial l(\mathbf{x})}{\partial \mathbf{x}} = \begin{bmatrix} \dfrac{\partial l(\mathbf{x})}{\partial x_1} \\ \vdots \\ \dfrac{\partial l(\mathbf{x})}{\partial x_n} \end{bmatrix}$$

로 정의할 때

$$\frac{\partial l(\mathbf{x})}{\partial \mathbf{x}} = \mathbf{a}$$

을 증명하시오.

26. 실변수벡터 $\mathbf{x} = (x_1, \cdots, x_n)^t$와 임의의 $n \times n$ 대칭인 상수행렬 $A = [a_{ij}]$으로 정의되는 이차식

$$q(\mathbf{x}) = \mathbf{x}^t A \mathbf{x} = \sum_{i=1}^{n} \sum_{j=1}^{n} x_i x_j a_{ij}$$

에 대한 $\mathbf{x}$의 편도함수는

$$\frac{\partial q(\mathbf{x})}{\partial \mathbf{x}} = 2A\mathbf{x}$$

임을 증명하시오.

27. (14.48)를 벡터 $\boldsymbol{\beta}$에 대하여 미분하면 (14.49)이 됨을 증명하시오.

28. (14.51)이 (14.48)을 최소화함을 보이는 데 다음을 증명하시오. 즉, $\tilde{\boldsymbol{\beta}}$이 (14.48)을 최소화하는 또 다른 추정량이면, $\tilde{\boldsymbol{\beta}} = \hat{\boldsymbol{\beta}}$임을 증명하시오.

29. (14.60)에서 교차항이 0, 즉 $\sum_{i=1}^{n} (\hat{y}_i - \bar{y})(y_i - \hat{y}_i) = 0$이 됨을 다음 (a), (b), (c)를 통하여 증명하시오.

(a) $\sum_{i=1}^{n} (\hat{y}_i - \bar{y})(y_i - \hat{y}_i) = \hat{\boldsymbol{\beta}}_n^t \mathrm{X}^t \mathrm{e} - \bar{y} \sum_{i=1}^{n} e_i$을 증명하시오.

(b) $\mathrm{X}^t \mathrm{e} = \mathbf{0}$임을 증명하시오.

(c) $\sum_{i=1}^{n} e_i = 0$임을 증명하시오.

30. 목재건축물에 사용되는 어떤 천연 접착제의 강도(Y)는 그 제품에 포함된 특정 성분의 수분투과율(X_1)와 파손확산율(X_2)에 의존한다고 한다. 그 관계를 파악하기 위하여 다음의 실험 자료를 얻었다. 다음 질문에 답하시오.

X_1	X_2	Y
7.3	6.54	4
3.0	5.01	3
6.3	12.12	6
4.5	6.91	5
9.6	23.21	10
13.7	10.12	9
8.1	13.10	8
17.9	13.15	9
15.1	23.75	11
8.3	9.33	7

(a) X_1와 Y 그리고 X_2와 Y의 산점도를 각각 구하시오.

(b) 두 변수 다중선형모형 $\mu_{Y|x_1, x_2} = \beta_0 + \beta_1 x_1 + \beta_2 x_2$의 계획행렬을 구하시오.

(c) 회귀벡터$(\beta_0, \beta_1, \beta_3)$의 최소제곱추정값을 구하시오.

(d) 추정된 모형의 다중결정계수 R^2를 구하고 그 의미를 설명하시오.

(e) 추정된 모형의 다중상관계수 ρ를 구하고 그 의미를 설명하시오.

(f) 유의수준 0.05에서 적합된 회귀모형의 유의성을 검정하시오.

(g) X_2가 모형에서 꼭 필요한 변수인지 아닌지, 즉 '$H_0 : \beta_2 = 0$'를 유의수준 0.05에서 검정하시오.

(h) 가설 '$H_0 : \beta_2 = \beta_3 = 0$'를 유의수준 0.05에서 검정하시오.

(i) 오차항의 분산 σ^2의 적절한 추정값을 구하시오.

(j) 두 편상관계수를 구하고 그 의미를 논하시오.

(k) SAS 프로그램을 이용하여, 주어진 계획행렬 X에 대한 $(X'X)^{-1}$과 $X'Y$를 구하고, 또 이 결과를 이용하여 회귀모수의 최소제곱추정량을 구하시오.

31. 어떤 녹색 식물에 포함된 비타민 B_2의 양 (Y)은 전날의 일조량(X_1), 토질의 습도(X_2), 기온(X_3) 등과 무관하지 않다고 한다. 다음 실험 자료를 기초로 질문에 답하시오.

Y	X_1	X_2	X_3	Y	X_1	X_2	X_3
110.4	1.76	0.070	7.8	75.3	1.80	0.020	7.3
102.8	1.55	0.070	8.9	92.0	1.80	0.020	6.5
101.0	2.73	0.070	8.9	82.4	1.77	0.020	7.6
108.4	2.73	0.070	7.2	77.1	2.30	0.020	8.2
100.7	2.56	0.070	8.4	74.0	2.03	0.474	7.6
100.3	2.80	0.070	8.7	65.7	1.91	0.474	8.3
102.0	2.80	0.070	7.4	56.8	1.91	0.474	8.2
93.7	1.84	0.070	8.7	62.1	1.91	0.474	6.9
98.9	2.16	0.070	8.8	61.0	0.76	0.474	7.4
96.6	1.98	0.020	7.6	53.2	2.13	0.474	7.6
99.4	0.59	0.020	6.5	59.4	2.13	0.474	6.9
96.2	0.80	0.020	6.7	58.7	1.51	0.474	7.5
99.0	0.80	0.020	6.2	58.0	2.05	0.474	7.6
88.4	1.05	0.020	7.0				

(a) 위 자료에 대하여, 모형

$$y = \beta_0 + \beta_1 x_1 + \beta_1 x_2 + \beta_1 x_3 + \epsilon$$

을 기초로 회귀분석을 실시하고 그 결과를 평가하시오.

(b) 위 자료에 대하여, 모형

$$y = \beta_0 + \beta_1 x_2 + \beta_1 x_2^2 + \beta_1 x_3 + \epsilon$$

을 이용하여 회귀분석을 실시하고 그 결과를 평가하시오.

(c) 위 두 분석을 비교 평가하시오.

32. 참고 14.34에서와 같이, 다중상관계수 $R^2_{Y|12\cdots p}$ 와 다중회귀모형의 관측값과 그 예측값 사이의 단순상관계수 $r_{Y,\hat{Y}}$ 사이에는

$$R^2_{Y|12\cdots p} = r_{Y,\hat{Y}}$$

이 성립함을 증명하시오.

33. 참고 14.36에서와 같이, 다중회귀모형에 관한 F-통계량과 다중결정계수 $R^2_{Y|12\cdots p}$ 사이에는

$$F = \frac{MSR}{MSE} = \frac{n-p-1}{p}\frac{R^2}{1-R^2}$$

임을 증명하시오.

제 15 장 분산분석과 실험계획

이 장에서는 관찰이나 실험을 통하여 표본정보를 얻고 이것을 기초로 일반적인 집단(즉, 모집단)에 대한 지식을 도출하는 통계적 추론방법의 하나로 분산분석을 다룬다. 또 최소의 실험을 통해 필요한 최대의 표본정보를 얻고 여기서 타당한 결론을 도출하기 위한 과학적 설계인 통계적 실험도 논한다. 일원분산분석과 이와 관련한 완전확률화계획 그리고 이원분산분석과 이와 관련한 확률화완전블록설계 등을 논하고 그 분석사례들을 다룬다.

15.1 | 분산분석과 실험계획

12.3.3절에서는 두 모집단의 평균 μ_1과 μ_2에 유의적인 차이가 있는지를 표본평균을 통해 확인하는 검정방법을 논하였다. 그리고 12.3.6절에서는 두 표본이 서로 독립이 아니고 분산이 같지 않은 경우 대응비교검정, 즉 $\mu_D(\neq \mu_1 - \mu_2)$에 대한 검정이 더 타당함을 설명하였다(그림 15.1 참조). 후자인 경우, 어떤 질병을 치료하고 그 치료법의 효과를 평가할 때 같은 환자의 치료 전후 결과의 자료를 대응시켜 비교해야만 나이나 성별 또는 건강상태 등 다른 요인의 영향을 막을 수 있기 때문이다. 대응비교검정의 경우 두 표본이 독립이 아니기 때문에 전자의 방법을 그대로 적용할 수는 없다.

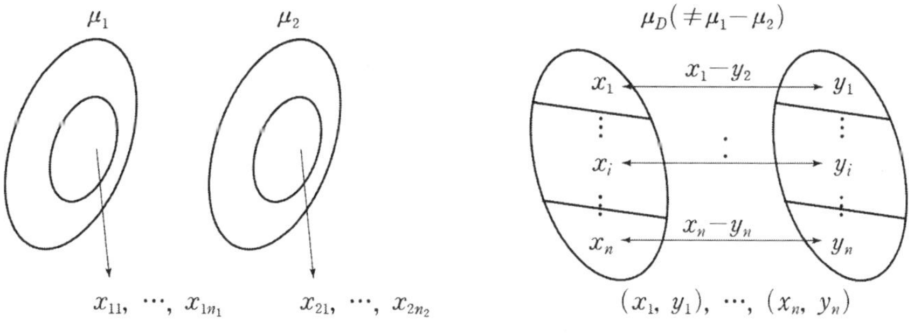

〈그림 15.1〉 두 모평균의 비교를 위한 단순 검정과 대응검정

두 모집단의 평균을 비교하려는 대응비교검정에서도 비교하려는 모집단의 개수가 커질수록 여러 가지 어려움을 수반한다. 우선 모집단의 개수가 늘어나면 계산량이 크게 늘어난다. 모집단이 10개이면 $\binom{10}{2}=45$가지 검정이 요구되고 이것은 매우 계산량이다. 다음에는 단순 검정에서 유의수준을 정하기가 매우 어렵다. 두 개씩 짝을 짓는 개별 검정

$$“H_0: \mu_1 = \mu_2”, \cdots, “H_0: \mu_{k-1} = \mu_k”$$

에서 같은 크기로 정한 유의수준(α)이 그대로 전체 k개 모집단 평균에 관한 가설

$$“H_0: \mu_1 = \mu_2 = \cdots = \mu_k” \tag{15.1}$$

의 검정에서 성립하지 않기 때문이다. 이 경우 유의수준을 결정하는 데는 본페로니 부등식(Bonferroni inequality)을 이용하는 복잡한 절차가 요구된다.

검정 문제에서 나타나는 이러한 어려움들을 일시에 해소하는 효과적으로 방법이 분산분석(analysis of variance: ANOVA)이다. 분산분석에서는 다른 분석에서와는 달리 사전에 준비된 실험계획(design of experiment)에서 얻은 자료만을 기초로 하는 특징을 갖는다. 여기서 실험계획이란 실험대상인 실험단위의 분류나 배치는 물론이고 통제와 제한 등 인위적으로 계획된 상황에서 수행된 실험을 통해 자료를 얻는 것을 말한다.

15.2 | 일원분산분석: 완전확률화계획

여기서 논할 일원분산분석은 12.3.3절에서 다룬 두 모집단의 평균 사이의 유의적 차에 대한 검정의 일반화라고 할 수 있다. 지금 $k(>2)$개의 모집단 평균을 비교하는 검정문제를 생각하자. 예를 들어, 혈액 속의 콜레스테롤(cholesterol)의 양이 식이요법(diet)에 의하여 조절될 수 있는지를 실험을 통해 밝힌다고 하자. 식사 방법이 k가지이고 여기에 적용된 사람의 수가 각각 $n_1, \cdots, n_k$라 하고 일정 기간 적용 후 관측된 개별 콜레스테롤을 측정하여 자료를 얻는다.

먼저 몇 가지 용어를 도입한다. 실험의 반응값(response)에 영향을 줄 수 있는 대상을 실험의 요인(factor)이라 한다. 실험에서 측정되는 콜레스테롤의 양이 반응 값이고 여기에 영향을 줄 수 있는 것이 식사방법이기 때문에 식이요법이 실험의 요인이 된다. 또 실험에 동원된 대상 개체 하나 하나 즉 한 실험에서 하나의 처리가 가해지는 실험의 최소단위를 시험단위(experimental unit)라 한다. 실험단위란 결국 실험오차를 갖는 실험의 기본단위로 실험에 동원된 사람이나 환자 개개인을 말한다. 또 요인의 서로 다른 수준을 요인수준(factor level) 또는 처리(treatment)라 한다.

지금 평균을 비교하고자 하는 모집단과 각 모집단에서 관찰된 자료가 그림 15.2에서와 같이 주어졌다고 하자.

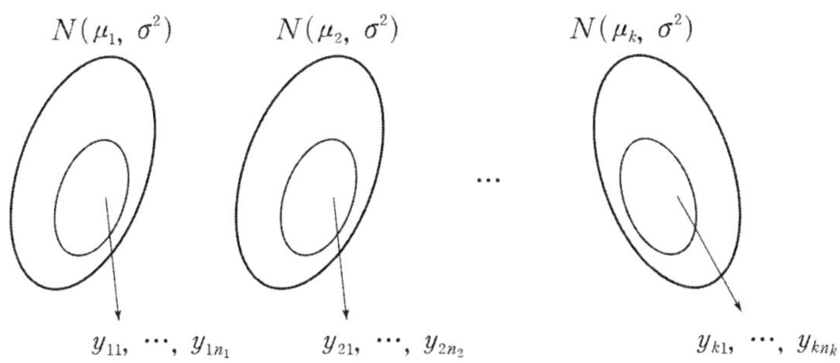

〈그림 15.2〉 k개 모집단과 표본

이 자료는 표 15.1로 다시 정리될 수 있다.

이 자료의 경우 실험 반응에 영향을 주는 요인이 하나이고 이 요인은 또 k가지 수준(즉, k가지 처리)을 갖는다. 이때 각 처리에서 관찰된 반응값들은 어떤 확률변수(즉, 모집단)에서 관찰된 표본으로 생각하고, 이것을 이용하여 k개의 서로 다른 처리의 효과를 파악한다. 이 분석분석법을 일원분산분석(one-way analysis of variance)이라 한다. 여기서 일원이란 반응값에 영향을 주는 요인(또는 속성)이 하나임을 뜻하고, 이것이 여러 수준으로 분류됨을 말한다. 이런 의미에서 이 분산분석을 일원분류(one-way classification) 또는 일원배치 분산분석(one-way layout)이라고 한다

일원분산분석의 기본 가정과 분석 절차는 다음과 같다.

15.2.1 모집단과 표본: 일원분산분석의 기본 가정

주어진 가설하에서 관련 검정을 유도하기 위해서는, k개 모집단과 각 모집단에서 추출된 표본에 대한 가정이 필요하다.

가정 1: 각 모집단은 정규분포를 따른다.

가정 2: 각 모집단은 같은 분산 σ^2을 갖는다.

가정 3: 각 모집단에서 추출된 표본은 서로 독립인 확률표본이다.

표 15.1에서 각 행은 정규모집단에서 추출한 크기 n의 한 확률표본을 의미한다. y_{ij}는 i-번째 처리의 모집단에서 추출된 j-번째 표본 값을 뜻하고 $\bar{y}_{i.}$은 i-번째 처리에서 얻은 표본의 평균을

〈표 15.1〉 일원분류자료

처 리	반응값	평균	모집단
1	$y_{11}, \cdots, y_{1n_1}$	$\bar{y}_{1.}$	$Y_1 \sim N(\mu_1, \sigma^2)$
2	$y_{21}, \cdots, y_{2n_2}$	$\bar{y}_{2.}$	$Y_2 \sim N(\mu_2, \sigma^2)$
⋮	⋮	⋮	⋮
k	$y_{k1}, \cdots, y_{kn_k}$	$\bar{y}_{k.}$	$Y_k \sim N(\mu_k, \sigma^2)$

나타낸다. 표본의 크기는 모두 같을 필요는 없다. 각 처리에서 표본의 크기가 모두 같을 때를 **균형표본**(balanced sample)이라 하고 그렇지 않으면 불균형표본(unbalanced sample)이라 한다.

참고 15.1 실험계획, 완전확률화계획

모집단과 표본에 관한 위 세 가지 가정은 효과적인 검정을 유도하기 위한 최소한의 조건이다. 최소한의 실험으로 최대의 정보를 얻고 여기서 타당한 통계적 결론을 도출하기 위해서는 과학적인 계획이나 설계가 필요하다. 이것을 통계적 실험계획(statistical design of experiment)이라 한다. 일원분류(즉 일원배치) 분산분석에서는 실험 반응에 영향을 주는 요인 하나에 그 수준이 여러 (k)개 존재하기 때문에 반응에 영향을 줄 수 있는 작은 요인도 차단하여 확률표본을 확보하는 실험계획이 사전에 요구된다. 이 경우 $k \times n$(n은 표본크기)개의 실험단위를 k개의 수준에 배치할 때 완전히 임의로 하여야 한다. 다시 말해, 피실험자가 처리를 임의로 선택하면 안 된다. 이런 실험계획을 완전확률화계획(completely randomized design: CRD)이라 한다. 특히, 일원분산분석은 실험의 반응값에 영향을 주는 요인이 하나이고 수준에 따라 반응값이 달라질 수 있는지를 확인하는 방법이다. 콜레스테롤 예의 경우, 혈액 안의 콜레스테롤 양이 식이요법(즉 식사방법)의 선택으로 조절될 수 있는지를 확인하는 것이다. 콜레스테롤은 반응값이고 그것에 영향을 주는 요인이 식사방법인 것이다. 요인의 수준(즉 식사방법)이 여러(k) 가지인 것이다. 따라서 이 분석에서는 혈액 안의 콜레스테롤에 영향을 주는 요인에 식사방법 이외 다른 요인(예컨대 나이, 성별, 인종 등)은 없다는 것을 전제로 한다. 만약, 같은 식사를 하는 경우 나이에 따라 콜레스테롤의 양이 달라질 수 있다고 생각한다면, 나이도 요인이 되기 때문에 이 경우는 다음 절에서 다루어지는 이원분산분석으로 처리하게 된다.

15.2.2 통계적 모형: 일원분산분석

자료를 분석하기 위해서는 적절한 통계적 모형을 먼저 도입하는 것이 필요하다. 통계적 모형이란 자료의 각 값에 적용되는 하나의 식으로 관측값과 모수와의 관계를 나타낸다.

먼저 관측값 y_{ij}(확률변수를 나타날 때는 Y_{ij}로 표시)는 i-번째 모평균 μ_i와 확률오차 ϵ_{ij}의 가법(additive)으로 가정하여

$$Y_{ij} = \mu_i + \epsilon_{ij}, \quad i = 1, \cdots, k; \quad j = 1, \cdots, n_k$$

로 표시한다. ϵ_{ij}는 관측오차를 나타내며 위 기본 가정에 의하여 이것은 서로 독립인 $N(0, \sigma^2)$의 확률변수이다. 또 k개의 모평균 μ_i의 평균을 전체평균(grand mean)이라 하고 μ로 나타내면, $\mu = \frac{1}{k}\sum_{i=1}^{k}\mu_i$이다. $\mu_i = \mu + \alpha_i$이므로, 위 식은

$$Y_{ij} = \mu + \alpha_i + \epsilon_{ij}, \quad i = 1, \cdots, k; \quad j = 1, \cdots, n_k \tag{15.2}$$

로 표시된다. 여기서 $\alpha_i = \mu_i - \mu$이므로 이것을 수준 i의 **처리효과**(treatment effect)라 한다. 이때

(15.2)를 일원분산분석의 모형(one-way ANOVA model)이라 한다. (15.2)를 이용하면 가설 (15.1)은

$$H_0 : \alpha_1 = \cdots = \alpha_k = 0 \text{ vs. } H_1 : \text{적어도 한 } \alpha_j \text{는 0이 아니다.} \tag{15.3}$$

로 표시된다. 이때 $\sum_{i=1}^{k} n_i \alpha_i = 0$이며, 이것은

$$\sum_{i=1}^{k} n_i \alpha_i = \sum_{i=1}^{k} n_i(\mu_i - \mu) = \sum_{i=1}^{k} n_i \mu_i - N\mu = 0 \tag{15.4}$$

이기 때문이다. 모형 (15.2)에 의하면 모집단과 표본에 대한 기본 가정은

$$\epsilon_{ij} \sim NID(0, \sigma^2)$$

로 요약된다. 여기서 기호 $NID(0, \sigma^2)$는 평균이 0 분산이 σ^2인 같은 독립의 정규분포를 뜻한다.

참고 15.2 모수모형과 변량모형

분산분석모형은 분석 목적에 따라 모수모형(fixed effects model)과 변량모형(random effects model)으로 구분된다. 모수모형은 실험에서 실제 다루는 k개의 처리가 실험자의 관심대상 전부일 뿐 여기서 얻은 분석의 결론을 유사한 다른 처리로 확대하지 않는다. 이 경우에는 α_i들은 미지이지만 k개의 고정된 상수(fixed constant)로 본다. 이에 반하여, 변수모형은 실험에 동원된 k가지 처리는 더 많은 처리의 집단에서 꺼낸 다만 크기 k의 확률표본이고 여기서 얻은 결론은 처리모집단의 다른 처리로 확장한다. 이 경우 처리효과를 나타내는 α_i는 어떤 확률변수에서 임의로 선정된 값으로 보게 된다. 따라서 $\sum_{i=1}^{k} n_i \alpha_i = 0$가 성립하지 않는다. 이 경우에는 α_i에 대한 추론(즉, 추정과 검정)의 문제가 따른다. 일원분산분석에서는 보통 모수모형이 적용된다.

15.2.3 통계량과 자유도

주어진 가설에 대한 검정을 유도하기 위해서는 몇 가지 통계량과 그 자유도의 계산이 필요하다. 전변동의 분할을 유도하기 위하여, 먼저 편차의 등식

$$Y_{ij} - \overline{Y}_{..} = (Y_{ij} - \overline{Y}_{i.}) + (\overline{Y}_{i.} - \overline{Y}_{..})$$

을 생각하고, 양변을 제곱하여 i와 j에 대하여 모두 합한다. 이때

$$\overline{Y}_{i.} = \frac{1}{n_i}\sum_{j=1}^{n_i} Y_{ij}, \quad N = \sum_{i=1}^{k} n_i, \quad \overline{Y}_{..} = \frac{1}{N}\sum_{i=1}^{k}\sum_{j=1}^{n_i} Y_{ij}$$

이다. 여기서

$$\sum_{j=1}^{n_i}(Y_{ij} - \overline{Y}_{i.}) = \sum_{j=1}^{n_i} Y_{ij} - n_i \overline{Y}_{i.} = 0$$

을 이용하면, 다음 등식을 얻는다.

$$\sum_{i=1}^{k}\sum_{j=1}^{n_i}(Y_{ij}-\overline{Y}_{..})^2=\sum_{i=1}^{k}\sum_{j=1}^{n_i}(Y_{ij}-\overline{Y}_{i.})^2+\sum_{i=1}^{k}n_i(\overline{Y}_{i.}-\overline{Y}_{..})^2 \tag{15.5}$$

이때 이 식의 세 성분을 각각

$$SSTO=\sum_{i=1}^{k}\sum_{j=1}^{n_i}(Y_{ij}-\overline{Y}_{..})^2,\quad SSTR=\sum_{i=1}^{k}n_i(\overline{Y}_{i.}-\overline{Y}_{..})^2,\quad SSE=\sum_{i=1}^{k}\sum_{j=1}^{n_i}(\overline{Y}-\overline{Y}_{i.})^2$$

로 표시하면, (15.5)는

$$SSTO=SSTR+SSE$$

가 된다. 여기서 $SSTO$를 전체제곱합(total sum of squares), $SSTR$을 처리제곱합(treatment sum of squares), 그리고 SSE를 오차제곱합(error sum of squares)이라 한다. 전체제곱합($SSTO$)은 관측값 Y_{ij}에서 그 평균 $\overline{Y}_{..}$을 뺀 편차들을 제곱하여 모두 합한 것으로 이것은 N개의 모든 관측값에 대한 전변동을 의미한다. 또 처리제곱합($SSTR$)은 k개의 처리표본평균들 사이에서 발생하는 표본간변동을, 그리고 오차제곱합(SSE)는 k개의 각 처리의 표본 안에 존재하는 표본내변동을 나타낸다.

참고 15.3

처리제곱합 $SSTR$을 그룹간 제곱합(between group sum of square), 그리고 오차평균제곱 SSE를 그룹내 제곱합(within group sum of square)이라고도 한다.

관측값의 전변동 $SSTO$는 표본간변동 $SSTR$과 표본내변동 SSE의 합으로 표시된다. 따라서 대립가설 H_1이 진이면, 즉 k개의 처리효과에 차이가 있으면, $SSTO$에서 $SSTR$가 SSE보다 상대적으로 크다. 따라서 주어진 가설 (15.3)을 검정하는 데는 기본적으로 표본내변동과 표본간변동을 비교하는 방법을 이용한다.

가설 (15.1)에 대한 검정통계량과 검정규칙을 구체적으로 유도하기 위해서는 위 통계량들에 대한 자유도를 구해야 한다. 통계량의 자유도(degrees of freedom)란 그 통계량 속에서 독립적으로 변할 수 있는 변수(또는 변량)의 개수로 정의한다. 예컨대, k개의 변량 $Y_1, \cdots, Y_k$로 정의되는 통계량 $\sum_{i=1}^{k}(Y_i-\overline{Y})^2$에서는 편차 $Y_i-\overline{Y}$의 합이 항상 0이 되는 제한을 하나 갖게 되며, 따라서 k개의 편차가 합이 0이 되는 이 경우에는 $k-1$개의 값이 결정되면 나머지 하나는 자동적으로 결정된다. 결국 이 통계량에서 자유롭게 변할 수 있는 변수의 개수는 $k-1$이고, 따라서 이 통계량의 자유도는 $k-1$이다.

이와 같은 방법으로 계산되는 통계량 $SSTO$, $SSTR$, SSE의 자유도는 다음과 같다.

(a) $SSTO = \sum_{i=1}^{k}\sum_{j=1}^{n_i}(Y_{ij} - \overline{Y}_{..})^2$는 $N = \sum_{j=1}^{k} n_j$개의 변량으로 구성되고, 여기에 $\sum_{i=1}^{k}\sum_{j=1}^{n_i}(Y_{ij} - \overline{Y}_{..}) = 0$의 제약식이 한 개 있어 그 자유도는 $N-1$이다.

(b) $SSTR = \sum_{i=1}^{k} n_i(\overline{Y}_{i.} - \overline{Y}_{..})^2$에 모두 k개의 수준평균 $\overline{Y}_{i.}$, $i = 1, \cdots, k$들이 변량으로 주어졌고, 여기에 $N\sum_{i=1}^{k}(\overline{Y}_{i.} - \overline{Y}_{..}) = 0$의 제약식이 한 개 있어 그 자유도는 $k-1$이다.

(c) $SSE = \sum_{i=1}^{k}\sum_{j=1}^{n_i}(Y_{ij} - \overline{Y}_{i.})^2$은 모두 N개의 변량이 포함되고, 여기에 k개의 제약식 $\sum_{j=1}^{n_i}(Y_{ij} - \overline{Y}_{i.}) = 0$, $i = 1, \cdots, k$이 있어 그 자유도는 $N-k$이다.

결국, (15.5)에 대응하는 자유도의 분할은 다음과 같다.

$$N-1 = (k-1) + (N-k)$$

15.2.4 평균제곱들

평균제곱(mean squares)은 제곱합을 자기의 자유도로 나눈 통계량으로 정의한다. 제곱합 $SSTR$의 평균제곱을 처리평균제곱(treatment mean squares)이라 하고, $MSTR$으로 표시한다. 또 제곱합 SSE의 평균제곱을 오차제곱합(error mean squares)이라 하고, MSE로 나타낸다. 즉

$$MSTR = \frac{SSTR}{k-1}, \quad MSE = \frac{SSE}{N-k} \tag{15.6}$$

15.2.5 검정통계량과 검정

주어진 가실 "H_0 vs. H_1"에 대한 검정통계량과 검정규칙은 증명 없이 소개되는 다음 결과에 기초한다.

정리 15.4 F-검정통계량

모집단과 표본에 대한 위 가정하에서, $MSTR$와 MSE를 (15.6)으로 정의하면, 통계량 $F^* = MSTR/MSE$은 자유도 $(k-1, N-k)$인 F-분포를 따른다. 즉,

$$F^* = \frac{MSTR}{MSE} \sim F(k-1, N-1).$$

정리 15.4의 결과로부터 검정을 결정하기 위해서는 먼저 두 통계량 MSE, $MSTR$의 기댓값을 구할 필요가 있다. 두 통계량의 기댓값은 각각

$$E(MSE) = \sigma^2$$
$$E(MSTR) = \sigma^2 + \sum_{i=1}^{k} \frac{n_i}{(k-1)} (\mu_i - \mu)^2 = \sigma^2 + \sum_{i=1}^{k} \frac{n_i}{(k-1)} \alpha_i^2$$

(증명은 참고문헌 [2] 참조). 이것은 k개의 처리효과가 같을 때, 즉 모든 i에 대하여 $\alpha_i = \mu_i - \mu = 0$일 때는

$$\sum_{i=1}^{k} \frac{n_i}{(k-1)} \alpha_i^2 = 0 \tag{15.7}$$

이므로, $E(MSE) = E(MSTR) = \sigma^2$임을 의미한다. 즉, H_0하에서 MSE와 $MSTR$은 모두 σ^2의 불편추정량이다. 결국 통계량 F^*는 귀무가설하에서 평균적으로 1의 값을 갖고, 또 대립가설하에서는 (15.7)의 왼쪽이 양이 되어 이때의 F^*는 1보다 큰 값을 갖게 된다. 따라서 F^*는 검정통계량으로 이용될 수 있다. 통계량 F^*는 H_0하에서 자유도 $(k-1, N-k)$인 F-분포를, 그리고 H_1하에서는 비중심적 F-분포를 따른다는 사실이 증명된다. 여기서 비중심적 F-분포(noncentral F-distribution)는 F-분포보다 오른쪽에 나타나는 더 복잡한 분포이다. 이에 비하여 단순히 F-분포란 중심적 F-분포(central F-distribution)라고도 한다.

따라서 유의수준 α로 주어진 가설을 검정하는 경우, 표본에 의하여 계산된 통계량 $F^* = \frac{MSTR}{MSE}$의 값이 귀무가설인 $F(k-1, N-k)$-분포의 오른쪽 $\alpha\%$-분위수보다 더 큰지 아닌지에 따라 귀무가설을 기각하든지 아니면 채택하든지를 결정한다.

위 결과에 의하면, 주어진 가설 "H_0 vs. H_1"에 대한 유의수준 α의 검정은 다음과 같다.

"만약 $F^* = \dfrac{MSTR}{MSE} > f_{1-\alpha}(k-1, N-k)$이면, H_0을 기각"

여기서 $f_{1-\alpha}(k-1, N-k)$는 자유도 $(k-1, N-k)$를 갖는 F-분포의 오른쪽 α-분위수를 나타낸다.

15.2.6 분산분석표

분산분석의 과정에서 계산되는 모든 통계량과 그 자유도 그리고 계산된 검정통계량 등을 요약하면 다음을 얻는다. 이 표를 분산분석표라 한다.

〈표 15.2〉 분산분석표

변동원	제곱합(SS)	자유도(DF)	평균제곱(MS)	F-비
처리	$SSTR$	$k-1$	$MSTR$	$F = \frac{MSTR}{MSE}$
오차	SSE	$N-k$	MSE	
전체	$SSTO$	$N-1$		

참고 15.5 기본 가정의 위배

앞에서 얻은 F-검정은 k개의 모집단이 모두 같은 분산을 갖는 정규분포를 따른다는 가정하에서 유도되었다. 그러나 실제 이러한 가정이 성립하지 않는 경우도 있다. 표본 크기를 충분히 크게 하는 것은 모집단의 비정규성에서 오는 부정확성을 완화하는 데 도움이 된다. 이것은 중심극한의 정리로 설명된다. 또 k처리에서 표본크기를 모두 같게 하는 것은 모분산이 모두 동일하다는 가정을 설정하는 데 도움이 된다. 다시 말하면, 이 경우 표본의 크기를 동일하게 하는 것은 이 가정의 위반에서 오는 검정통계량의 민감성을 어느 정도 완화할 수 있는 것이다. 더욱이 같은 크기의 표본은 F-검정의 검정력을 크게 하는 데 도움이 된다. 이런 점에서 보면, 통계적 실험계획에서 각 처리를 같은 횟수로 반복 실험하는 **균형계획**(balanced design)은 의미가 크다고 할 수 있다.

참고 15.6 F-검정과 t-검정

$k=2$인 F-검정은 두 모평균 차의 유의성 검정을 의미한다. 따라서 $k=2$인 F-검정은 앞에서 논의된 t-검정과 비교된다. 우선

$$F^* = \frac{MSTR}{MSE} = \frac{SSTR/1}{SSE/n_1+n_2-2} = \frac{(\overline{Y_1}-\overline{Y}_2)^2}{S_p^2\left(\dfrac{1}{n_1}+\dfrac{1}{n_2}\right)} = t^{*2} \tag{15.8}$$

이 증명된다(참고문헌 [2] 참조). 이것은 $k=2$인 경우 F^*-통계량이 정리 12.25의 검정통계량 t^*의 제곱과 같음을 말한다. 즉, $F^*=t^{*2}$이다. 결국 이것은 동일한 양이 두 방법으로 계산되고 있음을 의미하고 있다. 실제로, $T \sim t(\nu)$이면 $T^2 \sim F(1, \nu)$이다. 또 단측검정인 F-검정의 우측 기각역은 같은 유의수준에서 양측검정인 t-검정의 양측기각역과 일치한다. 이러한 결과는 수적으로는 물론 이론적으로도 확인된다. 이러한 사실들은 두 검정의 결과도 항상 일치함을 뜻한다.

보기 15.1

장난감의 색깔은 어린이들의 관심도에 영향을 준다고 한다. 이 사실을 확인하는 데 같은 종류의 장난감에 4가지 색깔을 칠하여 이것을 어린이들에게 주고 가지고 노는 시간을 관찰한다. 10명씩 구성된 어린이 4그룹을 대상으로 한 그룹에 한 가지 색깔의 장난감을 주어 일정기간 관찰하여 다음 자료를 얻었다. 주어진 색깔 인자가 고정된 것으로 가정하고, 어린이들의 관심도가 색깔에 따라 차이가 있는지를 검정하자.

색깔	시간(분)									
빨강	71	24	52	24	62	44	27	26	45	29
파랑	19	35	54	37	16	27	18	25	33	44
노랑	66	26	36	38	76	85	27	80	64	50
초록	20	26	46	16	32	37	22	19	24	45

먼저, 귀무가설과 대립가설을 다음과 같이 설정한다.

"H_0 : 관심도는 색깔에 따라 차이가 없다."

"H_1 : 관심도는 색깔에 따라 차이가 있다."

이 자료에 대한 분산분석표의 내용들은 (15.5), (15.6)을 통하여 계산될 수 있으나, 부록 B의 SAS 프로그램에 의하여 다음과 같이 주어진다.

변동원	제곱합(SS)	자유도(DF)	평균제곱(MS)	F-비	P-값
처리	4245.075	3	1415.025	5.37	0.0037
오차	9487.700	36	263.547		
전체	13732.775	39			

분산분석표에서 보는 F-비, 즉 F-검정통계량의 값은 $F = 5.37$이다. 이에 비하여, 유의수준 $\alpha = 0.05$에 대응되는 F-분포의 값은 $f_{0,95}(3, 36) = 2.84$이므로, 귀무가설 H_0는 기각된다. 따라서 장난감의 색깔은 어린이의 관심도에 유의적인 차이가 있음을 알 수 있다. 이 결과는 위 분산분석표에서 주어지는 P-값을 통하여 더 자세히 설명된다. P-값$= 0.0037$는 유의수준 0.05은 물론이고 0.01에서도 귀무가설이 강하게 기각된다. 한편, 여기서 주어진 인자는 고정인자이므로 그 인자들의 수준에 대한 개별비교가 필요하다.

15.3 | 분산의 동일성 검정: 바틀렛의 검정

앞 절에서 다룬 여러 모평균의 동일성에 대한 (F-)검정은 그 모집단들이 모두 같은 분산을 가지는 정규분포를 따른다는 가정에서 유도되었다. 이것은 이 분산분석법을 적용하기에 앞서 모집단의 정규성과 분산의 동일성을 확인할 필요가 있음을 뜻한다.

여기서는 k개의 정규모집단 $N(\mu, \sigma_i^2)$, $i = 1, \cdots, k$의 분산에 대한 가설

$$\text{"}H_0 : \sigma_1^2 = \cdots = \sigma_k^2 \text{ vs. } H_1 : H_0\text{은 진이 아니다."}$$

의 검정으로, 바틀렛의 검정(Bartlett's test)을 소개한다.

먼저, S_1^2, $\cdots$, S_k^2을 k개의 각 모집단에서 추출한 크기 n_i, $i=1, \cdots, k$의 서로 독립인 확률표본의 표본분산이라 하고, H_0하에서 공통분산 σ^2의 추정량으로 (연합추정량) S_P^2을

$$S_P^2 = \frac{\sum_{i=1}^{k}(n_i-1)S_i^2}{N-k} \qquad (\text{단, } N=\sum_{i=1}^{k} n_i)$$

을 이용한다. 통계량 Q를

$$Q=(N-k)\log_{10} S_P^2 - \sum_{i=1}^{k}(n_i-1)\log_{10} S_i^2$$

로 정의하고, 또 상수 c를

$$c = 1+\frac{1}{3(k-1)}\left(\sum_{i=1}^{k}\frac{1}{n_i-1}-\frac{1}{N-k}\right)$$

로 정의하면 다음 결과가 성립한다.

정리 15.7

통계량 Q와 상수 c를 위와 같이 정의하면, 귀무가설 H_0하에서 근사적으로

$$B=2.3026\frac{Q}{c}\sim\chi^2(k-1)$$

이다(증명은 참고문헌 [10]을 참조).

검정통계량 B에서 분자 Q는 표본분산 S_I^2의 차가 크면 그 값이 커지고, 반대로 분산이 모두 같으면 0이 된다. 따라서 기본적으로 B가 크면 H_0을 기각하고 반대로 작으면 채택하게 된다. 구체적으로, 주어진 가설 "H_0 vs. H_1"에 대한 유의수준 α의 검정은 다음과 같다.

"만약 $B>\chi^2_{1-\alpha}(k-1)$이면, H_0를 기각"

보기 15.2

보기 15.1의 자료에 대하여 위 검정방법을 적용해 보자. 먼저 각 처리에 대한 표본 분산을 계산하면

$$S_1^2=17.1,\quad S_2^2=12.2,\quad S_3^2=22.3,\quad S_4^2=10.8$$

을 얻는다. 이것을 이용하면

$$S_P^2=\frac{1}{36}\{9(17.1)+9(12.2)+9(22.3)+9(10.8)\}=15.625$$

또

$$Q = 36\log_{10}(15.625) - \{9\log_{10}(17.1) + 9\log_{10}(12.2) + 9\log_{10}(22.3) + 9\log_{10}(10.8)\}$$
$$= 0.6704$$

그리고

$$c = 1 + \frac{1}{3(3)}\left(\frac{4}{9} - \frac{1}{36}\right) = 1.046$$

이다. 따라서 검정통계량은

$$B = 2.3026\frac{0.6704}{1.046} = 1.4757$$

을 얻는다. 이때 $\chi^2_{0.95}(3) = 7.81$이므로, H_0을 기각할 수 없다. 따라서 모분산은 모두 동일하다고 할 수 있다.

15.4 | 다중비교검정: 던칸의 다중비교검정

앞 절에서 언급한 바와 같이, 일원분산분석에서 여러 모평균들의 동일성을 설명하는 귀무가설 "$H_0 : \mu_1 = \mu_2 = \cdots = \mu_k$"가 기각되면 이것은 적어도 두 개의 처리효과가 같지 않음을 뜻한다. 이때 모평균들의 대소를 구체적으로 설명하는 검정 방법이 필요하며 이것을 다중비교검정(multiple comparison test)이라 한다. 다중비교검정에는 피셔, 투키(Tuckey), 쉐페(Scheff'e), 던칸(Duncan) 등의 방법이 효과적이다.

여기서는 던칸의 다중범위검정(Duncan's multiple comparison test)을 소개한다.

먼저 k개의 모집단에서 꺼낸 확률표본의 크기가 같다고 가정한다. 즉, $n_1 = \cdots = n_k = n$이라 할 때, 이 검정의 절차는 다음과 같다.

(1) k개의 표본평균 $\bar{y}_{1.}, \cdots, \bar{y}_{k.}$을 계산하여 크기 증가 순으로 나열하여 다음과 같이 표시한다.

$$\bar{y}_1 \le \cdots \le \bar{y}_k$$

(2) 표본평균 $\bar{y}_{i.}$들의 공통인 표준오차(standard error), $S.E.(\bar{y}_{i.}) = \sqrt{MSE/n}$을 계산한다.

(3) 주어진 유의수준 α에 대하여, $p = 2, \cdots, k$에 대한 각 유의범위 $r_\alpha(2, d), \cdots, r_\alpha(k, d)$ 등을 구한다. 여기서 α는 유의수준, d는 MSE의 자유도 그리고 이 값들을 던칸표(부록 A의 (5))에서 찾는다.

(4) 순위 차 $p = 2, \cdots, k$에 대한 각 최소유의범위(least significant range), $R_2, \cdots, R_k$을 계산한

다. 여기서 R_p는 다음과 같다.

$$R_p = r_\alpha(p,\ d) \cdot S.E.(\bar{y}_{i.}) = r_\alpha(p,\ d) \cdot \sqrt{MSE/n} \tag{15.9}$$

(5) 검정을 수행한다. 먼저, 가장 큰 최소유의범위 R_k를 가지고 가장 큰 평균과 가장 작은 평균의 범위, 즉 $|\bar{y}_{(k)} - \bar{y}_{(1)}|$을 검정한다. 다시 말하여,

$$\text{“만약 } |\bar{y}_{(k)} - \bar{y}_{(1)}| > R_k\text{이면, } \quad \mu_{(k)} \neq \mu_{(1)}\text{으로 판정”}$$

그리고 다음에 R_{k-1}을 가지고 가장 큰 평균과 두 번째로 작은 평균, 즉 $|\bar{y}_{(k)} - \bar{y}_{(2)}|$을 검정한다.

(6) (5)의 과정을 모든 평균들이 가장 큰 평균 $\bar{y}_{(k)}$와 비교될 때까지 계속한다.

참고 15.8

던칸의 다중범위검정은 순위 차가 가장 큰 $p = k$에서 시작하여 가장 작은 $p = 2$까지 실시하게 된다. 따라서 이 검정은 $\binom{k}{2} = \frac{k(k-1)}{2}$회까지 계속된다.

참고 15.9 표본크기가 다른 경우

던칸의 다중범위검정에서 k개의 표본의 크기가 다를 때는, (4)에서 (15.9)를 다음으로 바꾸어 적용한다.

$$R_p = r_\alpha(p, d) \cdot \sqrt{\frac{1}{2}\left(\frac{1}{n_{(i)}} - \frac{1}{n_{(j)}}\right) \cdot MSE}$$

보기 15.3 던칸의 다중범위검정의 예

보기 15.1의 자료에 대하여 던칸의 다중범위검정을 적용해 보자. 먼저, 빨강, 파랑, 노랑, 초록의 네 가지 색깔을 각각 1, 2, 3, 4로 표시하고, 분산분석표로부터 $MSE = 263.55$, $N = 40$, $n = 4$, $d = 36$을 얻는다.

(1) 처리평균을 증가 순으로 나열하여 다음을 얻는다.

$$\bar{y}_{(k)} = 28.7, \quad \bar{y}_{(k)} = 30.8, \quad \bar{y}_{(k)} = 40.4, \quad \bar{y}_{(k)} = 54.8$$

(2) 각 평균의 공통인 표준오차는 $S.E.(\bar{y}_{i.}) = \sqrt{MSE/n} = 8.117(i = 2,\ 3,\ 4)$이다.

(3) $d = 36$이므로, $\alpha = 0.05$이면 부록 A(5)에 의하여 근사적으로 다음과 같다.

$$r_{\alpha=0.05}(2,36) = 2.86,\ r_{\alpha=0.05}(3,36) = 3.01,\ r_{\alpha=0.05}(4,36) = 3.10$$

(4) 최소유의범위는 (15.9)에 의하여

$$R_2 = r_{0.05}(2,36) \cdot S.E.(\bar{y}_2) = (2.86)(8.117) = 23.22$$
$$R_3 = r_{0.05}(3,36) \cdot S.E.(\bar{y}_{3.}) = (3.01)(8.117) = 24.43$$
$$R_4 = r_{0.05}(4,36) \cdot S.E.(\bar{y}_{4.}) = (3.10)(8.117) = 25.16$$

(5) 대응비교는 다음과 같다.

$$(3:4)\ \ \bar{y}_{3.} - \bar{y}_{4.} = 54.8 - 28.7 = 25.9 > 25.16 = R_4$$
$$(3:2)\ \ \bar{y}_{3.} - \bar{y}_{2.} = 54.8 - 30.8 = 24.0 > 24.43 = R_3$$
$$(3:1)\ \ \bar{y}_{3.} - \bar{y}_{1.} = 54.8 - 40.4 = 14.4 > 23.22 = R_2$$
$$(1:4)\ \ \bar{y}_{1.} - \bar{y}_{4.} = 40.4 - 28.7 = 11.7 > 24.43 = R_3$$
$$(1:2)\ \ \bar{y}_{1.} - \bar{y}_{2.} = 40.4 - 30.8 = 9.60 > 23.22 = R_2$$
$$(2:4)\ \ \bar{y}_{2.} - \bar{y}_{4.} = 30.8 - 28.7 = 2.10 > 23.22 = R_2$$

이 결과에 의하면 색깔 3(노랑)과 4(초록)를 제외한 평균의 모든 짝에서 어린이들의 관심에 대한 유의적인 차가 존재하지 않고 있다. 이것을 간단히 다음과 같이 표시한다.

$\bar{y}_{4.}$	$\bar{y}_{2.}$	$y_{1.}$	$y_{3.}$
28.7	30.8	40.4	54.8

다시 말하여, 평균의 $\binom{4}{2} = 6$가지 짝 중에서, $\mu_4 \neq \mu_3$이고 그 이외에는 유의적인 차이가 없다.

15.5 | 이원분산분석: 확률화완전블록계획

여기서는 12.3.6절에서 논한 대응비교검정의 일반화라 할 수 있는 이원분산분석(two-way analysis of variance)을 논한다. 대응비교검정에서는 실험의 반응값에 영향을 주는 주요인 이외에 다른 추가요인이 존재할 때 동질의 관찰값의 대응화를 통해 추가요인의 효과를 제거하거나 조절하는 방법이었다.

실험이나 관측에서 얻은 자료 중에는 실제로 둘 또는 그 이상의 요인에 의하여 영향을 받는 경우가 자주 있다. 농작물의 수확량은 농작품의 품종은 물론 투입되는 비료의 종류에 의해서도 영향을 받는다든지, 학생들의 학습효과가 교사의 교수방법은 물론 학생들의 지능수준에 의해서도 결정된다든지 하는 것은 이러한 경우에 해당한다.

이원분산분석은 이와 같이 실험값에 영향을 주는 주요인 이외에 추가요인이 존재하는 경우 자료의 대응화(pairing)의 일반적 개념인 블록화(blocking)를 적용하여 추가요인의 효과를 제거하는 분산분석이다. **블록**(block)이란 (위 예에서 비료의 종류나 학생의 지능지수와 같은) 추가요인의 효과가 (거의) 같은 실험단위의 **동질그룹**(homogeneous group)을 말하는 것으로, 추가변수가 있는 여러 모평균을 비교할 때 이 추가변수의 효과를 제거하는 것을 말한다.

표 15.3과 같이, 먼저 처리가 적용된 ($k \times b$개의) 모든 실험단위를 블록이라 하는 (b개의) 동질의 그룹으로 나누고, 다음은 (k가지) 처리를 각 블록 안에 있는 실험단위에 임의로 하나씩 배정한다. 이때 같은 블록 안에 있는 실험단위 수는 처리의 수와 같게 하여 각 처리는 각 블록 안에 하나씩 나타나며 각 블록은 모든 처리를 하나씩 받게 한다. 이 경우에도 같은 블록 안에서 실험단위를 하나씩 각 처리에 배정할 때는 반드시 임의로 하여야 한다.

위와 같은 의미에서 이 실험계획을 **확률화완전블록계획**(randomized complete block design: RCBD)이라 한다. 여기서 '블록'이란 실험단위가 추가변수 등급에 따라 분류되었음을 뜻하고, '확률화'란 처리들이 각 블록 안에 임의로 배치됨을 말한다. 또 '완전'이란 각 처리가 각 블록 안에서 딱 한 번씩만 사용됨을 의미한다. 추가변수의 효과는 이 블록화를 통하여 제거되기 때문에 블록화 후에 나타나는 반응값의 차는 순수한 처리효과만 남게 된다.

여기서 우리의 관심은 k개인 처리평균의 동일성에 관한 가설

$$\text{“}H_0 : k\text{개의 처리 효과가 모두 같다. vs. } H_1 : H_0\text{은 진이 아니다.”}$$

에 대한 적당한 검정을 유도하는 것이다.

표 15.3에서, $y_{ij}(i=1, \cdots, k;\ j=1, \cdots, b)$는 j-번째 블록 안에 있는 i-번째 처리에 대한 반응 값을 나타내며, b는 실험에 사용된 블록의 수이며 동시에 한 처리에 할당된 자료의 수를 나타낸다. k는 관찰된 처리의 수이며 동시에 한 블록에 대응되는 자료의 수를 말한다. 그리고 $N=kb$는 관측 값의 총 개수이다. 또 $\bar{y}_{..}=1/N\sum_{i=1}^{k}\sum_{j=1}^{b}y_{ij}$ = 모든 관측값의 표본평균 등을 나타낸다.

여기서 $\mu_{i.}$를 i-번째 처리평균을 나타낼 때, 위 가설은

$$\text{“}H_0 : \mu_{1.} = \cdots = \mu_{k.} \text{ vs. } H_1 : H_0\text{은 진이 아니다.”}$$

와 동치이며 이를 위한 적당한 검정을 유도하는 것이다.

〈표 15.3〉 확률화완전블록계획의 이원분류자료

	블록				
처리	블록 1	블록 2	$\cdots$	블록 b	평균
처리 1	y_{11}	y_{12}	$\cdots$	y_{1b}	$\bar{y}_{1..}$
처리 2	y_{21}	y_{21}	$\cdots$	y_{2b}	$\bar{y}_{2..}$
$\vdots$	$\vdots$	$\vdots$	$\cdots$	$\vdots$	$\vdots$
처리 k	y_{k1}	y_{k1}	$\cdots$	y_{kb}	$\bar{y}_{k..}$
평균	$\bar{y}_{.1.}$	$\bar{y}_{.2.}$	$\cdots$	$\bar{y}_{.1b}$	$\bar{y}_{...}$

15.4.1 모집단과 표본: 이원분산분석의 기본 가정

주어진 가설에 대한 검정을 유도하기 위해서는, k개 처리와 b개의 블록으로 구성되는 $k \times b$개의 모집단과 거기서 추출된 표본들에 대한 다음 가정이 요구된다.

가정 1: 모든 모집단은 평균이 μ_{ij}인 정규분포를 따른다.

가정 2: 모든 모집단은 분산 σ^2을 공통분산을 갖는다.

가정 3: 처리효과와 블록효과는 가합적이다. 즉, 처리와 블록 사이에는 교호효과가 없다.

가정 4: 관찰값은 $k \times b$개의 각 모집단에서 크기 1인 독립인 확률표본이다.

참고 15.10 주효과, 교호효과, 효과의 가합성

두 요인 A, B에서, A의 수준(즉, 처리)에 따라 반응의 평균값이 달라지면 요인 A는 주효과(main effect)를 갖는다고 한다. 또 요인 B의 수준(즉, 블록이나 처리)이 달라질 때 반응의 평균값이 달라지면 요인 B도 주효과를 갖는다고 한다. 더욱이, 요인 A와 B 사이에서는 제3의 효과도 생각될 수 있다. 요인 A의 수준에 따라 이와 만나는 요인 B의 수준의 평균값들이 달라지거나, 요인 B의 수준에 따라 이와 만나는 요인 A의 수준의 평균값들이 달라지면, 이 두 요인은 교호효과(interaction effect)를 갖는다고 말한다. 그렇지 않고, 요인 A의 임의의 두 수준의 평균이 요인 B의 블록에 관계없이 일정하고, 또 요인 B의 임의의 두 블록의 평균이 요인 A의 모든 처리에서 항상 일정하면 A와 B는 교호효과를 갖지 않는다고 한다. 다시 말하여, 두 요인 A, B 수준의 조합에 따라 평균이 달라지면 두 요인은 교호효과를 갖는다고 말한다. 한편, 두 효과가 가법적(additive)이란 반응에 나타나는 두 요인의 조합효과가 두 요인 주효과의 단순한 합으로만 주어짐을 뜻한다. 위 학생들의 학습효과의 설명에서, 교사의 교수법에 따라 학생들의 학습효과가 달라지면 교사의 교수법은 주효과를 갖는다고 하고, 학생들의 지능수준에 따라 학습효과가 달라지면 학생들의 지능도 주효과를 갖는다고 할 수 있다. 더욱이, 특별한 지능 수준에서 다른 교수법에서는 볼 수 없는 학습효과가 나타나면 두 요인 사이에는 교호효과가 있다고 한다.

15.4.2 통계적 모형

주어진 가설의 검정을 유도하기 위하여 먼저 관측값과 모수와의 관계를 나타내는 적당한 통계적 모형을 생각한다. 관측값 y_{ij}(확률변수로 나타낼 때는 Y_{ij}로 표시)는 (i, j)-칸의 모평균 μ_{ij}와 관찰오차 ϵ_{ij}를 이용하여

$$Y_{ij} = \mu_{ij} + \epsilon_{ij}, \quad i = 1, \cdots, k; \ j = 1, \cdots, b$$

으로 표시될 수 있다. 여기서 μ_{ij}는 (i, j)-칸의 모평균으로 알려져 있지 않은 상수이고, ϵ_{ij}는 오차

를 나타내는 서로 독립인 $N(0, \sigma^2)$ 확률변수이다. 그리고 μ를 모든 값들에 대한 전체모평균이라 하고 $\mu_{ij} = \mu + \alpha_i + \beta_i$라 놓으면, 위 식은

$$Y_{ij} = \mu + \alpha_i + \beta_j + \epsilon_{ij}, \quad i = 1, \cdots, k; \; j = 1, \cdots, b \tag{15.10}$$

로 표시된다. 여기서 μ_{ij}는 처리의 i-번째 수준에 기인하는 효과이며, β_j는 블록 B의 j-번째 수준에 기인하는 효과이다. 물론, ϵ_{ij}는 처리나 블록과는 다른 모든 변동원의 효과를 나타내는 오차성분이다. 물론 이 가정들이 성립하지 않을 경우에는 잘못된 결과를 얻는다. 또 이 가정들이 성립할 때는 α_i와 β_j들이 고정된 상수들임을 의미하고 이 모형은 모수모형(fixed effects model)이 된다.

15.4.3 통계량과 자유도

다음은 확률화완전블록계획에서 얻은 이원분류자료의 분산분석을 위한 통계량과 그 자유도를 생각한다. 먼저 등식

$$Y_{ij} - \overline{Y}_{..} = (\overline{Y}_{i.} - \overline{Y}_{..}) + (\overline{Y}_{j.} - \overline{Y}_{..}) + (Y_{ij} - \overline{Y}_{i.} - \overline{Y}_{j.} + \overline{Y}_{..})$$

을 생각한다. 이 등식의 양변을 제곱하고 i, j에 대하여 모두 합하여 간단하게 하면 다음 식을 얻는다.

$$\begin{aligned}\sum_{i=1}^{k}\sum_{j=1}^{b}(Y_{ij} - \overline{Y}_{..})^2 &= b\sum_{i=1}^{k}(\overline{Y}_{i.} - \overline{Y}_{..})^2 + k\sum_{j=1}^{b}(\overline{Y}_{.j} - \overline{Y}_{..})^2 \\ &\quad + \sum_{i=1}^{k}\sum_{j=1}^{b}(Y_{ij} - \overline{Y}_{i.} - \overline{Y}_{.j} + \overline{Y}_{..})^2 \end{aligned} \tag{15.11}$$

일원분산분석에서와 같이, 통계량 $SSTO$, $SSTR$, SSB, SSE을 각각 다음과 같이 정의한다.

$$SSTO = \sum_{i=1}^{k}\sum_{j=1}^{b}(Y_{ij} - \overline{Y}_{..})^2, \quad SSTR = b\sum_{i=1}^{k}(\overline{Y}_{i.} - \overline{Y}_{..})^2, \quad SSB = k\sum_{j=1}^{b}(\overline{Y}_{j.} - \overline{Y}_{..})^2 \tag{15.12}$$

그리고

$$SSE = \sum_{i=1}^{k}\sum_{j=1}^{b}(Y_{ij} - \overline{Y}_{i.} - \overline{Y}_{.j} + \overline{Y}_{..})^2$$

로 나타내면, (15.11)는

$$SSTO = SSTR + SSB + SSE$$

이다. 여기서 $SSTO$를 전체제곱합(total sum of squares), $SSTR$을 처리제곱합(treatment sum of squares), SSB를 블록제곱합(block sum of squares) 그리고 SSE을 오차제곱합(error sum of squares)이라 한다. 전체제곱합($SSTO$)은 모든 관측값 Y_{ij}에서 그 평균 $\overline{Y}_{..}$을 뺀 편차를 제곱하여 그것들을 모두 합한 것으로 이것은 총 N개인 모든 관측값에 대한 총 변동을 나타낸다. 또 처리제곱합($SSTR$)은 k개의 처리 표본평균 사이에서 발생하는 표본간변동을, 블록제곱합(SSB)은 b개의

서로 다른 블록의 사용에 기인하는 표본간변동을, 그리고 오차제곱합(SSE)는 확률요인에 기인한 표본내변동을 나타낸다.

위와 같이, 변동 $SSTO$는 처리변동 $SSTR$과 블록변동 SSB 그리고 표본내변동 SSE의 합으로 표시된다. 따라서 귀무가설 H_0이 진이 아니면, 즉 k개의 처리효과에 차이가 있으면 있을수록 $SSTO$에서 $SSTR$과 SSE보다 상대적으로 커진다. 따라서 분산분석에서는 가설 H_0를 검정하는 데 이 표본내변동과 표본간변동을 비교하는 방법을 사용하는 것이다.

다음은 각 통계량의 자유도를 생각한다. 앞에서 언급한 바와 같이, 통계량의 자유도는 그 통계량 속에서 독립적으로 변할 수 있는 변수의 개수이다. 따라서 각 통계량의 자유도는 일원분산분석에서와 같은 방법으로 계산한다. 먼저, 관측값의 총 개수가 N이므로 SST는 $N-1$의 자유도를 갖는다. 또 처리의 수가 k 그리고 블록의 수가 b이므로, $SSTR$, SSB의 자유도는 각각 $k-1$, $b-1$이다. 마지막으로, 오차제곱합 SSE의 자유도는 $SSE = SSTO - SSB$인 사실로부터 다음을 얻는다.

$$(N-1)-(k-1)-(b-1)=(kb-1)-(k-1)-(b-1)=(k-1)(b-1)$$

15.4.4 평균제곱들

평균제곱은 제곱합을 자유도로 나눈 통계량이다. 처리제곱합 $SSTR$을 그 자유도 $k-1$로 나눈 평균제곱을 특히 처리평균제곱(treatment mean squares)이라 하고, $MSTR$으로 표시한다. 또 오차제곱합 SSE를 자유도 $(k-1)(b-1)$로 나눈 평균제곱을 오차평균제곱(error mean squares)이라 하고 MSE로 나타낸다. 즉

$$MSTR = \frac{SSTR}{k-1}, \quad MSE = \frac{SSE}{(k-1)(b-1)} \tag{15.13}$$

15.4.5 검정통계량과 검정

주어진 가설에 대한 검정은 기본적으로 일원분산분석에서와 같은 방법으로 유도된다. 먼저 표본의 기본 가정을 이용하면 다음을 증명할 수 있다.

$$E[MSTR] = E\left[\frac{SSTR}{k-1}\right] = \sigma^2 + \frac{b\sum_{i=1}^{k}\alpha_i^2}{k-1} \tag{15.14}$$

일원분산분석에서와 같이 오차평균제곱 MSE은 σ^2의 불편추정량이다.

$$E[MSE] = E\left[\frac{SSE}{(k-1)(b-1)}\right] = \sigma^2. \tag{15.15}$$

따라서 처리효과의 동일성에 대한 귀무가설 "$H_0 : \alpha_1 = \cdots = \alpha_k = 0$"을 검정하는 데, 통계량

$$F^* = \frac{MSTR}{MSE}$$

을 사용하게 된다. 만약 H_0가 진이면 (15.14)와 (15.15)에 의하여 통계량 F^*의 분자와 분모는 모두 σ^2의 추정량이다. 따라서 귀무가설이 진인 경우 이 통계량의 값은 1에 가까운 값을 갖는다. 또 만약 대립가설이 진이면 F^*의 분자는 분모보다 크게 되고, 따라서 F^*의 값도 1보다 크게 된다. 결국 F^*의 값이 어느 한계를 넘어서면 H_0를 기각하게 된다. 더욱이, H_0가 진일 때 F^*는 자유도 $(k-1,\ (k-1)(b-1))$의 F-분포, 즉

$$F^* = \frac{MSTR}{MSE} \sim F(k-1,\ (k-1)(b-1))$$

인 사실을 이용한다. 이 결과에 의하면, 주어진 가설 "H_0 vs. H_1"에 대한 유의수준 α의 검정은 다음과 같다.

$$\text{“만약 } F^* = \frac{MSTR}{MSE} > f_{1-\alpha}(k-1,\ (k-1)(b-1))\text{이면, } H_0\text{를 기각”}$$

물론 $f_{1-\alpha}(k-1,\ (k-1)(b-1))$는 자유도 $(k-1,\ (k-1)(b-1))$를 갖는 F-분포의 오른쪽 α%-분위수이다.

15.4.6 분산분석표

위에서 계산된 통계량과 그 자유도 그리고 검정통계량과 검정 절차를 모두 요약한 표인 분산분석표는 다음과 같다.

〈표 15.4〉 확률화완전블록계획의 분산분석표

변동원	제곱합(SS)	자유도(DF)	평균제곱합(MS)	F-통계량
처리	$SSTR$	$k-1$	$MSTR$	$F^* = \frac{MSTR}{MSE}$
블록	SSB	$b-1$	MSB	
오차	SSE	$(k-1)(b-1)$	MSE	
전체	$SSTO$	$N-1$		

참고 15.11 블록수의 결정

확률화완전블록계획에서 블록의 수는 검정력의 크기와 밀접한 관계를 갖는다. 블록의 수가 표본의 수이기 때문이다. 따라서 블록의 수 b가 증가하면 오차의 자유도가 증가하게 되고, 이것은 결국 검정의 검정력을 증가시킨다. 따라서 블록의 수를 적절히 결정함으로써 검정의 정해진 검정력을 확보할 수 있다.

다음은 확률화완전블록계획과 관련되는 이원분산분석의 사례를 생각한다.

보기 15.4 확률화완전블록계획의 분석

어떤 농작물의 수확량이 품종에 따라 차이가 있는지를 밝히고자 한다. 농작물의 수확량은 토질에 따라 영향을 받을 수도 있다고 판단되어 이것을 고려할 실험계획으로 확률화완전블록계획을 이용하였다. 농작물의 품종은 3가지이고 토질은 5가지로 분류된다고 한다. 각 토질에 3가지 품종을 임의로 배치하여 다음과 같은 실험 자료를 얻었다. 주어진 품종이 고정된 것으로 가정하고 수확량이 품종에 따라 차이가 있는지를 검정하자.

다음은 분석할 확률화완전블록계획의 분석의 자료이다.

품종	토질					평균
	1	2	3	4	5	
A	71	58	52	65	69	69.0
B	46	39	38	41	42	63.0
C	79	68	58	69	71	41.2
평균	65.3	55.0	49.3	58.3	60.7	57.7

먼저, 귀무가설과 대립가설은 다음과 같이 설정한다.

"H_0: 수확량은 품종에 따라 차이가 없다.
vs H_1: 수확량은 품종에 따라 차이가 있다."

주어진 자료에 대한 분산분석표는 정의식 (15.12)와 (15.13) 또는 그 계산식들로 얻을 수 있다. 같은 결과가 부록 B의 SAS 프로그램에 의해 얻는다.

〈표 15.5〉 확률화완전블록계획의 분산분석표

변동원	제곱합(SS)	자유도(DF)	평균제곱합(MS)	F 통계량	P-값
처리	2140.133	2	1070.067	106.30	<0.0001
블록	434.267	4	108.567	10.78	0.0026
오차	80.533	8	10.067		
전체	2654.933	14			

분산분석표에서 주어진 F-비, 즉 F-검정통계량의 값이 $F = 106.30$이고, 유의수준 $\alpha = 0.01$에 대응되는 F-분포의 값이 $f_{0.99}(2,8) = 8.65$이므로 귀무가설 H_0는 강하게 기각된다. 따라서 농작물의 수확량은 품종에 따라 강한 유의적인 차이를 보이고 있다. 이 결과는 위 분산분석표에서 주어지는 P-값을 통하여 더 자세히 설명된다. P-값< 0.0001은 유의수준 0.01은 물론이고 그 이하의

작은 값에서도 귀무가설이 기각됨을 알 수 있다. 한편, 여기서는 주어진 요인이 고정된 것으로 가정되었기 때문에, 이 요인의 개발 평균 사이의 차이를 적당한 방법을 통하여 던칸의 다중범위검정을 이용하여 비교할 필요가 생긴다. 이에 대한 절차는 15.3절을 참고할 수 있다.

참고 15.12 블록화의 효율

실험계획에서 블록화의 목적은 실험 자료에서 추가변수의 효과를 제거하거나 통제하는 데 있다. 처음 실험을 계획할 때 블록화에 대한 결정, 다시 말하여 블록화가 없는 완전확률계획으로 할 것인지 아니면 블록화가 있는 확률화완전블록계획으로 할 것인지는 분석자의 판단에 달려 있다. 그러나 일단 블록계획이 완성되면 그 블록화가 성공적인지 아닌지를 평가할 필요도 있다. 블록화가 효율적이란 (15.11)에서 전체제곱합($SSTO$) 중 블록제곱합(SSB)이 차지하는 부분이 적지 않음을 의미한다. 또 이것은 상대적으로 오차제곱합(SSE)을 적게 하고 따라서 처리효과의 동일성을 검정하는 F-검정통계량

$$F^* = \frac{MSTR}{MSE} = \frac{SSTR/(k-1)}{SSE/(k-1)(b-1)}$$

의 값을 크게 한다. 이것은 결국 귀무가설 H_0을 강하게 기각시켜 검정력을 증대시키는 역할을 한다. 다음은 블록화에 의한 제곱합들의 자유도의 변화를 생각해 보자. 일원분류법에서 SSE의 자유도는 $N-k$이지만, 블록화의 과정에서 이것은

$$(k-1)(b-1) = (N-k) - (b-1)(< N-k)$$

으로 감소한다. 이것은 F^*의 분모자유도를 감소시켜서 귀무가설 H_0에 대한 F-검정통계량의 값을 크게 하는 역할을 하여 검정력을 감소시키는 결과를 가져온다. 이 상반된 두 결과를 종합해 볼 때, 불필요한 블록화는 오차제곱합의 크기에는 변화를 주지 않는 대신 자유도만 감소시켜서 결국 검정력만 떨어뜨리는 결과를 가져온다. 이런 의미에서 부적절한 블록화는 피해야만 한다.

참고 15.13 삼원분산분석: 라틴방격계획

완전확률화블록설계($RCBD$)는 반응값에 영향을 주는 두 가지 요인 중에서 관심이 없는 다른 한 요인에 의하여 발생하는 변동을 제거(조절)함으로써 실험오차를 감소시키는 방법이었다. 그러나 관심을 갖지 않는 요인의 수가 둘이나 그 이상으로 늘어나면 실험의 횟수의 증가로 인하여 $RCBD$는 어려움을 겪는다. 예컨대, 품종에 따라 농작물의 수확량이 차이가 있는지를 확인하는 실험에서, 수확량에 영향을 주는 요인으로 '농작물의 품종' 이외에도 '비료의 종류'는 물론이고 '토양의 조건'도 추가된다고 하자. 이때 관심의 대상이 아닌 두 가지 요인인 '비료의 종류'와 '토양의 조건'에 의해 발생하는 변동을 어떻게 제거할 수 있을까? 만약 '농작물의 품종', '비료의 종류' 그리고 '토양의 조건'이 모두 4가지씩이라 하고 여기에 $RCBD$를 적용하면, 4가지 품종 각각에 대하여 4가지 비료를 가지고 4가지 토양에서 실험을 해야 하므로 총 4(수준)×4(블

록)×4(블록)=64회의 실험이 요구된다. 이 분석은 요인이 세 가지이므로 삼원분산분석이 된다. 이러한 경우 실험의 횟수를 획기적으로 줄일 수 있는 방법이 라틴방격계획(Latin square design: LSD)이다. LSD를 적용하면 위 예에서 필요한 자료를 얻는데 16회의 실험만으로 충분하다. 이 방법에 대한 자세한 논의는 여기서 생략하기로 한다.

EXERCISES 연 습 문 제

01. 분산분석에서 일원분산분석과 이원분산분석의 역할과 차이점은 설명하시오.

02. 분산분석에서 통계적 실험계획의 역할을 설명하시오.

03. 통계적 실험계획에서 완전확률화계획(CRD)과 확률화완전블록계획(RCBD)의 특징을 설명하시오.

04. 삼원분산분석에서 라틴방격계획(LSD)의 특징이나 역할을 설명하시오.

05. 농산물은 식품으로 가공하는 과정에서 영양소가 감소될 수 있다. 다음 표는 같은 농산물을 4가지 방법으로 가공한 후 그 식품에 남은 영양소의 측정값을 나타내고 있다.

방법	영 양 소									
A	263	277	273	243	228	198	185	188	188	193
B	346	419	451	382	563	239	209	237	239	252
C	361	477	354	263	268	195	191	242	245	251
D	233	232	245	231	243	272	278	246	281	201

(1) 분석목적에 맞는 귀무가설과 대립가설을 세우시오.
(2) 유의수준 0.05에서 주어진 가설을 검정하시오.
(3) 검정결과를 P-값을 이용하여 더 상세히 논하시오.

06. 뇌의 손상부분이 변별학습에 어떤 영향을 주는가를 확인하기 위하여 동물실험을 실시하였다. 집단 A는 뇌의 왼쪽에 손상을, 집단 B는 뇌의 오른쪽에 손상을 그리고 집단 C는 왼쪽과 오른쪽 모두에 일정 규모 이상의 손상을 입혔다. 그리고 집단 D는 전혀 손상을 입지 않은 대상으로 하였다. 이 실험의 반응값은 어떤 일을 정해진 수준까지 학습하는데 겪은 시행착오의 수를 나타낸 것이다. 다음 결과를 기초로 하여 질문에 답하시오.

집단	시 행 착 오									
A	21	20	25	19	27	23	24	18	20	24
B	24	22	25	25	20	21	34	18	32	23
C	20	30	27	22	24	28	23	25	18	32
D	25	18	32	16	35	20	14	21	17	23

(1) 분석목적에 맞는 귀무가설과 대립가설을 세우시오.

(2) 분석에서 필요한 각 모집단에 대한 기본 가정을 말하시오.

(3) 유의수준 0.05에서 주어진 가설을 검정하시오.

(4) 검정결과를 P-값을 이용하여 더 상세히 논하시오.

07. 흡연은 맥박에 영향을 줄 수 있다고 한다. 다음은 비흡연자의 맥박과 흡연자의 흡연강도에 따라 측정한 맥박 자료이다. 흡연강도가 맥박에 영향을 주는지를 설명하시오.

흡연정도	맥박수							
약함	62	66	58	64	78	60	55	63
보통	57	72	79	66	77	70	82	70
강함	95	82	84	91	72	71	68	68
비흡연	63	62	59	64	71	58	73	69

(1) 분석목적에 맞는 귀무가설과 대립가설을 세우시오.

(2) 유의수준 0.05에서 주어진 가설을 검정하시오.

(3) 검정결과를 P-값을 이용하여 더 상세히 논하시오.

08. 아래 자료에 대해 분산분석을 수행하시오. (단, 논술 식 답안을 작성하되, 통계패키지(SAS 등)를 이용하는 경우 결과물에서 필요한 부분만 발취하여 사용하시오.)

> 어떤 자동차 임대회사에서 세 종류 가솔린(G_1, G_2, G_3)의 연비를 비교하려 한다. 같은 년도에 생산된 같은 종류의 차량 18대를 6대씩 세 그룹으로 나누어 같은 속도로 운행한 후 이동거리(mile)에 대한 다음 자료를 얻었다.

$Gas\ G_1$	$Gas\ G_2$	$Gas\ G_3$
220	244	254
252	236	272
238	258	232
246	242	238
260	221	256
224	230	250

09. 체중조절을 위한 다섯 가지 식이요법의 효과를 비교하려고 한다. 식이요법에 의한 체중증감의 효과는 초기체중에 따라 달라질 수 있다고 보고 실험에서 초기체중의 다섯 집단에서 각각 네 명씩을 임의로 선정하고 네 가지 식이요법에 한 사람씩 임의로 배치하였다. 일정 기간 후 얻은 체중감량의 결과는 다음과 같다.

(1) 유의수준 0.01에서 체중조절에 대한 네 가지 식이요법의 효과를 평가하시오.

(2) 이 계획에서 블록의 효과를 설명하시오.

초기체중 (단위 kg)	식이요법			
	A	B	C	D
65 이하	11	7	10	9
65 ~ 75	5	12	11	10
75 ~ 85	7	17	12	14
85 ~ 95	8	16	13	12
95 이상	18	18	15	16

10. 다음 자료는 국내 네 전자회사(C1, C2, C3, C4)에서 동시에 판매한 신제품의 월 판매량을 다섯 도시(A, B, C, D, E)에서 조사한 자료이다. 먼저 네 회사의 판매량에서 유의적 차이가 존재하는지를 유의수준 5%에서 검정하시오. 또 유의적인 차이가 존재한다면 그 내용을 구체적으로 설명하시오.

도 시	회 사			
	C1	C2	C3	C4
A	197	161	182	190
B	169	152	183	178
C	191	157	136	169
D	187	189	177	176
E	192	168	135	156

부록

A. 여러 가지 통계표

B. SAS 프로그램

C. 기호요약

D. 연습문제 해답(홀수편)

A. 여러 가지 통계표

아래 확률표들은 부록의 [SAS 프로그램 11]의 응용으로 작성된다.

(1) 이항분포의 누적확률

$$F_X(t) = P[X \le t] = \Sigma_{x=0}^{t} \binom{n}{x} p^x (1-p)^{n-x}$$

n		p								
	r	0.1	0.2	0.3	0.4	0.5	0.6	0.7	0.8	0.9
10	0	0.3487	0.1074	0.0282	0.0060	0.0010	0.0001	0.0000		
	1	0.7361	0.3758	0.1493	0.0464	0.0107	0.0017	0.0001	0.0000	
	2	0.9298	0.7668	0.3828	0.1673	0.0547	0.0123	0.0016	0.0001	
	3	0.9872	0.8791	0.6496	0.3823	0.1719	0.0548	0.0106	0.0009	
	4	0.9984	0.9672	0.8497	0.6331	0.3770	0.1662	0.0473	0.0064	0.0001
	5	0.9999	0.9936	0.9527	0.8338	0.6230	0.3669	0.1503	0.0328	0.0016
	6	1.0000	0.9991	0.9894	0.9452	0.8281	0.6177	0.3504	0.1209	0.0128
	7		0.9999	0.9984	0.9877	0.9453	0.8327	0.6172	0.3222	0.0702
	8		1.0000	0.9999	0.9983	0.9893	0.9536	0.8507	0.6242	0.2639
	9			1.0000	0.9999	0.9990	0.9940	0.9718	0.8926	0.6513
	10				1.0000	1.0000	1.0000	1.0000	1.0000	1.0000
11	0	0.3138	0.0859	0.0198	0.0036	0.0005	0.0000			
	1	0.6974	0.3221	0.1130	0.0302	0.0059	0.0007	0.0000		
	2	0.9104	0.6174	0.3127	0.1189	0.0327	0.0059	0.0006	0.0001	
	3	0.9815	0.8369	0.5696	0.2963	0.1133	0.0293	0.0043	0.0002	
	4	0.9972	0.9496	0.7897	0.5328	0.2744	0.0994	0.0216	0.0020	0.0000
	5	0.9997	0.9883	0.9218	0.7535	0.5000	0.2465	0.0782	0.0117	0.0003
	6	1.0000	0.9980	0.9784	0.9006	0.7256	0.4672	0.2103	0.0504	0.0028
	7		0.9998	0.9957	0.9707	0.8867	0.7037	0.4304	0.1611	0.0185
	8		1.0000	0.9994	0.9941	0.9673	0.8811	0.6873	0.3826	0.0896
	9			1.0000	0.9993	0.9941	0.9698	0.8870	0.6779	0.3026
	10				1.0000	0.9995	0.9964	0.9802	0.9141	0.6862
	11					1.0000	1.0000	1.0000	1.0000	1.0000
12	0	0.2824	0.0687	0.0138	0.0022	0.0002	0.0000			
	1	0.6590	0.2749	0.0850	0.0196	0.0032	0.0003	0.0000		
	2	0.8891	0.5583	0.2528	0.0835	0.0193	0.0028	0.0002	0.0000	
	3	0.9744	0.7946	0.4925	0.2253	0.0730	0.0153	0.0017	0.0001	
	4	0.9957	0.9274	0.7237	0.4382	0.1938	0.0573	0.0095	0.0006	0.0000
	5	0.9995	0.9806	0.8822	0.6652	0.3872	0.1582	0.0386	0.0039	0.0001
	6	0.9999	0.9961	0.9614	0.8418	0.6128	0.3348	0.1178	0.0194	0.0005
	7	1.0000	0.9994	0.9905	0.9427	0.8062	0.5618	0.2763	0.0726	0.0043
	8		0.9999	0.9985	0.9847	0.9270	0.7747	0.5075	0.2054	0.0256
	9		1.0000	0.9983	0.9972	0.9807	0.9166	0.7472	0.4417	0.1109
	10			0.9998	0.9997	0.9968	0.9804	0.9150	0.7251	0.3410
	11			1.0000	1.0000	0.9998	0.9978	0.9862	0.9313	0.7176
	12					1.0000	1.0000	1.0000	1.0000	1.0000

(2) 푸아송분포의 누적확률

$$F_X(t) = P[X \le t] = \Sigma_{x=0}^{t} \frac{m^x e^{-m}}{x!}$$

t	m										
	0.1	0.2	0.3	0.4	0.5	0.6	0.7	0.8	0.9	1.0	1.5
0	0.905	0.819	0.741	0.670	0.607	0.549	0.497	0.449	0.407	0.368	0.223
1	0.995	0.982	0.963	0.938	0.910	0.878	0.844	0.809	0.772	0.736	0.558
2	1.000	0.999	0.996	0.992	0.986	0.977	0.966	0.953	0.937	0.920	0.809
3		1.000	1.000	0.999	0.998	0.997	0.994	0.991	0.987	0.981	0.934
4				1.000	1.000	1.000	0.999	0.999	0.998	0.996	0.981
5							1.000	1.000	1.000	0.999	0.996
6										1.000	0.999
7											1.000

t	m										
	2.0	2.5	3.0	3.5	4.0	4.5	5.0	5.5	6.0	6.5	7.0
0	0.135	0.082	0.049	0.032	0.018	0.011	0.007	0.004	0.003	0.002	0.001
1	0.406	0.287	0.199	0.136	0.092	0.061	0.040	0.027	0.017	0.011	0.007
2	0.677	0.544	0.423	0.321	0.238	0.174	0.125	0.088	0.062	0.043	0.030
3	0.857	0.758	0.647	0.537	0.433	0.342	0.265	0.202	0.151	0.112	0.082
4	0.947	0.891	0.815	0.725	0.629	0.532	0.440	0.358	0.285	0.224	0.173
5	0.983	0.958	0.916	0.858	0.785	0.703	0.616	0.529	0.446	0.369	0.301
6	0.995	0.986	0.966	0.935	0.889	0.831	0.762	0.686	0.606	0.527	0.450
7	0.999	0.996	0.988	0.973	0.949	0.913	0.867	0.809	0.744	0.673	0.599
8	1.000	0.999	0.996	0.990	0.979	0.9690	0.932	0.894	0.847	0.792	0.729
9		1.000	0.999	0.997	0.992	0.983	0.968	0.946	0.916	0.877	0.830
10			1.000	0.999	0.997	0.993	0.986	0.975	0.957	0.933	0.901
11				1.000	0.999	0.998	0.995	0.989	0.980	0.966	0.947
12					1.000	0.999	0.998	0.996	0.991	0.984	0.973
13						1.000	0.999	0.998	0.996	0.993	0.987
14							1.000	0.999	0.999	0.997	0.994
15								1.000	0.999	0.999	0.998
16									1.000	1.000	0.999
17											1.000

t	m										
	7.5	8.0	8.5	9.0	9.5	10.0	10.5	11.0	12.0	15.0	20.0
0	0.001	0.000	0.000	0.000	0.000	0.000	0.000	0.000	0.000	0.000	0.000
1	0.005	0.003	0.002	0.136	0.001	0.000	0.000	0.000	0.000	0.000	0.000
2	0.020	0.014	0.009	0.321	0.004	0.003	0.001	0.001	0.001	0.000	0.000
3	0.059	0.042	0.030	0.537	0.015	0.010	0.007	0.004	0.002	0.000	0.000
4	0.132	0.100	0.074	0.725	0.040	0.029	0.021	0.015	0.008	0.001	0.001
5	0.241	0.191	0.150	0.858	0.089	0.067	0.050	0.037	0.020	0.003	0.000
6	0.378	0.313	0.256	0.935	0.165	0.130	0.101	0.078	0.046	0.008	0.000
7	0.525	0.453	0.386	0.973	0.269	0.220	0.178	0.143	0.090	0.018	0.001
8	0.662	0.593	0.523	0.990	0.392	0.333	0.279	0.231	0.155	0.037	0.002

(2) **푸아송분포의 누적확률** (계속)

t	m										
	7.5	8.0	8.5	9.0	9.5	10.0	10.5	11.0	12.0	15.0	20
9	0.776	0.717	0.653	0.587	0.522	0.458	0.397	0.340	0.242	0.070	0.005
10	0.862	0.816	0.763	0.706	0.645	0.583	0.520	0.459	0.347	0.118	0.011
11	0.921	0.888	0.849	0.803	0.752	0.697	0.638	0.579	0.462	0.185	0.021
12	0.957	0.936	0.909	0.876	0.836	0.792	0.741	0.688	0.576	0.268	0.039
13	0.978	0.966	0.949	0.926	0.898	0.864	0.825	0.781	0.682	0.363	0.066
14	0.990	0.983	0.973	0.959	0.940	0.917	0.887	0.854	0.682	0.466	0.105
15	0.995	0.992	0.986	0.978	0.967	0.951	0.931	0.907	0.772	0.568	0.157
16	0.998	0.996	0.993	0.989	0.982	0.973	0.960	0.944	0.844	0.664	0.221
17	0.999	0.998	0.997	0.995	0.991	0.986	0.978	0.697	0.899	0.749	0.297
18	1.000	0.999	0.999	0.998	0.996	0.993	0.988	0.982	0.937	0.819	0.381
19		1.000	0.999	0.999	0.998	0.997	0.994	0.990	0.963	0.875	0.470
20			1.000	1.000	0.999	0.998	0.997	0.995	0.979	0.917	0.559
21					1.000	0.999	0.998	0.997	0.988	0.947	0.644
22						1.000	0.999	0.998	0.994	0.967	0.721
23							1.000	0.999	0.997	0.981	0.787
24								1.000	0.998	0.989	0.843
25									0.999	0.994	0.888
26									1.000	0.997	0.922
27										0.998	0.948
28										0.999	0.966
29										1.000	0.978
30											0.987
31											0.992
32											0.995
33											0.997
34											0.999
35											0.999
36											1.000

(3) 표준정규분포의 누적확률

$$P[Z \leq z] = \int_{-\infty}^{z} \frac{1}{\sqrt{2\pi}} e^{-\frac{t^2}{2}} dt = \Phi(z)$$

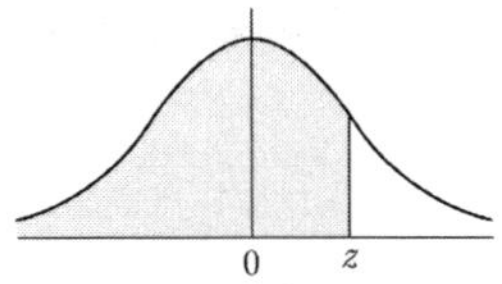

z	0.00	0.01	0.02	0.03	0.04	0.05	0.06	0.07	0.08	0.09
-3.4	0.0003	0.0003	0.0003	0.0003	0.0003	0.0003	0.0003	0.0003	0.0003	0.0004
-3.3	0.0005	0.0005	0.0005	0.0004	0.0004	0.0004	0.0004	0.0004	0.0004	0.0003
-3.2	0.0007	0.0004	0.0006	0.0006	0.0006	0.0006	0.0006	0.0005	0.0005	0.0005
-3.1	0.0010	0.0004	0.0009	0.0009	0.0008	0.0008	0.0008	0.0008	0.0007	0.0007
-3.0	0.0013	0.0013	0.0013	0.0012	0.0012	0.0011	0.0011	0.0011	0.0010	0.0010
-2.9	0.0019	0.0018	0.0018	0.0017	0.0016	0.0016	0.0015	0.0015	0.0014	0.0014
-2.8	0.0026	0.0025	0.0024	0.0023	0.0023	0.0022	0.0021	0.0021	0.0020	0.0019
-2.7	0.0035	0.0034	0.0033	0.0032	0.0031	0.0030	0.0029	0.0028	0.0027	0.0026
-2.6	0.0047	0.0045	0.0044	0.0043	0.0041	0.0040	0.0039	0.0038	0.0037	0.0036
-2.5	0.0062	0.0060	0.0059	0.0057	0.0055	0.0054	0.0052	0.0051	0.0049	0.0048
-2.4	0.0082	0.0080	0.0078	0.0075	0.0073	0.0071	0.0069	0.0068	0.0066	0.0064
-2.3	0.0107	0.0104	0.0102	0.0099	0.0096	0.0094	0.0091	0.0089	0.0087	0.0084
-2.2	0.0139	0.0136	0.0132	0.0129	0.0125	0.0122	0.0119	0.0116	0.0113	0.0110
-2.1	0.0179	0.0174	0.0170	0.0166	0.0162	0.0158	0.0154	0.0150	0.0146	0.0143
-2.0	0.0228	0.0222	0.0217	0.0212	0.0207	0.0202	0.0197	0.0192	0.0188	0.0183
-1.9	0.0287	0.0281	0.0274	0.0268	0.0262	0.0256	0.0250	0.0244	0.0239	0.0233
-1.8	0.0359	0.0351	0.0344	0.0336	0.0329	0.0322	0.0314	0.0307	0.0301	0.0294
-1.7	0.0446	0.0436	0.0427	0.0418	0.0409	0.0401	0.0392	0.0384	0.0375	0.0367
-1.6	0.0548	0.0537	0.0526	0.0516	0.0505	0.0495	0.0485	0.0475	0.0465	0.0455
-1.5	0.0668	0.0655	0.0643	0.0630	0.0618	0.0606	0.0594	0.0582	0.0571	0.0559
-1.4	0.0808	0.0793	0.0778	0.0764	0.0749	0.0735	0.0721	0.0708	0.0694	0.0681
-1.3	0.0968	0.0951	0.0934	0.0918	0.0901	0.0885	0.0869	0.0853	0.0838	0.0823
-1.2	0.1151	0.1131	0.1112	0.1093	0.1075	0.1056	0.1038	0.1020	0.1003	0.0985
-1.1	0.1357	0.1335	0.1314	0.1292	0.1271	0.1251	0.1230	0.1210	0.1190	0.1170
-1.0	0.1587	0.1562	0.1539	0.1515	0.1492	0.1469	0.1446	0.1423	0.1401	0.1379
-0.9	0.1841	0.1841	0.1788	0.1762	0.1736	0.1711	0.1685	0.1660	0.1635	0.1611
-0.8	0.2119	0.2090	0.2061	0.2033	0.2005	0.1977	0.1949	0.1921	0.1894	0.1867
-0.7	0.2420	0.2389	0.2358	0.2327	0.2296	0.2266	0.2236	0.2206	0.2177	0.2148
-0.6	0.2743	0.2709	0.2676	0.2643	0.2611	0.2578	0.2546	0.2514	0.2483	0.2451
-0.5	0.3085	0.3050	0.3015	0.2981	0.2946	0.2912	0.2877	0.2843	0.2810	0.2776
-0.4	0.3446	0.3409	0.3372	0.3336	0.3300	0.3264	0.3228	0.3192	0.3156	0.3121
-0.3	0.3821	0.3783	0.3745	0.3707	0.3669	0.3632	0.3594	0.3557	0.3520	0.3483
-0.2	0.4207	0.4168	0.4129	0.4090	0.4052	0.4013	0.3974	0.3936	0.3897	0.3859
-0.1	0.4602	0.4562	0.4522	0.4483	0.4443	0.4404	0.4364	0.4325	0.4286	0.4247
-0.0	0.5000	0.4960	0.4920	0.4880	0.4840	0.4801	0.4761	0.4721	0.4681	0.4641

(3) **표준정규분포의 누적확률** (계속)

z	0.00	0.01	0.02	0.03	0.04	0.05	0.06	0.07	0.08	0.09
0.0	0.5000	0.5040	0.5080	0.5120	0.5160	0.5199	0.5239	0.5279	0.5319	0.5359
0.1	0.5398	0.5438	0.5478	0.5517	0.5557	0.5596	0.5636	0.5675	0.5714	0.5753
0.2	0.5793	0.5832	0.5871	0.5910	0.5948	0.5987	0.6026	0.6064	0.6103	0.6141
0.3	0.6179	0.6217	0.6255	0.6293	0.6331	0.6368	0.6406	0.6443	0.6480	0.6517
0.4	0.6554	0.6591	0.6628	0.6664	0.6700	0.6736	0.6772	0.6808	0.6844	0.6879
0.5	0.6915	0.6950	0.6985	0.7019	0.7054	0.7088	0.7123	0.7157	0.7190	0.7224
0.6	0.7257	0.7291	0.7324	0.7357	0.7389	0.7422	0.7454	0.7486	0.7517	0.7549
0.7	0.7580	0.7611	0.7642	0.7673	0.7704	0.7734	0.7764	0.7794	0.7823	0.7852
0.8	0.7881	0.7910	0.7939	0.7967	0.7995	0.8923	0.8051	0.8078	0.8106	0.8133
0.9	0.8159	0.8186	0.8212	0.8238	0.8264	0.8289	0.8315	0.8340	0.8365	0.8389
1.0	0.8413	0.8438	0.8461	0.8485	0.8508	0.8531	0.8554	0.8577	0.8599	0.8621
1.1	0.8643	0.8665	0.8686	0.8708	0.8729	0.8749	0.8770	0.8790	0.8810	0.8830
1.2	0.8849	0.8869	0.8888	0.8907	0.8925	0.8944	0.8962	0.8980	0.8997	0.9015
1.3	0.9032	0.9049	0.9066	0.9082	0.9099	0.9115	0.9131	0.9147	0.9162	0.9177
1.4	0.9192	0.9207	0.9222	0.9236	0.9251	0.9265	0.9279	0.9292	0.9306	0.9319
1.5	0.9332	0.9345	0.9357	0.9370	0.9382	0.9394	0.9406	0.9418	0.9429	0.9441
1.6	0.9452	0.9463	0.9474	0.9484	0.9495	0.9505	0.9515	0.9525	0.9535	0.9545
1.7	0.9554	0.9564	0.9573	0.9582	0.9591	0.9599	0.9608	0.9616	0.9625	0.9633
1.8	0.9641	0.9649	0.9656	0.9664	0.9671	0.9678	0.9686	0.9693	0.9699	0.9706
1.9	0.9713	0.9719	0.9726	0.9732	0.9738	0.9744	0.9750	0.9756	0.9761	0.9767
2.0	0.9772	0.9778	0.9783	0.9788	0.9793	0.9798	0.9803	0.9708	0.9812	0.9817
2.1	0.9821	0.9826	0.9830	0.9834	0.9838	0.9842	0.9846	0.9850	0.9854	0.9857
2.2	0.9861	0.9864	0.9868	0.9871	0.9875	0.9878	0.9881	0.9884	0.9887	0.9890
2.3	0.9893	0.9896	0.9898	0.9901	0.9904	0.9906	0.9909	0.9911	0.9913	0.9916
2.4	0.9918	0.9920	0.9922	0.9925	0.9927	0.9929	0.9931	0.9932	0.9934	0.9936
2.5	0.9938	0.9940	0.9941	0.9943	0.9945	0.9946	0.9949	0.9949	0.9951	0.9952
2.6	0.9953	0.9955	0.9956	0.9957	0.9959	0.9960	0.9961	0.9962	0.9963	0.9964
2.7	0.9965	0.9966	0.9967	0.9968	0.9969	0.9970	0.9971	0.9972	0.9973	0.9974
2.8	0.9974	0.9975	0.9976	0.9977	0.9977	0.9978	0.9979	0.9979	0.9980	0.9981
2.9	0.9981	0.9982	0.9982	0.9983	0.9984	0.9984	0.9985	0.9985	0.9986	0.9986
3.0	0.9987	0.9987	0.9987	0.9988	0.9988	0.9989	0.9989	0.9989	0.9990	0.9990
3.1	0.9990	0.9991	0.9991	0.9991	0.9992	0.9992	0.9992	0.9992	0.9993	0.9993
3.2	0.9993	0.9993	0.9994	0.9994	0.9994	0.9994	0.9994	0.9995	0.9995	0.9995
3.3	0.9995	0.9995	0.9995	0.9996	0.9996	0.9996	0.9996	0.9996	0.9996	0.9997
3.4	0.9997	0.9997	0.9997	0.9997	0.9997	0.9997	0.9997	0.9997	0.9997	0.9998

(4) t-분포의 임계값

$t_{1-\alpha}(p)$

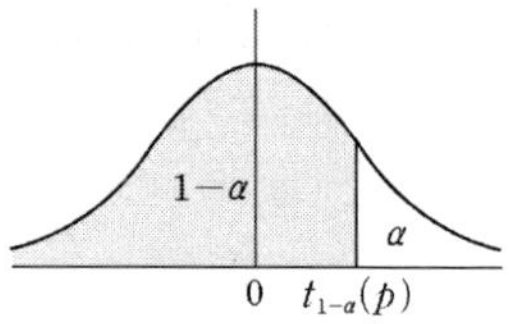

p	$t_{1-\alpha}(p)$						
	$t_{0.85}(p)$	$t_{0.9}(p)$	$t_{0.95}(p)$	$t_{0.975}(p)$	$t_{0.98}(p)$	$t_{0.99}(p)$	$t_{0.995}(p)$
1	1.963	3.078	6.314	12.706	15.895	31.821	63.657
2	1.386	1.886	2.920	4.303	4.489	6.965	9.925
3	1.250	1.638	2.353	3.182	3.482	4.541	5.841
4	1.190	1.533	2.132	2.776	2.999	3.747	4.604
5	1.156	1.476	2.015	2.571	2.757	3.365	4.032
6	1.134	1.440	1.943	2.447	2.612	3.143	3.707
7	1.119	1.415	1.895	2.365	2.517	2.998	3.499
8	1.108	1.397	1.860	2.306	2.449	2.896	3.355
9	1.100	1.383	1.833	2.262	2.398	2.821	3.250
10	1.093	1.372	1.812	2.228	2.359	2.764	3.169
11	1.088	1.363	1.796	2.201	2.328	2.718	3.106
12	1.079	1.356	1.782	2.179	2.303	2.681	3.055
13	1.076	1.350	1.771	2.160	2.282	2.650	3.012
14	1.074	1.345	1.761	2.145	2.264	2.624	2.977
15	1.071	1.341	1.753	2.131	2.249	2.602	2.947
16	1.069	1.337	1.746	2.120	2.235	2.583	2.921
17	1.069	1.333	1.740	2.110	2.224	2.567	2.898
18	1.067	1.330	1.734	2.101	2.214	2.552	2.878
19	1.066	1.328	1.729	2.093	2.205	2.539	2.861
20	1.064	1.325	1.725	2.086	2.197	2.528	2.845
21	1.063	1.323	1.721	2.080	2.189	2.518	2.831
22	1.061	1.321	1.717	2.074	2.183	2.508	2.819
23	1.060	1.319	1.714	2.069	2.177	2.500	2.807
24	1.059	1.318	1.711	2.064	2.172	2.492	2.797
25	1.058	1.316	1.708	2.060	2.167	2.485	2.787
26	1.058	1.315	1.706	2.056	2.162	2.479	2.779
27	1.057	1.314	1.703	2.052	2.158	2.473	2.771
28	1.056	1.313	1.701	2.048	2.154	2.467	2.763
29	1.055	1.311	1.699	2.045	2.150	2.462	2.756
30	1.055	1.310	1.697	2.042	2.147	2.457	2.750
40	1.050	1.303	1.684	2.021	2.125	2.423	2.704
60	1.045	1.296	1.671	2.000	2.099	2.390	2.660
120	1.041	1.289	1.658	1.980	2.076	2.358	2.617
∞	1.036	1.282	1.645	1.960	2.054	2.326	2.576

(5) χ^2-분포의 임계값

$$\chi^2_{1-\alpha}(p)$$

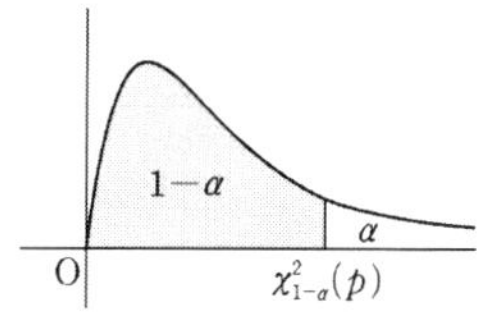

p	$\chi^2_{1-\alpha}(p)$							
	$\chi^2_{0.005}(p)$	$\chi^2_{0.025}(p)$	$\chi^2_{0.05}(p)$	$\chi^2_{0.90}(p)$	$\chi^2_{0.95}(p)$	$\chi^2_{0.975}(p)$	$\chi^2_{0.99}(p)$	$\chi^2_{0.995}(p)$
1	0.000393	0.000982	0.00393	2.706	3.841	5.024	6.635	7.879
2	0.0100	0.0506	0.103	4.605	5.991	7.378	9.210	10.590
3	0.0717	0.216	0.352	6.251	7.815	9.348	11.345	12.838
4	0.207	0.484	0.711	7.779	9.488	11.143	13.277	14.860
5	0.412	0.831	1.145	9.236	11.070	12.832	15.086	16.750
6	0.676	1.237	1.635	10.645	12.592	14.449	16.812	18.548
7	0.989	1.690	2.167	12.017	14.067	16.013	18.475	20.278
8	1.344	2.180	2.733	13.362	15.507	17.535	20.090	21.955
9	1.735	2.700	3.325	14.684	16.919	19.023	21.666	23.589
10	2.156	3.247	3.940	15.987	18.307	20.483	23.209	25.188
11	2.603	3.816	4.575	17.275	19.675	21.920	24.725	26.757
12	3.074	4.404	5.226	18.549	21.026	23.336	26.217	28.300
13	3.565	5.009	5.892	19.812	22.362	24.736	27.688	29.819
14	4.075	5.629	6.571	21.064	23.685	26.119	29.141	31.319
15	4.601	6.262	7.261	22.307	24.996	27.488	30.578	32.801
16	5.142	6.908	7.962	23.542	26.296	28.845	32.000	34.267
17	5.697	7.564	8.672	24.769	27.587	30.191	33.409	35.718
18	6.265	8.231	9.390	25.989	28.869	31.526	34.805	37.158
19	6.844	8.907	10.117	27.204	30.144	32.852	36.191	38.582
20	7.434	9.591	10.851	28.412	31.410	34.170	37.566	39.997
21	8.034	10.283	11.591	29.615	32.671	35.479	39.932	41.401
22	8.643	10.982	12.338	30.813	33.924	36.781	40.289	42.796
23	9.260	11.688	13.091	32.007	35.172	38.076	41.638	44.181
24	9.886	12.401	13.848	33.196	36.415	39.364	42.980	45.558
25	10.520	13.120	14.611	34.382	37.652	40.646	44.314	46.928
26	11.160	13.844	15.379	35.563	38.885	41.923	45.642	48.290
27	11.808	14.573	16.151	36.742	40.113	43.194	46.963	49.645
28	12.461	15.308	16.928	37.916	41.337	44.461	48.278	50.993
29	13.121	16.047	17.708	39.087	42.557	45.722	49.588	52.336
30	13.787	16.791	18.493	40.256	43.773	46.979	50.892	53.672
35	17.192	20.569	22.465	46.059	49.802	53.203	57.342	60.275
40	20.707	24.433	26.509	51.805	55.758	59.342	63.691	66.766
45	24.311	28.366	30.612	57.505	61.656	65.410	69.957	73.166
50	27.991	32.357	34.764	63.167	67.505	71.420	76.154	79.490
60	35.535	40.482	43.188	74.397	79.082	83.298	88.379	91.952
70	43.275	48.758	51.739	85.527	90.531	95.023	100.425	104.215
80	51.172	57.153	60.391	96.578	101.897	106.629	112.329	116.321
90	59.196	65.647	69.126	107.565	113.145	118.136	124.116	128.299
100	67.328	74.222	77.929	118.498	124.342	129.561	135.807	140.169

(6) F-분포의 임계값

$$F_{1-\alpha}(m, n)$$

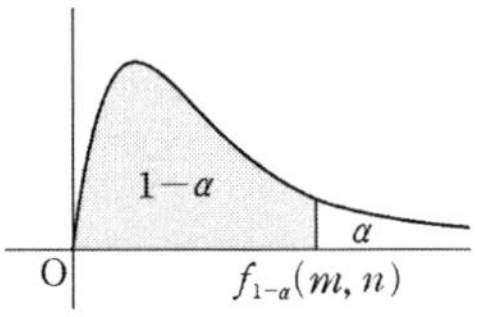

n	$F_{0.995}$								
	m								
	1	2	3	4	5	6	7	8	9
1	16211	20000	21615	22500	23056	23437	23715	23925	24091
2	198.5	190.0	199.2	199.2	199.3	199.3	199.4	199.4	199.4
3	55.55	49.80	47.47	46.19	45.39	44.84	44.43	44.13	44.88
4	31.33	26.28	24.26	23.15	22.46	21.97	21.61	21.35	21.14
5	22.78	18.31	16.53	15.56	14.94	14.51	14.20	13.96	13.77
6	18.63	14.54	12.92	12.03	11.46	11.07	10.79	10.57	10.39
7	16.24	12.40	10.88	10.05	9.52	9.16	8.89	8.68	8.51
8	14.69	11.04	9.60	8.81	8.30	7.95	7.69	7.50	7.34
9	13.61	10.11	8.72	7.96	7.47	7.13	6.68	6.69	6.54
10	12.83	9.43	8.08	7.34	6.87	6.54	6.30	6.12	5.97
11	12.23	8.91	7.60	6.88	6.42	6.10	5.86	5.68	5.54
12	11.75	8.51	7.23	6.52	6.07	5.76	5.52	5.35	5.20
13	11.37	8.19	6.93	6.23	5.79	5.48	5.25	5.08	4.94
14	11.06	7.92	6.68	6.00	5.56	5.26	5.03	4.86	4.72
15	10.80	7.70	6.48	5.80	5.37	5.07	4.85	4.67	4.54
16	10.58	7.51	6.30	5.64	5.21	4.91	4.69	4.52	4.38
17	10.38	7.35	6.16	5.50	5.07	4.78	4.56	4.39	425
18	10.22	7.21	6.03	5.37	4.96	4.66	4.44	4.28	4.14
19	10.07	7.09	5.92	5.27	4.85	4.56	4.34	4.17	4.04
20	9.94	6.99	5.82	5.17	4.76	4.47	4.26	4.09	3.96
21	9.83	6.89	5.73	5.09	4.68	4.39	4.18	4.01	3.88
22	9.73	6.81	5.65	5.02	4.61	4.32	4.11	3.94	3.81
23	9.63	6.73	5.58	4.95	4.54	4.26	4.05	3.88	3.75
24	9.55	6.66	5.52	4.89	4.49	4.20	3.99	3.83	3.69
25	9.48	6.60	5.46	4.84	4.43	4.15	3.94	3.78	3.64
26	9.41	6.54	5.41	4.79	4.38	4.10	3.89	3.73	3.60
27	9.34	6.49	5.36	4.74	4.34	4.06	3.85	3.69	3.56
28	9.28	6.44	5.32	4.70	4.30	4.02	3.81	3.65	3.52
29	9.23	6.40	5.28	4.66	4.26	3.98	3.77	3.61	3.48
30	9.18	6.35	5.24	4.62	4.23	3.95	3.74	3.58	3.45
40	8.83	6.07	4.98	4.37	3.99	3.71	3.51	3.35	3.22
60	8.49	5.79	4.73	4.14	3.76	3.49	3.29	3.13	3.01
120	8.18	5.54	4.50	3.92	3.55	3.28	3.09	2.93	2.81
∞	7.88	5.30	4.28	3.72	3.35	3.09	2.90	2.74	2.62

(6) F-**분포의 임계값** (계속)

n	$F_{0.995}$									
	m									
	10	12	15	20	24	30	40	60	120	∞
1	24224	24426	24630	24836	24940	25044	25148	25253	25359	25465
2	198.4	199.4	199.4	199.4	199.5	199.5	199.5	199.5	199.5	199.5
3	43.69	43.39	43.08	42.78	42.62	42.47	42.31	41.15	44.99	41.83
4	20.97	20.70	20.44	20.17	20.03	19.89	19.75	19.61	19.47	19.32
5	13.62	13.38	13.15	12.90	12.78	12.66	12.53	12.40	12.27	12.14
6	10.25	10.03	9.81	9.59	9.47	9.36	9.24	9.12	9.00	8.88
7	8.38	8.18	7.97	7.75	7.65	7.53	7.42	7.31	7.19	7.08
8	7.21	7.01	6.81	6.61	6.50	6.40	6.29	6.18	6.06	5.95
9	6.42	6.23	6.03	5.83	5.73	5.62	5.52	5.41	5.30	5.19
10	5.85	5.66	5.47	5.27	5.17	5.07	4.97	4.86	4.75	4.64
11	5.42	5.24	5.05	4.86	4.76	4.65	4.55	4.44	4.34	4.23
12	5.09	4.91	4.72	4.53	4.43	4.33	4.23	4.12	4.01	3.90
13	4.82	4.64	4.46	4.27	4.17	4.07	3.97	3.87	3.76	3.65
14	4.60	4.43	4.25	4.06	3.96	3.86	3.76	3.66	3.55	3.44
15	4.42	4.25	4.07	3.88	3.79	3.69	3.58	3.48	3.37	3.26
16	4.27	4.10	3.92	3.73	3.64	3.54	3.44	3.33	3.22	3.11
17	4.14	3.97	3.79	3.61	3.51	3.41	3.31	3.21	3.10	2.98
18	4.03	3.86	3.68	3.50	3.40	3.30	3.20	3.10	2.99	2.87
19	3.93	3.76	3.59	3.40	3.31	3.21	3.11	3.00	2.89	2.78
20	3.85	3.68	3.50	3.32	3.22	3.12	3.02	2.92	2.81	2.69
21	3.77	3.60	3.43	3.24	3.15	3.05	2.95	2.84	2.73	2.61
22	3.70	3.54	3.36	3.18	3.08	2.98	2.88	2.77	2.66	2.55
23	3.64	3.47	3.30	3.12	3.02	2.92	2.82	2.71	2.60	2.48
24	3.59	3.42	3.25	3.06	2.97	2.87	2.77	2.66	2.55	2.43
25	3.54	3.37	3.20	3.01	2.92	2.82	2.72	2.61	2.50	2.38
26	3.49	3.33	3.15	2.97	2.87	2.77	2.67	2.56	2.45	2.33
27	3.45	3.28	3.11	2.93	2.83	2.73	2.63	2.52	2.41	2.29
28	3.41	3.25	3.07	2.89	2.79	2.69	2.59	2.48	2.37	2.25
29	3.38	3.21	3.04	2.86	2.76	2.66	2.56	2.45	2.33	2.21
30	3.34	3.18	3.01	2.82	2.73	2.63	2.52	2.42	2.30	2.18
40	3.12	2.95	2.78	2.60	2.50	2.40	2.30	2.18	2.06	1.93
60	2.90	2.74	2.57	2.39	2.29	2.19	2.08	1.96	1.83	1.69
120	2.71	2.54	2.37	2.19	2.09	1.98	1.87	1.75	1.61	1.43
∞	2.52	2.36	2.19	2.00	1.90	1.79	1.67	1.53	1.36	1.00

(6) F-**분포의 임계값** (계속)

n	$F_{0.99}$								
	m								
	1	2	3	4	5	6	7	8	9
1	4052	4999.5	5403	5625	5764	5859	5928	5981	60.22
2	98.50	99.00	99.17	99.25	99.30	99.33	99.36	99.37	99.39
3	34.12	30.82	29.46	28.71	28.24	27.91	27.67	27.49	27.35
4	21.20	18.00	16.69	15.98	15.52	15.21	14.48	14.80	14.66
5	16.26	13.27	12.06	11.39	10.97	10.67	10.46	10.29	10.16
6	13.75	10.92	9.78	9.15	8.75	8.47	8.26	8.10	7.98
7	12.25	9.55	8.45	7.85	7.46	7.19	6.99	6.84	6.72
8	11.26	8.65	7.59	7.01	6.63	6.37	6.18	6.03	5.91
9	10.56	8.02	6.99	6.42	6.06	5.80	5.61	5.47	5.35
10	10.04	7.56	6.55	5.99	5.64	5.39	5.20	5.06	4.94
11	9.65	7.21	6.22	5.67	5.32	5.07	4.89	4.74	4.63
12	9.33	6.93	6.95	5.41	5.06	4.82	4.64	4.50	4.39
13	9.07	6.70	5.74	5.21	4.86	4.62	4.44	4.30	4.19
14	8.86	6.51	5.56	5.04	4.69	4.46	4.28	4.14	4.03
15	8.68	6.36	5.42	4.89	4.56	4.32	4.14	4.00	3.89
16	8.53	6.23	5.29	4.77	4.44	4.20	4.03	3.89	3.78
17	8.40	6.11	5.18	4.67	4.34	4.10	3.93	3.79	3.68
18	8.29	6.01	5.09	4.58	4.25	4.01	3.84	3.71	3.60
19	8.18	5.93	5.01	4.50	4.17	3.94	3.77	3.63	3.52
20	8.10	5.85	4.94	4.43	4.10	3.87	3.70	3.56	3.46
21	8.02	5.78	4.87	4.37	4.04	3.81	3.64	3.51	3.40
22	7.95	5.72	4.82	4.31	3.99	3.76	3.59	3.45	3.35
23	7.88	5.66	4.76	4.26	3.94	3.71	3.54	3.41	3.30
24	7.82	5.61	4.72	4.22	3.90	3.67	3.50	3.36	3.26
25	7.77	5.57	4.68	4.18	3.85	3.63	3.46	3.32	3.22
26	7.72	5.53	4.64	4.14	3.82	3.59	3.42	3.29	3.18
27	7.68	5.49	4.60	4.11	3.78	3.56	3.39	3.26	3.15
8	7.64	5.45	4.57	4.07	3.75	3.53	3.36	3.23	3.12
29	7.60	5.42	4.54	4.04	3.73	3.50	3.33	3.20	3.09
30	7.56	5.39	4.51	4.02	3.70	3.47	3.30	3.17	3.07
40	7.31	5.18	4.31	3.83	3.51	3.29	3.12	2.99	2.89
60	7.08	4.98	4.13	3.65	3.34	3.12	2.95	2.82	2.72
120	6.85	4.79	3.95	3.48	3.17	2.96	2.79	2.66	2.56
∞	6.63	4.61	3.78	3.32	3.02	2.80	2.64	2.51	2.41

(6) F-**분포의 임계값** (계속)

n	$F_{0.995}$									
	m									
	10	12	15	20	24	30	40	60	120	∞
1	6056	6106	6157	6209	6235	6261	6287	6313	6339	6366
2	99.40	99.42	99.43	99.45	99.46	99.47	99.47	99.48	99.49	99.50
3	27.23	27.05	26.87	26.69	26.60	26.50	26.41	26.32	26.22	26.13
4	14.55	14.37	14.20	14.02	13.93	13.84	13.75	13.65	13.56	13.46
5	10.05	9.89	9.72	9.55	9.47	9.38	9.29	9.20	9.11	9.02
6	7.87	7.72	7.56	7.40	7.31	7.23	7.14	7.06	6.97	6.88
7	6.62	6.47	6.31	6.16	6.07	5.99	5.91	5.82	5.74	5.65
8	5.81	5.67	5.52	5.36	5.28	5.20	5.12	5.03	4.95	4.86
9	5.26	5.11	4.96	4.81	4.73	4.65	4.57	4.48	4.40	4.31
10	4.85	4.71	4.56	4.41	4.33	4.25	4.17	4.08	4.00	3.91
11	4.54	4.40	4.25	4.10	4.02	3.94	3.86	3.78	3.69	3.60
12	4.30	4.16	4.01	3.86	3.78	3.70	3.62	3.54	3.45	3.36
13	4.10	3.96	3.82	3.66	3.59	3.51	3.43	3.34	3.25	3.17
14	3.94	3.80	3.66	3.51	3.43	3.35	3.27	3.18	3.09	3.00
15	3.80	3.67	3.52	3.37	3.29	3.21	3.13	3.05	2.96	2.87
16	3.69	3.55	3.41	3.26	3.18	3.10	3.02	2.93	2.84	2.75
17	3.59	3.46	3.31	3.16	3.08	3.00	2.92	2.83	2.75	2.65
18	3.51	3.37	3.23	3.08	3.00	2.92	2.84	2.75	2.66	2.57
19	3.43	3.30	3.15	3.00	2.92	2.84	2.76	2.67	2.58	2.49
20	3.37	3.23	3.09	2.94	2.86	2.78	2.69	2.61	2.52	2.42
21	3.31	3.17	3.03	2.88	2.80	2.72	2.64	2.55	2.46	2.36
22	3.26	3.12	2.98	2.83	2.75	2.67	2.58	2.50	2.40	2.31
23	3.21	3.07	2.93	2.78	2.70	2.62	2.54	2.45	2.35	2.26
24	3.17	3.03	2.89	2.74	2.66	2.58	2.49	2.40	2.31	2.21
25	3.13	2.99	2.85	2.70	2.62	2.54	2.45	2.36	2.27	2.17
26	3.09	2.96	2.81	2.66	2.58	2.50	2.42	2.33	2.23	2.13
27	3.06	2.93	2.78	2.63	2.55	2.47	2.38	2.29	2.20	2.10
28	3.03	2.90	2.75	2.60	2.52	2.44	2.35	2.26	2.17	2.06
29	3.00	2.87	2.73	2.57	2.49	2.41	2.33	2.23	2.14	2.03
30	2.98	2.84	2.70	2.55	2.47	2.39	2.30	2.21	2.11	2.01
40	2.80	2.00	2.52	2.37	2.20	2.20	2.11	2.02	1.92	1.80
60	2.63	2.50	2.35	2.20	2.12	2.03	1.94	1.84	1.73	1.60
120	2.47	2.34	2.19	2.03	1.95	1.86	1.76	1.66	1.53	1.38
∞	2.32	2.18	2.04	1.88	1.79	1.70	1.59	1.47	1.32	1.00

(6) F-**분포의 임계값** (계속)

n	$F_{0.975}$								
	m								
	1	2	3	4	5	6	7	8	9
1	647.8	799.5	846.2	899.6	921.8	937.1	9782	9567	963.3
2	38.51	39.00	39.17	39.25	39.30	39.33	3936	3937	39.39
3	17.44	16.04	15.44	15.10	14.88	14.73	1462	1454	14.47
4	12.22	10.65	9.98	9.60	9.36	9.20	907	898	8.90
5	10.01	8.43	7.76	7.39	7.15	6.98	685	676	6.68
6	8.81	7.26	6.60	6.23	5.99	5.82	570	560	5.52
7	8.07	6.54	5.89	5.52	5.29	5.12	499	490	4.82
8	7.57	6.06	5.42	5.05	4.82	4.65	453	443	4.36
9	7.21	5.71	5.08	4.72	4.48	4.32	420	410	4.03
10	6.94	5.46	4.83	4.47	4.24	4.07	395	385	3.78
11	6.72	5.26	4.63	4.28	4.04	3.88	376	366	3.59
12	6.55	5.10	4.47	4.12	3.89	3.73	361	351	3.44
13	6.41	4.97	4.35	4.00	3.77	3.60	348	339	3.31
14	6.30	4.86	4.24	3.89	3.66	3.50	338	329	3.21
15	6.20	4.77	4.15	3.80	3.58	3.41	329	320	3.12
16	6.12	4.69	4.08	3.73	3.50	3.34	322	312	3.05
17	6.04	4.62	4.01	3.66	3.44	3.28	316	306	2.98
18	5.98	4.56	3.95	3.61	3.38	3.22	310	301	2.93
19	5.92	4.51	3.90	3.56	3.33	3.17	305	296	2.88
20	5.87	4.46	3.86	3.51	3.29	3.13	301	291	2.84
21	5.83	4.42	3.82	3.48	3.25	3.09	297	287	2.80
22	5.79	4.38	3.78	3.44	3.22	3.05	293	284	2.76
23	5.75	4.35	3.75	3.41	3.18	3.02	290	281	2.73
24	5.72	4.32	3.72	3.38	3.15	2.99	287	278	2.70
25	5.69	4.29	3.69	3.35	3.13	2.97	285	275	2.68
26	5.66	4.27	3.67	3.33	3.10	2.94	282	273	2.65
27	5.63	4.24	3.65	3.31	3.08	2.92	280	271	2.63
8	5.61	4.22	3.63	3.29	3.06	2.90	278	269	2.61
29	5.59	4.20	3.61	3.27	3.04	2.88	276	267	2.59
30	5.57	4.18	3.59	3.25	3.03	2.87	275	265	2.57
40	5.42	4.05	3.46	3.13	2.90	2.74	262	253	2.45
60	5.29	3.93	3.34	3.01	2.79	2.63	251	241	2.33
120	5.19	3.80	3.23	2.89	2.67	2.52	239	230	2.22
∞	5.02	3.69	3.12	2.79	2.57	2.41	229	219	2.11

(6) F-**분포의 임계값** (계속)

n	$F_{0.975}$									
	m									
	10	12	15	20	24	30	40	60	120	∞
1	968.6	976.7	984.9	993.1	997.2	1001	1006	1010	1014	1018
2	39.40	39.41	39.43	39.45	39.46	39.46	39.47	39.48	39.49	39.50
3	14.42	14.34	14.25	14.17	14.12	14.08	14.04	13.99	13.95	13.90
4	8.84	8.75	8.66	8.56	8.51	8.46	8.41	8.36	8.31	8.26
5	6.62	6.52	6.43	6.33	6.28	6.23	6.18	6.12	6.07	6.02
6	5.46	5.37	5.27	5.17	5.12	5.07	5.01	4.96	4.90	4.85
7	4.76	4.67	4.57	4.47	4.42	4.36	4.31	4.25	4.20	4.14
8	4.30	4.20	4.10	4.00	3.95	3.89	3.84	3.78	3.73	3.67
9	3.96	3.87	3.77	3.67	3.61	3.56	3.51	3.45	3.39	3.33
10	3.72	3.62	3.52	3.42	3.37	3.31	3.26	3.20	3.14	3.08
11	3.53	3.43	3.33	3.23	3.17	3.12	3.06	3.00	2.94	2.88
12	3.37	3.28	3.18	3.07	3.02	2.96	2.91	2.85	2.79	2.72
13	3.25	3.15	3.05	2.95	2.87	2.84	2.78	2.72	2.66	2.60
14	3.15	3.05	2.95	2.84	2.79	2.73	2.67	2.61	2.55	2.49
15	3.06	2.93	2.86	2.76	2.70	2.64	2.59	2.52	2.46	2.40
16	2.99	2.89	2.79	2.68	2.63	2.57	2.51	2.45	2.38	2.32
17	2.92	2.82	2.72	2.62	2.56	2.50	2.44	2.38	2.32	2.25
18	2.87	2.77	2.67	2.56	2.50	2.44	2.38	2.32	2.26	2.19
19	2.82	2.72	2.62	2.51	2.45	2.39	2.33	2.27	2.20	2.13
20	2.77	2.68	2.57	2.46	2.41	2.35	2.29	2.22	2.16	2.09
21	2.73	2.64	2.53	2.42	2.37	2.31	2.25	2.18	2.11	2.04
22	2.70	2.60	2.50	2.39	2.33	2.27	2.21	2.14	2.08	2.00
23	2.67	2.57	2.47	2.36	2.30	2.24	2.18	2.11	2.04	1.97
24	2.64	2.54	2.44	2.33	2.27	2.21	2.15	2.08	2.01	1.94
25	2.61	2.51	2.41	2.30	2.24	2.18	2.12	2.05	1.98	1.91
26	2.59	2.49	2.39	2.28	2.22	2.16	2.09	2.03	1.95	1.88
27	2.57	2.47	2.36	2.25	2.19	2.13	2.07	2.00	1.93	1.85
28	2.55	2.45	2.34	2.23	2.17	2.11	2.05	1.98	1.91	1.83
29	2.53	2.43	2.32	2.21	2.15	2.09	2.03	1.96	1.89	1.81
30	2.51	2.41	2.31	2.20	2.14	2.07	2.01	1.94	1.87	1.79
40	2.39	2.29	2.18	2.07	2.01	1.94	1.88	1.80	1.72	1.64
60	2.27	2.17	2.06	1.94	1.88	1.82	1.74	1.67	1.58	1.48
120	2.16	2.05	1.94	1.82	1.76	1.69	1.61	1.53	1.43	1.31
∞	2.05	1.94	1.83	1.71	1.64	1.57	1.48	1.39	1.27	1.00

(6) F-**분포의 임계값** (계속)

n	$F_{0.95}$								
	m								
	1	2	3	4	5	6	7	8	9
1	161.4	199.5	215.7	224.6	230.2	234.0	236.8	238.9	240.5
2	18.51	19.00	19.16	19.25	19.30	19.33	19.35	19.37	19.38
3	10.13	9.55	9.28	9.12	9.01	8.94	8.89	8.85	8.81
4	7.71	6.94	6.59	6.39	6.26	6.16	6.09	6.04	6.00
5	6.61	5.79	5.41	5.19	5.05	4.95	4.88	4.82	4.77
6	5.99	5.14	4.76	4.53	4.39	4.28	4.21	4.15	4.10
7	5.59	4.74	4.35	4.12	3.97	3.87	3.79	3.73	3.68
8	5.32	4.46	4.07	3.84	3.69	3.58	3.50	3.44	3.39
9	5.12	4.26	3.86	3.36	3.48	3.37	3.29	3.23	3.18
10	4.96	4.10	3.71	3.48	3.33	3.22	3.14	3.07	3.02
11	4.84	3.98	3.59	3.36	3.20	3.09	3.01	2.95	2.90
12	4.75	3.89	3.49	3.26	3.11	3.00	2.91	2.85	2.80
13	4.67	3.81	3.41	3.18	3.03	2.92	2.83	2.77	2.71
14	4.60	3.74	3.34	3.11	2.96	2.85	2.76	2.70	2.65
15	4.54	3.68	3.29	3.06	2.90	2.79	2.71	2.64	2.59
16	4.49	3.63	3.24	3.01	2.85	2.74	2.66	2.59	2.54
17	4.45	3.59	3.20	2.96	2.81	2.70	2.61	2.55	2.49
18	4.41	3.55	3.16	2.93	2.77	2.66	2.58	2.51	2.46
19	4.38	3.52	3.13	2.90	2.74	2.63	2.54	2.48	2.42
20	4.35	3.49	3.10	2.87	2.71	2.60	2.51	2.45	2.39
21	4.32	3.47	3.07	2.84	2.68	2.57	2.49	2.42	2.37
22	4.30	3.44	3.05	2.82	2.66	2.55	2.46	2.40	2.34
23	4.28	3.42	3.03	2.80	2.64	2.53	2.44	2.37	2.32
24	4.26	3.40	3.01	2.78	2.62	2.51	2.42	2.36	2.30
25	4.24	3.39	2.99	2.76	2.60	2.49	2.40	2.34	2.28
26	4.23	3.37	2.98	2.74	2.59	2.47	2.39	2.32	2.27
27	4.21	3.35	2.96	2.73	2.57	2.46	2.37	2.31	2.25
8	4.20	3.34	2.95	2.71	2.56	2.45	2.36	2.29	2.24
29	4.18	3.33	2.93	2.70	2.55	2.43	2.35	2.28	2.22
30	4.17	3.32	2.92	2.69	2.53	2.42	2.33	2.27	2.21
40	4.08	3.23	2.84	2.61	2.45	2.34	2.25	2.18	2.12
60	4.00	3.15	2.76	2.53	2.37	2.25	2.17	2.10	2.04
120	3.92	3.07	2.68	2.45	2.29	2.17	2.09	2.02	1.96
∞	3.84	3.00	2.60	2.37	2.21	2.10	2.01	1.94	1.88

(6) F-**분포의 임계값** (계속)

n	$F_{0.95}$									
	m									
	10	12	15	20	24	30	40	60	120	∞
1	241.9	243.9	245.9	248.0	249.1	250.1	251.1	252.2	253.3	254.3
2	19.40	19.41	19.43	19.45	19.45	19.46	19.47	19.48	19.49	19.50
3	8.79	8.74	8.70	8.66	8.64	8.62	8.57	8.57	8.55	8.53
4	5.96	5.91	5.86	5.80	5.77	5.75	5.72	5.69	5.66	5.63
5	4.74	4.68	4.62	4.56	4.53	4.50	4.46	4.43	4.40	4.36
6	4.06	4.00	3.94	3.87	3.84	3.81	3.77	3.74	3.70	3.67
7	3.64	3.57	3.51	3.44	3.41	3.38	3.34	3.30	3.27	3.23
8	3.35	3.28	3.22	3.15	3.12	3.08	3.04	3.01	2.97	2.93
9	3.14	3.07	3.01	2.94	2.90	2.86	2.83	2.79	2.75	2.71
10	2.98	2.91	2.85	2.77	2.74	2.70	2.66	2.62	2.58	2.54
11	2.85	2.79	2.72	2.65	2.61	2.57	2.53	2.49	2.45	2.40
12	2.75	2.69	2.62	2.54	2.51	2.47	2.43	2.38	2.34	2.30
13	2.67	2.60	2.53	2.46	2.42	2.38	2.34	2.30	2.25	2.21
14	2.60	2.53	2.46	2.39	2.35	2.31	2.27	2.22	2.18	2.13
15	2.54	2.48	2.40	2.33	2.29	2.25	2.20	2.16	2.11	2.07
16	2.49	2.42	2.35	2.28	2.24	2.19	2.15	2.11	2.06	2.01
17	2.45	2.38	2.31	2.23	2.19	2.15	2.10	2.06	2.01	1.96
18	2.41	2.34	2.27	2.19	2.15	2.11	2.06	2.02	1.97	1.92
19	2.38	2.31	2.23	2.16	2.11	2.07	2.03	1.98	1.93	1.88
20	2.35	2.28	2.20	2.12	2.08	2.04	1.99	1.95	1.90	1.84
21	2.32	2.25	2.18	2.10	2.05	2.01	1.96	1.92	1.87	1.81
22	2.30	2.23	2.15	2.07	2.03	1.98	1.94	1.89	1.84	1.78
23	2.27	2.20	2.13	2.05	2.01	1.96	1.91	1.80	1.81	1.76
24	2.25	2.18	2.11	2.03	1.98	1.94	1.89	1.84	1.79	1.73
25	2.24	2.16	2.09	2.01	1.96	1.92	1.87	1.82	1.77	1.71
26	2.22	2.15	2.07	1.99	1.95	1.90	1.85	1.80	1.75	1.69
27	2.20	2.13	206	1.97	1.93	1.88	1.84	1.79	1.73	1.67
28	2.19	2.12	2.04	1.96	1.91	1.87	1.82	1.77	1.71	1.65
29	2.18	2.10	2.03	1.94	1.90	1.85	1.81	1.75	1.70	1.64
30	2.16	2.09	2.01	1.93	1.89	1.84	1.79	1.74	1.68	1.62
40	2.08	2.00	1.92	1.84	1.79	1.74	1.60	1.64	1.58	1.51
60	1.99	1.92	1.84	1.75	1.70	1.65	1.59	1.53	1.47	1.39
120	1.91	1.83	1.75	1.66	1.61	1.55	1.50	1.43	1.35	1.25
∞	1.83	1.75	1.67	1.57	1.52	1.46	1.39	1.32	1.22	1.00

(7) 최소유의 표준범위

$$r_{\alpha}(p, d)$$

α	0.01					0.05				
d \ p	2	3	4	5	6	2	3	4	5	6
1	90.03	90.03	90.03	90.03	90.03	17.97	17.97	17.97	17.97	17.97
2	14.04	14.04	14.04	14.04	14.04	6.085	6.085	6.085	6.085	6.85
3	8.261	8.321	8.321	8.321	8.321	4.501	4.516	4.516	4.516	4.516
4	6.512	6.667	6.740	6.756	6.756	3.927	4.013	4.033	4.033	4.033
5	5.702	5.893	5.898	6.040	6.065	3.635	3.749	3.797	3.814	3.814
6	5.243	5.439	5.549	5.614	5.655	3.461	3.587	3.469	3.680	3.694
7	4.949	5.145	5.260	5.334	5.383	3.344	3.477	3.548	3.588	3.611
8	4.746	4.939	5.057	5.135	5.189	3.261	3.399	3.475	3.521	3.549
9	4.596	4.789	4.906	4.986	5.043	3.199	3.399	3.420	3.470	3.502
10	4.482	4.671	4.790	4.871	4.931	3.151	3.293	3.376	3.430	3.465
11	4.392	4.579	4.697	4.780	4.841	3.113	3.256	3.342	3.397	3.435
12	4.320	4.504	4.622	4.706	4.767	3.082	3.225	3.313	3.370	3.410
13	4.260	4.442	4.560	4.644	4.706	3.055	3.200	3.289	3.348	3.389
14	4.210	4.391	4.508	4.591	4.654	3.033	3.178	3.268	3.329	3.372
15	4.168	4.347	4.463	4.547	4.610	3.014	3.160	3.250	3.312	3.356
16	4.131	4.309	4.425	4.509	4.572	2.995	3.144	3.235	3.298	3.343
17	4.099	4.275	4.391	4.475	4.539	2.984	3.130	3.222	3.285	3.331
18	4.071	4.246	4.362	4.445	4.509	2.971	3.118	3.210	3.274	3.321
19	4.046	4.220	4.335	4.419	4.483	2.960	3.107	3.199	3.264	3.311
20	4.024	4.197	4.312	4.395	4.459	2.950	3.097	3.190	3.255	3.303
24	3.956	4.126	4.239	4.322	4.384	2.919	3.066	3.160	3.226	3.276
30	2.889	4.506	4.168	4.250	4.314	2.888	3.035	3.131	3.199	3.250
40	3.825	3.988	4.098	4.180	4.244	2.858	3.006	3.102	3.171	3.224
60	3.762	3.922	4.031	4.111	4.174	2.829	2.976	3.073	4.143	3.198
120	3.702	3.858	3.965	4.044	4.107	2.800	2.947	3.045	3.116	3.172
∞	3.643	3.796	3.900	3.978	4.040	2.772	2.918	3.017	3.089	3.146

이 표는 참고문헌 [24]의 방법에 의하여 계산되었음.

(8) **계산을 돕는 SAS 프로그램**

아래 SAS 프로그램은 앞에 주어진 표준확률분포, 즉 이항분포, 푸아송분포, 정규분포, t-분포, 카이-제곱분포, F-분포의 확률을 정확하게 계산하는 데 도움이 된다.

[1] Pr$=\sum_{x=0}^{k} b(x;\ n, p)$의 계산	[2] Pr$=\sum_{x=0}^{k} \frac{m^x e^{-m}}{x!}$의 계산

DATA Binomial;
p=0.3;
n=10;
k=7;
Pr=PROBBNML(p,n,k);
PROC PRINT;
RUN;
	DATA Poission;
	m=10;
	k=5;
	Pr=POISSON(m,k);
	PROC PRINT;
	RUN;

[3] $Z \sim N(0, 1)$에서, Pr$=P[Z \le z]=\int_{-\infty}^{\infty} \phi(z)dz$의 계산	[4] $X \sim N(\mu, \sigma^2)$에서, 주어진 x에 대하여, Pr$=P[X \le x](=\int_{-\infty}^{\infty} n(x;\ \mu, \sigma^2)dx)$의 계산

DATA StandardNormal;
z=2.05;
Pr=PROBNORM(z);
PROC PRINT;
RUN;
	DATA Normal;
	mu=25;
	sigma=5;
	x=30;
	z=(x-mu)/sigma;
	Pr=PROBNORM(z);
	PROC PRINT;
	RUN;

[5] $X \sim N(\mu, \sigma^2)$에서, 주어진 Pr$=P[X \le x]$에 대한 x 찾기	[6] $X \sim t(p)$에서, 주어진 x값에 대한 확률 Pr$=P[X \le x]$의 계산

DATA InverseNormal;
mu=25;
sigma=5;
pr=0.84134;
z=PROBIT(pr);
x=mu+sigma*z;
PROC PRINT;
RUN;
	DATA T;
	p=10;
	x=2.228;
	Pr=PROBT(x,p);
	PROC PRINT;
	RUN;

[7] $X \sim t(p)$에서, 주어진 확률 Pr$=P[X \le x]$에 대한 x값 찾기	[8] $X \sim \chi^2(p)$에서, 주어진 x값에 대한 확률 Pr$=P[X \le x]$의 계산

DATA InverseT;
p=5;
Pr=0.975;
x=TINV(Pr,df);
PROC PRINT;
RUN;
	DATA Chisquare;
	p=10;
	x=18.3;
	Pr=PROBCHI(x,p);
	PROC PRINT;
	RUN;

<table>
<tr><th>[9] $X \sim \chi^2(p)$에서, 주어진 확률
Pr$= P[X \le x]$에 대한 x값 찾기</th><th>[10] $X \sim F(m, n)$에서, 주어진 x값에 대한 확률
Pr$= P[F \le f]$의 계산</th></tr>
<tr><td>DATA InverseChi;
p=10;
Pr=0.95;
x=CINV(Pr,df);
PROC PRINT;
RUN;</td><td>DATA F;
m=8;
n=5;
x=10.29;
Pr=PROBF(x,m,n);
PROC PRINT;
RUN;</td></tr>
<tr><th colspan="2">[11] $X \sim F(m, n)$에서, 주어진 확률 Pr$= P[F \le x]$에 대한 x값 찾기</th></tr>
<tr><td colspan="2">DATA InverseF;
m=8;
n=5;
Pr=0.99;
x=FINV(Pr, df1, df2);
PROC PRINT;
RUN;</td></tr>
</table>

B. SAS 프로그램

SAS의 목적

SAS(Statistical Analysis System)는 통계자료의 분석을 위한 컴퓨터 소프트웨어 시스템의 하나로 기존의 프로그램언어, 통계 프로그램, 그래픽 패키지 또는 유틸리티 프로그램 등을 배우지 않고도, 통계적 자료분석을 위한 '자료의 관리', '분석의 수행', '결과의 요약' 등을 총괄적으로 수행할 수 있는 통계패키지이다.

SAS 시스템은 여러 연산시스템(operation system)을 통하여 메인프레임, 미니컴퓨터, 개인용컴퓨터 등에서 다각적으로 이용될 수 있다. SAS 시스템은 Base SAS 소프트웨어를 기본으로 하고, 여기에 통계분석, 그래픽, 예측, 자료등록, 연산연구, 품질관리, 행렬계산, 자료기조운영 등의 기능을 갖는 여러 소프트웨어가 추가되어 있다.

SAS 시스템은 거의 모든 통계적 방법들을 포함하고 있으며, 입력과 편집 그리고 계산에 있어서 대형 자료를 처리할 수 있는 능력을 갖추고 있다. 또 이 시스템은 프로그램의 언어와 문법 그리고 시스템 파일 등에 있어서 다른 패키지와 공유하는 장점을 갖는다.

SAS의 기능

SAS 시스템에서 갖추고 있는 소프트웨어와 그 기능은 다음과 같다.

Base SAS **소프트웨어**: 시스템의 기본적 기능을 지원하는 소프트웨어. 정보의 저장과 수정, 자료의 변경, 기본 프로그램들의 수행, 기술통계의 계산, 결과의 보고 등을 수행.

SAS/STAT **소프트웨어**: 다양한 통계분석(statistical analysis)을 수행

SAS/ETS **소프트웨어**: 계량경제 및 시계열(econometrics and time series)의 분석을 지원

SAS/QC **소프트웨어**: 품질관리(quality control)를 지원

SAS/OR **소프트웨어**: 운영연구(operations research)기능을 지원

SAS/IML **소프트웨어**: 대화식 행렬언어(interactive matrix language)기능의 지원

SAS/GRAPH **소프트웨어**: 그래프(graph)기능을 지원

SAS/AF **소프트웨어**: 애플리케이션 개발을 지원

SAS 프로그램의 구성

통계 소프트웨어로써 SAS 시스템의 자료분석에 대한 절차는 기본적으로 일반적인 통계분석의 절차와 같다. 수집된 자료를 정리하고, 이 자료의 분석을 수행하며, 또 분석결과를 정리하고 해석한다. SAS 프로그램도 같은 기능들을 수행한다.

따라서 SAS 시스템에서는 먼저 분석할 자료를 받아들여 이것을 하나의 파일로 저장한다. 이것을 'SAS 자료집합(dataset)'이라 한다. 다음은 작성된 자료집합을 지정된 통계적 방법에 의해 분석을 수행한다. 따라서 SAS 프로그램의 활동은 크게 '자료단계(DATA step)'와 '수행단계(PROCEDURE step)'로 구성된다. 자료단계에서는 SAS 데이터나 원 자료(raw data)를 읽고 이것을 변환하며 또 필요하면 새 변수를 만든다. 수행단계는 주어진 자료를 분석하고 그 결과를 보고한다.

이에 따라, 모든 SAS 프로그램은 크게 '자료명제(DATA statement)'와 '수행명제(PROC statement)'로 구성된다. 자료명제와 수행명제를 각각 간단히 자료문, 수행문이라고도 한다. 자료명제는 SAS 프로그램에게 처리해야 할 자료의 위치, 읽는 방법, 새 변수 등을 알려주는 명제들로 구성된다. 또 수행명제는 수행하여야 할 통계분석의 종류 등을 구체적으로 지시하는 명제들로 구성된다.

SAS 패키지가 자료를 분석하는 첫 단계는 자료를 읽고 이것을 'SAS 자료집합'에 넘기는 것이다. 자료단계라고 하는 이 일은 자료집합에 이름을 붙이는 자료명제(DATA statement)와 자료의 배열을 기술하는 입력명제(INPUT statement), 그리고 자료의 시작과 끝을 알리는 라인명제(LINE statement) 등으로 이루어진다. SAS 명제는 어떤 열에서나 시작할 수는 있으나 반드시 semicolon(;)으로 끝나게 된다.

다음 SAS 프로그램은 SAS 작업의 순서를 설명하기 위해 제시한 간단한 예이다.

상자안의 프로그램에서, 가로줄로 분리시킨 프로그램의 세 부분은 각각 서로 다른 기능을 갖는다. 첫 번째 부분은 작업제어언어(Job Control Language: JCL)라인으로, SAS가 메인프레임의 중·대형 컴퓨터에서 사용될 때 그 시스템에 맞게 조절하는 역할을 한다. 이 라인은 형식은 컴퓨터의 기종과 운영체계(operating system: OS)에 따라 다르지만 반드시 두 개의 슬래시(slash) '//'로 시작한다. 개인 컴퓨터(PC)에서는 프로그램을 이미 SAS안에서 시작하기 때문에 이 부분은 필요치 않다. 두 번째 부분은 SAS작업의 첫 단계인 자료단계를 나타낸다. 처리해야 할 자료의 위치, 읽는 방법 등을 설명하고 자료를 읽어 자료집합을 만들도록 한다. 또 필요하면 여기서 새 변수를 정의한다. 다음 세 번째 부분은 처리해야 할 자료 전체를 나타낸다. 그리고 마지막 부분은 자료 분석을 수행하고 그 결과를 보고한다.

SAS 프로그램은 두 가지 형태의 결과를 만들어 낸다. Log와 Output의 파일이다. 먼저 Log는 말 그대로 프로그램 수행이 성공적인지 아닌지를 설명하는 '수행일지'라 할 수 있다. 입력된 프로그램을 포함하여 그 프로그램에 대한 SAS의 반응을 모두 기술한다. 각 수행명제(수행문)에 대한 처리시간은 물론, 자료의 수, 잘못된 문장, 정의되지 않은 변수, 결측 자료의 존재 그리고 문장의 논리적인 모순 등 프로그램에 존재하는 모든 오류들을 지적한다. 이에 반하여, SAS 프로그램의 Output은 수행명제에 의하여 만들어진 프로그램의 분석 결과를 말한다. 여러 통계량들의 계산, 분석의 결과표와 그림, 행렬과 같은 여러 연산의 결과 등을 보여준다. 프로그램에 오류가 있는 경우 Output파일이 생기지 않을 수 있다. 따라서 분석의 결과인 Output을 보기 전에 Log를 통해 프로그램 수행에서 나타나는 문제점을 먼저 확인하는 것이 순서이다.

참고 B.1

(1) 자료명제에 주어지는 자료집합의 이름은 한 단어로 8자를 넘지 않도록 한다. 이름의 첫 자리만은 숫자를 피해 문자를 사용한다. 자료집합의 이름(예컨대, RECORD)은

DATA RECORD ;

와 같이 SAS keyword인 DATA 뒤에 또 같은 줄에 오도록 한다.

(2) 입력명제는 변수들의 이름을 붙여 주고, 자료 줄에 나타날 이 변수들의 순서를 정해준다. 변수들의 이름은 작성자가 임의로 정할 수 있지만 자료집합에서와 같은 기본원칙을 따른다.

(3) 라인명제는 입력명제 다음에는 따라 오는 명제로

LINES ;

은 뒤에 곧 자료가 따라옴을 알린다. 뒤에 오는 자료는 한 줄에 한 값만을 쓰고 semicolon(;) 자료가 끝남을 알린다.

수행명제는 SAS의 key word인 PROC로 시작하여 수행이 요구되는 분석의 이름, 예컨대

PRINT, PLOT, MEANS, CHART, UNIVARIATE, ···, NLIN, ANOVA

등 필요한 분석을 표시해 준다. 예를 들면, PROC MEANS는 주어진 자료의

MEAN(평균), VAR(분산), STD(표준편차), RANGE(범위), MAX(최댓값), MIN(최솟값), SUM(합), STDERR(평균의 표준오차), USS(제곱합), N(표본크기)

등을 포함하여 거의 모든 표본통계량을 계산한다. 그러나

```
PROC MEANS MAXDEC=n MEAN VAR STD RANGE MAX MIN
SUM USS N;
```

와 같이 표시하여 필요한 통계량만을 요구한다. 여기서 MAXDEC=n는 결과를 프린트하는 소수점의 자리수를 나타내며, n은 0에서 8까지 지정하는 정수를 말한다.

```
//EXAMPLE JOB ACCT,NAME
// EXEC SAS
```

```
DATA RECORD;
INPUT NAME $ 1-6 NUMBER 8-15 SEX $ 17
      AGE 19-20 HEIGHT 22-24 WEIGHT 26-27 ;
LINES;
```

```
이지현 20110137 F 29 157 50
정지윤 10110361 F 24 168 57
권기현 10110344 M 27 169 62
김미경 10110347 F 23 158 45
김준형 29910221 M 30 176 72
성나영 10010323 F 24 162 43
신기루 10110354 F 23 155 45
윤은경 10110356 F 23 158 48
이승현 10111363 F 24 166 50
조숙정 10110362 F 23 158 47
최진숙 10010319 F 26 163 48
추미나 10110364 F 27 165 47
김  숙 10010309 F 23 163 48
임정훈 19710485 M 27 175 79
;
```

```
PROC PRINT;
PROC TABULATE; CLASS SEX; TABLE SEX;
PROC PLOT;
PLOT HEIGHT*WEIGHT=SEX;
PROC CORR; VAR HEIGHT WEIGHT;
RUN;
```

[SAS 프로그램 1]

해설용

```
DATA DATA1;                          /* 자료집합의 이름 */
INPUT VALUE;                         /* 변수의 이름 */
LINES ;                              /* 자료 줄의 시작을 알림 */
    68
    63
    42
    27
    ⋮                                /* 자료의 생략 */
    28
    ;                                /* 자료의 끝을 알림 */
TITLE1 DATA ANALYSIS;                /* 출력에 쓰는 첫째 제목 */
```

```
TITLE2 AIR POLLUTION DATA;                                /* 출력에 쓰는 둘째 제목 */
                                                          % (제목은 최대 132문자까지 사용)
PROC MEANS MAXDEC=2 MEAN VAR STD RANGE
                              MAX MIN SUM USS N;
PROC CHART ; VBAR VALUE/TYPE=PERCENT ;
[PROC CHART; HBAR VALUE/MIDPOINTS=14.5 24.5 34.5 44.5 54.5 64.5;
RUN;
```

참고 B.2

위 SAS 프로그램에서 꼭 필요한 SAS 고유언어(SAS keyword)는 굵은 글씨로, 그리고 작성자가 임의로 정할 수 있는 변수나 자료집합의 이름은 가는 글씨로 구별하였다. 앞으로는 SAS 고유언어를 대문자로 그리고 임의로 바꿀 수 있는 변수나 이름은 소문자로 쓰기로 한다(단, 변수가 벡터나 행렬 등 특별한 경우에는 예외). 또 여기서 사용되는 언어는 8자이내의 연속되는 (영어)알파벳, (아라비아)숫자 또는 밑줄(_) 등으로 구성된다. 다만 아라비아 숫자는 맨 앞에 오지 않는다. 또 SAS 문장은 세미콜론(semicolon)' ; '으로 끝을 맺는다.

참고 B.3

SAS 프로그램에서 제목명제(TITLEn)의 위치는 정해져 있지 않고 어느 위치에서나 같은 결과를 만든다.

참고 B.4

위 프로그램 1에서 /*와 */사이 문장은 프로그램에 전혀 영향을 주지 않는 주석이나 설명문을 밀힌다.

참고 B.5

PROC MEANS은 선택된 변수에 대한 평균, 표준편차, 최댓값, 최솟값, 첨도, 왜도 등을 포함한 각종 통계량들을 계산하며, 모평균 모분의 신뢰구간, 모평균의 가설검정 등을 수행한다. 또 PROC CHART에서는 수평과 수직의 히스토그램, 3차원 히스토그램, 원형그래프(pie chart) 등이 선택에 따라 만들어진다.

[SAS 프로그램 2]

자료명제와 수행명제, 새 변수도입
여러 가지 통계량, 모평균과 모분산의 신뢰구간,
가설검정 : "$H_0 : \mu = \mu_o$"
PROC MEAMS ;

```
DATA data2 ;
INPUT T @@;
C_T = T − μ_o ;                                          /* 새 변수 C_T = T − μ_o를 정의 */
                                                         /* μ_o는 가설에서 주어진 상수 */
LINES ;
11.6  13.1  13.3  4.4
6.3  3.9  …  10.8  ;
PROC MEANS MEAN VAR STD STDERR MAXDEC=3; VAR T ;
              /* T의 평균, 분산, 표준편차, 평균의 표준오차만을 소수점 셋째 자리까지 계산 */
PROC MEANS T PRT MAXDEC=3; VAR C_T ;
```

참고 B.6

위 $C_T = T - \mu_o$에서의 μ_o는 정해진 상수이다. SAS는 수치나 수치로 정의된 변수만을 읽을 수 있음을 유의할 필요가 있다.

참고 B.7

SAS에서 주어지는 P-값은 항상 양측검정의 P-값을 표시해 준다. 따라서 단측검정을 위해서는 표시된 값의 절반을 사용해야 한다.

[SAS 프로그램 3]

자료명제와 수행명제, 출력제목, 여러 통계량의 계산, 정규성 검정
PROC UNIVARIATE ;

```
DATA data3 ;
INPUT distance ;
LINES ;
16.3
15.5
14.6
14.5
  .                                                      /* 결측값의 표시 */
13.9
  ⋮
```

```
16.8
;
PROC UNIVARIATE PLOT NORMAL;
                    /* 각 변수에 대한 다양한 통계량들, 줄기와 잎 그림, 상자그림 등, 정규확률 그림 추가 */
TITLE1 TEST;
TITLE2 FOR;
TITLE3 NORMALITY;
```

참고 B.8

위 프로그램 2에서, 자료값 4.4와 3.9 사이에 있는 점 (·)은 자료의 결측값(missing value)을 나타낸다. 결측값이 있는 경우 이것을 표시해 주지 않으면 오류가 나오거나, 또는 프로그램에 따라서는 다른 결과가 나올 수 있다.

[SAS 프로그램 4]

입력과 출력의 형식 : 라벨명제

PROC MEANS; PROC UNIVARIATE;

```
DATA data4;
INPUT n 1-3 sex 4 age 5-6 mar 7 edu 8;
LINES;
00111811
00222224
00322543
  ⋮
10013432
;
PROC MEANS MAXDEC=2;
     VAR age;
PROC FREQ;
     TABLES sex mar edu;
RUN;
```

참고 B.9

프로그램 4에서

INPUT n 1-3 sex 4 age 5-6 mar 7 edu 8;

는 변수명 n(번호), sex(성별), age(나이), mar(결혼상태), edu(교육수준)가 각각 1-3열, 4열, 5-6열, 7열, 8열에 주어졌음을 말한다. 따라서 첫 자료 00111811은

n=001,   sex=1,   age=18,   mar=1,   edu=1

이고, 또 여기서

sex=1, 2를 각각 '남성'과 '여성'

mar=1, 2, 3, 4를 각각 '미혼', '결혼', '미망', '이혼'

edu=1, 2, 3, 4를 각각 '국졸이하', '중졸', '고졸', '대졸이상'

으로 정의할 때, 자료 00111811은 번호가 1이고, 국졸이하의 학력으로, 미혼이며, 나이는 18세인 사람을 말한다.

참고 B.10

위 프로그램에서 변수 'edu'이나 'mar'의 의미를 더 확실히 설명하려면 다음과 같이 LABEL명제를 이용하여 그것들을 영문이나 한글로 설명할 수 있다. 사용할 수 있는 글자의 최대 수는 40자이다.

출력에서 LABEL명제의 이용

```
DATA data4;
INPUT n 1-3 sex 4 age 5-6 mar 7 edu 8;
LABLE mar='MARITAL STATUS'
      edu='EDUCATION LEVEL'
LINES;
00111811
00222224
00322543
  ⋮
10013432
;
PROC MEANS MAXDEC=2;
   VAR age;
PROC FREQ;
   TABLES sex mar edu;
```

참고 B.11

위 프로그램의 출력에서, '학력'이나 '결혼'에서와 같이 변수의 상태를 1, 2, 3, 4와 같은 수로 표시된 것을 지정된 호칭이나 말로 바꾸려 할 때는 다음과 같이 VALUE LABEL명제를 이용한다.

출력에서 VALUE LABEL명제 이용

```
PROC FORMAT;
VALUE SEXFMT 1='MALE' 2='FEMALE';
VALUE MARFMT 1='SINGLE' 2='MARRIED'
        3='WIDOWED' 4='DIVORCED';
VALUE EDUFMT 1='ELEMENTARY SCHOOL OR LESS'
        2='MIDDLE SCHOOL'
        3='HIGHT SCHOOL'
        4='FOUR YR COLLEGE'
 ;
DATA data4;
INPUT n 1-3 sex 4 age 5-6 mar 7 edu 8;
LABLE mar='MARITAL STATUS'
       edu='EDUCATION LEVEL'
LINES;
00111811
00222224
00322543
  ⋮
10013432
 ;
PROC MEANS MAXDEC=2;
      VAR age;
PROC FREQ;
      TABLES sex mar edu;
```

[SAS 프로그램 5]

자료의 입력과 출력 : INFILE명제 사용
PROC MEANS; PROC FREQ; TABLES;

```
DATA data5;
INPUT N age sex ans1-ans5;
LINES;
001 21 0 1 3 2 4 3
002 19 1 2 2 1 2 1
003 25 0 2 3 5 5 4
004 24 1 3 3 3 3 3
          ⋮
050 18 1 4 2 4 3 2
 ;
PROC MEANS; VAR age;
                    /* 변수 age의 평균, 표준편차, 최댓값, 최솟값, 범위, 합, 표준오차 등 여러 통계량들*/
PROC FREQ;
                    /* 각 변수에 대한 변동계수, 왜도, 첨도, 가설 $H_0 : \mu = \mu_o$의 $t$-검정, $P$-값 */
TABLES sex ans1-ans5;
                    /* 확률표, $\chi^2$-통계량 */
RUN;
TITLE 'HOMEWORK';
```

참고 B.12 INFILE명제 사용

SAS 프로그램에서 사용될 자료집합의 저장위치가 SAS의 외부(드라이브 C나 A의 파일)이거나 또는 SAS내에서도 별도의 장소에 있는 경우에는 프로그램에서 입력작업을 생략할 수 있다. 이 경우 자료집합의 이름을 표시하는 DATA명제와 변수의 이름을 표시하는 INPUT명제 사이에

INFILE 'A:₩data1.dat';

또는, 예컨대 SAS안 MYFILE안에 data1.dat의 이름으로 저장되어 있으면

INFILE 'C:₩SAS₩mydata₩data1.dat';

등의 infile명제를 넣어 직접 불러온다. 이때 LINES;으로 시작하여 ;으로 끝나는 자료의 입력부분은 다음과 같이 생략한다. 외부에서 작성된 자료는 아스키(ASCII)로 작성한다.

INFILE 명제 : 외부 자료파일 이용

```
DATA data4;
INFILE 'a:₩data1.dat';
INPUT n age sex ans1-ans5;
PROC MEANS;
TITLE 'HOMEWORK';
VAR age;
PROC FREQ;
TABLES sex ans1-ans5;
```

[SAS 프로그램 6]

입력자료의 형식 ; VALUE, FORMAT의 도입
PROC MEANS; PROC FREQ;

```
PROC FORMAT;
VALUE SEX 1='MALE' 0='FEMALE';
DATA data6;
INPUT id age sex ans1-ans5;
FORMAT sex sex.;
LINES;
001 21 0 1 3 2 4 3
002 19 1 2 2 1 2 1
003 25 0 2 3 5 5 4
004 24 1 3 3 3 3 3
      ⋮
050 18 1 4 2 4 3 2
 ;
PROC MEANS;
VAR age;
PROC FREQ;
TABLES sex ans1-ans5;
```

[SAS 프로그램 7]

자료의 그룹화 : IF명제의 사용
PROC MEANS; PROC FREQ;

```
DATA data7;
INPUT id age sex ans1-ans5;
IF 0 LE age LE 25 THEN AGEGRP='0 To 25'
ELSE IF age LE 26 LE 50 THEN AGEGRP='25 TO 50';
ELSE IF age GE 51 THEN AGEGRP='OVER 50';
FORMAT age sex;
LINES;
001 21 0 1 3 2 4 3
002 19 1 2 2 1 2 1
003 25 0 2 3 5 5 4
004 24 1 3 3 3 3 3
        ⋮
050 45 1 4 2 4 3 2
;
PROC MEANS;
VAR age;
PROC FREQ;
TABLES sex ans1-ans5;
RUN;
```

참고 B.13

위 프로그램에서 [IF … THEN … ELSE]의 명제는 주어진 조건에 맞는 경우만 수행하도록 하는 기능을 갖는다.

[SAS 프로그램 8]

자료의 세로병합(SET)와 가로병합(MERGE)

```
DATA first;                                          /* 자료집합을 first으로 명명 */
INPUT number name $ score sex $ age grade $;
                        /* $는 이 기호 앞의 변수 name과 sex, grade가 수가 아님을 의미 */
LINES;
1 KIM1 90 M 21 A-
2 LEE1 99 F 22 A+
        ⋮
20 KIM2 90 F 21 A-
RUN;
DATA second;                                     /* 새 자료집합을 second로 명명 */
INPUT number name $ score sex $ age grade $;
LINES;
21 LEE2 99 M 22 A+
22 NAM 92 F 22 A-
```

```
        ⋮
30 MIN 88 M 20 B+
RUN;
DATA third;                                    /* 또 다른 자료집합을 third로 명명 */
INPUT number height weight;
LINES;
1 177 67
2 164 45
  ⋮
20 159 44
21 172 62
22 169 56
  ⋮
30 180 77
RUN;
DATA forth;
SET first second;
RUN;
PROC PRINT DATA=forth;
RUN;
DATA fifth;
MERGE forth third ;
BY number;
RUN;
PROC PRINT DATA=fifth;
RUN;
```

참고 B.14 위 프로그램에서 명제

'SET first second;'

는 두 자료집합 'first'과 'second'를 상하로, 즉 세로로 합하고 이 자료집합을 'third'라 하였다. 이때의 결과는 다음과 같다.

No.	NAME	SCORE	SEX	AGE	GRADE
1	KIM1	90	M	21	A^-
2	LEE1	99	F	22	A^+
⋮	⋮	⋮		⋮	
20	KIM2	90	F	21	A^-
21	LEE2	99	M	22	A^+
22	NAM	92	F	22	A^-
⋮	⋮	⋮		⋮	
30	MIN	88	M	20	B^+

이에 비하여, 명제

'MERGE forth third;'

n는 새 자료집합 'forth'와 'third'를 좌우로 합치고 이 자료집합을 'fifth'라 하였다. 이때의 결과는 다음과 같다.

No.	NAME	SCORE	SEX	AGE	GRADE	HEIGHT	WEIGHT
1	KIM1	90	M	21	A^-	177	67
2	LEE1	99	F	22	A^+	164	45
⋮	⋮	⋮		⋮		⋮	
20	KIM2	90	F	21	A^-	159	44
21	LEE2	99	M	22	A^+	172	62
22	NAM	92	F	22	A^-	169	56
⋮	⋮	⋮		⋮		⋮	
30	MIN	88	M	20	B^+	180	77

참고 B.15 SET명제와 MERGE명제

SET명제가 SAS내에서 만들어진 기존의 두 자료집합을 세로로 연결하여 새 자료집합을 만든다면, MERGE명제는 SAS내의 두 자료집합을 가로로 연결하여 결국 첫 번째 자료에 새로운 변수를 가로로 추가하는 기능을 갖게 된다. 만약 각 자료집합이 번호(NO)에 의하여 내림(또는 오림) 순으로 배열되어 있지 않을 때에는 MERGE를 수행하기에 앞서 각 자료집합을 다음과 같이 먼저 PROC SORT에 의하여 재배열해야 한다.

```
PROC SORT DATA=third;
BY number;
PROC SORT DATA=forth;
BY number;
RUN;
   DATA fifth;
   MERGE forth third;
   RUN;
     ⋮
```

[SAS 프로그램 9]

자료의 정렬, 두 자료의 병합
PROC SORT; PROC MERGE;

```
DATA first;
INPUT no sex $ age height weight;
                                        /* $는 이 기호 앞의 변수 sex가 수가 아님을 알림 */
LINES;
001 M 21 175 75
002 M 20 178 76
     ⋮
100 F 19 168 65
```

```
;
DATA second;                                   /*  새 자료집합을 second로 명명 */
INPUT no math stat;
LINES;
005 89 94
002 93 93
      ⋮
099 77 95
;
PROC SORT DATA=scond; BY no;                   /* 자료집합 scond을 no로 정렬*/
RUN;
DATA third;
MERGE first second; BY no;                     /* 자료 first과 second를 no에 의하여 가로병합*/
RUN;
```

참고 B.16

위 프로그램에서

PROC SORT DATA=first; BY no;

는 주어진 자료집합 first를 다시 score에 의하여 다시 정렬(또는 분류)함을 말한다. 특히

PROC SORT DATA=first OUT=new;
BY DESCENDING age ASCENGDING weight
ASCENGDING height;

라 하면 자료집합 first를 재 분류하여 그 결과를 new라는 새 자료집합에 저장함을 뜻한다. 이때 나이는 내림차순으로, 키와 몸무게는 오름차수로 정렬한다.

[SAS 프로그램 10]

DO와 END명제

```
DATA;
DO X=1 TO 100;
Y=X**2;
Z=X+Y;
OUTPUT;
END;
PRINT X Y Z;
RUN;
          /* DO명제는 다음에 따라오는 명제를 대응하는 END명제가 나올 때 까지 수행한다. */
```

[SAS 프로그램 11]

정규분포의 확률계산: $\int_{x_1}^{x_2} n(x;\ \mu,\ \sigma^2)dx$

```
OPTION NODATE NONUMBER NOCENTER PS=30;
                /* 출력에 날짜와 페이지 생략, 인쇄는 왼쪽부터, 한 페이지에 30줄로 제한 */
DATA data10;
mu=25;                                  /* μ=25 */
sigma=5;                                /* σ=5 */
x1=20;                                  /* x1=20 */
x2=26;                                  /* x2=26 */
z1=ABS(x1-mu)/sigma;                    /* z1=|x1-μ|/σ 를 계산*/
z2=ABS(x2-mu)/sigma;                    /* z2=|x2-μ|/σ 를 계산*/
pr1=PROBNORM(z1);                       /* P[Z<z1]를 계산*/
pr2=PROBNORM(z2);                       /* P[Z<z2]를 계산*/
pr=pr2-pr1;                             /* P[z1<Z<z2]를 계산*/
RUN;
PROC PRINT NOOBS; VAR pr;               /* 입력된 자료는 프린트에서 생략*/
RUN;
```

참고 B.17

그 밖에 t-분포, χ^2-분포, F-분포, 푸아송 분포의 확률계산은 다음 명제를 적절히 이용한다.

(1) pr=PROBT(t,df) /* $P[t(\text{df})<t]$의 계산*/

(2) pr=PROBCHI(x,df) /* $P[\chi^2(\text{df})<x]$의 계산*/

(3) pr=PROBF(x,df$_1$, df$_2$) /* $P[F(\text{df}_1, \text{df}_2)<\text{x}]$의 계산*/

(4) pr=PROBP(x) /* $P[\text{P}_o(\text{m})<\text{x}]$의 계산*/

[SAS 프로그램 12]

정규확률표 작성
PROC TABULATE;

```
OPTION NODATE NONUMBER NOCENTER;
DATA normtab;
DO h=0.0 TO 4.0 BY 0.1;
                        /* h를 0에서 시작 0.1씩 증가하여 4될 때까지*/
DO v=0.00 TO 0.09 BY 0.01;
Z=h+v;
pr=PROBNORM(Z);
OUTPUT;                 /* DO명제에서 지정한 변수 h와 v의 값을 만듦*/
END;
END;
```

```
RUN;
PROC TABULATE FORMCHAR='B3C4DAC2BFC3C5B4C0C1D9'X;
CLASS h v;                                    /* 표의 분류변수를 h와 v로 지정.*/
VAR pr;                          /* CLASS에서 지정한 (h,v)에 대하여 반응값을 pr로 함.*/
TABLE h, v*pr*SUM*F=5.4;
                      /* 행과 열을 각각 h와 v로 표시하고, 각 칸에는 대응하는 확률값 pr을 나타낸다.*/
                     /* 확률표에서 칸 안의 값은 도수이며, pr의 값인 확률값은 각 칸 값으로 하기 위해 */
                                  /* p*sum을 지정한다. 이것은 p값을 합으로 인식하라는 명령이다.*/
                        /* F=w.d는 w자리의 수에 소수점은 d자리까지 표시(d는 생략할 수 있음). */
RUN;
```

참고 B.18

부록의 표준정규분포의 확률표는 위 프로그램의 적용으로 얻을 수 있다.

[SAS 프로그램 13]

이항분포의 확률계산

$$X \sim B(n,\ p) :\ b(x;\ n,\ p) = \binom{n}{x} p^x (1-p)^{n-x}$$

```
OPTION NODATE;                                  /* 출력에 날짜 생략 */
DATA binom;
p=0.3;                                          /* 성공확률 p=0.3 */
n=10;                                           /* 시행횟수 n=10 */
x1=2;                                           /* x_1=2를 정의 */
x2=7;                                           /* x_2=7을 정의*/
pr1=PROBBNML(p, n, x1);                         /* sum_{x=0}^{x_1} b(x; n, p)의 확률계산*/
pr2=PROBBNML(p, n, x2);                         /* sum_{x=0}^{x_2} b(x; n, p)의 확률계산*/
pr=pr2-pr1;                                     /* sum_{x=x_1+1}^{x_2} b(x; n, p)의 확률계산*/
RUN;
PROC PRINT NOOBS; VAR pr;
RUN;
```

참고 B.19

프로그램 13은 $X \sim B(n,p)$에서 확률 $P[3 \le X \le 7]$을 계산한 것이다(보기 6.2참조).

[SAS 프로그램 14]

이항분포의 정규근삿값

$$\sum_{x=x_1}^{x_2} b(x;\ n,\ p) \approx \int_{x_1-0.5}^{x_2+0.5} n(x;\ np,\ npq)dx$$

```
OPTION NODATE;                                   /* 출력에 날짜 생략 */
DATA binomial;
p=0.8;                                           /* 성공확률 p=0.8*/
n=1000;                                          /* 시행횟수 n=1000*/
x1=600;
x2=900;
pb1=PROBBNML(p,n,x1-1);                          /* Σ_{x=0}^{x1-1} b(x; n, p) */
pb2=PROBBNML(p,n,x2);                            /* Σ_{x=0}^{x2} b(x; n, p) */
pb=pb2-pb1;                                      /* Σ_{x=x1}^{x2} b(x; n, p) */
z1=(x1-0.5-n*p)/SQRT(n*p*(1-p));                 /* z1 = (x1-0.5-np)/√(np(1-p)) */
z2=(x2+0.5-n*p)/SQRT(n*p*(1-p));                 /* z2 = (x2+0.5-np)/√(np(1-p)) */
pz1=PROBNORM(z1);                                /* ∫_0^{z1} n(x; 0,1)dx */
pz2=PROBNORM(z2);                                /* ∫_0^{z2} n(x; 0,1)dx */
pz=pz2-pz1;                                      /* ∫_{z1}^{z2} n(x; 0,1)dx */
OUTPUT;
RUN;
PROC PRINT NOOBS; VAR pb pz;
RUN;
```

[SAS 프로그램 15]

역 정규분포(PROBIT), 역 t-분포(TINV)
역 χ^2-분포(CINV), 역 F-분포(FINV)

```
OPTION NODATE ;
DATA binomial;
x=0.975;
d1=25; d2=50;
n1=25; n2=35;
z=PROBIT(x);                     /* P[Z≤z]=x되는 z값 계산 */
t=TINV(x,d1);                    /* P[t(25)≤t]=0.975되는 t값 계산 */
c=CINV(x,d2);                    /* P[χ^2(50)≤c]=0.975되는 c값 계산 */
f=FINV(x, n1, n1);               /* P[F(25,35)≤f]=0.975되는 t값 계산 */
RUN;
PROC PRINT NOOBS;
RUN;
```

[SAS 프로그램 16]

신뢰구간의 직접 계산 (1)

모평균 μ의 $(1-\alpha)\%$ 신뢰구간 : σ^2을 아는 경우

$$“\bar{x}-z_{1-\frac{\alpha}{2}}\frac{\sigma}{\sqrt{n}}<\mu<\bar{x}+z_{1-\frac{\alpha}{2}}\frac{\sigma}{\sqrt{n}}”$$

```
DATA data16;
n=36; xbar=65; sigma=5;                     /* n=36, x̄=65, σ²=25 */
alpha=0.05;                                 /* α=0.05 */
z1=PROBIT(1-alpha/2);                       /* P[Z≤z1]=1-α/2 되는 z1값 계산, 즉 z_{1-α/2}의 값을 계산 */
l=xbar-z1*sigma/sqrt(n);                    /* l=x̄-z_{1-α/2} σ/√n */
u=xbar-z1*sigma/sqrt(n);                    /* u=x̄+z_{1-α/2} σ/√n */
RUN;
PROC PRINT;
RUN;
TITLE1 CONFIDENCE INTERVAL;
TITLE2 FOR;
TITLE3 POPULATION MEAN;
```

[SAS 프로그램 17]

신뢰구간의 직접 계산 (2)

모평균 μ의 $(1-\alpha)\%$ 신뢰구간 : σ^2을 모르는 경우

$$“\bar{x}-t_{1-\frac{\alpha}{2}}(n-1)\frac{s}{\sqrt{n}}<\mu<\bar{x}+t_{1-\frac{\alpha}{2}}(n-1)\frac{s}{\sqrt{n}}”$$

```
DATA data17;
n=36; xbar=65; s=5;                         /* n=36, x̄=65, s²=25 */
alpha=0.05;                                 /* α=0.05 */
t1=PROBT(1-alpha/2, n-1);                   /* P[t≤t1]=1-α/2 되는 t1값 계산, 즉 t_{1-α/2}(n-1)의 값을 계산 */
l=xbar-t1*s/sqrt(n);                        /* l=x̄-t_{1-α/2}(n-1) s/√n */
u=xbar-t1*s/sqrt(n);                        /* u=x̄+t_{1-α/2}(n-1) s/√n */
RUN;
PROC PRINT;
RUN;
TITLE1 CONFIDENCE INTERVAL OF POP MEAN;
```

[SAS 프로그램 18]

검정통계량의 직접 계산
가설 $H_0 : \mu = \mu_0$ vs. $\mu \neq \mu_0$의 검정 : σ^2을 모르는 경우
"만약 $|t^*| > t_{1-\frac{\alpha}{2}}(n-1)$이면, H_0를 기각", 단 $t^* = \dfrac{\bar{x}-\mu_0}{s/\sqrt{n}}$

```
DATA data;
n=36; xbar=65; s=5;                          /* n=36, x̄=65, s²=25 */
alpha=0.05;                                  /* α=0.05 */
t1=PROBT(1-alpha/2, n-1);                    /* P[t≤t1]=1-α/2 되는 t1값 계산 */
t*=(x̄-μ0)/(s/sqrt(n));                      /* 검정통계량 t*=(x̄-μ0)/(s/√n) 계산 */
                                             /* μ0는 가설에서 주어진 실제값 */
IF ABS(t*) 〉= t1 THEN test='REJECT H0';     /* |t*|≥t1이면 H0을 기각 */
ELSE test='ACCECT H0';                       /* |t*|<t1이면 H0을 채택 */
RUN;
PROC PRINT;
RUN;
```

[SAS 프로그램 19]

두 모평균의 비교 : t-검정, 두 모분산의 비교 : F-검정
PROC TTEST;

```
DATA data19;
INPUT type $ wear @@;
LINES;
A 0.075 A 0.099 A 0.078 A 0.082
A 0.092 A 0.088 A 0.078 A 0.072
B 0.095 B 0.074 B 0.0104 B 0.096
          ⋮          ⋮
B 0.091 B 0.084 B 0.0102 B 0.086
;
PROC TTEST;
CLASS type;
                 /* 두 모평균을 비교하는 t-검정과 두 모분산을 비교하는 F-검정 */
TITLE1 TESTING FOR EQUALITY;
TITLE2 OF;
TITLE3 MEANS AND VARIANCES;
```

참고 B.20

두 모평균의 차에 대한 유의성 검정, 즉 가설

$$\text{“}H_0 : \mu_1 = \mu_2 \text{ vs. } \mu_1 \neq \mu_2\text{”}$$

에 대한 검정은 두 모분산이 같은 경우와 그렇지 않은 경우에 따라 검정통계량이 달라진다. 따라서 먼저

$$“H_0 : \sigma_1^2 = \sigma_2^2 \text{ vs. } \sigma_1^2 \neq \sigma_2^2”$$

에 대한 검정의 결과를 확인하게 된다. 이런 의미에서, 위 프로그램은 이 두 가지 검정을 동시에 수행하게 된다.

[SAS 프로그램 20]

“$H_0 : \mu = \mu_0$”의 검정 : σ^2을 아는 경우
정규분포 P-값 계산

검정 : “만일 $z^* \geq z_{1-\alpha}$이면, H_0를 기각”, 단 $z^* = \dfrac{\overline{x}_n - \mu_o}{\sigma/\sqrt{n}}$

```
OPTION NODATE NONUMBER NOCENTER PS=30;
                    /* 출력에 날자, 페이지 생략, 인쇄는 왼쪽부터, 페이지당 30줄 */
DATA data20;
mu=25; xbar=22.5; std=0.5; n=50;
alpha=0.05                                  /* α=0.05 */
z=(xbar-mu)/(std/sqrt(n));                  /* z=(x̄-μ)/(s/√n) 계산 */
pr=PROBNORM(ABS(z));                        /* z에 대하여 ∫_0^|z| N(x;0,1)dx 계산 */
pvalue=(1-pr);
zvalue=PROBIT(0.95);                        P[Z≤z]=0.95인 z값을 찾음 */
RUN;
PROC PRINT DATA=data20;
VAR zvalue pvalue;
RUN;
```

참고 B.21

프로그램 20에서 얻은 P-값은, $\mu_o = 25$이고 표본크기, 평균, 표준편차가 각각 $n = 50$, $\overline{x} = 22.5$, $s = 0.5$인 경우 가설 “$H_0 : \mu = 25$ vs $H_1 : \mu < 25$”의 검정에 대한 값이다. 이 결과는 3장 연습문제 1의 검정에 이용된다.

(a)

```
DATA P-value;
Pr=1-PROBT(t, 9);
PROC PRINT;
RUN;
```

(b)

```
DATA EX12.11;
```

```
INPUT PH@@;
diff=PH-7.0;
DATALINES;
7.07 7.00 7.10 6.97 7.00
7.03 7.01 7.01 6.98 7.08
PROC MEANS MEAN STD STDERR T PRT; VAR diff;
RUN;
```

[SAS 프로그램 21]

"$H_0 : \mu = \mu_0$"의 검정 : σ^2를 모르는 경우

t-분포 P-값 계산

검정 : "만일 $t(\mathbf{x}) \geq t_{1-\alpha}(n-1)$이면, H_0를 기각"

$$\text{단,}\quad t(\mathbf{x}) = \frac{\sqrt{n}\,(\overline{x}_n - \mu_o)}{s_n}, \quad s_n^2 = \frac{1}{n-1}\sum_{i=1}^{n}(x_i - \overline{x}_n)^2$$

```
DATA first;                                          /* 자료를 'first'라 칭함. */
INPUT X @@;
32.2 31.1 30.9 35.8 33.7 35.0 33.2 32.0 34.0 36.0
;
PROC UNIVARIATE DATA=first NOPRINT;
OUTPUT OUT=second MEAN=xbar STD=std N=n;
        /* 결과를 'second'라 하고, 특히 평균, 표준편차, 표본크기를 각각 xbar, std, n로 표시 */
RUN;
DATA third;                                          /* 새 자료를 'third'라 함 */
SET second;                                          /* 'third'에서 'second'를 사용 */
mu=30;
tvalue=TINV(0.975,n-1);
        /* TINV가 t-분포함수의 역함수, P[t(9) < tvalue] = 0.975의 값 tvalue을 계산 */
to=(xbar-mu)/(std/sqrt(n));
pr=PROBT(to, n-1);                                   /* t-분포함수의 to에서 확률계산 */
                                                     /* to에 대한 pr=P[t(n1) < to을 계산 */
pvalue=(1-pr)*2;
PROC PRINT DATA=third; VAR to tvalue pvalue;
RUN;
```

참고 B.22

프로그램 21에서 얻어진 P-값은 연습문제 3-2의 가설 "$H_0 : \mu = 30$ vs. $H_1 : \mu \neq 30$"의 검정에 이용될 수 있다.

[SAS 프로그램 22]

"$H_0 : \mu_1 - \mu_2 = 0$"의 검정 : $\sigma_1^2 = \sigma_2^2 (= \sigma^2)$를 모르는 경우

```
DATA data22;
n1=14; n2=12;                                          /* n_1 = 14, n_2 = 12 */
x1bar=85; x2bar=82;                                    /* x̄_1 = 85, x̄_2 = 82 */
s1=4; s2=5;                                            /* s_1 = 4, s_2 = 5 */
sp=sqrt(((n1-1)*(s1**2)+(n2-1)*(s2**2))/(n1+n2-2));
                                                       /* 공통 σ의 연합추정값 s_p의 계산 */
to=(x1bar-x2bar-3)/(sp*sqrt((1/n1)+(1/n2)));
                        /* 검정통계량 t_o = ((x̄_1 - x̄_2) - 3) / (s_p sqrt(1/n_1 + 1/n_2))의 계산*/
tvalue=TINV(0.95, n1+n2-2);                            /* TINV는 t-분포함수의 역함수,
                        P[t(n_1 + n_2 - 2) < tvalue] = 0.95을 만족하는 tvalue을 계산 */
p=PROBT(to, n_1 + n_2 - 2);                            /* t-분포함수의 to에서 확률계산 */
                                                       /* 주어진 to에 대한 P[t(n_1) < 을 계산 */
pvalue=1-p;
PROC PRINT; VAR t tvalue pvalue;
RUN;
```

> **참고 B.23**
>
> 프로그램 22에서 얻어진 P-값은 연습문제 3-4의 가설 "$H_0 : \mu_2 - \mu_1 = 3$ vs. $H_1 : H_0$은 진이 아니다"의 검정에 이용된다.

[SAS 프로그램 23]

대응비교검정 : 대응 t-검정

```
DATA data23;
INPUT before after;
diff=after-before;                                     /* '이후-이전'의 차를 뜻하는 새 변수 정의 */
LINES;
80.1 80.0
89.2 90.7
86.4 83.8
98.3 99.0
   ⋮
100.1 99.8
;
PROC MEANS MEAN STD STDERR T PRT; VAR diff;
RUN;
TITLE PAIRED T TEST;
```

참고 B.24

위 프로그램에서

PROC MEANS MEAN STD STDERR T PRT; VAR diff;

은 새 변수 diff의 평균, 표준편차, 표준오차($s_D/\sqrt{n}$)을 포함한 대응비교검정을 위한 가설 "$H_0 : \mu_D = \mu_1 - \mu_2 = 0$"의 검정통계량 $\overline{D_n}/(S_D/\sqrt{n})$과 그 P-값을 계산해 준다.

참고 B.25

위 프로그램에서 얻어진 P-값은 연습문제 3-14의 가설 "$H_0 : \mu_D (= \mu_2 - \mu_1) = 0$ vs. $H_1 : \mu_D (= \mu_2 - \mu_1) \neq 0$"의 검정에 이용된다.

[SAS 프로그램 24]

"$H_0 : \sigma_1^2 = \sigma_2^2$"의 검정 : F-검정

```
DATA diffvar;
n1=22; n2=28; s1=6.9; s2=6.0;                /* n1=22, n2=28, s1=6.9, s2=6.0 */
fo=(s1**2)/(s2**2);                          /* 검정통계량 F=S1^2/S2^2의 계산 */
fvalue=FINV(0.95,n1-1, n2-1);                /* FINV는 역 F-분포함수이고,
                                                P[F(n1-1, n2-1) < fvalue]=0.95을
                                                만족하는 fvalue을 계산 */
p=PROBF(fo, n1-1, n2-1);                     /* F-분포함수에서 확률계산,
                                                fo에 대하여 P[F(n1-1, n2-1) < fo]를 계산 */
pvalue=1-p;
PROC PRINT data=diffvar;
VAR fo fvalue pvalue;
RUN;
```

참고 B.26

프로그램 24에서 얻어진 P-값은 연습문제 3-10의 가설 "$H_0 : \sigma_1^2 = \sigma_2^2$ vs. $H_1 : \sigma_1^2 > \sigma_2^2$"의 검정에 이용된다.

참고 B.27

프로그램 24에서 F-분포와 관련된 두 명제

fvalue=FINV(α, df_1, df_2);

p=PROBF(fo, df);

는 표본분포가 χ^2-분포인 경우에

cvalue=CINV(α, df);

p=PROBCHI(co, df);

의 형식으로 바뀐다.

[SAS 프로그램 25]

대응비교검정, 대응 t-검정
가설 "$H_0 : \mu_D = (\mu_1 - \mu_2) = 0$"의 검정

```
DATA first;
INPUT diff @@;
LINES;
0.40 0.40 0.10 -0.40 -0.30 0.00 0.10 0.20 -0.20 0.40 -1.00 0.10
;
PROC UNIVARIATE data=first NOPRINT;
OUTPUT OUT=second MEAN=xbar STD=std N=n;
                                            /* 자료의 x̄, s2, n을 계산*/
RUN;
DATA third;
SET second;                                 /* 결과 second를 third의 기본 자료로 */
mμD=0;
tvalue1=TINV(0.995,n-1);
tvalue2=TINV(0.975,n-1);
t=(xbar-μD)/(std/sqrt(n));
p=probt(t, n-1);
pvalue=2*p;
PROC PRINT data=third;
VAR t tvalue1 tvalue2 pvalue;
RUN;
```

참고 B.28

프로그램 25에서 얻어진 P-값은 연습문제 3-14의 가설 "$H_0 : \mu_D = (\mu_1 - \mu_2) = 0$ vs. $H_1 : \mu_D \neq 0$"의 검정에 이용된다.

[SAS 프로그램 26]

PROC REG : 선형회귀분석
회귀방정식과 잔차 : 그래프 윈도우
PROC REG;

```
DATA data;
INPUT X Y @@;
LINES;
152.4 161.5 157.5 165.6 162.6 167.6 165.1 166.4 167.6 169.9
170.2 170.4 172.7 171.2 177.8 173.5 182.9 178.1 188.0 177.8
;
PROC REG;
MODEL Y=X;
PLOT Y*X;
PLOT r.*X;
LABEL X= FATHER AGE
Y= SON AGE;
TITLE LINEAR REGRESSION ANALYSYS;
RUN;
```

[SAS 프로그램 27]

PROC REG : 선형회귀분석
회귀방정식과 잔차 : 그래프 윈도우
PROC REG;

```
DATA data;
INPUT X Y @@;
LINES;
10 172 14 189 19 196  21 232  23 249
27 262 33 301 46 390  48 386  46 416
51 397 54 491 64 500  64 618  77 559
88 725 90 727 98 903 102 732 106 961
;
PROC REG;
MODEL Y=X;
PLOT Y*X;
PLOT r.*X;
LABEL X= LINE SPEED
      Y= DEFACTIVE ITEMS;
TITLE LINEAR REGRESSION ANALYSYS;
RUN;
```

참고 B.29

```
DATA data;
INPUT N X Y @@;
LINES;
1 10 172 2 14 189 3 19 196
4 21 232 5 23 249 6 27 262
7 33 301 8 46 390 9 48 386
10 46 416 11 51 397 12 54 491
13 64 500 14 64 618 15 77 559
16 88 725 17 90 727 18  98 903
19 102 732 20 106 961 ;
PROC REG;
MODEL Y=X;
PLOT Y*X;
PLOT r.*X;
LABEL X= LINE SPEED
Y= DEFACTIVE ITEMS;
OUTPUT P=yhat;
/* TITLE LINEAR REGRESSION ANALYSYS; */
RUN;
PROC REG;
MODEL Y=X;
OUTPUT P=yhat R=oresid;
PROC PLOT;
PLOT oresid*yhat='*' / VREF=0;
RUN;
DATA; SET; W=1/yhat**2;
PROC REG; MODEL Y=X;
WEIGHT W;
OUTPUT P=wyhat R=resid;
DATA;
SET;
wres=SQRT(W)*resid;
PROC RANK NORMAL=VW;
VAR wres;
RANKS NSCORE;
PROC PLOT;
PLOT wres*wyhat='*' / VREF=0 VPOS=30;
PLOT wres*NSCORE='*'/VPOS=30;
LABEL WRES='WEIGHED RESIDUAL' NSCORE='NORMAL SCORE';
RUN;
```

[SAS 프로그램 28]

PROC REG : 선형회귀분석
회귀방정식과 잔차 : 그래프 윈도우
PROC REG;

```
DATA data;
INPUT X Y @@;
LINES;
15 51 17 52 18 59 24 53 26 53
26 60 28 54 34 61 35 65 36 70
40 63 42 70 44 75 48 76 50 78
52 69 54 74 55 71 55 76 60 81
;
PROC REG; MODEL Y=X;
PLOT Y*X;
PLOT r.*X;
LABEL X=APTITUDE TEST
        Y=SALE RESULTS;
TITLE LINEAR REGRESSION ANALYSYS;
RUN;
PROC GLM; MODEL Y=X / P;
OUTPUT OUT=new PREDICTED=pred RESIDUAL=resid;
RUN;
PROC PRINT;
PROC PLOT; PLOT Y*X='O' PRED*X='P' / OVERLAY;
PLOT resid*pred='R' /VREF=0;
PROC RANK NORMAL=VW; VAR resid; RANKS nscore;
PROC PLOT; PLOT resid*nscore='R';
RUN;
PROC UNIVARIATE DATA=data NOPRINT; VAR X;
OUTPUT OUT=second MEAN=xbar CSS=sxx N=N;
PROC PRINT; VAR xbar sxx;
RUN;
```

[SAS 프로그램 29]

선형회귀분석
"$H_0 : \beta_1 = 0$"의 검정, $X = x_o$에서의 예측값
PROC GLM;

```
DATA data28;
INPUT X Y;
LINES;
25 12.0
27 11.9
  ⋮
29 12.0
31 14.0
45                                    /* X=45에서 Y의 예측값을 요구 */
```

```
;
PROC PLOT;
PLOT Y*X;
LABEL X=TIME
Y=PERCENT;
                                        /* 변수 X, Y에 각각 'TIME'와 'PERCENT'의 라벨을 붙임 */
TITLE LINEAR REGRESSION ANALYSYS;
PROC GLM;
MODEL Y=X / P;                                    /* X=독립변수, Y=종속변수의 선형회귀모형을 */
                                          적합 '/ P'는 예측값, 반응값, 잔차의 선택요구 */
OUTPUT OUT=new PREDICTED=pred RESIDUAL=resid;          /* 새 자료집합을 new라 하고, 특히
                                    예측값과 잔차를 각각 pred, resid라 하여 기존 자료집합에 추가 */
PROC PRINT;                                          /* 기존의 변수와 새 변수들을 모두 인쇄 */
PROC Y*X='O' PRED*X='P' / OVERLAY;                       /* (X,Y)의 산점도, (X,P)의 산점도를
                                                              각각 'O', 'P'로 하여 중복 작성 */
PLOT resid*pred='R' /VREF=0;                            /* (P,R)의 산점도를 'R'로 표시하되,
                                                                 R=0를 중심수평축으로 작성 */
PROC RANK NORMAL=VW;
VAR resid; RANKS nscore;                              /* 잔차에 대한 NORMAL SCORE를 만듬 */
PROC PLOT; PLOT resid*nscore='R';                  /* NORMAL SCORE위에 잔차를 산점도로 표시 */
```

[SAS 프로그램 30]

선형회귀분석
PROC GLM;

```
DATA data29;
INPUT SPEED MILEAGE;
LINES;
45 10
47 12
  ⋮
65 13
67 13
70 ·                                          /* X=x(=70)에의 MILEAGE의 값을 예측을 요구 */
;
PROC GLM;                                                                 /* 회귀분석수행 */
MODEL MILEAGE=SPEED/ P CLM ALPHA=0.05;           /* 주어진 SPEED의 값들에 대한 예측값 계산 */
                                                   /* 신뢰도 95%의 μ_{Y|x}의 신뢰구간 계산 */
TITLE LINEAR REGRESSION ANALYSYS;
```

[SAS 프로그램 31]

PROC REG : 선형회귀분석 : 가중최소제곱법, 잔차분석 : 그래프 윈도우 PROC REG

```
DATA data;
INPUT X Y @@;
LINES;
10 172 14 189 19 196 21 232 23 249
27 262 33 301 46 390 48 386 46 416
51 397 54 491 64 500 64 618 77 559
88 725 90 727 98 903 102 732 106 961
;
PROC REG;
MODEL Y=X;
PLOT Y*X;
PLOT r.*X;
LABEL X= APTITUDE TEST
        Y= SALE RESULTS;
TITLE LINEAR REGRESSION ANALYSYS;
RUN;
DATA;
SET;
W=1/yhat**2;
PROC REG;
MODEL Y=X;
WEIGHT W;
OUTPUT P=wyhat R=resid;
DATA;
SET;
wres=SQRT(W)*resid;
PROC RANK NORMAL=VW;
VAR wres;
RANKS NSCORE;
PROC PLOT;
PLOT wres*wyhat='*' / VREF=0 VPOS=30;
PLOT wres*NSCORE='*'/VPOS=30;
LABEL WRES='WEIGHED RESIDUAL'
        NSCORE='NORMAL SCORE';
RUN;
```

참고 B.30

가중최소제곱방법은 가중최소제곱기준

$$Q(\beta_0, \beta_1) = \sum_{i=1}^{n} w_i (y_i - \beta_0 - \beta_1 x_i)^2$$

을 최소화하는 β_0, β_1이다. 여기서 w_i는 분석자가 정하는 가중값으로, 특히 잔차의 퍼져있는 정도가 근사적으로 적합값 $\hat{y}_i$들에 비례하면, 즉 관측값 y_i의 표준편차들이 근사적으로 그것들의 기댓값에 비례하면 가중값은 $w_i = \frac{1}{\hat{y}_i^2}$ 이 적당하다. 또 잔차의 표준편차가 설명변수 x 값에 비례하면, 즉 $Var[\epsilon_i] = c^2 x_i^2$ 이면, 이때의 가중값은 $w_i = \frac{1}{Var[\epsilon_i]}$ 이 적당하다. 따라서 이 경우에는

$$Q(\beta_0, \beta_1) = \sum_{i=1}^{n} w_i (y_i - \beta_0 - \beta_1 x_i)^2 = \sum_{i=1}^{n} \frac{1}{Var[\epsilon_i]} (y_i - \beta_0 - \beta_1 x_i)^2$$

$$= \sum_{i=1}^{n} \frac{1}{x_i^2} (y_i - \beta_0 - \beta_1 x_i)^2 = \sum_{i=1}^{n} (y_i{}' - \beta_1 - \beta_0 x_i{}')^2$$

여기서 $y_i' = \frac{y_i}{x_i}$, $x_i' = \frac{1}{x_i}$ 이다. 결국 이 경우 가중최소제곱추정은 변환자료의 보통최소제곱추정임을 알 수 있다. 이런 의미에서, 이 경우 다음 프로그램은 가중최소제곱방법과 같은 효과를 갖게 된다.

```
DATA data;
INPUT N X Y @@;
Y1=Y/X;  X1=1/X;
LINES;
10 172 14 189 19 196 21 232 23 249
          ⋮
88 725 90 727 98 903 102 732 106 961
;
PROC REG;
MODEL Y1=X1;
PLOT Y1*X1;  PLOT r.*X1;
LABEL X1= LINE SPEED
        Y1= DEFACTIVE ITEMS;
OUTPUT P=yhat;
RUN;
```

[SAS 프로그램 32]

다중선형회귀분석
잔차분석, 잔차의 산점도
PROC REG;

```
DATA data;
INPUT Y X1 X2 @@;
LABEL Y=Intelligence Score;
LABEL X1=Order of Birth;
LABEL X2=Age of Mother;
LINES;
100 5 29 104 3 24 110 2 20 118 1 24 115 1 24 99 4 30
110 1 25 93 5 30 98 4 24 90 6 28 98 3 25 105 2 20
108 2 20 120 1 22 90 5 30 111 1 26 120 1 24 99 4 26
```

```
90 5 29 103 3 25
;
PROC REG;
MODEL Y=X1 X2 / XPX I P;
OUTPUT OUT=NEW P=PREDICT R=RESID;
TITLE MULTIPLE LINEAR REGRESSION ANALYSIS;
RUN;
DATA;
SET;
PROC PRINT;
VAR Y X1 X2 PREDICT RESID;
PROC PLOT;
PLOT RESID*PREDICT;
PLOT RESID*X1;  PLOT RESID*X2;
RUN;
```

[SAS 프로그램 33]

선형회귀분석
신뢰구간의 직접계산

```
DATA first;
INPUT Y X1 X2 @@;
LINES;
100 5 29 104 3 24 110 2 20 118 1 24 115 1 24
99 4 30 110 1 25 93 5 30 98 4 24 90 6 28
98 3 25 105 2 20 108 2 20 120 1 22 90 5 30
111 1 26 120 1 24 99 4 26 90 5 29 103 3 25
;
PROC UNIVARIATE DATA=first NOPRINT; VAR X1;
OUTPUT OUT=second MEAN=xbar CSS=sxx N=N;
proc print;
RUN;
DATA third;
SET second;
x0=3;
muhat=119.884-5.365*x0;
T=TINV(0.975, N-2);
RMSE=(12.87635)**(1/2);
SE1=t*RMSE*(((1/N)+(((x0-xbar)**2/sxx)))**(1/2));
lower1=muhat-SE1;
upper1=muhat+SE1;
PROC PRINT DATA=third;
VAR muhat T RMSE SE1 lower1 upper1;
RUN;
DATA forth;
SET second;
x0=3;
y0=119.884-5.365*x0;
T=TINV(0.975, N-2);
RMSE=(12.87635)**(1/2);
```

```
SE2=t*RMSE*((1+(1/N)+(((x0-xbar)**2/sxx)))**(1/2));
lower2=y0-SE2;
upper2=y0+SE2;
PROC PRINT DATA=third;
VAR y0 T RMSE SE lower upper;
RUN;
```

[SAS 프로그램 34]

가중최소제곱추정방법 : 회귀계수의 추정
PROC REG;

```
DATA data;
INPUT X Y;
XC=1/X;
LINES;
6.54 19.8
7.22 16.6
   ⋮
6.88 20.0
;
PROC REG;
MODEL Y=XC;                  /* Y=β_o+β_1/X의 상최소제곱적합 */
OUTPUT P=yhat;
DATA;
SET;
W=1/yhat;                    /* 가중값 w_i = 1/Ŷ_i 으로 정의하여 자료에 추가 */
PROC REG;                    /* 가중최소제곱방법의 이용 */
MODEL Y=XC;
WEIGHT W;                    /* 가중값 w_i = 1/ŷ_i 을 사용 */
OUTPUT P=wyhat R=resid;
DATA;
SET;
wres=SQRT(W)*RESID;
PROC RANK NORMAL=VW;
VAR wres;
RANKS nscore;
PROC PLOT;
PLOT wres*wyhat='*' / VREF=0 VPOS=30;
PLOT wres*nscore='*' / VPOS=30;
LABEL WRES='WEIGHED RESIDUAL' NSCORE='NORMAL SCORE';
RUN;
```

[SAS 프로그램 35]

선형회귀분석 : 적합도검정
PROC GLM;

```
DATA data;
INPUT X Y;
A=X;
LINES;
40 148
40 146
  ⋮
80 155
;
PROC GLM;
CLASSES A;
MODEL Y=X A;
TITLE TESTING FOR LACK OF FIT;
```

[SAS 프로그램 36]

선형회귀분석 : 잔차분석
PROC REG;

```
DATA first;
INPUT Y X1 X2 @@;
LABEL Y= Gas Mileage;
LABEL X1=Weight;
LABEL X2=Temperature;
LINES;
16.3 170 27 20.1 130 2 18.7 135 33 16.5 190 -2 16.9 180 5
16.3 180 16 14.8 205 8 18.0 160 10 19.3 140 -1 15.5 185 19
;
PROC REG DATA=first;
MODEL Y= X1 X2/XPX I P;
RUN;
PROC REG DATA=first;
MODEL Y=X2;
OUTPUT OUT=second P=predict R=resid;
TITLE SIMPLE LINEAR REGRESSION ANALYSIS;
RUN;
PROC REG DATA=first;
MODEL Y=X2;
OUTPUT OUT=third P=predict R=resid;
TITLE SIMPLE LINEAR REGRESSION ANALYSIS;
RUN;
DATA;
SET forth;
PROC PRINT ;
VAR Y X1 X2 PREDICT RESID;
```

```
PROC PLOT;
PLOT RESID*PREDICT;
PLOT RESID*X1;
PLOT RESID*X2;
RUN;
PROC UNIVARIATE DATA=first NOPRINT;
VAR X1;
OUTPUT OUT=extra MEAN=xbar STD=xstd CSS=sxx N=n;
RUN;
PROC PRINT DATA=extra;
VAR xbar sxx;
DATA;
SET extra;
X0=200;
Y0=28.0176-(0.0643)*X0;
T=TINV(0.975, n-2);
MSE=0.3099;
DIFF1=T*((MSE)**(0.5))*(((1+(1/n)+(((X0-xbar)**2)/SXX)))**(1/2));
LOWER1=Y0-DIFF1;
UPPER1=Y0+DIFF1;
DIFF2=T*((MSE)**(0.5))*((( (1/n)+(((X0-xbar)**2)/SXX)))**(1/2));
LOWER2=Y0-DIFF2;
UPPER2=Y0+DIFF2;
PROC PRINT;
VAR X0 Y0 T DIFF1 LOWER1 UPPER1 DIFF2 LOWER2 UPPER2;
RUN;
```

[SAS 프로그램 37]

선형회귀분석 : 잔차분석
PROC REG;

```
DATA data;
INPUT X Y;
LINES;
2.45 18.0
2.94 17.5
   ⋮
4.12 19.3
;
PROC PLOT;
PLOT Y*X;
PROC REG;
MODEL Y=X;
OUTPUT OUT=new P=predict R=resid;
PROC PRINT;
VAR X Y predict resid;
PROC PLOT; PLOT resid* X;
PROC UNIVARIATE PLOT NORMAL; VAR resid;
                          /* 잔차 resid에 대한 각종 통계량, 정규성 검정 등의 결과*/
TITLE RESIDUAL ANALYSIS;
```

[SAS 프로그램 38]

상관분석
PROC CORR;

```
DATA data36;
INPUT X Y;
LABEL X=AGE;
LABEL Y=CHOLESTROL;
LINES;
14 120
21 156
   ⋮
74 210
;
PROC PLOT;
PLOT Y*X;
PROC CORR;                                  /* X와 Y의 상관분석의 결과 */
TITLE CORRELATION ANALYSIS;
```

[SAS 프로그램 39]

다중선형회귀분석
PROC REG;

```
DATA data;
INPUT Y X1 X2;
LABEL Y=MILEAGE;
LABEL X1=WEIGHT;
LABEL X2=TEMPERATURE;
LINES;
13.2 1.21 26
15.6 1.80 12
   ⋮
17.6 1.53 16
  ·  1.63 18                                % Y의 결측값을 나타냄
;
PROC REG;
MODEL Y= X1 X2/XPX I P;
TITLE MULTIPLE LINEAR REGRESSION ANALYSIS;
```

[SAS 프로그램 40]

선형회귀분석 : 다항식회귀식
PROC REG;

```
DATA data39;
TITLE A POLYNOMIAL MODEL;
INPUT X Y;
XS=X*X;                                          /* 독립변수 X^2를 정의*/
LABEL Y=AGE;
LABEL X=SERUM CONCENTRATION;
LINES;
12 124
13 118
   ⋮
20 201
30 ·                                             /* X=30에서의 Y의 예측값을 요구 */
;
PROC PLOT; PLOT Y*X;
PROC REG;
MODEL Y=X XS/XPX I P;
                    /* 독립변수 X, X^2이고, 종속변수가 Y 인 2차식 선형회귀모형의 적합,
                                             X'X,(X'X)^-1, Y의 예측값 등 계산 */
RUN;
```

[SAS 프로그램 41]

다중회귀분석 : $(X^tX)^{-1}$, 상관계수의 계산
PROC REG;

```
DATA data;
INPUT X1 X2 Y;
LINES;
18 22 25
19 30 26
22 32 24
   ⋮
33 34 42
;
TITLE1 COMPUTATION OF (X^t X)^-1;
PROC PRINT;
PROC REG ;
MODEL Y=X1 X2/COVB CORRB;
                          /* 회귀모수의 추정값의 공분산행렬, 상관계수행렬의 계산 */
RUN;
MODEL Y=X1 X2/INFLUENCE;               /* H=X(X'X)^-1X'의 대각원소를 계산 */
RUN;
MODEL Y=X1 X2/PARTIAL;                 /* Y=X1, Y=X2 등의 부분회귀모형의 적합 */
RUN;
```

[SAS 프로그램 42]

다중회귀분석 : 단계별회귀분석
PROC REG;

```
TITLE1 A STEPWISE REGRESSION ANALYSIS;
DATA data;
INPUT X1-X2 Y;
LINES;
12 34 5 34 168.5
12 39 9 43 146.3
13 45 10 45 156.3
   ⋮
16 67 12 50 169.4
;
PROC PRINT;
PROC REG ;
MODEL Y=X1-X4/SELECTION=STEPWISE;
RUN;
MODEL Y=X1-X4/SELECTION=RSQURE ADJRSQ CP;
```

/* 모든 부분분석을 시행, 보정된 R^2, $C_p = SSR/(MSE-n+2p)$을 계산 */

```
RUN;
```

[SAS 프로그램 43]

다중회귀분석 : 단계별회귀분석, 결정계수
PROC REG;

```
DATA data;
INPUT X1-X8 Y;
Z=X1+X3;
YP=Y-X3;
W=X1-X3;
LINES;
5 5 5 3 3 4 5 3 5
4 4 4 2 3 4 4 2 4
4 4 4 1 2 3 4 3 4
3 4 3 2 4 4 4 5 3
       ⋮
4 3 4 5 5 3 4 5 4
4 3 4 5 4 5 3 3 4
;
TITLE1 A STEPWISE REGRESSION ANALYSIS;
PROC PRINT;
PROC REG DATA=data;
MODEL Y= X1-X8;
OUTPUT OUT=out P=fit R=res;
PROC PLOT DATA=out;
PLOT Y*fit='*' / VPOS=30;
```

```
PLOT res*X1='*' / VREF=0 VPOS=30;
PLOT res*fit='*' / VREF=0 VPOS=30;
RUN;
PROC REG OUTEST=est;
MODEL Y=X1-X8/SELECTION=RSQUARE ADJRSQ CP;
RUN;
PROC REG DATA=data;
MODEL Y= X1 X3/XPX I P;
RUN;
PROC REG DATA=data;
MODEL Y=Z;
OUTPUT OUT=outz P=fitz R=resz;
PROC PLOT DATA=outz;
PLOT Y*fitz='*' / VPOS=30;
PLOT resz*X1='*' / VREF=0 VPOS=30;
PLOT resz*fitz='*' / VREF=0 VPOS=30;
RUN;
PROC REG DATA=data;
MODEL YP= W;
OUTPUT OUT=outw P=fitw R=resw;
PROC PLOT DATA=outw;
PLOT Y*fitw='*' / VPOS=30;
PLOT resw*X1='*' / VREF=0 VPOS=30;
PLOT resw*fitw='*' / VREF=0 VPOS=30;
RUN;
```

C. 기호요약

기호	요약
R^n	n-차원 유클리드 공간, n-차원 실수공간
$x \in A$	x는 집합 A의 원소
$x \notin A$	x는 집합 A의 원소가 아님
$\{x \in A : p(x)\}$	$p(x)$를 만족하는 A에 있는 x의 집합
$A \subset B$	A는 B의 부분집합
$\ni$	~을 만족하는
$\exists$	~이 존재함
$\forall$	임의의, 모든
ϕ	공집합
$\{\omega\}$	ω로 구성된 단일집합
(a, b)	열린구간
$[a, b]$	닫힌구간
$\{x_i\}_{i=1}^{n}$	유한수열
$\{x_i\}_{i=1}^{\infty}$	무한수열
$X_{(i)}$	순서통계량의 i-번째 원소
2^{Ω}	Ω의 모든 부분집합의 집합
$A \cap B$, AB	교집합
$A \cup B$	합집합
$\Sigma_i A_i$	서로 배반인 집합족 $\{A_i\}$의 합집합
A^C	A의 여집합
$A - B$	A로부터 B의 차집합
$A \bowtie B$	사건 A, B는 확률적으로 독립
$\cap_{A \in C}$	C에 있는 A들의 교집합

기호	요약
X^{-1}	X의 역함수
$X^{-1}(B)$	X하에서 집합 B의 역상
M^t, M'	행렬 M의 전치행렬
$\Rightarrow$	논리적 함의
$\Leftrightarrow$	논리적 동치
iff	~이고, 또 그 때에만
$\phi_X(t)$	X의 특성함수
$m_X(t)$	X의 확률모함수
$\underline{\lim} = \liminf_{n\to\infty}$	하극한
$\overline{\lim} = \limsup_{n\to\infty}$	상극한
I_A	A의 지적함수, 특성함수
$\mathcal{E}$	확률실험
Ω	표본공간
$\mathcal{C}$	집합족
$\mathcal{F}$	σ-집합체, σ-집합대수(또는 집합체, 집합대수)
$\{\mathcal{F}_n\}$	σ-집합체계열
P	확률함수
$\mathcal{B}$	보렐체, 보렐대수
$\mathcal{T}_\infty$	꼬리 σ-집합체
$(\Omega, \mathcal{F})$	가측함수
$(\Omega, \mathcal{F}, P)$	확률공간
E	사건, 사상
m	르베그 측도
$(R^1, \mathcal{B})$	R^1과 여기서 정의된 보렐집합체로 구성된 가측공간
$(R^1, \mathcal{B}, m)$	르베그 측도공간
a.e.$[P]$	P에 관하여 거의 모든 점에서
P_F	분포함수 F에 의하여 유도된 르베그-스틸체스 측도
F_X	확률변수 X의 분포함수
f_X	확률변수 X의 확률밀도(또는 확률질량함수)
$E[X]$	확률변수 X의 기댓값

기호	요약
$Var[X]$	확률변수 X의 분산
$Cov(X, Y)$	두 확률변수 X와 Y의 공분산
$\rho(X, Y)$	확률변수 X와 Y의 상관계수
$E[Y\|x]$	$X=x$에 대한 Y의 조건부 기댓값
$y=E[Y\|x]$	X 위에서 Y의 회귀식
$\xrightarrow{P}$	확률수렴, 약수렴
$\xrightarrow{a.s.}$	확률측도수렴, 강수렴, 거의 확실한 수렴
$\xrightarrow{m}$	평균수렴
$\xrightarrow{D}\left(\xrightarrow{L}\right)$	분포수렴, 법칙수렴
$O_p(1)$	확률적 유계
$o_p(1)$	0으로 확률수렴
$\sigma(\mathcal{C})$	집합족 C에 의하여 생성된 최소 σ-집합체
$\sim$	으로 분포됨
i.o.	무한히 자주
$B(1, p)$	모수 p의 베르누이 분포
$B(n, p)$	모수 n, p의 이항분포
$P(m)$	모수 m의 푸아송 분포
$U_{[a,b]}$	$[a, b]$ 위에서 균일분포
$\chi^2(p)$	자유도 p의 χ^2-분포
$N(\mu, \sigma^2)$	모수 μ, σ^2의 정규분포
$t(k)$	자유도 k의 스튜던트 t-분포
$F(m, n)$	자유도 (m, n)의 F-분포
$G(r, \lambda)$	모수 r, λ의 감마분포
$Be(p, q)$	모수 p, q의 베타분포
$E(\lambda)$	모수 λ의 지수분포
$C(\lambda, \theta)$	모수 λ, θ의 코시 분포
$De(\lambda, \theta)$	모수 λ, θ의 이중지수분포
$L_o(\alpha, \beta)$	모수 α, β의 로지스틱분포

기호	요약
$\phi(z)$	표준정규분포 $N(0, 1)$의 밀도함수
$C_{1-\alpha}(\theta)$	신뢰도 $100(1-\alpha)\%$의 θ의 신뢰영역
$\hat{\theta}_n$	θ의 최소제곱추정량
$\tilde{\theta}_n$	θ의 최소절대편차추정량
$\check{\theta}_{n(p)}$	θ의 L_p-노름추정량
$Sign(r)$	실수 r의 부호
$I(\theta)$	확률변수 X가 갖는 θ의 피셔정보
$I(g)$	밀도함수 g의 피셔정보
□	증명 끝

D. 연습문제 해답(홀수편)

제1장 (p. 4)

1. 귀납적 추론: 경험을 통해 얻어진 적은 정보로부터 일반적인 원리를 도출하는 방법.
   연역적 추론: 일반적인 지식으로부터 구체적인 성질을 이끌어 내는 방법.

3. 통계적 추론은 귀납적 추론의 한 방법이며, 표본정보를 기초로 일반적인 원리를 도출하되 여기서 발생하는 불확실성을 확률적으로 설명한다.

제1편 확률

제2장 (pp. 53~57)

1. $E_1E_2^c = \{(A, \text{검})\}$, $E_1 \cup E_2^c = \{(A, \text{흰}), (A, \text{검}), (B, \text{검})\}$, $E_1^cE_2^c = \{(B, \text{검})\}$,
   $E_1^cE_2^c = \{(B, \text{검})\}$, $E_1^c \cup E_2^c = \{(A, \text{검}), (B, \text{흰}), (B, \text{검})\}$, $E_1 - E_2^c = \{(A, \text{검})\}$

2. $\frac{5}{12}$　3. $\frac{2}{23}$　5. $\frac{2}{7}$　7. $\frac{3}{11}$　9. $\frac{N-3}{N}$

11. (a) $\frac{11}{56}$ (b) $\frac{45}{56}$　13. $\frac{(k-1)!}{n!\,(k-r)!}$　15. 상세풀이 참조

17. (a) $\frac{7}{30}$ (b) $\frac{9}{10}$　19. $\frac{7}{26}$　21. $\frac{17}{23}$　23. $\frac{2}{3}$

25. (1) $\frac{21}{32}$ (2) $\frac{16}{21}$　26. (1) 79% (2) $\frac{34}{79}$

27. (1) $\frac{11}{24}$ (2) $\frac{2}{11}$　28. (1) $\frac{7}{10}$ (2) $\frac{9}{35}$　29. 상세풀이 참조

30. 경험적 확률　31. (1) $PE_2 = 0.4$ (2) $PE_2 = \frac{4}{7}$ (3) $PE_2 = \frac{4}{5}$

33. 상세풀이 참조

제3장 (pp. 76~79)

1. (1) $f_X(x) = \begin{cases} \frac{1}{8}, & x = 0, 3 \\ \frac{3}{8}, & x = 1, 2 \\ 0, & \text{그렇지 않으면} \end{cases}$　(2) $\frac{3}{4}$

3. $f_X(x) = \binom{3}{x}\left(\frac{3}{4}\right)^x\left(\frac{1}{4}\right)^{3-x} I_{\{0,1,2,3\}}(x)$, 즉 $f_X(x) = \begin{cases} \frac{1}{64}, & x=0 \\ \frac{9}{64}, & x=1 \\ \frac{27}{64}, & x=2 \\ \frac{27}{64}, & x=3 \\ 0, & \text{그렇지 않으면} \end{cases}$

7. (1)

X	$P[X=x]$
1	$\frac{1}{36}$
2	$\frac{3}{36}$
3	$\frac{5}{36}$
4	$\frac{7}{36}$
5	$\frac{9}{36}$
6	$\frac{11}{36}$

(2)

$$F_X(x) = \begin{cases} 0, & x<1 \\ \frac{1}{36}, & 1 \le x < 2 \\ \frac{4}{36}, & 2 \le x < 3 \\ \frac{9}{36}, & 3 \le x < 4 \\ \frac{16}{36}, & 4 \le x < 5 \\ \frac{25}{36}, & 5 \le x < 6 \\ 1, & x \ge 6 \end{cases}$$

9. (1) 확률밀도함수가 되지 않을 수 있다. (2) $c = \frac{3}{4}$

11. $\frac{7b^3}{64-b^3}$

13. $f_X(x) = \frac{\binom{n-x}{k-x}}{\binom{n}{k}} \cdot I_{\{1,2,\cdots,n\}}(x)$

15. (1) $c = \frac{1}{2}$ (2) $F_X(x) = \begin{cases} \frac{1}{4}x^2, & 0 \le x < 1 \\ \frac{x}{2} - \frac{1}{4}, & 1 \le x < 2 \\ -\frac{5}{4} + \frac{3x}{2} - \frac{x^2}{4}, & 2 \le x < 3 \\ 1, & x \ge 3 \end{cases}$ (3) $\frac{3}{8}$

17. $P[X=x] = F_X(x) - F_X(x-0)$

19. 확률 0

21. (1) $F_X(x)$의 그래프

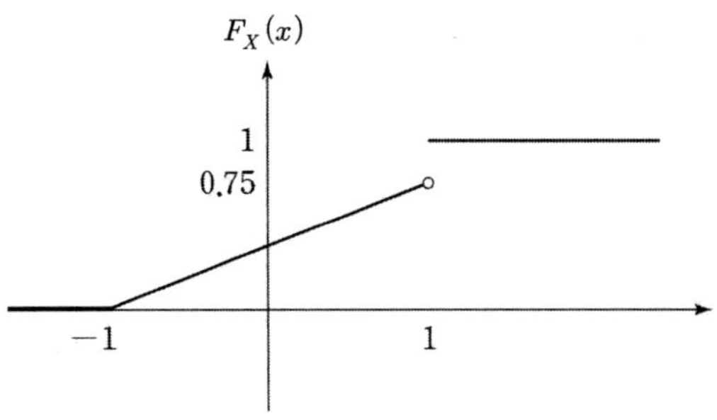

(2) $P[-0.5 < X \le 0.5] = \frac{1}{4}$, $P[X=0] = 0$

23. (1) $F_X(x)$의 그래프 (2) $P[-3 < X \le 0.5] = \frac{1}{2}$, $P[X=0] = \frac{1}{2}$

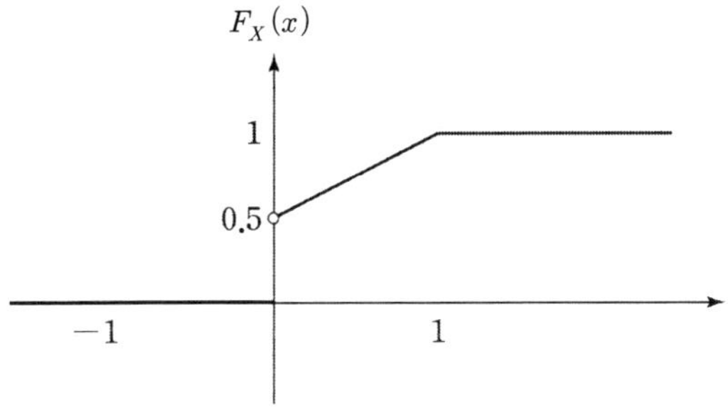

제4장 (pp. 99~101)

1.

X	0	100	500	600
확률	$\frac{1}{4}$	$\frac{1}{4}$	$\frac{1}{4}$	$\frac{1}{4}$

평균: $E[X] = 300$(원) 분산: $Var[X] = 65{,}000$(원^2)

표준편차: $\sqrt{Var[X]} = \sqrt{65{,}000} \cong 294.39$(원)

3. X의 확률분포

X	0	1	2	3	4
확률	$\frac{\binom{4}{0}}{2^4} = \frac{1}{16}$	$\frac{\binom{4}{1}}{2^4} = \frac{4}{16}$	$\frac{\binom{4}{2}}{2^4} = \frac{6}{16}$	$\frac{\binom{4}{3}}{2^4} = \frac{4}{16}$	$\frac{\binom{4}{4}}{2^4} = \frac{1}{16}$

확률질량함수 $f_X(x) = \frac{\binom{4}{x}}{2^4} \cdot I_{\{0,1,2,3,4\}}(x)$, $E[X] = 2$, $Var[X] = 1$

5. $c = \frac{1}{15}$

$$f_X(x) = \frac{1}{15}(5-x) \cdot I_{\{0,1,2,3,4\}}(x) = \begin{cases} \frac{5}{15}, & x=0 \\ \frac{4}{15}, & x=1 \\ \frac{3}{15} & x=2 \\ \frac{2}{15}, & x=3 \\ \frac{1}{15}, & x=4 \\ 0, & \text{그렇지 않으면} \end{cases} \quad \text{그리고} \quad F_X(x) = \begin{cases} 0, & x<0 \\ \frac{5}{15}, & 0 \le x < 1 \\ \frac{9}{15}, & 1 \le x < 2 \\ \frac{12}{15}, & 2 \le x < 3 \\ \frac{14}{15}, & 3 \le x < 4 \\ 1, & x \ge 4 \end{cases}$$

$E[X] = \frac{4}{3}$, $Var[X] = \frac{208}{9}$

7. $f_X(x)=\left(\frac{1}{2}\right)^x \cdot I_{\{1,2,\cdots\}}(x)$, $m_X(t)=\frac{pe^t}{1-qe^t}$ (단, $p=q=\frac{1}{2}$), $E[X]=2$, $Var[X]=2$.

9. $p=\frac{8}{15}$

11. (1) $f(x)\geq 0$, $x\in[-1,1]$ (2) $-\frac{1}{2}\leq c\leq\frac{1}{2}$

13. (1) $f_R(x)=\begin{cases}0.5, & R=4(\text{cm})\\ 0.3, & R=10(\text{cm}),\\ 0.2, & R=14(\text{cm})\end{cases}$ $E[R]=7.8(\text{cm})$

(2) $E[L]=7.8\pi(\text{cm})$, $E[S]=19.3(\text{cm}^2)$

15. (1) $m_X(t)=\frac{pe^t}{1-qe^t}$ (단, $p=q=\frac{1}{2}$), $E[X]=2$, $Var[X]=2$.

17. 상세풀이 참조

19. 상세풀이 참조

제5장 (pp. 132~135)

1. (1) $c=1$, $f_{X,Y}(x,y)=\begin{cases}2, & 0\leq x\leq y,\ 0\leq y\leq 1,\\ 0, & \text{그렇지 않으면}\end{cases}$

(2) $f_X(x)=2(1-x)$, $0\leq x\leq 1$, $f_Y(y)=2(1-y)$, $0\leq y\leq 1$

(3) $f_{X|y}(x)=\begin{cases}\frac{1}{1-x}, & 0\leq x\leq y\\ 0, & \text{그렇지 않으면}\end{cases}$ $f_{Y|x}(y)=\begin{cases}\frac{1}{1-y}, & 0\leq y\leq x\\ 0, & \text{그렇지 않으면}\end{cases}$

(4) $P[X\leq 1]=1$

3. (1) $P[X\leq x]=1-e^{-x}$, $x>0$ (2) $P[Y\leq y]=1-e^{-y}$, $y>0$

(3) $P[X<Y]=(1-e^{-x})(1-e^{-y})$, $x,\ y>0$

(4) $P[X+Y\leq 3]=(1-e^{-(3-x)})(1-e^{-(3-y)})$, $x,\ y>0$

5. $f_{X,Y}(x,y)=\frac{1}{30}(x^2+y^2)\cdot I_{\{(x,y)|x,y=0,1,2\}}(x,y)=\begin{cases}\frac{1}{30}(x^2+y^2), & x,y=0,1,2\\ 0, & \text{그렇지 않으면}\end{cases}$ 에서

$f_{X,Y}(x,y)$는 다음과 같다.

$f_{X,Y}(x,y)$

X \ Y	0	1	2	$f_X(x)$
0	0	$\frac{1}{30}$	$\frac{4}{30}$	$\frac{5}{30}$
1	$\frac{1}{30}$	$\frac{2}{30}$	$\frac{5}{30}$	$\frac{8}{30}$
2	$\frac{4}{30}$	$\frac{5}{30}$	$\frac{8}{30}$	$\frac{17}{30}$
$F_Y(y)$	$\frac{5}{30}$	$\frac{8}{30}$	$\frac{17}{30}$	1

(1) X의 주변확률밀도함수와 그리고 (2) Y의 주변확률밀도함수는 각각 다음과 같다.

$$f_X(X) = \begin{cases} \frac{5}{30}, & x=0 \\ \frac{8}{30}, & x=1 \\ \frac{17}{30}, & x=2 \\ 0, & \text{그렇지 않으면} \end{cases} \qquad f_Y(y) = \begin{cases} \frac{5}{30}, & y=0 \\ \frac{8}{30}, & y=1 \\ \frac{17}{30}, & y=2 \\ 0, & \text{그렇지 않으면} \end{cases}$$

(3) $X=x$일 때의 Y의 조건부확률질량함수 $f_{Y|X}(y|x) = \dfrac{f_{X,Y}(x,y)}{f_X(x)}$는 각각 $X=0, 1, 2$로 고정하면

$$f_{Y|X}(y|0) = \begin{cases} 0, & y=0 \\ \frac{1}{5}, & y=1 \\ \frac{4}{5}, & y=2 \\ 0, & \text{그렇지 않으면} \end{cases} \qquad f_{Y|X}(y|1) = \begin{cases} \frac{1}{8}, & y=0 \\ \frac{2}{8}, & y=1 \\ \frac{5}{8}, & y=2 \\ 0, & \text{그렇지 않으면} \end{cases}$$

$$f_{Y|X}(y|2) = \begin{cases} \frac{4}{17}, & y=0 \\ \frac{5}{17}, & y=1 \\ \frac{8}{17}, & y=2 \\ 0, & \text{그렇지 않으면} \end{cases}$$

(4) $Y=y$일 때의 X의 조건부확률질량함수 $f_{X|Y}(x|y) = \dfrac{f_{X,Y}(x,y)}{f_Y(y)}$는 먼저 $Y=0, 1, 2$로 고정하면

$$f_{X|Y}(x|0) = \begin{cases} 0, & x=0 \\ \frac{1}{5}, & x=1 \\ \frac{4}{5}, & x=2 \\ 0, & \text{그렇지 않으면} \end{cases} \qquad f_{X|Y}(x|1) = \begin{cases} \frac{1}{8}, & x=0 \\ \frac{2}{8}, & x=1 \\ \frac{5}{8}, & x=2 \\ 0, & \text{그렇지 않으면} \end{cases}$$

$$f_{X|Y}(x|2) = \begin{cases} \frac{4}{17}, & x=0 \\ \frac{5}{17}, & x=1 \\ \frac{8}{17}, & x=2 \\ 0, & \text{그렇지 않으면} \end{cases}$$

7. (1) X의 주변확률밀도함수는

$$f_X(x) = \int_{-\infty}^{\infty} f_{X,Y}(x,y)dy = \begin{cases} 1-x, & 0<x<1 \\ 1+x, & -1<x\le 0 \\ 0, & \text{그렇지 않으면} \end{cases}$$

(2) Y의 주변확률밀도함수는

$$f_Y(y) = \int_{-\infty}^{\infty} f_{X,Y}(x,y)\,dx = \begin{cases} 2(1-y), & 0<y<1 \\ 0, & \text{그렇지 않으면} \end{cases}$$

(3) $Y=y$일 때, x의 조건부확률분포는

$$f_{X|Y}(x|y)=\frac{f_{X,Y}(x,y)}{f_Y(y)}=\frac{1\cdot I_{\{(x,y)||x|<1,\ 0<y<1-|x|\}}(x,y)}{2(1-y)\cdot I_{(0,1)}(y)}$$

예컨대, $Y=\frac{1}{2}$일 때, X의 조건부확률분포는

$$f_{X|Y}\left(x|y=\frac{1}{2}\right)=1\cdot I_{\left\{x||x|<\frac{1}{2}\right\}}(x)$$

또 $Y=\frac{1}{3}$일 때, X의 조건부확률분포는

$$f_{X|Y}\left(x|y=\frac{1}{3}\right)=\frac{3}{4}\cdot I_{\left\{x||x|<\frac{1}{3}\right\}}(x)$$

9. (1) (X, Y)의 결합확률분포는

$$f_{X,Y}(x,y)=\begin{cases}\frac{1}{25}, & (x,y)=(1,2),(1,3),(1,4),(1,5),(2,3),(2,4),(2,5),(3,4),(3,5),(4,5)\\ \frac{15}{25}, & \text{그렇지 않으면}\end{cases}$$

(2) X의 주변확률분포는 $f_X(x)=\begin{cases}\frac{1}{5}, & x=1,2,3,4,5\\ 0, & \text{그렇지 않으면}\end{cases}$

(3) $Y|X=2$의 조건부확률분포는 $f_{Y|X}(y|x=2)=\begin{cases}\frac{1}{5}, & y=3,4,5\\ \frac{2}{5}, & \text{그렇지 않으면}\end{cases}$

(4) $X|Y=3$의 조건부확률분포는 $f_{Y|X}(y|x=2)=\begin{cases}\frac{1}{5}, & y=1,2\\ \frac{3}{5}, & \text{그렇지 않으면}\end{cases}$

(5) $P[X+Y>8]=\frac{3}{25}$

11. (1) $P[X\leq 2,\ Y>1]=\frac{3}{10}$ (2) $P[X+Y=2]=\frac{1}{5}$

13. (1) $f_X(x)=2(1-x),\ 0<x<1$ (2) $f_Y(y)=2(1-y),\ 0<y<1$

(3) $f_{X,Y}(x,y)\neq f_X(x)\cdot f_Y(y)$인 x, y가 존재하므로, X와 Y는 독립이 아님.

15.

X \ Y	1	2	3	4
1	$\frac{1}{16}$	$\frac{1}{16}$	$\frac{1}{16}$	$\frac{1}{16}$
2		$\frac{1}{16}$	$\frac{1}{16}$	$\frac{1}{16}$
3			$\frac{3}{16}$	$\frac{1}{16}$
4				$\frac{4}{16}$

결합확률변수 (X, Y)가 취하는 값은 $(1,1)$, $(1,2)$, $(1,3)$, $(1,4)$, $(2,2)$, $(2,3)$, $(2,4)$,

(3,3), (3,4), (4,4)이고, (X, Y)의 결합확률분포는 위 도표로 표시된다.

(1) $E[XY]=\frac{135}{16}$ (2) $E[X+Y]=\frac{90}{16}$

(3) $E[X]=\frac{5}{2}$, $E[Y]=\frac{50}{16}$이므로, $E[X+Y]=E[X]+E[Y]$가 성립.

제6장 (pp. 181~184)

1. $X\sim B\left(n=4,\ p=\frac{7}{10}\right)$에서 $P[X\geq 2]=\sum_{x=2}^{4}b\left(x;\ n=4,\ p=\frac{7}{10}\right)=0.8974$

3. $X\sim B(n=11,\ p=0.3)$.

(1) $R_X=\{0,\ 1,\ 2,\ 3,\ 4,\ 5,\ 6,\ 7,\ 8,\ 9,\ 10,\ 11\}$ (2) $E[X]=n, p=3.3$(명)

5. $X\sim B(n=100,\ p=0.8)$.

(1) $E[X]=np=80$(개) (2) $E[X]=np\geq 90$, 즉 $n\geq\frac{90}{0.8}=112.5$, 적어도 113개

7. $X\sim B(n=100,\ p=0.2)$, X의 확률질량함수 $f_X(x)=\binom{100}{x}(0.2)^x\ (0.8)^{100-x}$

(1) $P[X<16]=\sum_{x=0}^{15}\binom{100}{x}(0.2)^x(0.8)^{100-x}=0.12851$ (SAS code 이용)

(2) $P[14<X<20]=\sum_{x=15}^{19}\binom{100}{x}(0.2)^x(0.8)^{100-x}=0.37972$ (SAS code 이용)

9. $X\sim B\left(n=50,\ p=\frac{1}{6}\right)$, X의 확률질량함수 $f_X(x)=\binom{50}{x}\left(\frac{1}{6}\right)^x\left(\frac{5}{6}\right)^{50-x}$, SAS code를 이용하여

(1) 이항분포: $P[6\leq X\leq 10]=\sum_{x=0}^{10}\binom{50}{x}\left(\frac{1}{6}\right)^x\left(\frac{5}{6}\right)^{50-x}-\sum_{x=0}^{5}\binom{50}{x}\left(\frac{1}{6}\right)^x\left(\frac{5}{6}\right)^{50-x}=0.65981$

(2) 정규분포: $P[6\leq X\leq 10]\cong P\left[\frac{6-8.333-0.5}{2.635}\leq Z<\frac{10-8.333+0.5}{2.635}\right]$

$$=P[\ 1.075\leq Z<0.822]=0.65327$$

11. $X\sim B(n,p)$의 계산 그리고 이것의 푸아송분포의 근사식으로 처리는, SAS code를 이용하면

(1) $n=10,\ p=0.1$: $P[X=2]=\sum_{x=0}^{2}\binom{10}{x}\left(\frac{1}{10}\right)^x\left(\frac{9}{10}\right)^{10-x}-\sum_{x=0}^{1}\binom{10}{x}\left(\frac{1}{10}\right)^x\left(\frac{9}{10}\right)^{10-x}=0.1937$

$$\cong\left.\frac{m^xe^{-m}}{x!}\right|_{m=np=1,\ x=2}=\left.\frac{1.0^x e^{-1.0}}{x!}\right|_{x=2}=0.1839$$

(2) $n=10,\ p=0.1$: $P[X=0]=\left.\binom{10}{x}\left(\frac{1}{10}\right)^x\left(\frac{0}{10}\right)^{10-x}\right|_{x=0}=\sum_{x=0}^{0}\binom{10}{x}\left(\frac{1}{10}\right)^x\left(\frac{9}{10}\right)^{10-x}=0.34868$

$$\cong\left.\frac{m^xe^{-m}}{x!}\right|_{m=np=1,\ x=0}=\left.\frac{1.0^x e^{-1.0}}{x!}\right|_{x=0}=0.36788$$

(3) $n=11,\ p=0.1$: $P[X=3]=\left.\binom{11}{x}\left(\frac{1}{10}\right)^x\left(\frac{9}{10}\right)^{10-x}\right|_{x=3}=0.0710$

$$\cong \frac{m^x e^{-m}}{x!}\bigg|_{m=np=1.1,\ x=3} = \frac{1.1^x e^{-1.1}}{x!}\bigg|_{x=3} = 0.0738$$

13. $X \sim B(n=40,\ p=0.0001)$, SAS code를 이용하면

(1) $P[X \geq 1] = 1 - P[X=0] = 0.00399.$

(2) $P[X=1] = \binom{40}{1}(0.0001)^1(0.9999)^{39} = 0.003984.$

(3) $P[X \geq 2] = 1 - (P[X=0] + P[X=1]) = 0.99602.$

15. $X \sim U_{[0,\ 30]}$이고, 그 확률밀도함수는 $f_X(x) = \frac{1}{30} I_{[0,\ 30]}(x)$

(1) $P[0 < X < 10] = \int_0^{10} \frac{1}{30} dx = \frac{1}{3}$

(2) $E[X] = \frac{30-0}{2} = 15$(분)

17. $X \sim P_o(m=0.24)$이고, 여기서 $m = 20 \times 0.012 = 0.24$. SAS code를 이용하면

(1) $P[X=0] = \frac{m^x e^{-m}}{x!}\bigg|_{m=0.24,\ x=0} = \frac{0.24^x e^{-0.24}}{x!}\bigg|_{x=0} = e^{-0.24} = 0.78663$

(2) $P[X=0] + P[X=1] = \frac{0.24^x e^{-0.24}}{x!}\bigg|_{x=0} + \frac{0.24^x e^{-0.24}}{x!}\bigg|_{x=1} = e^{-0.24} + \frac{0.24^x e^{-0.24}}{1!} = 0.97542$

19. 버스가 도착하는 시간 X가 $[9, 9.5]$에서 균일분포, 즉 $X \sim U_{[9,\ 9.5]}$로 확률밀도함수는 $f_x(x) = 2 \cdot I_{[9,\ 9.5]}(x)$.

(1) $P[9 < X < 9.1667] = \int_9^{9.1667} 2 \cdot I_{[9,\ 9.5]}(x) dx = 2 \times 0.1667 = 0.3334$

(2) $P[X > 9.4167 \mid X > 9.25] = \frac{P[X > 9.4167,\ X > 9.25]}{P[X > 9.25]} = \frac{P[X > 9.4167]}{P[X > 9.25]}$

$$= \frac{\int_{9.4167}^{9.5} 2dx}{\int_{9.25}^{9.5} 2dx} = \frac{0.1666}{0.5} = 0.3332$$

21. 확률변수 X가 $N(\mu=10,\ \sigma^2=5^2)$이므로

(1) $P[X > 5] = 1 - P[X < 5] = 1 - P\left[Z < \frac{5-10}{5}\right] = 1 - P[Z < -1]$

$$= 1 - \Phi(-1) = 1 - 0.1587 = 0.8413$$

(2) $P[X \leq 6] = P\left[Z \leq \frac{6-10}{5}\right] = P[Z < -0.8] = \Phi(-0.8) = 0.2119$

23. 근시이면 1(성공) 아니면 0(실패)라 하고, 500명의 근로자 중에 포함된 1(성공)의 수를 X라 하면, $X \sim B(n=500,\ p=0.36)$, $E[X] = np = (500)(0.36) = 180$에서 정상적인 사람은 $500 - 180 = 320$(명)

25. 성적을 X라 하면, $X \sim N(\mu, \sigma^2)$. 또 $\Phi(z) = \int_0^z \phi(t)dt$라 하면

$P[A] = P[X > \mu + \sigma] = 0.1587,\ 15.8\%$

$P[B] = P[\mu < X < \mu + \sigma] = 0.3413,\ 34.1\%$

$P[C] = P[\mu - \sigma < X < \mu] = 0.3413,\ 34.1\%$

$P[D] = P[\mu - 2\sigma < X < \mu - \sigma] = 0.1359,\ 13.5\%$

$P[F] = P[X < \mu - 2\sigma] = 0.0228,\ 2.2\%$

27. $X \sim N(\mu, \sigma^2),\ \mu = 75,\ \sigma^2 = 64 = 8^2$이므로

$P[A] = P[X > x] = P\left[Z > \frac{x - \mu}{\sigma}\right] = P[Z > z_1] = 0.15,\ z_1 = \frac{x - 75}{8} \cong 1.04,\ x = 83.32$(점)

29. $f_Y(\log x)\frac{1}{x} = \frac{1}{\sqrt{2\pi}\,\sigma}\frac{1}{x}e^{-\frac{(\log x - \mu)^2}{2\sigma^2}},\ -\infty < x < \infty$

제7장 (pp. 192~194)

1. $f_Y(y) = \begin{cases} \frac{1}{2}, & y = 0 \\ \frac{1}{2}, & y = 2 \\ 0, & \text{그렇지 않으면} \end{cases}$, $EY = 1,\ Var[Y] = 1$

3. $f_Y(y) = \begin{cases} \frac{1}{5}, & y = 0, \\ \frac{7}{30}, & y = 1, \\ \frac{17}{30}, & y = 4, \\ 0, & \text{그렇지 않으면} \end{cases}$

5. $f_Y(y) = \frac{1}{n} \cdot I_{\{1, 4, 9, \cdots, n^2\}}(x)$

7. $Y \sim B(n, p)$

9. $Y \sim \mathrm{X}^2(1)$ (자유도 1의 카이제곱 분포)

11. $f_Y(y) = \frac{1}{n} \cdot I_{\{1, 4, 9, \cdots, n^2\}}(x)$

13. $f_S(s) = (\alpha e^X)e^{-\alpha e^x} \cdot I_{[x>0]}(x) = \begin{cases} (\alpha e^X)e^{-\alpha e^x}, & x > 0 \\ 0, & \text{그렇지 않으면} \end{cases}$

15. $f_Y(y) = e^{-y} \cdot I_{[0, \infty)}(y)$

17. $f_Y(y) = \frac{2}{9}(y - 6) \cdot I_{(6, 9)}(y)$

19. $F_Y(y) = P[Y \le y] = \begin{cases} 0, & y < 0 \\ \frac{1}{2}, & y = 0 \\ \frac{1}{2} + \frac{1}{2}y, & 0 < y \le 1 \\ 1, & y > 1 \end{cases}$

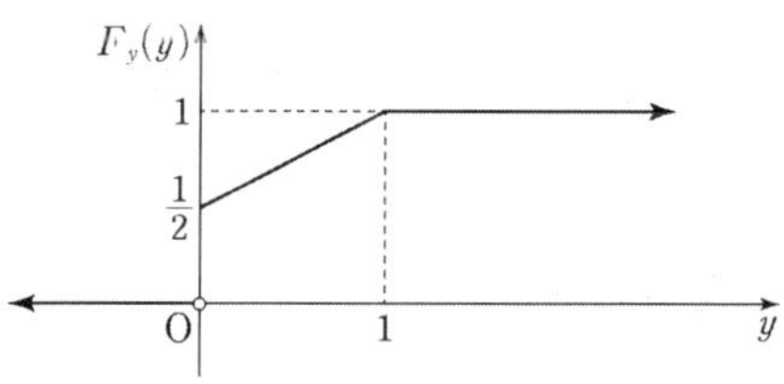

제8장 (pp. 207~209)

1. (1) $\bar{x}_n$은 $E[X] = \frac{1}{10}$에 수렴. (2) 0.99 (3) 0.6826

3. (1) 푸아송근사식: $P[X \le 5] = \sum_{x=0}^{5} \frac{10^x e^{-10}}{x!} = 0.067$

(2) 연속성 수정의 이항분포의 정규근사식: $P[X \le 5] \cong 0.0668$.

5. 0.823

7. (1) 체비셰프 부등식 $P[|X-\mu|<k\sigma] \geq 1-\frac{1}{k^2}$ 이용: $P[|\overline{X}_n-10|<5] \geq 0.9984.$

(2) 중심극한의 정리 이용: $P[|\overline{X}_n-10|<5] \cong 1.$

9. $n>25$

11. (1) $n=16,\ E[\overline{X}_n]=20,\ Var[\overline{X}_n]=\frac{1}{4},\ \sqrt{Var[\overline{X}_n]}=\frac{1}{2}$

(2) $n=64,\ E[\overline{X}_n]=20,\ Var[\overline{X}_n]=\frac{1}{16},\ \sqrt{Var[\overline{X}_n]}=\frac{1}{4}$

(3) 경우 (i): $P[19<\overline{X}_n<21]=0.9544.$ 경우 (ii): $P[19<\overline{X}_n<21] \cong 1.0$

13. (1) $P[48<\overline{X}_n\langle 52] \cong 1.0.$ (2) $P[48<\overline{X}_n<52] \cong 0.4772$

15. (1) $n=10$ 경우: 0.99897 (2) $n=30$ 경우: 1.000 (3) $n=100$ 경우: 1.000

17. (1) $P[\overline{X}_n \geq 14]=0.0125$

(2) $Y_1=\min[X_1 \cdots X_5],\ P[Y_1<9]=1-0.00000133=0.99999867.\}$

(3) $Y_5=\max[X_1 \cdots X_5],\ P[Y_5<16]=0.8910$

19. (1) $P[S_n \geq 5]=0.053$ (2) 중심극한의 정리이용: $P[S_n \geq 5]=0.017.$

제2편 통계

제9장 (pp. 228~229)

1. (1) 확률표본(임의표본) (2) 확률표본(임의표본)

3. $n>16$ **4.** $c=0.1451$ **5.** $n>320$ **7.** $n \geq 62$

9. $n=40$인 경우: $P[100<\overline{X}_n<140] \cong 1$, $n=15$인 경우: $P[100<\overline{X}_n<140] \cong 1$

11. $x=21.107$ **13.** $P\left[\sum_{i=1}^{25} X_i^2>2.0\right]=0$ **15.** $N \geq 10{,}000$ **17.** $n \geq 10{,}000$

제10장 (pp. 246~248)

1. (a) $\nu=20,\ \chi^2_{0.975}(\nu)=34.170$ (b) $\nu=12,\ \chi^2_{0.99}(\nu)=26.217.$

3. (a) $P[X<5]=0.45619$ (b) $P[3<X<7]=0.4880$ **5.** 상세풀이 참조

7. (a) $v=7$일 때 0.975 (b) $v=12$일 때, 0.075

9.

t-분포자유도	$X\sim t(\nu)$	$X\sim N(0,1)$	t-분포자유도	$X\sim t(\nu)$	$X\sim N(0,1)$
5	0.18161	0.15866	25	0.16345	0.15866
10	0.17045	0.15866	30	0.15986	0.15866
20	0.16463	0.15866	100	0.15986	0.15866

11. (1) $f_{0.95}(7, 15)=2.71$ (2) $f_{0.025}(24, 19)=0.429$ **13.** 상세풀이 참조

15. 0.8413

17. $P[\overline{X}_n > 28]=0.0013,\ P[24 < \overline{X}_n < 29]=0.8413$

19. $P[\overline{X}_1 - \overline{X}_2] \geq 10] \cong 0,\ P[|\overline{X} - \overline{X}_2| \leq 5]=0.9686$

21. $P[\hat{P} < 0.421]=0.0281$

23. (a) $P[\hat{P} \geq 0.55]=0$ (b) $P[0.55 \leq \hat{P} \leq 0.65]=0.0102$

25. $P[0 < \overline{X}_n < 4,\ 60 < S_n^2 < 120]=0.1118$

제11장 (pp. 285~288)

1. $c=\dfrac{1}{n-1}$ **3.** 상세풀이 참조

5. λ에 관한 $100(1-\alpha)\%$ 신뢰구간 $\left(\dfrac{2\sum_{i=1}^{n} X_i}{\chi^2_{1-\frac{\alpha}{2}}(2n)},\ \dfrac{2\sum_{i=1}^{n} X_i}{\chi^2_{\frac{\alpha}{2}}(2n)}\right)$

7. $170.95 < \mu < 175.04$.

9. $-4.818 < \mu_1 - \mu_2 < -3.099$

11. 95% 신뢰구간은 $4.763 < \sigma < 16.277$. 따라서 표준편차가 1.4개월이라는 주장은 받아들일 수 없다.

13. 95% 신뢰구간: $\left(80-1.959\dfrac{2}{\sqrt{25}},\ 80+1.959\dfrac{2}{\sqrt{25}}\right)=(79.21,\ 80.78)$

98% 신뢰구간: $\left(80-2.326\dfrac{2}{\sqrt{25}},\ 80+2.326\dfrac{2}{\sqrt{25}}\right)=(79.06,\ 80.93)$

15. θ에 관한 100% 신뢰구간은 $\left(\dfrac{\log q_2}{\log X_1},\ \dfrac{\log q_1}{\log X_1}\right)$

17. θ에 관한 100% 신뢰구간은 $\left(\sqrt{-\log\ q_1 + 2\ \log\ \Sigma_{i=1}^{n} X_i},\ \sqrt{-\log\ q_1 + 2\ \log\ \Sigma_{i=1}^{n} X_i}\right)$

19. θ에 관한 $100(1-\alpha)\%$ 신뢰구간의 하나는 $\left(X_{(n)},\ \dfrac{X_{(n)}}{\alpha^{1/n}}\right)$

23. (1) $F_X(x)$의 그래프 (2) $P[-3 < X \leq 0.5]=\dfrac{1}{2}\ P[X=0]=\dfrac{1}{2}$

25. (1) λ에 관한 $100(1-\alpha)\%$ 신뢰구간은 $\left(\dfrac{\chi^2_{\frac{\alpha}{2}}(2n)}{2\sum_{i=1}^{n} X_i},\ \dfrac{\chi^2_{1-\frac{\alpha}{2}}(2n)}{2\sum_{i=1}^{n} X_i}\right)$

(2) $\frac{1}{\lambda^2}$에 관한 $100(1-\alpha)\%$ 신뢰구간은 $\left(\left(\frac{\chi^2_{\frac{\alpha}{2}}(2n)}{2\sum_{i=1}^{n} X_i} \right)^2, \left(\frac{\chi^2_{1-\frac{\alpha}{2}}(2n)}{2\sum_{i=1}^{n} X_i} \right)^2 \right)$

(3) $(1-\alpha)^2$

(4) $e^{-\lambda}$에 관한 $100(1-\alpha)\%$ 신뢰구간은 $\left(e^{\frac{2\sum_{i=1}^{n} X_i}{\chi^2_{1-\frac{\alpha}{2}}(2n)}}, e^{\frac{2\sum_{i=1}^{n} X_i}{\chi^2_{\frac{\alpha}{2}}(2n)}} \right)$

제12장 (pp. 311~314)

1. $H_0 : \mu = 25$를 기각한다. (참고: P-값=0.0000으로 H_0를 강하게 기각)

3. $H_0 : \mu_1 = \mu_2$를 기각한다. (참고: P-값=0.000015로 H_0를 강하게 기각)

5. $H_0 : \mu_1 = \mu_2$를 기각한다. (참고: P-값=0.0000으로 H_0를 강하게 기각)

7. $n = 63.075 \cong 64,\ k = 102.928.$

9. 두 표본의 크기를 같게 $n_1 = n_2 = n$으로 하면, $n = z_{1-\frac{\alpha}{2}} \cdot \frac{\hat{p}_1(1-\hat{p}_1) + \hat{p}_2(1-\hat{p}_2)}{d^2}$

두 모비의 추정값 $\hat{p}_1, \hat{p}_2$이 사용될 수 없을 때, 그 추정값으로 $\hat{p}_1 = \hat{p}_2 = \frac{1}{2}$을 사용하면

$n = z_{1-\frac{\alpha}{2}} \cdot \frac{1}{2d^2}.$

11. $H_0 : \mu_1 = \mu_2$를 기각한다. (참고: P-값=0.0000으로 H_0를 강하게 기각)

13. $H_0 : \sigma_1^2 = \sigma_2^2$를 기각할 수 없다. (참고: P-값 = 0.782으로 H_0를 기각할 수 없다.)

15. $\alpha = 0.05$에서 $H_0 : \mu_1 = \mu_2$을 기각할 수없다. (참고: P-값 = 0.0693으로 H_0를 기각할 수 없다.)

제13장 (p. 322)

1. 상세풀이 참조 **3.** 상세풀이 참조 **5.** 상세풀이 참조 **7.** 상세풀이 참조

제14장 (pp. 400~407)

1. 상세풀이 참조 **3.** 상세풀이 참조 **5.** 상세풀이 참조 **7.** 상세풀이 참조

9. 상세풀이 참조 **11.** 상세풀이 참조 **13.** 상세풀이 참조

15. "$H_0 : \beta_0 = 2$"를 기각, 즉 y의 절편은 2보다 작다.

17. $(-3.2702,\ 17.805)$ **19.** 상세풀이 참조 **21.** 상세풀이 참조 **23.** 상세풀이 참조

25. $(-3.2702,\ 17.805)$ **27.** 상세풀이 참조 **29.** 상세풀이 참조 **31.** 상세풀이 참조

33. 상세풀이 참조

제15장 (pp. 431~433)

1. 상세풀이 참조　　**3.** 상세풀이 참조

5. (1) 귀무가설: "H_0 : 식품에 남은 영양소는 가공방법에 따라 차이가 없다."
대립가설: "H_1 : 식품에 남은 영양소는 가공방법에 따라 차이가 있다."

(2) 유의수준 $\alpha = 0.05$에서 H_0은 기각. 식품에 남은 영양소는 가공방법에 따라 차이가 있다.

(3) P-값=0.0016 은 유의수준 $\alpha = 0.05$에서는 H_0은 기각되나, 유의수준 $\alpha = 0.01$에서 H_0은 기각되지 않는다.

7. (1) "H_0 : 흡연은 맥박에 영향을 준다 vs. H_1 : 흡연은 맥박에 영향을 주지 않는다."

(2) 검정통계량의 값 $F = 6.49$가 유의수준 $\alpha = 0.05$에 대한 F-분포의 값 $f_{0.95}(3,36) = 2.84$보다 크기 때문에 유의수준 0.05%에서 귀무가설 H_0는 기각.

(3) P-값= 0.0018은 유의수준 5%에 비하여 아주 작아 귀무가설은 강하게 기각. 또 유의수준을 0.01에서도, P-값= 0.0018은 0.01에 비해 아주 작아 귀무가설은 강하게 기각.

(4) (3)에서 귀무가설 "$H_0 : \mu_W = \mu_M = \mu_S = \mu_{NS}$"이 강하게 기각. 이것은 4개의 모평균 중에서 적어도 두 개의 평균(즉, 처리효과)에 유의적인 차이가 있음. 이 경우 모평균의 평균들의 대소를 비교하는 던칸의 다중비교검정에 의하면, 6가지의 모평균 짝 중에서, $\mu_S \neq \mu_W$, $\mu_S \neq \mu_{NS}$ 이외에는 맥박에서 차이가 발생하지 않는다.

9. (1) "H_0 : 식이요법은 체중조절에 차이가 없다. vs. H_1 : 식이요법은 체중조절에 차이가 있다." 즉 네 식이요법의 모평균을 각각 μ_A, μ_B, μ_C, μ_D라 하면, "$H_0 : \mu_A = \mu_B = \mu_C = \mu_D$ vs. $H_1 : H_0$는 진이 아니다."

(2) 검정통계량의 값 $F = 2.08$이 유의수준 $\alpha = 0.05$에서 F-분포의 값 $f_{0.95}(3, 12) = 3.49$보다 훨씬 작기 때문에 유의수준 0.05에서 귀무가설 H_0는 기각되지 않음.

(3) 검정의 P-값= 0.1565는 유의수준 5%에 비해 너무 커 귀무가설은 기각되지 않음. 유의수준을 0.01에서도 이 P-값은 귀무가설을 기각할 수 없다.

(4) 네 가지 식이요법이 체중조절에서 차이를 보이지 않기 때문에 모평균들의 대소를 비교할 필요가 없다.

참고문헌

[1] 김해경, **통계적 추론,** 대우학술총서 510, 아카넷, 2001.

[2] 김해경 · 최승회, **통계적 자료분석의 이론과 실제,** 서울: 경문사, 2002.

[3] 김해경 · 김태수, **시계열 분석과 예측 이론**, 서울: 경문사, 2003.

[4] 김해경, **통계적 예측**, 서울: 연세대학교출판원, 2015.

[5] B. Abraham and J. Ledolter, *Statistical Methods for Forecasting*, New York: Wiley, 1983, pp. 233-235.

[6] P. E. Andrews and A. M. Herzberg, *The Data : A collection of Problems from Statistics*, Berlin: Springer Verlag, 1985.

[7] H. Akaike, A new look at the statistical model identification, *IEEE Transactions on Automatic Control*, *AC-19*, 1974, p. 723.

[8] T. M. Apostol, *Mathematical Analysis*, Addison-Wesley, 1957.

[9] R. B. Ash, *Real Analysis and Probability*, Academic Press, 1982.

[10] M. S. Bartlett, Stochastic Processes, Cambridge: Cambridge University Press.

[11] M. S. Bartlett, The use of Transformations. *Biometrics. Vol. 3*, pp. 39-52.

[12] G. de. Barra, *Measure Theory and Integration*, John Wiley and Sons, 1981.

[13] L. Breiman, *Probability*. Addison-Wesley, Reading, MA, 1968.

[14] S. Chatterjee and B. Price, *Regression Analysis by Example*, John Wiley and Sons, 1977, pp. 59-70.

[15] S. H Choi, H. K. Kim, and S. H. Jang, The Consistency Estimation in Nonlinear Regression Models with Noncompact Parameter Space, *Bulletin of the Korean mathematical Society. vol 33*(3), 1996, pp. 101-112.

[16] S. H. Choi and H. K. Kim, The Strong Consistency of the L_1-norm Estimators in Censored Nonlinear Regression Models, *Bulletin of the Korean Mathematical Society. vol 34*(4), 1997, pp. 573-581.

[17] S. H. Choi and H. K. Kim, Asymptotic Properties of LAD Estimators in Censored Nonlinear Regression Model, *Journal of the Korean Statistical Society. vol 27*(1), 1998, pp. 101-112.

[18] H. Cramér, *Mathematical Methods of Statistics*, Princeton: Princeton University Press, 1946.

[19] K. H. Chung, *A course in Probability Theory*. Second edition, New York: Academic

Press, 1974.

[20] W. W. Daniel, *Biostatistics: A Foundation for Analysis in the Health Sciences.* Second edition, New York: John Wiley, 1978.

[21] N. Draper and H. Smith, *Applied Regression Analysis.* Second edition, New York: John Wiley, 1981.

[22] H. Drygas, Weak and Strong Consistency of Least Square Estimates in Regression Models, *Z. Wahrscheinlickeitstheorie verw, Gebiete. 34*, 1976.

[23] A. J. Duncan, Multiple range and multiple F tests. *Bimetrics. vol. 11*, 1955, pp. 1-42.

[24] W. Feller, *An Introduction to Probability Theory and its Applications. vol. II.* John Wiley, New York, 1971.

[25] T. S. Ferguson, *Mathematical Statistics: A Decision Theoretic Approach*, New York: Academic Press, 1967.

[26] R. A. Fisher and F. Yates, *Statistical Tables for Biological, Agricultural, and medical Research.* 4th Edition, Edinburgh: Oliver and Boyd, 1953.

[27] A. R. Gallant, Statistical Inference for Non-linear Regression Models, Iowa State University, 1971.

[28] A. R. Gallant and J. J. Goebel, Non-linear Regression with Autocorrelated Errors, *Jour. Amer. Stat. Asso. 70*, 1976, pp. 961-967.

[29] M. Ghosh, N. Mukhopadhyay, and P. K. Sen, *Sequential Estimation,* John Wiley, New York, 1997.

[30] B. V. Gnedenko. *The Theory of Probability.* 2nd edition. Chelsea Publishing, New York, 1962.

[31] F. Graybill. *Theory and Application of the Linear Model*, Duxbury Press, North Scituate, Mass., 1976.

[32] A. E. Hoerl and R. W. Kennard, Ridge Regression : Biased Estimation for Non Orthogonal Problems, *Technometrics. 12*, 1790, pp. 55-67.

[33] H. P. Hsu, *Fourier Analysis.* Simon and Schuster. New York, 1967.

[34] P. J. Huber, Robust Statistics: A Review, *Annals of Mathematical Statistics. 43*, 1972, pp. 1041-1067.

[35] R. I. Jennrich, Asymptotic Properties of Non-linear Least Squares Estimators, *Annals of Statistics. 40*(2), 1969, pp. 633-643.

[36] R. I. Jennrich and R. H. Moore, Maximum Likelihood Estimation by Means of Nonlinear Least Squares, *American Statistical Association, 1975 Proceedings of the Statistical Computing Section,* 1975, pp. 57-65.

[37] H. K. Kim, A Nonparametric Method for Nonlinear Regression Parameters, *Journal of the Korean Statistical Society. 18*(1), 1989, pp. 46-61.

[38] H. K. Kim, The Strong Consistency of Nonlinear Least Squares Estimators, *Journal of the Korean Statistical Society. 18*(2), 1989, pp. 85-96.

[39] H. K. Kim and S. H. Choi, Asymptotic Properties of Nonlinear Least Absolute Deviation Estimators, *Journal of the Korean Statistical Society. 24*(1), 1995, pp. 127-139.

[40] T. S. Kim, H. K. Kim and S. Hur, Asymptotic Properties of a Particular Nonlinear Regression Quantile Estimation, *Statistics & Probability Letters. 60*, 2002, pp. 387-394.

[41] H. K. Kim, Jin Hee Yoon and Ying Li, Asymptotic Properties of Least Squares Estimation with Fuggy observations, *Information Sciences. 178*, 2008. pp. 439-451.

[42] T. L. Lai, H. Robbins and C. Z. Wei, Strong Consistency of Least Squares Estimates in Multiple Regression, *Journal of Multivariate Analysis. 9*, 1979, pp. 343-361.

[43] E. L. Lehmann, *Testing Statistical Hypotheses.* John Wiley, New York, 1986.

[44] E. Malinvaud. The Consistency of Nonlinear Regression, *Annals of Statistics. 40*(2), 1969, pp. 633-643.

[45] J. S. Milton and J. C. Arnold, *Introduction to probability and Statistics.* McGraw-Hill International Editions, New York, 1995.

[46] D. C. Montgomery, *Design and Analysis of Experiments.* John Wiley, New York, 1959.

[47] D. C. Montgomery and E. Peck. *Linear Regression Analysis.* John Wiley, New York, 1982.

[48] A. M. Mood, F. A. Graybill and D. C. Boes, *Introduction to the theory of Statistics.* McGraw-Hill, New York, 1974.

[49] J. Neter and W. Wasserman, *Applied Linear Statistical Model.* Richard D. lrwin, 1974, pp. 160-165.

[50] W. Oberhofer. The Consistency of Nonlinear Regression minimizing the L_1-norm, *Annals of Statistics. 10*(1), 1982, pp. 316-319.

[51] D. B. Owen, *On the History of Statistics and Probability.* Marcell Dekker, New York, 1976.

[52] M. Pagano and K. Gauvreau, *Principles of Biostatistics.* Duxbiry Press, Belmont, California, 1993, pp. 427-443.

[53] E. Parzen, *Stochastic Processes.* Holden-Day, San Francisco, 1962. *Proceedings of the National Academy Sciences, U.S.A. 7*, 1978.

[54] T. M. Porter, *The Rise of Statistical Thinking 1820-1900.* Princeton University Press, NJ; Princeton, 1986.

[55] G. D. Richardson and B. B. Bhattacharyya, Consistent L_1-estimators in nonlinear

regression for a noncompact parameter space, *Sankhyá 40.* Series A, 1987, pp. 377-387.

[56] R. D. Remington and M. A. Shork, *Statistics with Applications to the Biological Sciences.* Prentice hall, Inc., N.J., 1970.

[57] A. C. Rencher, *Linear Models in Statistics.* John Wiley and Sons, 2000.

[58] V. K. Rohatgi, *An Introduction to Probability Theory and Mathematical Statistics*, John Wiley and Sons, 1976.

[59] S. M. Ross. *Introduction to Probability and Statistics for Engineers and Scientists,* John Wiley and Sons, 1987.

[60] SAS Institute Inc., *SAS User's Guide.* Raleigh, N.C., 1982.

[61] A. Schuster, On the periodicities of sunspots. *Phil. Trans. R. Soc. 206*, 1906, pp. 69-100.

[62] S. R. Searle, *Linear Model,* John Wiley and Sons, 1971.

[63] G. A. F. Seber, *Linear Regression Analysis.* John Wiley and Sons 1977.

[64] G. A. F. Seber, *The Linear Hypothesis: A General Theory.* Second Edition, Charles Griffin and Company Ltd., 1980.

[65] P. K. Sen and J. M. Singer, *Large Sample methods in Statistics,* Chapman and Hall, New York, 1993.

[66] R. H. Shumway, L. Tai, R. Tai and Y. Pawitan, Statistical analysis of daily London mortality and associated weather and pollution effects. *Tech. Rep. No. 53,* Division of Statistics, University of California, Davis, 1983.

[67] R. H. Shumway, *Applied Statistical Time Series Analysis,* Prentice Hall, 1988.

[68] S. M. Stigler, *The History of Statistics: The Measurement of Uncertainty before 1900,* Harvard University Press, MA: Cambridge, 1986.

[69] R. F. Tate and G. W. Klett, Optimum confidence intervals for the variance of a normal distribution, *Journal of the American Statistical Association. 54*, 1969, pp. 674-682.

[70] S. S. Wilks, *Mathematical Statistics.* John Wiley and Sons, 1962.

[71] C. F. Wu, Asymptotic Theory of Nonlinear Least Squares Estimation, *Annals of Statistics. 9*, 1981.

[72] H. O. A. Wold, *A study in the Analysis of Stationary Time Series.*(2nd ed. 1954) Uppsala: Almquist and Wiksell, 1938.

[73] A. Zaman, *Statistical Foundations for Econometric Techniques,* Academic Press, pp. 95-123, 1996.

찾아보기

ㄹ

ㅁ

ㅂ

ㅈ

ㅊ

ㅋ

ㅌ

ㅍ

ㅎ

A

B

Q

R

S

T

개정판
실용이야기와 함께하는
확률과 통계

지은이 김해경 · 김태수
펴낸이 조경희
펴낸곳 경문사
펴낸날 2020년 3월 2일 1판 1쇄
등 록 1979년 11월 9일 제1979-000023호
주 소 04057, 서울특별시 마포구 와우산로 174
전 화 (02)332-2004 팩스 (02)336-5193
이메일 kyungmoon@kyungmoon.com
facebook facebook.com/kyungmoonsa

값 30,000원

ISBN 979-11-6073-328-0

★ 경문사 홈페이지에 오시면 즐거운 일이 생깁니다.
http://www.kyungmoon.com

한국과학기술출판협회 회원사